混凝土结构的环境作用

顾祥林　张伟平　姜　超　黄庆华　徐　宁　著

科学出版社
北　京

内 容 简 介

本书从环境与荷载长期作用下混凝土结构典型耐久性病害和环境作用时空分布特征出发，重点讲述混凝土结构环境作用预测模型、模拟技术及加速侵蚀模拟试验的相似性等关键基础问题。全书共11章，包括概述、环境作用下混凝土结构典型病害、我国环境作用基本数据、混凝土结构的时间多尺度环境作用、混凝土结构的空间多尺度环境作用、混凝土结构环境作用的代表值及预测系统、用于混凝土结构性能评定和结构设计的环境区划、环境作用模拟、盐冻及冻融循环下混凝土性能演化试验的相似性、混凝土盐雾侵蚀加速试验的相似性及海水潮汐区混凝土氯盐侵蚀加速试验的相似性。

本书适合高等学校土木工程及其相关专业教师和研究生使用，也可供有关领域科研人员、工程技术人员参考。

审图号：GS（2021）5349号

图书在版编目（CIP）数据

混凝土结构的环境作用／顾祥林等著．—北京：科学出版社，2021.9
ISBN 978-7-03-069744-8

Ⅰ．①混…　Ⅱ．①顾…　Ⅲ．①混凝土结构－环境影响－研究
Ⅳ．① TU37

中国版本图书馆CIP数据核字（2021）第183577号

责任编辑：王　钰／责任校对：马英菊
责任印制：吕春珉／封面设计：东方人华平面设计部

科学出版社 出版
北京东黄城根北街16号
邮政编码：100717
http://www.sciencep.com

北京中科印刷有限公司 印刷
科学出版社发行　各地新华书店经销

*

2021年9月第　一　版　开本：B5（720×1000）
2021年9月第一次印刷　印张：26 1/4
字数：515 000

定价：278.00 元

（如有印装质量问题，我社负责调换〈中科〉）
销售部电话 010-62136230　编辑部电话 010-62137026

前　　言

混凝土结构广泛应用于建筑、公（铁）路桥梁、隧道、机场跑道、港口码头、市政管网、海洋平台、大坝、核电站等基础设施的建设。在外部环境和荷载的长期作用下，混凝土结构会出现服役性能退化的现象，影响其使用性和安全性，由此引起国内外工程界和学术界的高度重视。

环境作用具有复杂的时空随机分布特征，因此需要对其进行系统全面的研究，把握环境作用的时空变化规律，建立环境作用的时空预测模型并计算其代表值。同时，为研究环境作用下混凝土结构服役性能退化规律，需开发相应的试验设备模拟环境作用，实现混凝土结构服役性能退化的加速试验，以节约时间成本。然而，加速环境作用（或称模拟环境作用）和自然环境作用的时间尺度相差太大，因此需建立两者之间的相似关系。为适应这些需求，本书结合作者及其研究团队近十几年来的研究成果，以混凝土结构病害调查、环境作用调查、环境作用时空多尺度分布规律、环境作用代表值及区划、环境作用模拟、加速环境作用与自然环境作用间的相似性等为主线，系统全面地介绍混凝土结构的环境作用。

感谢国家自然科学基金重大国际（地区）合作研究项目“基于时变可靠性分析的混凝土结构全寿命设计理论”（编号：51320105013）、国家高技术研究发展计划（“863”计划）“综合环境下大型土木工程基础设施耐久性试验技术”（编号：2006AA04Z415）、国家重点基础研究发展计划（“973”计划）“环境友好现代混凝土的基础研究”（编号：2009CB623200）和“严酷环境下混凝土结构性能退化及可预期寿命设计”（编号：2015CB655103）、西部交通建设科技项目“混凝土桥梁耐久性设计方法和设计参数研究”（编号：200631822302-01）等对本书所有研究工作提供的资助！感谢东南大学孙伟院士、缪昌文院士，澳门大学李宗津教授的指导！感谢东南大学刘加平教授，浙江大学金贤玉教授、金南国教授、田野副教授等在科研项目合作研究过程中给予的支持和帮助！

2018 年 9 月 10 日，同济大学工程结构性能演化与控制教育部重点实验室建设方案通过了教育部和上海市教委组织的专家论证。本书的成果有力支撑了该实验室的创建。谨以本书的出版祝贺该重点实验室的成立！

全书共 11 章，黄庆华提供了第 2 章和第 8 章部分内容的资料，张伟平提供了第 6 章、第 8 章和第 9 章部分内容的资料，顾祥林提供了其余部分的资料，全书由姜超、徐宁整理，形成初稿，最终由顾祥林统一修改定稿。感谢同济大学张庆章博士、钟丽娟硕士、吴小立硕士和杨东冶硕士等对本书研究工作做出的贡献！

限于作者学识，书中定有不当之处，敬请广大读者批评指正。

顾祥林

2018 年于同济大学

目　录

第1章　概　　述

1.1　环境作用及其影响

混凝土结构作为土木工程中最常用的结构形式，在房屋建筑、桥梁、隧道、矿井、水利、海港等工程中的应用非常广泛。图1.1所示为海上混凝土结构桥梁承受的典型环境作用，其不同部位承受不同的环境作用。可见，混凝土结构的环境作用种类较多，但总体而言可将其分为两大类，即环境气候作用和侵蚀介质作用。环境气候作用包括温度、湿度、太阳辐射、降水、风等。侵蚀介质作用包括CO_2、SO_2、氯盐、硫酸盐等。由于环境因素的长期作用，混凝土结构会逐步出现病害，引发其安全和使用性能退化。从20世纪70年代起，发达国家投入使用的诸多基础设施和重大工程已逐渐显示出由于结构性能退化而引起的破坏问题。作为实例，图1.2给出了加拿大多伦多在役高架混凝土结构桥梁中钢筋的锈蚀情况。若要保障性能退化的混凝土结构继续可靠地完成其预定的使用功能，往往需花费昂贵的维护费用。对于性能退化严重的混凝土结构，甚至不得不拆除重建。环境作用下混凝土结构的病害会给社会经济发展带来沉重负担[1-3]。

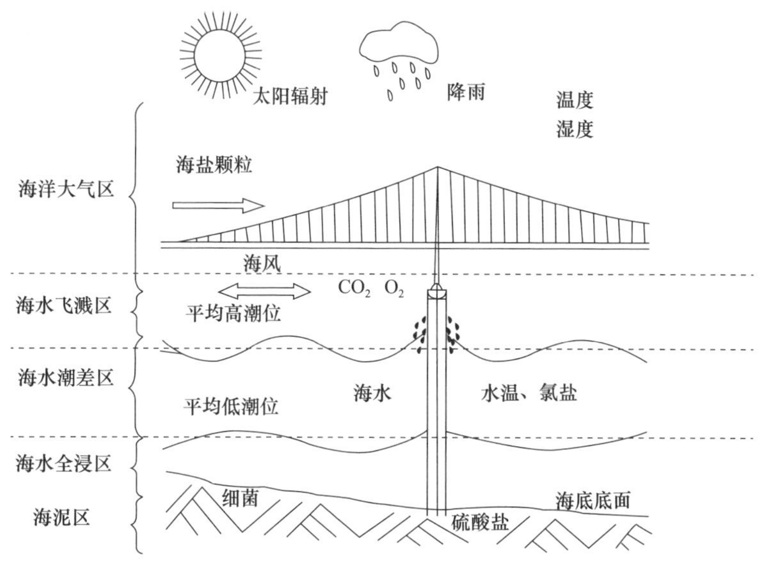

图1.1　海上混凝土结构桥梁承受的典型环境作用

图 1.2　加拿大多伦多在役高架混凝土结构桥梁中钢筋的锈蚀情况

据 2000 年统计，美国混凝土结构基础设施的总价为 6 万亿美元，但是每年用于维修和重建的费用高达 3000 亿美元[4]。美国国家材料咨询委员会（National Materials Advisory Board，NMAB）1987 年的年度报告中指出，美国有 253000 座混凝土桥处于不同程度的损伤状态，并且以每年 35000 座的速度在增加[5]。根据英国运输部门 1989 年的报告，英格兰和威尔士有 75% 的钢筋混凝土桥梁遭受氯离子侵蚀，年度维护维修费用是原来一般环境下正常维护维修费用的 200%[6]。1997 年相关资料显示[7]，英国每年用于钢筋混凝土结构的维修费用达 5.5 亿英镑，占建筑工业年投资的 1.1%。1990 年相关资料显示[8]，日本每年用于工程结构维修的费用达 400 亿日元，其引以自豪的新干线铁路使用不到 10 年，就出现了大面积的混凝土开裂、剥蚀现象。1990 年有关资料表明，苏联仅工业厂房受钢筋锈蚀损坏的总额就占其固定资产的 16%，有些厂房使用 10 年左右即出现严重的破坏现象[9]。瑞典 1983 年用于维修改造的投资占建筑业总投资的 50%[10]。1996 年相关资料显示[11]，每 20 年瑞士就有 3000 座桥梁由于使用除冰盐而钢筋锈蚀。

在我国，由于混凝土结构耐久性劣化引起的破坏问题也非常严重。1979 年调查显示，全国有 36% 的建筑物需要大修，一般冶金、化工等工业建筑，其使用寿命为 15～20a；经常处于高温、高湿条件下的工业建筑，其使用寿命仅为 5～7a[3]。据 1994 年全国铁路系统调查统计，全国共有 6137 座铁路桥存在不同程度的损伤，占铁路桥总数的 18.8%[12]。中国报告网资料显示[13]，截至 2015 年底，公路危桥有 76483 座。

如此大规模的后期维护费用引发了国内外工程界和学术界对环境作用下混凝土结构病害的高度重视。环境作用下混凝土结构的病害往往是在一定的温度和湿度条件下环境中的侵蚀介质进入混凝土内部与其各组分发生化学和物理作用，并引起混凝土材料劣化及钢筋锈蚀。由于混凝土结构设计、材料制备工艺及施工技术等的限制，硬化混凝土内部往往存在大量微裂缝及错综复杂的孔隙网。这些缺陷通常给外部侵蚀介质侵入混凝土内部提供通道。因此，要准确预测或评估混凝土结构性能退化规律，实现基于时变可靠度的混凝土结构全寿命设计与维护，除认识混凝土材料本身的缺陷外，识别并量化混凝土结构的环境作用也是重要任务之一。

1.2 环境作用诱发的材料劣化

外部环境作用下，混凝土结构材料劣化主要表现为钢筋的锈蚀和混凝土材料的劣化。混凝土碳化或氯盐侵蚀会导致钢筋锈蚀，而冻融或硫酸盐等的侵蚀会导致混凝土分层剥离甚至失去强度。本节简要介绍混凝土碳化、氯盐侵蚀、盐冻及冻融破坏、硫酸盐侵蚀及混凝土中钢筋锈蚀的机理与影响因素，旨在进一步认识环境作用对混凝土结构的影响。

1.2.1 混凝土碳化

1. 混凝土碳化机理

空气、土壤、地下水等环境中的酸性气体或液体侵入混凝土内部，与水泥石中的氢氧化钙和水化硅酸钙发生反应，使混凝土孔隙水溶液 pH 下降的过程称为混凝土的中性化过程。其中，由大气环境中 CO_2 引起的中性化过程称为混凝土的碳化。

混凝土碳化是一个复杂的物理化学过程，可概括如下：普通硅酸盐水泥熟料主要矿物成分硅酸三钙（$3CaO \cdot SiO_2$）、硅酸二钙（$2CaO \cdot SiO_2$）、铁铝酸四钙（$4CaO \cdot Al_2O_3 \cdot Fe_2O_3$）和铝酸三钙（$3CaO \cdot Al_2O_3$）经水化生成可碳化物质 $Ca(OH)_2$ 和水化硅酸钙［$Ca_4Si_6O_{14}(OH)_4 \cdot 2H_2O$］［未水化的硅酸三钙（$3CaO \cdot SiO_2$）和硅酸二钙（$2CaO \cdot SiO_2$）也可参与碳化反应］；孔隙水与环境湿度之间通过温湿平衡形成稳定的孔隙水膜；环境中的 CO_2 气体通过混凝土孔隙向混凝土内部扩散，并溶解于孔隙水中；固态 $Ca(OH)_2$ 在孔隙水中溶解扩散；CO_2 和 $Ca(OH)_2$ 在孔隙水中发生化学反应生成 $CaCO_3$，同时与 $Ca_4Si_6O_{14}(OH)_4 \cdot 2H_2O$、$3CaO \cdot SiO_2$、$2CaO \cdot SiO_2$ 在固液界面上发生化学反应。

碳化反应生成的 $CaCO_3$ 和其他固态物质堵塞孔隙，提高了混凝土的密实度和强度，阻碍了后续 CO_2 的扩散，使继续碳化的速率降低。混凝土碳化更重要的影响是，碳化反应消耗 $Ca(OH)_2$，使孔隙水溶液 pH 降低，诱发钢筋脱钝锈蚀。

2. 混凝土碳化的影响因素

混凝土的碳化过程和碳化速率与两方面的因素有关：外部环境作用和混凝土内部抵抗环境作用的材料特性。内部材料特性包括水泥品种、水泥用量、水灰比、骨料品种及级配、掺合料、外加剂、混凝土表面覆盖层等。外部环境作用主要为温度、相对湿度和 CO_2 浓度。

1）温度

温度升高可提高碳化反应的速率，更主要的是加快 CO_2 的扩散速率。此外，温度的交替变化更有利于 CO_2 的扩散。在相对湿度不变的条件下，随着温度的升高（10～60℃），混凝土的碳化深度近似呈线性增长[14, 15]。

2）相对湿度

相对湿度影响混凝土孔隙水饱和度（孔隙水体积与孔隙总体积之比），从而一方面影响 CO_2 的扩散速率，另一方面影响在溶液或固液界面上进行的化学反应的速率。环境相对湿度过高会阻碍 CO_2 的扩散，导致碳化发展很慢；相对湿度过低，碳化反应缺少所需的液相环境，碳化反应难以发展。大量研究表明，在 50%～80% 的相对湿度条件下混凝土碳化的速率最快。冯乃谦[16]分析了 1981～1996 年国内外的碳化资料后认为，碳化速率与相对湿度的关系呈抛物线状，在相对湿度为 40%～60% 时，碳化速率较快，50% 时达到最大值。张海燕等[14]通过加速碳化试验发现，在环境温度不变的条件下，随着相对湿度的增大（40%～80%），混凝土的碳化速率近似呈线性降低。不同的混凝土材料，尽管其碳化速率不同，但各自均对应一相对湿度临界值，当环境湿度达到临界值时，碳化最快。

3）CO_2 浓度

环境中 CO_2 浓度越高，混凝土内外 CO_2 浓度梯度就越大，CO_2 侵入越快，化学反应速率也越快，碳化速率也越快。试验研究表明[17]，随着 CO_2 浓度增大，混凝土碳化速率逐步增大，与 CO_2 浓度近似呈平方根关系。但是，当 CO_2 浓度较高时，CO_2 与混凝土内部 $Ca(OH)_2$ 等物质反应较充分，生成的固态物质很快阻塞孔隙，后续的 CO_2 难以进一步扩散。进一步研究表明[18]，随着 CO_2 浓度的进一步提高，碳化速率有减小的趋势。

1.2.2　氯盐侵蚀

1. 氯盐侵蚀机理

混凝土结构中有近 20% 处于氯盐侵蚀环境中，Cl^- 侵蚀会引起混凝土中钢筋锈蚀。随着钢筋锈蚀的起始与发展，混凝土保护层锈胀开裂，影响使用功能和外观，严重时会危及混凝土结构安全。

混凝土结构中的 Cl^- 根据来源分为内掺型和外渗型。内掺型来源于混凝土原材料，如拌制时加入含氯化物的减水剂和防冻剂等[19]。外渗型来源于海洋环境中的海水、盐雾，或盐湖湖水、盐雾等，或人工抛撒的除冰盐等。海水中约含有 1.9% 的 Cl^-，而在除冰盐环境下桥梁混凝土表面 Cl^- 含量可达 $15kg/m^3$[20]。在毛细作用下，水分会在混凝土内部流动；随之，溶解于水中的 Cl^- 也在混凝土内部流动。同时，在浓度梯度的驱动下，溶解于水中的 Cl^- 向混凝土内部扩散。这两种传输机制使 Cl^- 从混凝土表面逐步入侵至钢筋所在位置。当钢筋表面 Cl^- 达到临界浓度时，混凝土中的钢筋开始锈蚀。侵蚀进入混凝土内部的 Cl^- 通过以下 4 种作用引起钢筋的锈蚀。

（1）局部酸化作用——破坏钝化膜。水泥水化的高碱性使混凝土内钢筋表面产生一层致密的钝化膜，但该钝化膜只有在高碱性的环境中才能稳定存在。Cl^-与其他阴离子（如 OH^-）共存并被钝化膜吸附时，Cl^-具有优先被吸附的趋势，钢筋钝化层表面附近 Cl^-聚集区溶液被局部酸化，使该处 pH 降低到 4 以下，破坏钢筋表面钝化膜。

（2）形成“活化－钝化”腐蚀原电池。Cl^-半径小，活性大，常从钝化膜的缺陷处渗入并将钝化膜击穿，直接与金属原子发生反应。其中，露出的金属便是“活化－钝化”腐蚀电池的阳极，未被击穿的大面积钝化膜区域则是腐蚀电池的阴极。这种大阴极、小阳极的腐蚀电池促成了所谓的小孔腐蚀，使钢筋产生坑蚀现象。

（3）催化剂作用——去极化。在 Cl^-的催化作用下，钢筋表面腐蚀（坑蚀）微观电池的阳极反应产物 Fe^{2+}被及时地“搬运”出去，使在阳极发生反应的过程顺利进行甚至加速进行。由于 $FeCl_2$ 可溶，其在混凝土中扩散时遇到 OH^-就能生成 $Fe(OH)_2$ 沉淀，再进一步氧化成铁的氧化物，即铁锈。因此 Cl^-在钢筋锈蚀过程中本身不被消耗，而是重复循环地被利用，因而氯化物侵蚀一旦发生，将很难补救。

（4）降低混凝土的电阻。氯化物侵入混凝土后，其中的 Cl^-及 Na^+、Ca^{2+}等阳离子都会参与混凝土中的离子导电过程，降低钢筋表面微观腐蚀电池阴、阳极之间的混凝土电阻，提高腐蚀电池的效率，从而加速钢筋电化学腐蚀的进程。

2. 氯盐侵蚀的影响因素

影响 Cl^-侵蚀的因素同样包括内部材料特性和外部环境作用两个部分。内部材料特性包括水灰比、掺合料的种类和数量、内部孔隙结构的数量和特征、水化程度、施工和养护情况等。外部环境作用主要为温度、相对湿度及混凝土表面 Cl^-含量。

1）温度

一方面，温度升高使水分蒸发加快，造成混凝土表面的孔隙饱和度降低，渗透性增加；另一方面，温度升高可以使内部混凝土的水化速率加快，混凝土致密性增加，渗透性降低。由于胶凝材料水化逐渐趋于充分而稳定，温度升高的作用主要体现为增强离子活动能力，从而增大扩散的能力。

试验表明，温度在 18～35℃范围内变化时，对扩散性、吸附性和渗透性的各项传输性能指标影响最大[21]。如果吸附性占主导地位，则温度的升高有助于混凝土结构抵抗 Cl^-侵蚀。但从长远来看，一年龄期以后胶凝材料的水化一般趋于稳定，温度升高会使离子的活动加剧，增加扩散的能力。因此，随着时间的推移，环境温度越高，Cl^-的渗透速率越快。

试验研究表明，环境温度对于混凝土的 Cl^-表观扩散系数影响很大，如 10℃

时表观扩散系数的测定值仅为 40℃时的 1/4～1/3[22]。

2）相对湿度

相对湿度对离子在混凝土中的传输有重要影响。当混凝土内部的离子在浓度梯度下以扩散方式传输时，相对湿度降低将显著降低 Cl^-在混凝土中的传输速率。这是由于相对湿度降低使混凝土孔溶液中水分减少，离子在孔隙中传输更加困难。一般认为，混凝土相对湿度对混凝土扩散过程的影响可按式（1.1）描述[23]。

$$D(\mathrm{RH}) = D_0\left[1+\frac{(1-\mathrm{RH})^4}{(1-0.75)^4}\right]^{-1} \tag{1.1}$$

式中，$D(\mathrm{RH})$ 为 RH 下的扩散系数；D_0 为饱和状态下的扩散系数；RH 为混凝土的相对湿度。

混凝土相对湿度很低时，当有外界环境介质渗入时，离子以毛细管吸入机制占据主导地位，离子吸入速率随混凝土相对湿度的降低而加快。这样的毛细管吸入机制是离子迁移速率较快的方式之一，如表面干燥的混凝土暴露于海水中时，几小时或几天内 Cl^-就能被毛细孔吸入混凝土 5～15mm 的深度[24]。饱和混凝土在海水中 Cl^-以纯扩散机制渗透进入混凝土中相同深度的时间可能要长达数月之久。

3）混凝土表面的 Cl^-含量

Cl^-扩散侵入是由混凝土内外 Cl^-的浓度差驱动的，表面 Cl^-含量越高，内外部 Cl^-浓度差就越大，Cl^-往混凝土内部的侵蚀速率也越快。表面 Cl^-含量本身不会影响 Cl^-的扩散系数，其含量除与环境条件有关外，还与混凝土自身材料对 Cl^-的吸附性能有关[25]。在其他条件不变时，混凝土表面 Cl^-含量越大，钢筋表面处 Cl^-达到临界浓度所需时间就越短。

1.2.3　盐冻及冻融破坏

1. 盐冻及冻融破坏机理

冻融破坏是指混凝土内部游离水在正温和负温交替作用下形成膨胀压力和渗透压力联合作用的疲劳应力使混凝土产生由表及里的剥蚀，从而导致混凝土力学性能降低的现象。盐冻破坏是指在盐溶液和冻融循环共同作用下，混凝土表面剥蚀的破坏。混凝土的盐冻及冻融破坏一般发生在寒冷地区与水接触的混凝土结构物中，如水位变动区的海工、水工混凝土结构物等。

在冻融破坏过程的理论解释中，美国学者 Powers 的膨胀压和渗透压理论[26,27]的公认程度最高。吸水饱和的混凝土在其冻融中遭受的破坏应力主要由两部分组成：一是混凝土中毛细孔水在某负温下发生物态变化，由水转变成冰，体积膨胀 9% 左右，受毛细孔壁约束形成膨胀压力，从而在孔结构的周围微观结构中产生拉应力；二是当毛细孔水结成冰时，由凝胶孔中过冷水在混凝土微观结构中的迁移和重分布引起渗透压。表面张力的作用使混凝土毛细孔隙中水的冰点随孔径减小而降低，凝胶孔隙水形成冰核温度降至－78℃以下，因此由冰与过冷水的饱和蒸汽压差和过冷水之间的盐分浓度差引起水分迁移而形成渗透压。加上受冻时凝胶不断增大引起更大的膨胀压力，经多次冻融循环，损伤逐渐累积和扩大，发展成相互连通的裂缝而使混凝土层层剥蚀。

2. 盐冻及冻融破坏的影响因素

影响混凝土抗冻性的因素可分为混凝土内部自身因素和外部环境作用两类。前者包括水灰比、含气量、混凝土的饱水状态、混凝土受冻龄期、水泥品种、骨料、外加剂及掺合料、轻骨料混凝土的抗冻性等；后者包括冻结温度、降温速率、相对湿度与降水量、冻融循环次数等。

1）冻结温度

由于混凝土毛细孔中的溶液一般在－1.5～－1℃时开始结冰，到－12℃左右时全部结冰，冻结温度影响着混凝土毛细孔内的结冰量。温度越低，则混凝土结冰的毛细孔越多，劣化越严重。李金玉等[28]通过试验证明，冻结温度对混凝土的冻融破坏有明显的影响，冻结温度越低，混凝土冻融破坏越严重。邸小坛等[29]进行混凝土抗冻性试验后发现，混凝土的抗冻融能力随着最低冻结温度的降低而降低，但在－10℃以下降低较有限。蔡昊[30]的研究表明，普通混凝土孔溶液结冰速率在－10℃以上较高，在－10℃以下较低。

2）降温速率

混凝土的抗冻性受降温速率的影响较大：降温速率越快，混凝土性能退化越快；降温速率缓慢，混凝土性能退化相对较慢。

3）相对湿度与降水量

环境相对湿度和降水量影响着混凝土的饱水度。在潮湿或水环境下，混凝土内饱水度增加，其抗冻能力降低。

4）冻融循环次数

冻融循环次数对混凝土抗冻性的影响表现为：冻融循环次数增加，混凝土饱水度会因为“微泵效益”而逐渐提高；另外，随着冻融循环次数的增加，混凝土损伤不断累积增大，其抗冻性能不断降低[31]。

5）盐的种类

盐冻破坏与盐的种类有关，其严重程度依次为氯化钠＞尿素＞氯化钙＞海水。这可能与盐溶液的吸湿性有关。例如，当相对湿度为96%时，氯化钠和氯化钙能从湿气中吸水，而尿素和海水则可能失水或保持饱水度不变[32]。

1.2.4 硫酸盐侵蚀

1. 硫酸盐侵蚀机理

硫酸盐与混凝土水化产物发生化学反应使混凝土腐蚀劣化。硫酸盐侵蚀过程中的钙矾石、石膏和钙硅石的产生是引起混凝土腐蚀破坏的主要原因。硫酸盐侵蚀破坏大致有以下几种：①当硫酸盐溶液中的阳离子为可溶性的离子（如 Na^+、K^+）时，硫酸盐与铝酸三钙反应生成钙矾石，由于钙矾石的膨胀，混凝土很容易在膨胀压力下开裂；②当溶液中存在 Mg^{2+}时，硫酸盐与氢氧化钙反应生成石膏，并且能将 C—S—H 置换成 M—S—H，此时混凝土只产生微小的膨胀，更多的引起混凝土刚度和黏结力的降低；③低温潮湿或有碳酸盐存在的条件下生成碳硫硅钙石，引起混凝土膨胀开裂；④干湿循环条件下进入混凝土中的硫酸盐吸水结晶对混凝土产生结晶压力，引起混凝土开裂破坏。硫酸盐通常存在于地下水、海水和工业废水中，硫酸盐侵蚀是比较广泛的化学侵蚀形式之一。

2. 硫酸盐侵蚀影响因素

影响硫酸盐侵蚀的因素中，除混凝土水灰比、材料渗透性等内部因素外，还有 SO_4^{2-}浓度、温度和相对湿度等外部环境作用。

1）SO_4^{2-}浓度

硫酸盐侵蚀速率随着硫酸盐溶液浓度的增大而增大。溶液浓度的不同，会导致硫酸盐侵蚀机理的不同。在不同的浓度下，硫酸盐侵蚀产物也不相同。美国混凝土学会（American Concrete Institute，ACI）根据 SO_4^{2-}浓度的高低，将硫酸盐分为 4 个等级，分别对应为轻微、中等、严重和很严重的侵蚀。

2）温度

温度升高将加速 SO_4^{2-}的扩散速率，从而加速离子迁移速率和化学反应速率，因此溶液温度对硫酸盐的侵蚀速率有一定影响。

3）相对湿度

硫酸盐对混凝土的侵蚀作用是液相反应，反应时需要有水的参与，因此孔隙水饱和度对硫酸盐侵蚀速率也有影响。相对湿度会通过影响混凝土的孔隙水饱和度而影响硫酸盐侵蚀。

1.2.5 钢筋锈蚀

1. 钢筋锈蚀机理

混凝土中钢筋锈蚀是一个电化学反应过程。通常情况下，混凝土中水泥水化后在钢筋表面形成一层致密的钝化膜，对钢筋起到保护作用，钢筋不会锈蚀。但是，当混凝土碳化使钢筋表面 pH 降低或钢筋表面 Cl^-浓度达到临界值时，钝化膜会被破坏，在有足够水和氧气的条件下会产生电化学腐蚀。一方面，钢筋锈蚀使钢筋有效截面减少；另一方面，生成的锈蚀产物体积膨胀使混凝土保护层胀裂，甚至脱落，钢筋与混凝土之间的黏结作用减弱，影响混凝土结构的安全性和使用性。

2. 钢筋锈蚀的影响因素

影响混凝土中钢筋锈蚀的因素很多，同样可分为内部因素和外部环境作用两大类。其中，内部因素通常有混凝土的种类、保护层厚度、混凝土强度等级、材料渗透性等；外部环境作用包括温度、相对湿度、CO_2浓度、Cl^-浓度等。

1）温度

温度影响着氧气在混凝土中的扩散速率，进而影响钢筋的锈蚀速率。研究表明，温度与锈蚀速率呈线性变化，当温度从+10℃升到+20℃时，锈蚀速率可增大7倍[33]。

2）相对湿度

孔隙水饱和度是影响混凝土电阻抗的主要因素。相对湿度较高，孔隙水饱和度大，钢筋所在位置水分充足，混凝土的电阻抗较小，OH^-容易扩散。另外，孔隙水饱和度又影响着O_2的扩散速率，孔隙水饱和度越大，O_2扩散越缓慢，阴极反应也越缓慢。因此，通常有一个孔隙水饱和度临界值。当饱和度小于该临界值时，锈蚀速率由电阻抗和OH^-扩散过程控制；当饱和度大于该临界值时，锈蚀速率由O_2扩散和阴极反应控制；当饱和度等于该临界值时，锈蚀速率最大。

3）表面Cl^-浓度

进入混凝土内部的Cl^-主要通过局部酸化作用、形成“活化－钝化”腐蚀原电池、催化剂作用、降低混凝土电阻等引起钢筋锈蚀。混凝土表面Cl^-浓度越大，混凝土内外Cl^-浓度差越大，Cl^-往混凝土内部的侵蚀速率越快，钢筋表面处Cl^-浓度越高。因此，混凝土表面Cl^-浓度越高，混凝土中钢筋锈蚀的速率通常越快。

从对混凝土碳化、氯盐侵蚀、冻融破坏、硫酸盐侵蚀及钢筋锈蚀机理的上述认识可知，环境中的温度、相对湿度、CO_2浓度、Cl^-浓度、SO_4^{2-}浓度等对钢筋混凝土结构材料劣化过程起着至关重要的作用，有必要对其识别和量化。

1.3 国内外环境作用的研究概况

1.3.1 环境分类及环境作用等级划分

混凝土结构的服役环境复杂多样，对环境的分类方法也多种多样。根据侵蚀介质作用物理状态的不同，工程结构所处环境可划分为大气环境、水环境和土壤环境。根据侵蚀介质作用类型的不同，大气环境可分为一般大气环境、海洋大气环境、工业大气环境；水环境可划分为海水环境、淡水环境和工业水环境；土壤环境可分为碱性土壤、酸性土壤、内陆盐土和滨海盐土4类[34]。

除此之外，国内外有关混凝土结构的设计规范和评估标准也对环境类别和环境作用等级进行了划分。

欧洲国际混凝土协会的 1990 CEB-FIB 模式规范将混凝土结构的工作环境按暴露等级分为：①干燥环境；②潮湿环境；③有霜冻和除冰盐的潮湿环境；④海水环境；⑤侵蚀性化学环境。具体如表 1.1 所示[35]。

表 1.1　CEB-FIB 模式规范的环境条件与暴露等级

暴露等级		环境条件
1．干燥环境		如住宅、办公室内部
2．潮湿环境	A．无霜冻	如洗衣房、室外构件、非侵蚀性土或水中构件
	B．有霜冻	如有霜冻的室外构件，在非侵蚀性土或水中且有霜冻的构件，或高湿环境且有霜冻的构件
3．有霜冻和除冰盐的潮湿环境		如有霜冻和除冰盐作用的室内和室外构件
4．海水环境	A．无霜冻	如部分侵入海水或在飞溅区的构件、在浸透盐的空气中的构件
	B．有霜冻	如部分侵入海水或在飞溅区中且有霜冻的构件、在浸透盐的空气中且有霜冻的构件
5．侵蚀性化学环境	A．轻微	如轻微侵蚀性环境、侵蚀性工业大气环境，pH 为 6.5～5.5，CO_2 浓度为 15～40mg/L
	B．中等	如中等侵蚀性化学环境，pH 为 5.5～4.5，CO_2 浓度为 40～100mg/L
	C．严重	如高度侵蚀性化学环境，pH≤4.5，CO_2 浓度大于 100mg/L

欧洲规范（EN 1992-1-1）[36]将环境作用划分为无锈蚀或侵蚀危险、碳化引起锈蚀、氯化物引起钢筋锈蚀、海水氯化物引起的钢筋锈蚀、冻融循环、化学侵蚀 6 个类别，并将以上类别分别划分为 1、4、3、3、4、3 个不同作用等级。

在欧洲规范环境作用分类的基础上，英国、挪威最新混凝土结构设计规范分别根据其实际环境情况进行了适当的修改、补充或细分。其中，英国混凝土结构设计规范（BS 8110-1：1997）将暴露条件分成轻微、中等、严重、很严重和极严重 5 个等级[37]。

美国钢筋混凝土建筑规范（ACI-318R-08）为确保耐久性要求将暴露环境划分为冻融、硫酸盐、需低渗透性和防止钢筋锈蚀的 4 类[38]。冻融环境又分为严重环境和中等环境，前者是指在寒冷气候中的混凝土在冻结之前几乎连续不断地与水接触的场合，或者使用除冰盐的场合；后者是指在寒冷气候中的混凝土在冻结之前偶尔与水接触，以及不使用除冰盐的场合。硫酸盐环境又可分为轻微、中等、严重和很严重 4 个环境等级。

我国有关混凝土结构设计规范及评定标准对混凝土工作环境类别及环境作用等级的划分也不尽相同。《混凝土结构设计规范》（GB 50010—2010）（2015 年版）仅对环境类别进行了划分（表 1.2）[39]。

表 1.2 混凝土结构的环境类别

环境类别	条件
一	室内干燥环境； 无侵蚀性静水浸没环境
二 a	室内潮湿环境； 非严寒和非寒冷地区的露天环境； 非严寒和非寒冷地区与无侵蚀性的水或土壤直接接触的环境； 严寒和寒冷地区的冰冻线以下与无侵蚀性的水或土壤直接接触的环境
二 b	干湿交替环境； 水位频繁变动环境； 严寒和寒冷地区的露天环境； 严寒和寒冷地区冰冻线以上与无侵蚀性的水或土壤直接接触的环境
三 a	严寒和寒冷地区冬季水位变动区环境； 受除冰盐影响环境； 海风环境
三 b	盐渍土环境； 受除冰盐作用环境； 海岸环境
四	海水环境
五	受人为或自然的侵蚀性物质影响的环境

注：① 室内潮湿环境是指构件表面经常处于结露或湿润状态的环境。

② 严寒和寒冷地区的划分应符合现行国家标准《民用建筑热工设计规范》（GB 50176—2016）的有关规定。

③ 海岸环境和海风环境宜根据当地情况，考虑主导风向及结构所处迎风、背风部位等因素的影响，由调查研究和工程经验确定。

④ 受除冰盐影响环境是指受到除冰盐盐雾影响的环境；受除冰盐作用环境是指被除冰盐溶液溅射的环境以及使用除冰盐地区的洗车房、停车楼等建筑。

⑤ 暴露的环境是指混凝土结构表面所处的环境。

《混凝土结构耐久性设计标准》（GB/T 50476—2019）不但对环境类别进行了划分（表 1.3），也对环境作用等级进行了描述（表 1.4）[40]。

表 1.3 环境类别

环境类别	名称	劣化机理
Ⅰ	一般环境	正常大气作用引起钢筋锈蚀
Ⅱ	冻融环境	反复冻融导致混凝土损伤
Ⅲ	海洋氯化物环境	氯盐侵入引起钢筋锈蚀
Ⅳ	除冰盐等其他氯化物环境	氯盐侵入引起钢筋锈蚀
Ⅴ	化学腐蚀环境	硫酸盐等化学物质对混凝土的腐蚀

表 1.4 环境作用等级

环境类别	环境作用等级					
	A 轻微	B 轻度	C 中度	D 严重	E 非常严重	F 极端严重
一般环境	Ⅰ-A	Ⅰ-B	Ⅰ-C	—	—	—
冻融环境	—	—	Ⅱ-C	Ⅱ-D	Ⅱ-E	—
海洋氯化物环境	—	—	Ⅲ-C	Ⅲ-D	Ⅲ-E	Ⅲ-F
除冰盐等其他氯化物环境	—	—	Ⅳ-C	Ⅳ-D	Ⅳ-E	—
化学腐蚀环境	—	—	Ⅴ-C	Ⅴ-D	Ⅴ-E	—

《混凝土结构耐久性评定标准》(CECS 220：2007)中将环境分为一般环境和大气污染环境两个类别。在每个类别中又具体细分为一般室内环境，室内潮湿环境，室内高温、高湿度变化环境等[41]。

《工业建筑防腐蚀设计标准》(GB/T 50046—2018)根据大气、水、土等环境中有害介质的不同含量，基于不同的环境湿度条件，对不同建筑材料的腐蚀程度进行划分，将其分为无、弱、中、强 4 个等级[42]。

中国土木工程学会标准《混凝土结构耐久性设计与施工指南》(CCES 01—2004)(2005 年修订版)参照欧洲规范(EN206)，根据结构所处环境对钢筋和混凝土材料的不同腐蚀作用机理，将环境分为 5 大类(表 1.5)、6 个等级(表 1.6)[43]。

表 1.5 环境分类

类别	名称	类别	名称
Ⅰ	碳化引起钢筋锈蚀的一般环境	Ⅴ	其他化学物质引起混凝土腐蚀的环境
Ⅱ	反复冻融引起混凝土冻融的环境	V_1	土中和水中的化学腐蚀环境
Ⅲ	海水氯化物引起钢筋锈蚀的近海或海洋环境	V_2	大气污染环境
Ⅳ	除冰盐等其他氯化物引起钢筋锈蚀的环境	V_3	盐结晶环境

注：氯化物环境(Ⅲ和Ⅳ)对混凝土材料也有一定腐蚀作用，但主要是引起钢筋的严重锈蚀。反复冻融(Ⅱ)和其他化学介质(V_1、V_2、V_3)对混凝土的冻蚀和腐蚀，也会间接促进钢筋锈蚀，有的能直接引起钢筋锈蚀，但主要是对混凝土的损伤和破坏。

表 1.6 环境作用等级

作用等级	作用程度的定性描述	作用等级	作用程度的定性描述
A	可忽略	D	严重
B	轻度	E	非常严重
C	中度	F	极端严重

国内外其他现有的混凝土结构设计规范和既有结构耐久性评定标准，也都以

列表的形式对环境类别和环境作用等级进行定性描述。

表1.7总结了欧洲和我国规范对环境类别的划分情况。从表中可以看到，尽管国内外许多规范和指南对本国混凝土结构所受的环境进行了详细的划分，但是环境类别主要集中在一般大气环境、冻融环境、海水氯盐侵蚀环境、侵蚀性化学环境几大类，这也同时说明以上环境对混凝土结构影响的普遍性。

表1.7 环境类别划分对比

规范	环境类别				
	一般环境、干燥环境、碳化环境	潮湿环境	冻融环境、有霜冻及除冰盐环境	氯化物、海水环境	侵蚀性化学环境
1990 CEB-FIB模式规范	√	√	√	√	√
欧洲规范（EN 1992-1-1）	√	—	√	√	√
《混凝土结构设计规范》	√	√	√	√	√
《混凝土结构耐久性设计规范》	√	—	√	√	√
《混凝土结构耐久性设计与施工指南》	√	—	√	√	√

相应地，表1.8总结了欧洲以及国内规范和指南中对环境作用等级划分的情况。从表中可以看到，不同环境类别根据具体局部环境的不同影响分别划分为多个环境作用等级。与欧洲规范相比，我国规范还给出了总的环境作用等级，由此可容易确定不同环境类别的环境作用等级在总的环境作用等级中所处的位置及影响程度。

表1.8 环境作用等级对比

规范	环境作用等级					
	总共等级	一般环境、干燥环境、碳化环境	潮湿环境	冻融环境、有霜冻及除冰盐环境	氯化物、海水环境	侵蚀性化学环境
1990 CEB-FIB模式规范	—	1	2	1	2	3
欧洲规范（EN 1992-1-1）	—	4	—	4	3	3
《混凝土结构耐久性设计标准》（GB/T 50476—2019）	6	3	—	3	4	3
《混凝土结构耐久性设计与施工指南》（CCES 01—2004）（2005年修订版）	6	3	—	3	3	3

采用列表方式，工程师可以较方便地查询混凝土结构所处的环境类别及其环境作用等级，为考虑混凝土结构所处复杂环境条件提供了参考。但是，环境类别的划分仅针对某一具体局部环境分类，不能体现整个地区环境的影响范围和程度。特别是当各种环境（如氯盐侵蚀、冻融循环）相互影响时，仅仅通过表格形式很难确定环境作用所处具体等级。列表方式只能定性分析混凝土结构所受环境作用的影响，难以科学地量化该影响的大小。基于环境作用定量分析，对混凝土结构的环境作用进行区划，可以有效弥补以上不足。根据环境作用区划图，一方面可以再现各种环境作用在全国范围内的影响范围及程度，另一方面可以方便地查询出结构所在地各种环境作用的具体影响值。

1.3.2　环境区划及环境作用代表值

1. 国外环境区划成果

科威特大学根据阿拉伯半岛地形情况及盛行的两种不同类型气候，在宏观气候范畴内将阿拉伯半岛划分成干热区（半岛干旱的内部地区）和湿热区（处于亚热带的海岸地区）两个区域[44]。文献［44］重点分析了两个区域内混凝土结构耐久性劣化的原因，并对建筑材料及施工管理提出了要求。除此之外，还在宏观尺度划分的基础上，在细观和微观尺度上对阿拉伯海湾气候进行了简单划分，划分结果如表 1.9 所示。

表 1.9　阿拉伯海湾细观和微观尺度上气候划分

结构周围气候环境（细观尺度）		距海岸线距离	与结构构件相关气候环境（微观尺度）	
海湾海洋区	GM	0～100m	GM1	盐雾区
			GM2	浪溅 / 潮汐区
			GM3	淹没区
海湾沿岸区	GC	100m～10km	—	
海湾内陆区	GI	10～50km	GIA	毛细上升区
			GIB	毛细上升区以上区域
海湾低风险区	GL	大于 50km	—	

澳大利亚混凝土结构设计规范（AS 3600—2001）[45]规定，混凝土耐久性设计指标通过构件表面的暴露等级确定，而构件表面的暴露等级由气候区划图（图 1.3）和构件的暴露环境等级（表 1.10）共同确定。

与澳大利亚混凝土结构设计规范类似，非洲混凝土结构耐久性设计指标也是由结构构件所处气候区（图 1.4）和暴露等级（表 1.11）共同确定的[46]。

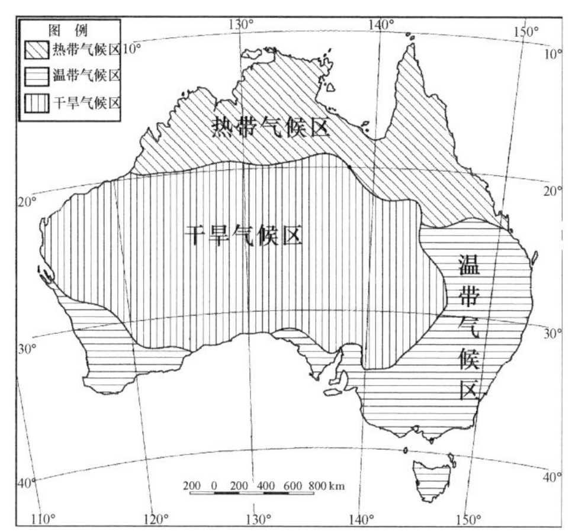

图 1.3 澳大利亚气候区划图[45]

表 1.10 澳大利亚暴露环境等级划分

构件表面及暴露环境	暴露环境等级	
	钢筋或预应力混凝土构件	素混凝土构件
1．与地面接触的构件表面		
(a) 由耐湿薄膜保护的构件	A1	A1
(b) 地处非侵蚀土的住宅	A1	A1
(c) 地处非侵蚀土的其他构件	A2	A1
(d) 地处侵蚀土的构件	U	U
2．内部环境中的构件表面		
(a) 施工中，除短暂时期暴露，其余时间完全封闭的建筑	A1	A1
(b) 工业建筑，构件处于干湿循环	B1	A1
3．地面以上外部环境构件表面		
(a) 内陆（距离海岸线大于 50km）环境为		
(Ⅰ)非工业区和干旱气候区	A1	A1
(Ⅱ)非工业区和温和气候区	A2	A1
(Ⅲ) 非工业区和热带气候区	B1	A1
(Ⅳ) 工业区和任何气候区	B1	A1
(b) 近海岸（距离海岸线 1～50km），任何气候区	B1	A1
(c) 海岸区（距离海岸线 1km 之内），任何气候区	B2	A1
4．水中构件表面		
(a) 淡水中	B1	A1
(b) 海水中		
(Ⅰ)永久淹没区	B2	U
(Ⅱ) 潮汐和浪溅区	C	U
(c) 在软质或自来水中	U	U
5．其他环境中的构件表面 不同于条款 1～4 的其他暴露环境	U	U

注：A1、A2、B1、B2、C 为暴露环境严重等级；等级 U 表示的暴露环境不同于表中指定的暴露环境，但是暴露环境的严重性等级应该得到适当的评估。

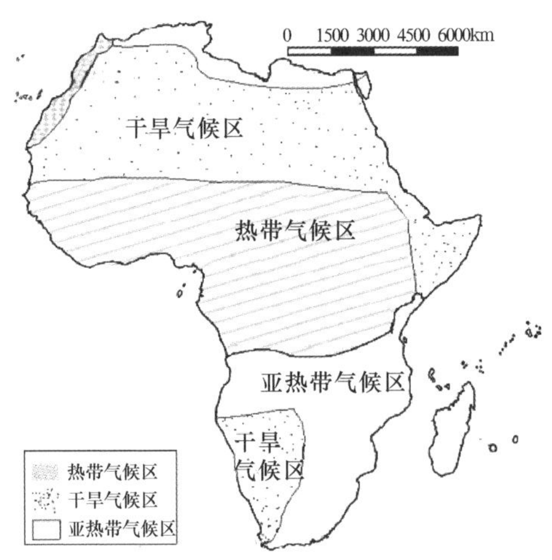

图 1.4　非洲气候区划图[46]

表 1.11　构件表面类型及环境暴露等级

构件表面及暴露环境	暴露环境等级
1. 与地面接触的构件表面	
(a) 由耐湿薄膜保护的构件	轻度
(b) 地处非侵蚀土的住宅	轻度
(c) 地处非侵蚀土的其他构件	轻度
(d) 地处侵蚀土的构件	未知
2. 内部环境中的构件表面	
(a) 施工中，除短暂时期暴露，其余时间完全封闭的建筑	轻度
(b) 工业建筑，构件处于干湿循环	严重
3. 地面以上外部环境构件表面	
(a) 内陆（距离海岸线大于 50km）环境为	
(Ⅰ) 非工业区和干旱气候区	中度 - 严重
(Ⅱ) 非工业区和温和气候区	轻微中度
(Ⅲ) 非工业区和热带气候区	中度 - 严重
(Ⅳ) 工业区和任何气候区	严重
(b) 近海岸（距离海岸线 1～50km），任何气候区	中度
(c) 海岸区（距离海岸线 100m～1km），任何气候区	中度
4. 水中构件表面	
(a) 淡水中	中度
(b) 海水中	
(Ⅰ) 永久淹没区	轻微中度
(Ⅱ) 潮汐和浪溅区	严重
(c) 在软质或自来水中	未知
5. 其他环境中的构件表面 不同于条款 1～4 的其他暴露环境	未知

新西兰建筑规范（NZS 3101）根据平均温度和领土的边界将新西兰划分为 3

个气候区，分别是：①Ⅰ区，新西兰北部地带、奥克兰和乌木半岛；②Ⅱ区，除中部高原以外的北部岛屿；③Ⅲ区，北部半岛的中部高原和整个南部半岛[47]。

通过以上各种环境区划图，工程师可以明确工程结构所在地遭受的各种环境作用和大小，方便选择更加适合、耐久的材料类型及结构体系，指导工程结构的设计和维护。但是，以上研究基本停留在气候环境区划，大多数区划只是单一因素的环境作用分布图。由于混凝土结构服役性能的影响因素众多，严格意义上这些都还不能称之为环境作用区划。混凝土结构环境作用区划要综合各种环境作用、混凝土材料本身、材料劣化机理等各个方面进行。

2. 国内环境区划成果

我国气候区划工作开始于20世纪30年代初期，按照用途不同可分为综合性气候区划和单项气候区划两种。其中，综合性气候区划主要是为了满足工农业生产的需要；单项气候区划按照某一个重要气候要素来划分，主要是对综合性区划的补充和深化，如干湿气候区划、季风气候区划等。此外，还有服务于某一行业的应用气候区划，如农业气候区划、建筑气候区划和服装气候区划等[34]。

在现行国家规范中，与混凝土结构环境作用区划密切相关的标准主要有《公路自然区划标准》（JTJ 003—86）[48]、《建筑气候区划标准》（GB 50178—93）[49]和《民用建筑热工设计规范》（GB 50176—2016）[50]。

1）公路自然区划

为区分不同地理区域自然条件对公路工程影响的差异性，指导在路基、路面的设计、施工和养护中采用适当的技术措施和合适的设计参数，交通部于1986年颁布了《公路自然区划标准》（JTJ 003—86）。

公路自然区划结合了我国地理和气候特点，分为3个等级[48]。

（1）一级区划以全国性的纬向地带性和构造区域性为依据，根据地理、气候因素确定。对纬向性的，采用了气候指标；对非纬向性的，强调构造和地貌因素；中部个别地区则采用土质作为指标。

（2）二级区划仍以气候和地形为主导因素，采用以潮湿系数K为主的一个标志体系。

（3）三级区划是二级区划的进一步划分。

此外，在每个分区根据不同地理和气候条件，提出了路基路面的设计施工和养护方面的要求。

2）建筑气候区划

我国从1958年开始，在全国有关部门的通力协作下，开展了建筑气候区划的编制工作。1993年中国建筑科学研究院建筑物理研究所主持编制的《建筑气候区划标准》（GB 50178—93）成为强制性国家标准[49]。该标准是在气象学、建筑学、建筑环境工程学等相结合的理论基础上，通过研究各地区的气象要素及气候条件，为了区分我国不同地区气候条件对建筑影响的差异性而编制的。中国建筑气候区划采用综合分析和主导因素相结合的原则，将全国分为7个一级区和20个二级区。其中，一级区划以气温和相对湿度为主要指标；二级区划考虑了风速与降水量的要素。通过中国建筑气候区划图，可以明确各气候区建筑基本要求和各地区建筑气候参数，从而使建筑适应当地气候条件，以合理利用气候资源。

3）建筑热工设计分区

为使民用建筑热工设计与地区气候相适应，保证室内基本的热环境要求，符合国家节约能源的方针，中国建筑科学研究院主持编制了《民用建筑热工设计规范》（GB 50176—2016）[50]。全国建筑热工设计分区以最冷月平均温度、最热月平均温度为主要指标，以日平均温度小于等于5℃的天数、大于等于25℃的天数为辅助指标，将全国分为5个区域，分别是严寒地区、寒冷地区、夏热冬冷地区、夏热冬暖地区、温和地区。不同区域对夏季防热或冬季保温的设计要求不尽相同。

4）混凝土结构耐久性环境区划

结合大量实际工程结构耐久性调查，浙江大学以浙江省为例，对浙江省6种环境条件（环境 Cl^- 浓度、环境温度、环境湿度、CO_2 浓度、风压与风速）进行逐一分析后，最终确定以距海岸线距离与环境相对湿度两种环境条件对浙江省进行境区划，并编制了浙江省混凝土结构耐久性环境区划图[51]。该环境区划仅针对浙江省范围内的海洋环境，尚未反映全国范围内的不同环境类型。

西安建筑科技大学对全国混凝土结构耐久性环境区划进行了初步研究。在分析各环境因素对混凝土结构耐久性的影响机理与影响程度的基础上，应用气候区划中最常用的综合分析与主导因素结合的原则，选取各地区1月平均气温、7月平均气温、7月平均相对湿度为一级分区指标，选择距海岸线距离与降水、年平均pH作为二级分区指标，制作了全国混凝土结构耐久性环境区划图[34]。该区划研究采用的一级分区指标和区划结果借鉴《建筑气候区划标准》（GB 50178—93）[49]中的相关内容，有实用价值；但各种不同环境条件对混凝土结构的影响在区划中体现不充分。

分析国内外环境作用区划成果，发现其共同特点是便于工程应用，但定性成分过重，定量分析不足。为实现基于预期寿命的混凝土结构的性能评定与设计，必须制定兼顾环境作用定性与定量分析的环境作用区划。

3. 环境作用代表值

混凝土结构所受环境作用在时间上具有时变性，在空间上存在差异性。进行混凝土结构全寿命性能评估和基于预期寿命的结构设计需要在不同的时间和空间尺度上获得工程项目所在位置处的环境作用值[52, 53]。目前这方面的资料非常不充分，应做深入的研究。

1.3.3 环境模拟技术

1. 军事和航空航天领域的环境模拟技术

1）军事领域环境模拟设备或实验室

为避免武器装备在复杂的环境作用下出现性能劣化、寿命降低等问题，必须对其进行严格的环境适应性检验。国内外建设了大量环境模拟设备，如我国某重武器环境室、兵器试验中心、海上兵器试验场、航空兵器试验场、装甲装备试验场，日本下北试验场，美国陆军阿伯丁兵器试验场、空军霍夫曼基地、佛罗里达州空军基地的麦金利气候环境实验室，英国皇家陆军科学研究院车辆环境实验室，法国梅利营陆军国家武器试验场、布尔日和萨托里武器试验场，德国梅佩靶场等。表1.12列出了国外军事领域典型环境室的尺寸及相关参数指标。从表中可以看出，军事领域的环境模拟设备以单一环境的模拟为主，但普遍规模较大，环境模拟箱内环境参数的均匀性和稳定性的实现手段可用于土木工程大型环境模拟实验室的研发。

表1.12 国外军事领域典型环境室参数指标

环境室	几何尺寸	温度/℃	相对湿度/%	其他环境作用
美国陆军阿伯丁兵器试验场	23m×12.3m×7.3m	−57～+77	<98	风（风速5m/s和0.8m/s）
美国空军霍夫曼基地	2.4m×2.4m×3.4m	−73～+149	30～95	振动、高度
美国佛罗里达州空军基地的麦金利气候环境实验室	76m×61m×21m	−54～+74	10～95	太阳辐射、降雨（6～380mm/h）、风、雪、冰雹、沙尘暴和冻雨、涡流冰冻和地面雾冻
英国皇家陆军科学研究院车辆环境实验室	约3000m^3	−40～+52	5～99	太阳辐射（只模拟热效应，模拟光源面积为97.7m^2）

为满足武器性能统一评价的需求，许多国家制定了试验标准，其中最新版本的美国国防部试验方法标准（MIL-STD-810F）代表了当前最新的环境试验要求。该标准规定了低气压、高低温、热冲击、浸渍、太阳辐射、降雨、湿热、霉菌、盐雾、沙尘、加速度、振动、噪声、机械冲击、酸性大气、冻雨等单一环境试验方法，以及温湿度、振动和海拔等组合试验方法。2001年，我国也颁布实施了《军用装备实验室环境试验方法》（GJB 150A—2009）。

2）航空航天领域环境模拟器

为满足飞机、火箭、人造卫星等研制和性能检验的需要，国内外建成了大量环境模拟设备，如中国KM系列整机和部件空间环境模拟设备、中国航空工业第603研究所高空环境模拟设备、北京航空航天大学601所小型高空环境模拟设备，法国图卢兹航空研究中心，英国加利特－诺玛利尔公司高空实验室，美国诺斯洛普·格鲁门公司和波音公司的高空试验舱、美国国家航空航天局（National Aeronautics and Space Administration，NASA）下属的肯尼迪航天中心、约翰逊航天中心、太空飞行器中心的大型空间环境设备，日本筑波空间研究中心空间环境舱等。一些发达国家还制定了相应试验标准，如美国军用标准《运载器、顶级飞行器和航天器试验要求》（MIL-STD-1540C）、美国NASA哥达德航天中心制定的通用环境检验规范《航天飞机（STS）和一次使用运载器（ELV）有效载荷、分系统及组件通用环境检验规范》（GEVS-SE）。

航空环境模拟器主要模拟飞机的空中飞行环境（主要为气压和温度）及发动机、压气机引气参数和冲压参数。航天环境模拟器主要模拟如真空、低温、冷黑、太阳辐照、电子、微流星、质子、原子氧、磁场及微重力等航天飞行环境[54]。表1.13列出了航空航天领域典型环境室参数指标。从表中可以看出，航空航天领域的环境模拟设备能够实现较大的温差和较高的辐照度，其环境条件与土木工程常遇环境相差甚远，但可为土木工程的极端环境（如极地环境和月球环境等）的模拟提供参考。

表1.13 航空航天领域典型环境室参数指标

环境室	几何尺寸	温度/℃	相对湿度/%	辐照度/(W/m^2)
上海航天技术研究院第804研究所步入式环境试验箱	10m×5.2m×6m	−60～+80	30～98	—
KM6大型空间环境试验设备	ϕ12m×22.4m	−100～+100	—	500～1760
法国宇航环境工程试验中心	—	−140～+140	20～95	1600
美国约翰逊航天中心	ϕ36.58m×19.81m	−173.33～+126.67	—	—

2. 工农业领域的环境模拟技术

1）汽车工业领域环境模拟设备或实验室

为使汽车能在各种环境条件下安全可靠地行驶，汽车生产厂商在产品开发过程中需对汽车用材料、零部件和整车进行环境试验。许多世界著名公司如通用、福特、大众、奔驰、奥迪等均建立了各自的环境实验室。表1.14列出了汽车工业领域典型环境室参数指标。

表 1.14　汽车工业领域典型环境室参数指标

环境室	几何尺寸	温度 /℃	相对湿度 /%	辐照度 / (W/m^2)
中国北方车辆研究所车辆环境实验室	16m×6m×5m	−57～+7	10～95	—
奥地利维也纳国际车辆试验站	31m×5m×5m	−50～+50	10～95 50～98	1000
奔驰公司汽车排放试验中心	ϕ1.2m	−9.4～+40.5	30～100	1000
福特汽车公司排放实验室	ϕ1.0m	−40～+60	20～85	—
奥迪汽车公司排放实验室	ϕ1.22m	−40～+60	20～75	1000
大众汽车摇晃振动实验室	—	−25～+60	—	1200
德国 Thermal 公司气候风洞实验室	—	−40～+60	20～75	1400
西班牙 Seat 汽车公司技术中心模拟室	—	−40～+100	10～95	2000
英国 MIRA 气候风洞实验室	—	−40～+55	5～95	1200
北美 Calsonic 公司汽车空调模拟实验室	—	−30～+50	30～90	1300
日本明电舍公司全天候环境模拟室	—	−40～+55	30～90	1300
德国 Durr 汽车整车腐蚀试验设备	—	−20～+60	80～98	—
德国 Honle 汽车零部件环境试验设备	3.5m×2.5m×2.5m	30～90	80	1000
意大利 ACS 公司试验设备	ϕ0.75m	−40～+100	—	—
	2m×2m×1m	−40～+120	10～95	—

图 1.5　某车辆研究所车辆环境实验室

图 1.5 为某车辆研究所车辆环境实验室。汽车领域的环境实验室可分为静态实验室和动态实验室，前者可模拟雨、雪、冰、低温、高温和湿度，后者可进行降雨、降雪、辐射、结冰、风、高温、低温、湿度等动态变化下的振动和制动试验。奥地利维也纳国际车辆试验站是一个大型多参数综合环境模拟实验室，包括静态实验室和动态实验室，可模拟车辆在各种气候条件下的运行状况。从表 1.14 可以看出，汽车工业领域的环境模拟设备环境参数主要为大气温度、相对湿度和太阳辐射，温度为−57～+120℃，相对湿度为 5%～100%，太阳辐照度为 1000～2000W/m^2；部分实验室还开发了整车淋雨设备。该领域环境模拟设备环境参数与土木工程结构所处环境比较接近，具有一定的参考价值；但其淋雨试验主要是用雨水冲击检验产品的防水性能，与土木工程试验要求不同，且一般

不涉及侵蚀介质的模拟。

2）机电工业领域环境试验设备

为提高机电工业产品在服役环境下的性能水平和质量，20 世纪 50 年代以来，美国、日本、意大利等国家开发生产了大量环境箱。从环境箱的发展历程看，经历了由单参数环境箱到多参数综合环境箱乃至大型环境实验室的过程。单参数环境箱主要有低温试验箱、高温试验箱、高低温快速变化试验箱、人工老化试验箱、盐雾腐蚀试验箱、箱式淋雨试验箱、振动试验箱等。多参数综合环境箱有恒温恒湿试验箱、高低温低气压试验箱、高低温交变湿热试验箱、振动和温湿度综合试验箱、高压高温热冲击和吸湿综合试验箱等。为适应机电工业产品整机试验的要求，20 世纪 70 年代日本开始开发建设大型实验室。

目前，市场上环境模拟设备多数为此领域产品，产品种类繁多，涵盖温度、湿度、淋雨、光照、盐雾等工程结构环境参数，借鉴意义较大。与土木工程相比，机电工业环境试验设备中环境参数的耦合主要为温湿度的耦合，比较单一，一般不考虑环境和荷载的共同作用。

3）农业领域人工气候室

为研究植物生长机理或培育新品种，国内外开发了众多能够模拟各类环境的人工气候室。农业领域人工气候室一般由加热、制冷、加湿、除湿、风道、扰流、光照、CO_2 补气、灌溉水肥、计算机控制系统等部件组成。典型人工气候室的温湿度监控范围是－10～＋60℃、30%～95%，光照强度为 0～1×10^5lx，CO_2 控制范围为 0～2×10^4ppm（精度 ±10ppm，1ppm＝1×10^{-6}）。其控制系统从主要依靠单片机、工控机、PLC 的直接控制系统，发展到多节点、分散管理、集中控制的集散控制系统和全开放、全数字、双向通信的现场总线控制系统。2004 年，中国科学院上海生命科学研究院植物生理生态研究所建成了当时亚洲最大的人工气候室（图 1.6），占地面积 6150m^2，可控环境面积 1650m^2，配置了集中供能（冷热）和再回收供热系统、集散空气调节系统、模拟组合补光系统、计算机总线闭环控制系统和动力驱动互备系统，代表了农业领域人工气候室发展的较高水平。

图 1.6　中国科学院上海生命科学研究院植物生理生态研究所人工气候室

农业领域人工气候室是能够实现众多环境参数监控的典型系统，虽低温性能不佳，光照和 CO_2 气体参数与土木工程有异，但其远距离、多节点、稳定灵活的控制系统借鉴意义较大。

3. 土木工程中的环境模拟技术

土木工程的环境作用大致可划分为气相环境、液相环境和土壤环境，气相环境又可划分为一般大气环境、工业大气环境和海洋大气环境，液相环境可划分为海水环境和淡水环境。广义上的环境作用，除侵蚀介质作用外，还包括温度、湿度、光照、风雨霜雹甚至地震、火、荷载等作用。实际作用的长期荷载通过实验室的短期加载来模拟，地震作用通过振动台模拟，风通过风洞模拟，火通过火灾实验室内火炉模拟；但目前对温度、湿度、光照、淋雨，以及气、液相侵蚀性介质的模拟相对较少。

1）碳化箱、冻融箱和盐雾箱

土木工程中最早的环境模拟设备应属碳化箱和冻融箱，用于检验混凝土的抗碳化和冻融能力，已有专门的设备标准和试验标准。例如，《普通混凝土长期性能和耐久性能试验方法标准》（GB/T 50082—2009）、《水工混凝土试验规程》（SL 352—2006）和《混凝土碳化试验箱》（JG/T 247—2009）对碳化箱和碳化试验做出了具体规定；《陶瓷砖试验方法　第12部分：抗冻性的测定》（GB/T 3810.12—2016）、《加气混凝土抗冻性试验方法》（GB/T 11973—1997）和《混凝土抗冻试验设备》（JG/T 243—2009）对冻融箱和冻融试验做出了具体规定。现有碳化箱和冻融箱环境参数简单、工作空间小，仅能用于材料层次上的研究，作为检验设备参数可调范围有限，不能用于机理研究。例如，冻融箱低温下限、降温速率、持续低温时间等关键参数一般均不可调整。

随着海洋环境下混凝土结构耐久性研究的深入开展，机电工业领域的盐雾箱被直接引入用于海洋大气环境下混凝土中氯盐侵蚀研究[55]，但存在诸多问题：①盐雾粒径大小与实际不符。实际盐雾颗粒大小多为1～2μm，而盐雾箱喷雾的直径多在50μm以上。②盐雾试验中相对湿度基本在95%以上，且不可调整，而实际海洋大气环境相对湿度多为60%～95%。③采用的盐雾沉降量比实际环境高6～7个数量级，且几乎不可调，无法用于盐雾加速侵蚀的相似性研究，侵蚀机理是否改变还有待研究。④盐雾试验中温度调节范围有限，仅限于高于室温5℃以上至60℃。⑤盐雾浓度不能实时监测。⑥工作空间普遍较小，仅能进行材料层次上的研究。为满足海洋大气环境下混凝土中氯盐侵蚀机理的研究，现有盐雾箱需进行技术改进。例如，通过选用喷微雾的二流体喷嘴降低盐雾粒径；通过增设制冷设备实现低于室温环境的模拟；采用新的雾化方式（如采用蒸汽，使盐雾粒径达到分子级别）模拟较低的盐雾沉降量；采用较大的空间并确保其均匀性即可拓展进行构件乃至结构试验。目前尚未开发出能够实时监测盐雾浓度的传感器，但可借助于盐雾沉降量的定期测试来实现。较高的相对湿度与目前采用的气压式喷雾机制密切相关，实现低湿度下盐雾的模拟尚存在困难。

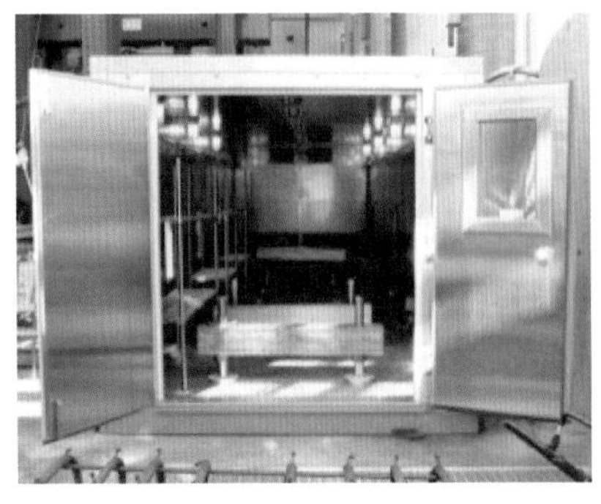
图 1.7　美国北卡罗来那州立大学大型冻融环境试验箱

2）综合环境模拟设备

为模拟工程结构的复杂环境，将研究从材料扩展到构件甚至结构层次，国内外学者尝试借鉴其他领域步入式环境箱的成功经验，开发了一些用于土木工程耐久性研究的大型综合环境模拟设备（图 1.7）。表 1.15 归纳了国内外典型土木工程综合环境模拟设备。从表 1.15 可看出，国内的综合环境模拟设备比国外发展得更为全面，最新的综合环境箱已经能够在较大的空间内模拟温度、湿度、盐雾、盐雨、淋雨、光照、CO_2、SO_2 等 8 种环境因素，并开始尝试在进行环境试验中同时实现加载。

表 1.15　国内外典型土木工程综合环境模拟设备

研究机构	几何尺寸	温度 /℃	相对湿度 /%	其他环境作用
日本建筑材料试验中心	4.05m×3m×3.2m	−30～+40	20～95	日照、淋雨
美国北卡罗来那州立大学	5.49m×2.44m×2.4mm	−40～+85	—	螺杆加载
美国科罗拉多大学	—	高温	—	千斤顶加载
美国佐治亚理工学院	—	可变	可变	钢架加载
中国矿业大学建筑材料与结构耐久性试验系统	6m×4m×3.2m	−5～+35	10～90	淋雨、SO_2、CO_2、盐雾
中国矿业大学（MHZS-030）	4.5m×3m×2.2m	−20～+60	30～95	盐雾、盐雨、淋雨、紫外灯、CO_2、SO_2
河海大学	10m×4m×3m	−20～+70	20～95	日照、淋雨
浙江大学	5.2m×2.95m×2m	−18～+50	—	盐雾、盐雨、淋雨、紫外灯、CO_2
浙江工业大学	4.1m×3.5m×2m	−20～+60	—	盐雾、盐雨、淋雨、紫外灯、CO_2、SO_2、液压加载

环境模拟设备和试验技术经历了由单参数模拟到多参数模拟、从静态模拟到动态模拟、从产品试验到人机系统环境试验的发展过程。但是，一方面，其他领域的环境模拟设备多用于检验性试验，而不是研究性试验；另一方面，其他领域的环境参数往往与土木工程环境存在差异，简单地引入会导致诸多问题。

太阳辐射模拟目前普遍采用紫外灯，但实际上紫外辐射的能量只占太阳辐射能量的 6%；紫外辐射的峰值波长在 340nm 左右，而太阳辐射的峰值波长为

470～480nm，二者差异明显。紫外辐射引起的光化学作用是太阳辐射下造成有机织物等材料老化的主要原因。对土木工程结构而言，太阳辐射中热效应的影响更为显著。对于淋雨模拟，目前用于验证的防水试验偏多，且对降雨的均匀性考虑不足；一般降雨量不可调整，难以满足研究性试验的需要。如表 1.15 所示，现有的土木工程综合环境箱往往能将多达 7、8 种环境参数的模拟集于一体，但实际上并不能真正实现各因素的耦合，如 CO_2 与盐雾、光照试验不能同时进行。因此，宜在土木工程环境作用广泛调查的基础上，分析实际存在的环境因素耦合情况，分别实现一般大气、工业大气、海洋大气等综合环境的模拟。借助于箱体内的空气调节系统，可实现盐雾或碳化试验在较宽温度范围内进行。荷载与环境耦合则有多种方案，可将加载框架置于箱体外，而伸入箱体内的加载头需做防腐处理；也可将自平衡加载装置置于箱体内。人工气候环境下工程结构服役性能试验过程中要实时采集环境作用和结构反应的有关参数。关于环境参数的采集，现有综合环境箱中往往仅布置温湿度传感器，尚需引入辐照度、气体浓度、雨量等传感器。关于结构反应参数的采集，目前对于恶劣环境下各类传感器（如应变片、位移计等）本身的可靠性尚无成熟经验。对钢筋锈蚀程度的检测或监测，目前尚无可靠实用的方法。对于控制系统，目前基本针对单一箱体，一般只应用到现场级试验阶段。控制软件不能按照预定的试验曲线进行试验，只能记录和显示，功能较为单一；数据存储容量有限，不能满足长期试验的要求，且安全性难以保证。由此可知，要真正实现混凝土结构的环境作用模拟，必须开发新型的环境作用模拟设施。

1.3.4　模拟环境作用与自然环境作用的相似性

1. 混凝土冻融试验与自然冻融间的相似性

利用气象统计资料和线性损伤累积模型，将变温度幅的自然冻融循环转化为标准试验的冻融循环，可按式（1.2）确定年等效冻融循环次数 N_{eq} [56]。

$$N_{eq}=\sum_{i=1}^{n}(t_i/T) \tag{1.2}$$

式中，t_i 为饱水状态下第 i 次冻融循环的最低温度；n 为年冻融循环次数；T 为混凝土抗冻性试验的最低温度。

室内外冻融循环差异的本质是静水压加载间的差异，基于 Miner 线性损伤累积法则并引入室内外静水压比例系数 κ_i，可得出年等效冻融循环次数 N_{eq} 的计算公式，如式（1.3）所示[57]。

$$N_{eq}=\sum_{i}\kappa_i^{\xi}N_i \tag{1.3}$$

式中，ξ 为材料参数；N_i 为与 κ_i 相对应的冻融循环次数。

另外，试验统计表明：室内外冻融循环次数比例关系为（1∶10）～（1∶15）[57-59]。

2. 加速碳化与自然碳化的相似性

为在较短时间内获得较大的碳化深度，实验室加速碳化试验通常采取较高的 CO_2 浓度。例如，《普通混凝土长期性能和耐久性能试验方法标准》（GB/T 50082—2009）[60] 推荐的加速碳化试验条件为：20℃、70% RH 和 20% CO_2，其 CO_2 浓度约为自然环境中 CO_2 浓度（0.04% CO_2）的 500 倍左右。为探究 CO_2 浓度对混凝土碳化机理的影响，国内外学者开展了相关试验研究[61, 62]。Castellote 等[62] 的研究表明，当实验室 CO_2 浓度小于 3% 时，加速碳化化学反应与自然碳化化学反应类似；当 CO_2 浓度大于 3% 时，加速碳化化学反应与自然碳化化学反应有明显差异。Cui 等[61] 的试验表明，当 CO_2 浓度大于 20% 时，加速碳化化学反应与自然碳化化学反应呈现显著差异，这导致碳化区域混凝土的密实度存在显著差异，从而使 CO_2 在碳化混凝土中的等效扩散速率呈现显著差异。

上述试验研究主要关注 CO_2 浓度对混凝土碳化化学反应过程及结果的影响。对于不同浓度下，CO_2 在孔隙气相中的扩散过程的差异却鲜有涉及。实际上，不仅有 CO_2 在孔隙气相中扩散，孔隙气相中的 N_2、O_2 等其他气体分子也会在孔隙气相中扩散。也就是说，与混凝土碳化相关的扩散过程是一个多组分气体混合物在混凝土孔隙气相中整体扩散的过程。因此，该气体混合物中各气体组分的相对浓度会对该扩散过程产生显著影响。考虑到加速碳化试验的 CO_2 浓度往往比自然环境中的 CO_2 浓度高，由浓度差异导致的 CO_2 在混凝土孔隙气相中扩散过程的差异仍需进一步探讨[63]。

另外，实际混凝土结构所承受的环境温度、湿度和 CO_2 浓度随时间不断变化。这与实验室相对稳定暴露环境条件下的碳化过程有所差异。尤其是温度和相对湿度随时间变化会导致混凝土内部的热湿耦合传输，这会进一步影响混凝土的碳化过程[64]。

确定模拟或加速环境作用与自然环境作用间的相似关系，才能充分发挥模拟或加速环境作用试验的效果。目前，这方面的成果还很有限，亟待深入研究。

1.4 本书的主要内容

针对环境作用对混凝土结构的影响及环境作用的研究现状，作者及其研究团队在国家自然科学基金，973、863 等重大项目的资助下，按图 1.8 所示的研究框架，对混凝土结构的环境作用进行了系统研究。本书即为相关研究成果的系统总结。主要内容包括以下 7 个方面。

（1）对环境作用下混凝土结构典型病害进行调查分析。通过混凝土结构所表现出来的病害特征，分析其服役性能劣化的主要原因，确定环境作用对混凝土结构的影响。

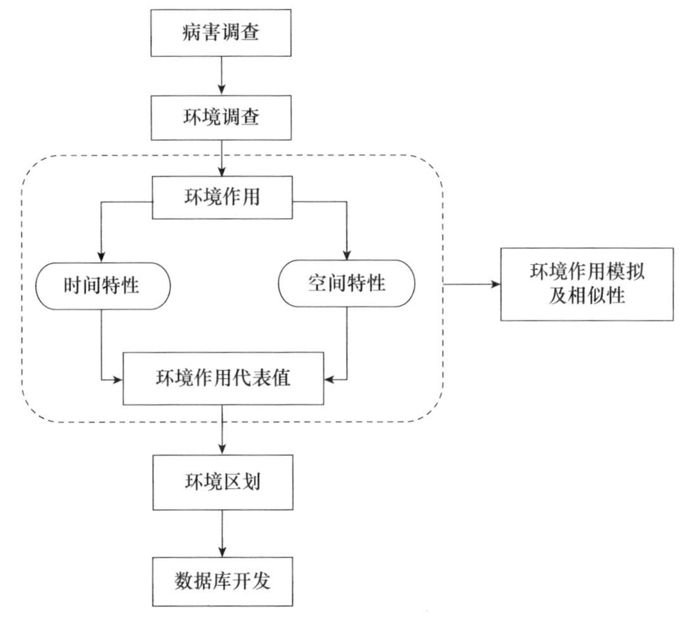

图 1.8　混凝土结构环境作用的研究框架

（2）按一般大气环境、工业环境、海洋环境 3 种不同环境对影响混凝土结构的主要环境作用基本数据进行收集和统计。根据统计分析结果，探寻环境作用所具有的时空特征，为混凝土结构环境作用的定量研究提供数据基础。

（3）基于环境作用病害调查和环境调查结果，根据环境作用所表现出的时空特性，针对混凝土结构耐久性研究特点，采用多尺度的研究方法对环境作用进行定量描述：选取适用于混凝土结构服役性能计算的"时间计算尺度"，并在此基础上对环境作用的时间变化规律进行研究；建立混凝土结构空间多尺度环境作用模型框架（主要包括全局环境、地区环境、工程环境、构件表面环境及混凝土内部环境）及其数学关系，定量描述外部环境作用与混凝土内部环境作用的相互关系。

（4）基于环境作用时间特性和空间特性研究成果，考虑空间各个尺度上的调整值随时间的变化规律，计算全国任意地区（任意经度、纬度处）任意时间的环境作用，确定用于混凝土结构性能演化计算的考虑时空特性的环境作用代表值。

（5）应用获得的任一地区的环境作用代表值，进行用于混凝土结构性能评估和设计的环境区划研究。选择碳化环境及氯盐侵蚀环境两种环境作用进行详细分析，制作全国范围内的环境区划图。

（6）以混凝土结构多尺度环境作用研究为理论基础，利用环境温湿度多尺度模型，考虑温湿度空间多尺度分布特点和时变性，采用基于历史数据的环境温湿度统计预测方法，开发相应的计算机软件来实现环境温湿度的预测，建立能够不断扩大、更新我国气象站点环境温湿度数据的动态数据库，并将其用于混凝土碳化深度的计算和环境作用区划的生成。

（7）根据混凝土结构所承受的典型环境作用类型，研究各类环境作用的实验室模拟方法，开发一般大气环境、海洋环境和工业环境等综合环境的模拟设备。为充分利用环境作用模拟试验，初步探讨冻融、盐雾及海水潮汐环境下混凝土结构性能演化模拟试验结果与自然环境下混凝土结构性能演化结果间的相似性。

参 考 文 献

[1] 张誉，蒋利学，张伟平，等. 混凝土结构耐久性概论 [M]. 上海：上海科学技术出版社，2003.

[2] 金伟良，赵羽习. 混凝土结构耐久性 [M]. 北京：科学出版社，2002.

[3] 牛荻涛. 混凝土结构耐久性与寿命预测 [M]. 北京：科学技术出版社，2003.

[4] VAYSBRD A M，EMMONS P H. How to make today's repairs durable for tomorrow-corrosion protection in concrete repair [J]. Construction and building materials，2000，14（4）：189-197.

[5] MEHTA P K. Durability-critical issues for the future [J]. Concrete international，1997（19）：27-33.

[6] DHIR R K，JONES M R. Rapid estimation of chloride diffusion in concrete [J]. Magazine of concrete research，1990（152）：177-185.

[7] 卢木. 混凝土耐久性研究现状和研究方向 [J]. 工业建筑，1997，27（5）：1-6，52.

[8] 日本土木学会. 混凝土构筑物的维护、修补与拆除 [M]. 张富春，译. 北京：中国建筑工业出版社，1990.

[9] 莫斯克文 B M，伊万诺夫 ф M，阿列克谢耶夫 C H，等. 混凝土和钢筋混凝土的腐蚀及其防护方法 [M]. 倪继森，译. 北京：化学工业出版社，1990.

[10] 邸小坛，周燕. 旧建筑物的检测加固与维护 [M]. 北京：地震出版社，1992.

[11] PREZZR M，GEYSKENS P，MONTEIRO P J M. Reliability approach to service life prediction of concrete exposed to marine environment [J]. ACI materials journal，1996，93（6）：544-552.

[12] 王钧利. 在役桥梁检测、可靠性分析与寿命预测 [M]. 北京：中国水利水电出版社，2006.

[13] 中国报告网. 2016—2022 年中国桥梁管理与养护产业现状调查及十三五发展定位分析报告 [R/OL].（2016-07-19）[2017-02-03]. http://baogao.chinabaogao.com/diaochang/245705245705.html.

[14] 张海燕，把多铎，王正中. 混凝土碳化深度的预测模型 [J]. 武汉大学学报（工学版），2006，35（5）：42-45.

[15] BACCAY M A，OTSUKI N，NISHIDA T，et al. Influence of cement type and temperature on the rate of corrosion of steel in concrete exposed to carbonation [J]. Corrosion，2006，62（9）：811-821.

[16] 冯乃谦. 实用混凝土大全 [M]. 北京：科学出版社，2001.

[17] POWERS T C. A working hypothesis for further studies of frost resistance of concrete [J]. ACI journal，1945，41：245-272.

[18] 姬永升，赵光思，樊振生. 混凝土碳化过程的相似性研究 [J]. 淮海工学院学报，2002，11（3）：60-63.

[19] 水金锋. 海潮影响区钢筋混凝土桥梁的耐久性研究 [D]. 大连：大连理工大学，2005.

[20] 樊云昌，曹兴国，陈怀荣. 混凝土中钢筋腐蚀的防护与修复 [M]. 北京：中国铁道出版社，2001.

[21] GRIESED E J，ALEXANDER M G. Effect of controlled environmental conditions on durability index parameters of Portland cement concrete [J]. Cement，concrete and aggregates，2001，23（1）：44-49.

[22] 施惠生，王琼. 混凝土中氯离子迁移的影响因素研究 [J]. 建筑材料学报，2004，7（3）：286-290.

[23] SAETTA A V，SCOTTA R V，VITALIANI R V. Analysis of chloride diffusion into partially saturated concrete [J]. ACI materials journal，1993，90 (47)：441-451.
[24] NEVILLAE A. Chloride attack of reinforced concrete：an overview [J]. Materials structure，1995，28：63-70.
[25] 田俊峰，潘德强，赵尚传. 海工高性能混凝土抗氯离子侵蚀耐久寿命预测 [J]. 中国港湾建设，2002 (2)：1-6.
[26] POWERS T C. A working hypothesis for further studies of frost resistance of concrete [J]. ACI journal，1945，16 (4)：245-272.
[27] POWERS T C. Freezing effect in concrete [M] //SCHOLER C F. Durability of concrete. Detroit：American Concrete Institute，1975.
[28] 李金玉，邓正刚，曹建国，等. 混凝土抗冻性的定量化设计 [M] // 王媛俐，姚燕. 重点工程混凝土耐久性的研究与工程应用. 北京：中国建筑工业出版社，2000：212-217.
[29] 邸小坛，周燕，顾红祥. WD13823 的概念与结构耐久性设计方法研讨 [C] // 金伟良，赵羽习. 第四届混凝土结构耐久性科技论坛论文集：混凝土结构耐久性设计与评估方法. 北京：机械工业出版社，2006.
[30] 蔡昊. 混凝土抗冻耐久性预测模型研究 [D]. 北京：清华大学，1998.
[31] 吴小立，张伟平，黄庆华，等. 冻融和除冰盐作用下混凝土劣化试验方法评述 [J]. 结构工程师，2009，25 (2)：147-152.
[32] 杨全兵，吴学礼，黄士元. 混凝土抗盐冻剥蚀性的影响因素 [J]. 上海建材学院学报，1993，6 (2)：93-98.
[33] TUUTTI K. Corrosion of steel in concrete：CBI research report [R]. Stockholm：Swedish Cement and Concrete Research Institute，1984.
[34] 王艳. 混凝土结构耐久性环境区划研究 [D]. 西安：西安建筑科技大学，2007.
[35] International Federation for Structural Concrete Model code for concrete structures [S]. Lausanne，Switzerland：Thomas Telford，1990.
[36] European Committee for Standardization EN 1992-1-1. Eurocode 2：design of concrete structures：part 1-1：general rules and rules for buildings [S]. Brussels：European Committee for Standardization，2004.
[37] British Standard Institute BS 8110-1：1997. Structural use of concrete—code of practice for design and construction [S]. London：British Standard Institution，2007
[38] American Concrete Institute. Building code requirements for structural Concrete and Commentary [S]. Farmington Hills，MI：American Concrete Institute，2008：442.
[39] 中华人民共和国住房和城乡建设部，中华人民共和国质量监督检验检疫总局. 混凝土结构设计规范：GB 50010—2010 (2015 年版) [S]. 北京：中国建筑工业出版社，2010.
[40] 中华人民共和国住房和城乡建设部，国家市场监督管理总局. 混凝土结构耐久性设计标准：GB/T 50476—2019 [S]. 北京：中国建筑工业出版社，2019.
[41] 西安建筑科技大学，中国工程建设标准化协会. 混凝土结构耐久性评定标准：CECS 220：2007 [S]. 北京：中国建筑工业出版社，2007.
[42] 中华人民共和国住房和城乡建设部，国家市场监督管理总局. 工业建筑防腐蚀设计标准：GB 50046—2018 [S]. 北京：中国计划出版社，2019.
[43] 中国土木工程学会. 混凝土结构耐久性设计与施工指南：CCES 01—2004 (2005 年修订版) [S]. 北京：中国建筑工业出版社，2004.
[44] HAQUE M N，AL-KHAIAT H，JOHN B. Climatic zones—a prelude to designing durable concrete structures in the Arabian Gulf [J]. Building and environment. 2007，42：2410-2416.
[45] The Council of Standards Australia AS 3600—2001. Australian standard for concrete structures [S]. Sydney：Standards Association of Australia，2001.
[46] HAQUE M N. African concrete code-design for durability：2nd African concrete code symposium [C] // University of Stellenbosch，Western Cape，South Africa，2006.

[47] Standards New Zealand NZS 3101. Concrete structures standard，part1-the design of concrete structures [S]. Wellington：Standards New Zealand，1995.

[48] 中华人民共和国交通部. 公路自然区划标准：JTJ 003—86 [S]. 北京：中国标准出版社，1986.

[49] 国家技术监督局，中华人民共和国建设部. 建筑气候区划标准：GB 50178—93 [S]. 北京：中国计划出版社，1993.

[50] 中华人民共和国住房和城乡建设部，中华人民共和国国家质量监督检验检疫总局. 民用建筑热工设计规范：GB 50176—2016 [S]. 北京：中国计划出版社，2016.

[51] JIN W L，LÜ Q F. Durability zonation standard of concrete structure design [J]. Journal of southeast university (English edition)，2007，23 (1)：98-104.

[52] 徐宁，张伟平，顾祥林，等. 混凝土结构空间多尺度环境作用研究 [J]. 同济大学学报 (自然科学版)，2012，40 (2)：159-166.

[53] 顾祥林，徐宁，黄庆华，等. 混凝土结构时间多尺度环境作用研究 [J]. 同济大学学报 (自然科学版)，2012，40 (1)：1-7.

[54] 何传达. 空间环境模拟试验技术的展望 [J]. 环境技术. 1989，5 (3)：6-9.

[55] 钟丽娟，黄庆华，顾祥林，等. 盐雾环境下混凝土中氯离子侵蚀加速试验的综述 [J]. 结构工程师. 2009，25 (3)：144-149.

[56] 邸小坛，陶里，周燕. 结构混凝土抗冻性能设计方法 [C] // 中国工程院土木、水利与建筑工程学部. 沿海地区混凝土结构耐久性及其设计方法科技论坛与全国第六届混凝土耐久性学术交流会论文集，2004：515-517.

[57] 刘西拉，唐光普. 现场环境下混凝土冻融耐久性预测方法研究 [J]. 岩石力学与工程学报，2007，26 (12)：2412-2419.

[58] 李金玉，彭小平，邓正刚，等. 混凝土抗冻性的定量化设计 [J]. 混凝土，1999，(9)：61-65.

[59] 李晔，姚祖康，孙旭毅，等. 铺面水泥混凝土冻融环境量化研究 [J]. 同济大学学报 (自然科学版)，2004，32 (10)：1408-1412.

[60] 中华人民共和国住房和城乡建设部，中华人民共和国国家质量监督检验检疫总局. 普通混凝土长期性能和耐久性能试验方法标准：GB/T 50082—2009 [S]. 北京：中国建筑工业出版社，2009.

[61] CUI H，TANG W，LIU W，et al. Experimental study on CO_2 concentrations on concrete carbonation and diffusion mechanisms [J]. Construction and building materials，2015，93：522-527.

[62] CASTELLOTE M，FERNANDEZ L，ANDRATE C，et al. Chemical changes and phase analysis of OPC pastes carbonated at different CO_2 concentrations [J]. Materials and structures，2009，42：515-525.

[63] JIANG C，HUANG Q H，GU X L，et al. Experimental investigation on carbonation in fatigue-damaged concrete [J]. Cement and concrete research，2017，99：38-52.

[64] 蒋志律. 细观尺度上考虑热湿耦合传输的混凝土碳化模型 [D]. 上海：同济大学，2017.

第 2 章　环境作用下混凝土结构典型病害

为了解环境作用下既有混凝土结构的病害特征，本章分析混凝土结构性能劣化的主要原因，确定环境作用对混凝土结构的影响，对混凝土结构病害进行调查。由于不同的混凝土结构所处的工作环境不同，分别按混凝土结构建筑、公路桥梁、隧道和码头进行分析。对不同结构病害的共性和个性特征进行研究，定性认识环境作用对混凝土结构的影响，进而识别影响混凝土结构服役性能的主要环境作用。

2.1　混凝土结构建筑的病害

混凝土结构建筑主要分工业和民用建筑两大类。本节以上海长海医院第二医技楼（原上海市博物馆）和无锡某研究所为例，分别考察混凝土结构民用和工业建筑的典型耐久性病害。

2.1.1　长海医院第二医技楼（原上海市博物馆）病害调查

1. 工程概况

中国人民解放军海军军医大学（原第二军医大学）附属长海医院第二医技楼原为上海市博物馆（图 2.1），后又用作第二军医大学图书馆。原上海市博物馆于 1934 年动工，1935 年完工，由著名建筑师董大酉设计、张裕泰合记营造厂施工。

图 2.1　长海医院第二医技楼

该楼坐落在原江湾市中心区的府前左路（今长海路），与原上海市图书馆相对应，形成“上海特别市政府大楼”（1931～1933 年）的左右两翼。受 20 世纪 30 年代“中国古典复兴”思潮的影响，房屋在建筑上采用了传统的民族形式，外形简洁雄浑有力，屋角起翘低而深远，具有中国古典宫殿建筑的风格。但房屋为钢筋混凝土框架结构。该建筑现为上海市优秀历史建筑，属于上海市建筑保护单位，保护要求为二类。

上海市地处北纬 30°40′～31°53′、东经 120°52′～122°12′，属亚热带季风性气候，四季分明，日照充分，雨量充沛。上海气候温和湿润，春秋较短，冬夏较长。以 2013 年为例，全市全年平均气温 17.6℃，日照 1885.9h，降水量 1173.4mm。全年 60% 以上的雨量集中在 5～9 月的汛期。

2. *主要病害及原因分析*

2000 年房屋转换功能时，同济大学受委托根据现场检测条件对房屋结构的损伤情况进行了全面检测。结果发现，钢筋混凝土梁、板、柱均出现了严重的锈蚀，其中，底层钢筋混凝土柱的混凝土保护层大多剥落（图 2.2）。检测混凝土的碳化情况发现，所有测点的碳化深度均超过混凝土保护层厚度（表 2.1）。混凝土碳化导致钢筋锈蚀，房屋底层较潮湿，构件锈蚀程度比其他层严重。

图 2.2　长海医院第二医技楼部分柱锈蚀情况

表 2.1　长海医院第二医技楼混凝土碳化深度

构件	碳化深度 / mm	构件	碳化深度 / mm	构件	碳化深度 / mm	构件	碳化深度 / mm
梁 1	65	板 1	65	板 3	28	柱 1	85
梁 2	＞90	板 2	30	板 4	50	—	—

2.1.2　无锡某研究所水池厂房病害调查

1. 工程概况

无锡某研究所的水池长约 480m，上部单层厂房盖于水池之上，如图 2.3 所示。水池建于 1963 年左右，建成至今已有 50 余年。上部厂房为单层预制混凝土排架结构，纵向由 87 榀排架组成，排架间纵向间距为 6000mm，跨度 18000mm 或 21000mm。屋面结构采用预应力多腹杆拱形桁架＋预制钢筋混凝土大型屋面板。上部厂房基础混凝土强度设计等级主要为 C13，排架柱结构混凝土强度设

(a) 水池厂房实景

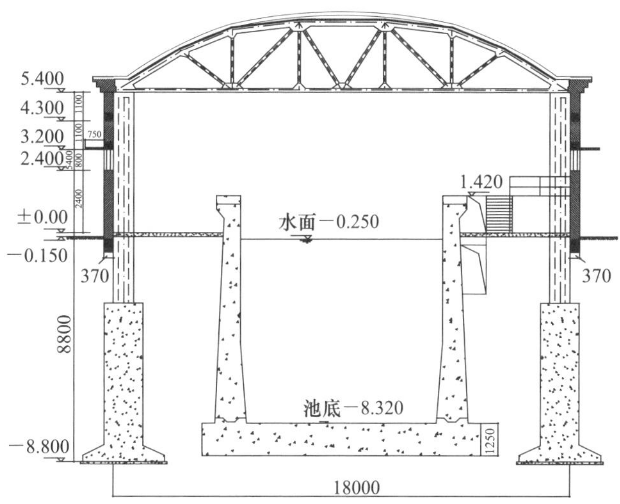

(b) 水池厂房剖面图

图 2.3　无锡某研究所水池厂房概况

计等级为C18，屋架结构混凝土强度设计等级为C28。排架柱及梁混凝土保护层设计厚度为25mm，板混凝土保护层设计厚度为15mm。下部水池部分截面形式主要呈“U”形，采用钢筋混凝土结构。首段和末段直壁段池壁主要采用变截面厚墙，根部厚1250mm，顶部厚600mm；中部悬臂段墙厚不变，均为1250mm。水池结构混凝土保护层厚度主要为50mm，悬臂部分、船坞夹墙及平台板混凝土保护层厚度为25mm。悬臂段的悬臂和池壁混凝土强度等级为C28，底板为C13；直壁段底板和部分池壁混凝土强度等级为C13，其余池壁为C18。

无锡位于北纬31°07′～32°02′、东经119°31′～120°36′，长江三角洲江湖间走廊部分，江苏东南部。无锡市属北亚热带湿润季风气候区，四季分明，热量充足，降水丰沛，雨热同季。夏季受来自海洋的夏季季风控制，盛行东南风，天气炎热多雨；冬季受大陆盛行的冬季季风控制，大多吹偏北风；春、秋是冬、夏季风交替时期，春季天气多变，秋季秋高气爽。常年（1981～2010年30a统计资料）平均气温16.2℃，降水量1121.7mm，雨日123d，日照时数1924.3h，日照百分率43%。一年中最热为7月，最冷为1月。水池的室温基本呈现季节性变化，但最低温度基本控制在12℃以上；水池的湿度整体比较均衡，常年湿度基本控制在80%左右。

2. 主要病害及原因分析

根据现场检测结果可知，水池上部厂房屋面板底和肋梁普遍存在钢筋锈蚀现象，少数屋架下弦存在钢筋锈蚀现象（图2.4），上部厂房其余部分及下部水池结构整体完好，无明显锈蚀及结构损伤。

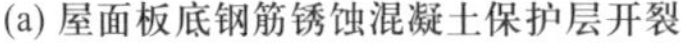
(a) 屋面板底钢筋锈蚀混凝土保护层开裂

(b) 屋面板肋底钢筋锈蚀混凝土保护层剥落

图2.4　无锡某研究所水池厂房屋面板锈蚀情况

现场对混凝土构件的碳化深度进行了抽样检测，排架柱平均碳化深度为27.7mm，水池池壁混凝土芯样平均碳化深度为15.1mm。混凝土碳化后，钢筋表面原本存在的钝化膜会脱钝，其对钢筋的保护作用丧失，在外部空气和水分作用下，钢筋很容易锈蚀。而根据室内环境监测结果来看，室内常年湿度较大（基本控制在 80% 左右），即外部环境也容易导致钢筋锈蚀。

从目前构件钢筋锈蚀情况来看，屋面板钢筋锈蚀较严重，少数屋架下弦有锈蚀，其余排架柱及水池结构未见有明显锈蚀。屋面板混凝土保护层设计厚度为 15mm。根据现场检测的混凝土碳化深度结果反推可知，30a 前屋面板保护层就基本已碳化，在室内湿度较大且空气流通的情况下，屋面板钢筋容易先锈蚀。

目前排架柱和屋架混凝土的碳化深度刚抵达钢筋表面附近，钢筋可能已经开始锈蚀，但锈蚀并不严重，未出现锈胀裂缝。水池整体未见有明显锈蚀，其混凝土碳化深度尚小于池壁保护层厚度 50mm。从水样中 Cl^- 含量的检测结果来看，其含量较低，不会对钢筋锈蚀起主导作用。

2.1.3　混凝土结构建筑的病害特征分析

对于处于一般大气环境下的混凝土结构建筑，由混凝土碳化导致的钢筋锈蚀是其主要病害。结构混凝土外部装饰材料对其能提供有效的保护，延缓混凝土的碳化进程。除结构的自身因素外，空气中的 CO_2 含量和温湿度也会明显影响钢筋的锈蚀起始时间和锈蚀程度。由此可见，CO_2、温度及相对湿度等是一般大气环境中混凝土结构建筑承受的主要环境作用。

2.2　混凝土结构桥梁的病害

2.2.1　我国公路桥梁概况

我国公路网遍布全国各地，桥梁是公路跨越屏障和天险的主要形式之一。根据中华人民共和国交通运输部《2016 年公路水路交通运输行业发展统计公报》[1] 的统计信息，至 2016 年底，我国总共有近 80.53 万座公路桥梁，里程达 4916.97 万 m。根据《2007 年公路水路交通行业发展统计公报》的统计信息[2]，各类路线的桥梁数量及里程如图 2.5 和图 2.6 所示。其中，国道和省道的桥梁总里程数之和占所有桥梁的近一半，桥梁建造质量和维护相对较好；乡道和村道数量众多，维护相对较差。我国现有公路桥梁包括梁式桥、拱桥、刚架桥、斜拉桥、悬索桥及其他复合体系桥等类型。2007 年的统计表明，梁式桥占 67.5%，拱桥占 16.8%，其他桥型占 15.7%[2]。1960 年以前，桥型以石拱和板拱桥为主；1960～1980 年，桥型以板拱、板梁桥为主；20 世纪 80 年代，中小跨径桥梁以空心板和 T 形梁桥为主；90 年代以后的桥梁类型多样化，建设数量剧增（我国各个年代国、省道上的桥梁建设数量如图 2.7 所示）。地理分布上，西南和南部地区拱桥相对较多；斜拉桥、悬索桥主要分布在长江、珠江和跨海通道；总体上各

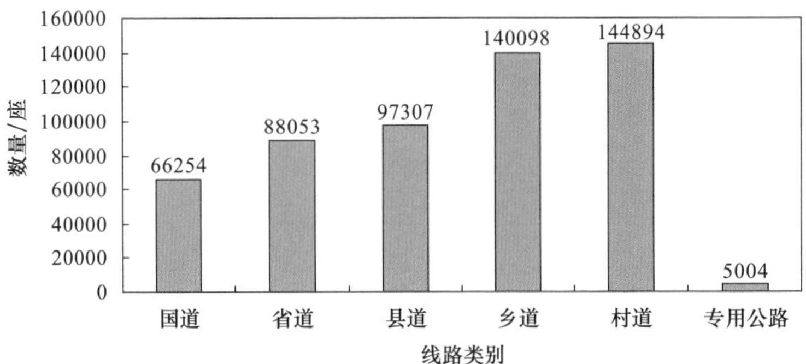

图 2.5　中国公路桥梁数量（2007 年）[2]

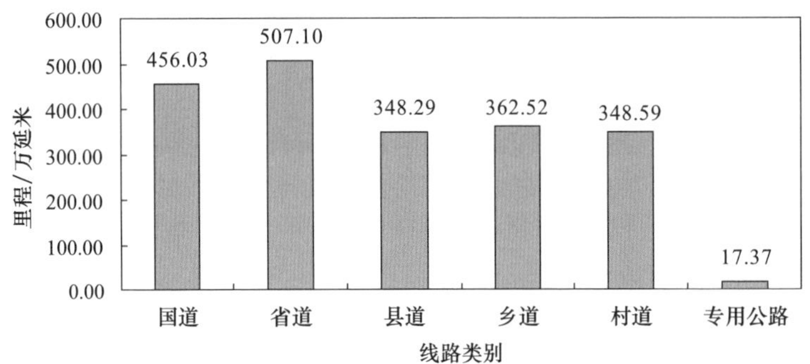

图 2.6　中国公路桥梁里程（2007 年）[2]

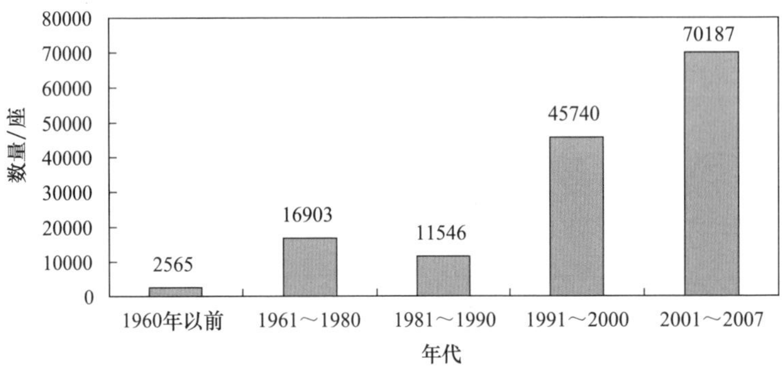

图 2.7　中国国、省道桥梁建造年代分布[2]

地主要桥型均以梁式桥为主。

尽管我国桥梁建设发展迅速，但是也随之出现了许多新的问题。2002 年第二次全国公路普查公报显示，截至 2000 年底，我国危桥数量为 9575 座，占所有桥梁比重为 3.44%。其中相当一部分位于国家重要干道上，给国家的公路运输造成了很大的风险。我国学者对不同地区各种公路桥梁的病害调查也表明，我国病害桥梁分布区域广、病害比例高、严重程度大，如表 2.2 所示。

表 2.2 国内部分地区桥梁病害调查概况

调查地区	调查桥梁数量 / 座	调查时间	调查结果描述
浙江[3]	37	2004 年	严重破损的桥梁 73.0%，轻微破损桥梁 21.6%，基本完好桥梁 5.4%。上部主体结构、桥墩基础、桥面系、附属结构出现病害的桥梁比例为 41.3%、17.5%、11.1%、30.1%
包头[4]	55	2002 年	所有桥梁均出现了不同程度的病害，21 座桥梁具有严重性损伤和破坏性损伤的病害
山东某市[5]	88	2002 年	共有 585 处病害。轻微损伤、一般性损伤、严重或破坏性损伤分别占总病害数的 45%、29%、26%。桥面系、上部结构、下部结构、其他部分的病害数分别占总病害数的 33%、15%、21%、31%
南方某市[6]	11	2005 年	45% 的桥梁有钢筋外露和锈蚀的现象，27% 的桥梁钢筋锈蚀严重
重庆[7]	21	2006 年	病害现象十分普遍，其中上部梁体结构混凝土外观差，多处出现梁底板横向裂缝、腹板竖向与斜向裂缝、预应力空心板梁纵向裂缝，墩柱与盖梁也出现多处裂缝

2.2.2 天津市公路桥梁病害调查

1. 桥梁概况

天津市约有 2000 座公路桥梁，2007 年 8 月作者及其研究团队抽取了其中的 18 座钢筋混凝土桥梁进行重点调查，所抽取桥梁的建造时间和地点分布均具代表性。调查桥梁从杨北公路、津围公路、津塘公路、宝平公路和京塘公路抽取。调查结果表明，1992 年及以前建造的桥梁以 T 梁桥居多，1992 年以后建造的桥梁大部分是空心板桥。对于板式桥，1980 年以前设计保护层厚度为 25～26mm，1998 年后为 31～34mm；对于 T 梁桥，设计保护层厚度一般为 30～35mm；盖梁多为 37.5mm；墩柱为 37.5～60mm，离散性大；桩基为 39～54mm。对于主梁，1998 年以后建造的桥梁的混凝土强度等级多为 C40 或更高，1980 年以前为 C23～C30；对于其他受力构件，混凝土强度等级为 C18～C25。

2. 主要病害及原因分析

借鉴《公路桥梁承载能力检测评定规程》[8] 中有关公路桥梁破损程度的评价标准，根据现场实地调查结果将桥梁损坏程度分为严重、中等和基本完好 3 级，如表 2.3 所示。其中，桥梁有改建和修复历史经历，或钢筋锈蚀严重，或结构性裂缝达 0.3mm 以上，或主梁错台严重归为严重；混凝土表观质量差，普遍漏水严重，或碳化深度达到钢筋表面，结构损伤性裂缝较明显归类为中等；其余归类为基本完好。由表 2.3 可见，桥梁严重病害、中等和基本完好的比例分别为 50.0%、33.3% 和 16.7%；总体上桥梁有严重病害的比例达到一半，在建成以后至设计使用年限之前需要改造加固或大规模维修；新建桥梁的病害也比较多。桥梁各个部位产生的病害情况如表 2.4 所示，从表中可以看出，桥梁的上部结构和下部结构均存在诸多病害。其中，83.3% 桥梁的上部结构具有明显病害，72.2% 桥梁的下部结构具有明显病害。

表 2.3　桥梁的竣工年份与破损程度

竣工年份	调查数量 / 座	破损程度					
		严重		中等		基本完好	
		数量 / 座	比例 /%	数量 / 座	比例 /%	数量 / 座	比例 /%
1961～1970	2	0	0	2	100	0	0
1971～1980	2	1	50	1	50	0	0
1981～1990	7*	5	71.4	0	0	2	28.6
1991～2000	7**	3	42.9	3	42.9	1	14.3
总计	18	9	50.0	6	33.3	3	16.7

* 其中两座在使用 10a 后进行改建，列为性能退化严重。

** 其中两座正在改造，列为性能退化严重。

表 2.4　调查桥梁的病害部位统计

损害部位		病害桥梁数量 / 座	病害桥梁比例 /%
上部主体结构	桥面铺装	4	22.2
	伸缩缝	6	33.3
	横隔梁	7	38.9
	主梁	11	61.1
	有以上任一	15	83.3
下部结构	桥墩桥台	13	72.2
	桩	1	5.6
	有以上任一	13	72.2

调查发现，大部分混凝土桥梁的边梁、护栏和桥墩处均存在混凝土剥落、钢筋外露且锈蚀现象，如图 2.8～图 2.10 所示。

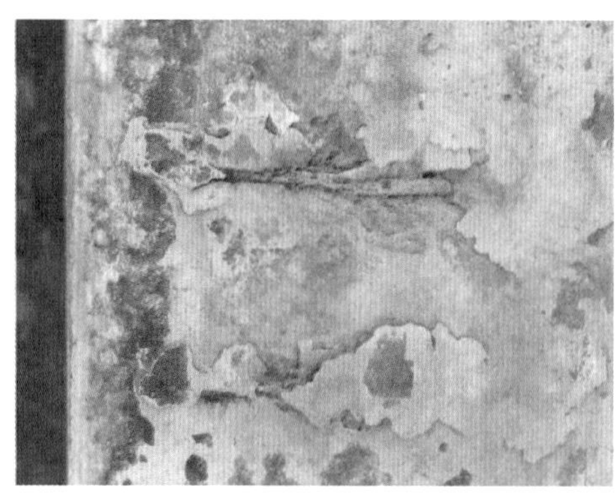

图 2.8　桥墩保护层过薄（田场立交桥）

图 2.9　边梁保护层过薄（王庄桥）

除由施工误差导致混凝土保护层厚度较薄引起的露筋外，混凝土碳化或中性化是产生上述病害的重要原因。对城、郊混凝土桥梁结构碳化深度进行测定，结果如表2.5所示。从表中可以看到，服役41a的王庄桥混凝土碳化深度比仅10a桥龄的田场立交桥小得多。除材料本身的原因外，这主要是由城市与郊区的环境作用（如温度、湿度、CO_2浓度等）差别引起的。受城市热岛效应的影响，城区的温度比郊区温度高，又由于城市中CO_2浓度也较高，并且受汽车尾气中酸性气体的影响，混凝土碳化或中性化速度较快。

图2.10 护栏保护层过薄引起钢筋锈蚀（老高寨桥）

表2.5 天津地区城市与农村建设桥梁碳化深度比较

桥名	桥龄/a	所处区域	碳化深度
王庄桥	41	农村	3～4mm
老高寨桥	10	农村	约5mm
田场立交桥	10	城市	大于20mm

在混凝土桥梁边梁、排水口处均可观察到盐溶液侵入周围混凝土留下的白色痕渍（图2.11、图2.12）。盖梁及墩柱伸缩缝处（图2.13、图2.14），以及T梁间缝隙处也有此现象（图2.15）。

图2.11 边梁盐渍（九号桥）

天津市1月平均气温为−3.4℃，最低气温达−13.6℃以下。为加快道路和桥梁上冰雪融化，通常撒放以氯盐为主要成分的除冰盐。除冰盐渗入伸缩缝、排水口或梁间缝隙，将加快周围钢筋的锈蚀，引起结构构件的破坏。

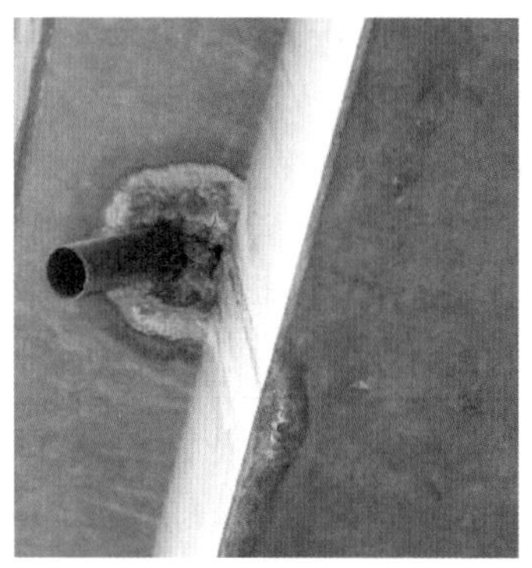

图 2.12　排水口盐水痕渍（蓟州立交桥）

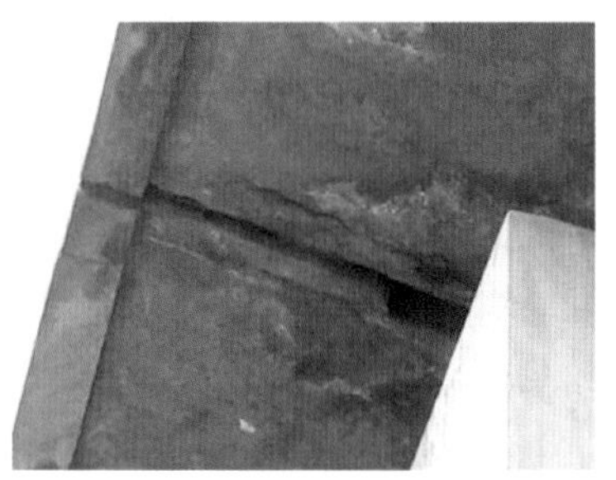

图 2.13　伸缩缝及盖梁处盐渍（老高寨桥）

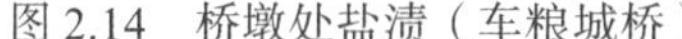

图 2.14　桥墩处盐渍（车粮城桥）

图 2.15　T 梁间缝隙盐渍（老高寨桥）

霍庄大桥位于永定新河中游，为 1975 年建造的钢筋混凝土马蹄形装配式 T 梁桥，单孔跨径 13.5m，共 36 跨，全长 490m。调查发现，其墩柱表面混凝土酥松，粗骨料外露，混凝土环向和纵向裂缝明显［图 2.16（a）～（c）］，桥墩竖向钢筋锈蚀率较大［图 2.16（d）］，箍筋锈断。

产生上述病害的原因主要是施工时添加了 0.5% 的工业用盐（NaCl）作为

(a)

(b)

(c)

(d)

图 2.16　墩柱裂缝和钢筋锈蚀（霍庄大桥）

外加剂。霍庄大桥混凝土水灰比大（水灰比 0.54），混凝土强度低［采用 200 号（相当于 C18）普通硅酸盐混凝土］，内掺氯盐影响较大，钢筋锈蚀严重。

调查还显示，多数墩柱在水位线上方处的混凝土形成严重的环形剥落（图 2.17）。

图 2.17　墩柱混凝土环形剥落（四号桥）

天津冬季气温达−13.6℃以下，潮湿环境下的水饱和混凝土中产生冻融循环。桥墩水位线附近的混凝土由于浸泡和内部毛细孔吸附作用水分充分，温度降低会引起水分冻结，膨胀作用力受到约束引起混凝土表面开裂，甚至由表及里逐层剥落。

2.2.3　厦门大桥病害调查

1. 桥梁概况

厦门大桥位于福建省厦门岛北端，跨越高崎集美海峡。主桥长 2070m，桥面宽 23.5m，1991 年建成通车。厦门大桥为双幅 5 联连续梁桥，分别为 8m×45m＋8m×45m＋12m×45m＋10m×45m＋8m×45m。单幅上部结构桥面横截面为单室箱梁，高 2.68m，采用预应力筋钢绞线，纵向主索采用连接器全桥贯通。单幅下部结构为钢筋混凝土矩形薄壁单柱墩，实测截面尺寸为 4050mm×1600mm，共有 47 对。图 2.18 为厦门大桥远景照片。

厦门年平均气温 20.6℃，年平均降雨量约 1200mm，3～9 月降雨占全年降雨量的 80% 以上。平均风力 3～4 级，夏季多东南偏南风，冬季多偏东风，最大

图 2.18　厦门大桥远景照片

频率为东风。厦门大桥作为厦门岛的交通要道承担着繁重的交通运输量，车流量大，2007 年 1 月 24 日还曾发生货车 42t 巨石在桥面砸出大坑的事故（为箱梁顶板局部损伤，腹板未受大影响，事后不久修复），日常运行维护的主要对象为桥面铺装和栏杆等。作为我国建成最早的跨海峡特大型混凝土桥梁，经二十几年的使用，桥梁无重大结构性维修加固历史，其病害具有一定代表性。

2. 主要病害及原因分析

经调查，该桥梁外观损伤主要包括：主桥和引桥伸缩缝边角处混凝土压碎、开裂及连接钢件的锈蚀（图 2.19）；主桥箱梁端部（与引桥相连端）的悬臂梁端裂缝密集，裂缝宽度达 0.1～0.2mm（图 2.20）；引桥边梁有水渍痕迹，混凝土表观质量较差（图 2.21）；混凝土箱梁表观质量良好，翼板底部存在裂缝（图 2.22）；箱

图 2.19　伸缩缝处裂缝和连接钢件锈蚀

图 2.20　主桥箱梁端部裂缝（悬臂梁端）

梁腹板（腹板外侧中部有 0.13mm 纵向裂缝，图 2.23）及箱梁底部（图 2.24）出现裂缝。

图 2.21　引桥梁底裂缝

图 2.22　箱梁翼板底部裂缝

图 2.23　箱梁腹板纵向裂缝

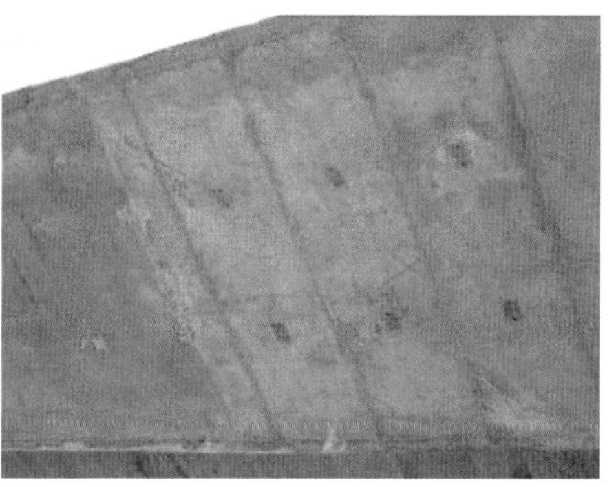

图 2.24　箱梁底部裂缝

除此之外，不同墩柱及墩柱的不同部位也出现了较多裂缝。厦门大桥有 47 对矩形薄壁墩柱，除两端各有两墩柱位于陆地以外，其余桥墩长期或涨潮时受海水浸泡。处于陆地上的桥墩，外观上无明显裂缝。其余的桥墩裂缝较多且明显，并主要处于潮汐区范围。

在落潮时对 A3～A8、B3～B7 共 11 个墩柱（图 2.25）进行裂缝检测，结果如表 2.6 所示。桥墩裂缝全部处于桥墩四角处，裂缝长度大多为 0.5～2.0m，最长裂缝达 4.0m，最大宽度达 5.5mm。裂缝沿墩柱竖向开展，裂缝中有多处红色锈迹，可判断裂缝为钢筋锈蚀引起的锈胀裂缝。桥墩中裂缝分布有两种情形，角部单条裂缝［图 2.26（a）和（b）］和角部两条裂缝［图 2.26（c）和（d）］。对上述 A3～A8 和 B3～B7 以外的桥墩进行的表观调查同样表明有大量墩柱出现角部裂缝，并有多处红色锈迹。

图 2.25　厦门大桥桥墩位置示意图

表 2.6　厦门大桥部分桥墩裂缝检测结果

项目	桥墩裂缝检测结果										
	A3	B3	A4	B4	A5	B5	A6	B6	A7	B7	A8
裂缝条数	7	4	0	7	2	4	0	1	5	4	4
最大长度 /m	2.0	1.2	0	1.85	0.8	2.2	0	0.5	1.0	4.0	2.0
最大宽度 /mm	4.5	5.5	0	2.0	1.0	1.8	0	0.1	5.0	2.5	2.0
红色锈迹	√	—	—	√	—	√	—	—	—	√	—

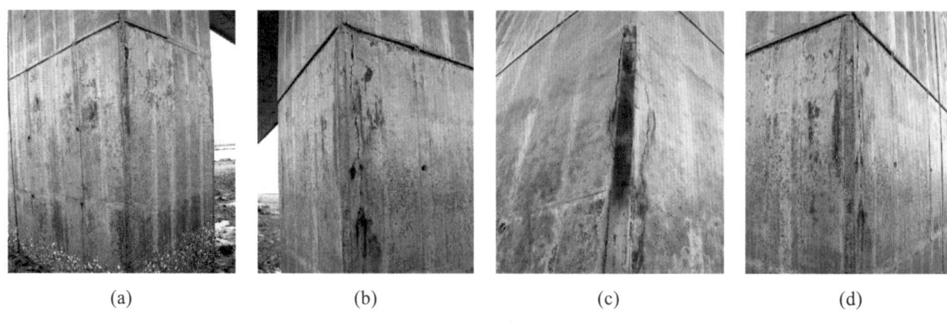

图 2.26　厦门大桥墩柱角部典型裂缝形态

厦门海域表层海水年最高温度 31.6℃，年最低温度 10℃，平均温度 21.3℃。潮汐类型属正规半日潮，最高潮水位可达 7.77m（以厦门零点为潮位基准面），最低潮水位−0.06m，平均低潮位 1.70m，平均高潮位 5.66m，平均潮差 3.99m，平均涨潮历时为 6h 8min，平均落潮历时为 6h 18min。位于潮汐区的混凝土墩柱处于干湿循环状态，这会加速海水中氯盐的侵入速度。氯盐到达墩柱角部钢筋处引起钢筋锈蚀，并导致角部出现沿桥墩纵向的开裂。

2.2.4　大连普兰店湾大桥病害调查

1. 桥梁概况

普兰店湾大桥为沈大高速公路上预应力混凝土简支梁桥，位处北纬 29°24′、东经 121°29′，桥全长 1026m，宽 25m，分列两幅，中设 2m 宽分车带。主桥上部结构为 16 孔 50m 变截面鱼腹式简支梁，跨中梁高 2.6m，端部梁高 1.6m，腹板厚 0.16m，设计荷载等级为汽超 -20、挂车 -100、特载 -390；主桥下部结构为双柱式墩身，2m 直径钻孔灌注桩，预制承台。大桥于 1990 年 9 月竣工。

普兰店湾西出松木岛与渤海相通，建桥处最大水深为－8.0m（黄海高程），湾内冬季封冻，设计前历年最大风速为 18m/s，历年流冰最大厚度为 1.5m，最高潮位＋1.8m，最低潮位－0.5m，湾内流速大于 1.0m/s。普兰店湾水体有安子河等小河流冲淡水影响，水流主要受渤海潮汐海浪影响。

2. 主要病害及原因分析

普兰店湾大桥出现的主要病害包括：梁箍筋和纵筋锈蚀较严重，并引起保护层混凝土锈胀脱落（图 2.27）；墩柱靠近墩台部分损伤严重，沿钢筋方向的纵向裂缝十分明显，部分墩柱底端的混凝土保护层剥落，有单根钢筋表面的混凝土剥落，有多根钢筋表面的混凝土保护层整体脱落，钢筋外露，锈蚀严重（图 2.28）。

(a) 鱼腹梁底混凝土酥松并露筋

(b) 鱼腹梁底箍筋和纵筋锈蚀

图 2.27　普兰店湾大桥鱼腹梁病害

(a) 墩柱底部混凝土开裂（一）

(b) 墩柱底部混凝土开裂（二）

图 2.28　普兰店湾大桥墩柱病害

(c) 墩柱底部混凝土开裂（三）

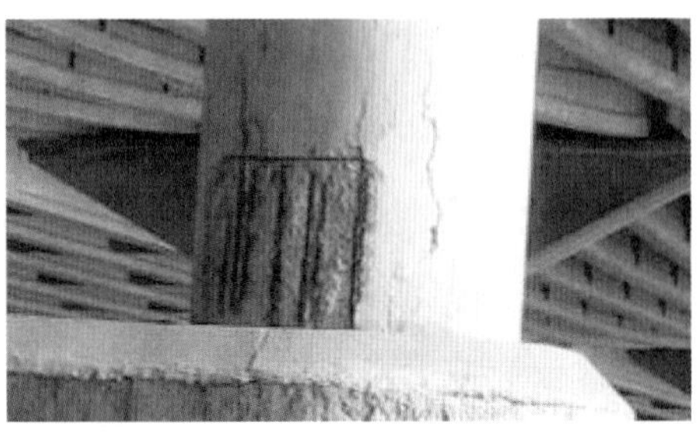

(d) 墩柱底部钢筋锈蚀混凝土剥落（一）

(e) 墩柱底部钢筋锈蚀混凝土剥落（二）

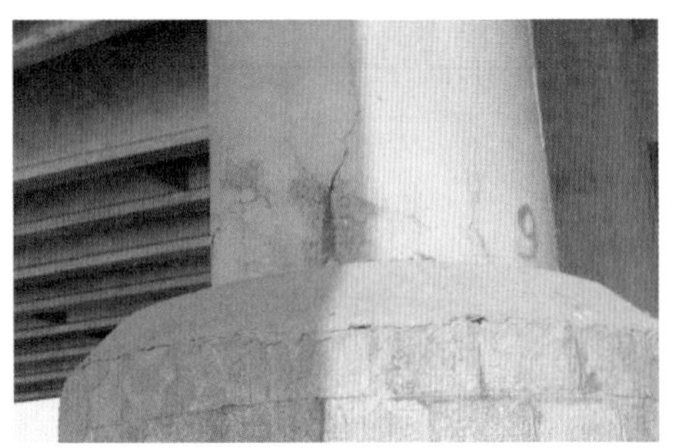

(f) 墩柱底部钢筋锈蚀混凝土剥落（三）

图 2.28（续）

梁底钢筋锈蚀主要由混凝土质量较差及保护层过薄等因素引起。墩柱底端处于海水飞溅区或 Cl^- 浓度高的大气盐雾区，Cl^- 侵蚀穿透混凝土保护层，并达到 Cl^- 临界浓度而造成钢筋严重锈蚀，锈蚀产物胀裂保护层造成混凝土局部剥落或大面积整体脱落。

2.2.5 其他公路桥梁病害调查

查阅混凝土桥梁结构病害相关文献可知，环境作用下我国其他不同地区混凝土桥梁的病害如表 2.7 所示。

从表 2.7 中可以看出，由环境作用引起的桥梁病害主要表现为裂缝较为普遍，混凝土保护层剥落，钢筋外露且锈蚀；不同地区引起混凝土桥梁结构耐久性能劣化的主要环境因素不同，辽宁、河北、重庆、甘肃、贵州等地混凝土桥梁结构受碳化影响严重，位于浙江、海南等沿海地区的桥梁结构受氯盐侵蚀影响严重；位于辽宁、西藏地区的桥梁结构受冻融循环影响严重，新疆、甘肃等西部地区的混凝土桥梁结构受硫酸盐侵蚀严重；此外，市区（如重庆、云南等地）混凝土桥梁结构受酸雨侵蚀严重。

2.2.6 混凝土结构桥梁病害特征分析

通过对病害实地调查和对相关文献的整理分析发现，我国混凝土结构桥梁病

表 2.7　环境作用下混凝土桥梁的病害

序号	调查地区	桥梁名称	调查部位	主要耐久性病害描述	病害主要原因分析				
					碳化	氯盐侵蚀	冻融循环	硫酸盐侵蚀	酸雨侵蚀
1	辽宁[9]	宏图大桥	T 梁、墩身	表观裂缝较多，局部开裂较密，每孔均出现顺筋裂缝。T 梁混凝土碳化深度最大为 60.63mm，平均深度为 47.83mm。碳化深度已经超过了钢筋保护层厚度，钢筋发生轻微锈蚀。个别墩身基础外露，局部混凝土环形剥蚀	√		√		
2	河北[10]	七里河口小桥、赵家港中桥、新开口桥、大蒲河大桥	支座墩柱	七里海口小桥的桥梁支座处水印、析白明显，靠近落水管或伸缩缝的薄壁墩有混凝土保护层胀裂剥落、钢筋锈蚀现象存在。 赵家港中桥的墩柱上有明显的变色现象。 新开口桥存在钢筋露出、锈蚀现象。 大蒲河大桥由于长期受海水、海风侵蚀，墩柱表面出现了严重的变色现象，并且存在麻面情况	√	√			
3	天津滨海区[11, 12]	滨海地区桥梁；3 座公路小桥	墩柱、桩	（1）使用 10～20a 的桥梁，除冰盐对钢筋混凝土桥梁结构的钢筋产生严重的腐蚀；使用不到 10 年的桥梁，在 Cl^- 影响范围，钢筋也处于锈蚀状态。 （2）使用 RC 预制方桩，使用 8～10a 后即发现墩柱钢筋严重腐蚀，混凝土脱落，表层破坏严重，被迫重建	√	√	√		
4	重庆[13, 14]	某高速公路上 21 座公路桥；嘉陵江大桥、石门大桥	梁体、护栏	（1）梁体底板混凝土保护层脱落，箍筋外露，腹板混凝土剥落、钢筋外露锈蚀且有水渍出现。 （2）嘉陵江大桥引桥护栏表面露筋；石门大桥支柱底部混凝土疏松，部分剥落	√				√

续表

序号	调查地区	桥梁名称	调查部位	主要耐久性病害描述	病害主要原因分析				
					碳化	氯盐侵蚀	冻融循环	硫酸盐侵蚀	酸雨侵蚀
5	甘肃[15]	某公路梁桥	梁、墩柱	新、旧梁翼板连接处出现裂缝，裂缝附近有严重的锈蚀现象；中梁（旧梁）翼缘板上有贯穿裂缝，裂缝最大宽度 1.2mm，裂缝处有锈蚀现象；墩柱底部结晶、混凝土部分脱落	√			√	
6	四川[16]	成都九眼桥	悬挑板、腹拱底部	主拱拱肋悬挑板、腹拱底部见钢筋外露、锈迹	√				
7	贵州[17]	都格大桥	拱顶、底板等	拱顶实腹段是病害较严重的区域，拱箱板间接缝不密实，露筋，横隔梁开裂和破损，底板开裂；上下弦拱肋或拱箱表观质量较差，顶板、底板纵向和横向开裂严重，板间接缝粗糙，混凝土不密实甚至露筋，钢筋锈蚀	√				
8	浙江[3, 18]	越溪桥、温州市昆灵大桥	墩及拱脚	（1）受海水潮汐的干湿循环作用，造成 Cl^- 侵蚀严重，Cl^- 含量已远超临界值。 （2）在年检中发现下部结构腐蚀破坏严重，桥墩盖梁、挡土块和部分桩基础有混凝土剥落，钢筋外露锈蚀		√			
9	海南[19]	三亚大桥	新加宽桥第十四跨	普遍存在沿主筋方向的锈胀裂缝，有的已基本完全露筋。碳化检测结果：第 4 片梁碳化深度 7mm，第 7 片梁碳化深度 5mm，第 13 片梁碳化深度 15mm		√			
10	广西[20]	铁山港跨海大桥	桥面、主梁、墩台帽梁、支座	桥面出现多处纵向贯穿裂缝，主梁出现大量纵向裂缝，部分桥墩出现露筋、混凝土剥落现象，伸缩装置损坏严重；桥边墩局部钢筋严重锈蚀，甚至露筋，混凝土保护层脱落		√			

续表

序号	调查地区	桥梁名称	调查部位	主要耐久性病害描述	病害主要原因分析				
					碳化	氯盐侵蚀	冻融循环	硫酸盐侵蚀	酸雨侵蚀
11	广东[21]	海燕大桥、下郭大桥	桥墩柱、桩基	海燕大桥存在大量的顺筋胀裂缝，部分混凝土剥离，已限载通行。 下郭大桥主桥桥墩出现严重的露筋、锈蚀，以及混凝土破损、脱落、胀裂鼓包等病害		√			
12	北京[22]	西直门立交桥、东直门立交桥、大北窑立交桥	梁	立交桥均出现裂缝，局部钢筋外露锈蚀的“盐害”也很明显和严重，不得不做修复、加固处理	√	√			
13	西藏[23]	恰萨桥	T 梁、墩柱	T 梁、墩柱局部出现裂缝，内部钢筋锈蚀；墩台及基础表面均存在不同程度的碳化现象，最大碳化深度 1.0m，平均碳化深度 0.75m；已冻融面积与可能冻融面积之比为 6.5%			√		
14	新疆[24]	阿勒泰—库车、乌鲁木齐—红其拉浦沿线桥梁	墩柱	墩柱混凝土出现胀裂、剥落，钢筋外露，部分出现结晶			√	√	
15	云南[25]	西站、石闸、大树营等 18 座桥公路桥	混凝土梁、桥墩	混凝土表面出现结晶、盐霜、锈胀裂缝					√
16	上海[26]	合庆港桥	混凝土空心板梁和桥台台帽	混凝土表面裂缝和钢筋锈蚀	√				

害总体上有以下几个主要特征。

（1）混凝土桥梁病害种类及劣化程度具有一定的地域性。

服役于一般大气环境下的混凝土桥梁结构，主要受碳化作用的影响。我国城市重要道路和国道重要干线上，混凝土桥梁众多，其不同部位由于受到混凝土碳化的影响出现钢筋外露锈蚀、混凝土表层剥落的现象。

服役于沿海地区的混凝土桥梁结构，主要遭受氯盐侵蚀的影响。我国地域辽阔、海岸线长，沿海与海洋环境中的许多混凝土结构桥梁都出现了较为严重的耐久性病害。

服役于我国“三北”地区的混凝土结构桥梁，由于冬季最低气温可达－30～－20℃，呈现以混凝土冻融循环破坏为主的特点。北方寒冷季节，在积雪路段喷撒的除冰盐加速了混凝土中钢筋的锈蚀，造成混凝土保护层剥蚀现象严重。

（2）混凝土碳化、氯盐侵蚀、冻融循环、硫酸盐侵蚀是诱发混凝土结构桥梁病害、导致混凝土结构桥梁性能退化的主要原因。

一般大气环境下，桥梁上、下部承重结构均易出现由于混凝土碳化诱发钢筋锈蚀导致混凝土结构性能退化的现象。多处非受力裂缝也大多为碳化诱发钢筋锈蚀膨胀所致。海洋环境下，桥梁下部结构由于 Cl^- 侵蚀造成的病害显著，位于潮汐区和浪溅区部位的病害则更为明显。在我国北方与西部寒冷地区，桥墩部位易出现由于冻融循环造成的环形剥蚀。我国的硫酸盐含量非常丰富，分布较广。土壤中大量的硫酸盐及滨海盐土中的硫酸盐等强腐蚀性介质会引起桥梁墩部混凝土膨胀开裂和剥落。

（3）即便混凝土结构桥梁位于同一环境影响区域（病害种类相同、劣化机理一致），其劣化程度也不尽相同。

一般大气环境下，城、郊区域由于温、湿度及 CO_2 浓度等环境作用的不同，混凝土结构桥梁的碳化程度不同。

（4）同一混凝土桥梁结构不同部位的病害程度也不相同。

上部结构中以主梁病害最为显著，主要表现为出现裂缝、钢筋锈蚀等。下部结构病害主要集中在桥墩及盖梁等处，主要病害表现为出现裂缝、钢筋锈蚀、保护层脱落、盐渍痕迹明显等。海洋环境下，位于潮汐区和浪溅区部位的病害比位于大气区和淹没区部位的病害严重。

2.3 混凝土结构隧道的病害

2.3.1 我国隧道概况

混凝土结构隧道广泛用于铁路、公路、地铁、市政管网等基础设施建设中。

据洪开荣[27]估计，我国大陆2013年底运营铁路隧道有11074座，总长8938.78km；公路隧道11359座，总长9605.6km。2014年在建的铁路隧道有4206座，长度7795.15km；已规划有4600余座铁路隧道，总长10600km。目前在建的、长度比较长的引水隧洞有引汉济渭工程秦岭特长输水隧洞（全长98.3km）、引红济石工程隧洞（全长19.76km）、引洮工程隧洞（长96.35km）、辽西北供水工程隧洞（全长230km）、吉林中部引松供水工程隧洞（全长134.631km，隧洞直径6.6m）。

据杨新安等[28]统计，截至2003年，我国失效隧道总数达4587座，约占运营隧道总数的60%。其中主要的失效状态为严重漏水、衬砌严重腐蚀裂损、仰拱或铺底变形损坏和坍方落石。不同的隧道所处的工程地质条件不同，病害产生的原因也各不相同。根据相关调查，引起隧道病害的原因主要是漏水、冻害，其次是材料老化、偏压和衬砌背后空洞[29]。

从目前隧道运营情况看，我国隧道大部分存在如衬砌裂缝、变形及渗漏水等不同程度的病害，而且各种病害一般相互影响、互相作用。为全面了解我国在役隧道结构的耐久性现状，为混凝土结构隧道基于预期寿命设计、施工和评估提供依据，需对我国混凝土结构隧道的性能开展调查。

2.3.2　浙江地区隧道病害调查

1. 浙江地区隧道概况

浙江省位于东南沿海，北部和东部为平原河网地区；南部和西部为丘陵山区，面积10.18万km^2，其中，平原盆地占23.2%，丘陵与山地占70.4%，河流湖泊占6.4%。因此，在公路建设中隧道不可缺少。截至2006年，浙江省共有在用公路隧道640座，总里程为418.5km，约占全省省级公路总里程的1%。在所建成的隧道中，有0.5km以上的中长隧道164座，其中特长（3km以上）隧道2座。

浙江地区公路隧道修建主要始于20世纪70年代中期东南地区的国道、省道等旧路改造。在70年代中期～80年代中期，相继建成长石岭隧道（350m）、杨梅岭隧道（250m）、黄土岭隧道（905m＋55m）。

浙江省最早建成的隧道是缙云县蛟坑隧道（1965年）。另两座具有里程碑意义的隧道分别是：宁波甬江水底隧道，是我国第一座在软土地基、大潮涌、大回淤海口江底采用沉管法施工的单管双车道隧道；大溪岭—湖雾岭隧道，是我国自行设计、施工、建设及采用国产材料设备为主的现代化大型隧道。

浙江地区隧道多为山岭隧道，1993年10月建成浙江省第一座在软弱围岩条件下按新奥地利隧道施工方法（new Austrian tunneling method，NATM）施工的安吉幽岭隧道（307m）。之前，多采用矿山法施工。

作者及其研究团队兼顾不同的建成年份、结构型式和规模，选择了杭州、绍兴、宁波、温州、台州及丽水等地具有代表性的 13 座现役隧道进行耐久性病害调查。调查隧道的地理位置分布与形式如表 2.8 所示。调查分资料调查和现场调查两部分，其中资料调查包括隧道设计资料、改造维修报告等。

表 2.8　浙江地区调查隧道的地理位置分布与形式　　（单位：座）

地理位置	山岭隧道	水底隧道	总计
杭州	2	1	3
绍兴	1	0	1
宁波	0	1	1
温州	1	0	1
台州	4	1	5
丽水	2	0	2
合计	10	3	13

2. 主要病害及原因分析

从调查结果来看，多数被调查隧道存在病害。根据调查结果将隧道损坏程度分为严重、中等和基本完好 3 级。隧道有过改建经历、修复经历，或钢筋锈蚀严重，或结构性裂缝达 0.3mm 以上归类为严重；混凝土表观质量差，普遍漏水严重，或碳化深度达到钢筋表面，结构损伤性裂缝较明显归类为中等；其余归类为基本完好。表 2.9 是调查隧道的竣工年份与损坏程度。由此可见，有严重病害的隧道比例接近 80%。在被调查的 10 座病害严重的隧道中，西湖隧道、宁波甬江隧道、黄土岭隧道、洋条隧道、马岭头隧道等 9 座已进行过改造修复。

表 2.9　浙江地区调查隧道的竣工年份与损坏程度　　（单位：座）

竣工年份	调查数量	严重破损（修复）	轻微破损	基本完好
1990 年之前	1	1（1）	0	0
1991～2000 年	9	8（7）	1	0
2000 年之后	2	1（1）	1	1

表 2.10 是调查隧道的损害部位统计。其中衬砌中出现的病害包括开裂、错缝、错台、剥离剥落、变形、边墙下沉、漏水、土砂流入、结冰、材料劣化；路基中出现的病害包括轨道变异、混凝土底板开裂变形、侧沟开裂变形、下沉陷落、翻浆冒泥；洞门上出现的病害包括开裂、错台、前倾下沉；围岩中出现的

病害包括下沉塌陷、滑动。病害最多的部位是衬砌，达 90% 以上，这也验证了“十隧九漏”的说法；其次是路基；洞门上出现的病害最少。

表 2.10　浙江地区调查隧道的损害部位统计

病害部位	数量 / 座	比例 /%
衬砌	12	92
路基	6	46
洞门	1	8
围岩	3	23

表 2.11 统计了调查隧道的主要病害。最主要的病害是渗漏水和材料劣化，其次是衬砌裂损和基底破损。

表 2.11　浙江地区调查隧道的主要病害统计

病害类型	数量 / 座	比例 /%
渗漏水	10	77
衬砌裂损	5	38
材料劣化	8	62
基底破损	6	46
滑坡和危岩崩落	2	15
膨胀性土压	1	8
火灾	1	8

1）渗漏水

隧道漏水是较普遍的病害，13 座被调查隧道中有 10 座存在不同程度的漏水问题，接近 80%。3 座水底隧道存在严重的渗漏水情况，并进行过大修改建。此次调查还发现，05 省道富阳新登—淳安部分采用的双连拱隧道在中隔墙纵向施工缝处及墙脚有不同程度的渗水。05 省道其他已通车路段的几座隧道在中隔墙纵向施工缝处及墙脚也有类似情况。这主要是由于这种构造中隔墙肩部左右两边各有一条纵向的施工缝，当中隔墙体内排水系统排水不畅时，水便从施工缝处渗出。

2）衬砌裂损

衬砌裂损是隧道中比较严重的病害。调查表明，近 40% 的隧道曾出现衬砌开裂的现象。这主要是由于衬砌结构处于复杂的围岩地质体中，受到周围岩体变形压力、松动压力、周围不均匀力学性态、温度和收缩应力作用、膨胀围岩压力、冻涨压力、腐蚀性介质作用、运营车辆的循环荷载作用，导致隧道混凝土衬砌结构产生裂缝和变形。例如，1992 年竣工的洋条隧道验收时就在隧道侧墙出现大面积纵向裂缝，1993 年在拱部出现 4 处裂缝。开裂原因如下：一是围岩自承拱的变化造成衬砌背后荷载的增加；二是围岩变形压力造成侧墙大面积纵向裂缝；三是围岩松动、剥落、坍塌的加剧导致局部侧墙裂缝的扩张。又如，马岭头隧道右洞通车后二衬出现纵横向裂缝。其主要原因则是隧道穿越火山碎屑岩中的夹层，该处岩性为含砾泥质粉砂岩、泥岩，具有中强膨胀潜势，而隧道的开挖改变了原有的地下水径排条件，并在左侧壁、仰拱底部等部位滞留富集，致使该部位围岩遇水软化，并产生膨胀力作用于左侧墙和仰拱，导致衬砌承受荷载增大，从而形成隧道侧壁横向裂缝和混凝土路面错开等病害。

隧道的渗漏水与其裂缝直接相关。裂缝是隧道及地下工程渗漏水的通道，许多隧道的渗漏水是由衬砌变形开裂引起的。地下水沿裂缝进入隧道衬砌内，导致隧道衬砌钢筋锈蚀及混凝土结构腐蚀等多种病害产生，严重影响隧道的使用性能，调查的 13 座隧道中有 10 座进行过修复。

3）基底破损

隧道底部冒水翻浆是另一种比较严重的病害。混凝土铺底或仰拱破坏，围岩中的裂隙水大量涌入隧底，造成路基浸泡软化。此类病害发生的原因如下：一是隧道底部铺砌混凝土质量差，强度较低，厚度薄；二是围岩中节理带严重变形，裂隙水压力过大，导致隧底衬砌破坏；三是缺乏有效的路基防排水体系而使隧道路基排水不畅，地下水位高于垫层甚至高于路面。例如，台州 104 国道长石岭隧道路面严重破坏，主要在于隧道路基排水不畅形成压力，地下水带着泥浆从路面施工缝涌出，长期营运后使路床与垫层之间形成凹凸不平的空洞，最终导致路面破坏。丽水境内的洋条隧道也是一个典型的实例。

4）材料劣化

此次调查表明，隧道衬砌混凝土普遍存在材料劣化现象。这是由于隧道的衬砌混凝土一侧接触水或含水土，另一侧则接触空气，是典型的干湿交替环境，如图 2.29 所示。同时，隧道和其他主干道一样，机动车通行量大，在正常通车和排风条件下，隧道中或洞口处的 CO_2 浓度为大气中的 5 倍以上。一个典型的例子就是黄土岭隧道，现场实测记录的烟雾浓度为 $21\times10^{-3}m^{-1}$，CO_2 浓度为 360～420ppm。由于交通组成中柴油机车辆数量多，且其中有大量车况非常差的各型拖拉机和超龄车辆，车辆排放的以碳粒为主要成分的黑烟的单位排放量非常高，远远超过一般柴油机中型货车，以致隧道内空气污染严重。在对向行车和低速行车双重作用下，有害气体长期滞留在隧道内往返徘徊，导致混凝土劣化现象严重。

除遭受前述的 Cl^- 侵入、洞口附近的冻融作用、干湿交替作用、碳化作用外，还可能因地下水中含 Cl^-、SO_4^{2-}、K^+、Na^+、Mg^{2+}等，发生硫酸盐腐蚀、镁盐腐蚀、软水腐蚀、生物腐蚀等，进而加速混凝土的劣化。这也是调查的 3 座水底隧道都封闭返修的另一个原因。

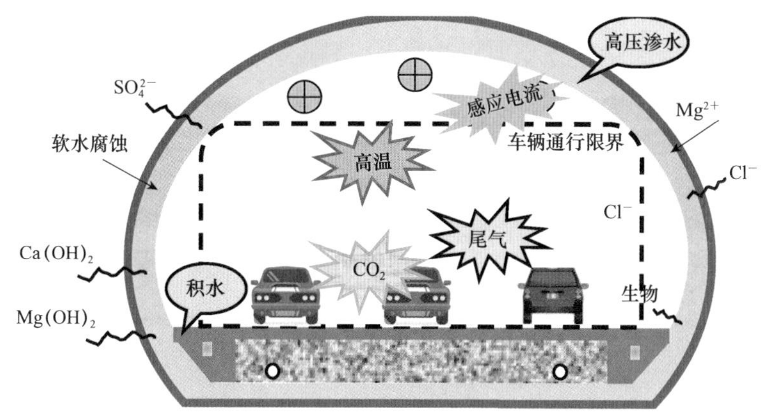

图 2.29　影响水底隧道耐久性的各种因素

5）滑坡和危岩崩落

调查的 13 座隧道中 2 座曾发生过滑坡和危岩崩落。例如，2008 年 4 月 2 日茅竹岭隧道口陡岩上方的危岩突然崩落，脱落部位高约 2m、宽 2.8m、厚 0.4m，约 $2.5m^3$。这主要是由于年初连续降雨，雨水浸润岩体，致使危岩崩塌。浙江降水量多年平均值为 1469mm，如图 2.30 所示浙江省历年年降水量变化，其中温州、台州、宁波大部及金华、丽水的个别地区偏多 5 成以上。2007 年春季降水量全省平均为 363mm，夏季降水量全省平均为 399.4mm，秋季降水量全省平均为 416.6mm，冬季降水量全省平均为 176mm，因此春、夏、秋多雨季节也是隧道山体滑坡的高发季节。

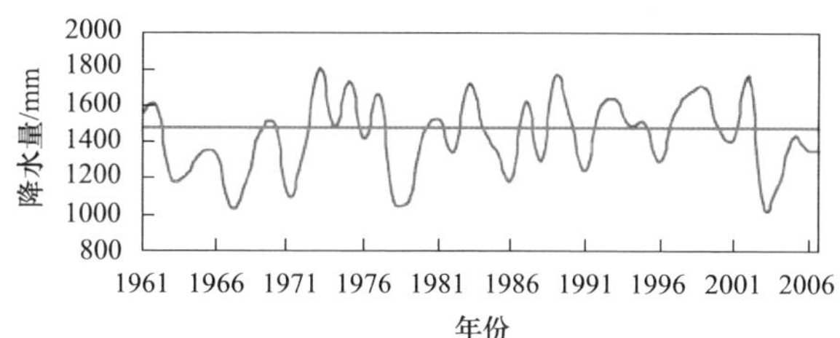

图 2.30　浙江省历年年降水量变化
（数据来自浙江省气象局）

6）火灾

调查的 13 座隧道中，1 座曾发生过火灾。2002 年 1 月 10 日猫狸岭隧道内一辆汽车燃烧，整个火灾持续时间约 2h。停车带侧面边墙瓷砖全面脱落，拱部原涂有防火涂料，火灾后燃烧点附近只看见混凝土原色，并呈凹凸状，混凝土在高温作用下已有一定程度的劣化现象，但据钻孔取芯强度试验，衬砌整体强度未受大的影响。

作者及其研究团队的调查表明，浙江地区在役钢筋混凝土隧道的耐久性问题相当严重。隧道病害的类型主要有渗漏水、衬砌裂损、材料劣化和基底破损等。隧道内各种病害一般不是单独存在的，而是互相影响、互相作用的。其中最常见的病害形式是水害，隧道由于渗漏水、积水，将会造成衬砌开裂或使原有裂缝发展扩大，加重衬砌裂损。当地下水有侵蚀性时，会对衬砌混凝土产生侵蚀，随着渗漏水的不断发展，对混凝土的侵蚀会愈加严重。

2.3.3　青岛嵩山隧道病害调查

1. 隧道概况

嵩山隧道位于青岛开发区嘉陵江西路，是青岛市第一座城区交通隧道。嵩山隧道于2003年6月上旬正式开工建设，隧道为双洞四车道，单线全长600m，洞高7m，宽10.97m，两洞轴线间距30m，设计时速为60km，行车方式为双洞单向行驶，行车方向右侧设人行道，2005年元旦正式通车。图2.31所示为青岛开发区嵩山隧道照片。

图2.31　青岛开发区嵩山隧道照片

隧道通过的地区基岩裸露，主要岩性为花岗岩、安山岩，岩石交错分布，风化深度达15～20m。根据《公路勘测规范》(JTG C10—2007)，嵩山隧道的洞口部分为Ⅲ类围岩，隧道埋深距地表浅，仅10～20m，基岩完整性较差，而且风化严重。

2. 主要病害及原因分析

据调查，截至2008年6月，嵩山隧道出现了较明显病害。

1）平行于隧道衬砌环的裂缝

由于施工原因产生的裂缝主要表现为平行于隧道衬砌环。因施工缝处理不当产生的裂缝与施工质量有关，如靠近施工缝左右两边的混凝土浇捣不实、混凝土模块不平，使隧道衬砌在施工缝处产生裂缝，以及衬砌混凝土表面产生蜂窝麻面等，从而出现渗漏点。施工方法不当、混凝土本身的材料性能及外部温度等因素使施工缝附近出现开裂。这种病害在嵩山隧道中尤其突出，如图2.32所示。图2.33所示为伸缩缝渗水处修补后的照片。

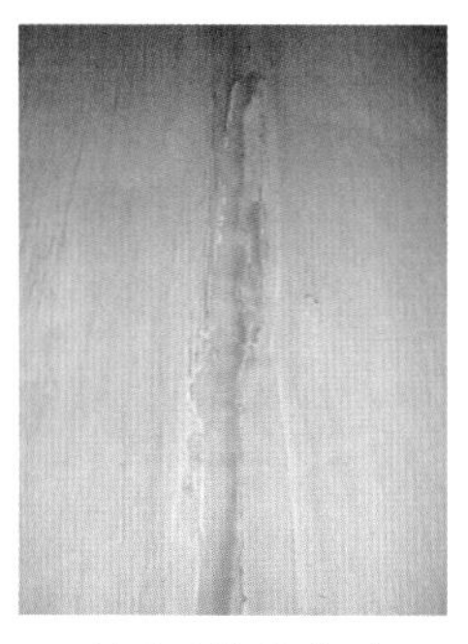

(a) 渗水情形（一）

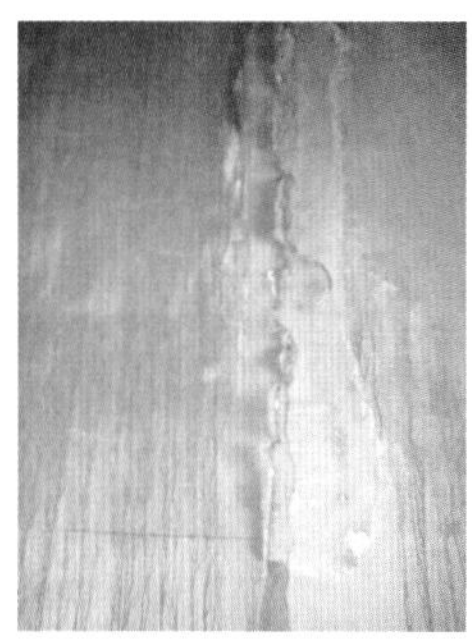
(b) 渗水情形（二）

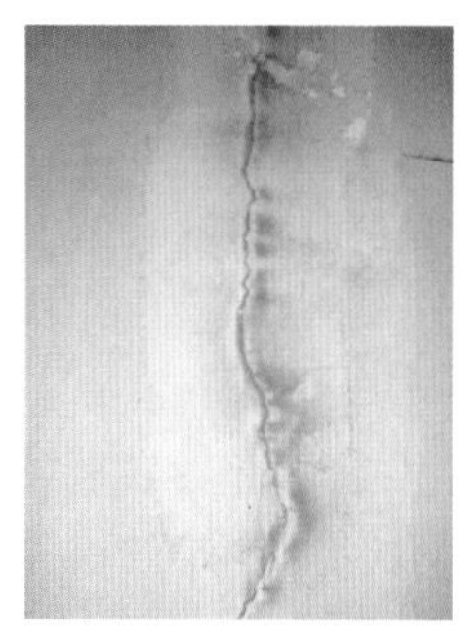
(c) 渗水情形（三）

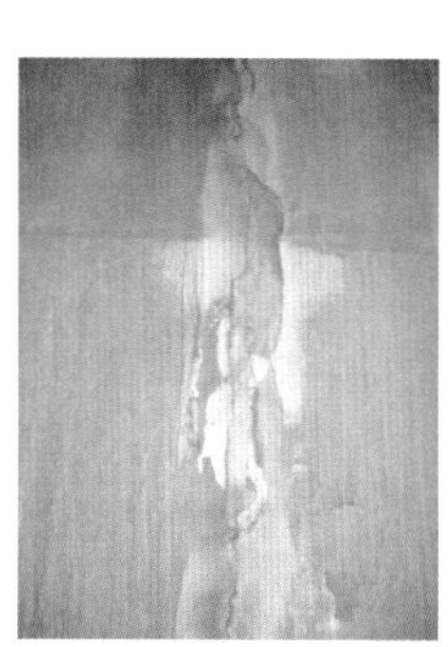
(d) 渗水情形（四）

图 2.32　青岛崂山隧道伸缩缝处渗水

(a) 修补后的情形（一）

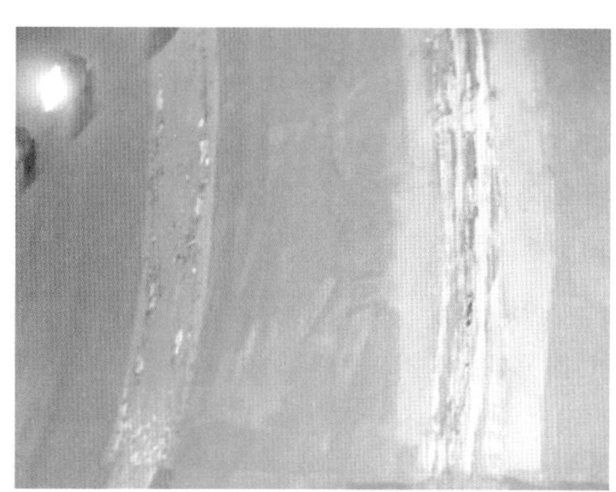
(b) 修补后的情形（二）

图 2.33　青岛崂山隧道开裂伸缩缝修补后的照片

2）隧道基底病害

若隧道位于富水地层或地下水位较高区域，施工前地下水处于相对平衡状态，开挖后平衡被打破，隧道周边地下水压力减小，岩体中的水通过各种渠道向隧道内渗漏，使其成为一个人工汇水通道。当隧道衬砌完成后，地下水被暂时封闭起来，则地下水汇集在隧道周围形成高水压。我国隧道衬砌标准设计荷载中仅考虑围岩压力，而未考虑水压，一旦隧道基底发生裂纹，则汇集在隧道周围的地下水顺裂缝流入。地下水的侵入又加速了裂缝的发展，加之我国目前行车密度大，在车辆荷载反复振动和地下水共同作用下，基底围岩产生液化，形成翻浆冒泥病害。在富水硬岩围岩中也同样发生基底翻浆冒泥病害。

截至 2008 年 6 月，崂山隧道南洞道路破坏严重，路面凹凸不平，形成多处水坑。随地下水源源流出，水坑越来越大，给过往车辆带来安全隐患。

2.3.4　上海黄浦江打浦路隧道病害调查

1. 隧道概况

上海黄浦江打浦路隧道是我国采用盾构法建造的第一条越江单管双车道公路隧道。隧道从中山南一路打浦路起始，穿越黄浦江底，与黄浦江东岸的耀华路口相接，全长2736m。其中圆形隧道长度为1322m，矩形段长度：浦西181.83m、浦东839.92m；敞开段长度：浦西206.06m、浦东210.91m。隧道江中段最小覆土深度为7m。1965年打浦路隧道的盾构拼装井破土动工。1970年9月28日全线贯通通车。

隧道采用钢筋混凝土管片。管片环的外径为10.0m，内径为8.8m，每环由5个标准块、2个邻接块和1个封顶块，共8块拼装而成。管片宽度为900mm，肋面厚度为600mm。每个接头有3只ϕ36mm外排弯月形螺栓和3只内排ϕ42mm直螺栓，每环共计48只环向螺栓。管片纵向连接采用ϕ30mm直螺栓，每环共计64只纵向螺栓。螺栓孔防水使用沥青石棉垫圈。

2. 主要病害及原因分析

1）漏水

由于螺栓孔沥青垫圈不完整，或者在施工中已经被压碎，与弯螺栓孔的灌浆不密实，或者由于长期使用材料性能劣化，不能有效阻止水进入隧道，螺栓孔、压浆孔及隧道管片接头处出现漏水。漏水中夹杂淤泥，对堵漏造成一定困难［图2.34（a）、（c）～（f）］。

2）锈蚀

土壤与水中的硫酸盐同水泥中的水化铝酸钙作用生成水化硫铝酸钙，造成膨胀性破坏。土壤中细菌代谢和分解产生的CO_2溶于水、渗入混凝土，造成混凝土中性化，破坏钢筋和螺栓表面钝化膜，进而引起溶解性腐蚀［图2.34（b）、（g）、（h）］。

(a) 矩形段连接部出现涌水

(b) 矩形段侧墙部分混凝土剥落

图2.34　上海打浦路隧道典型病害

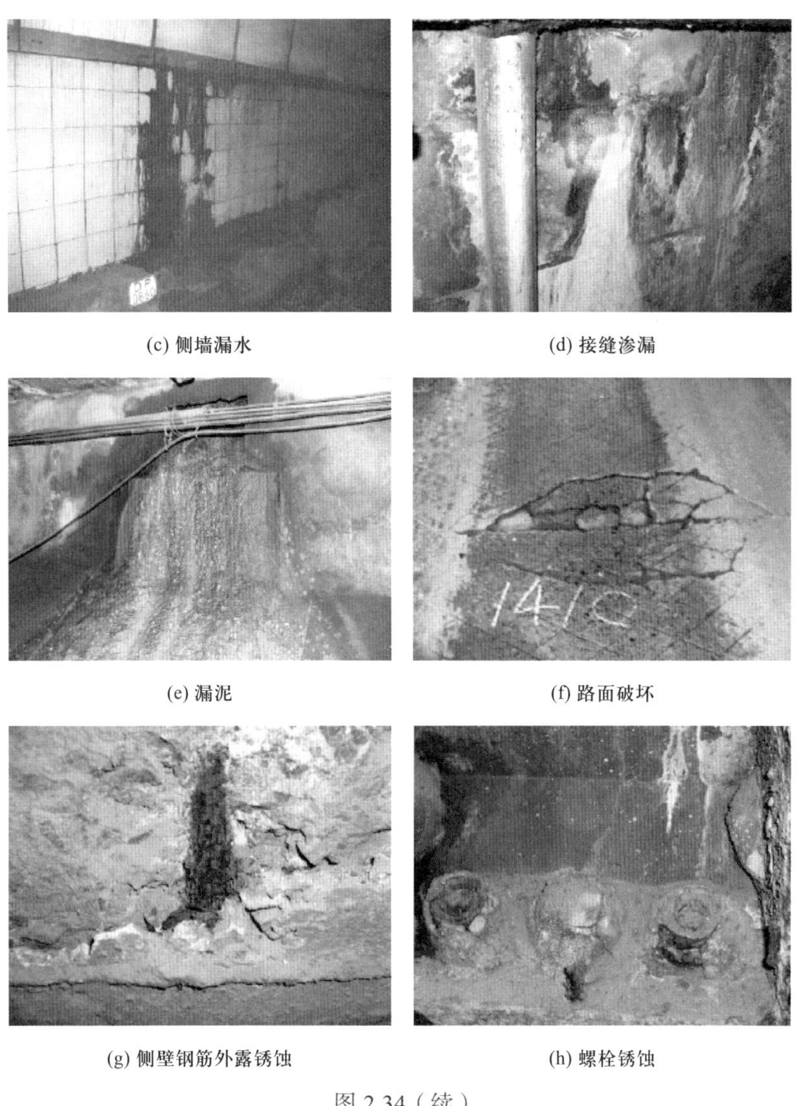

(c) 侧墙漏水　(d) 接缝渗漏

(e) 漏泥　(f) 路面破坏

(g) 侧壁钢筋外露锈蚀　(h) 螺栓锈蚀

图 2.34（续）

2.3.5　其他隧道病害调查

作者及其研究团队还对南京富贵山隧道、济南开元隧道、宁波少白岭隧道开展了调查，病害调查结果总结如表 2.12 所示。

2.3.6　混凝土结构隧道病害特征分析

通过对病害实地调查发现，环境作用下我国混凝土结构隧道病害总体上有以下几个主要特征。

表 2.12　其他混凝土结构隧道病害总结

序号	调查地区	隧道名称	主要病害描述	病害主要原因分析
1	南京	富贵山	衬砌开裂、伸缩缝渗水	围岩的侧向偏压和隧道建成后围岩的扰动等是衬砌开裂的主要原因。施工不佳导致防水构造薄弱，防水构造提前失效是导致伸缩缝渗水的主要原因
2	济南	开元	拱顶渗水、拱顶和边墙开裂、拱与墙交界处渗漏、施工缝处出现渗水	施工时形成的薄弱环节，如衬砌厚度过小或混凝土振捣不密实等，是造成拱顶渗水的主要原因。设计中拱与墙的施工缝及变形缝位置不一致，或施工时中墙顶没有处理好就直接浇筑拱部，这样拱和中墙之间就存在小空隙，导致拱与墙交界处渗漏。施工不佳是导致施工缝出现渗水的主要原因
3	宁波	少白岭	蜂窝和装饰层剥离、衬砌裂缝、隧道渗漏水	蜂窝和装饰层剥离主要是由材料选用不恰当造成的。拱和边墙间施工缝处理时施工质量的不过关是产生台阶状裂缝的主要原因

（1）渗水严重。水害对隧道的危害很大，其中衬砌的裂损破坏是水害作用的主要结果，而衬砌的裂损又会给漏水、涌水提供更多的通道，使水害更加严重，形成恶性循环。此外，伸缩缝处的施工质量不佳或防水构造失效也是造成隧道渗水漏水的主要原因之一。

（2）隧道衬砌开裂。隧道施工或运营过程中，由于各种因素的影响，隧道衬砌出现裂缝，从而直接影响了隧道的正常运营。衬砌裂损对隧道结构的稳定性造成一定程度的影响，使衬砌的有效厚度减小，安全可靠性降低，最终可能会导致衬砌结构的失稳破坏。衬砌混凝土裂损的原因非常复杂，往往是多种不利因素综合作用的结果。据有关统计，施工不规范造成的衬砌裂损占 80% 左右，材料质量差或配合比不合理产生的裂损占 15% 左右，设计不当引起的裂损可能占 5%。

（3）建在富含腐蚀性介质地区的隧道，其衬砌背后的腐蚀性环境水容易沿衬砌的工作缝、变形缝、毛细孔及其他孔洞渗流到衬砌内侧，成为隧道渗漏水，对衬砌混凝土和砌石、灰缝产生物理性或化学性的侵蚀作用，造成衬砌腐蚀、钢筋锈蚀。

（4）隧道在运营过程中，交通车辆、电器设备、抛弃的废弃物等释放出多种有害气体，瓦斯隧道本身还会释放出瓦斯气体，而隧道是一个闭塞空间，一般只有进出口与大气相通，有害气体不能很快消散，当积累的浓度超过一定值时，会引起严重影响。这些有害气体会腐蚀隧道衬砌混凝土及钢轨、扣件等设备。

（5）隧道的道床常因隧道基底病害和渗漏水等引起路面的开裂、起拱、仰拱破碎、路面下沉、翻浆冒泥、边沟开裂等现象，且容易导致线路几何形态变化，制约车辆提速，危及行车安全，严重时能造成车辆在隧道内倾覆。

2.4　混凝土结构码头的病害

2.4.1　舟山中基柴油机制造有限公司码头病害调查

1. 工程概况

舟山中基柴油机制造有限公司码头工程位于浙江舟山市定海区北蝉乡的马峙新港工业基地内，该工程为舟山中基柴油机制造有限公司船用柴油机生产基地的配套工程，如图 2.35 和图 2.36 所示。该工程为一座靠泊能力为 1200t 的码头，净宽 30.0m，码头长 87.0m，行车基础结构 72.0m，由独立行车承台和混凝土便桥组成。码头西侧为二期拟建泊位；码头面标高为＋4.50m，设计河床面标高－6.00m；码头后侧与陆域总装车间轴线相对应的位置设置起重机基础，基础面标高为＋4.50m。该工程的工程等级为Ⅱ级，区域抗震设防烈度为 7 度，港口工程钢筋混凝土结构的设计基准期为 50a。

图 2.35　舟山中基柴油机制造有限公司码头实景

该工程的主体受力结构为钢筋混凝土实体结构靠泊墩，墩台采用高桩墩式结构，分为东西两排（东面为 A 轴，西面为 B 轴），中间为 30.0m 净宽的港池，其中东侧（A 轴）由 13 个墩式承台组成，西侧（B 轴）由 12 个墩式承台组成，墩台间距为 4.0～5.0m。

在码头最前端两侧端部设置钢结构防撞设施，连接墩台的人行便道采用钢筋混凝土 T 型梁（共 23 榀），梁长有 4.0m 和 5.0m 两种类型，高度为 1m，上部翼

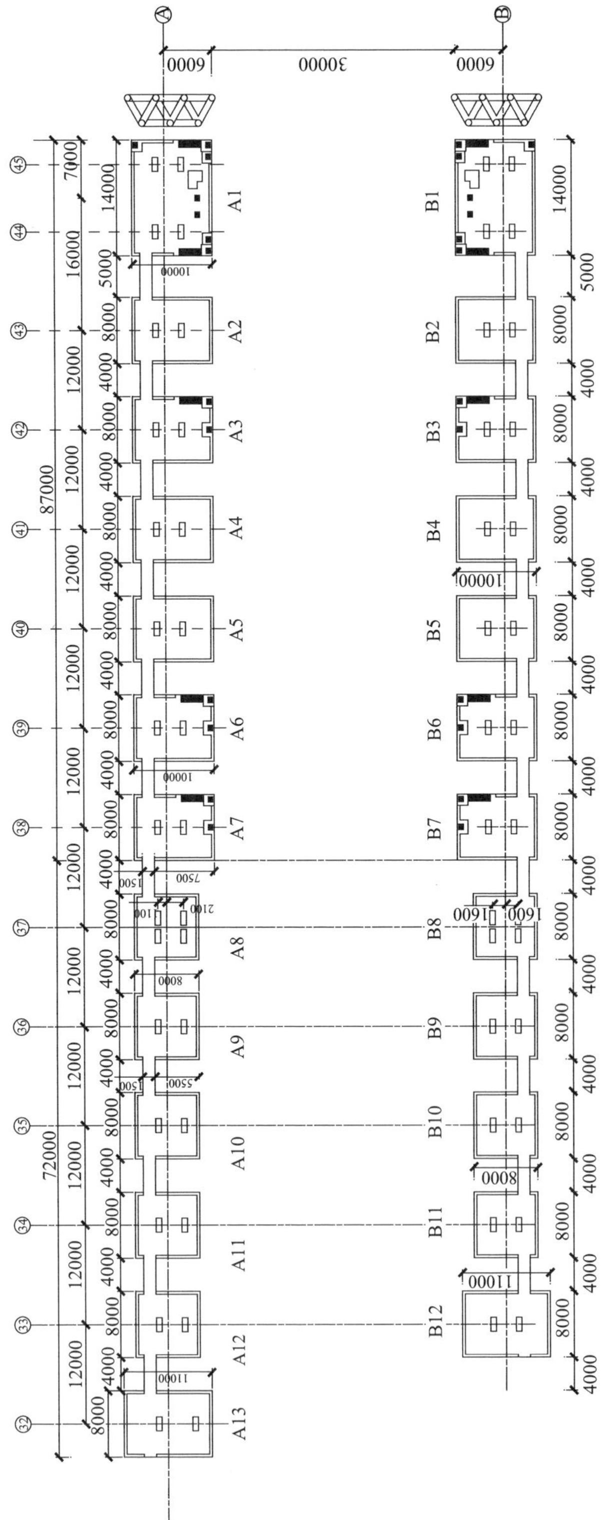

图 2.36　舟山中基柴油机制造有限公司码头平面图

缘宽度为 1.5m，两侧设有钢扶手，下部腹板宽度为 500mm。混凝土强度等级为 C40，主筋的保护层厚度为 50mm，桥梁安装时支座处空隙用水泥砂浆嵌缝抹平。人行便道于 2008 年 10 月完成浇筑。

墩台采用的混凝土强度等级为 C40。墩台底部钢筋的保护层厚度为 100mm，其余部分为 65mm。墩台部分于 2009 年 8 月完工。墩台部分混凝土配合比如表 2.13 所示。

表 2.13　舟山中基柴油机制造有限公司码头墩台部分混凝土配合比设计

混凝土强度等级	出厂塌落度 /mm	水胶比	砂率 /%	配合比				
				水	水泥	沙	碎石	添加剂
C40	120±30	0.38	38	0.51	1	1.98	3.23	Ⅱ级粉煤灰：0.15 S95 矿粉：0.20 外加剂 PCA-3：0.022

注：水采用饮用水，砂均为淡化海砂，水泥采用宁海强蛟海螺水泥有限公司生产的 P.O 42.5 水泥，碎石粒径范围为 16～31.5mm，粉煤灰和矿粉分别由国华舟山电厂和安徽朱家桥水泥有限公司提供，外加剂 PCA-3 由江苏苏博特新材料股份有限公司提供。

工程所在舟山地区的海洋潮汐属于规则半日潮，每天两次涨落潮。根据水文站的观测资料，极端高潮位为 3.14m，极端低潮位为－2.37m，设计高水位 1.76m，设计低水位－1.45m。最大垂线平均流速 1.61m/s，停泊流速 1.0m/s。该工程所在的浙江舟山群岛属北亚热带南缘海洋性季风气候，三面环海，受海洋影响大，气候温和湿润，四季分明，风大雾多，雨热同步，雨量充沛。年平均气温 16.3℃，8 月最高，最高气温 38.6℃，1 月最低，月平均气温 5.3℃，极端最低气温－6.7℃。年平均降雨量 1371.5mm，年平均相对湿度 79%。

工程所在舟山地区常年主导风向为北风，夏季为东南风。北 - 西北偏北和南 - 东南偏南风多，频数 10%～13%，西南 - 西风少，频数 1%～3%。定海多静风，频数 19%，全市季风明显，夏季盛行南 - 东南风，冬季多北 - 西北风，春季多偏南风，秋季多偏北风。月平均风向 4～8 月多南 - 东南风，9 月～翌年 3 月多偏北风，年平均风速 3.3～7.0m/s，最大风速 34.0m/s，自西南向东北递增。

2. 主要病害及成因分析

部分墩台角部发生严重的钢筋锈蚀和角部混凝土剥落现象，混凝土剥落位置周围出现大量沿钢筋方向的裂纹，剥落位置有扩展的趋势，如图 2.37 所示。部分墩台角部有被过往船只撞击的痕迹，显现很宽的宏观裂纹，严重者直接露出受力钢筋，严重影响墩台在海洋环境下的耐久性，如图 2.38 所示。靠近潮差区，混凝土表面出现很多沿竖直和水平方向的裂纹，此处混凝土受到海水等侵蚀作用最为剧烈，内部钢筋发生锈蚀，导致混凝土表面出现竖向和水平向顺筋裂纹，部分区域能明显看出已经修补的痕迹，这种病害最为常见，如图 2.39 所示。墩台

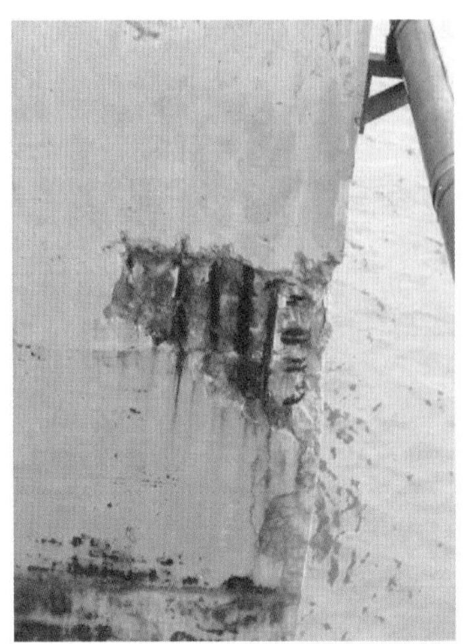

图 2.37 舟山中基柴油机制造有限公司码头
墩台角部钢筋锈蚀、混凝土剥落

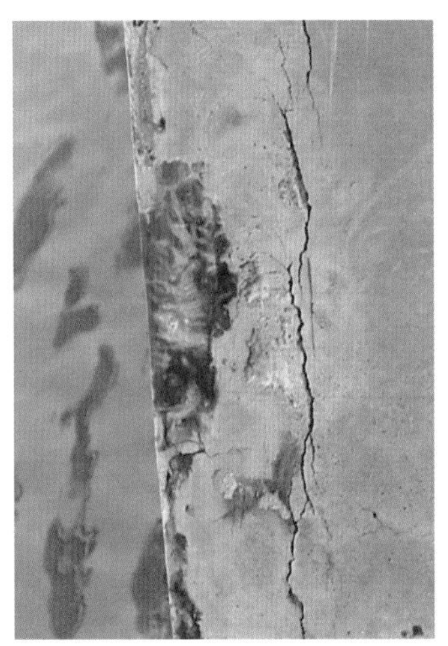

图 2.38 舟山中基柴油机制造有限公司码头
墩台角部混凝土被撞裂或脱落

侧面排水口下方混凝土冲刷较为严重，如图 2.40 所示。

为探究钢筋锈蚀的诱因，作者及其研究团队对该码头工程混凝土的碳化深度和 Cl^- 含量进行了测试。根据《普通混凝土长期性能和耐久性能试验方法标准》（GB/T 50082—2009），在现场测试中使用酚酞指示剂喷洒在现场取样洞口周围，洞口四周指示剂基本没有变色，碳化深度在 0.5mm 左右。因此，碳化不是导致该码头钢筋锈蚀的诱因。同时，可以忽略碳化对混凝土中氯化物浓度的影响。

舟山中基柴油机制造有限公司混凝土结构码头位于不同的海洋环境区（浸

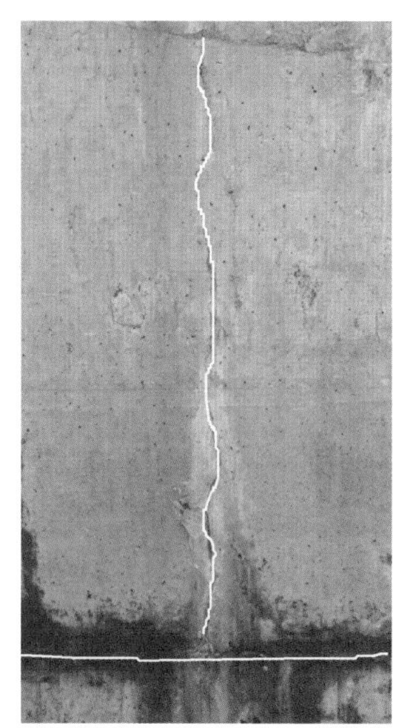
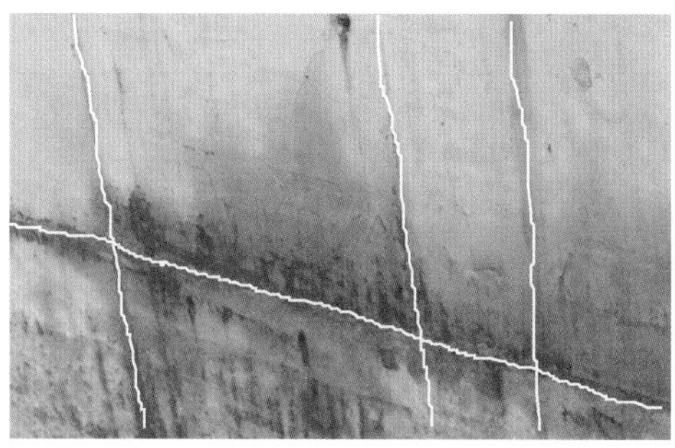
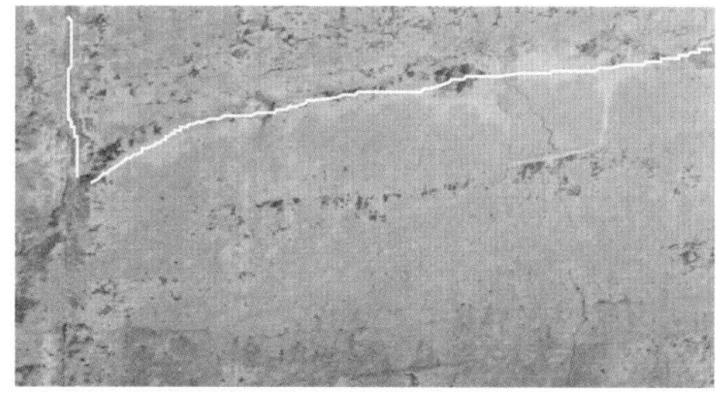

图 2.39　舟山中基柴油机制造有限公司码头潮差区混凝土锈胀开裂

图 2.40　舟山中基柴油机制造有限公司码头
墩台侧面混凝土被冲刷

没区、潮汐区、浪溅区、大气区），因而 Cl^- 侵蚀深度也不相同。考虑到现场检测无法对浸没区结构进行检测，根据现场具体环境条件，作者及其研究团队于 2015 年 9 月 21～23 日对现场结构潮汐区、浪溅区、大气区的 Cl^- 含量与侵蚀深度进行现场取芯。对 A7 墩台、B7 墩台、A12-13 梁和 B11-12 梁进行现场检测，测点编号与取样部位如表 2.14 所示。

现场钻孔取芯长度为 50～70mm，直径为 55mm。用混凝土打磨机对芯样进行磨粉，每 3mm 作为一层，磨粉深度为 3mm×10＝30mm，采用快速氯离子检测仪（rapid chloride test，RCT）对芯样的粉末进行分析，得到不同深度处的酸溶性 Cl^- 含量（总 Cl^- 含量）。Cl^- 含量（%，混凝土的质量分数）随深度的变化曲线如图 2.41 所示。

表 2.14 舟山中基柴油机制造有限公司码头测点编号与取样部位

构件编号	测点编号	取样部位	高程 /m	代表区域
A7 墩台	A7 东 1	东面中部	2.3	浪溅区
	A7 东 2	东面中部	2.1	大气区
	A7 东 3	东面上部	3.0	大气区
	A7 北 1	北面中部	2.3	浪溅区
	A7 北 2	北面中部	2.1	大气区
	A7 北 3	北面上部	3.7	大气区
	A7 北 4	北面上部	4.2	大气区
	A7 南 1	南面中部	2.3	浪溅区
B7 墩台	B7 东 1	东面中部	1.8	浪溅区
	B7 西 1	西面中部	1.8	浪溅区
	B7 西 2	西面中部	2.5	大气区
	B7 西 3	西面上部	3.2	大气区
	B7 北 0	北面下部	0.8	潮汐区
	B7 北 1	北面中部	1.8	浪溅区
	B7 北 2	北面中部	2.1	大气区
	B7 北 3	北面上部	3.0	大气区
	B7 南 0	南面下部	0.8	潮汐区
	B7 南 1	南面中部	1.8	浪溅区
A12-13 梁	A12-13 梁东	东面 1/4 跨	—	大气区
	A12-13 梁西	西面跨中	—	大气区
B11-12 梁	B11-12 梁东	东面支座	—	大气区
	B11-12 梁西	西面支座	—	大气区

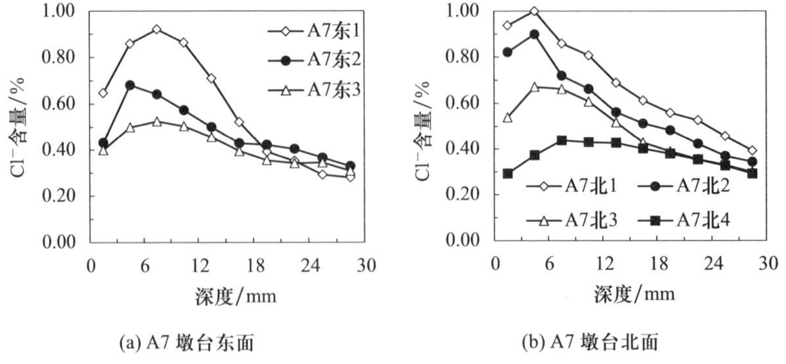

(a) A7 墩台东面 (b) A7 墩台北面

图 2.41 舟山中基柴油机制造有限公司码头混凝土中 Cl^- 含量随深度的变化曲线

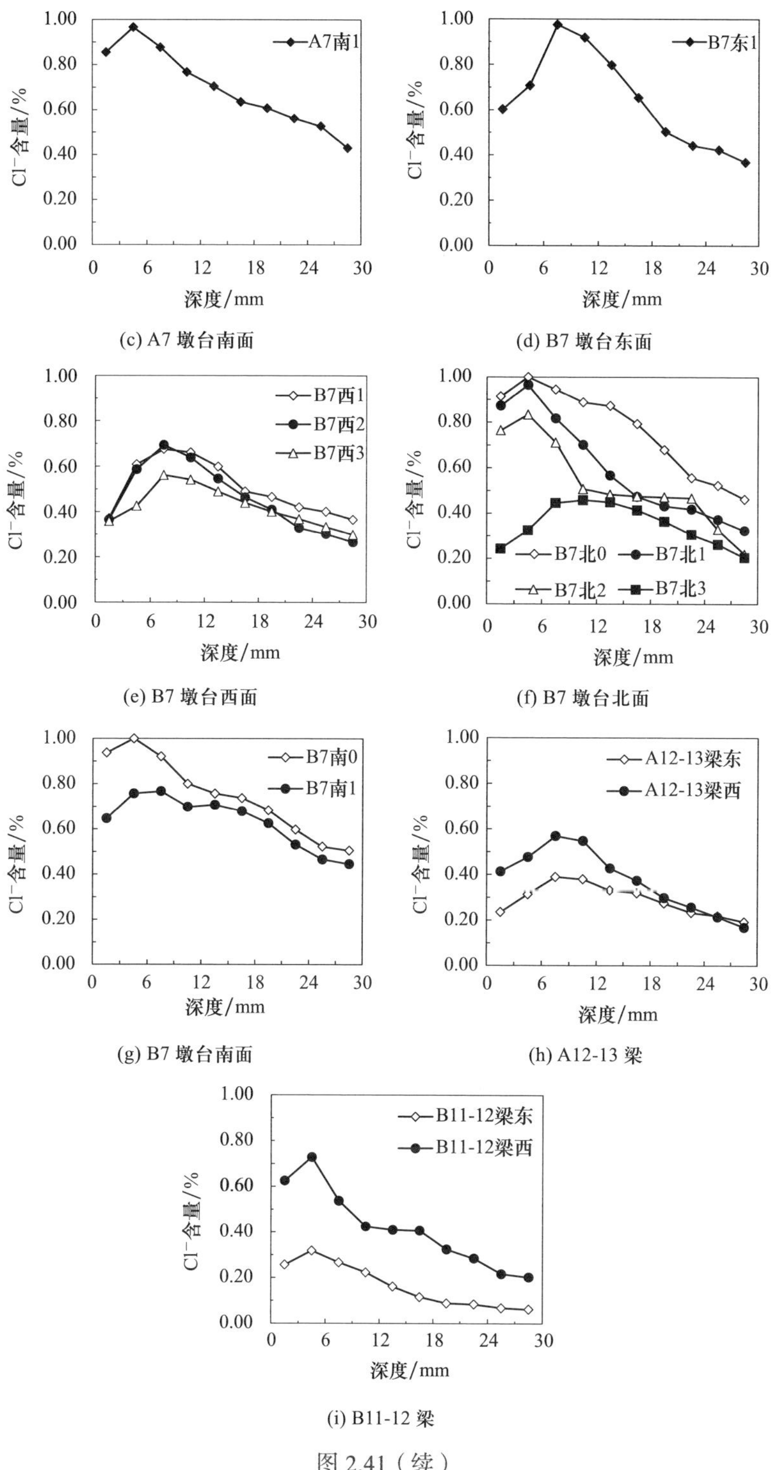

(c) A7 墩台南面

(d) B7 墩台东面

(e) B7 墩台西面

(f) B7 墩台北面

(g) B7 墩台南面

(h) A12-13 梁

(i) B11-12 梁

图 2.41（续）

从图 2.41 可以看出，Cl^-对墩台 A7 和 B7 的侵蚀程度比梁 A12-13 和 B11-12 严重，在 30mm 处，墩台中的Cl^-含量一般超过 0.40%，而梁中的Cl^-含量一般不超过墩台的一半。在潮汐区，Cl^-对混凝土的侵蚀比浪溅区严重，而浪溅区Cl^-对混凝土的侵蚀又比大气区严重。在大气区，Cl^-侵蚀程度与高程密切相关，高程越高，Cl^-对混凝土的侵蚀程度越弱。由于浅层混凝土内部的温度和相对湿度受环境影响较大，Cl^-在浅层混凝土中的传输出现不同深度的“对流区”，之后才是Cl^-的纯扩散区。一般而言，迎风侧混凝土中的Cl^-侵蚀程度比背风侧严重。对于 A12-13 梁，跨中受拉区混凝土中的Cl^-侵蚀程度较严重。绝大多数测点位置混凝土内部 30mm 处的Cl^-含量超过了 0.2%，而诱发钢筋锈蚀的临界Cl^-含量通常为 0.06%～0.36%，可见Cl^-侵蚀是诱发该混凝土结构码头中钢筋锈蚀的最主要原因。

2.4.2 舟山某电厂码头病害调查

1. 工程概况

舟山某电厂码头位于舟山本岛，1997 年竣工，建设规模为 1 个万吨级散货泊位，码头平面布置呈反 L 形，包括煤码头 1 座、现场指挥楼 1 座和引桥 1 座，如图 2.42 所示。码头长 208.2m，宽 18.0m，为高桩梁板式码头，分 3 个结构分段。上部结构由纵横梁和预制叠合面板组成，纵横梁下设 1 道钢筋混凝土二层撑杆系统。基础采用 600mm×600mm 预制钢筋混凝土方桩，每个排架 7、8 根，总桩数 171 根，桩长为 55.5～57.5m。码头主体结构施工方案大致为打设预制方桩、现浇下横梁、二层撑杆系统安装、预制纵向梁系安装、现浇上横梁及纵向梁

(a) 码头实景

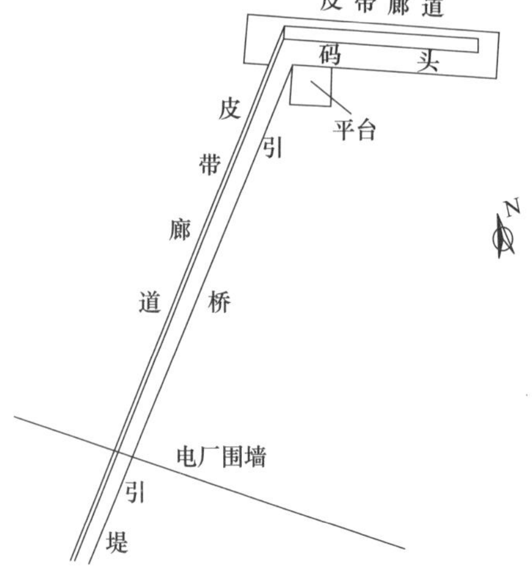

(b) 码头平面示意图

图 2.42　舟山某电厂码头

系节点、预制面板安装、现浇面层混凝土浇筑。

该码头主要钢筋混凝土构件结构性能参数如表 2.15 所示。该码头为典型高桩梁板式结构，其上部结构为敞开式平台，下部结构为预制混凝土方桩形式的高桩结构，因此码头所有结构均暴露于海洋环境中。码头所在水域为我国东海海域典型的海洋环境，其主要构件长期处于海水和海风的侵蚀之中，该海域海水中 Cl^- 含量较高，相关数据如表 2.16 所示。

表 2.15　舟山某电厂码头主要钢筋混凝土构件结构性能参数

构件名称	参数		
	混凝土强度	保护层厚度 /mm	混凝土弹性模量 / (10^4N/mm^2)
横梁	C30	70	3.00
轨道梁	C40	50	3.25
纵梁	C30	50	3.00
面板	C30	50	3.00
靠船构件	C30	50	3.00
基桩	C50	50	3.45
二层撑杆	C30	50	3.00

表 2.16　舟山某电厂码头水质分析结果

潮位	pH	Cl^- 含量 / (mg/L)
高潮位	7.78	14163
低潮位	7.84	13429

2. 主要病害及成因分析

码头纵向梁系和二层撑杆存在普遍的腐蚀损坏现象，保护层混凝土开裂，局部混凝土脱落，钢筋严重锈蚀甚至锈断，码头横梁同样存在一定程度的腐蚀损坏，如图 2.43 所示。

为探究钢筋锈蚀的诱因，对该码头混凝土碳化深度和 Cl^- 含量进行了测试。碳化深度测试结果如表 2.17 所示。根据两次测试数据，码头自 1997 年投产以来，部分构件的混凝土碳化深度随时间有所增加，但各主要构件混凝土碳化深度最大值为 3.5mm，远小于混凝土保护层厚度。可以看出，对于海港钢筋混凝土高桩码头，碳化不是影响其耐久性的主要因素。

表 2.18 所示为混凝土中 Cl^- 含量两次检测的结果。通过该表可以清晰地看出，码头横梁、轨道梁、纵梁、靠船构件和二层撑杆 5 类构件混凝土中 Cl^- 含量较高，其钢筋位置处的 Cl^- 含量超过了规范规定的引起钢筋锈蚀的临界值。这说明，Cl^- 侵蚀是诱发该电厂码头混凝土中钢筋锈蚀的最主要原因。

(a) 纵梁顺筋开裂

(b) 纵梁局部深度腐蚀

(c) 横梁锈斑

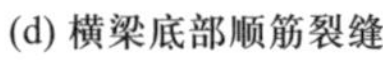

(d) 横梁底部顺筋裂缝

(e) 二层撑杆底部锈斑、顺筋开裂

(f) 部分二层撑杆保护层混凝土脱落

(g) 桩身锈斑

(h) 桩身顺筋开裂

图 2.43　舟山某电厂码头腐蚀情况

表 2.17　舟山某电厂码头混凝土碳化深度测试结果　（单位：mm）

构件名称	检测时间	平均值	最大值	最小值
横梁	2007 年	1.5	2.5	1.0
	2011 年	1.5	2.5	1.0
轨道梁	2007 年	1.5	2.5	0.5
	2011 年	1.5	2.5	1.0
纵梁	2007 年	1.5	2.5	1.0
	2011 年	2.5	3.0	2.0
面板	2007 年	1.5	3.5	1.0
	2011 年	2.0	3.0	1.0
靠船构件	2007 年	1.5	2.0	1.0
	2011 年	2.5	3.0	2.0
基桩	2007 年	1.5	2.0	1.0
	2011 年	1.5	2.0	1.0
二层撑杆	2007 年	1.5	2.5	1.0
	2011 年	1.5	2.0	1.0

表 2.18　舟山某电厂码头混凝土中 Cl^- 含量两次检测的结果　（单位：%）

构件名称	检测时间	不同深度的 Cl^- 平均含量						
		5mm	15mm	25mm	35mm	45mm	55mm	65mm
横梁	2007 年	0.2125	0.2074	0.1691	0.1584	0.1211	0.1086	0.0889
	2011 年	0.1992	0.1673	0.1481	0.1274	0.1044	0.0825	0.0712
轨道梁	2007 年	0.2298	0.2009	0.1961	0.1539	0.1537	0.1396	0.1257
	2011 年	0.2695	0.2229	0.1701	0.1484	0.1117	0.0906	0.0626
纵梁	2007 年	0.2142	0.2021	0.1827	0.1614	0.1393	0.1233	0.1056
	2011 年	0.2086	0.1897	0.1724	0.1528	0.1412	0.1273	0.1163
面板	2007 年	0.1692	0.1558	0.1328	0.0874	0.0659	0.0503	0.0331
	2011 年	0.2187	0.1786	0.1125	0.0832	0.0588	0.0342	0.0162
靠船构件	2007 年	0.3528	0.2967	0.2591	0.2033	0.1752	0.1246	0.1025
	2011 年	0.3643	0.3103	0.2591	0.1992	0.167	0.1282	0.1017
基柱	2007 年	0.2325	0.1671	0.1328	0.0904	0.0634	0.0311	0.0157
	2011 年	0.2221	0.1562	0.1246	0.0802	0.0554	0.0298	0.0149
二层撑杆	2007 年	0.2341	0.2062	0.1939	0.1785	0.1675	0.1435	0.1347
	2011 年	0.3828	0.3217	0.2823	0.242	0.2155	0.187	0.1516

2.4.3 舟山某煤码头病害调查

1. 工程概况

舟山某煤码头位于舟山市，建于1981年。码头平面布置呈T形，包括码头1座和引桥1座。码头长51.0m，宽10.0m，为高桩墩式结构，自南向北共布置4个墩台，墩台长均为6.0m，高均为3.9m。南侧2个墩台间及北侧2个墩台间均采用混凝土剪刀撑连接。上部结构采用预制混凝土面板。墩台结构自上而下为预制面板、现浇梁格、现浇立柱和现浇底板。下部结构采用500mm×500mm预制钢筋混凝土方桩，每个墩台布置22根，桩长为30.0m。码头前沿设登船楼梯1座。

码头后方通过一座引桥与陆域连接，引桥长234.0m，宽7.5m，为高桩墩式结构，共布置40个墩台，引桥与码头连接的墩台采用6根预制钢筋混凝土方桩，其余墩台采用4根450mm×450mm预制钢筋混凝土方桩，桩长28.0m。该引桥在其北侧进行过加宽。码头面设计高程为+5.20m，前沿设计高水位+4.10m，设计低水位+0.45m。

2. 主要病害及成因分析

该码头混凝土结构的主要耐久性病害表现为钢筋锈蚀，保护层混凝土开裂，甚至剥落，如图2.44所示。为探究该码头钢筋锈蚀的诱因，对混凝土保护层厚度、碳化深度和Cl^-含量进行了测试。表2.19所示为该码头各构件混凝土保护层厚度。显然，各类主要构件的混凝土保护层厚度均满足原设计要求。表2.20所示为该码头各构件的混凝土碳化深度。表2.20检测结果显示，各类构件混凝土碳化深度平均值均不大于1.5mm，小于构件保护层厚度。因此，碳化不是诱发该码头混凝土中钢筋锈蚀的主要诱因。表2.21所示为该码头各构件混凝土的Cl^-含量。显然，在保护层厚度范围内，大多数构件的Cl^-含量接近钢筋的临界Cl^-浓度范围。这说明，Cl^-侵蚀是诱发该码头混凝土中钢筋锈蚀的主要原因。

(a) 横梁纵向裂缝

(b) 纵梁纵向裂缝

图2.44 舟山某煤码头混凝土结构病害

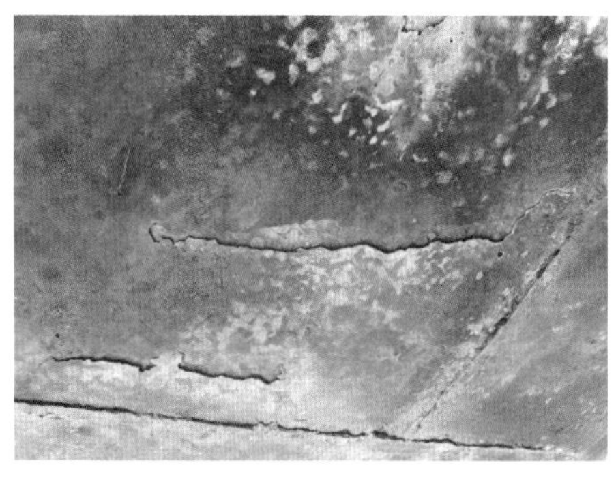

(c) 面板底部混凝土剥落

(d) 立柱海侧偏北侧混凝土剥落

(e) 桩顶处南侧混凝土局部脱落、露筋

(f) 面板底部存在纵向裂缝

图 2.44（续）

表 2.19　舟山某煤码头各构件混凝土保护层厚度　（单位：mm）

构件名称	抽检编号	混凝土保护层厚度测试值										设计值
		1	2	3	4	5	6	7	8	9	10	
面板	1	60	59	68	71	61	68	—	—	—	—	60
	2	65	57	68	65	62	70	—	—	—	—	
	3	57	69	61	71	65	68	—	—	—	—	
	4	56	67	69	65	61	63	—	—	—	—	
	5	67	69	58	65	65	65	—	—	—	—	
横梁	1	69	74	67	68	71	75	68	63	74	—	65
	2	69	64	70	65	61	65	62	67	61	—	
	3	61	67	65	67	61	70	66	69	72	—	
	4	72	66	71	68	62	67	68	74	62	—	
	5	63	62	74	66	72	74	68	70	69	—	

续表

构件名称	抽检编号	混凝土保护层厚度测试值										设计值
		1	2	3	4	5	6	7	8	9	10	
纵梁	1	64	66	63	72	—	—	—	—	—	—	65
	2	68	61	66	70	—	—	—	—	—	—	
	3	65	75	72	75	—	—	—	—	—	—	
	4	73	66	64	73	—	—	—	—	—	—	
	5	69	72	73	68	—	—	—	—	—	—	
靠船构件	1	63	67	61	74	70	65	73	63	71	75	65
	2	67	69	70	67	62	62	67	74	66	66	
	3	70	75	74	76	78	69	74	67	78	69	70
	4	75	75	66	79	75	70	66	66	75	79	
	5	69	72	77	74	70	73	73	80	69	70	
基桩	1	59	46	47	46	60	52	53	51	59	59	50
		59	52	—	—	—	—	—	—	—	—	
	2	55	57	58	53	59	50	54	47	51	58	
		48	51	—	—	—	—	—	—	—	—	
	3	48	52	56	51	58	50	59	61	48	55	
		61	58	—	—	—	—	—	—	—	—	
	4	51	61	46	58	50	52	47	58	61	60	
		52	49	—	—	—	—	—	—	—	—	
	5	50	52	53	61	61	50	46	51	61	48	
		53	60	—	—	—	—	—	—	—	—	

表 2.20 舟山某煤码头各构件混凝土碳化深度检测结果 （单位：mm）

构件名称	抽检编号	碳化深度测试值				平均值
		1	2	3	4	
面板	1	1.5	1.5	1.5	2.0	1.5
	2	1.0	2.0	1.5	2.0	
	3	1.5	1.0	1.5	1.5	
纵梁	1	1.5	1.0	1.5	2.0	1.5
	2	1.5	1.5	1.0	1.0	
	3	2.0	1.5	1.0	1.5	
横梁	1	1.0	1.5	1.5	0.5	1.5
	2	1.5	2.0	1.5	1.5	
	3	1.0	1.5	1.5	1.5	

续表

构件名称	抽检编号	碳化深度测试值				平均值
		1	2	3	4	
靠船构件	1	1.0	0.5	1.0	1.0	1.0
	2	1.0	1.0	1.0	1.0	
	3	1.0	1.0	0.5	1.0	
基桩	1	1.0	0.5	1.0	1.0	1.0
	2	1.5	1.0	1.0	0.5	
	3	1.0	1.0	1.0	1.0	

表 2.21　舟山某煤码头各构件混凝土的 Cl^- 含量　（单位：%）

区域	构件名称	抽检组号	不同深度的 Cl^- 含量						
			5mm	15mm	25mm	35mm	45mm	55mm	65mm
大气区	面板	1	0.7247	0.5798	0.3479	0.2435	0.1217	0.0706	0.0488
		2	0.7196	0.5757	0.3454	0.2418	0.1209	0.0711	0.0495
		3	0.7230	0.5784	0.3470	0.2429	0.1215	0.0704	0.0490
		4	0.7214	0.5771	0.3463	0.2424	0.1212	0.0703	0.0482
		5	0.7243	0.5794	0.3477	0.2434	0.1205	0.0700	0.0494
		6	0.7202	0.5762	0.3457	0.2420	0.1210	0.0702	0.0485
		7	0.7238	0.5790	0.3474	0.2432	0.1216	0.0715	0.0498
		8	0.7199	0.5759	0.3456	0.2419	0.1209	0.0701	0.0484
		9	0.7201	0.5761	0.3456	0.2420	0.1202	0.0702	0.0496
		10	0.7226	0.5781	0.3468	0.2428	0.1214	0.0728	0.0510
浪溅区	纵梁	1	0.7288	0.4737	0.2274	0.1137	0.0796	0.0478	0.0343
		2	0.7273	0.4727	0.2269	0.1135	0.0788	0.0470	0.0334
		3	0.7247	0.4711	0.2261	0.1131	0.0791	0.0475	0.0341
		4	0.7249	0.4712	0.2262	0.1140	0.0795	0.0484	0.0332
		5	0.7271	0.4726	0.2270	0.1134	0.0794	0.0476	0.0333
		6	0.7282	0.4733	0.2272	0.1136	0.0786	0.0480	0.0338
		7	0.7265	0.4722	0.2267	0.1139	0.0793	0.0476	0.0345
		8	0.7286	0.4736	0.2273	0.1142	0.0781	0.0490	0.0329
		9	0.7294	0.4741	0.2276	0.1138	0.0797	0.0478	0.0335
		10	0.7251	0.4713	0.2262	0.1144	0.0792	0.0475	0.0333

续表

区域	构件名称	抽检组号	不同深度的Cl⁻含量						
			5mm	15mm	25mm	35mm	45mm	55mm	65mm
水位变动区	横梁	1	0.6887	0.4339	0.2386	0.1074	0.0752	0.0451	0.0310
		2	0.6832	0.4304	0.2367	0.1065	0.0746	0.0447	0.0313
		3	0.6911	0.4354	0.2395	0.1078	0.0754	0.0453	0.0322
		4	0.6842	0.4310	0.2371	0.1067	0.0747	0.0448	0.0314
		5	0.6827	0.4301	0.2366	0.1064	0.0745	0.0457	0.0330
		6	0.6815	0.4293	0.2361	0.1063	0.0744	0.0446	0.0328
		7	0.6875	0.4304	0.2369	0.1055	0.0740	0.0433	0.0300
		8	0.6850	0.4316	0.2374	0.1068	0.0748	0.0400	0.0308
		9	0.6908	0.4352	0.2394	0.1077	0.0754	0.0452	0.0317
		10	0.6309	0.3975	0.2186	0.0984	0.0689	0.0413	0.0289
	基桩	1	0.6540	0.4120	0.1854	0.0834	0.0501	0.0300	—
		2	0.6288	0.3961	0.1783	0.0802	0.0481	0.0289	—
		3	0.6274	0.3953	0.1779	0.0800	0.0480	0.0288	—
		4	0.6663	0.4198	0.1889	0.0850	0.0510	0.0306	—
		5	0.6265	0.3947	0.1776	0.0799	0.0480	0.0288	—
		6	0.6126	0.3859	0.1737	0.0782	0.0469	0.0281	—
		7	0.6686	0.4212	0.1895	0.0853	0.0512	0.0307	—
		8	0.6195	0.3903	0.1756	0.0790	0.0474	0.0285	—
		9	0.6210	0.3912	0.1761	0.0792	0.0475	0.0285	—
		10	0.6586	0.4149	0.1867	0.0840	0.0504	0.0302	—

2.4.4 混凝土结构码头病害特征分析

由上述调查可知，处于海洋环境中的钢筋混凝土结构码头，Cl^-侵蚀诱发钢筋锈蚀，进而导致锈胀开裂、混凝土结构性能退化，是海洋环境中码头混凝土结构的主要耐久性病害。同样的混凝土结构码头，位于水位变动区的构件病害最重，位于浪溅区的构件次之，位于大气区的构件相对较轻。

2.5 影响混凝土结构服役性能的主要环境作用

由以上各节的病害实例调查分析可知，混凝土碳化、氯盐侵蚀、冻融循环及钢筋锈蚀等会对混凝土结构的服役性能产生较大影响。诱发混凝土碳化、氯盐侵蚀、冻融破坏及钢筋锈蚀等物理、化学过程的主要环境作用包括温度、相对湿度、CO_2（浓度）、氯盐（浓度）和硫酸盐（浓度）等。

1）温度

大气温度既影响混凝土碳化、氯盐侵蚀和冻融循环破坏过程，又影响钢筋锈蚀速度。

2）相对湿度

大气相对湿度同样对混凝土结构有不同程度的影响。大气相对湿度影响着混凝土的孔隙水饱和度，不但决定着各种侵蚀介质在混凝土中的传输速率，而且影响着混凝土内部的各种化学反应速率。

3）CO_2（浓度）

CO_2 引起的混凝土碳化是一般大气环境下导致钢筋锈蚀的主要原因。由于大气污染的加剧、世界人口的增长、自然环境的改变，大气环境中的 CO_2 浓度正以平均每年 0.4% 的速度递增，混凝土碳化进程随之加快[30]。

4）氯盐（浓度）

除严寒地区撒除冰盐之外，沿海混凝土结构常常受到各种盐溶液及多种盐类混合溶液的作用。由 Cl^- 的侵入引起的钢筋锈蚀是近海混凝土结构性能退化的主要原因。海洋环境中浸没区、潮汐区和浪溅区都有各自的 Cl^- 源。浸没区的 Cl^- 源主要来自海水，潮汐区和浪溅区的 Cl^- 源来自波浪或喷沫，随着波浪而周期性变化，海水的含盐浓度越高，则波浪或喷沫中的盐分也越高。

5）硫酸盐（浓度）

内陆气候比较干燥的地区，混凝土结构主要遭受含盐类土壤的侵蚀，硫酸盐的侵蚀较为普遍。当土壤中硫酸盐的浓度超过一定限值时就会对混凝土产生侵蚀作用。污水处理厂、化纤工业、制盐业、制皂业等厂房附近的地下水中硫酸盐浓度较高，也经常发现混凝土结构的硫酸盐侵蚀破坏现象。

硫酸盐数据在全国范围内较难获取，且硫酸盐侵蚀涉及硫酸根离子在混凝土中的传输、离子与混凝土组分之间的化学反应、膨胀变形及应力导致混凝土损伤破坏等多方面的问题[31]，过程非常复杂。现有描述硫酸盐侵蚀的理论主要基于 Fick 第二定律及化学反应动力学理论[32]，计算过程较为烦琐，本书暂不对硫酸盐侵蚀这一情况进行深入探讨。

参 考 文 献

［1］中华人民共和国交通运输部. 2016 年公路水路交通行业发展统计公报［EB/OL］.（2017-04-17）［2017-05-02］. http://zizhan.mot.gov.cn/zfxxgk/bnssj/zhghs/201704/t20170417_2191106.html.

［2］中华人民共和国交通运输部. 2007 年公路水路交通行业发展统计公报［EB/OL］.（2009-04-29）

[2017-03-02]. http://www.mot.gov.cn/fenxigongbao/hangyegongbao/201510/t20151013_1894752.html.
[3] 金伟良，吕请芳，潘仁泉. 东南沿海公路桥梁耐久性现状 [J]. 江苏大学学报（自然科学版），2007，28（3）：254-157.
[4] 张玥，王岐华，崔宏伟. 包头地区公路桥梁病害调查与分析 [J]. 内蒙古科技与经济，2007（1）：110-112.
[5] 王有志，孙大海，徐鸿儒. 钢筋混凝土简支板梁式桥病害调查分析与评价 [J]. 华东公路，2002（8）：3-6.
[6] 白莉娜，刘金伟，李晓文. 南方某市混凝土立交桥耐久性调查 [J]. 四川建筑科学研究，2006，32（4）：80-81.
[7] 廖玉凤，王伟. 既有混凝土桥梁病害特征即病因分析 [J]. 四川建筑科学研究，2006，32（5）：63-66.
[8] 中华人民共和国交通运输部. 公路桥梁承载能力检测评定规程：JTG/T J21—2011 [S]. 北京：人民交通出版社，2011.
[9] 张超. 宏图大桥耐久性检测研究 [D]. 沈阳：东北大学，2005.
[10] 王德志，张金喜，张建华. 沿海公路钢筋混凝土桥梁氯盐侵蚀的调研与分析 [J]. 北京工业大学学报，2006，32（2）：187-192.
[11] 闻宝联，张红卫，王春阳，等. 天津滨海地区钢筋混凝土桥梁病害调查与耐久性设计 [J]. 城市道桥与防洪，2008（1）：38-40.
[12] 陈蔚凡. 盐渍地区混凝土建筑物的耐久性 [M]. 北京：中国建筑工业出版社，2003.
[13] 廖玉凤，王伟. 既有混凝土桥梁病害特征及病因浅析 [J]. 四川建筑科学研究，2006，32（5）：63-66.
[14] 陈寒斌. 严重酸雨环境下混凝土性能与环境性评价 [D]. 重庆：重庆大学，2006.
[15] 饶英惠. 混凝土桥梁的病害机理及维修加固措施研究 [J]. 兰州交通大学学报，2008，27（4）：47-50.
[16] 郭丰哲. 既有钢筋混凝土桥梁的耐久性检测及评估研究 [J]. 西南交通大学土木工程学院，2005.
[17] 岳刚，何永明. 桁式组合拱桥典型病害及其力学性能研究 [J]. 公路与汽运，2009（1）：128-130.
[18] 姜海西，肖汝诚. 沿海及跨海桥梁下部结构防腐与加固 [J]. 结构工程师，2008，24（4）：134-140.
[19] 谢立安. 在役钢筋混凝土桥梁的耐久性评估与剩余寿命预测 [D]. 武汉：武汉理工大学，2009.
[20] 孙晓珍. 基于可靠度的跨海混凝土桥梁耐久性研究 [D]. 长沙：湖南大学，2007.
[21] 梁卫军. 海燕大桥墩柱钢筋混凝土腐蚀检测及加固措施 [J]. 河南科学，2001，19（3）：253-257.
[22] 洪乃丰. 钢筋混凝土基础设施的腐蚀与全寿命经济分析 [J]. 建筑技术，2002，33（4）：254-257.
[23] 陈琦. 西藏在役钢筋混凝土梁桥综合状态评估技术研究 [D]. 重庆：重庆交通大学，2010.
[24] 孜普卡尔·努尔买买提. 盐渍土的盐胀特性及公路病害处治技术 [J]. 华东公路，2008（5）：91-94.
[25] 宋志刚，杨圣元，刘铮，等. 昆明市区酸雨对混凝土结构侵蚀状况调查 [J]. 混凝土，2007（11）：23-27.
[26] 徐宁. 混凝土结构的多尺度环境作用研究 [D]. 上海：同济大学，2012.
[27] 洪开荣. 我国隧道及地下工程发展现状与展望 [J]. 铁道建设，2015，35（2）：95-107.
[28] 杨新安，黄宏伟. 隧道病害与防治 [M]. 上海：同济大学出版社，2003.
[29] 关宝树. 隧道工程维修管理要点集 [M]. 北京：人民交通出版社，2004.
[30] 贾云. 城市生态与环境保护 [M]. 北京：中国石化出版社，2009.
[31] 韩宇栋，张君，高原. 混凝土抗硫酸盐侵蚀研究评述 [J]. 混凝土，2011（1）：52-56，61.
[32] 左晓宝. 硫酸盐侵蚀下的混凝土耐久性损伤全过程分析研究 [R]. 南京：东南大学材料科学与工程学院，2009.

第 3 章　我国环境作用基本数据

暂不考虑土壤环境，根据主要侵蚀介质的不同将环境作用分为一般大气环境下的环境作用、工业环境下的环境作用及海洋环境下的环境作用三大类。本章基于病害调查分析结果，对引起混凝土结构耐久性病害的主要环境作用展开调查，收集我国内陆及近海三类不同环境下主要环境作用基本数据，为后续混凝土结构环境作用的定量分析提供基本数据。

3.1　我国地理环境及气候概况

我国位于北半球，陆地总面积约为 960 万 km^2，约占全球陆地面积的 1/15，土地辽阔，是一个海陆兼备的国家。我国具有山地、丘陵、盆地、平原和高原五大地形，地形复杂。地形分布的规律是地势西高东低，呈三级阶梯，自西而东，逐级下降。我国境内河流、湖泊众多，分布广泛。由于辽阔地域上影响土壤形成的自然条件（如地形、气候、生物等）差异很大，此外其还受到人类悠久耕作活动的深刻影响，我国土壤种类繁多。

我国幅员辽阔，跨纬度较广，距海岸线远近差距较大，地势高低不同，气候多种多样。我国气候主要有以下 3 个特征：①南北温差大，北部年较差和日较差较大，冬夏极端气温较差更大；②降水分布很不均匀，年降水量自东南向西北逐渐减少，比差为 40：1，冬季降水少，夏季降水多，且年际变化很大；③冬夏风向更替十分明显，冬季的冷空气来自高纬度大陆区，多为偏北风，寒冷干燥，夏季的风主要来自海洋，多为偏南风，湿润温暖。

3.2　环境作用基本数据的获取方式

混凝土结构所在地区的环境作用取值可通过相应的测试及监测仪器现场获得。在不具备测试条件及需要有历史资料提供参考时，环境作用可通过所在区域内环境气象站点及环境监测站点获取。

中国气象局通过几十年的发展与建设，在全国范围内建立了能基本满足实时气象业务需要的台站网。国家气象台站包括气候观测站、地面天气观测站、高空观测站、航空天气观测站、农业气象观测站、太阳辐射观测站、天气雷达观测站、卫星云图接收站、大气本底及污染观测站、降水酸碱度分析站等[1]。其中，地面天气观测台站按承担的观测业务属性和作用分为国家基准气候站、国家基本气象站、国家一般气象站3类，此外还有无人值守气象站。承担气象辐射观测任务的站，按观测项目的多少分为一级站、二级站和三级站。截至2003年，我国已建地面天气观测站点2500个左右、太阳辐射观测站98个、高空观测站120个、大气本底监测站4个、酸雨观测点82个、农业气象试验站70个、农业气象基本站672个[2]。

我国环境监测网络如图3.1所示，主要包括大气监测网络、水环境监测网络、近岸海域环境监测网等[3]。其中，大气监测网络包括113个城市环境空气自动监控系统、酸雨监测网和沙尘暴监测网。我国青海瓦里关大气本底监测站是全球22个大气本底站之一。

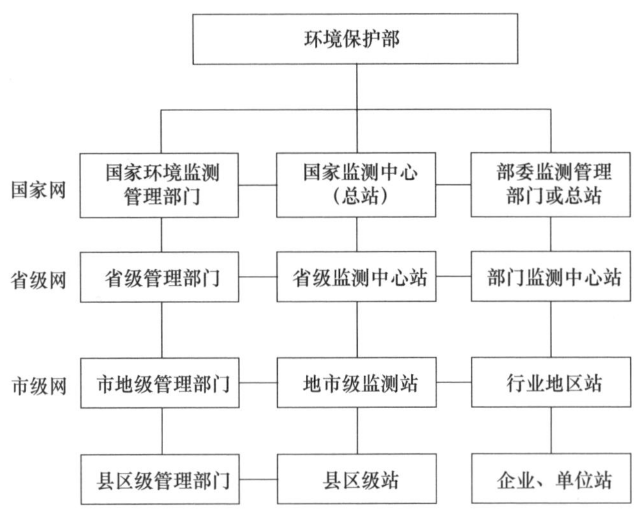

图3.1　我国环境监测网络[3]

可以说，气象台站网观测内容及环境监测网监测内容已基本覆盖了混凝土结构可能遭受的各种服役环境。由于目前气象台站的观测点较环境监测站点密集，且气象台站历史记录较环境监测站点历史记录丰富，用于混凝土结构耐久性计算分析的环境作用数据主要从气象站点获得。

3.3　一般大气环境下的环境作用

3.3.1　大气温度

气温主要受太阳辐射的影响，大地表面接收太阳辐射的过程是非常复杂的，包括辐射、反射、漫射、吸收、传导等多个过程。就北半球来说，纬度越高，温度越低；近地面处海拔每增加 1km，气温降低 6～7℃。白天地表受日光照射后，温度上升而放热，气温获得热量而增高。而夜间日照消失，地表冷却，大气温度随之下降。一日的最高气温一般出现在日照最强的 12 点以后的 1～2h。

从中国气象科学共享服务网（http://www.escience.org.cn/static/page/page/index.html）获取了 2009 年长春、乌鲁木齐、拉萨、海口全国 4 个不同区域典型代表城市的日均气温、月均气温及 1976～2005 年 30a 年均气温，分别绘制出 2009 年 4 个城市日均气温、月均气温变化曲线（图 3.2～图 3.9），以及 1976～2005 年年均气温年际变化曲线（图 3.10）。

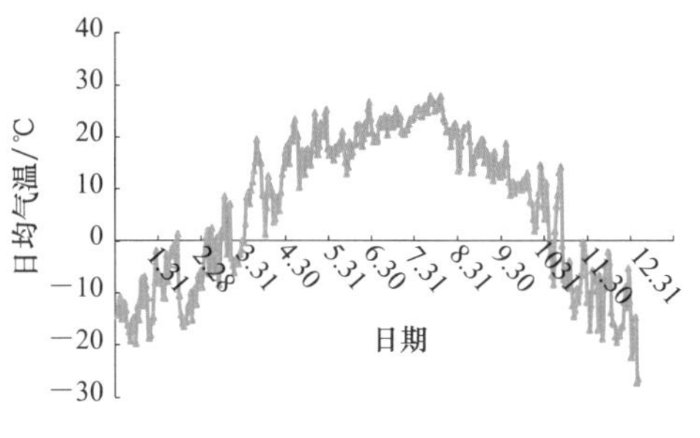

图 3.2　2009 年长春日均气温

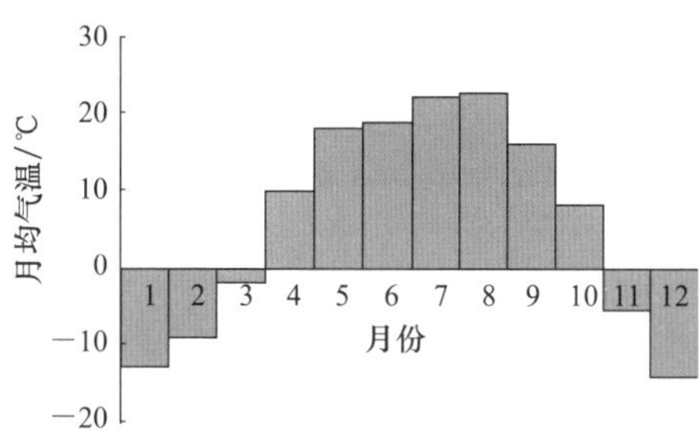

图 3.3　2009 年长春月均气温

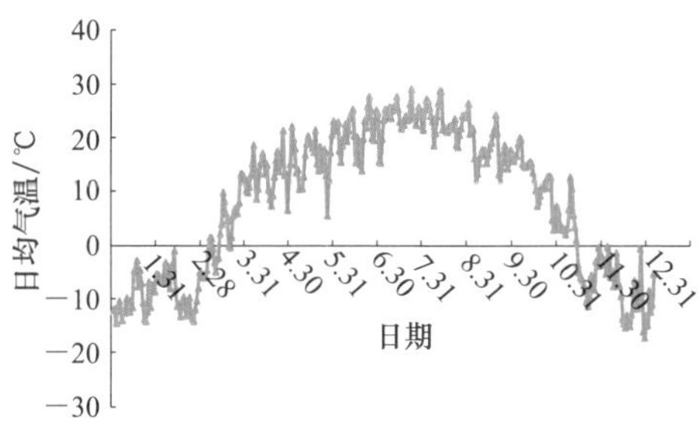

图 3.4　2009 年乌鲁木齐日均气温

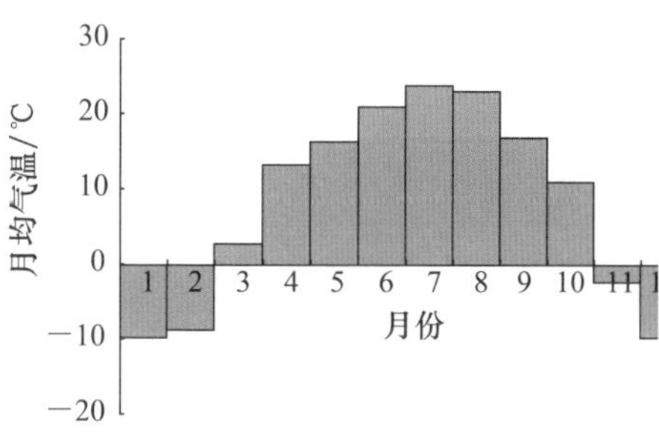

图 3.5　2009 年乌鲁木齐月均气温

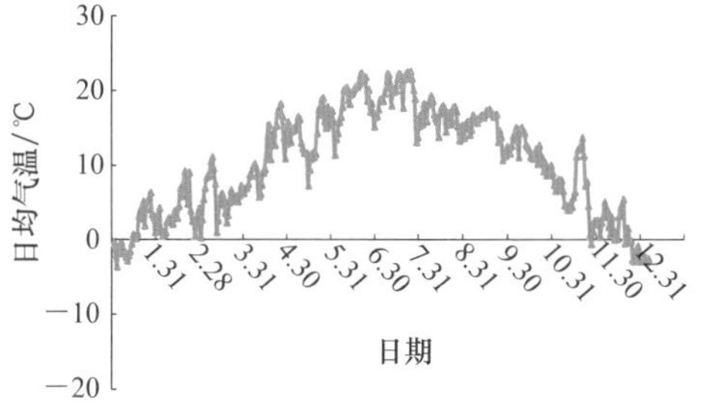

图 3.6　2009 年拉萨日均气温

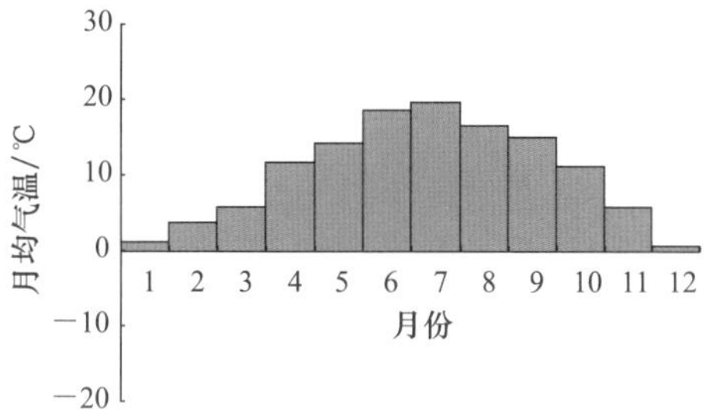

图 3.7　2009 年拉萨月均气温

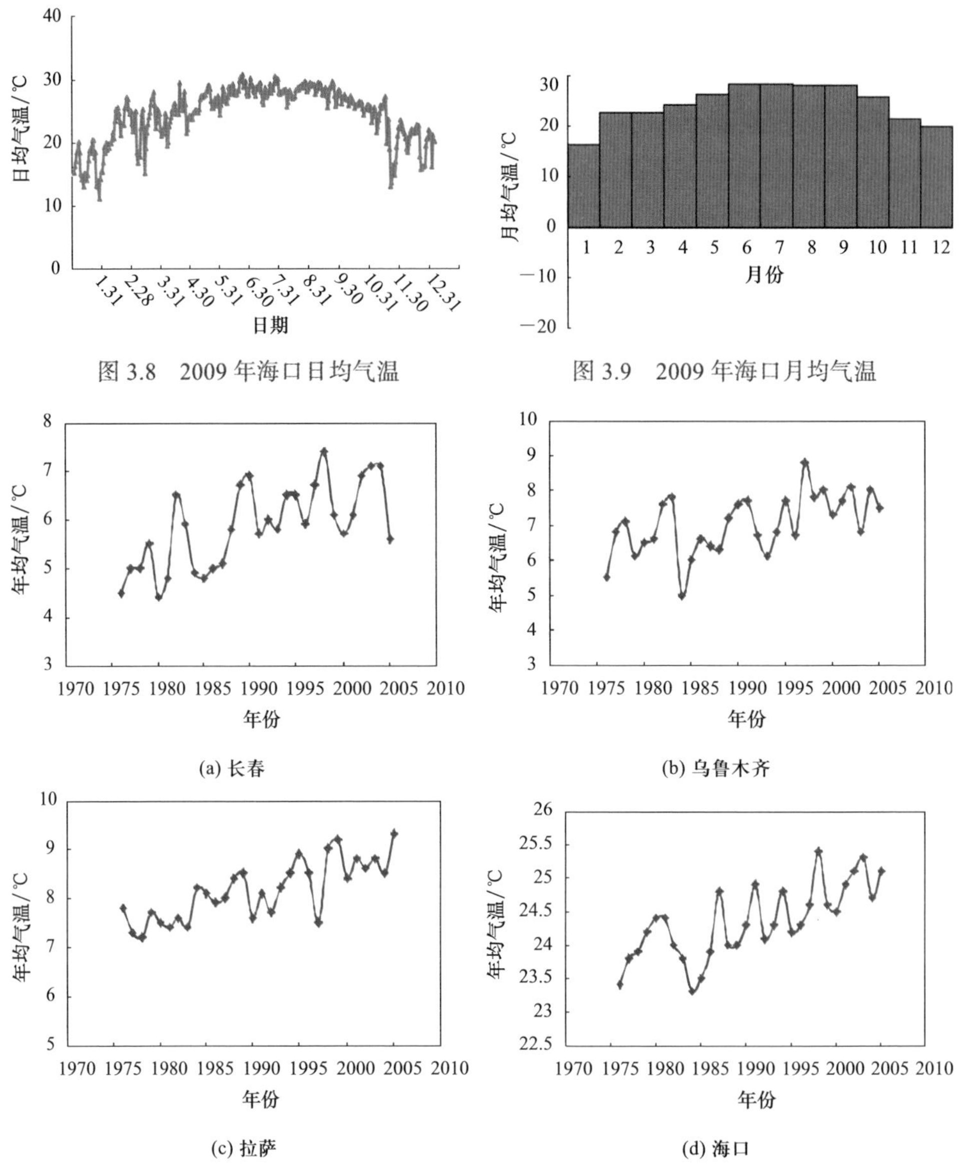

图 3.8　2009 年海口日均气温

图 3.9　2009 年海口月均气温

(a) 长春

(b) 乌鲁木齐

(c) 拉萨

(d) 海口

图 3.10　1976～2005 年 4 个代表城市年均气温年际变化曲线

从图 3.2～图 3.10 中可以看到，4 个代表城市的日均气温和月均气温均近似按正弦曲线变化；年均气温随时间波动上升，不同于日均气温与月均的变化规律。

根据中国气象科学共享服务网提供的历年年均气象数据，可统计出我国 210 个代表城市 1976～2005 年 30a 年均气温特征值（主要包括平均气温、最高气温、最低气温等），并据此分析不同地区的气温状况。30a 年均环境作用特征值 λ_{30E} 采用式（3.1）计算。

$$\lambda_{30\mathrm{E}}=\frac{\sum_{i=1}^{30}\lambda_{\mathrm{aE}i}}{30} \tag{3.1}$$

式中，$\lambda_{\mathrm{aE}i}$ 为年均环境作用特征值，主要包括年均气温、年均最高气温、年均最低气温、年均最大相对湿度、年均极大风速等。

采用 ArcGIS 地理信息处理软件，通过反距离权重（inverse distance weighted，IDW）插值方法，制作出全国内陆范围内温度特征值分布图，如图 3.11～图 3.16 所示。其中，反距离权重插值方法基于相近相似的原理，以插值点与样本点间的距离为权重进行加权平均，离插值点较近的样本点赋予较大权重。具体公式如式（3.2）和式（3.3）[4]。

$$Z=\sum_{i=1}^{n}\lambda_i Z_i \tag{3.2}$$

$$\lambda_i=d_{i0}^{-p}\Big/\sum_{i=1}^{n}d_{i0}^{-p},\quad \sum_{i=1}^{n}\lambda_i=1 \tag{3.3}$$

式中，n 为用于插值的气象观测站点的数目；Z 为估计的计算点处的气象要素值；Z_i 为气象要素在第 i 个站点的实测值；λ_i 为第 i 个站点的权重系数；p 为指数值，其最佳值通过求均方根预测误差的最小值求得，一般情况下该值取 2；d_{i0} 为计算点与各已知气象观测站点的距离。

图 3.11～图 3.16 中分布的黑点标记为 210 计算点所在位置。每个气温特征值分布图分 8 个等级，并分别采用等值线和不同颜色区块表示，以反映各特征值在我国的分布情况。后面的各种环境作用特征值分布图，如无说明，均采用同样

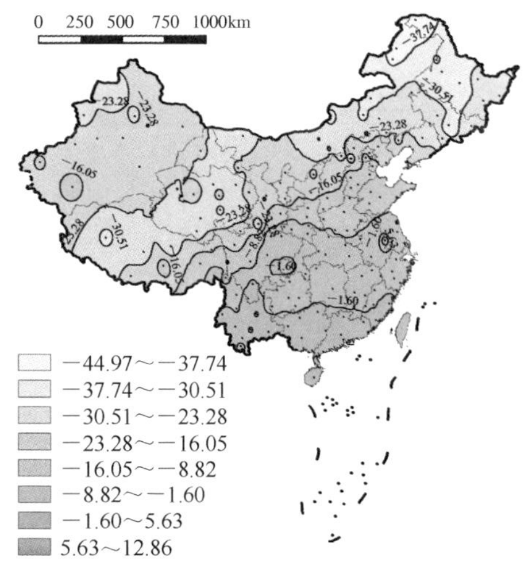

图 3.11　30a 平均气温分布图（单位：℃）

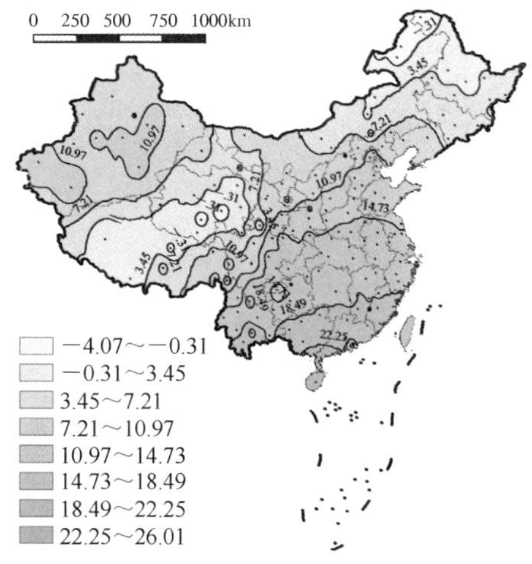

图 3.12　30a 平均极端最低气温分布图（单位：℃）

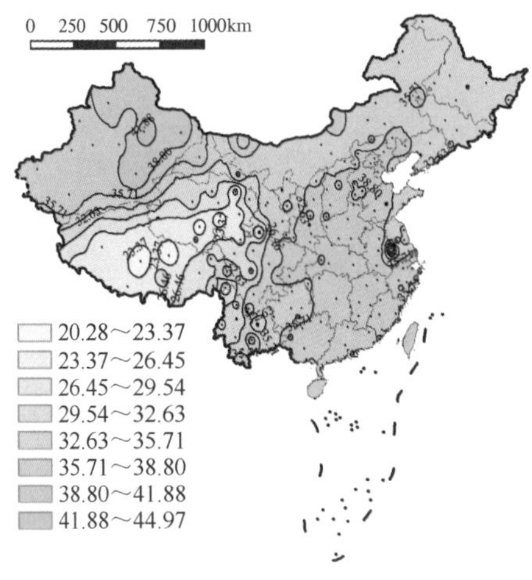

图 3.13　30a 平均极端最高气温分布图（单位：℃）

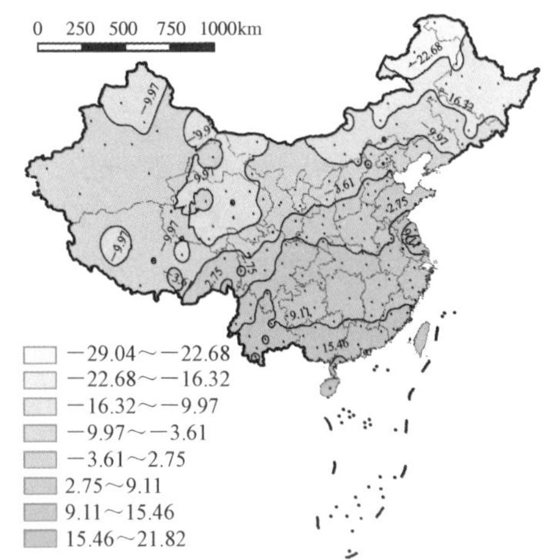

图 3.14　30a 1 月平均气温分布图（单位：℃）

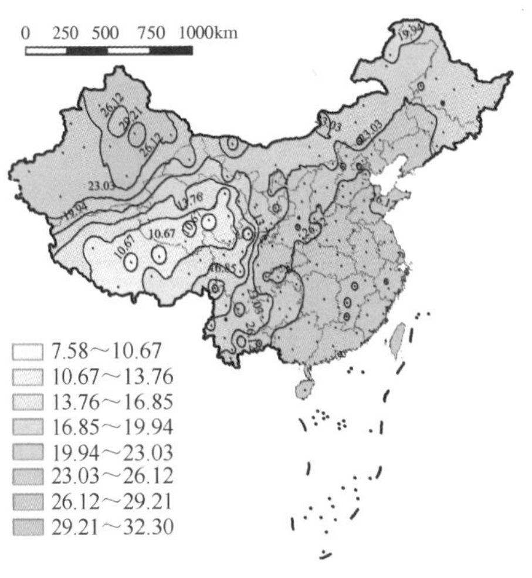

图 3.15　30a 7 月平均气温分布图（单位：℃）

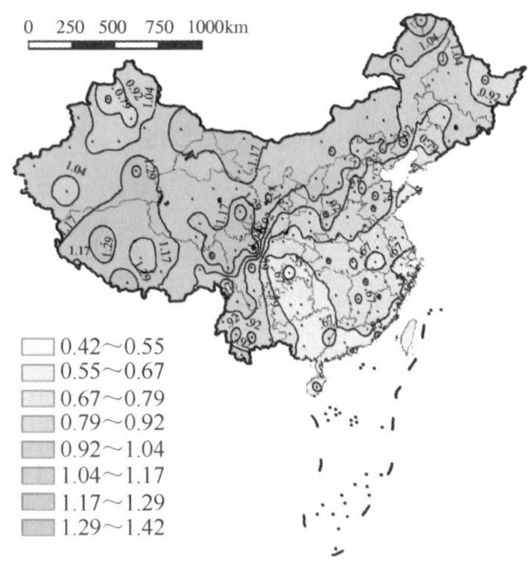

图 3.16　30a 日均降温速率分布图（单位：℃ /a）

的插值方法和划分形式。从图 3.11～图 3.16 所示的气温特征值分布图中可以明显地看到，全国不同地区气温特征值不同：东北地区和西南地区气温特征值较小，南部气温特征值较高；降温速率特征值的分布正好相反。

这些环境作用分布图是一个基于地理信息系统的数据库，在 ArcGIS 软件运行环境下，如果给出实际工程所在地的地理坐标（经度和纬度），则很容易从这些分布图中提取所需的环境作用值，简单易行，方便实用。

3.3.2　大气湿度

湿度用于表示空气中所含水蒸气的量，主要分为绝对湿度和相对湿度。绝对湿度指 1m^3 空气中含有水蒸气的质量；相对湿度指 1m^3 空气中所含水蒸气量与同温度时同空气所含饱和水蒸气量的比值。湿度和温度一样，在大气环境中也发生规律性变化，包括湿度的日变化、月变化和年变化。

图 3.17～图 3.25 绘制出 2009 年长春、乌鲁木齐、拉萨、海口等全国 4 个不同区域典型代表城市的日均相对湿度、月均相对湿度变化曲线及 1976～2005 年年均相对湿度年际变化曲线。从 4 个城市日均、月均相对湿度变化图中可以看到，各城市日均和月均相对湿度的变化规律不像日均、月均温度那样变化明显。而且各城市的相对湿度变化规律不同，长春、乌鲁木齐、拉萨地区一年中相对湿度值变化较大，而海南地区由于气候常年湿润，相对湿度变化较小。从 4 个城市年际变化曲线可以看到，30a 年均相对湿度有随时间波动下降的趋势。

根据中国气象科学共享服务网提供的历年年均气象数据，统计出我国 210 个代表城市 1976～2005 年 30a 的相对湿度特征值，并制作出全国相对湿度特征值

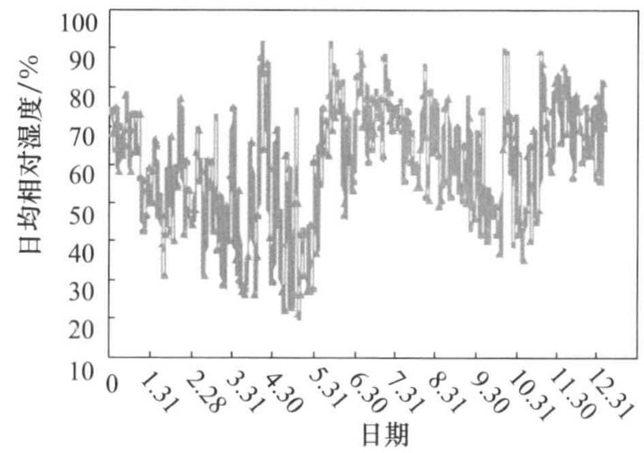

图 3.17　2009 年长春日均相对湿度

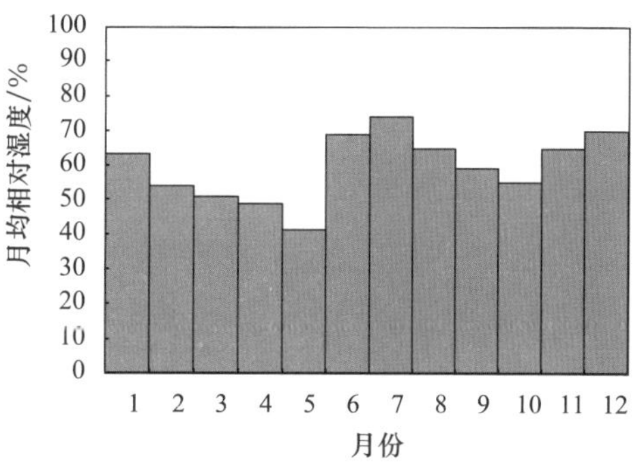

图 3.18　2009 年长春月均相对湿度

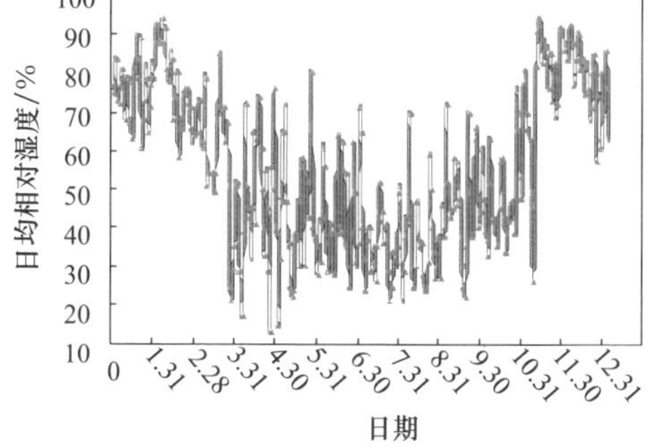

图 3.19　2009 年乌鲁木齐日均相对湿度

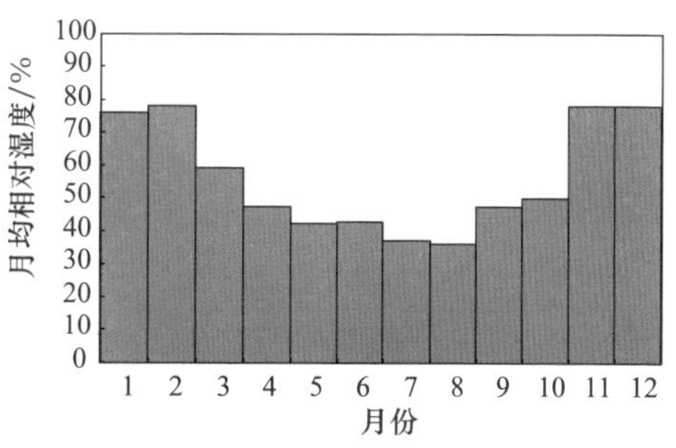

图 3.20　2009 年乌鲁木齐月均相对湿度

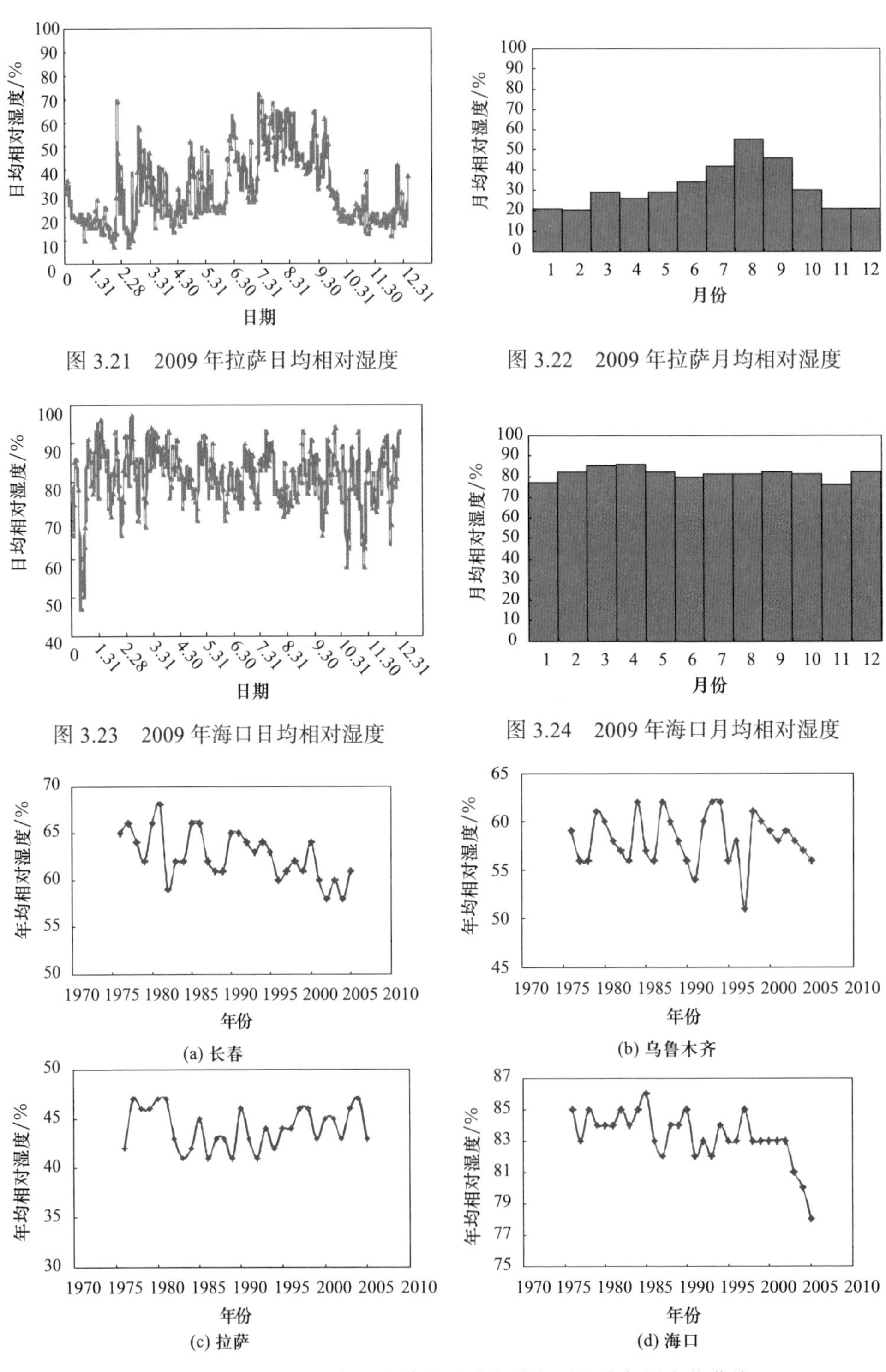

图 3.21　2009 年拉萨日均相对湿度

图 3.22　2009 年拉萨月均相对湿度

图 3.23　2009 年海口日均相对湿度

图 3.24　2009 年海口月均相对湿度

图 3.25　1976～2005 年 4 个代表城市年均相对湿度年际变化曲线

分布图，如图 3.26～图 3.29 所示。从这些相对湿度特征值分布图中可以看到，全国不同地区相对湿度特征值不同：我国东北、西北、西南地区相对湿度特征值较小，东南部地区相对湿度特征值较高。

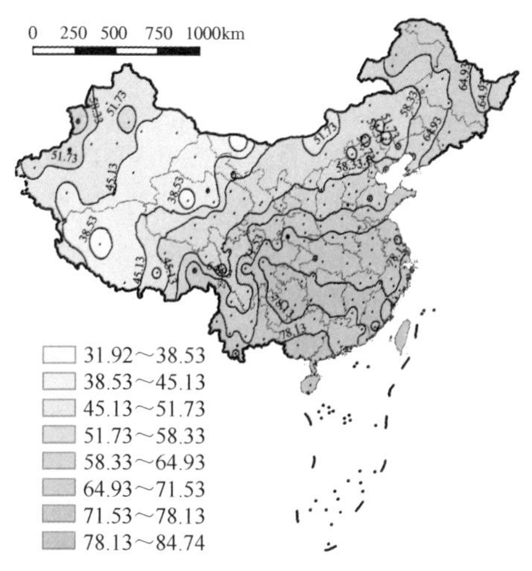

图 3.26　30a 平均相对湿度分布图
（单位：%）

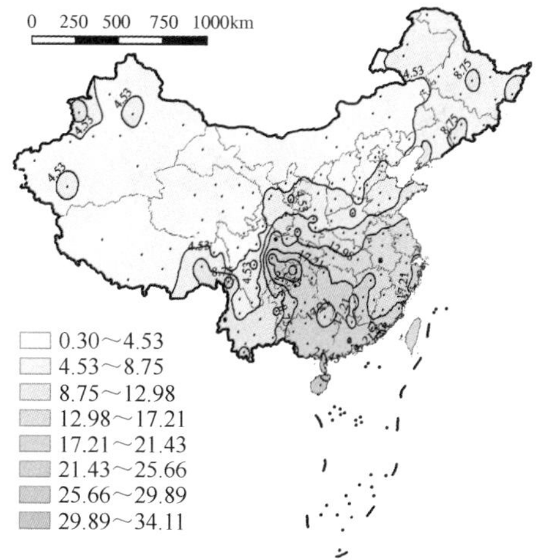

图 3.27　30a 平均最小相对湿度分布图
（单位：%）

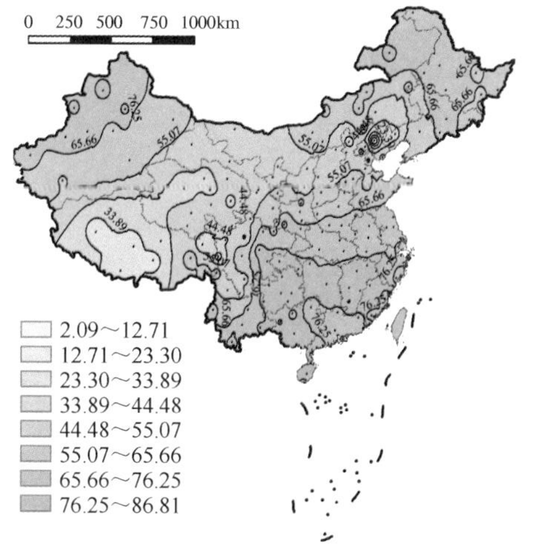

图 3.28　30a 1 月平均相对湿度分布图
（单位：%）

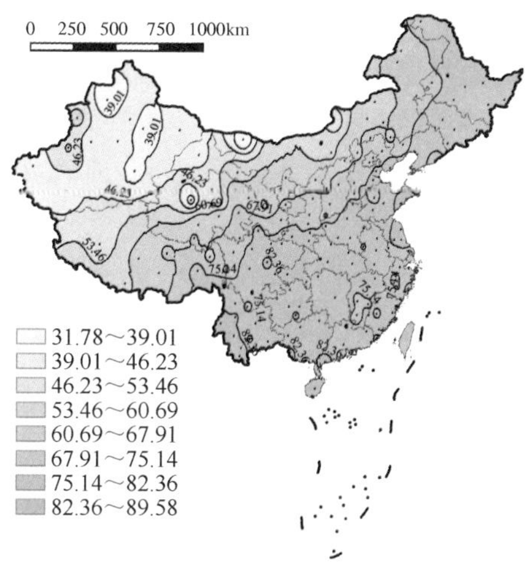

图 3.29　30a 7 月平均相对湿度分布图
（单位：%）

3.3.3　降水

降水包括液态降水和固态降水。液态降水一般指降雨，固态降水包括雪、雹、霰等，此外还有如雨夹雪等液态固态混合型降水。降水量指从天空降落到地

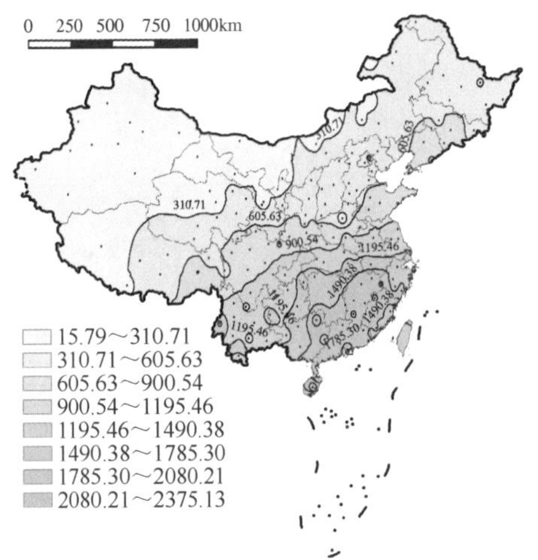

图 3.30　1976～2005 年年均降水量分布图（单位：mm）

面上的所有液态和固态（经融化后）降水在不经蒸发、渗透和流失而在水平面上积聚的深度。降水量一般会影响结构表面干湿循环状况。

根据中国气象科学共享服务网提供的历年年均数据，制作出全国年均降水量分布图，如图 3.30 所示。从图 3.30 中可以看出，我国不同地区降水量不同，降水量较多的地区主要集中在东南部，西北大部及东北地区降水量较少。

3.3.4　风速、风向

大气层的温度在各个区域不同，由此气压也发生变化。空气由高气压区域流向低气压区域，即由于气压差而产生空气流动，成为风。风与地貌、高度等因素有关。风压与风向都对碳化有影响。风压会加速碳化，大气环境中风压不仅会加速酸性气体在混凝土桥梁结构内部扩散，还会加速水分、氧气及其他有害气体杂质如氯离子等在混凝土桥梁结构内部的渗透[5]。根据中国气象科学共享服务网提供的历年年均数据，制作出我国风速特征值分布图，如图 3.31 和图 3.32 所示。从风速特征值分布图中可以看到，全国不同地区风速不同：东部沿海地区风速特征值最大，其次是东北地区、西南地区及西北地区，中部内陆风速特征值最小。

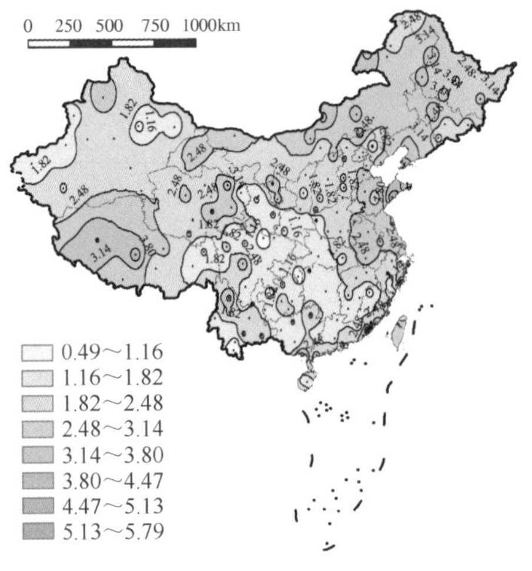

图 3.31　30a 平均风速分布图（单位：m/s）

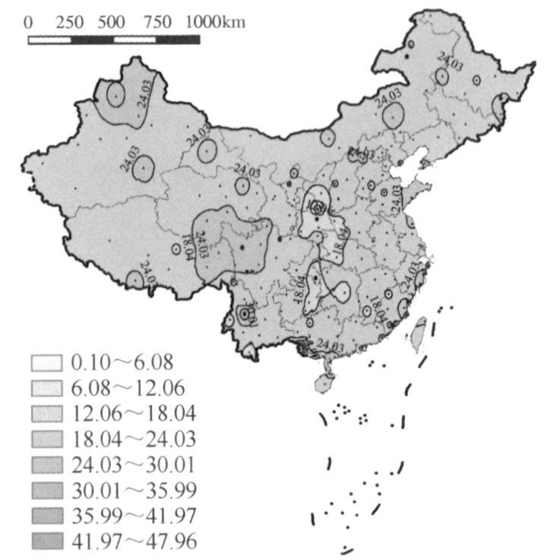

图 3.32　30a 平均极大风速分布图（单位：m/s）

3.3.5 太阳辐射

太阳以辐射方式不断地供给地球能量。太阳辐射在进入地球表面之前，将通过大气层，大气中云层和较大颗粒的尘埃能将太阳辐射中的一部分能量反射到宇宙空间；大气中水汽、氧、臭氧、二氧化碳及固体杂质等吸收部分太阳辐射转变成热能；遇到大气中空气分子、尘粒、云滴等质点时，太阳辐射发生散射从而改变辐射方向，太阳辐射以质点为中心向四面八方传播开来，使部分太阳辐射无法到达地面。如图 3.33 所示，假设大气层顶的太阳辐射是 100%，向上散射占 7%，大气吸收占 16%，云量吸收占 1%，云层及尘埃向空间的反射占 25%，达到地面的太阳辐射约占 51%，其中又有 5% 左右通过地表放射而损失。

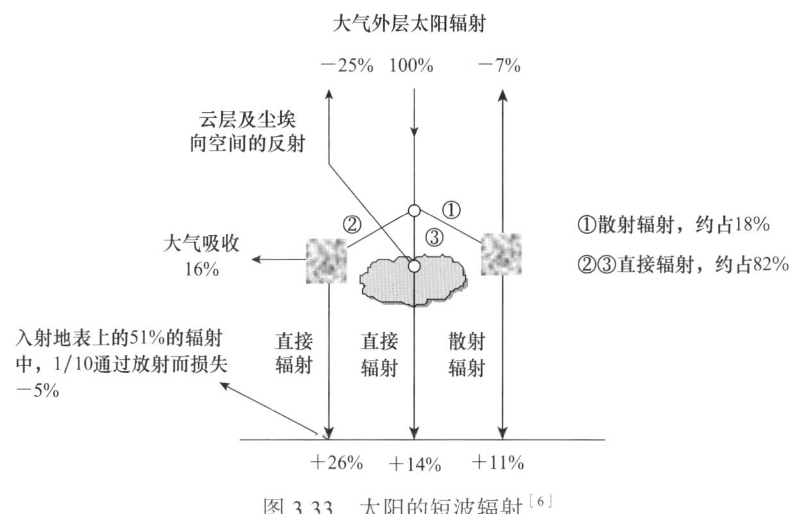

图 3.33　太阳的短波辐射[6]

从我国太阳年辐射总量分布示意图中可以看到：到达地面的太阳辐射分布主要取决于云量及所处纬度，除四川地区外大部分地区基本上是从东向西增加。我国西部地区分布基本与海拔一致，以青藏高原为最大，新疆两盆地较小。我国中东部以四川及江南地区为最小，分别向南向北增加，内蒙古、华北最大，至东北地区又趋减小。就地区而言，全国最低在四川一带，最高在青藏高原。冬季 1 月，四川地区总辐射在 80W/m^2 以下，青藏高原为 140～160W/m^2；夏季 7 月，青藏高原最高达 140～160W/m^2。

根据中国气象科学共享服务网提供的历年年均数据，制作出我国 1976～2005 年年均日照时数分布图，如图 3.34 所示。从图 3.34 中可以看到，我国不同地区年均日照时数不同，其分布与我国太阳年辐射总量分布规律大致相同。日照时数较高的地区主要集中在内蒙古、青海和西藏大部，成都、重庆和贵州地区年

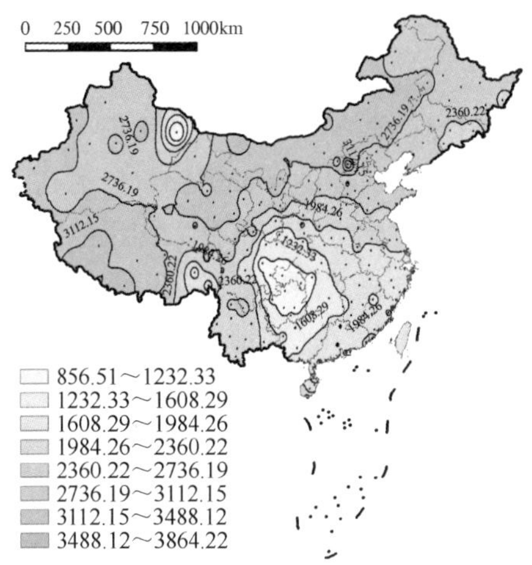

图 3.34 1976～2005 年年均日照时数分布图（单位：h）

均日照时数较少。

3.3.6 大气中的 CO_2

目前我国的大气本底观测站很少，青海瓦里关连续观测时间较长，北京、太湖等地有部分观测数据。区域大气本底站上甸子、临安和龙凤山对 CO_2 的观测时间较短，2006 年 7 月～2007 年 6 月上甸子、临安和龙凤山 3 个观测站观测得到的 CO_2 年平均浓度值如表 3.1 所示，表中列入瓦里关估测值进行比较。从表中可以看到，4 个观测点位置处的 CO_2 浓度相差不大。

表 3.1 我国大气本底观测站 CO_2 年平均浓度（2006 年 7 月～2007 年 6 月）[3]

站名	经纬度	海拔 /m	环境	CO_2 浓度 /ppm	站类别
黑龙江龙凤山	44°44′N，127°36′E	325	偏僻农村	387.98	区域
浙江临安	30°25′N，119°44′E	132	县城附近	385.22	区域
北京上甸子	40.39°N，117.07°E	286.5	郊区农村	387.84	区域
青海瓦里关	36°17′N，100°54′E	3810	高原草甸沙洲地带	383.53	全球基准

从青海瓦里关站观测得到的 CO_2 浓度数据（图 3.35 和图 3.36）可以看出，CO_2 浓度日变化呈双峰态形状，全年平均最大浓度（第一峰值）出现在早上 10 时左右，第二个峰值出现在 21 时左右，第一和第二谷值分别出现在 18 时和 23 时左右。CO_2 浓度年变化多表现出明显的季节性，一般表现为春季 CO_2 浓度值最高，夏季 CO_2 浓度值最低。

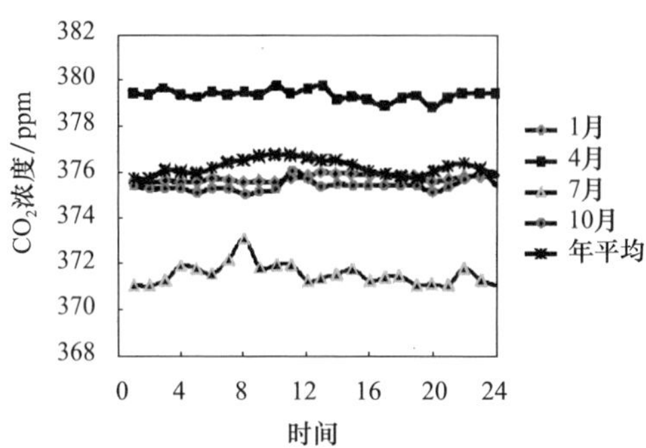

图 3.35 瓦里关 2003 年 CO_2 浓度日变化图[7]

北半球 7 个本底站（global atmosphere watch，GAW）监测数据表明，1992～2004 年整个北半球地区 CO_2 浓度上升，综合年增长率达 0.49%。其中，我国青海瓦里关本底站的 CO_2 浓度从 1992 年平均浓度 356.7ppm 上升到 2004 年的 378.2ppm，年均增幅约 1.792ppm，综合年增长率为 0.49%（图 3.37、表 3.2）。

由此可以认为，近几年以来全球近地表大气层中的 CO_2 浓度正以 0.49% 的速度增长。随着世界人口和经济增长，化石燃料消耗量不断上升，世界森林面积大面积减少，可以预测，大气中的 CO_2 浓度将以更快的速度增大[8]。

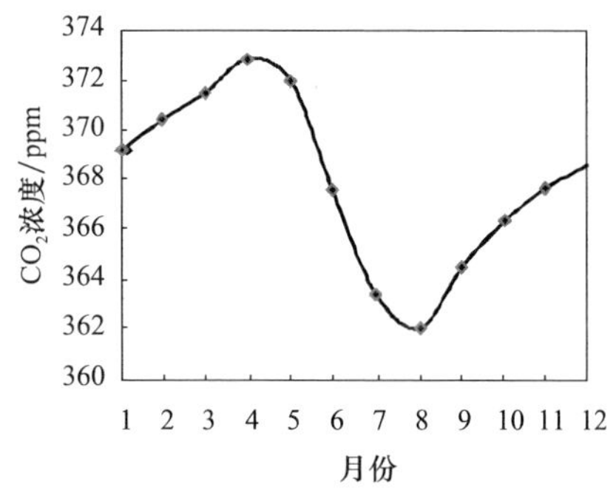

图 3.36　瓦里关 CO_2 浓度的年变化图[8]

由于我国 CO_2 浓度观测点及已有观测数据较少，难以推断其余广大地区近地表 CO_2 浓度的时空分布状况。但就表 3.1 中全国 4 个不同区域城市的年均观测值可以看出，CO_2 浓度的空间分布基本均匀。

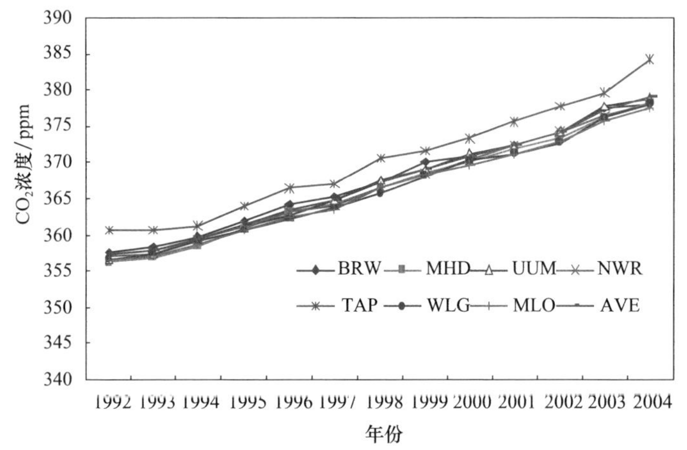

图 3.37　北半球 7 个本底观测站 CO_2 浓度变化图[8]

表 3.2　全球 7 个本底观测站 CO_2 浓度年均值[8]　（单位：ppm）

年份	BRW	MHD	UUM	NWR	TAP	WLG	MLO	平均值
1992	357.7	356.2	356.6	357.0	360.6	356.7	356.6	357.3
1993	358.3	356.8	357.4	357.5	360.7	357.4	357.0	357.9
1994	359.8	358.4	359.3	359.4	361.2	359.2	358.5	359.4
1995	361.9	360.9	361.0	361.2	364.0	360.6	360.7	361.5
1996	364.2	363.1	362.6	363.1	366.4	362.2	362.4	363.4
1997	365.3	364.2	364.8	363.9	367.0	363.8	363.5	364.6
1998	367.3	366.4	367.5	366.6	370.6	365.7	366.6	367.2
1999	370.0	368.6	369.2	368.3	371.7	368.2	368.3	369.2

续表

年份	BRW	MHD	UUM	NWR	TAP	WLG	MLO	平均值
2000	370.8	370.0	371.2	370.3	373.4	370.3	369.6	370.8
2001	372.4	371.8	372.3	372.4	375.7	371.3	371.2	372.4
2002	374.3	373.6	374.3	374.2	377.8	372.7	373.0	374.3
2003	377.5	376.3	377.8	376.4	379.7	376.2	375.8	377.1
2004	378.2	378.3	378.9	378.0	384.2	378.2	377.6	379.1

注：BRW（71.32°N，156.60°W，11m asl），Barrow Global Station（巴罗全球站，美国）；
MHD（53.33°N，9.90°W，25m asl），Mace Head Global Station（梅斯头全球站，爱尔兰）；
UUM（44.45°N，111.10°E，914m asl），Ulaan Unl Regional Station（乌兰区域站，蒙古国）；
NWR（40.05°N，105.58°W，3475m asl），Niwot Ridge Regional Station（尼沃特岭区域站，美国）；
TAP（36.73°N，126.13°E，20m asl），Tae-ahn Peninsula Regional Station（Tae-ahn 半岛区域站，韩国）；
WLG（36.29°N，100.90°E，3816m asl），Waliguan Global Station（瓦里关，中国）；
MLO（19.53°N，155.58°W，3397m asl），Mauna Loa，Hawaii，Global Station（莫纳罗亚，夏威夷，环球站，美国）。

3.4　工业环境下的环境作用

3.4.1　工业环境的主要污染源

随着工业的高速发展，特别是化学工业的发展，工业建筑工程结构所处的工作环境日趋复杂，工作环境参数除温、湿度外，主要为侵蚀性介质成分、浓度及其影响范围。《工业建筑防腐蚀设计标准》（GB 50046—2018）[9]给出了化工、冶金、机械、医药、农药、化纤、印染、造纸、食品等各行业厂房不同生产部位主要的侵蚀性介质（包括气态介质、液态介质、固态介质）及其浓度。其中，碳酸钙生产车间的碳化工段、过滤工段和煅烧工段的 CO_2 气体浓度往往超过 2000mg/m^3；硫酸生产车间的净化工段和吸收工段、铝或铝合金阳极氧化厂房和铝件化学铣切车间、镁合金铸造厂房的熔化部位和造型浇筑部位主要侵蚀性气体为 SO_2，且其含量一般为 10～200mg/m^3；皮革制造的鞣制车间、镁合金铸造厂房的造型浇筑部位主要侵蚀性气体为 H_2S，且其含量一般为 5～100mg/m^3；镁生产车间的电解工段、铝件化学铣切工段及氯霉素生产的反应釜部位主要侵蚀性气体为 HCl，且其含量一般为 1～15mg/m^3；铜、锌、钴、铅等有色金属电解厂房的酸雾主要为硫酸酸雾。

在城市，特别是大城市，工厂、交通工具和城市居民生活中排出的各种废气，使城市空气组成复杂化。城市中大气污染物的来源一般可分为固定源和流动源两种，固定源包括各种燃料的燃烧、固体废物的燃烧和工业生产。工业生产过程中排至大气中的污染物，有原料、产品和废气。表 3.3 给出了各主要工业向大气排放的主要污染物[10]。

表 3.3 各主要工业向大气排放的主要污染物

工业	企业类别	向大气排放的污染物
冶金	钢铁厂	烟尘、二氧化硫、一氧化碳、氧化铁粉尘、锰尘
	炼焦厂	烟尘、二氧化硫、一氧化碳、硫化氢、酚、苯
	有色金属冶炼厂	烟尘（含有铅、锌、镉、铜等）、二氧化硫、汞蒸气
化工	石油化工厂	二氧化硫、硫化氢、氰化物、氮氧化物、氯化物、羟类
	氮肥厂	烟尘、氮氧化物、一氧化碳、氨、硫酸气溶胶
	磷肥厂	烟尘、氟化氢、硫酸气溶胶
	硫酸厂	二氧化硫、氮氧化物、一氧化碳、氨、硫酸气溶胶
	化学纤维厂	烟尘、硫化氢、氨、二氧化碳、甲醇、丙酮、二氯甲烷
	农药厂	甲烷、砷、汞、氯、农药
	合成橡胶厂	苯乙烯、乙烯、异丁烯、戊二烯、二氯乙醚、乙硫醇
机械	机械加工厂	烟尘
	仪器仪表厂	汞、氰化物、铬酸
轻工	造纸厂	烟尘、硫醇、硫化氢
	玻璃厂	烟尘、氟化物
建材	水泥厂	烟尘、水泥尘
	砖瓦厂	烟尘、氟化物

城市往往是交通运输枢纽，汽车、火车、轮船、飞机往来频繁，成为大气污染的流动源。它们与工厂相比，虽然是小型的、分散的、流动的，但数量庞大、活动频繁，排出的污染物也相当可观。根据美国圣路易斯等 7 个城市统计的资料，各种交通工具排出的污染物如表 3.4 所示[11]。

表 3.4 各种交通工具排出的污染物 （单位：t/a）

交通工具	污染物排放量					
	醛	一氧化碳	碳氢化合物	氮氧化合物	硫氧化合物	粉尘
汽车	1560	1083370	231800	43400	3600	4700
飞机	28	3945	1722	289	18	211
火车	140	800	2500	3000	500	1500
轮船	600	360	1100	1350	250	670
总计	2328	1088475	237122	48039	4368	7081

3.4.2 二氧化硫与酸雨

1. 二氧化硫

由表 3.3 和表 3.4 可知，二氧化硫是工业环境下的主要污染物之一。空气中二氧化硫浓度变化主要取决于当地化石燃料的燃烧量，当燃料结构和燃烧量发生改变时这些气体浓度立即改变，其中经济发展和人类主观环境意识的变化起了很大的作用。精确地确定和预测一个地方的二氧化硫气体浓度难度巨大。

文献［12］给出我国大气中二氧化硫的典型浓度如下：工业大气，冬季 350μg/m^3，夏季 100μg/m^3；农村大气，冬季 100μg/m^3，夏季 40μg/m^3。

根据 2001～2014 年《中国环境状况公报》的统计[13-26]，除 2002 年略有降低，2001～2006 年二氧化硫排放量整体上呈增长趋势，至 2006 年达到最大 2588.8 万 t。其中导致二氧化硫排放量增加的主要原因为工业能源燃烧释放量的增大，生活排放的二氧化硫量基本保持不变（表 3.5）。2006 年后，由于国家采取一系列的节能减排措施，二氧化硫排放量虽偶有回升（2011 年），但总体呈减少趋势（表 3.5）。

表 3.5　2001～2014 年我国二氧化硫的排放量　（单位：万 t）

年度	二氧化硫排放量		
	工业	生活	合计
2001	1566.6	381.2	1947.8
2002	1562.0	364.6	1926.6
2003	1791.4	367.3	2158.7
2004	1891.4	363.5	2254.9
2005	2168.4	380.9	2549.3
2006	—	—	2588.8
2007	—	—	2468.1
2008	—	—	2321.2
2009	—	—	2214.4
2010	—	—	2185.1
2011	—	—	2217.9
2012	—	—	2117.6
2013	—	—	2043.9
2014	—	—	1974.4

2. 酸雨

酸雨是指 pH 小于 5.6 的雨雪或其他方式形成的大气降水。酸雨成分以硫酸为最多（一般占60%～65%），硝酸次之（约30%），盐酸约5%，此外还有有机酸2%左右。

酸雨的成因是一种复杂的大气化学和大气物理的现象。人类大量燃烧化石燃料产生的二氧化硫和氮氧化合物经“云内成雨”过程，即水汽凝结在硫酸根、硝酸根等凝结核上，发生液相氧化反应，形成硫酸雨滴和硝酸雨滴；又经“云下冲刷”过程，即含酸雨滴在下降过程中不断合并吸附、冲刷其他含酸雨滴和含酸气体，形成较大雨滴，最后降落在地面上，形成酸雨。

衡量一个地区的酸雨强度主要根据其降水酸度（pH）和酸雨频率。根据中华人民共和国环境保护部《2016年中国环境状况公报》[27]，2016年参与酸雨监测统计的474个城市（区、县）中，酸雨频率平均值为12.7%，出现至少1次以上酸雨的城市184个（占38.8%），酸雨发生频率在25%以上的城市96个（占20.3%），酸雨发生频率在50%以上的城市48个（占10.1%），酸雨发生频率75%以上的城市18个（占3.8%）。全国降水pH年均值范围为4.1（湖南株洲）～8.1（新疆库尔勒）。其中，酸雨城市（降水pH年均值低于5.6）、较重酸雨城市（降水pH年均值低于5.0）和重酸雨城市（降水pH年均值低于4.5）的比例分别为19.8%、6.8%和0.8%。降水中的主要阳离子为钙离子和铵根离子，分别占离子总浓度的24.0%和14.5%；主要阴离子为硫酸根，占离子总浓度的22.5%；硝酸根占离子总浓度的8.7%。酸雨类型总体仍为硫酸型。酸雨区面积约69万km^2，占国土面积的7.2%；其中，较重酸雨区和重酸雨区面积占国土面积的比例分别为1.0%和0.03%。酸雨污染主要分布在长江以南—云贵高原以东地区，主要包括浙江、上海、江西、福建的大部分地区，湖南中东部、广东中部、重庆南部、江苏南部和安徽南部的少部分地区。

3.5　海洋环境下的环境作用

3.5.1　近海气温

我国领海辽阔，位于北太平洋西部边缘，南起赤道附近、北至渤海辽东湾，横跨约40个纬度，包括温带、亚热带和热带3种气候带。从北至南有渤海、黄海、东海、南海四大海区。四大海区面积分别为$7.7\times10^4km^2$、$38\times10^4km^2$、$77\times10^4km^2$、$350\times10^4km^2$，平均深度分别为18m、44m、370m和1212m。我国大陆岸线横跨23个纬度，总长18000km以上。

根据国家海洋科学数据共享中心（http://mds.nmdis.org.cn）提供的我国近海累年逐季数据（数据计算点为0.5°方区，如图3.38所示），同制作我国内陆环境作用分布图一样，应用ArcGIS地理信息处理软件，采用反距离权重插值方法，分别制作出我国近海春、夏、秋、冬四季温度及年均温度分布图，如图 3.39～图 3.43 所示。从四季气温分布图中可以看到，我国近海四季气温由北至南逐渐升高，其中，渤海地区四季气温变化明显，而我国南海地区四季气温变化不大。从我国近海年均气温分布图中可以看到，辽东半岛北部年均气温约为 12.36℃，海南岛南部年均气温达 26.11℃。

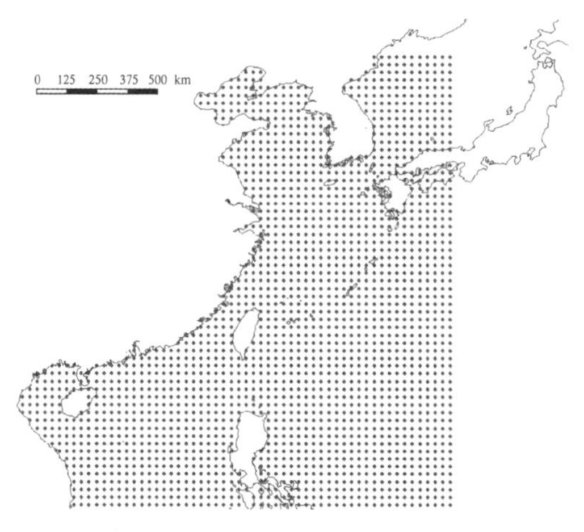

图 3.38　我国近海计算点图

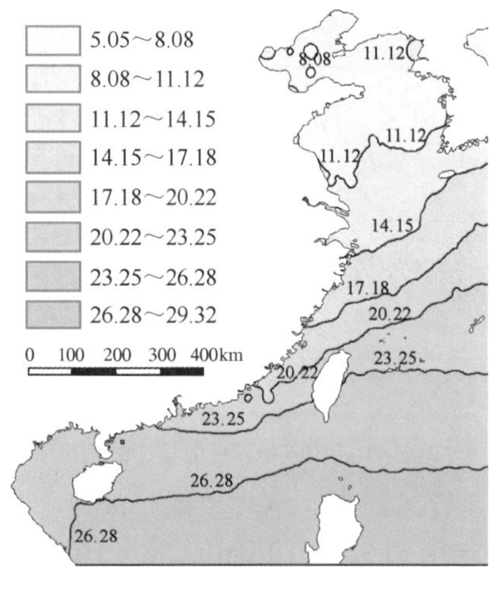

图 3.39　中国近海春季平均气温分布图（单位：℃）

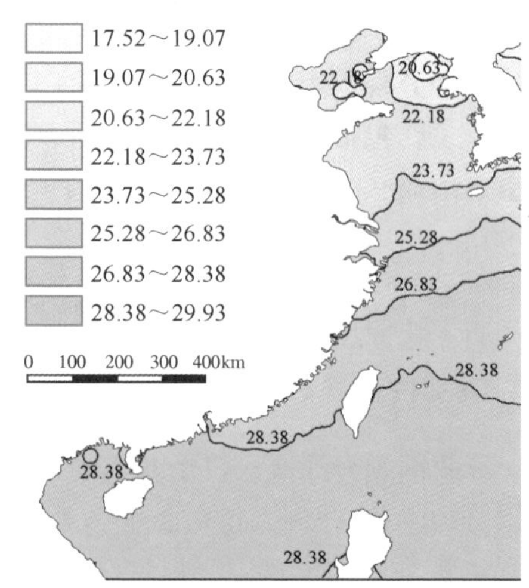

图 3.40　中国近海夏季平均气温分布图（单位：℃）

3.5.2　近海海水水温

由于我国大陆沿岸跨纬度较大，太阳辐射强度不同，各岸段海域的水温也不

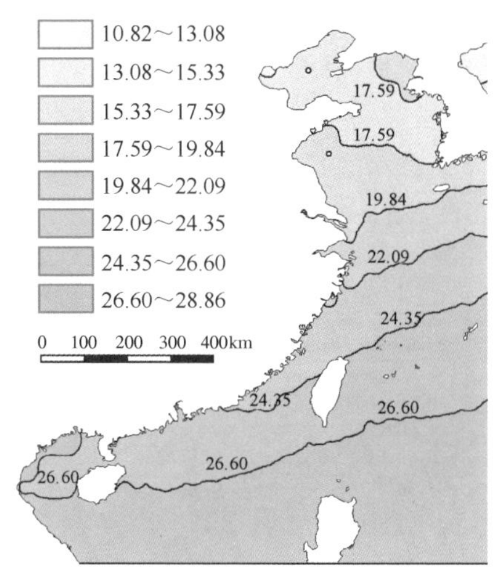

图 3.41　中国近海秋季平均气温分布图（单位：℃）

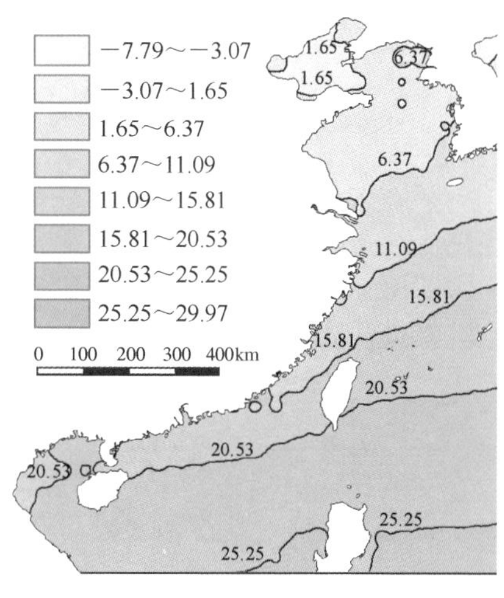

图 3.42　中国近海冬季平均气温分布图（单位：℃）

相同。沿岸表层水温（水深 $d=0$m 处）的年均值一般随纬度的增高而降低。

根据国家海洋科学数据共享服务平台提供的我国近海表层水温统计数据，制作出我国近海四季及平均表层水温分布图，如图 3.44～图 3.48 所示。从表层水温分布图中可以看到，我国近海表层水温分布图与我国近海气温分布图规律一致，即表层水温由北至南逐渐升高，其中，渤海地区四季表层水温变化明显，而我国南海地区四季表层水温变化不大。我国近海年均表层水温分布图与我国近海年均气温分布图

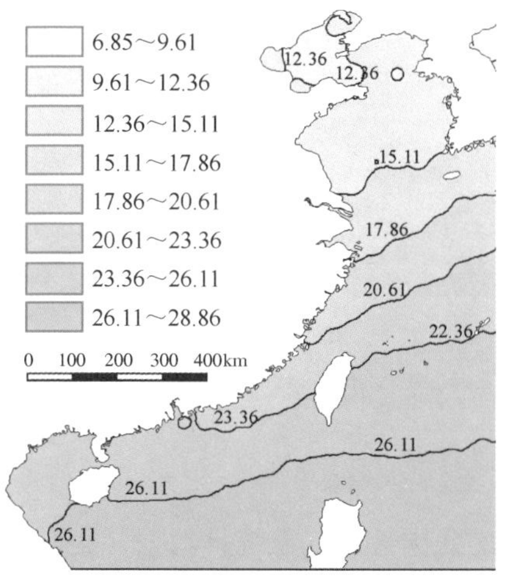

图 3.43　中国近海年均气温分布图（单位：℃）

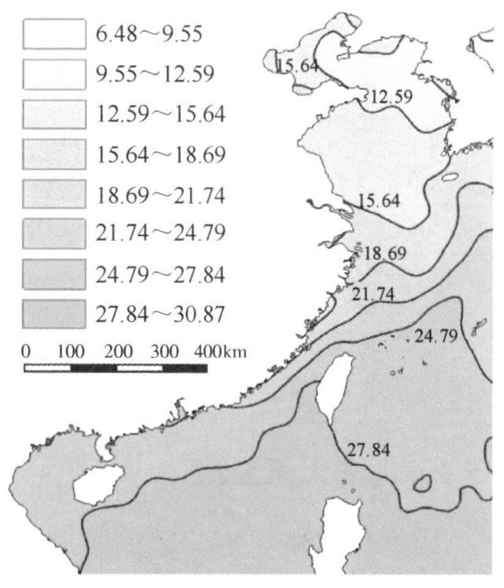

图 3.44　中国近海春季平均表层水温分布图（单位：℃）

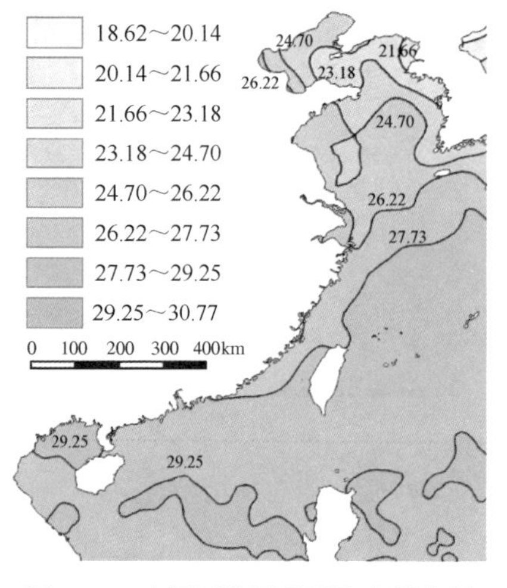

图 3.45　中国近海夏季平均表层水温分布图（单位：℃）

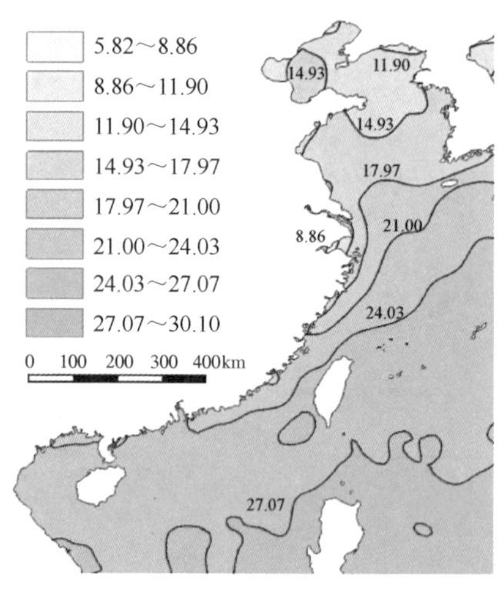

图 3.46　中国近海秋季平均表层水温分布图（单位：℃）

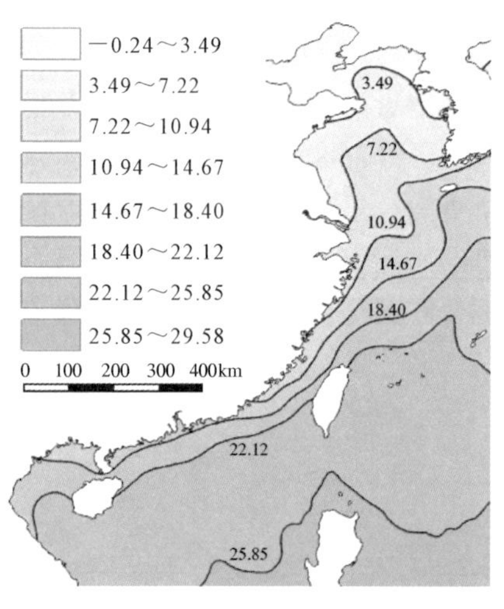

图 3.47　中国近海冬季平均表层水温分布图（单位：℃）

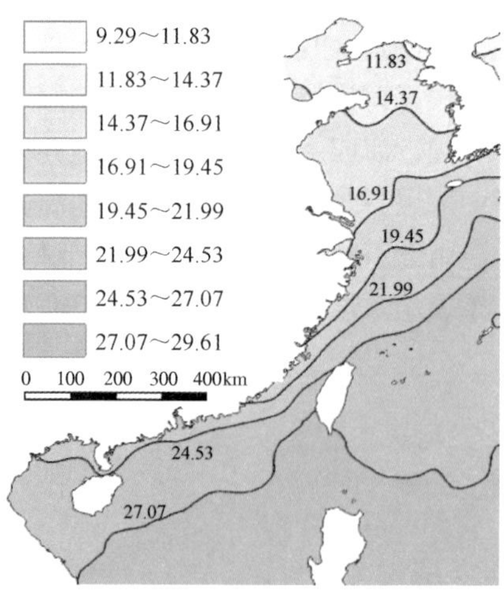

图 3.48　中国近海年均表层水温分布图（单位：℃）

对比发现，我国近海表层水温略高于同一地区（经纬度）海水上空的气温值。

3.5.3　近海大气湿度

根据国家海洋科学数据共享服务平台提供的我国近海气象统计数据，制作出我国近海四季及年均相对湿度分布图，如图 3.49～图 3.53 所示。从相对湿度分布图中可以看到，与我国近海气温分布图相比，相对湿度空间分布差异不大，不

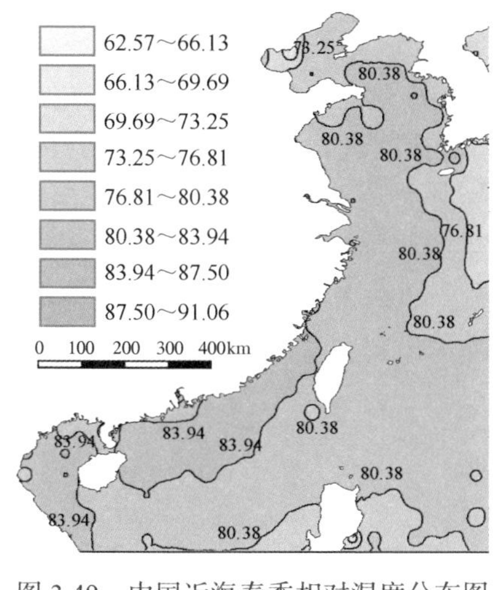

图 3.49　中国近海春季相对湿度分布图（单位：%）

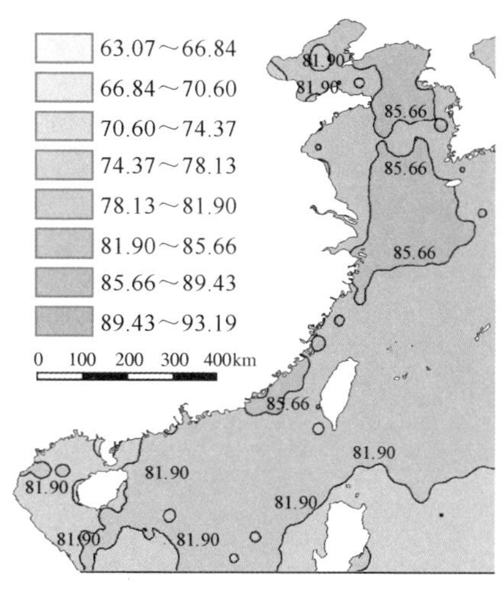

图 3.50　中国近海夏季相对湿度分布图（单位：%）

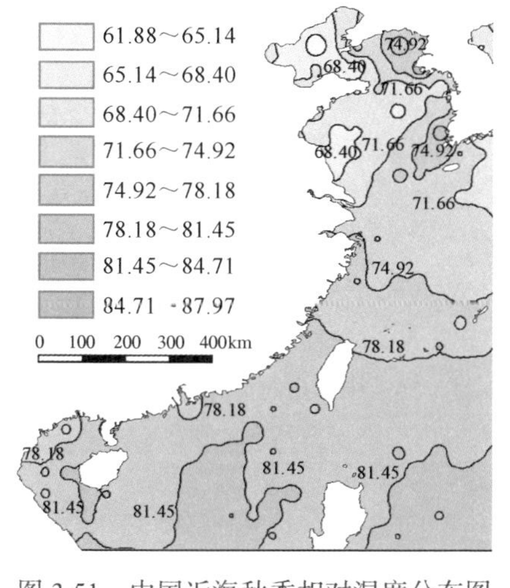

图 3.51　中国近海秋季相对湿度分布图（单位：%）

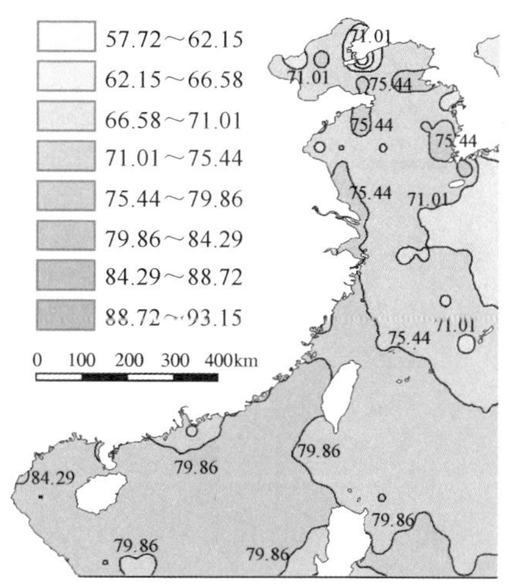

图 3.52　中国近海冬季相对湿度分布图（单位：%）

过总体也呈现出从高纬度向低纬度递增的规律。从四季相对湿度分布图中也可以看到，渤海地区年均相对湿度较小，但季节变化幅度较大；南海地区相对湿度较大，但季节变化幅度较小。

3.5.4　近海大气降水

我国海岸带濒临东亚季风区，受冬、夏季风及海陆分布和沿岸地形的综合影响，北部降水少，南部降水多；陆上多，海上和海岛少；山地迎风坡多，背风坡少。黄海北部和渤海岸段，年降水量大多为550～1000mm。黄海南部至杭州湾以北的海岸段大多为1000～1200mm。杭州湾以南至福建南部的东海岸段，沿岸山地丘陵交错，海陆间降水量梯度大，年降水量多为1500～1700mm。

根据国家海洋科学数据共享服务平台提供的我国近海大气降水出现频率数据，制作出我国近海年均降水出现频率分布图，如图3.54示。从图3.54中可以看到，我国浙江东南沿海及台湾东北部地区降水出现频率最大，达25.38%，而渤海湾地区降水出现频率较小，仅为4.62%。

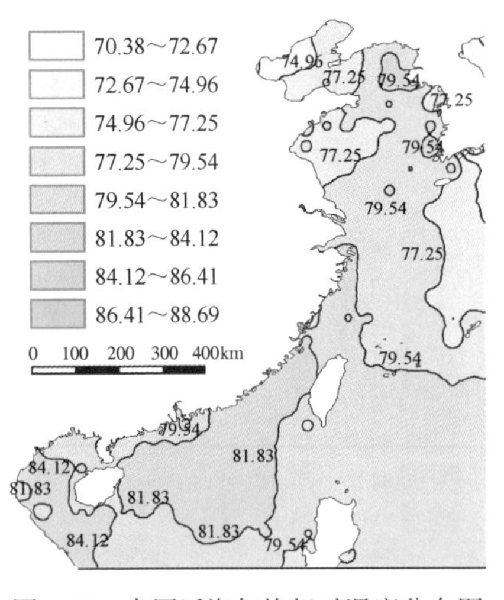

图3.53 中国近海年均相对湿度分布图（单位：%）

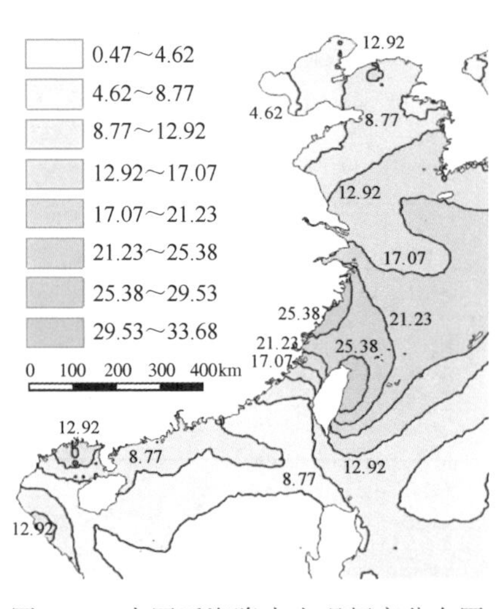

图3.54 中国近海降水出现频率分布图（单位：%）

3.5.5 日照

年日照时数分布总趋势为北部多、南部少，海岛多、陆上少。黄海北部和渤海年日照时数大部分地区为2400～2900h，海南岛为2000～2600h。

3.5.6 海水盐度

沿岸海域的盐度与外海高盐水和沿岸低盐水的消失和交汇有关，受径流、潮汐潮流、降水、蒸发等因素影响。

根据国家海洋科学数据共享服务平台提供的我国近海海水盐度统计数据，制作出我国近海表层海水盐度分布图，如图3.55～图3.59所示。我国近海年均表

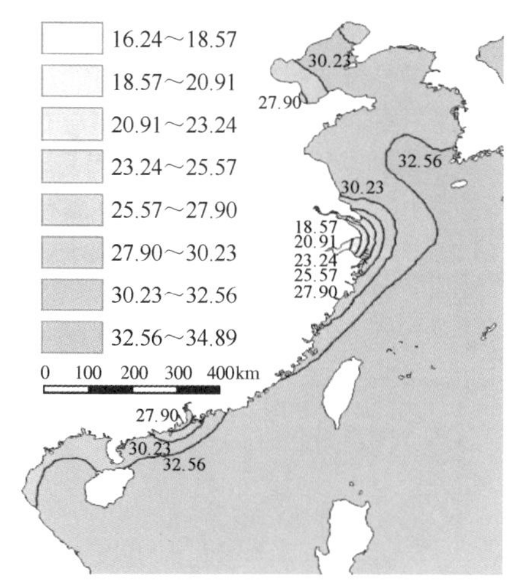

图 3.55　中国近海春季平均表层盐度分布图

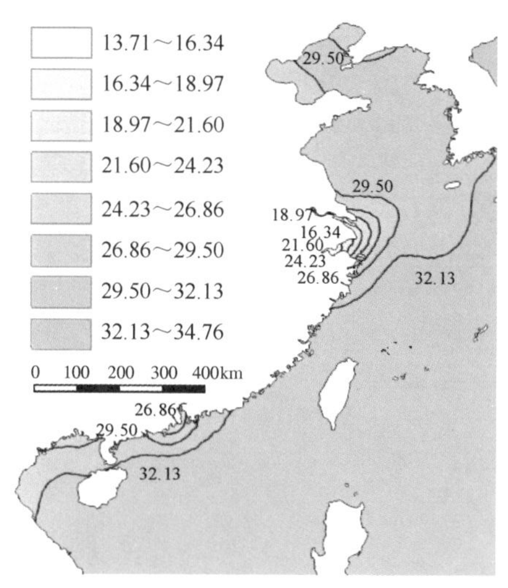

图 3.56　中国近海夏季平均表层盐度分布图

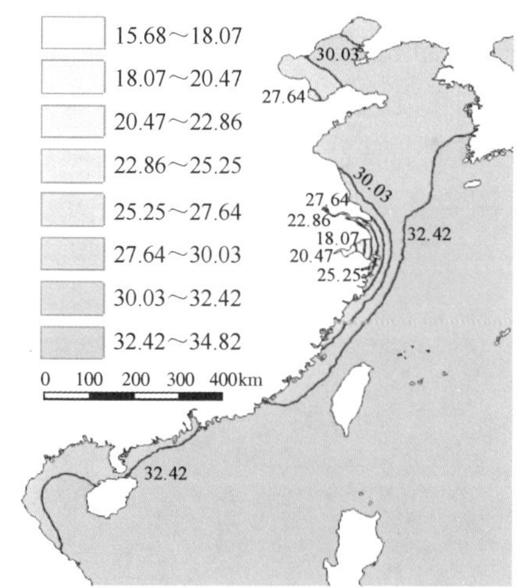

图 3.57　中国近海秋季平均表层盐度分布图

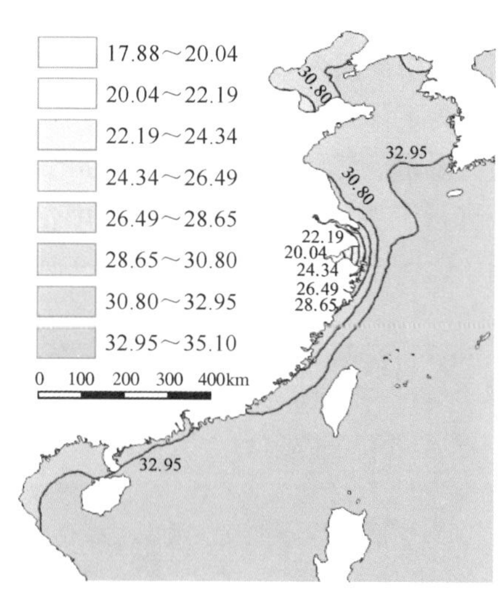

图 3.58　中国近海冬季平均表层盐度分布图

层氯度分布图（图 3.60）依据我国近海年均表层盐度分布图（图 3.59）中的数据用式（3.4）计算得[28]

$$Cl‰ = (S‰ - 0.030)/1.8050 \tag{3.4}$$

式中，Cl‰ 为氯度，g/kg；S‰ 为盐度，g/kg。

从图 3.55～图 3.59 中可以看到，我国沿岸海域年均盐度约为 30‰，海南岛年均盐度最大，为 32‰ 左右。表层盐度四季变化不大，南海因外海高盐水的影

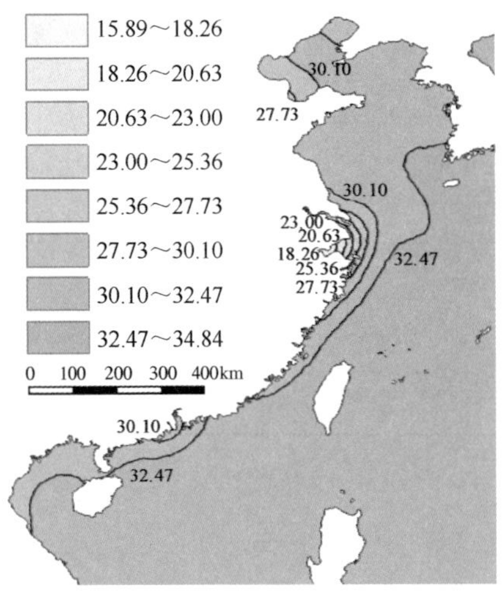

图 3.59　中国近海年均表层盐度分布图

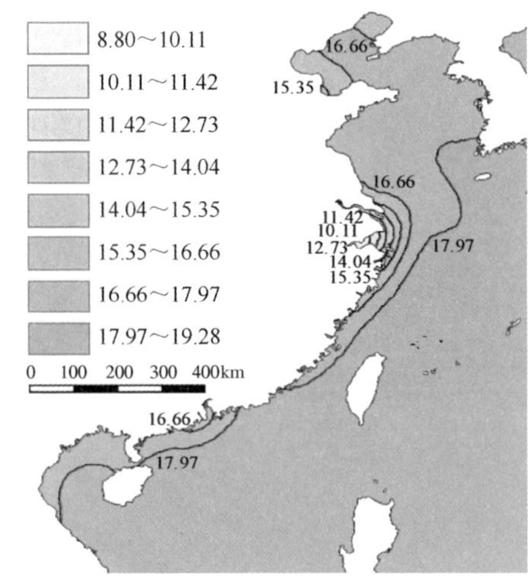

图 3.60　中国近海年均表层氯度分布图

响，盐度较高，其中海南岛沿岸海域最高。河口区的盐度，由于受径流的影响，明显低于周围海域的盐度，如图中的长江口和珠江口。

为了详细分析河口海域氯度分布情况，分别在九龙江口厦门演武大桥及其厦门大桥附近海域、杭州洋山岛和湾芦潮港附近海域、珠江口海口世纪大桥附近水域进行了实地海水取样，并采用化学滴定法测定各海域氯离子浓度值，分别如图 3.61～图 3.65、表 3.6～表 3.9 所示。

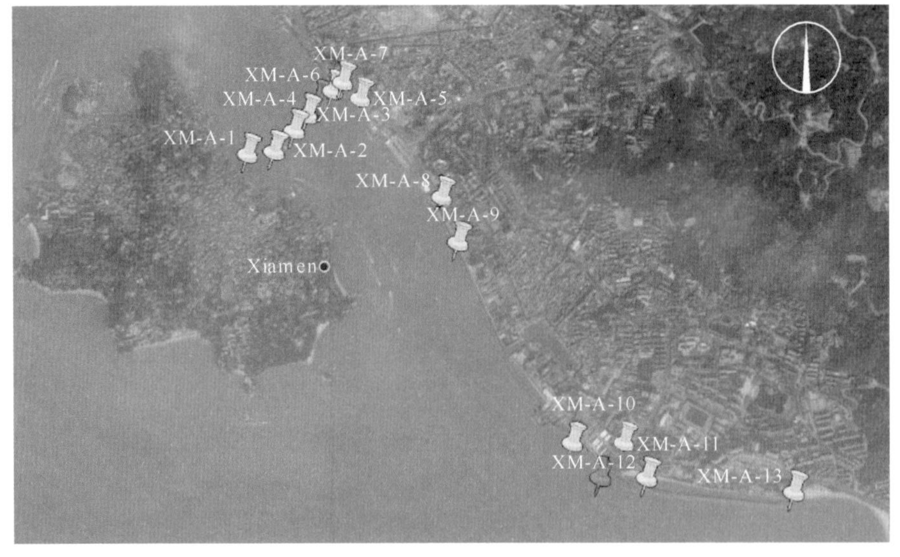

图 3.61　厦门演武大桥附近海域海水采样点

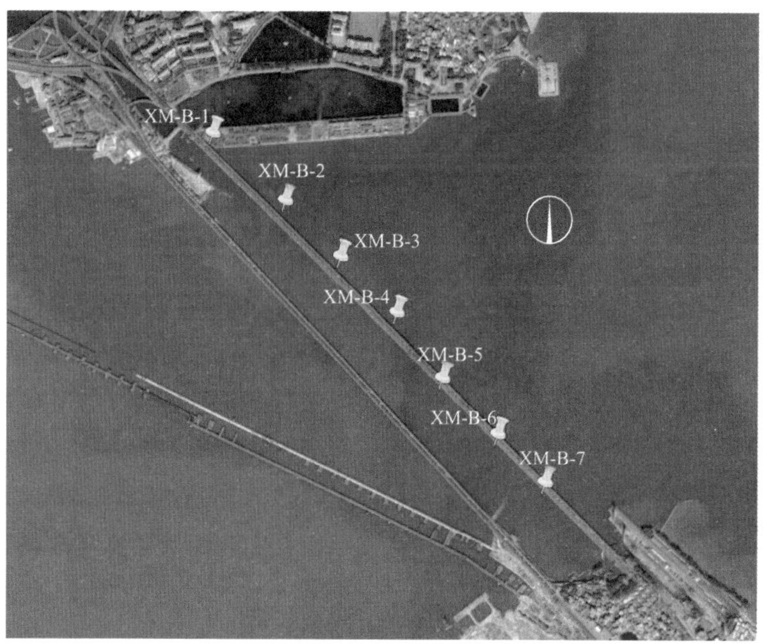

图 3.62　厦门大桥附近海域海水采样点

图 3.63　杭州湾洋山岛附近海域海水采样点

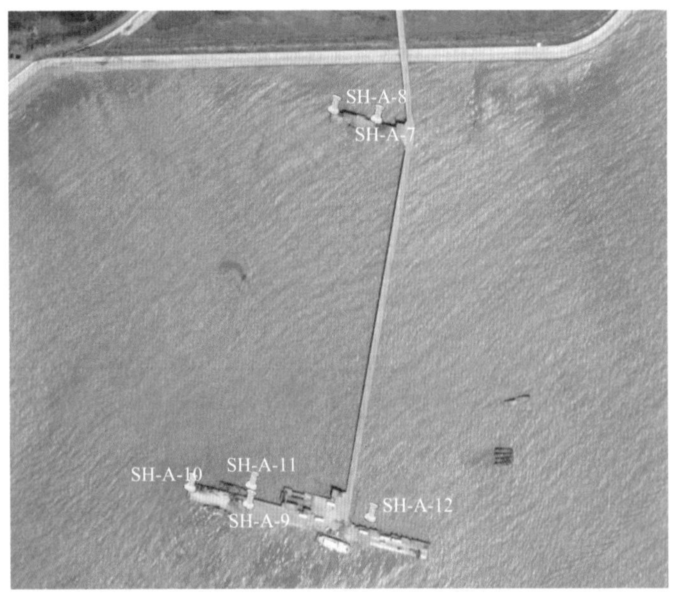

图 3.64　杭州湾芦潮港附近海域海水采样点

图 3.65　海口世纪大桥附近海域海水采样点

表 3.6　厦门演武大桥附近海域海水氯离子浓度

编号	纬度	经度	水温 /℃	pH	取样时间	氯离子浓度 / (g/L)
XM-A-1	24°26′59.86″N	118°3′57.45″E	1.67	—	—	15.358
XM-A-2	24°27′0.36″N	118°4′2.51″E	—	—	—	15.409
XM-A-3	24°27′3.95″N	118°4′6.31″E	—	—	—	15.571
XM-A-4	24°27′6.57″N	118°4′8.81″E	—	—	—	15.427

续表

编号	纬度	经度	水温 /℃	pH	取样时间	氯离子浓度 / (g/L)
XM-A-5	24°27′8.99″N	118°4′11.14″E	—	—	—	15.640
XM-A-6	24°27′10.70″N	118°4′13.63″E	—	—	—	15.653
XM-A-7	24°27′12.18″N	118°4′15.57″E	—	—	—	15.629
XM-A-8	24°26′52.40″N	118°4′34.51″E	—	—	—	15.515
XM-A-9	24°26′44.67″N	118°4′37.61″E	—	—	—	15.435
XM-A-10	24°26′10.87″N	118°4′59.44″E	—	—	—	15.515
XM-A-11	24°26′5.04″N	118°5′4.77″E	—	—	—	15.209
XM-A-12	24°26′4.94″N	118°5′13.50″E	—	—	—	16.451
XM-A-13	24°26′2.58″N	118°5′41.10″E	—	—	—	16.658

注：采样日期为 2008 年 1 月 14 日。

表 3.7　厦门大桥附近海域海水氯离子浓度

编号	纬度	经度	水温 /℃	pH	取样时间	氯离子浓度 / (g/L)
XM-B-1	24°33′56.45″N	118°5′27.39″E	15.9	8.18	13:50	13.497
XM-B-2	24°33′48.88″N	118°5′36.46″E	16.3	8.20	14:30	15.722
XM-B-3	24°33′42.64″N	118°5′43.36″E	15.5	8.18	14:36	15.685
XM-B-4	24°33′36.45″N	118°5′50.38″E	15.5	8.19	14:43	15.395
XM-B-5	24°33′29.20″N	118°5′56.05″E	15.7	8.22	14:48	15.446
XM-B-6	24°33′23.14″N	118°6′2.91″E	15.3	8.19	14:55	15.491
XM-B-7	24°33′17.90″N	118°6′8.74″E	15.2	8.19	14:59	—

注：采样日期为 2008 年 1 月 15 日。

表 3.8　杭州湾洋山岛附近海域海水氯离子浓度

编号	纬度	经度	水温 /℃	pH	取样时间	氯离子浓度 / (g/L)
SH-A-1	30°38′40.66″N	122°2′59.43″E	23.3	8.09	10:40	7.181
SH-A-2	30°38′36.86″N	122°2′52.58″E	24.4	8.04	13:00	7.178
SH-A-3	30°38′38.32″N	122°2′42.68″E	23.8	8.00	—	7.262
SH-A-4	30°38′37.09″N	122°2′41.38″E	23.6	8.03	—	7.239
SH-A-5	30°38′24.56″N	122°2′20.07″E	23.3	8.03	—	8.194
SH-A-6	30°38′21.75″N	122°2′28.35″E	22.8	8.07	14:30	7.631
SH-A-7	30°50′49.79″N	121°50′35.36″E	22.4	8.10	—	6.217
SH-A-8	30°50′50.05″N	121°50′33.55″E	22.1	8.06	15:45	6.223

续表

编号	纬度	经度	水温 /℃	pH	取样时间	氯离子浓度 / (g/L)
SH-A-9	30°50′38.13″N	121°50′30.10″E	22.3	8.07	—	6.226
SH-A-10	30°50′38.62″N	121°50′27.66″E	21.6	8.02	—	6.192
SH-A-11	30°50′38.70″N	121°50′30.21″E	22.4	8.04	—	6.231
SH-A-12	30°50′37.79″N	121°50′35.22″E	21.4	8.02	—	6.208

注：采样日期为 2008 年 6 月 16 日。

表 3.9　海口世纪大桥附近海域海水氯离子浓度

编号	纬度	经度	水温 /℃	pH	取样时间	氯离子浓度 /(g/L)
HK-A-1	20°3′0.74″N	110°18′56.08″E	16.9	8.34	14:41	14.366
HK-A-2	20°3′3.58″N	110°18′55.41″E	16.6	8.34	14:45	14.553
HK-A-3	20°3′9.62″N	110°18′55.46″E	16.6	8.33	14:52	14.933
HK-A-4	20°3′14.61″N	110°18′55.60″E	16.6	8.31	14:57	15.510
HK-A-5	20°3′18.72″N	110°18′55.48″E	17.0	8.26	15:04	15.975
HK-A-6	20°3′9.67″N	110°19′7.34″E	16.3	8.33	15:11	14.550
HK-A-7	20°3′6.51″N	110°19′19.35″E	15.7	8.39	15:20	13.077
HK-A-8	20°2′58.97″N	110°19′40.22″E	16.7	8.37	15:25	12.952
HK-A-9	20°3′18.46″N	110°18′34.52″E	16.4	8.30	15:49	15.948
HK-A-10	20°3′20.49″N	110°18′28.04″E	16.0	8.30	15:59	16.850
HK-A-11	20°3′23.61″N	110°17′59.15″E	16.4	8.36	16:05	17.722

注：采样日期为 2008 年 1 月 17 日。

从以上海域取样实测的氯度值与通过式（3.4）计算得到的年均表层氯度分布图（图 3.60）中对应的数值相差不大，可以说明，采用式（3.4）计算得到的氯度值准确有效。对于我国近海的混凝土结构，可直接采用图 3.60 中的数据作为计算参考。

从以上我国近海年均表层氯度分布图（图 3.60）及采集到的河口海域氯度数据可以看出，河口海域氯度值普遍比周围海水氯度值低；以上各采集点海域氯度相比，九龙江口厦门演武大桥附近海域及珠江口海口世纪大桥附近海域海水氯度值较高，杭州湾芦潮港及洋山岛附近海域海水氯度值较低。

3.5.7　海水溶解氧

海水中溶解氧主要来源于大气中氧的溶解，其次来自海洋植物（主要是浮游植物）光合作用产生的氧。海洋生物的呼吸作用和有机物的降解消耗溶解氧。氧在海水中的溶解度取决于水温、盐度和大气压力等。我国海岸带溶解氧平均值为（5.63±0.76）mg/L，最大值为 8.84mg/L（辽宁冬季）。海岸带溶解氧基本处于饱和状态，变化较小，平均饱和度为 100.3%，最大值为 167%。浮游植物大量繁殖可能形成局部海岸高氧区，大量有机质分解耗氧可能形成低氧区。

根据国家海洋科学数据共享服务平台提供的我国近海表层溶解氧统计数据，制作出我国近海表层溶解氧分布图，如图 3.66～图 3.70 所示。从图 3.66～图 3.70 中可以看到，我国近海年均表层溶解氧呈现出从高纬度向低纬度递减的规律。渤海地区年均溶解氧最大，季节变化幅度也较大，最高值出现在该地区冬季；南海地区平均

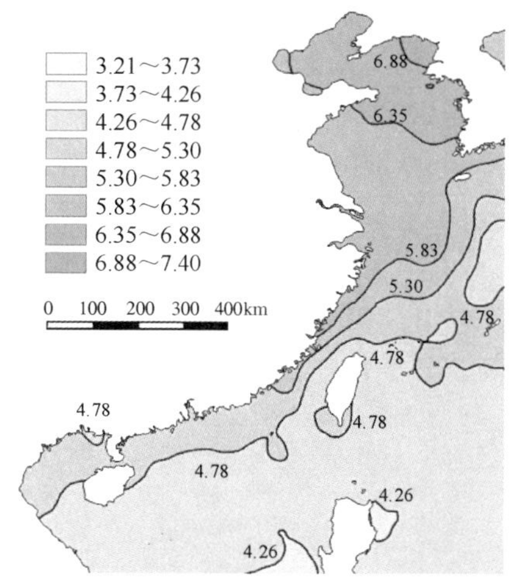

图 3.66　近海春季平均表层溶解氧分布图（单位：mg/L）

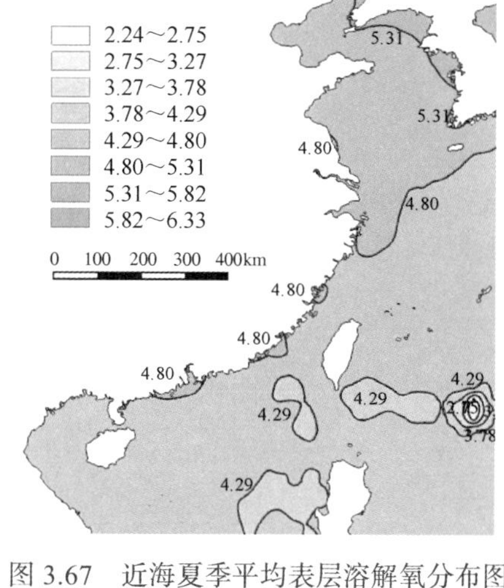

图 3.67　近海夏季平均表层溶解氧分布图（单位：mg/L）

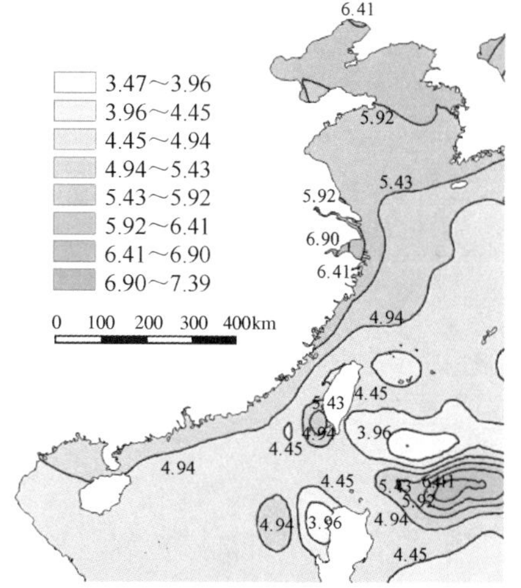

图 3.68　近海秋季平均表层溶解氧分布图（单位：mg/L）

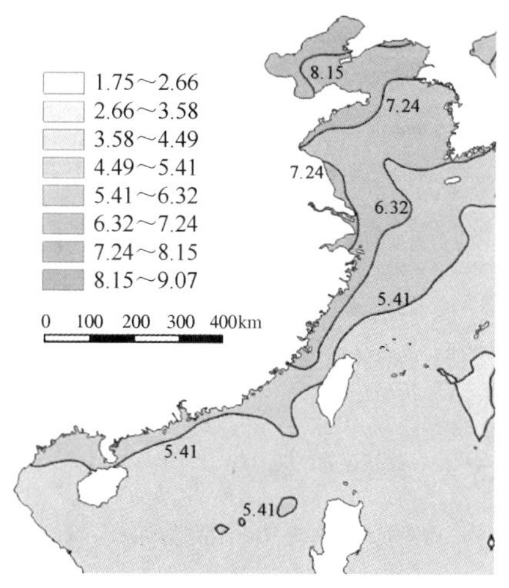

图 3.69　近海冬季平均表层溶解氧分布图（单位：mg/L）

溶解氧最小，季节变化也相对较小。

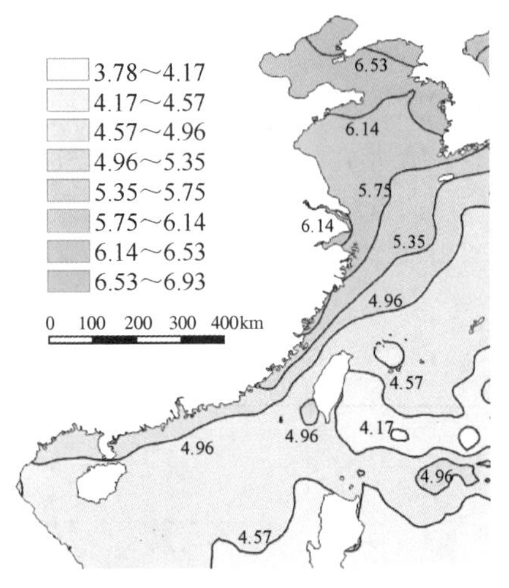

图 3.70　中国近海年均表层溶解氧分布图（单位：mg/L）

3.5.8　pH

影响海岸带海水pH的因素有盐度、CO_2含量、浮游植物光合作用及河流径流量等。盐度低、CO_2含量高时，pH降低；浮游植物光合作用需要吸取CO_2，使海水中的CO_2减少，pH升高。通常情况下，河水pH小于海水，河流径流量大，pH下降。

根据国家海洋科学数据共享服务平台提供的我国近海pH统计数据，制作出我国近海表层海水pH分布图，如图3.71～图3.75所示。从图3.71～图3.75中可以看出，我国近海表层pH分布规律与表层海水盐度分布规律（图3.59）大致相同，其中长江口和珠江口附近较低，分析原因主要受河流径流量的影响。

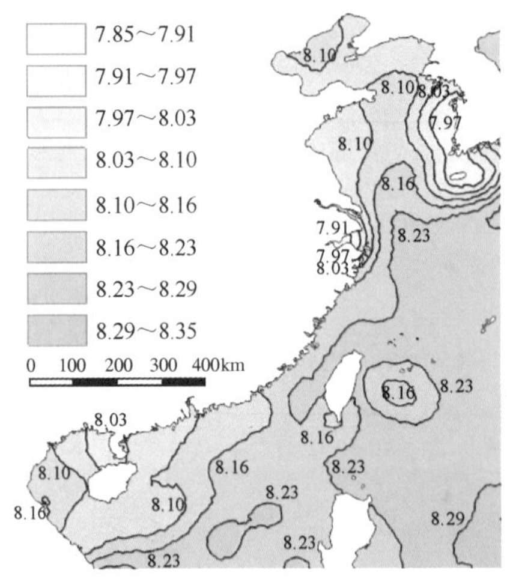

图 3.71　中国近海春季平均表层 pH 分布图

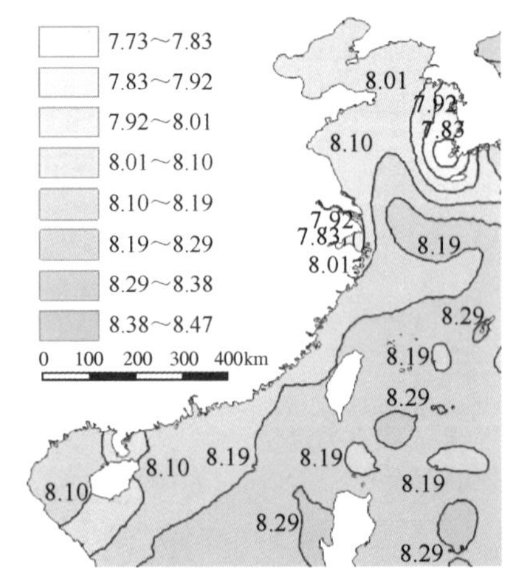

图 3.72　中国近海夏季平均表层 pH 分布图

3.5.9　潮汐和潮流

我国沿海潮汐性质复杂，主要有正规半日潮、不正规半日潮、正规全日潮、不正规全日潮4种类型。在不同海区，各种潮汐类型所占比例不同。正规全日潮流，每天涨、落潮时间大约各为12h。正规半日潮流，每半天涨、落潮流时间大

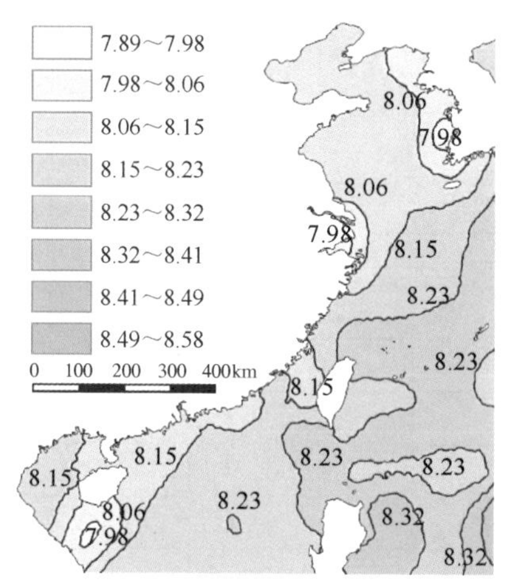

图 3.73　中国近海秋季平均表层 pH 分布图

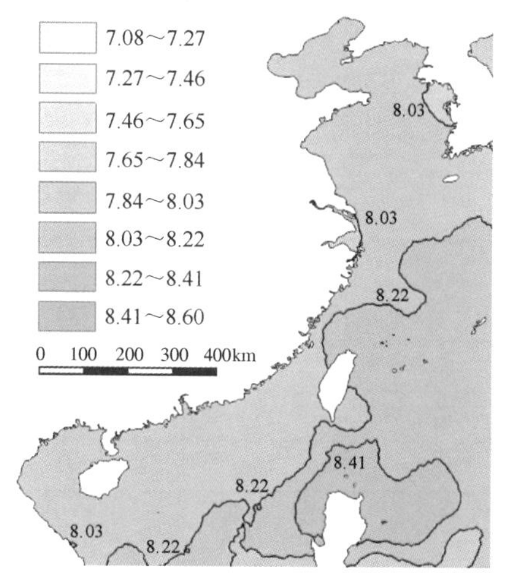

图 3.74　中国近海冬季平均表层 pH 分布图

约 6h。

我国沿岸海域多以半日潮为主，但不同海域差别较大。潮流的性质、运动形态、潮流历时和流速有明显的地域性。南海潮流，以不正规半日潮和全日潮流为主。潮差分布，总趋势是东海最大，渤海、黄海次之，南海最小。渤海、黄海、东海、南海沿岸平均潮差为 0.70～2.71m、0.79～3.71m、1.65～5.54m、0.73～2.48m [29]。

3.5.10　近海空气中的盐含量

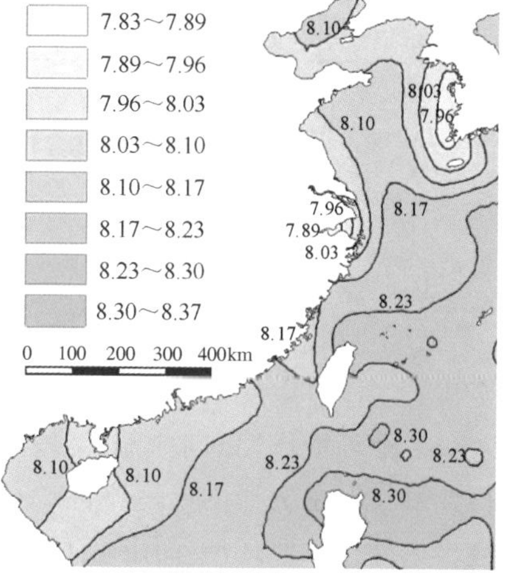

图 3.75　中国近海年均表层 pH 分布图

广州电器科学研究所在 20 世纪 60 年代中期就对盐雾颗粒浓度进行了大量测量。测量结果表明，不论是在海边，还是在距海岸线 50km 以上的地方，90% 以上的盐雾盐核颗粒直径均小于 5μm [30]。由于盐核中的水分蒸发与重力作用，距海岸线越远，小直径的盐核颗粒所占的比重越大。

盐雾在海面上产生后，随着上升气流向内陆传播，在传播过程中部分盐核由于重力的作用而沉落，有的由于降水而被冲洗，有的因障碍物（山岩、树木、房屋）阻挡被吸附或降落。因此越向内陆延伸，空气中盐雾含量将越少。广州电器科学研究所在 20 世纪 60 年代对我国沿海各城市的盐雾沉降量进行了长期观测，测量结果如表 3.10 所示 [30]。《混凝土结构耐久性设计与施工指南》（CCES 01—

2004）（2005 年修订版）规定，离涨潮岸线 100m 以内的陆上室外环境为重度盐雾区，距离平均水位 15m 以上的为海上大气区，离涨潮岸线 100～300m 的陆上室外环境为轻度盐雾区[31]。

表 3.10　我国盐雾含量大小与距离分布关系观测结果

地点	距海岸线距离 /km	盐雾含量 /（mg NaCl/m^3）*			观测次数
		平均	最大	最小	
广州	50	0.0173	0.0242	0.0083	24
福州	25	0.113	—	—	2
陵水	15	0.115	0.275	0.036	18
汕头	8	0.3357	0.578	0.22	135
海口	7	0.2794	0.44	0.151	24
湛江	7	0.36	0.613	0.212	120
舟山	4	0.53	1.375	0.264	110
厦门	2	0.711	—	—	4

* 单位体积空气中氯化钠的质量。

3.6　环境作用特征分析

环境调查显示，环境作用具有以下两个主要特性。

（1）从收集的全国 210 个代表城市日均、月均、年均环境作用值及其随时间变化的规律可以看出，环境作用具有明显的多尺度时变性。

考虑环境作用对混凝土结构的影响时可选用日均、月均或年均环境作用值进行计算，但是选择的尺度不同，会影响计算效率。如何优化计算尺度有待深入研究。另外，掌握环境作用随时间变化的规律，获得混凝土结构在前期、现在及未来所受的环境作用值，可以直接为混凝土结构全寿命性能评估和基于预期寿命的设计提供依据，意义重大。

（2）全国内陆及近海环境作用分布图显示，我国不同区域环境作用值不同，环境作用具有空间分布特性。

我国现有相关规范只是对环境作用的空间差异进行了简单描述。尽管《混凝土结构耐久性设计标准》（GB/T 50476—2019）[32]在“条文说明”中提到，环境作用是直接与混凝土表面接触的局部环境作用；同一结构中的不同构件或同一构件中的不同部位，所处的局部环境有可能不同，在耐久性设计中可分别予以考虑。但是，规范条文中并没有给出不同地区及同一结构不同部位的环境差值具体是多少。

《混凝土结构耐久性评定标准》(CECS 220—2007)[33]在对环境进行类别划分的同时，给出了确定混凝土构件耐久性退化程度的局部环境系数，用以简单估算钢筋开始锈蚀时间及保护层锈胀开裂时间。环境类别、环境等级及局部环境系数如表 3.11 所示。

表 3.11 环境类别、环境等级及局部环境系数

环境类别	环境等级		局部环境系数 *m*
一般大气环境（Ⅰ）	$Ⅰ_a$	一般室内环境；一般室外不淋雨环境	1.0
	$Ⅰ_b$	室内潮湿环境（湿度≥75%）	1.5～2.5
	$Ⅰ_c$	室内高温、高湿度变化环境	2.5～3.5
	$Ⅰ_d$	室内干湿交替环境（表面淋水或结露）	3.0～4.0
	$Ⅰ_e$	干燥地区室外环境（湿度≤75%，室外淋雨）	3.5～4.0
	$Ⅰ_f$	湿热地区室外环境（室外淋雨）、室外大气污染环境	4.0～4.5
大气污染环境（Ⅱ）	$Ⅱ_a$	室内轻微污染环境Ⅰ类（机修等厂房）	1.2～2.0
	$Ⅱ_b$	室内轻微污染环境Ⅱ类（炼钢等厂房）	2.0～3.0
	$Ⅱ_c$	室内轻微污染环境Ⅲ类（焦化、化工等厂房）	3.0～4.0
	$Ⅱ_d$	酸雨环境或有微量氯离子环境	由检测结果推定
	$Ⅱ_e$	盐碱地区室外环境	由检测结果推定

局部环境系数综合考虑了环境温度、湿度变异、干湿交替频率及各类侵蚀性介质对钢筋脱钝与钢筋锈蚀速率的影响，反映出结构构件所处“小环境”对结构性能退化的影响程度。但是，由于局部环境的多样性和复杂性，《混凝土结构耐久性评定标准》(CECS 220—2007)[33]中的局部环境系数仅依据工程验证结果人为给出，带有较大的主观性。并且，环境等级的表述具有模糊性（如高温、高湿环境的量化指标到底是多少）；评定者需在区间内自行选取环境系数，在一定程度上有随意性。混凝土结构环境作用的空间特性有待进一步深入研究。

参 考 文 献

[1] 秦川. 气象台管理百科全书 [M]. 北京：北京北大方正电子出版社，2005.
[2] 杨学斌. 气象台（站）管理规章制度与气象监测预报技术标准 [S]. 北京：中科多媒体电子出版社，2003.
[3] 韩庆之，毛绪美，梁合诚. 环境监测 [M]. 北京：中国地质大学出版社，2005.
[4] 汤国安，杨昕. ArcGIS 地理信息系统空间分析实验教程 [M]. 北京：科学出版社，2006.
[5] 屈文俊，白文静. 风压加速混凝土碳化的计算模型 [J]. 同济大学学报，2003，31（11）：1280-1284.
[6] 王炳忠. 太阳辐射能的测量与标准 [M]. 北京：科学出版社，1988.
[7] 赵玉成，温玉璞，德力格尔，等. 青海瓦里关大气 CO_2 本底浓度变化特征 [J]. 中国环境科学，2006，26（1）：1-5.

[8] 周凌晞，周秀骥，张晓春，等．瓦里关温室气体本底研究的主要进展 [J]．气象学报，2007，65（3）：458-468．
[9] 中华人民共和国住房和城乡建设部，国家市场监督管理总局．工业建筑防腐蚀设计标准：GB/T 50046—2018 [S]．北京：中国计划出版社，2019．
[10] 郝吉明，马广大，王书肖．大气污染控制工程 [M]．北京：高等教育出版社，2010．
[11] 李岳林．交通运输环境污染与控制 [M]．北京：机械工业出版社，2010．
[12] 曹楚南．中国材料的自然环境腐蚀 [M]．北京：化学工业出版社，2005．
[13] 中华人民共和国国家环境保护总局．2001 中国环境状况公报 [EB/OL]．(2002-05-23) [2021-09-03]．http://www.mee.gov.cn/xxgk2018/xxgk/xxgk15/201912/t20191231_753889.html．
[14] 中华人民共和国国家环境保护总局．2002 中国环境状况公报 [EB/OL]．(2003-05-30) [2021-09-03]．http://www.mee.gov.cn/xxgk2018/xxgk/xxgk15/201912/t20191231_753890.html．
[15] 中华人民共和国国家环境保护总局．2003 中国环境状况公报 [EB/OL]．(2004-06-05) [2021-09-03]．http://www.mee.gov.cn/gkml/sthjbgw/qt/200910/t20091031_180756.htm．
[16] 中华人民共和国国家环境保护总局．2004 中国环境状况公报 [EB/OL]．(2005-06-05) [2021-09-03]．http://www.mee.gov.cn/gkml/sthjbgw/qt/200910/t20091031_180757.htm．
[17] 中华人民共和国国家环境保护总局．2005 中国环境状况公报 [EB/OL]．(2006-06-05) [2021-09-03]．http://www.mee.gov.cn/gkml/sthjbgw/qt/200910/t20091031_180758.htm．
[18] 中华人民共和国国家环境保护总局．2006 中国环境状况公报 [EB/OL]．(2007-06-05) [2021-09-03]．http://www.mee.gov.cn/gkml/sthjbgw/qt/200910/t20091031_180759.htm．
[19] 中华人民共和国环境保护部．2007 中国环境状况公报 [EB/OL]．(2008-06-05) [2021-09-03]．http://www.mee.gov.cn/gkml/sthjbgw/qt/200910/t20091031_180760.htm．
[20] 中华人民共和国环境保护部．2008 中国环境状况公报 [EB/OL]．(2009-06-05) [2021-09-03]．http://www.mee.gov.cn/gkml/sthjbgw/qt/200910/t20091031_180761.htm．
[21] 中华人民共和国环境保护部．2009 中国环境状况公报 [EB/OL]．(2010-06-03) [2021-09-03]．http://www.mee.gov.cn/gkml/sthjbgw/qt/201008/t20100827_193813.htm．
[22] 中华人民共和国环境保护部．2010 中国环境状况公报 [EB/OL]．(2011-06-03) [2021-09-03]．http://www.mee.gov.cn/gkml/sthjbgw/qt/201301/t20130109_244898.htm．
[23] 中华人民共和国环境保护部．2011 中国环境状况公报 [EB/OL]．(2012-06-06) [2021-09-03]．http://www.mee.gov.cn/gkml/sthjbgw/qt/201301/t20130109_244899.htm．
[24] 中华人民共和国环境保护部．2012 中国环境状况公报 [EB/OL]．(2013-06-05) [2021-09-03]．http://www.mee.gov.cn/gkml/sthjbgw/qt/201407/t20140707_278319.htm．
[25] 中华人民共和国环境保护部．2013 中国环境状况公报 [EB/OL]．(2014-06-05) [2021-09-03]．http://www.mee.gov.cn/gkml/sthjbgw/qt/201407/t20140707_278320.htm．
[26] 中华人民共和国环境保护部．2014 中国环境状况公报 [EB/OL]．(2015-06-04) [2021-09-03]．http://www.mee.gov.cn/gkml/sthjbgw/qt/201506/t20150604_302942.htm．
[27] 中华人民共和国环境保护部．2016 年中国环境状况公报 [EB/OL]．(2017-05-31) [2017-06-12]．http://www.mee.gov.cn/hjzl/zghjzkgb/lnzghjzkgb/index.shtml．
[28] 包万友，刘喜民，张昊．盐度定义狭义性与广义性 [J]．海洋学报，2001，23（2）：52-56．
[29] 黄祖珂，黄磊．潮汐原理与计算 [M]．青岛：中国海洋大学出版社，2005．
[30] 曾菊尧．关于我国沿海地区近地面大气中的盐雾及其分布 [J]．电器电机技术，1982（4）：15-20．
[31] 中国土木工程学会．混凝土结构耐久性设计与施工指南：CCES 01—2004（2005 年修订版）[S]．北京：建筑工业出版社，2005．
[32] 中华人民共和国住房和城乡建设部．混凝土结构耐久性设计标准：GB/T 50476—2019 [S]．北京：中国建筑工业出版社，2019．
[33] 西安建筑科技大学，中国工程建设标准化协会．混凝土结构耐久性评定标准：CECS 220—2007 [S]．北京：中国建筑工业出版社，2007．

第 4 章 混凝土结构的时间多尺度环境作用

由全国混凝土结构病害调查和环境作用调查可知，混凝土结构所处周围工作环境复杂多变，甚至同一地区同一结构的不同部位所受环境作用也不尽相同。另外，任一地区、任一结构的任一部位，在不同时刻，环境作用也不尽相同。环境作用的时间和空间分布特性可以用一个随时间和空间变化的三维曲面表示，如图 4.1 所示。为使问题简化，暂不考虑环境作用在时间和空间尺度上的相关性，本章先分析环境作用的时间特性。

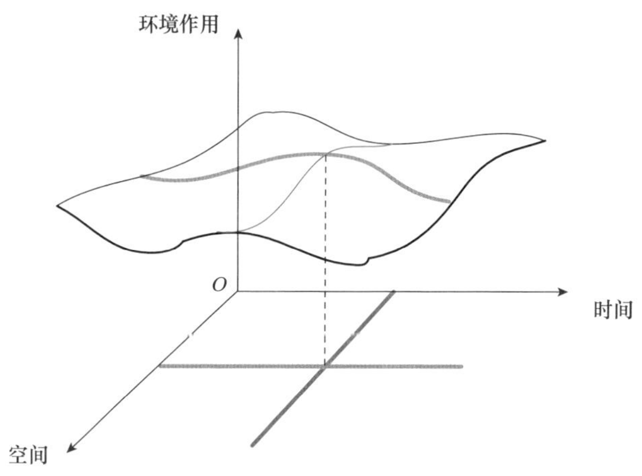

图 4.1 环境作用时空分布

现有大多数耐久性试验（如混凝土碳化或氯盐侵蚀等试验）是在环境作用（如温度、相对湿度、CO_2、氯盐浓度等）为恒定的情况下进行的[1-3]，没有考虑环境作用的时变性，这与混凝土结构所处实际环境并不相符。特别是近年来，大气温度、CO_2 浓度等环境作用有随时间不断变化的趋势，如不考虑环境作用随时间的变化将会导致不准确的混凝土结构性能预测与评估结果。另外，由于环境作用有多种时间尺度（如日值、月值、年值等）表述，针对混凝土结构性能演变这一个长期累积的过程，到底是取任一时间点的环境作用值还是取某一时段的环境作用平均值来进行结构的分析计算直接关系到计算分析的工作量和难易程度[4]。为此，本章以引起混凝土碳化的环境作用为例，在探寻适合于混凝土碳化计算用的“时间计算尺度”的基础上，进行环境作用随时间变化规律的研究，为混凝土结构全寿命性能评估或基于预期寿命的结构设计提供合适的环境作用代表值[5]。

4.1　时间多尺度环境作用

混凝土结构所受环境作用复杂多变，这给环境作用时间特性研究带来不便。为此，可选用多尺度的研究方法，通过划分不同的时间尺度并通过不同尺度之间的比选分析，最终确定混凝土结构环境作用代表值的“时间计算尺度”。尺度即一个衡量大小的标准，通过多尺度方法对研究对象进行不同尺度分析，不但贯穿从宏观到微观的研究方法，而且体现了不同尺度之间的相互联系。多尺度研究方法现已渗入数学、化学、物理学、力学、地球科学、生命科学、信息科学、材料科学等各门学科中[6-8]。

混凝土结构所受的环境作用，在时间尺度上可划分为秒、分、时、日、月、季、年等多个尺度来衡量。尽管我国混凝土结构的设计基准期为50a或100a，有些混凝土结构设计使用寿命已达1000a（如我国三峡大坝），但是就目前及今后混凝土结构全寿命性能研究而言，“年”尺度可以作为最大计算尺度。用于混凝土结构全寿命性能的环境作用时间多尺度示意图如图4.2所示。图4.2中，如果将其中一尺度（如月尺度）作为某一时刻t所对应的最小时间“点”的尺度，那么其他较大尺度则定义为一时间“间隔”Δt（如年尺度取12个月）内所有“点”尺度的集合，可用Δt内各“点”尺度的“均值”代表。

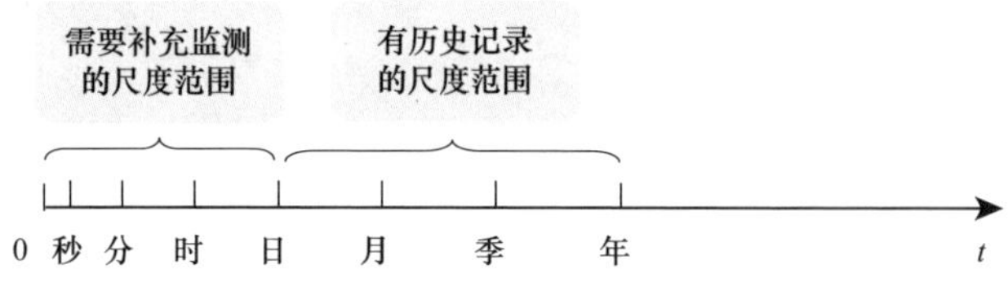

图4.2　环境作用时间多尺度示意图

同样描述2009年长春市区气温，如在日尺度上描述，则需要365个日不同数据值（图3.2）；如采用月尺度进行描述，则需要12个月不同数据值（图3.3）；如采用年尺度进行描述，则只需要2009年年均气温6.1℃一个值即可。可见，环境作用采用不同的时间尺度进行描述，其环境作用代表值就不同。

根据现有环境作用（如大气温度、相对湿度）不同时间尺度值的获取情况，可以将图4.2所示的7个时间尺度划分为两个部分。

1）有历史记录的尺度范围

通过气象站点和环境监测站点可以很容易获得具有历史记录的日、月、年等不同时间尺度所对应的各种环境作用值。

2）需要补充监测的尺度范围

秒、分、时等尺度对应的环境作用值很难通过各气象站点和环境监测站点获得，如需进行分析，可采用监测仪器补充记录不同时刻对应的环境作用值。

本章环境作用时间尺度的研究主要针对目前容易获取且有历史记录的日、月、年等几个时间尺度，并以“日尺度”作为结构性能演化研究的“点尺度”，分析适合于混凝土结构全寿命性能计算用的“时间计算尺度”。

4.2　环境作用时间计算尺度的选取

以引起混凝土碳化的环境作用为例，研究混凝土碳化深度计算时合理的环境作用时间计算尺度。

4.2.1　时变环境作用下混凝土碳化深度的计算方法

影响混凝土碳化的主要环境作用为温度、相对湿度及 CO_2 浓度。对给定的混凝土材料，当环境作用代表值不变时，可用式（4.1）计算混凝土的碳化深度[9]。

$$X_c=\begin{cases}102T(1-\mathrm{RH})^{1.1}\sqrt{\dfrac{w/c-0.34}{c}C_{CO_2}}\sqrt{t}, & \mathrm{RH}\geqslant 55\% \\ 77T\cdot\mathrm{RH}\sqrt{\dfrac{w/c-0.34}{c}C_{CO_2}}\sqrt{t}, & 0<\mathrm{RH}<55\%\end{cases} \tag{4.1}$$

式中，X_c 为混凝土的碳化深度，mm；T 为大气温度，℃；RH 为大气相对湿度，%；w/c 为混凝土水灰比；C_{CO_2} 为空气中 CO_2 浓度，%；c 为水泥用量，kg/m^3；t 为碳化时长，d。

式（4.1）可简化为 $X_c=f(T,\ \mathrm{RH},\ C_{CO_2})\sqrt{t}$。当环境作用变化时，不同时刻混凝土碳化深度的发展规律可用图 4.3 示意。由图 4.3 可以看出，在不同的时

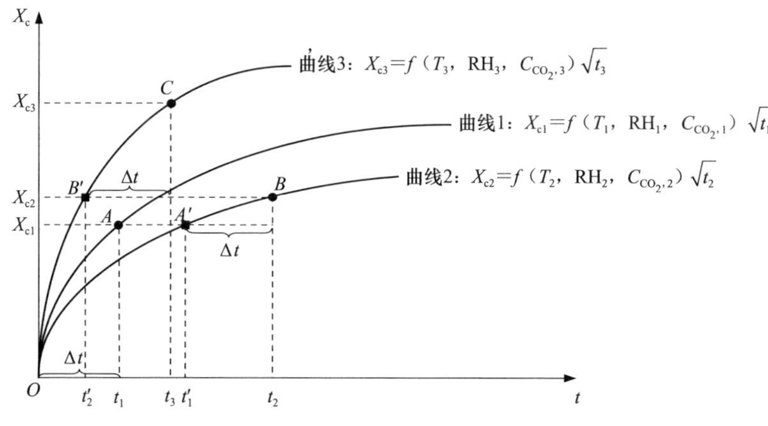

图 4.3　碳化深度发展示意图

间段内，由于环境温度、相对湿度、CO_2 浓度等环境作用的不同，混凝土碳化深度与时间 t 的关系曲线不同。

设碳化初始发生时间为 $t_0'=0$，在第 1 个 Δt 时间段即 $t_1=t_0'+\Delta t$ 内，混凝土碳化深度沿曲线 1 到达 A 点，此时，碳化深度为

$$t_0'=0 \tag{4.2}$$

$$t_1=t_0'+\Delta t \tag{4.3}$$

$$X_{c1}=f(T_1,\ RH_1,\ C_{CO_2,1})\sqrt{t_1} \tag{4.4}$$

在下一个时间段内，混凝土碳化将以第一个 Δt 时间后的碳化深度为初始深度继续发展，此时，对应于第 2 条曲线上的初始计算时间（A' 横坐标）为

$$t_1'=\left(\frac{X_{c1}}{f(T_2, RH_2, C_{CO_2,2})}\right)^2 \tag{4.5}$$

经 Δt 时间段后，混凝土碳化的计算时间为

$$t_2=t_1'+\Delta t \tag{4.6}$$

此时所对应的曲线 2 上 B 点处的碳化深度值即为前 $2\Delta t$ 时间段内混凝土的总碳化深度值，即

$$X_{c2}=f(T_2,\ RH_2,\ C_{CO_2,2})\sqrt{t_2} \tag{4.7}$$

同理，$3\Delta t$ 时间段内的碳化深度值计算公式可写为

$$t_2'=\left(\frac{X_{c2}}{f(T_3, RH_3, C_{CO_2,3})}\right)^2 \tag{4.8}$$

$$t_3=t_2'+\Delta t \tag{4.9}$$

$$X_{c3}=f(T_3,\ RH_3,\ C_{CO_2,3})\sqrt{t_3} \tag{4.10}$$

于是，$n\Delta t$ 时间段内混凝土总碳化深度的计算公式为

$$t_{n-1}'=\left(\frac{X_{cn-1}}{f(T_n, RH_n, C_{CO_2,n})}\right)^2 \tag{4.11}$$

$$t_n=t_{n-1}'+\Delta t \tag{4.12}$$

$$X_{cn}=f(T_n,\ RH_n,\ C_{CO_2,n})\sqrt{t_n} \tag{4.13}$$

4.2.2 时间计算尺度的选取

影响混凝土碳化的各种环境作用是随时间不断变化的。假定 CO_2 的含量不变，只考虑温度和相对湿度的变化，以时间计算尺度为日的混凝土碳化深度值为准确值，分别选取月计算尺度、季计算尺度及年计算尺度对基准混凝土（水泥用量为 $c=400\text{kg/m}^3$；混凝土水灰比 $w/c=0.45$）碳化深度值进行计算，计算步骤如下。

（1）从中国气象科学共享服务网上获得全国不同区域 4 个典型城市长春、乌鲁木齐、拉萨、海口 2005～2009 年的日均大气温度、日均相对湿度，月均大气温度、月均相对湿度及年均大气温度、年均相对湿度值，并统计出每年季均大气温度及相对湿度值。

（2）借鉴我国青海瓦里关地区（CO_2 全球基准站）所测得的 CO_2 浓度数据（表 3.2），暂不考虑 CO_2 浓度随时间变化情况，根据其 2004 年年平均浓度值 $C_{CO_2}=0.03782\%$，取 4 个城市的 CO_2 浓度为定值，即 $C_{CO_2}=0.04\%$。

（3）采用式（4.11）～式（4.13）计算不同尺度下考虑时变环境作用的混凝土碳化深度，计算框图如图 4.4 所示。由于气温低于 0℃时，混凝土中的游离水转变成冰，不但缺少碳化化学反应所需的液相环境，碳化扩散速度也大大降低，碳化难以发展，对于长春、乌鲁木齐、拉萨 3 个城市出现的负温天数，在逐日或逐月计算中设定碳化深度为 0，即认为当温度低于 0℃时，不发生混凝土碳化。此状态对应于图 4.3 中的零点位置，故碳化深度发展主要为正温天数下碳化深度的累加，不考虑负温天数的影响。计算框图示意当有 m 组温、湿度数据输入时，负温 r 天对应的碳化深度均为 0，因此 $X_{cr}=0$ 可以直接并入最终碳化深度结果中，碳化累加计算式中实际迭代次数为正温天数 n 即（$m-r$）次。

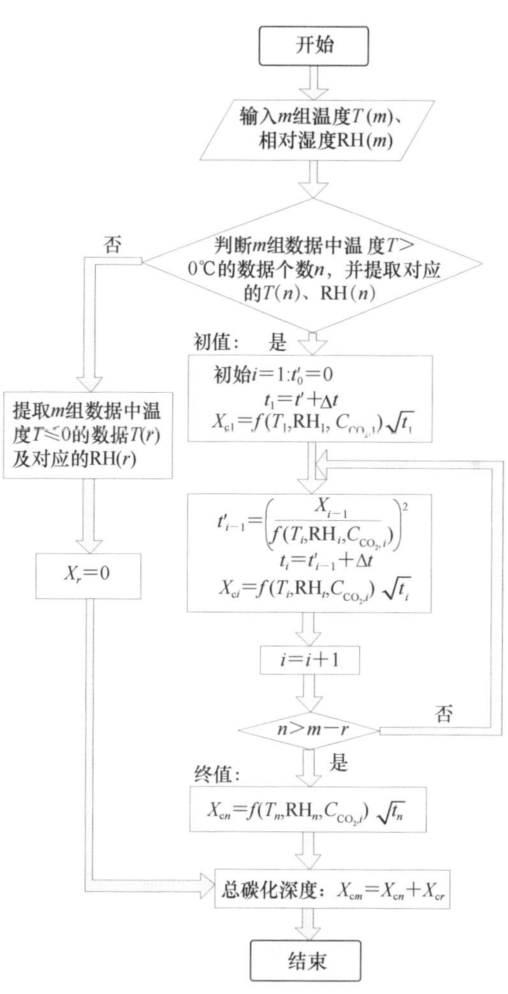

图 4.4　碳化深度累加计算框图

通过以上计算，可分别得到 2005～2009 年每年长春、乌鲁木齐、拉萨和海口 4 个城市时间计算尺度分别取日、月、季和年时混凝土碳化深度的计算结果，如表 4.1～表 4.4 所示，其中，表头日、月、季、年括号内的数值为运算次数，表中括号内的数值为月、季、年各时间尺度计算值与逐日累加计算值的相对误差。以时间计算尺度为日的混凝土碳化深度计算值为准，对比 4 个城市的计算结果可

表 4.1 长春市碳化深度比较列表 （单位：mm）

年份	碳化深度				对时间计算尺度为年时碳化深度的修正		
	日（365）	月（12）	季（4）	年（1）	去除 $T<0$℃天数后，剩余天数的平均		遇 $T<0$℃，令 $T=0$℃，365d 的平均
					碳化时长为剩余天数（@N）	碳化时长为 365d	
2005	2.33	2.30（−1.29%）	2.06（−11.59%）	1.28（−45.06%）	2.86@232（22.75%）	3.59（54.08%）	1.93（−17.17%）
2006	2.62	2.53（−3.44%）	2.29（−12.60%）	1.60（−38.93%）	3.00@240（14.50%）	3.70（41.22%）	1.91（−27.1%）
2007	2.75	2.79（1.45%）	2.95（7.27%）	1.92（−30.18%）	3.25@240（18.18%）	4.01（45.82%）	1.87（−32%）
2008	2.43	2.55（4.94%）	2.30（−5.35%）	1.75（−27.98%）	3.00@249（23.46%）	3.64（49.79%）	2.09（−13.99%）
2009	2.60	2.63（0.44%）	2.28（−12.31%）	1.44（−44.62%）	3.08@228（18.46%）	3.90（50%）	1.81（−30.38%）

表 4.2 乌鲁木齐市碳化深度比较列表 （单位：mm）

年份	碳化深度				对时间计算尺度为年时碳化深度的修正		
	日（365）	月（12）	季（4）	年（1）	去除 $T<0$℃天数后，剩余天数的平均		遇 $T<0$℃，令 $T=0$℃，365d 的平均
					碳化时长为剩余天数（@N）	碳化时长为 365d	
2005	2.65	2.86（7.92%）	2.95（11.32%）	1.96（−26.04%）	2.95@250（11.32%）	3.57（34.72%）	1.67（−36.98%）
2006	2.49	2.69（8.03%）	2.76（10.84%）	2.31（−7.23%）	2.93@254（17.67%）	3.51（40.96%）	1.70（−31.73%）
2007	2.81	3.10（10.32%）	3.03（7.83%）	2.23（−20.64%）	3.06@246（8.90%）	3.73（32.74%）	1.69（−39.86%）
2008	2.58	2.73（5.81%）	2.76（6.98%）	2.21（−14.34%）	2.87@257（11.24%）	3.42（32.56%）	1.70（−34.11%）
2009	2.62	2.80（6.87%）	2.69（2.67%）	2.10（−19.85%）	2.92@241（11.45%）	3.59（37.02%）	1.56（−40.46%）

表 4.3　拉萨市碳化深度比较列表　（单位：mm）

年份	碳化深度				对时间计算尺度为年时碳化深度的修正		
	日（365）	月（12）	季（4）	年（1）	去除 $T<0$℃天数后，剩余天数的平均		遇 $T<0$℃，令 $T=0$℃，365d 的平均
					碳化时长为剩余天数（@N）	碳化时长为 365d	
2005	2.30	2.49（8.26%）	2.62（13.91%）	1.95（−15.22%）	2.10@333（−8.70%）	2.20（−4.35%）	1.83（−20.43%）
2006	2.31	2.44（5.63%）	2.32（0.43%）	1.66（−28.14%）	1.74@347（−24.68%）	1.78（−22.94%）	1.61（−30.30%）
2007	2.23	2.46（10.31%）	2.36（5.83%）	1.63（−26.91%）	1.73@339（−22.42%）	1.80（−19.28%）	1.55（−30.49%）
2008	2.25	2.44（8.44%）	2.46（9.33%）	1.67（−25.78%）	1.83@334（−18.67%）	1.91（−15.11%）	1.60（−28.89%）
2009	2.20	2.34（6.36%）	2.24（1.82%）	1.56（−29.09%）	1.68@337（−23.64%）	1.75（−20.45%）	1.49（−32.27%）

表 4.4　海口市碳化深度比较列表　（单位：mm）

年份	碳化深度			
	日（365）	月（12）	季（4）	年（1）
2005	3.37	3.15（−6.53%）	3.11（−7.72%）	3.07（−8.90%）
2006	3.54	3.29（−7.06%）	3.22（−9.04%）	3.10（−12.43%）
2007	2.98	2.70（−9.40%）	2.71（−9.06%）	2.65（−11.07%）
2008	2.99	2.79（−6.69%）	2.78（−7.02%）	2.72（−9.03%）
2009	2.73	2.50（−8.42%）	2.53（−7.33%）	2.53（−7.33%）

以看出：

（1）混凝土碳化深度对环境作用的依赖性很大。随着月、季、年计算尺度的增大，各城市碳化深度误差增大：逐月累加计算值接近逐日累加计算结果，计算量由 365 次减为 12 次；逐季累加计算结果计算次数由 365 次减为 4 次，但是误差增大。

（2）直接由年均气温和年均相对湿度值进行计算，计算次数由 365 次减为 1 次，计算简化，但是不同地区误差不同：对于无负温天数的海口地区，误差在 10% 左右；对于存在负温天数的长春、乌鲁木齐、拉萨地区，误差较逐季累加计算结果还要增大。

考虑到混凝土碳化本身具有一定的随机性，对于无负温天数的海口地区，可直接取时间计算尺度为年来计算混凝土碳化深度。对于存在负温天数的长春、乌鲁木齐、拉萨等地区，若取年作为时间计算尺度，则应对年均代表值进行修正。

从式（4.1）中可以看到，修正项包含两部分：环境作用值$\overline{T}$、$\overline{\mathrm{RH}}$；碳化时长 t_i。分别采用 3 种不同组合对取时间计算尺度为年时的计算结果进行修正（分别对应于表 4.1～表 4.3 后三列数据）。

（1）年均环境作用值（年均温度、年均相对湿度）取去除温度 $T<0$℃天数后剩余天数环境作用值的平均值（可表示为$\overline{T}=\frac{\sum_{i=1}^{t_+}T_i}{t_+}$；$\overline{\mathrm{RH}}=\frac{\sum_{i=1}^{t_+}\mathrm{RH}_i}{t_+}$。其中，$T_i$、$\mathrm{RH}_i$ 为正温天数 t_+所对应的温度、相对湿度值）；碳化时长取实际正温天数 t_+。

（2）年均环境作用值取去除温度 $T<0$℃天数后剩余天数环境作用值的平均值；碳化时长取 365d。

（3）遇温度 $T<0$℃时，令温度 $T=0$℃，取 365d 环境作用的平均值；碳化时长取 365d。

分别将 3 种修正结果与以时间计算尺度为日的混凝土碳化深度计算结果比较可以发现，采用第一种方法的修正值（表中修正项的第一列）可以有效减小计算误差。

综上所述，在混凝土碳化深度计算中，对于无负温天数的地区，可直接以年均环境作用值作为混凝土碳化深度计算的环境作用代表值，即可以选取年作为时间计算尺度；对于存在负温天数的地区，也可以选取年作为时间计算尺度，但应对环境作用代表值进行修正，即取去除气温小于 0℃后的环境作用值的平均值作为有负温地区的环境作用代表值计算混凝土碳化深度，同时，碳化时长根据实际正温天数计算。

4.3 环境作用的时变规律

选用“年均”环境作用值作为混凝土碳化计算的环境作用代表值，研究以此时间尺度（年均尺度）表述的环境作用的变化规律后，可准确进行混凝土碳化深度预测。环境作用随时间的变化可看作一组时间序列，常用的预测环境作用时变规律的方法有经验预测方法、统计学预测方法及基于非线性理论的预测方法。目前采用较多且应用较广的方法为统计学预测方法[10]。

4.3.1 预测时变规律的 Holt-Winters 指数平滑模型

指数平滑法属于统计学预测方法，是时间序列预测法中经常使用的一种方法。该方法给近期的实测值以较大的权数，给远期的实际值以较小的权数，使预测值既能较多地反映最新的信息，又能反映大量历史资料的信息，从而使预测结果更符合实际。Holt-Winters 法是指数平滑法中的一种，它适用于对具有周期效应影响的线性增长趋势的序列进行预测。

Holt-Winters 指数平滑模型分无周期模型、周期加法模型、周期乘积模型 3 种[11-14]。其中，Holt-Winters 周期指数平滑模型把含有具体线性趋势、周期变动和随机变动的时间序列进行分解研究，并与指数平滑法相结合，分别对长期趋势（a_t）、趋势的增量（b_t）和周期变动（c_t）做出估计，然后建立预测模型，外推预测值。以下简要介绍常用的 Holt-Winters 周期加法模型及无周期模型计算式。

Holt-Winters 周期加法模型计算式如下：

$$y'_{t+k}=a_t+b_tk+c_{t+k} \tag{4.14}$$

式中，y'_{t+k} 为第 $t+k$ 期时间序列的实际值；k 为向后平滑期数；a_t、b_t、c_t 为 3 个平滑方程，其递推公式为

$$a_t=\alpha(y_t-c_{t-L})+(1-\alpha)(a_{t-1}+b_{t-1}) \tag{4.15}$$

$$b_t=\beta(a_t-a_{t-1})+(1-\beta)b_{t-1} \tag{4.16}$$

$$c_t=\gamma(y_t-a_{t-1})+(1-\gamma)c_{t-L} \tag{4.17}$$

式中，a_t 为第 t 个从时间序列中剔除周期性变动后的长期趋势的指数平滑值；b_t 为第 t 个长期趋势变量的指数平滑值；c_t 为第 t 个周期性变动周期为 L 的指数平滑值；α、β、γ 为平滑系数（0～1 取值）；L 为周期长度。

如果序列中不存在周期变动，可采用最简单的 Holt-Winters 无周期模型计算式：

$$a_t=\alpha y_t+(1-\alpha)(a_{t-1}+b_{t-1}) \tag{4.18}$$

$$b_t=\beta(a_t-a_{t-1})+(1-\beta)b_{t-1} \tag{4.19}$$

相对于周期加法模型，无周期模型只估计两个平滑常数：一个是平滑常数项 a_t，另一个是平滑趋势系数 b_t。

4.3.2　环境作用时变规律预测的计算实例

以长春、乌鲁木齐、拉萨、海口 4 个城市为例，将其在 1976～2005 年的年均气温、年均相对湿度看作一组时间序列，运用 Eviews 统计分析软件，分别采用 Holt-Winters 无周期模型和周期加法模型预测 2006～2015 年的年均气温和年均相对湿度值。其中，选择系统自动给定 α、β、γ，即系统按照预测误差平方和最小原则自动确定系数。图 4.5～图 4.12 绘出了 4 个城市年均气温、年均相对湿度实测值与预测值的比较图。从图中可以看出，相比 Holt-Winters 无周期模型，周期加法预测模型能较好地反映年均气温值、年均相对湿度的周期变动。

表 4.5 和表 4.6 列出了采用 Holt-Winters 周期加法模型计算得到的年均环境作用值与实测值（2006～2009 年 4a 温湿度值）之间的对比情况，从表中可以看出，采用 Holt-Winters 方法可以较准确地描述环境作用的逐年变化规律。

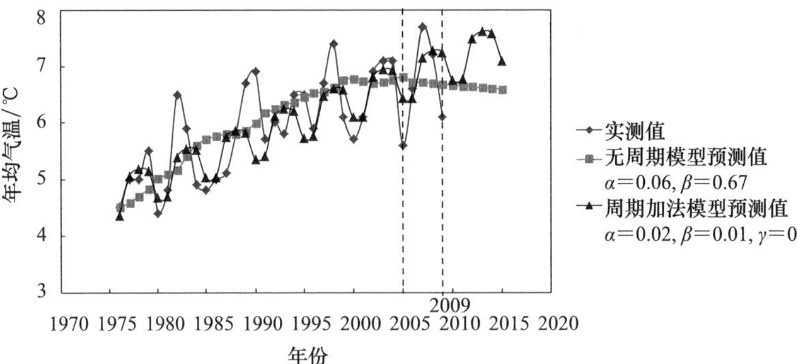

图 4.5　长春年均气温预测值

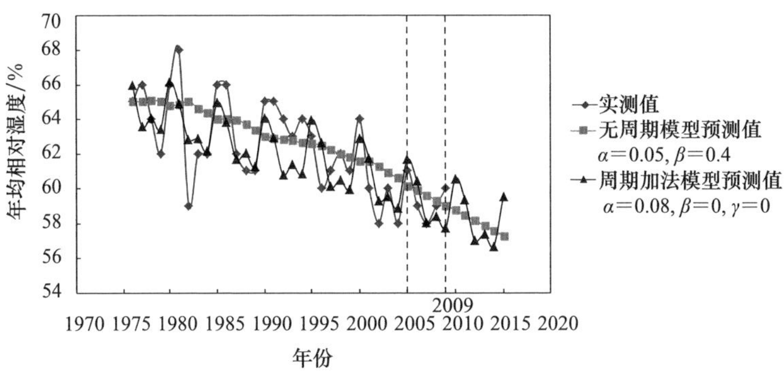

图 4.6　长春年均相对湿度预测值

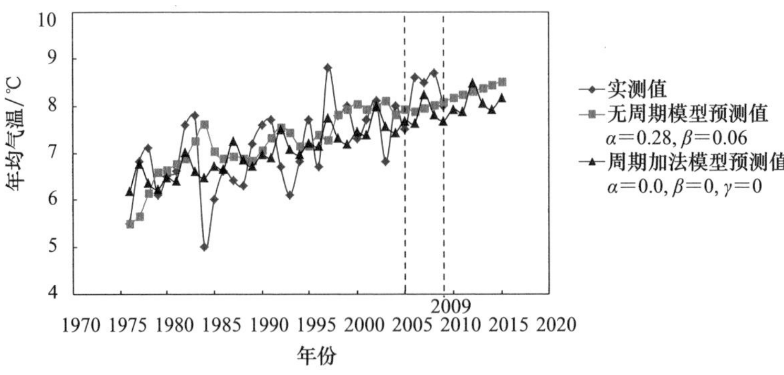

图 4.7　乌鲁木齐年均气温预测值

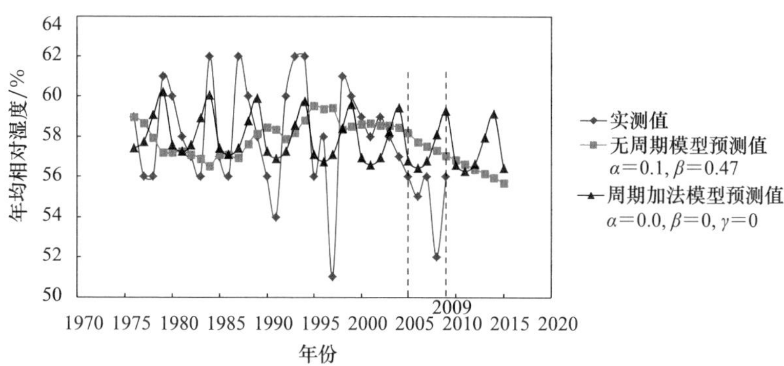

图 4.8　乌鲁木齐年均相对湿度预测值

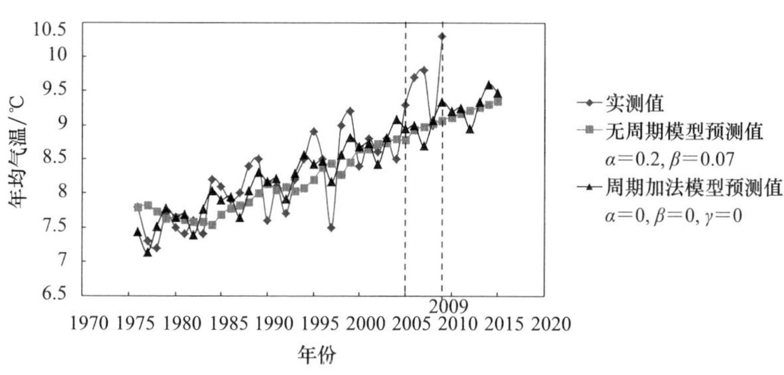

图 4.9　拉萨年均气温预测值

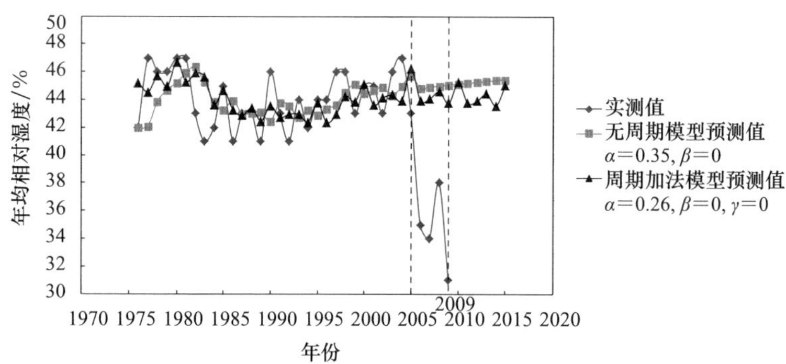

图 4.10　拉萨年均相对湿度预测值

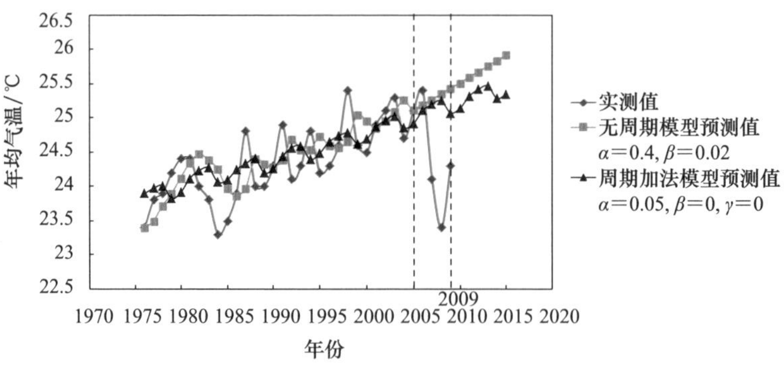

图 4.11 海口年均气温预测值

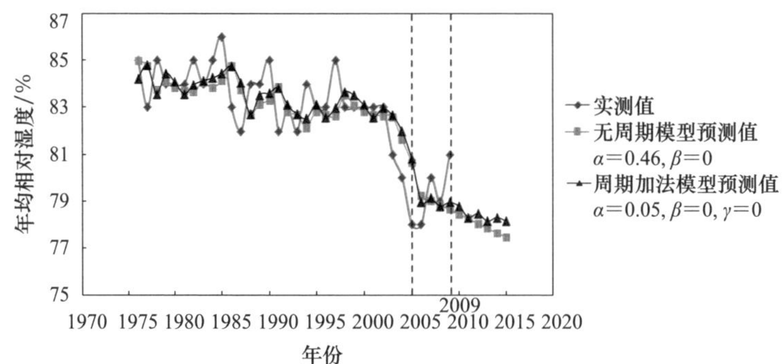

图 4.12 海口年均相对湿度预测值

表 4.5 2006～2009 年年均温度预测值与实测值对比 （单位：℃）

城市	2006 年		2007 年		2008 年		2009 年	
	实测值	预测值	实测值	预测值	实测值	预测值	实测值	预测值
长春	6.6	6.4	7.7	7.1	7.2	7.3	6.1	7.2
乌鲁木齐	8.6	7.6	8.5	8.2	8.7	7.8	8	7.7
拉萨	9.7	9.0	9.8	8.7	9.0	9.1	10.3	9.3
海口	25.4	25.1	24.1	25.2	23.4	25.2	24.3	25.1

表 4.6 2006～2009 年年均相对湿度预测值与实测值对比 （单位：%）

城市	2006		2007		2008		2009	
	实测值	预测值	实测值	预测值	实测值	预测值	实测值	预测值
长春	59	60.4	58	58.1	59	58.4	60	57.7
乌鲁木齐	55	56.4	56	56.8	52	58.1	56	59.3
拉萨	35	43.9	34	44.1	38	44.6	31	43.7
海口	78	78.9	80	79.1	79	78.8	81	78.9

将计算得到的年均环境作用值代入时变环境作用下混凝土碳化深度计算式［式（4.11）～式（4.13）］，即可获得在任意时段内混凝土碳化深度预测值。对于存在负温天数的地区，混凝土碳化深度计算要考虑年均环境作用及碳化时长的修正。

4.4　时变环境作用下混凝土碳化深度预测

基于以上分析，以 2011～2015 年混凝土碳化深度计算为例预测 4 个城市任意年的碳化深度值。在无负温天数的海口地区，可直接将环境作用预测值代入式（4.11）～式（4.13）进行碳化深度计算。对于有负温天数的长春、乌鲁木齐、拉萨 3 个城市，可以采用剔除负温后的年均温度和相对湿度代入式（4.11）～式（4.13）进行碳化深度预测。为方便工程应用，引入环境作用“调整系数”，对按实际环境作用值计算的碳化深度进行修正，从而简化有负温天数地区的混凝土结构碳化深度预测。

由式（4.1）可知，碳化深度计算公式可表示为

$$X_c=f(T,\ \mathrm{RH},\ C_{\mathrm{CO_2}})\sqrt{t} \tag{4.20}$$

对于存在负温天数的地区，其碳化深度计算公式可表示为

$$X_c'=f(T_+,\ \mathrm{RH}_+,\ C_{\mathrm{CO_2}})\sqrt{t_+} \tag{4.21}$$

式中，T_+、RH_+表示剔除负温天数后的年均温度值、年均相对湿度值。环境作用调整系数 k_e 定义为

$$k_e=\frac{f(T_+,\mathrm{RH}_+,C_{\mathrm{CO_2}})}{f(T,\mathrm{RH},C_{\mathrm{CO_2}})} \tag{4.22}$$

则由式（4.21）可得，混凝土碳化深度计算式为

$$X_c'=k_eX_c=k_ef(T,\ \mathrm{RH},\ C_{\mathrm{CO_2}})\sqrt{t_+} \tag{4.23}$$

根据式（4.1），环境作用调整系数 k_e 可按式（4.24）计算。

$$k_e=\begin{cases}\dfrac{T_+(1-\mathrm{RH}_+)^{1.1}}{T(1-\mathrm{RH})^{1.1}}, & \mathrm{RH}_+>55\% \text{ 且 } \mathrm{RH}>55\% \\ \dfrac{T_+(1-\mathrm{RH}_+)^{1.1}}{T\cdot\mathrm{RH}}, & \mathrm{RH}_+>55\% \text{ 且 } 0<\mathrm{RH}<55\% \\ \dfrac{T_+\mathrm{RH}_+}{T\cdot\mathrm{RH}}, & 0<\mathrm{RH}_+<55\% \text{ 且 } 0<\mathrm{RH}<55\% \\ \dfrac{T_+\mathrm{RH}_+}{T(1-\mathrm{RH})^{1.1}}, & 0<\mathrm{RH}_+<55\% \text{ 且 } \mathrm{RH}>55\% \end{cases} \tag{4.24}$$

表 4.7～表 4.9 给出了长春、乌鲁木齐、拉萨 3 个城市 2005～2009 年每年环境作用的调整系数 k_e 及其当地正温天数 t_+。为简化计算，以 5a 调整系数的平均

值作为该地区的最终调整系数（即假定任一地区，其调整系数为定值），同时正温天数也取5a的均值（即取定值）。

表 4.7　长春市调整系数取值

年份	实际环境值			正温天数对应值			调整系数
	T/℃	RH/%	t/d	T_+/℃	RH_+/%	t_+/d	k_e
2005	5.6	61	365	15.9	61.5	232	2.799
2006	6.6	59	365	15.3	59.2	240	2.306
2007	7.7	58	365	15.6	56.8	240	2.090
2008	7.2	59	366	15.4	59.9	249	2.087
2009	6.1	60	365	16.1	59.0	228	2.712
均值						238	2.399

表 4.8　乌鲁木齐市调整系数取值

年份	实际环境值			正温天数对应值			调整系数
	T/℃	RH/%	t/d	T_+/℃	RH_+/%	t_+/d	k_e
2005	7.5	56	365	16.3	44.8	250	2.402
2006	8.6	55	365	16.5	43.7	254	2.018
2007	8.5	56	365	16.2	47.2	246	2.219
2008	8.7	52	366	16.6	42.3	257	1.552
2009	8.0	56	365	16.5	44.7	241	2.275
均值						250	2.093

表 4.9　拉萨市调整系数取值

年份	实际环境值			正温天数对应值			调整系数
	T/℃	RH/%	t/d	T_+/℃	RH_+/%	t_+/d	k_e
2005	9.3	43	365	10.4	43.5	333	1.131
2006	9.7	35	365	10.3	35.4	347	1.074
2007	9.8	34	365	10.6	34.7	339	1.104
2008	9.0	38	366	10.0	39.3	334	1.149
2009	10.3	31	365	11.3	31.8	337	1.125
均值						338	1.117

以Holt-Winters周期加法模型预测的2011～2015年5a的年均气温和年均相对湿度作为环境作用代表值，连同表4.7～表4.9中统计得到的环境作用调整系数k_e、正温天数t_+一并代入式（4.23）可得3个城市2011～2015年每年基准

混凝土（水泥用量 $c=400\text{kg}$，混凝土水灰比 $w/c=0.45$）的碳化深度预测值，如表 4.10～表 4.12 所示。无负温天数的海口市直接按式（4.1）计算，如表 4.13 所示。

表 4.10　长春市 2011～2015 年每年混凝土碳化深度预测值（$k_e=2.399$，$t_+=238\text{d}$）

年份	年均温度 /℃	年均相对湿度 /%	CO_2 浓度 /%	碳化深度预测值 /mm
2011	6.8	59.3	0.04	3.17
2012	7.5	57.0	0.04	3.71
2013	7.6	57.3	0.04	3.73
2014	7.6	56.7	0.04	3.79
2015	7.1	59.5	0.04	3.29

表 4.11　乌鲁木齐市 2011～2015 年每年混凝土碳化深度预测值（$k_e=2.093$，$t_+=250\text{d}$）

年份	年均温度 /℃	年均相对湿度 /%	CO_2 浓度 /%	碳化深度预测值 /mm
2011	7.9	56.3	0.04	3.56
2012	8.5	56.6	0.04	3.80
2013	8.1	57.9	0.04	3.50
2014	7.9	59.1	0.04	3.31
2015	8.2	56.4	0.04	3.68

表 4.12　拉萨市 2011～2015 年每年混凝土碳化深度预测值（$k_e=1.117$，$t_+=338\text{d}$）

年份	年均温度 /℃	年均相对湿度 /%	CO_2 浓度 /%	碳化深度预测值 /mm
2011	9.3	43.7	0.04	2.13
2012	9.0	43.9	0.04	2.07
2013	9.3	44.4	0.04	2.17
2014	9.6	43.6	0.04	2.20
2015	9.5	45.1	0.04	2.25

表 4.13　海口市 2011～2015 年混凝土碳化深度预测值

年份	年均温度 /℃	年均相对湿度 /%	CO_2 浓度 /%	碳化深度预测值 /mm
2011	25.3	78.3	0.04	3.05
2012	25.4	78.5	0.04	3.03
2013	25.5	78.1	0.04	3.10
2014	25.3	78.3	0.04	3.05
2015	25.3	78.1	0.04	3.08

本章仅以一般大气环境下混凝土碳化为例分析了环境作用的时间计算尺度。对海洋环境下混凝土中氯离子的侵蚀，由于所获取的我国近海环境作用数据只有累年逐月或逐季数据，不像从内陆各气象站点获得的数据一样可以分析环境作用不同尺度及其随时间变化特性。考虑到与我国内陆环境作用变化程度相比，我国近海环境作用变化不大，可暂取统计得到的累年年均环境作用数据进行氯盐侵蚀计算分析。

参 考 文 献

[1] 张誉，蒋利学，张伟平，等. 混凝土结构耐久性概论［M］. 上海：上海科学技术出版社，2003.

[2] 张海燕，把多铎，王正中. 混凝土碳化深度的预测模型［J］. 武汉大学学报（工学版），2006，35（5）：42-45.

[3] 施惠生，王琼. 混凝土中氯离子迁移的影响因素研究［J］. 建筑材料学报，2004，7（3）：286-290.

[4] 徐宁，顾祥林，黄庆华，等. 混凝土结构环境作用研究方法［J］. 结构工程师，2010，26（2）：162-167.

[5] 顾祥林，徐宁，黄庆华，等. 混凝土结构时间多尺度环境作用研究［J］. 同济大学学报（自然科学版），2012，40（1）：1-7.

[6] GRIGORIOS A P，ANDREW M S. 多尺度计算方法：均匀化和平均化［M］. 郑健龙，等译. 北京：科学出版社，2010.

[7] 文成林. 多尺度动态建模及其应用［M］. 北京：科学出版社，2008.

[8] 李兆霞，王滢，吴佰建，等. 桥梁结构劣化与损伤过程的多尺度分析方法及其应用［J］. 固体力学学报，2010，31（6）：731-756.

[9] DOU X J，HUANG Q H，GU X L，et al. A practical model to predict carbonation depth of concrete［C］// BASHEER P A M, JIN W L, UEDA T. Proceedings of International Conference on Durability of Concrete Structures，Hangzhou，China，2008：308-312.

[10] 王燕. 应用时间序列分析［M］. 北京：中国人民大学出版社，2008.

[11] 常军，李祯，李素萍. 温特斯法在夏季温度预测中的应用［J］. 气象科技，2005. 33（S）：105-107.

[12] 刘勇军，郝齐芬. 基于温特斯法的夏季气温预测模型建立及应用［J］. 河南气象，2003（3）：18-19.

[13] 张满山. 温特方法在预测汛期温度中的应用［J］. 四川气象，2007（100）：1-2.

[14] 赵嶷飞，王红勇，张亮. 用霍尔特－温特斯模型预测航空运输总周转量［J］. 中国民航大学学报，2007，25（2）：1-3，11.

第 5 章　混凝土结构的空间多尺度环境作用

混凝土结构性能的退化是由侵蚀介质通过扩散、迁移、渗透等各种作用到达混凝土内部，并与构件内部材料相应位置处的组分发生反应引起的，与混凝土结构材料劣化直接相关的应该是混凝土的内部环境。长期以来，许多学者把混凝土所处的周围环境条件作为混凝土内部的环境条件来考虑，实际上，混凝土周围环境条件和混凝土内部环境条件不尽相同[1]。只有获得混凝土内部不同位置处的各种环境作用值，才能对混凝土结构性能退化的过程进行准确预测或评估。

建立外部环境作用与内部环境作用的相互关系属于环境作用空间特性研究范畴。为了使问题趋于简单，本章暂不考虑环境作用在空间和时间尺度上的相关性，根据第 4 章时间多尺度研究成果，在时间轴上选取混凝土内部各点处年平均环境作用值作为混凝土结构的环境作用代表值。具有年平均意义的环境作用值的获取方式有限，并且在不同地域范围内混凝土结构的环境作用值受不同环境条件影响较大。因此，本章借鉴国外环境作用在空间尺度上的划分方法，针对我国的气候环境，建立混凝土结构的空间多尺度环境作用模型框架及其数学表达式[2]；并以环境作用中的大气温度、相对湿度为例，考虑空间各尺度上环境作用的不同影响因素，由全局环境尺度逐步调整，计算出混凝土结构内部的环境作用温度及相对湿度值[3]。

5.1　环境作用的空间特性

传统的气候观测（环境监测）基本上是小范围的观测，相当于以点形式对地球系统进行采样。虽然我国建立了大量的气象站点，但由于成本的限制，观测采样点有限。受地理条件、维护条件等因素的限制，气象站点的布设也不均匀，经济发达地区的站点较密集，而在很多自然条件恶劣的地方，站点十分稀少。虽然我国设置有较完善的环境监测网络，但某一具体工程所在地并不一定有监测站点。若以周围邻近气象（监测）站点的环境作用值作为混凝土结构实际位置处的外部环境作用值，由于没有考虑空间范围内各种环境条件（如地形、海拔、距海岸线远近、热岛效应等）对环境作用的影响，将会产生较大误差，并直接影响混凝土内部环境作用值的计算精度。

我国幅员辽阔，跨纬度较广，距海岸线远近差异较大，气候多种多样，复杂的气候环境导致了混凝土结构周围所处的环境作用复杂。如何根据气象（监测）站点的空间分布情况及不同地域范围内各种环境条件的影响，得到混凝土结构所在地理位置处周围及内部的环境作用值成为研究混凝土结构性能演化问题的重要任务之一。针对环境作用在空间上的复杂变化，可选用多尺度的研究方法，通过不同尺度上环境作用值之间的相互关系最终确定混凝土结构的内部环境作用代表值。

5.2 空间多尺度环境作用模型

5.2.1 现有空间环境作用模型

国外有学者对混凝土结构所处环境作用在空间尺度上进行过划分。Haagenrud[4]根据地理区域大小，将欧洲环境划分为宏观气候环境、中等气候环境、局部气候环境和表面气候环境 4 个尺度（图 5.1）。

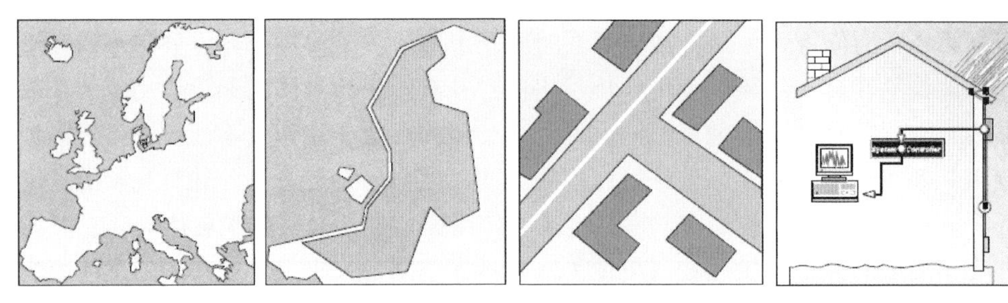

(a) 宏观气候环境（欧洲） (b) 中等气候环境（市区） (c) 局部气候环境（街道） (d) 表面气候环境（建筑）

图 5.1 欧洲环境作用划分[4]

为了对混凝土结构的性能退化进行准确的预测，仅仅分析到混凝土表面是不够的，还需记录混凝土内部对环境的响应。BE95-1347 中的环境作用模型在地区环境、局部环境、表面环境的基础上增加了混凝土的响应部分，如图 5.2 所示[5]。

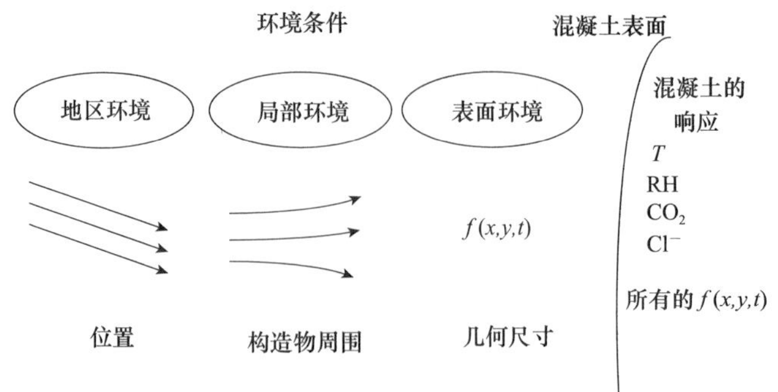

图 5.2 环境条件和混凝土的响应[5]

在上面两个模型的基础上，Lindvall[6] 将气候环境划分为全球气候、地区气候（中等气候）、局部气候、表面气候（微小条件）4 个尺度，并对相应的影响因素进行了讨论，但没有对全球气候条件进行过多考虑，如图 5.3 所示。

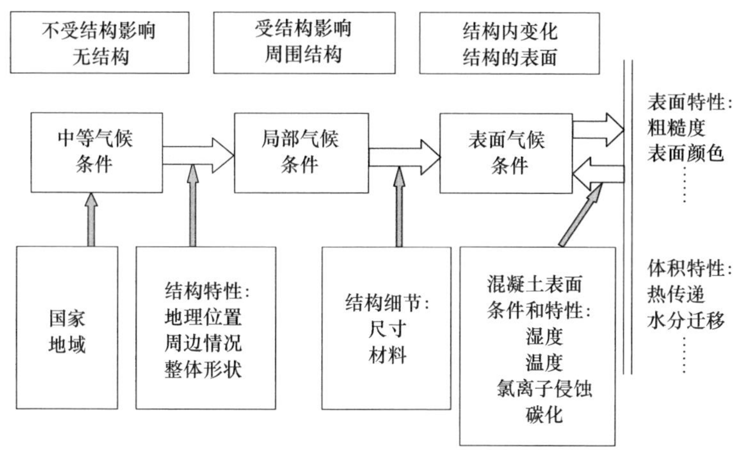

图 5.3　不同地理范围内暴露环境的划分[6]

Cole 等[7] 在分析侵蚀参数模型的局限性时指出，只有采用多尺度的方法才能获得大气侵蚀参数的合理模型，并给出了如图 5.4 所示的模型框架及不同尺度上的影响因素。

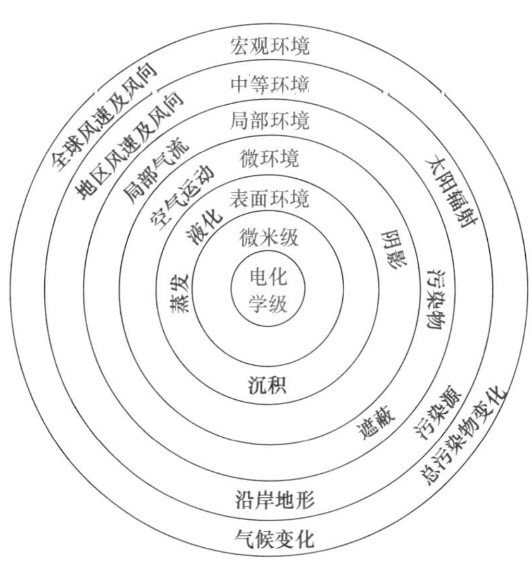

图 5.4　侵蚀参数的模型框架[7]

以上 4 个环境模型的尺度划分基本一致，均属于概念模型，各尺度之间的相关性尚缺乏定量的研究。

5.2.2 建议的空间多尺度环境作用模型

针对中国的气候环境，可将环境作用在空间尺度上划分为全局环境、地区环境、工程环境、构件表面环境、内部环境，如图 5.5 所示。

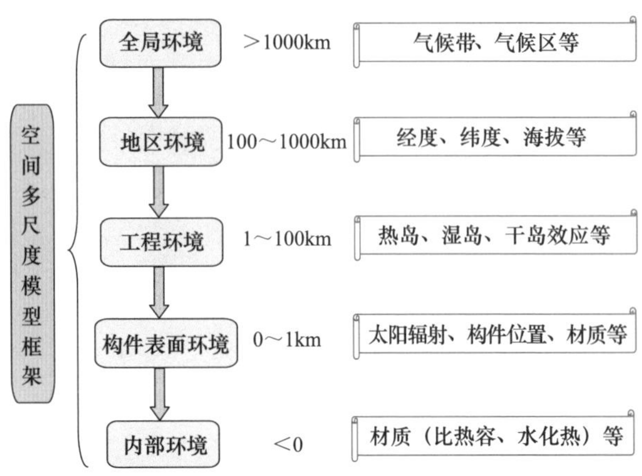

图 5.5 混凝土结构空间多尺度环境作用模型框架

全局环境尺度也叫宏观尺度，定义地理范围大于 1000km。在该尺度上，混凝土结构的环境作用主要受所在气候带、气候区等环境条件影响[8]，这些影响因子可记为 G_1，G_2，…，G_i。

地区环境为一个相对较小的尺度，将其定义为 100～1000km 的地域范围。该尺度上影响环境作用的环境条件主要有经度、纬度、海拔等，这些影响因子可记为 R_1，R_2，…，R_j。

工程环境定义为 1～100km 的尺度，这个尺度一般大于结构的最大尺寸，具体可体现为城乡环境作用的差别。该尺度上影响环境作用的环境条件主要有城市热岛、湿岛、干岛效应等，这些影响因子可记为 E_1，E_2，…，E_k。

构件表面环境指材料近表环境，定义为以米甚至毫米计的尺度，一般小于结构的最大尺寸。该尺度上影响环境作用的环境条件主要有构件本身朝向、邻近构件的遮阳作用、构件本身距离地面高度等，这些影响因子可记为 S_1，S_2，…，S_l。

构件内部环境指构件内部的不同环境条件，如内部温度、湿度等，主要受混凝土材质等的影响，这些影响因子可记为 I_1，I_2，…，I_m。如果假定结构构件的内部由均质材料组成，则可用一个尺度来描述构件的内部环境。

根据以上环境作用模型框架，可建立如式（5.1）所示的混凝土结构的空间多尺度环境作用数学模型。

$$E_{\mathrm{INT}}=E_0+\delta_{\mathrm{EG}_1}+\delta_{\mathrm{EG}_2}+\cdots+\delta_{\mathrm{EG}_i}+\delta_{\mathrm{ER}_1}+\delta_{\mathrm{ER}_2}+\cdots+\delta_{\mathrm{ER}_j}+\delta_{\mathrm{EE}_1}+\delta_{\mathrm{EE}_2}+\cdots+\delta_{\mathrm{EE}_k}+\delta_{\mathrm{ES}_1}+\delta_{\mathrm{ES}_2}+\cdots+\delta_{\mathrm{ES}_l}+\delta_{\mathrm{EI}_1}+\delta_{\mathrm{EI}_2}+\cdots+\delta_{\mathrm{EI}_m} \tag{5.1}$$

式中，E_{INT} 为混凝土结构内部某一环境作用值；E_0 为环境作用的初始计算值，可从各气象观测站点和环境监测站点获得；δ_{EG_i} 为全局环境尺度上影响环境作用因子的修正值（$i=1, 2, \cdots, i$）；δ_{ER_j} 为地区环境尺度上影响环境作用因子的修正值（$j=1, 2, \cdots, j$）；δ_{EE_k} 为工程环境尺度上影响环境作用因子的修正值（$k=1, 2, \cdots, k$）；δ_{ES_l} 为构件表面环境尺度上影响环境作用因子的修正值（$l=1, 2, \cdots, l$）；δ_{EI_m} 为混凝土内部环境尺度上影响环境作用因子的修正值（$m=1, 2, \cdots, m$）。通过各种环境尺度上环境因子的逐步修正，最终可以较准确地获得混凝土内部任意点处的环境作用值。

5.3　空间多尺度大气温度值

温度是影响混凝土结构性能的主要环境作用之一，基于收集的 1976～2005 年气象资料，以初始年 1976 年的年均环境作用值（年均大气温度）为例，进行空间多尺度环境作用模型的实例分析。

5.3.1　全局环境及地区环境尺度上的大气温度值

由于 1976 年年均气温值可通过全国分布的各气象站点获得，而现有中国气象站点的观测距离均在 1000km 之内，按照混凝土结构环境作用的空间多尺度模型框架，此范围属于地区环境范畴，可以直接从地区环境尺度开始逐步进行以下几个尺度的研究。此时，全局环境尺度是指混凝土结构所在的中国版图范围（包括陆地、近海和南海）（图 5.6）。

5.3.2　工程环境尺度上的大气温度值

考虑地区环境尺度上各种环境条件的影响，通过地区环境尺度上已有气象站点的环境作用值，可利用地理信息系统（geographic information system，GIS）技术获得中国区域内工程环境尺度上（1km×1km）任意位置处的大气温度值。

大气温度在地区环境尺度上的影响因素主要为空间分布的地理要素，如地理位置（包括经度、纬度和距海岸线距离）、大的山脉走向和地势高低等。一个地区的年均气温与该地区的经度、纬度和海拔具有较好的线性相关关系，通常可采

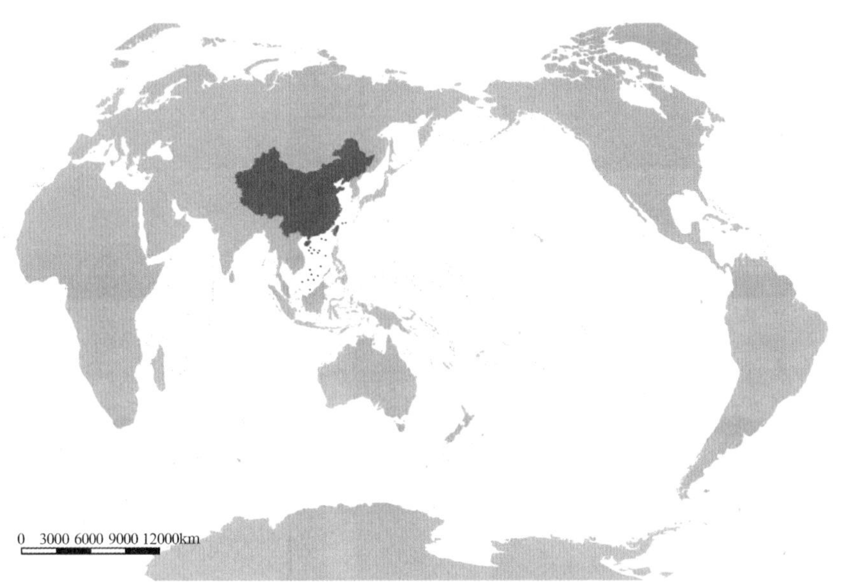

图 5.6　全局环境示意图
［审图号：GS（2016）1613 号］

用如下多元线性回归方程表示[8, 9]：

$$T_0 = a_0 + a_1X + a_2Y + a_3Z \tag{5.2}$$

式中，T_0 为常规统计模型模拟的气温值，℃；X 为经度，(°)；Y 为纬度，(°)；Z 为海拔，m；a_0 为常数；a_1、a_2、a_3 为回归系数。

采用“常规统计模型＋空间残差”的方法可更加准确地建立由地区环境尺度到工程环境尺度上环境作用的定量描述。具体步骤如下：

（1）基于中国气象科学共享服务网，统计我国间距为 100km 以上的 200 个气象站点 1976 年的年均气温值。剔除塔中、米林、温州、桦甸 4 个不连续站点数据，选取 180 个气象站点环境作用值进行回归统计分析（其余 16 个站点用作模型验证）（图 5.7），得到式（5.3）所示的计算公式。

$$T_0 = 45.256 - 0.065X - 0.721Y - 0.003Z \tag{5.3}$$

（2）基于美国太空总署和国防部国家测绘局联合测量的中国 SRTM（shuttle radar topography mission，航天飞机雷达地形测绘任务）数据（http://srtm.csi.cgiar.org/SELECTION/inputCoord.asp），采用 MapWinGIS 软件进行转化处理，得到中国数字高程模型（digital elevation model，DEM）[10]，并由此可提取全国 1km×1km 范围上各采样点的地理信息（如经度、纬度和海拔信息等）。代入式（5.3）可得到全国任意 1km×1km 采样点范围内 1976 年的年均气温值（图 5.8）。

（3）将 180 个残差值（实测值与通过统计模型获得的计算值的差值）在中国区域内进行空间插值，得到全国任意 1km×1km 采样点上的残差值 ΔT（图 5.9）。

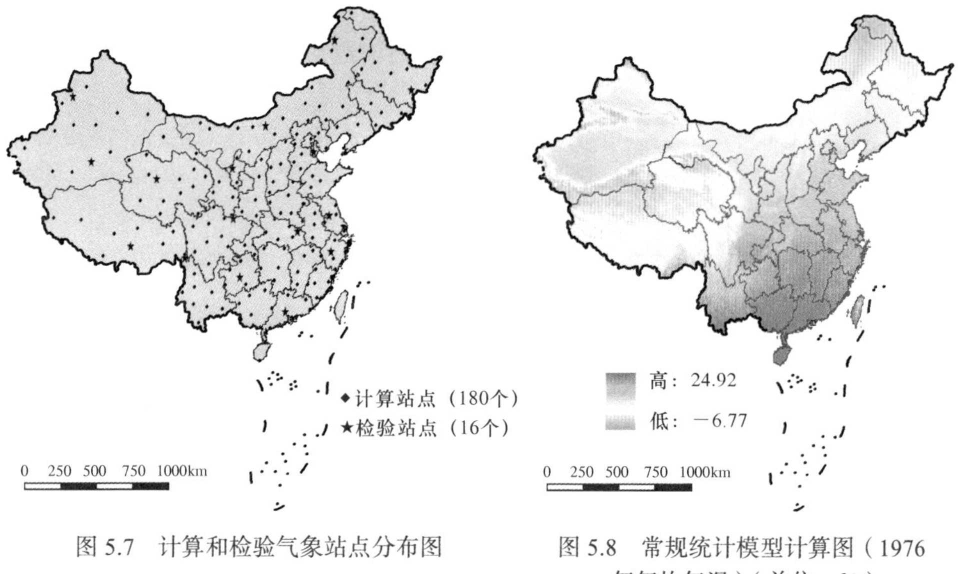

图 5.7　计算和检验气象站点分布图

图 5.8　常规统计模型计算图（1976 年年均气温）（单位：℃）

将此空间残差值与步骤（2）中得到的计算值进行叠加，即获得工程环境尺度上全国范围内 1976 年的年均气温分布图，如图 5.10 所示。从图 5.10 中可以提取全国任意经纬度处的 1976 年的年均气温值。

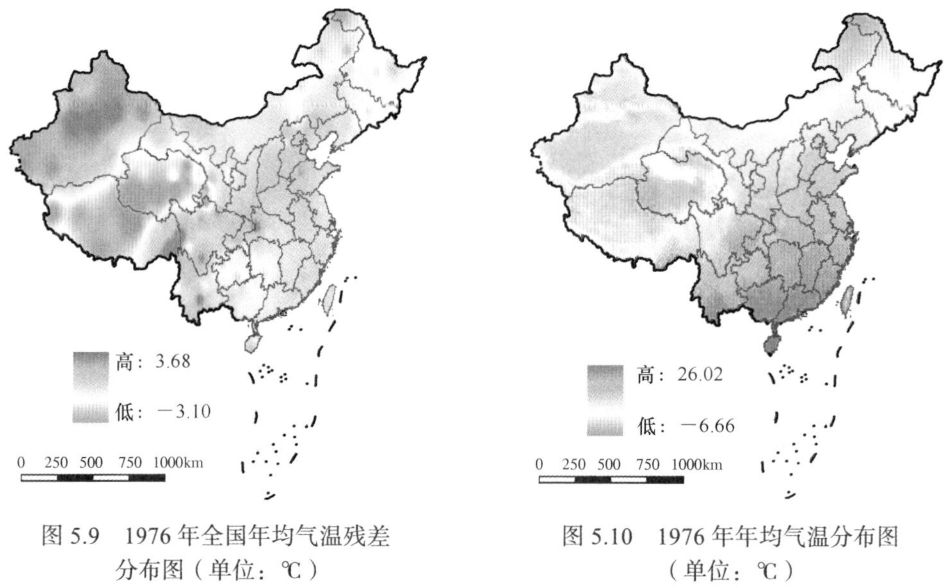

图 5.9　1976 年全国年均气温残差分布图（单位：℃）

图 5.10　1976 年年均气温分布图（单位：℃）

选取剩余 16 个检验站点（实测值与计算值如表 5.1 所示），分别通过相关系数（R^2）、平均绝对误差（mean absolute error，MAE，反映的是样本数据估值的总体误差或精度水平）和均方根误差（root mean square error，RMSE，反映的是利用样本数据的估值灵敏度和极值）3 个统计值进行检验，检验公式和结果如式（5.4）、式（5.5）和表 5.2 所示。从表 5.2 中可以看出，采用“常规统计值+空间残差”的方法计算得到的我国 1976 年年均气温值的计算精度较常规统计值有明显提高。

$$\mathrm{MAE}=\frac{1}{n}\sum_{i=1}^{n}\left|\overline{y}_i-y_i\right| \tag{5.4}$$

$$\mathrm{RMSE}=\sqrt{\frac{1}{n}\sum_{i=1}^{n}(\overline{y}_i-y_i)^2} \tag{5.5}$$

式中，$\overline{y}_i$为样本均值；y_i 为第 i 个样本值；n 为样本个数。

表 5.1　1976 年大气温度实测值与计算值的比较（检验站点）　（单位：℃）

气象站点	实测值	常规统计值	常规统计值+空间残差
临汾	11.60	9.44	10.85
高邮	14.20	13.85	14.30
鸡西	3.50	3.45	3.16
金华	16.80	16.38	17.03
麻城	15.80	14.82	14.99
广州	21.30	21.18	21.27
达尔罕茂明安联合旗	3.50	3.82	3.98
中宁	8.50	7.50	7.54
广元	15.20	12.64	13.55
贵阳	14.50	15.79	14.88
格尔木	4.70	4.29	3.86
且末	9.70	8.39	10.46
额尔古纳右旗	−3.40	−0.59	−2.11
精河	6.80	6.29	8.37
德钦	4.50	6.20	6.81
拉萨	7.80	5.05	4.86

表 5.2　1976 年大气温度计算值检验指标列表

检验指标	常规统计值	常规统计值+空间残差
R^2	0.948	0.960
MAE	1.171	0.964
RMSE	1.495	1.245

5.3.3　工程环境尺度上环境作用的影响因素及其大气温度的修正

通过地区环境尺度到工程环境尺度的研究所得到的全国每 1km×1km 范围内 1976 年年均气温分布图，是从全国 180 个城市市区气象站点的环境作用值开始计算的，没有考虑工程环境尺度上其他环境条件（如热岛效应、湿岛和干岛效应等）的影响，城、郊环境作用差别没有体现，因此混凝土结构的环境作用需要进一步修正。

1. 工程环境尺度上环境作用影响因素

工程环境尺度上引起城、郊混凝土结构环境作用差别的主要因素为城市热岛及干湿岛效应。

1）城市热岛

城市热岛（urban heat island，UHI）是指城市中城区气温高于外围郊区气温的现象。在气象学近地面大气等温线图上，郊外的广阔地区气温变化很小，如同一个平静的海面，而城区是一个明显的高温区，如同突出海面的岛屿，因此被形象地称为城市热岛（图 5.11）[11]。城市热岛效应的强弱可用热岛强度表示，定义为同期（如某个时刻、天、月、季、年）城区温度与郊区温度的差值（大于 0）。

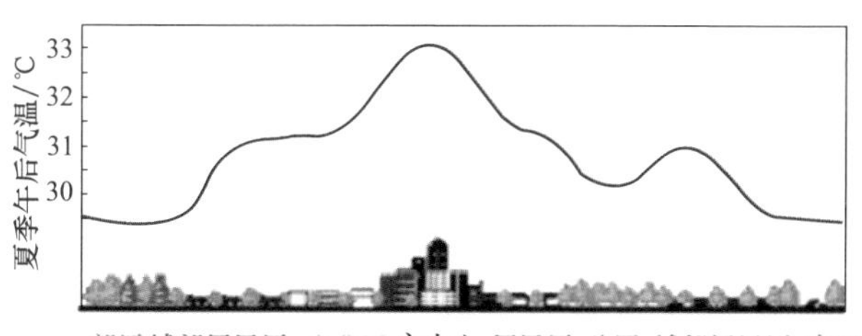

图 5.11　城市热岛效应示意图[11]

与城市热岛效应对应的是城市冷岛效应，即在冬季或春季的某一月、天、时刻，有可能会出现城区气温低于郊区气温的现象[12]。由于自然环境下混凝土结构性能退化过程往往很长，而城市冷岛效应只是在某一特定时间段内短暂出现，从混凝土结构全寿命性能研究角度分析，工程环境尺度上环境温度忽略城市冷岛效应，而只考虑城市热岛效应的影响。

2）热岛效应对混凝土结构全寿命性能的影响

环境温度对混凝土结构全寿命性能有较大影响。一般大气环境下，随大气温度的升高，CO_2 扩散速率提高，混凝土碳化反应速率加快，混凝土结构碳化进程加速；处于沿海地区的混凝土结构，温度升高会使氯离子活动加速，传输速度增大。因此，城、郊大气温度差的存在使城、郊不同区域混凝土结构性能劣化速率不同。

3）城市干湿岛效应

由于受城市特殊的下垫面（与大气下层直接接触的地球表面，包括地形、地质、土壤和植被等）及人为因素的影响，白天城区的相对湿度比郊区低，形成“干岛”；夜间城区的相对湿度比郊区高，形成“湿岛”[13]。随着城市建设的发展，城市地表中不透水层的覆盖率提高，降水被迅速排走，使蒸发到空中的水汽明显减少，加之城市热岛的存在，城市干岛效应较城市湿岛效应显著。

城市干湿岛效应的强弱用干湿岛强度表示，定义为城区与郊区同期相对湿度（或绝对湿度）的差值。城市干岛效应与城市热岛效应通常是相伴存在的，随着城市化进程的加快，城市干岛效应也越来越明显。

4）干湿岛效应对混凝土结构全寿命性能的影响

与大气温度一样，相对湿度本身也是影响混凝土结构全寿命性能的一项重要环境参数。大气相对湿度通过温湿平衡决定着混凝土的孔隙水饱和度，不但是混凝土内部化学反应的必要条件，而且影响着CO_2、氯盐的扩散速率。城、郊不同区域由于存在相对湿度差，混凝土结构性能劣化程度也不相同。

2. 工程环境尺度上环境作用效应分析

以混凝土碳化为例，对城、郊混凝土结构环境作用效应进行计算。选取全国不同地域典型城市（北京、上海、长春、乌鲁木齐、拉萨、海口）城区与郊区的气象资料，计算城市城、郊混凝土结构的碳化深度值，定量比较同一时段城、郊不同区域环境作用对混凝土结构的影响。

从中国气象局公共服务中心获取以上6个典型城市市区及其郊区气象站点1976～2005年逐年年均气温及年均相对湿度值，选取基准混凝土（水灰比w/c=0.45，水泥用量c=400kg）进行计算。其中，CO_2浓度参照瓦里关地区已有CO_2浓度平均值及近年发展趋势，取$C_{CO_2}=0.0004$[8]。将1976～2005年每年年均气温和相对湿度值代入碳化累加计算式（4.11）～式（4.13），可分别得到6个城市市区及郊区混凝土结构30a碳化深度值（X_{cu}、X_{cs}）。6个城市30a城郊温度差累年平均值（ΔT）、相对湿度差累年平均值（ΔRH）及30a城、郊碳化深度差（ΔX_c），如表5.3所示。

表5.3　环境作用差值及碳化深度差值列表

省、直辖市、自治区	城区、郊区	ΔT/℃	ΔRH/%	X_{cu}/mm	X_{cs}/mm	ΔX_c/mm
北京	北京、密云	1.44	−3.93	17.16	14.51	2.65
上海	徐家汇、宝山	0.31	−1.50	12.80	11.58	1.22
吉林	长春、九台	0.32	−2.78	7.21	6.23	0.98
新疆	乌鲁木齐、小渠子	4.58	−3.51	9.60	3.13	6.47
西藏	拉萨、当雄	6.35	−11.96	9.63	2.50	7.13
海南	海口、琼山	0.09	−0.59	12.15	11.63	0.52

从表5.3中可以看到：① 6个城市城区与郊区温度差均大于0，表现为热岛效应，城区与郊区相对湿度差均小于0，表现为干岛效应。其中，拉萨地区热岛及干岛效应显著，海口地区热岛及干岛效应不明显。这主要是由于拉萨位于中国西南部高原地区，植被稀少，郊区地表干燥裸露，空气流通，辐射冷却强烈，郊区失热多于城区；海口位于中国南部地区，植被繁茂，受热带季风气候的影响，全年暖热，雨量充沛，温度差及湿度差不大。②城、郊区域由于温度差和相对湿度差的存在，混凝土碳化深度有所差异；温度差和湿度差大的区域，城、郊混凝土的碳化深度差值也较大，即6个典型城市中，位于西南部的拉萨地区由于城、郊温度差和相对湿度差比较大，碳化深度差值较大，为7.13mm；南部海口地区由于城、郊温度差和相对湿度差比较小，城、郊碳化深度差值也较小，为0.52mm。③新疆、西藏两地区城、郊碳化深度差值 ΔX_c 明显大于两地区郊区的碳化深度 ΔX_{cs}，因此不考虑城、郊环境作用的差别将导致较大的混凝土结构性能估算偏差。

3. 工程环境尺度上大气温度的修正

从以上分析可以看出，工程环境尺度上的大气温度应考虑城市热岛及干湿岛效应的影响。借助GIS技术，采用以下步骤可制作1976年全国热岛强度分布图。

（1）从中国气象局公共服务中心获取全国除港澳台以外的31个省会城市及其郊区气象站点1976～2005年逐年年均气温值。定义城区气象站点与郊区气象站点的温度差为当年的热岛强度值（用 ΔT_0 表示），统计出我国31个省会城市1976年年均热岛强度值（表5.4）。

表5.4　我国31个省会城市1976年年均热岛强度值

省、直辖市、自治区	城区、郊区	ΔT_0/℃	省、直辖市、自治区	城区、郊区	ΔT_0/℃
北京	北京、密云	0.67	福建	福州、闽侯	0.14
天津	天津、武清	0.38	山东	济南、长清	0.65
上海	徐家汇、宝山	0.01	内蒙古	呼和浩特、武川	3.46
重庆	沙坪坝、北碚	0.03	黑龙江	哈尔滨、阿城	0.31
安徽	合肥、长丰	0.63	河南	郑州、中牟	0.01
吉林	长春、九台	0.25	湖北	武汉、黄陂	0.00
辽宁	沈阳、新民	0.48	湖南	长沙、望城	0.09
江西	南昌、安义	0.49	广东	广州、花都	0.05
河北	石家庄、平山	0.28	广西	南宁、武鸣	0.02
山西	太原、阳曲	0.86	海南	海口、琼山	0.01
江苏	南京、六合	0.23	四川	成都、温江	0.2
浙江	杭州、富阳	0.06	贵州	贵阳、修文	1.65

续表

省、直辖市、自治区	城区、郊区	ΔT_0/℃	省、直辖市、自治区	城区、郊区	ΔT_0/℃
云南	昆明、呈贡	−0.44	青海	西宁、大通	3.08
西藏	拉萨、当雄	6.06	宁夏	银川、永宁	0.00
陕西	西安、临潼	−0.23	新疆	乌鲁木齐、小渠子	4.15
甘肃	兰州、榆中	2.50			

（2）剔除南宁、沈阳、天津由于站点迁移或区站号变动带来的热岛强度突变点，用剩余28个省会城市热岛强度值作为初始值（图5.12），采用MapWinGIS地理信息处理软件，通过反距离权重插值方法，可计算得到1976年全国热岛强度分布图，如图5.13所示[14]。

图5.12　热岛强度计算点

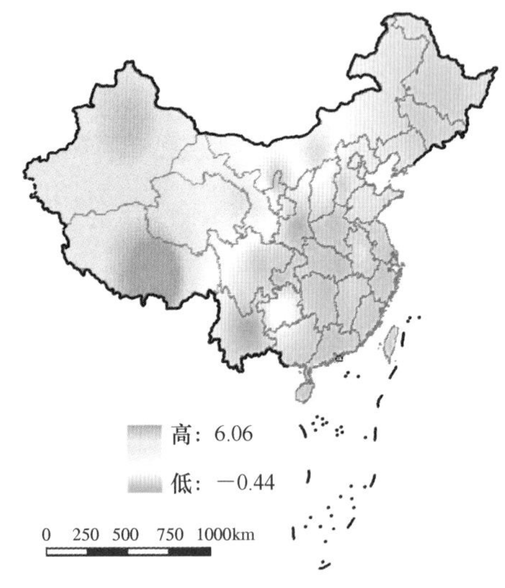

图5.13　1976年全国热岛强度分布图（单位：℃）

从图5.13中可以提取全国任意经纬度处1976年的热岛强度值，此项对应于式（5.1）中的δ_{EE_1}项（当城区气温大于郊区气温时，$\delta_{EE_1}>0$；当城区气温小于郊区气温时，$\delta_{EE_1}<0$）。将图5.10中的环境作用值减去图5.13所对应点处的热岛强度值，即可准确获得郊区混凝土结构所处的环境作用值。

5.3.4　构件表面环境尺度上的温度值

自然环境下混凝土结构表面各点处的环境作用不同，其影响因素主要有两种：①混凝土构件的外部条件，包括结构所在的地理位置、地形地貌、结构所处的方位和朝向、所处的季节、气温变化、太阳辐射强度、云、雪、雾、雨等；

②混凝土构件的内部因素，包括构件表面材料、构件表面颜色、构件材料物理特性等[15]。由于混凝土构件表面吸收和发出热辐射，并与周围空气发生对流热交换，其处在一个三维稳态波动状态中（图 5.14）。

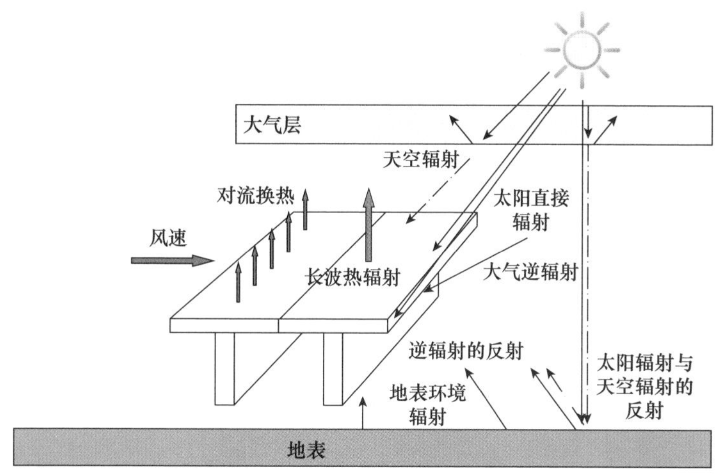

图 5.14　混凝土结构周围辐射

1. 表面温度计算理论

运用“凯尔别克”混凝土表面温度计算公式可计算得到暴露于大气中的混凝土结构构件不同部位的表面温度值[16]。以一个 T 形混凝土结构构件为例，对应各部位可建立的表面热流平衡方程如式（5.6）～式（5.9）所示（图 5.15）。

翼板表面：

$$q_B+q_K=q_J+q_H+q_{Ga} \tag{5.6}$$

翼板底面：

$$q_B+q_K=q_R+q_{UR} \tag{5.7}$$

阴影腹板表面：

$$q_B+q_K=q_H+q_R+q_{Ga}+q_{UR} \tag{5.8}$$

受日照腹板表面：

$$q_B+q_K=q_J+q_H+q_R+q_{Ga}+q_{UR} \tag{5.9}$$

式中，q_B 为构件的辐射热量，W/m^2；q_K 为对流热交换热量，W/m^2；q_J 为太阳直接辐射热量，W/m^2；q_H 为天空辐射热量，W/m^2；q_{Ga} 为大气逆辐射热量，W/m^2；q_R 为太阳和天空辐射的反射热量，W/m^2；q_{UR} 为地表环境辐射与逆辐射的反射热量，W/m^2。各参量的计算公式分别如式（5.10）～式（5.16）所示。

$$q_B=\varepsilon_{BL}C_s\left(\frac{T_s'}{100}\right)^4 \tag{5.10}$$

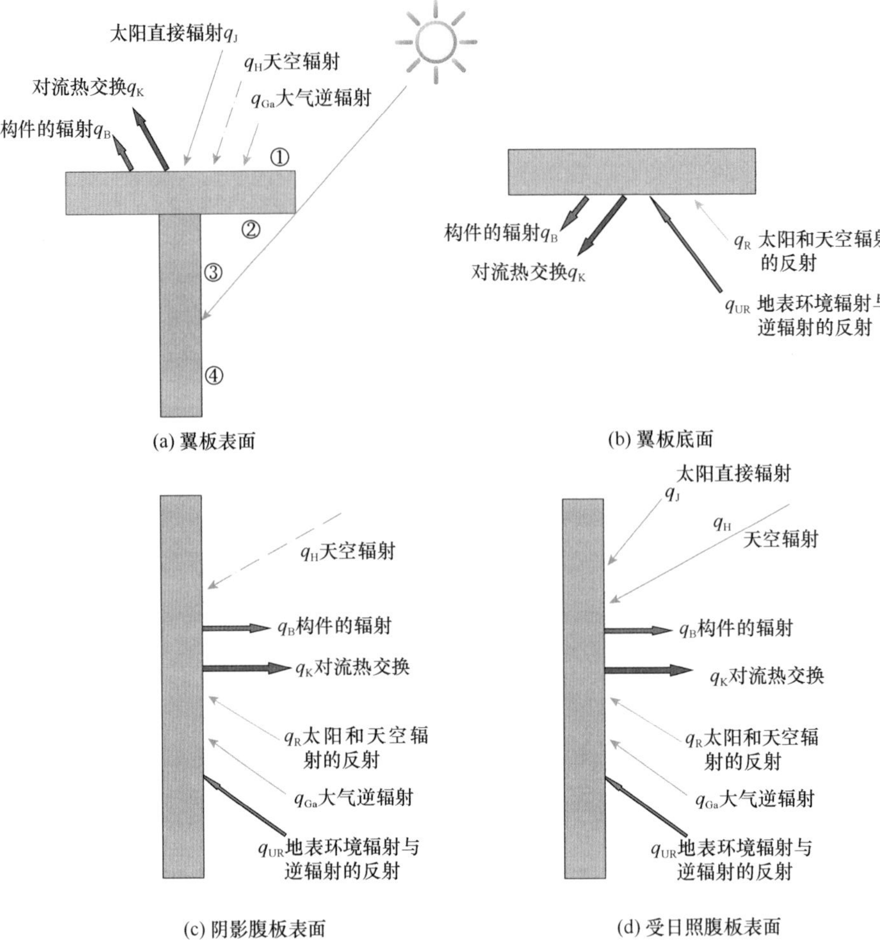

图 5.15　暴露于大气中的 T 形混凝土构件不同部位表面热流平衡示意图

$$q_K = \alpha_K (T'_s - T'_A) \tag{5.11}$$

$$q_J = A_{BK} J_0 q_2 \cos\left(\frac{\pi}{2} + \alpha_h - \beta\right) \cos(\alpha_s - \alpha_w) \tag{5.12}$$

$$q_H = 0.5 A_{BK} J_0 \sin\alpha_h \sin^2\frac{\beta}{2}(q_1 - q_2) \tag{5.13}$$

$$q_{Ga} = \varepsilon_a C_s \sin^2\frac{\beta}{2}\left(\frac{T'_A}{100}\right)^4 \tag{5.14}$$

$$q_R = A_{BK} r_{uk} J_0 \sin\alpha_h \cos^2\frac{\beta}{2}\left(\frac{q_1 + q_2}{2}\right) \tag{5.15}$$

$$q_{\mathrm{UR}}=\varepsilon_{\mathrm{a}}C_{\mathrm{s}}\cos^2\frac{\beta}{2}\left(\frac{T'_{\mathrm{A}}}{100}\right)^4 \tag{5.16}$$

式中，$\varepsilon_{\mathrm{BL}}$ 为构件辐射率（黑度）；C_{s} 为黑体辐射常数，W/（$\mathrm{m}^2\cdot\mathrm{K}^4$），取 5.775×10^4W/（$\mathrm{m}^2\cdot\mathrm{K}^4$）；$T'_{\mathrm{s}}$ 为结构构件表面的绝对温度，K；α_{K} 为对流热交换系数，W/（$\mathrm{m}^2\cdot\mathrm{K}^2$），按表面位置不同表示为：顶面 $\alpha_{\mathrm{K}}=3.83v+4.67$，底面 $\alpha_{\mathrm{K}}=3.83v+2.17$，腹板 $\alpha_{\mathrm{K}}=3.83v+3.67$，其中，$v$ 为风速，m/s；T'_{A} 为工程环境尺度上结构所在地点环境的绝对温度，K；A_{BK} 为短波吸收系数；J_0 为太阳常数，W/m^2；q_1、q_2 为透射系数；ε_{a} 为大气的辐射系数；α_{h} 为太阳高度角，(°)；β 为壁面与水平面的夹角，(°)；α_{s} 为太阳方位角，(°)；α_{w} 为壁面的方位角，(°)；r_{uk} 为地表环境短波反射系数，随地表种类的不同而不同，在 0.1～0.35 范围内取值。

以上参数的具体取值方法详见文献［16］。其中，太阳高度角 α_{h} 指太阳光的入射方向和地平面之间的夹角，它是一个重要的地理参量。在分析 T 形混凝土构件所在位置（经纬度）处的年均太阳高度角数值后，即可由式（5.6）～式（5.9）获得该经纬度处混凝土构件不同部位表面温度年均值。

同一地点一天内太阳高度角是不断变化的，不考虑时差影响，日出日落时角度都为 0，正午时太阳高度角达最大。在年尺度上，由于太阳在南北回归线之间来回变动，每一天太阳高度角所能达到的最大值由混凝土结构所在位置处的地理纬度及太阳直射的纬度数确定，可用式（5.17）计算[17]。

$$\alpha_{\mathrm{h}}=90-(\phi\pm\theta_v) \tag{5.17}$$

式中，ϕ 为地理纬度，(°)；θ_v 为太阳直射的纬度数，(°)，当且仅当太阳直射的半球与混凝土结构所处的半球相同时取负号。

根据以上分析，以结构所在地位于北回归线以北为例，可详细绘制出半年内（太阳在南北回归线之间移动一次）每一天太阳高度角的变化情况，如图 5.16 所示。

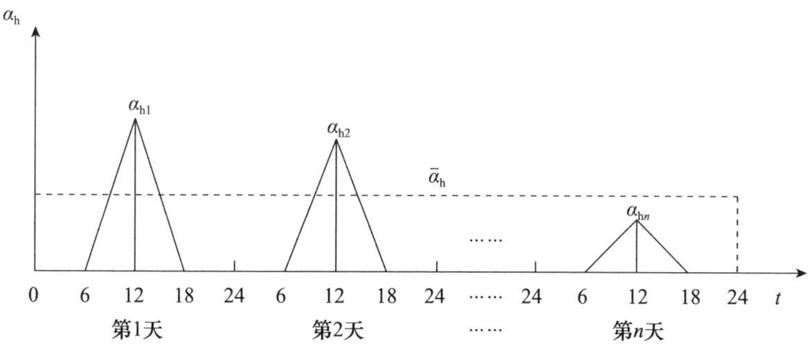

图 5.16　一年中太阳高度角的变化

图 5.16 中，横坐标表示每天时刻值。每天 6 时，太阳升起，太阳高度角到中午 12 时达一天中的最大值。太阳高度角 α_{h} 在太阳到达北回归线时达最大照射高度

α_{h1}，在太阳到达南回归线时达最小照射高度α_{hn}，历经半年共182d。设太阳高度角年均值为$\bar{\alpha}_h$，根据图中每天太阳高度角与时间轴所围成图形与太阳高度角年均值$\bar{\alpha}_h$与时间轴所围成图形面积相等的原则，可计算出太阳高度角年均值$\bar{\alpha}_h$为

$$\bar{\alpha}_h=\frac{\frac{1}{2}\times(18-6)\alpha_{h1}+\frac{1}{2}\times(18-6)\alpha_{h2}+\cdots+\frac{1}{2}\times(18-6)\alpha_{hn}}{182\times24}$$
$$=\frac{\alpha_{h1}+\alpha_{h2}+\cdots+\alpha_{hn}}{728} \tag{5.18}$$

2. 构件表面温度计算方法验证

作者及其课题组在青岛暴露试验场（北纬36.07°N、东经120.33°E）对一混凝土框架梁内外部进行实时温湿度监测（图5.17）。本节采用现场采集到的环境温度和框架梁表面温度数据验证表面温度计算公式的正确性。

图5.17　青岛暴露试验框架现场

混凝土外部温度和相对湿度测量较为简单，可直接在混凝土外部布设温湿度传感器进行测量。温湿度传感器选用大连北方测控工程有限公司提供的DB111-11传感器（图5.18），外形尺寸为39mm×31mm×16mm。其芯片为瑞士产SHT11型，RH测试范围为0～100%，测温范围为−40～+120℃，RH精度为±3.0%、温度±0.4℃（25℃）。采用DB485配套温湿度变送器（图5.19），可将普通电信号转换为标准电信号，便于仪器采集。选用PL058-BST型触摸屏（图5.20）采集温湿度值。该仪器可以按要求定时采集温湿度值，不但能在屏幕上实时显示，而且可以实现双路（直流、交流）供电、U盘定时存储。触摸屏属于工业计算机类型，抗干扰和稳定性均比普通计算机强，这在很大程度上弥补了采用普通计算机进行长期温湿度监测时由于死机而造成温湿度值缺失的不足。设置采集频率为1次/h。

混凝土内部采用同一温湿度传感器对温湿度同时进行监测。温湿度传感器

图 5.18　DB111-11 传感器

图 5.19　DB485 配套温湿度变送器

图 5.20　PL058-BST 型触摸屏

采用大连北方测控工程有限公司提供的 DB170-11，探头直径为 10mm，长度为 38mm，材质为聚四氟乙烯。RH 测湿范围为 0～100%，测温范围为－40～＋120℃，RH 精度为 ±3.0%，温度为 ±0.4℃（25℃），耐碱性为 7＜pH＜12。图 5.21 为 DB170-11 温湿度传感器与变送器连接图。选用聚四氟乙烯防水透湿层压布料（图 5.22）包裹于 DB170-11 温湿度传感器周围，防止混凝土浇筑时，水分流入 DB170-11 传感器造成仪器短路。聚四氟乙烯防水透湿层压织物膜的厚度为 30～50μm，透湿量大于 10000g/（m^2·h），耐水压大于 10000mm 水柱，耐温差为－150～300℃，并且耐强酸、强碱等化学物质。

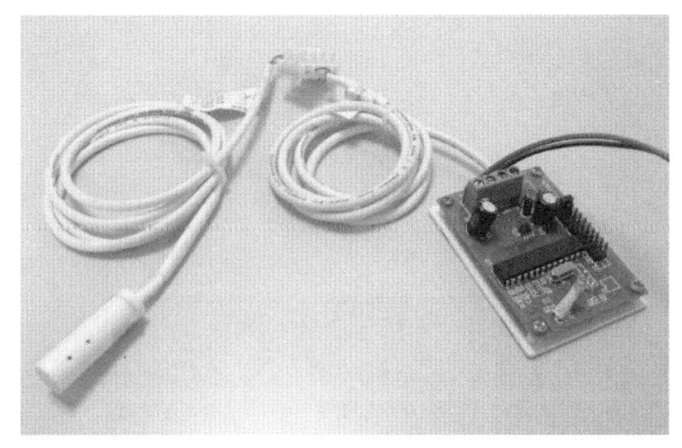

图 5.21　DB170-11 温湿度传感器与变送器连接图

图 5.22　聚四氟乙烯防水透湿层压布料

混凝土结构暴露试验框架梁截面尺寸为 100mm×150mm（图 5.23）。混凝土框架梁材料组成如表 5.5 所示。由图 5.15 可以看到，日照腹板所受热流最为复杂，选取此种情况进行表面温度验证较具代表性，故在框架梁侧表面布置温湿度传感器进行温湿度监测（图 5.17、图 5.23）。内部温湿度传感器布置分别如图 5.24 和图 5.25 所示。温湿度传感器施工现场布置如图 5.26 所示。

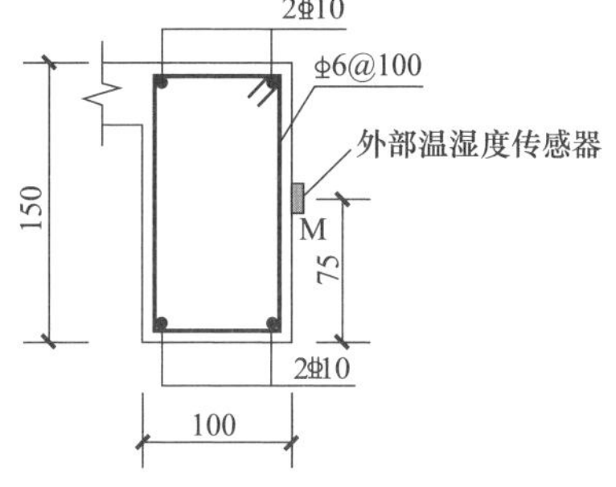

图 5.23　暴露试验框架梁截面尺寸

表 5.5 暴露试验框架混凝土材料组成

强度等级	水灰比	水泥含量/（kg/m³）	水含量/（kg/m³）	沙子含量/（kg/m³）	粗骨料含量/（kg/m³）	砂率/%	石子最大粒径/mm
C50	0.53	383	203	766	1149	0.4	20

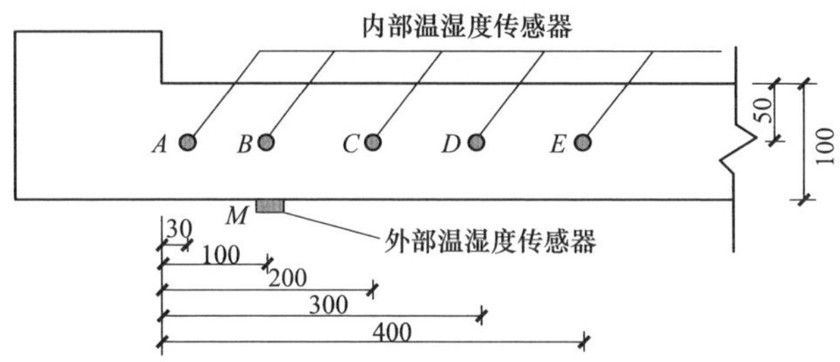

图 5.24 暴露试验框架结构内部传感器平面布置图

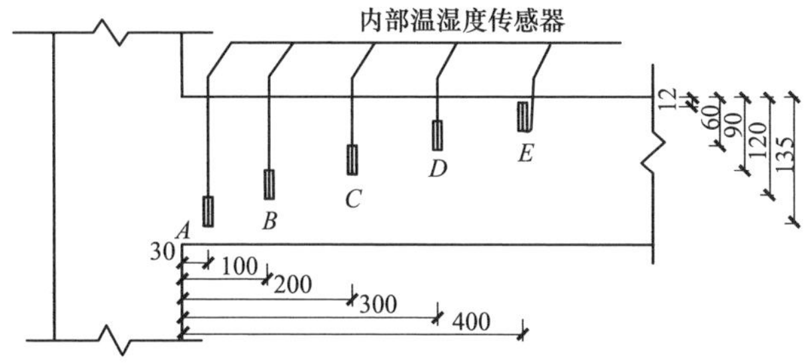

图 5.25 暴露试验框架结构内部传感器立面布置图

图 5.26 暴露试验框架温湿度传感器施工现场布置图

选取采集到的 2011 年 4 月 1 日～5 月 31 日两个月共计 61d（1464h）逐时数据进行分析。该结构周围环境温度及布设在混凝土梁表面 *M* 点处温湿度传感器所监测的混凝土表面温度如图 5.27 所示。

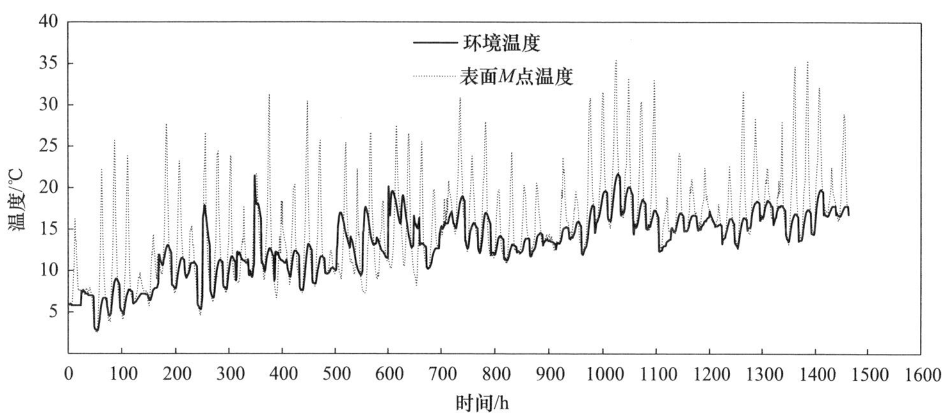

图 5.27　暴露试验框架环境温度和构件表面温度测试数据

通过两条曲线面积积分计算，即可得到 61d 平均意义上的环境作用值。其中，61d 环境平均温度为 13.27℃；采集到的梁表面 61d 平均温度为 15.13℃。

太阳直射点的纬度可按式（5.19）计算[17]：

$$\theta_v = 23°26' - (R - R_{6月22日}) \times (23°26' \times 4/365) \tag{5.19}$$

式中，R 为某日日期；$R-R_{6月22日}$为该日与 6 月 22 日相差的天数，其中，6 月 22 日太阳直射点位于北回归线上；23°26′×4/365 为太阳直射点一日内移动的纬度距离（假设移动是匀速的）。计算结果若是正值，则表示为北纬度。

应用式（5.19），得到该地区 61d 太阳直射点的纬度 θ_v，并由式（5.17）计算得 61d 的正午太阳高度角 α_h，如表 5.6 所示。

表 5.6　正午太阳高度角（部分日期示例）

日期	4 月 1 日	4 月 5 日	4 月 10 日	4 月 15 日	4 月 20 日	4 月 25 日	4 月 30 日
θ_v/（°）	2.377	3.405	4.690	5.975	7.260	8.545	9.830
α_h/（°）	56.307	57.335	58.620	59.905	61.190	62.475	63.760
日期	5 月 1 日	5 月 5 日	5 月 10 日	5 月 15 日	5 月 20 日	5 月 25 日	5 月 31 日
θ_v/（°）	10.087	11.115	12.400	13.685	14.969	16.254	17.796
α_h/（°）	64.017	65.045	66.330	67.615	68.899	70.184	71.726

按图 5.28 及式（5.18）的方法计算 61d 平均太阳高度角约为 16.00°。

该经纬度处的框架梁位置参数及各种环境参数如图 5.29 及表 5.7 所示。其中，风速选用中国气象科学共享服务网提供的 2011 年青岛 4 月和 5 月平均风速的均值 $v=(4.0+3.8)/2=3.9$（m/s）。将以上参数和环境温度 13.27℃代入式（5.9）～式（5.16），即可得到 61d 框架梁表面平均温度为 17.29℃。这与混凝土表面 61d 实测平均温度均值 15.13℃接近，证明采用该方法可较准确地计算具有平均意义的混凝土表面温度值。

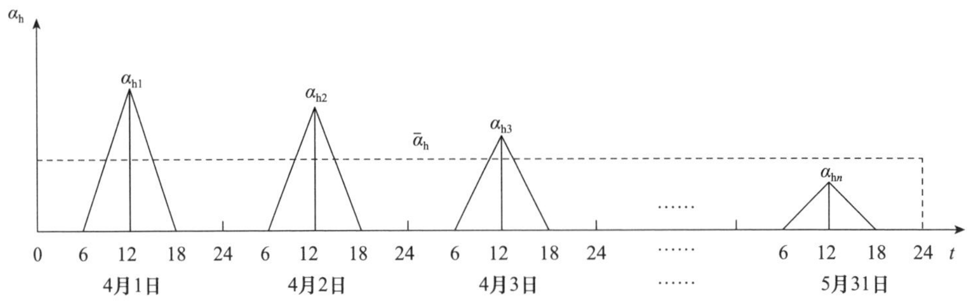

图 5.28　61d 太阳高度角示意图

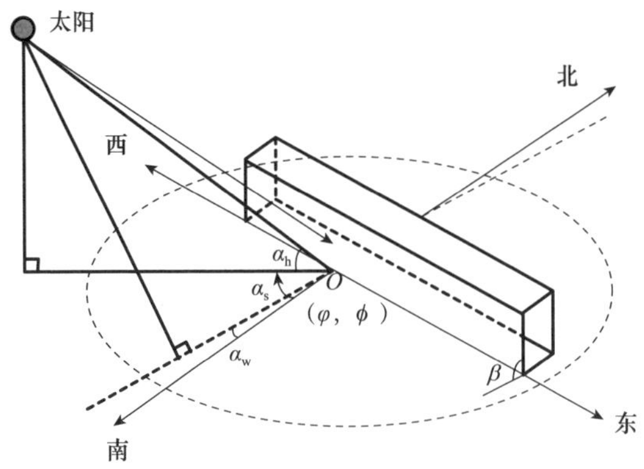

经度 φ：120.33°E；纬度 ϕ：36.07°N。

图 5.29　暴露试验框架梁位置示意图

表 5.7　计算参数表

环境参数									位置参数		
ε_{BL}	r_{uk}	v/(m/s)	α_K/[W/(m²·K)]	A_{BK}	J_0/(W/m²)	ε_a	q_1	q_2	φ/(°)	ϕ/(°)	α_w/(°)
0.8	0.25	3.9	18.61	0.6	1350	0.8	0.85	0.7	120.33	36.07	0

3. 表面温度计算算例

选取上海市中山北二路上的一座公路桥（北纬 31.3°N、东经 121.5°E）进行计算。当太阳到达北回归线时，此位置处的太阳高度角最大，为

$$\alpha_{h1}=90°-(\phi-\theta_v)=90°-(31.3°-23.45°)=82.15°$$

当太阳到达南回归线时，太阳高度角最小，为

$$\alpha_{h182}=90°-(\phi+\theta_v)=90°-(31.3°+23.45°)=35.25°$$

所以，由式（5.18）可得该经纬度处的太阳高度角年平均值为

$$\overline{\alpha}_h=\frac{\alpha_{h1}+\alpha_{h2}+\cdots+\alpha_{hn}}{728}=\frac{82.15°+\cdots+35.25°}{728}=14.68°$$

从图 5.10 中提取该公路桥所在经纬度（北纬 31.3°N、东经 121.5°E）下 1976 年的环境温度值为 15.15℃，从图 5.13 中提取该经纬度处 1976 年的热岛强度为 $\delta_{EE_1}=0.01$℃。考虑城市热岛效应后，该经纬度处的环境温度为 15.15℃−0.01℃＝15.14℃，即 1976 年平均绝对温度为 T'_A＝15.14K＋273.15K＝288.29K。假定该经纬度下的各种环境参量和位置参量（图 5.30）如表 5.8 所示，将以上参量及此位置处太阳高度角年均值$\overline{\alpha}_h$代入式（5.6）～式（5.9）求解关于 T'_s 的四维超越方程，即可得该经纬度处混凝土桥梁行车道上表面、翼板和底板底面、阴影腹板表面、受日照腹板表面位置处 1976 年年均温度分别为 21.14℃、18.42℃、15.37℃、18.93℃。

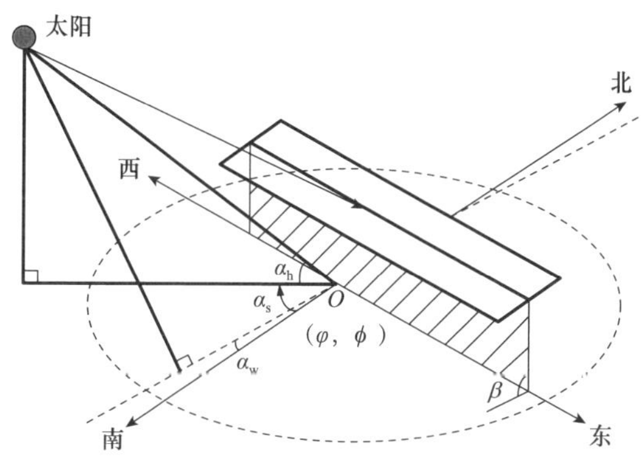

经度 φ：121.5°E；纬度 ϕ：31.3°N。

图 5.30　公路桥梁结构位置示意图

表 5.8　1976 年年均计算参数表

环境参数								位置参数		
ε_{BL}	r_{uk}	v/(m/s)	A_{BK}	J_0/[W/(m²)]	ε_a	q_1	q_2	φ/(°)	ϕ/(°)	α_w/(°)
0.8	0.25	2	0.6	1350	0.8	0.85	0.7	121.5	31.3	0

5.3.5　构件内部环境尺度上的温度值

1. 内部温度计算理论

对于大气温度而言，进行构件表面环境尺度到内部环境尺度的研究即温度由混凝土表面向混凝土内部传导的研究。为简化计算，可按一维热传导方程进行计

算，得混凝土内部任意深度处的温度值。

假设无限大混凝土板，厚度为 2δ（m），混凝土内部初始温度（均匀一致）为 T_{c0}（℃），构件表面温度为 T_s（℃），环境与混凝土间的表面传热系数 h [W/(m²·K)] 为常数，混凝土导热系数为 λ [W/(m·K)]），导温系数为 a（m²/h），时间为 τ（s），距离为 x（m），则根据傅里叶导热基本定律和能量守恒原理建立的导热微分方程式如式（5.20）所示。

$$\frac{\partial T}{\partial \tau}=a\nabla^2 T=a\frac{\partial^2 T}{\partial x^2} \tag{5.20}$$

式中，∇^2为拉普拉斯算子。

式（5.20）的定解条件为　$T(x,\tau)\big|_{\tau=0}=T_{c0}$

$$\left.\frac{\partial T(x,\tau)}{\partial x}\right|_{x=0}=0$$

$$h\left[T(x,\tau)\big|_{x=\delta}-T_s\right]=-\lambda\left.\frac{\partial T(x,\tau)}{\partial x}\right|_{x=\delta}$$

引入过余温度变量 $\theta(x,\tau)=T(x,\tau)-T_s$，可以获得其解析解为[18]

$$\theta(x,\tau)=\theta_0\sum_{n=1}^{\infty}\frac{2\sin\beta_n}{\beta_n+\sin\beta_n\cos\beta_n}\cos\left(\beta_n\frac{x}{\delta}\right)\mathrm{e}^{-\beta_n^2\frac{a\tau}{\delta^2}} \tag{5.21}$$

式中，$\theta(x,\tau)$ 为任意位置任意时刻的过余温度；θ_0 为初始过余温度，$\theta_0=T_{c0}-T_s$；令 $F_0=a\tau/\delta^2$，为无因次数，称为傅里叶准则数；β_n 为超越方程式（5.22）的解。

$$\frac{\beta}{B_i}=\cot\beta \tag{5.22}$$

式中，$B_i=h\delta/\lambda$ 是个量纲为 1 的数，称为毕奥准则。文献 [18] 中给出了不同的 B_i 对应的超越方程的前 6 个根，如表 5.9 所示。

表 5.9　毕奥准则取值

B_i	β_1	β_2	β_3	β_4	β_5	β_6
0	0.0000	3.1416	6.2832	9.4248	12.5664	15.7080
0.001	0.0316	3.1419	6.2833	9.4249	12.5665	15.7080
0.004	0.0447	3.1422	6.2835	9.4250	12.5665	15.7081
0.006	0.0632	3.1429	6.2838	9.4552	12.5667	15.7082
0.008	0.0774	3.1435	6.2841	9.4254	12.5668	15.7083
0.01	0.0893	3.1441	6.2845	9.4256	12.5670	15.7085
0.02	0.0998	3.1448	6.2864	9.4258	12.5672	15.7086

续表

B_i	β_1	β_2	β_3	β_4	β_5	β_6
0.04	0.1410	3.1479	6.2895	9.4269	12.5680	15.7086
0.06	0.1987	3.1543	6.2927	9.4290	12.5696	15.7092
0.08	0.1410	3.1606	6.2959	9.4311	12.5711	15.7105
0.1	0.1987	3.1668	6.2991	9.4354	12.5727	15.7118
0.2	0.4328	3.2039	6.3148	9.4459	12.5832	15.7207
0.3	0.5218	3.2341	6.3305	9.4565	12.5902	15.7270
0.4	0.5932	3.2636	6.3461	9.4670	12.5981	15.7334
0.5	0.6533	3.2923	6.3616	9.4775	12.6060	15.7397
0.6	0.7051	3.2304	6.3770	9.4879	12.6139	15.7460
0.7	0.7506	3.3477	6.3923	9.4983	12.6218	15.7524
0.8	0.7910	3.3744	6.4074	9.5087	12.6296	15.7587
0.9	0.8274	3.4003	6.4224	9.5190	12.6375	15.7650
1.0	0.8603	3.4256	6.4373	9.5293	12.6453	15.7713
1.5	0.9882	3.5422	6.5075	9.5801	12.6841	15.8026
2.0	1.0769	3.6436	6.5783	9.6296	12.7223	15.8336
3.0	1.1925	3.8088	6.7040	9.7240	12.7966	15.8945
4.0	1.2646	3.9352	6.8140	9.8119	12.8678	15.9536
5.0	1.3138	4.0336	6.9096	9.8928	12.9352	16.0107
6.0	1.3496	4.1116	6.9924	9.9667	12.9988	16.0654
7.0	1.3766	4.1746	7.0640	10.0339	13.0584	16.1177
8.0	1.3978	4.2264	7.1263	10.0949	13.1141	16.1675
9.0	1. 4149	4.2694	7.1806	10.1502	13.1660	16.2147
10.0	1.4289	4.3058	7.2281	10.2003	13.2142	16.2594
15.0	1.4729	4.2255	7.3959	10.3898	13.4078	16.4474
20.0	4.4961	4.4915	7.4954	10.5117	13.5420	16.5864
30.0	1.5202	4.5615	7.6057	10.6543	13.7085	16.7691
40.0	1.5325	4.5979	7.6647	10.7334	13.8048	16.8794
50.0	1.5400	4.6202	7.7012	10.7832	13.8666	16.9519
60.0	1.5451	4.6353	7.7259	10.8172	13.9094	17.0026
80.0	1.5514	4.6543	7.7573	10.8606	13.9644	17.0686
100.0	1.5552	4.6658	7.7764	10.8871	13.9981	17.1093
∞	1.5708	4.7124	7.8540	10.9956	14.1327	17.2788

2. 内部温度计算方法验证

采用图 5.24 所示框架梁表面 M 点和内部 B 点温度实测值对上一节方法进行验证。61d 监测得到的混凝土内部温度值如图 5.31 所示。从图中可以看出，混凝土表面和内部温度值近乎相同，由此可以推断混凝土外部到内部温度传导较快，在很短时间里混凝土内部温度值即可达到一致。通过曲线面积积分计算，可得两条曲线 61d 平均意义上的环境作用值。将混凝土表面温度平均值代入式（5.21），即可得从梁侧表面传入混凝土内部 50mm 处 B 点的温度平均值，如表 5.10 所示。从表 5.10 中可以看出，内部温度计算值与实测值较为接近，因此采用式（5.21）可以较好地计算具有平均意义的混凝土内部的温度值。

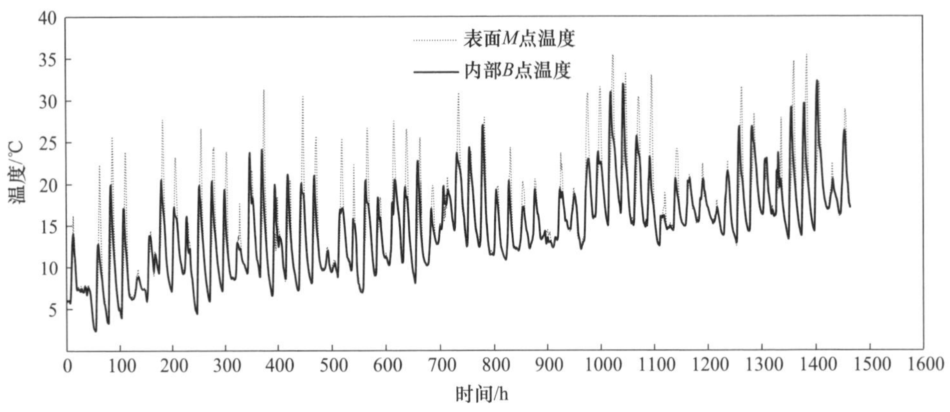

图 5.31　暴露试验框架混凝土表面及内部温度值

表 5.10　暴露试验框架表面和内部日温度计算值与实测值比较

比较值	距混凝土表面深度 x/mm	观测点	实测值（61d 平均温度）/℃	计算值（61d 平均温度）/℃
表面温度	0	M	15.13	—
内部温度	50	B	14.75	14.27

3. 内部温度计算算例

假定混凝土 $\delta=0.25$m，混凝土表面传热系数 $h=8.15$W/（m^2·K），导热系数 $\lambda=0.815$W/（m·K），导温系数 $a=0.00146$m^2/h，混凝土表面初始边界条件 $T_s=21.14$℃，混凝土内部初始温度为 $T_{c0}=10$℃。此时毕奥准则 $B_i=h\delta/\lambda=2.5$，从表 5.9 中查得其对应的超越方程的 6 个根后，代入式（5.21）进行计算，得到任意位置任意时刻的过余温度，从而获得任意位置、任意时刻的混凝土内部温度值。最终计算结果如表 5.11 所示。

表 5.11　混凝土内部温度计算值　（单位：℃）

时间	温度计算值				
	0.02m 处	0.05m 处	0.10m 处	0.15m 处	0.20m 处
1d	17.88	17.15	16.11	15.32	14.83
2d	20.19	19.71	18.87	18.10	17.57
3d	20.86	20.63	20.11	19.55	19.12
5d	21.11	21.07	20.93	20.71	20.49
10d	21.14	21.14	21.14	21.12	21.10

从表 5.10 中可以看出，10d 以后混凝土内、外温度基本一致。因此，就大气温度而言，从年平均意义上讲，在混凝土结构构件处于外部恒定温度下，可不考虑混凝土内、外部环境的不同，直接以混凝土结构表面年平均温度值作为混凝土内部的温度值进行研究。实际工程中（非恒定温度下），尽管混凝土结构构件内部温度与构件表面温度之间存在滞后效应，但是其滞后效应基本不随环境参数的变化而变化[19]，故可将混凝土构件表面温度的时变规律近似代替为混凝土内部温度的时变规律进行研究。

5.4　空间多尺度相对湿度值

相对湿度是影响混凝土结构全寿命性能的重要环境作用之一。混凝土中的不均匀湿度分布会引起干缩变形，导致混凝土表面产生拉应力出现裂缝，为外部复杂环境作用的渗入提供便利[20]。而且，相对湿度本身对引起材料或结构性能劣化的各种作用如混凝土碳化、氯盐侵蚀、钢筋锈蚀等也有显著影响。

为获取混凝土内部不同湿度场，可在混凝土内部布设湿度传感器进行测量，但是混凝土结构的耐久性病害是日积月累的长期过程，仅仅通过布设数量有限的传感器及采集有限周期的混凝土内部相对湿度值，不能完全描述相对湿度对混凝土结构性能的整个影响过程。在我国，具有历史记录的相对湿度数据存在于全国各个气象站点内。在不考虑时间因素影响的前提下，建立从已有气象站点的相对湿度值到混凝土内部各个位置处的湿度值的理论模型，成为混凝土结构全寿命性能研究中的关键科学问题之一。本节根据建立的空间多尺度环境作用模型框架及其数学模型，对相对湿度的空间特性进行研究，即通过对空间各尺度上影响相对湿度的不同环境因素的逐步调整，计算混凝土结构内部任意位置处的相对湿度值，为准确预估影响混凝土结构全寿命性能的各种介质侵蚀过程提供基本依据。

5.4.1　全局环境及地区环境尺度上的相对湿度值

与 5.3 节环境温度空间多尺度研究类似，因为 1976 年年均相对湿度值可通过全国分布的各气象站点获得，所以同样从地区环境尺度开始逐步进行以下几个尺度的研究。此时，全局环境尺度是指混凝土结构所在的中国版图范围。

5.4.2　工程环境尺度上的相对湿度值

考虑地区环境尺度上各种环境条件的影响，通过地区环境尺度上已有气象站点的大气相对湿度值，利用GIS技术，获得中国区域内工程环境尺度上（1km×1km）任意位置处的大气相对湿度值。大气相对湿度在地区环境尺度上的影响因素主要为空间分布的地理要素，如地理位置（包括经度、纬度、海拔和距海岸线距离）、大的山脉走向等。一个地区的相对湿度值与该地区的经度、纬度和海拔具有较好的线性关系，可用式（5.23）所示的多元线性回归方程表示[21-23]。

$$\mathrm{RH}_0 = a_0 + a_1 X + a_2 Y + a_3 Z \tag{5.23}$$

式中，RH_0为常规统计模型模拟的相对湿度值，%；X为经度，(°)；Y为纬度，(°)；Z为海拔，m；a_0为常数；a_1、a_2、a_3为回归系数。

仍采用“常规统计模型＋空间残差”的方法建立地区环境尺度到工程环境尺度上相对湿度值的定量关系。具体步骤如下：

（1）基于中国气象科学共享服务网，统计我国间距为100km以上的200个气象站点1976年的平均相对湿度值，剔除塔中、米林、温州、桦甸4个不连续站点数据，选取180个气象站点的相对湿度值按式（5.23）进行回归统计分析（其余16个站点用作模型验证）（图5.7），得到式（5.24）。

$$\mathrm{RH}_0 = 49.568 + 0.534X - 1.201Y - 0.002Z \tag{5.24}$$

（2）基于5.3.2节得到的中国数字高程模型（DEM），提取全国1km×1km范围上各采样点的地理信息（如经度、纬度和海拔信息等），并将其代入式（5.24）可得到全国任意1km×1km采样点范围内的1976年年均相对湿度值（图5.32）。

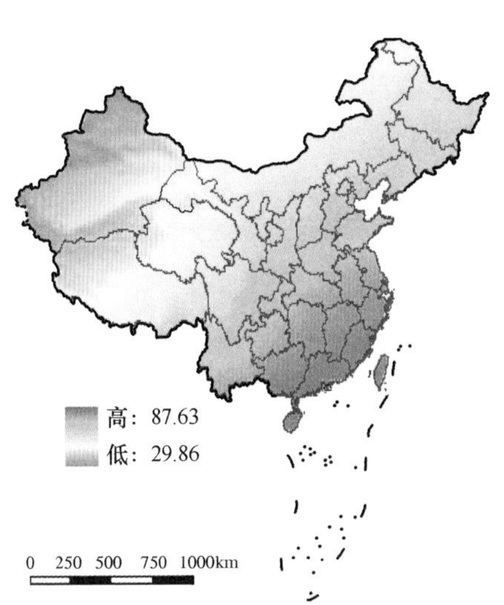

图5.32　常规统计模型计算图（1976年年均相对湿度）（单位：%）

（3）将180个残差值在中国区域内进行空间插值，得到全国任意1km×1km采样点上的残差值ΔRH（图5.33）。将此空间残差值与步骤（2）中得到的计算值（图5.32）进行叠加，即获得工程环境尺度上全国范围内1976年年均相对湿度分布图（图5.34）。

（4）与环境温度检验一致，选取剩余的16个检验站点（实测值与计算值如

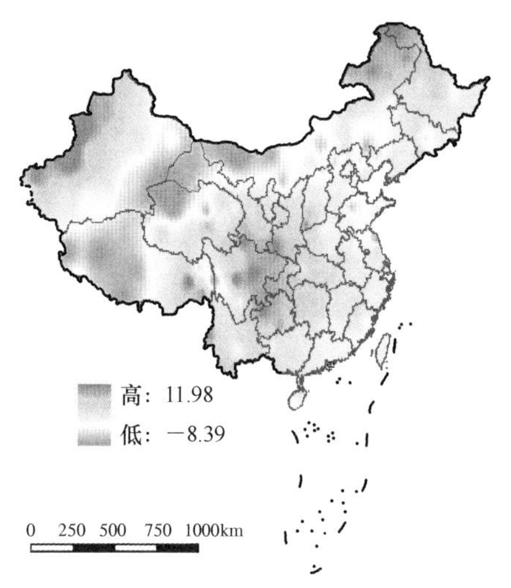

图 5.33　1976 年年均相对湿度残差分布图（单位：%）

图 5.34　1976 年年均相对湿度分布图（单位：%）

表 5.12 所示），分别通过相关系数（R^2）、平均绝对误差（MAE）和均方根误差（RMSE）3 个统计值进行检验，检验结果如表 5.13 所示。从表 5.13 中可以看出，采用“常规统计值＋空间残差”的方法计算得到的我国 1976 年年均相对湿度值的计算精度较常规统计值有明显提高。

表 5.12　1976 年相对湿度实测值与计算值的比较（检验站点）　（单位：%）

气象站点	实测值	常规统计值	常规统计值＋空间残差
临汾	64	65.22	61.83
高邮	76	73.97	71.84
鸡西	61	64.71	64.46
金华	76	78.47	76.74
麻城	74	73.27	74.24
广州	79	82.26	79.89
达尔罕茂明安联合旗	50	55.66	50.58
中宁	54	58.43	58.01
广元	69	65.58	74.97
贵阳	78	72.39	80.60
格尔木	30	43.85	39.75
且末	39	46.94	44.27

续表

气象站点	实测值	常规统计值	常规统计值+空间残差
额尔古纳右旗	69	52.24	61.79
精河	62	49.36	54.39
德钦	72	60.15	59.66
拉萨	42	54.04	49.52

表 5.13　1976 年相对湿度计算值检验指标列表

检验指标	常规统计值	常规统计值+空间残差
R^2	0.680	0.851
MAE	6.726	4.657
RMSE	8.338	5.786

5.4.3　工程环境尺度上相对湿度值的修正

与混凝土结构空间多尺度温度值研究类似，工程环境尺度上，考虑城市干湿岛效应的影响可以获得郊区混凝土结构准确的相对湿度值。借助 GIS 技术，采用以下步骤获得全国干湿岛强度分布图。

（1）从中国气象局公共服务中心获取全国除港澳台以外的 31 个省会城市及其郊区气象站点 1976～2005 年逐年年均相对湿度值。定义城区气象站点与郊区气象站点的相对湿度差为当年的干湿岛强度值（用 ΔRH_0 表示），计算出全国 31 个省会城市 1976 年的干湿岛强度，如表 5.14 所示。

表 5.14　全国 31 个省会城市 1976 年干湿岛强度值

省、直辖市、自治区	城区、郊区	ΔRH_0/%	省、直辖市、自治区	城区、郊区	ΔRH_0/%
北京	北京、密云	1.58	江苏	南京、六合	−3.17
天津	天津、武清	−0.42	浙江	杭州、富阳	−4.08
上海	徐家汇、宝山	−0.92	福建	福州、闽侯	−3.33
重庆	沙坪坝、北碚	1.50	山东	济南、长清	−5.42
安徽	合肥、长丰	0.75	内蒙古	呼和浩特、武川	1.42
吉林	长春、九台	−3.00	黑龙江	哈尔滨、阿城	−3.33
辽宁	沈阳、新民	0.25	河南	郑州、中牟	−2.67
江西	南昌、安义	−3.83	湖北	武汉、黄陂	0.58
河北	石家庄、平山	−2.75	湖南	长沙、望城	1.33
山西	太原、阳曲	1.75	广东	广州、花都	0.17

续表

省、直辖市、自治区	城区、郊区	ΔRH_0/%	省、直辖市、自治区	城区、郊区	ΔRH_0/%
广西	南宁、武鸣	1.75	陕西	西安、临潼	6.17
海南	海口、琼山	0.02	甘肃	兰州、榆中	−5.00
四川	成都、温江	−1.92	青海	西宁、大通	−14.00
贵州	贵阳、修文	−5.58	宁夏	银川、永宁	−3.33
云南	昆明、呈贡	0.17	新疆	乌鲁木齐、小渠子	2.33
西藏	拉萨、当雄	−9.00			

（2）剔除南宁、沈阳、天津由于站点迁移或区站号变动带来的干湿岛强度突变点，选用剩余的全国 28 个省会城市作为计算站点。以 28 个城市 1976 年干湿岛强度为初始值，采用 MapWinGIS 地理信息处理软件，通过反距离权重插值方法，可计算得到全国 1976 年干湿岛强度分布图，如图 5.35 所示。

从图 5.35 中可以提取全国任意经纬度处 1976 年的干湿岛强度值，此项对应于式（5.1）中的 δ_{EE_2} 项（当城区相对湿度大于郊区相对湿度时，$\delta_{EE_2}>0$；当城区相对湿度小于郊区相对湿度时，$\delta_{EE_2}<0$）。将图 5.34 中的相对湿度值减去图 5.35 中对应点处的干湿岛强度值，即可准确获得 1976 年郊区混凝土结构所处的相对湿度值。

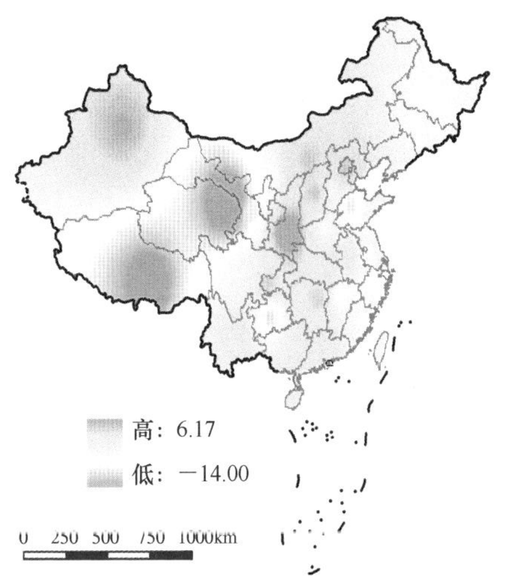

图 5.35　1976 年全国干湿岛强度分布图 ΔRH_0（单位：%）

5.4.4　构件表面环境尺度上的相对湿度值

与温度相似，自然环境下混凝土结构表面各点处的相对湿度也受结构所在的地理位置、所处的季节、云、雪、雾、雨等外部条件和构件表面材料、构件材料物理特性等的影响。

1. *混凝土表面相对湿度计算方法*

混凝土表面相对湿度 RH_s 可通过式（5.25）求得[24]。

$$RH_s=\frac{RH_{air}v_s(T_{air})}{v_s(T_s)} \tag{5.25}$$

式中，RH_{air} 为大气相对湿度，%；v_s 为指定温度下饱和蒸汽含量，g/m^3；T_{air} 为大气温度，K；T_s 为混凝土表面温度，K。

指定温度下空气饱和蒸汽含量 v_s 与饱和蒸汽压 p_s（T）的关系可由理想气体状态方程［式（5.26）］变换得到。v_s 可用式（5.27）表示。

$$pV=nRT=\frac{m}{M}RT \tag{5.26}$$

$$v_s=\frac{m}{V}=\frac{pM}{RT}=\frac{p_sM}{RT} \tag{5.27}$$

式中，m 为气体质量，g；V 为气体体积，m^3；M 为气体摩尔质量，g/mol；R 为比例系数，一般取 8.314J/（mol·K）；T 为气体温度，K。

饱和蒸汽压 p_s（T）可用式（5.28）表示[25]。

$$\ln\left[p_s(T)/\mathrm{kPa}\right]=68.148-\frac{7214.64\mathrm{K}}{T}-6.2973\ln(T/\mathrm{K}) \tag{5.28}$$

由式（5.25）可以看到，混凝土表面相对湿度值与混凝土周围环境相对湿度值、周围环境温度值和混凝土表面温度值密切相关。

2. 构件表面相对湿度计算方法验证

选取在青岛暴露试验场（图 5.17）监测到的相对湿度数据对计算方法进行验证。选用数据时间仍为 2011 年 4 月 1 日～5 月 31 日，实测数据如图 5.36 所示。

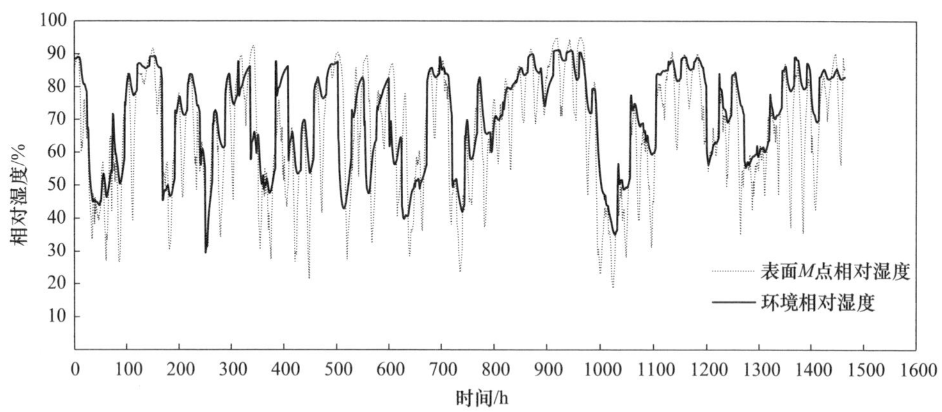

图 5.36 暴露试验框架环境和表面相对湿度实测值

同样对两条曲线进行面积积分，获得 61d 平均意义上的环境作用值。其中，61d 环境平均相对湿度为 70.60%；采集到的梁表面 61d 平均相对湿度为 66.63%。

采用式（5.25）～式（5.28）可计算该梁周围相对湿度值。其中，环境温度和混凝土框架梁表面温度选取 5.3.4 节 2. 中的实测值，即 $T_{air}=13.27\mathrm{K}+273.15\mathrm{K}=286.42\mathrm{K}$，$T_s=15.13\mathrm{K}+273.15\mathrm{K}=288.28\mathrm{K}$。

$$\begin{aligned}\ln\left[p_s(T_{air})/\text{kPa}\right]&=\ln\left[p_s(286.42)/\text{kPa}\right]\\&=68.148-\frac{7214.64}{286.42}-6.2973\ln(286.42)\\&\approx 7.331\end{aligned}$$

$$p_s(T_{air})/\text{kPa}=e^{7.331}\approx 1.5269$$

由式（5.28）得饱和蒸汽含量为

$$v_s(T_{air})=\frac{m}{V}=\frac{pM}{RT_{air}}=\frac{p_sM}{RT_{air}}=\frac{1.5269\text{kPa}\times 18\text{g/mol}}{8.314\text{J/(mol}\cdot\text{K)}\times 286.42\text{K}}\approx 0.01154\,\text{kg/m}^3=11.54\,\text{g/m}^3$$

同理可得混凝土表面温度下的空气饱和蒸汽压和饱和蒸汽含量：

$$\begin{aligned}\ln\left[p_s(T_s)/\text{kPa}\right]&=\ln\left[p_s(288.28)/\text{kPa}\right]\\&=68.148-\frac{7214.64}{288.28}-6.2973\ln(288.28)\\&\approx 7.454\end{aligned}$$

$$p_s(T_s)=e^{7.454}\approx 1.7268\text{kPa}$$

$$v_s(T_s)=\frac{m}{V}=\frac{pM}{RT_s}=\frac{p_sM}{RT_s}=\frac{1.7268\text{kPa}\times 18\text{g/mol}}{8.314\text{J/(mol}\cdot\text{K)}\times 288.28\text{K}}\approx 0.01297\,\text{kg/m}^3=12.97\,\text{g/m}^3$$

将上述参数代入式（5.25）得该梁周围相对湿度值为

$$\text{RH}_s=\frac{\text{RH}_{air}v_s(T_{air})}{v_s(T_s)}=\frac{70.60\%\times 11.54\text{g/m}^3}{12.97\text{g/m}^3}\approx 62.82\%$$

这与梁表面日均相对湿度值 66.63% 较为接近。因此，可采用该方法计算具有平均意义的混凝土表面相对湿度值。

3. 表面相对湿度计算算例

同样选取图 5.30 所示的上海市中山北二路上的一座公路桥（北纬 31.3°N、东经 121.5°E）进行计算。从图 5.34 中提取的该经纬度处的大气相对湿度为 77.92%，从图 5.35 中提取的该经纬度处的干湿岛强度为−0.94%。考虑城市干湿岛效应后，该经纬度处修正后的大气相对湿度为 $\text{RH}_{air}=77.92\%-(-0.94\%)=78.86\%$。由 5.3.4 节中的 3. 可知，桥梁所处周围环境 1976 年年均温度为 $T'_{air}=15.14$℃，对应的绝对温度为 $T_{air}=15.14\text{K}+273.15\text{K}=288.29\text{K}$，则由式（5.28）可计算该桥梁所处周围环境温度下的空气饱和蒸汽压为

$$\begin{aligned}\ln\left[p_s(T_{air})/\text{kPa}\right]&=\ln\left[p_s(288.29)/\text{kPa}\right]\\&=68.148-\frac{7214.64}{288.29}-6.2973\ln(288.29)\\&\approx 7.455\end{aligned}$$

$$p_s(T_{air})=e^{7.455}\approx 1.7279\text{kPa}$$

由式（5.27）得饱和蒸汽含量为

$$v_s(T_{air})=\frac{m}{V}=\frac{pM}{RT_{air}}=\frac{p_sM}{RT_{air}}=\frac{1.7279\text{kPa}\times18\text{g/mol}}{8.314\text{J/(mol}\cdot\text{K)}\times288.29\text{K}}\approx0.01298\text{kg/m}^3=12.98\text{g/m}^3$$

同理，由5.3.4节中的3.计算得到的该经纬度处桥梁行车道板上表面1976年年均温度 $T_s'=21.14℃$，对应的绝对温度为 $T_s=21.14\text{K}+273.15\text{K}=294.29\text{K}$，则可计算此温度下的空气饱和蒸汽压为

$$\begin{aligned}\ln[p_s(T_s)/\text{kPa}]&=\ln[p_s(294.29)/\text{kPa}]\\&=68.148-\frac{7214.64}{294.29}-6.2973\ln(294.29)\\&\approx7.86\end{aligned}$$

$$p_s(T_s)=e^{7.86}\approx2.59152\text{kPa}$$

对应的饱和蒸汽含量为

$$v_s(T_s)=\frac{m}{V}=\frac{pM}{RT_s}=\frac{p_sM}{RT_s}=\frac{2.59152\text{kPa}\times18\text{g/mol}}{8.314\text{J/(mol}\cdot\text{K)}\times294.29\text{K}}\approx0.01907\text{kg/m}^3=19.07\text{g/m}^3$$

将上述参数代入式（5.25）得该经纬度处桥梁行车道板的表面相对湿度为

$$\text{RH}_s=\frac{\text{RH}_{air}v_s(T_{air})}{v_s(T_s)}=\frac{78.86\%\times12.98\text{g/m}^3}{19.07\text{g/m}^3}\approx53.68(\%)$$

同理，由该桥梁结构翼板和底板底面1976年年均温度18.42℃，可计算得到对应的该经纬度处混凝土桥梁结构翼板和底板底面1976年年均相对湿度为64.63%；由阴影腹板表面1976年年均温度15.37℃，可计算得到对应的阴影腹板表面1976年年均相对湿度值为77.75%；由受日照腹板表面1976年年均温度18.93℃，可计算得到对应的受日照腹板表面1976年年均相对湿度为62.69%。

5.4.5 构件内部环境尺度上的相对湿度值

1. 内部相对湿度计算理论

基于经典的Fick第二定律［式（5.29）］，将上节得到的混凝土构件表面相对湿度值作为内部湿度场计算的边界条件，解得特定环境（恒湿）下混凝土构件内部环境相对湿度。

$$\frac{\partial\text{RH}}{\partial\tau}=-D\left(\frac{\partial^2\text{RH}}{\partial x^2}+\frac{\partial^2\text{RH}}{\partial y^2}+\frac{\partial^2\text{RH}}{\partial z^2}\right)\tag{5.29}$$

式中，RH为相对湿度，%；τ 为时间，s；D 为湿气在混凝土内的扩散系数，m^2/s，可按式（5.30）计算[26]。

$$D=D_1\left[\alpha_0+\frac{1-\alpha_0}{1+\left(\frac{1-\text{RH}}{1-\text{RH}_c}\right)^n}\right]\tag{5.30}$$

式中各系数参照 CEB-FIB 模式规范给出：$\alpha_0=0.05$；$RH_c=0.8$；$n=15$；$D_1=D_{1,0}/(f_{ck}/f_{ck0})$（$D_{1,0}=1\times10^{-9}m^2/s$，$f_{ck0}=10MPa$，$f_{ck}$ 为混凝土抗压强度标准值）。

令混凝土试件内部初始相对湿度为 RH_0，混凝土表面相对湿度为 RH_s。为简化计算，暂按一维扩散方程进行求解，即

$$\frac{\partial RH}{\partial \tau}=-D\frac{\partial^2 RH}{\partial x^2} \tag{5.31}$$

其中，初始条件：$\tau=0$ 时，对所有 x 值，$RH=RH_0$；

边界条件：$x=0$ 时，对所有 τ 值，$RH=RH_s$；

$x\to\infty$ 时，对所有 τ 值，$RH=RH_0$。

由式（5.31）解得混凝土内部相对湿度随时间 τ 的变化规律为

$$RH=RH_s-(RH_s-RH_0)\,\mathrm{erf}\left(\frac{x}{2\sqrt{D\tau}}\right) \tag{5.32}$$

式中，erf（·）为误差函数；x 为距离混凝土表面的深度，m。

2. 内部相对湿度计算方法验证

选用图 5.24 所示混凝土框架梁表面 M 点及内部 B 点位置处的相对湿度值进行验证。61d（1464h）逐时数据如图 5.37 所示。

从图 5.37 中可以看出，混凝土表面与内部相对湿度值相差较大，由此可以推断混凝土外部到内部相对湿度扩散较慢。通过曲线面积积分计算，可得两条曲线 61d 平均意义上的相对湿度值。将混凝土表面相对湿度值代入式（5.32），可得混凝土内部 50mm 处 B 点相对湿度的平均值，如表 5.15 所示。从表 5.15 中可以看出，内部相对湿度计算值与实测值吻合较好，说明采用以上方法可以较好地计算具有平均意义的混凝土内部的相对湿度值。

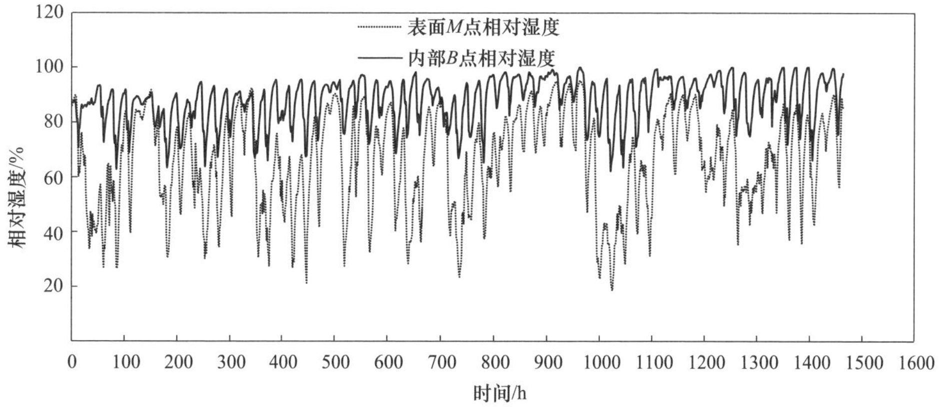

图 5.37　暴露试验框架表面和内部相对湿度实测数据

表 5.15　暴露试验框架表面和内部相对湿度计算值与实测值对比

相对湿度	距混凝土表面深度 x/mm	观测点	实测值（61d 平均相对湿度）/%	计算值（61d 平均相对湿度）/%
表面相对湿度	0	M	66.63	—
内部相对湿度	50	B	87.94	81.32

3. 内部相对湿度计算算例

选取强度等级为 C30 的混凝土，其抗压强度标准值为f_{ck}=20.1MPa；假定混凝土内部初始相对湿度为 RH_0=100%，混凝土表面相对湿度为 RH_s=53.68%。由式（5.32）可得任意时刻混凝土内部任意位置处的相对湿度 RH。整个过程通过 Matlab 软件实现，最终计算结果如图 5.38 及表 5.16 所示。

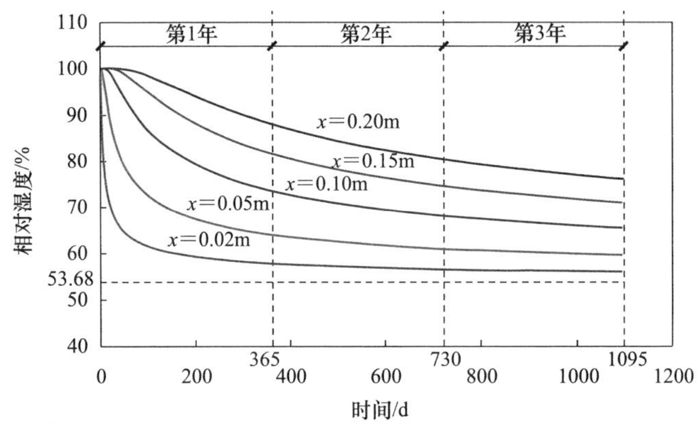

图 5.38　混凝土内部相对湿度随时变化规律

表 5.16　混凝土内部相对湿度计算值　（单位：%）

时间	计算值				
	0.02m 处	0.05m 处	0.10m 处	0.15m 处	0.20m 处
1d	98.56	100	100	100	100
5d	84.50	99.26	100	100	100
10d	77.06	95.92	99.97	100	100
15d	73.25	92.41	99.75	100	100
50d	64.78	79.36	94.11	98.87	99.89
100d	61.59	72.68	86.99	95.10	98.56
365d	57.84	63.97	73.49	81.61	88.01
545d	57.09	62.14	70.17	77.38	83.53
730d	56.63	61.01	68.05	74.56	80.33
1095d	56.09	59.68	65.52	71.05	76.17

图 5.38 描述了 3 年内混凝土内部不同深度相对湿度值随时间的变化规律。表 5.16 列出了部分计算结果。从图 5.38 可以看到，由于混凝土内外相对湿度差的影响，混凝土内部不同深度处的相对湿度值由初始值的 100% 发生了不同程度的降低；两年后，不同深度处的相对湿度值变化渐趋平缓。结合表 5.16 还可以看出，表层混凝土（x=0.02m）较深层混凝土（x=0.20m）对相对湿度的感应更迅速，表层混凝土相对湿度值降低程度较快，经过 50d 的时间，表层混凝土相对湿度值已经降至初始湿度值的 2/3 左右（64.78%），而深层混凝土相对湿度基本没有变化；由于初始混凝土表面相对湿度（53.68%）与混凝土内部相对湿度（100%）差值较大，经过 3 年（1095 天）的时间，距混凝土表面 0.02m 处的混凝土相对湿度值（56.09%）还未达到初始混凝土表面相对湿度值（53.68%）。

根据图 5.38 中各曲线与时间轴所围成的面积和年均相对湿度值与时间轴围成的面积相等的原则，可计算得到混凝土内部不同深度的年均相对湿度值，如表 5.17 所示。由表 5.17 可以看出，就相对湿度而言，从年平均意义上讲，即便混凝土结构构件处于外部恒定的相对湿度下，内部相对湿度值也不相同。

表 5.17　混凝土内部年均相对湿度值　（单位：%）

深度 /m	平均相对湿度		
	第 1 年	第 2 年	第 3 年
0.02	61.18	56.97	56.18
0.05	70.86	62.07	60.11
0.10	82.55	70.14	66.47
0.15	90.01	77.35	72.44
0.20	94.51	83.47	77.86

参 考 文 献

[1] 马文彬，李果. 自然气候条件下混凝土内部温湿度相应规律研究［J］. 混凝土与水泥制品，2007（2）：18-21.

[2] 徐宁，张伟平，顾祥林，等. 混凝土结构空间多尺度环境作用研究［J］. 同济大学学报（自然科学版），2012，40（2）：159-166.

[3] 徐宁，黄庆华，张伟平，等. 混凝土结构空间多尺度相对湿度值［J］. 土木建筑与环境工程，2012，34（1）：35-41.

[4] HAAGENRUD S E. Environmental characterisation including equipment for monitoring［R］. CIB W80/RILEM 140PSL，Subgroup 2 Report，1997.

[5] BE95-1347. Working report：Environmental actions and response survey，inspection and measurements［R］. EU project - Brite Euram，1999.

[6] LINDVALL A. Environmental actions and response-reinforced concrete structures exposed in road and marine environments［D］. Göteborg：Department of Building Materials，Chalmers University of Technology，

2001.

[7] COLE I S, PATERSON D A, GANTHER W D. A holistic model for atmospheric corrosion: part 1-theoretical framework for production, transport and deposition of marine salts [J]. Corrosion engineering, science and technology, 2003, 38 (2): 153-162.

[8] HUANG Q H, XU N, GU X L, et al. Environmental zonation for durability assessment and design of reinforced concrete structures in China [C] // Proceedings of the First International Conference on Microstructure Related Durability of Cementitious Composites, Nanjing, China, 2008: 735-744.

[9] 方精云. 地理要素对我国温度分布影响的数量评价 [J]. 生态学报, 1992, 12 (2): 92-104.

[10] 张洪亮, 倪绍祥, 邓自旺, 等. 基于 DEM 的山区气温空间模拟方法 [J]. 山地学报, 2002, 20 (3): 360-364.

[11] 宋轩, 段金龙, 杜丽平. 城市热岛效应研究概况 [J]. 气象与环境科学, 2009, 32 (3): 68-72.

[12] 王建凯, 王开存, 王普才. 基于 MODIS 地表温度产品的北京城市热岛 (冷岛) 强度分析 [J]. 遥感学报, 2007, 11 (3): 330-339.

[13] 周淑贞, 束炯. 城市气候学 [M]. 北京: 气象出版社, 1994.

[14] 徐宁, 顾祥林, 黄庆华, 等. 工程环境尺度上混凝土结构环境作用研究 [J]. 北京工业大学学报, 2011, 37 (s1): 34-41.

[15] 刘兴法. 混凝土结构的温度应力分析 [M]. 北京: 人民交通出版社, 1991.

[16] 凯尔别克. 太阳辐射对桥梁结构的影响 [M]. 刘兴法, 等译. 北京: 中国铁道出版社, 1981.

[17] 刘琦, 王德华. 建筑日照设计 [M]. 北京: 中国水利水电出版社, 2008.

[18] 章熙民, 任泽霈, 梅飞鸣. 传热学 [M]. 北京: 中国建筑工业出版社, 1992.

[19] BAZANT Z P, XI Y P. Stochastic drying and creep effects in concrete structures [J]. Journal of structural engineering, 1993, 119 (1): 301-322.

[20] RYU D W, KO J W, NOGUCHI T. Effects of simulated environmental conditions on the internal relative humidity and relative moisture content distribution of exposed concrete [J]. Cement and concrete composites, 2011, 33 (1): 142-153.

[21] 张洪亮, 倪绍祥, 邓自旺, 等. 基于 DEM 的山区相对湿度空间模拟方法 [J]. 山地学报,2002,20 (3): 360-364.

[22] 李晓燕, 王宗明, 宋开山, 等. 松嫩平原气候数据空间分布模型及栅格化信息系统的建立 [J]. 中国农业气象, 2007, 28 (1): 76-79.

[23] 王宗明, 宋开山, 张柏, 等. 东北地区农业气候资源空间分布模型的建立 [J]. 中国农学通报, 2007, 23 (11): 351-357.

[24] LINDVALL A. Modeling of the influence from environmental actions on the durability of reinforced concrete structures [C] //Proceedings of the 2nd International Conference on Concrete Repair, Rehabilitation and Retrofitting. Boca Raton: Crc Press-Taylor & Francis Group, 2009: 145-146.

[25] 李春秋, 李克非, 陈肇元. 混凝土中水分传输的边界条件研究 [J]. 工程力学, 2009, 26 (8): 74-81.

[26] International Federation for Structural Concrete Model code for concrete structures [S]. Lausanne, Switzerland: Thomas Telford, 1990.

第 6 章　混凝土结构环境作用的代表值及预测系统

混凝土结构所受环境作用在时间上具有时变性，在空间上存在差异性。进行混凝土结构全寿命性能评估和基于预期寿命的结构设计需要获得工程项目所在位置处任意时间的环境作用值。为此，本章基于第 4 章环境作用时间特性及第 5 章环境作用空间特性的研究成果，考虑环境作用时空相关性，通过分析空间各尺度上调整值（Δ_{EG_i}、$\Delta_{\mathrm{E}R_j}$、Δ_{EE_k}、Δ_{ES_l}、$\Delta_{\mathrm{E}I_m}$）的随时变化规律，确定出全国任意时间任意经纬度处的环境作用代表值。

对全国气象监测站点记录的历史数据进行统计分析，即可建立未来环境作用的预测模型。然而，随着时间的推移，数据记录越来越多。只有通过不断更新实测数据重新进行统计分析，修正环境作用预测模型，才能使其预测更准确。为实现这一目的，作者及其研究团队以混凝土结构多尺度环境作用研究为理论基础，利用提出的环境温湿度多尺度模型，考虑温湿度空间多尺度分布特点和时变性，采用基于历史数据的环境温湿度统计预测方法，开发了能够不断扩大、更新我国气象站点环境温湿度数据的动态数据库。本章还将介绍这一数据库的构成及功能。

6.1　环境作用的时空特性

混凝土结构环境作用的时空间分布特性，可以看作一个随时间和空间变化的三维曲面，如图 4.1 所示。第 4 章和第 5 章分别就混凝土结构环境作用的时间特性和空间特性展开分析。其中，第 4 章时间特性研究是在空间范畴地区环境尺度上进行的，研究内容对应于环境作用时空尺度示意图（图 6.1）中的一条曲线段，时间尺度轴为第 4 章研究中的不同时间尺度；第 5 章空间特性研究在时间“年均”尺度上进行，研究内容对应于环境作用时空尺度示意图（图 6.2）中的一条曲线段，空间尺度轴则为空间多尺度模型中划分的不同空间尺度。

为此，可以得到环境作用时空特性区域内的两条曲线段（图 6.3）。又因为在时间多尺度环境作用研究中，用于混凝土结构性能计算的计算尺度为“年均”尺度，所以图 6.3 中的时间尺度轴可以转换为图 6.4 中的具体“年均”时间轴。图 6.4 中，1976 年为已有数据资料 1976～2005 年的初始年。由图 6.4 中的两条曲线段选用适合的分析方法即可推得整个时空区域内的任意环境作用值，即全国

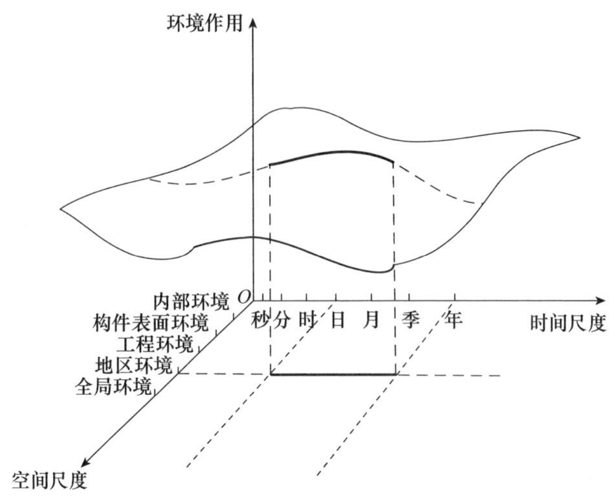

图 6.1　环境作用时间多尺度研究

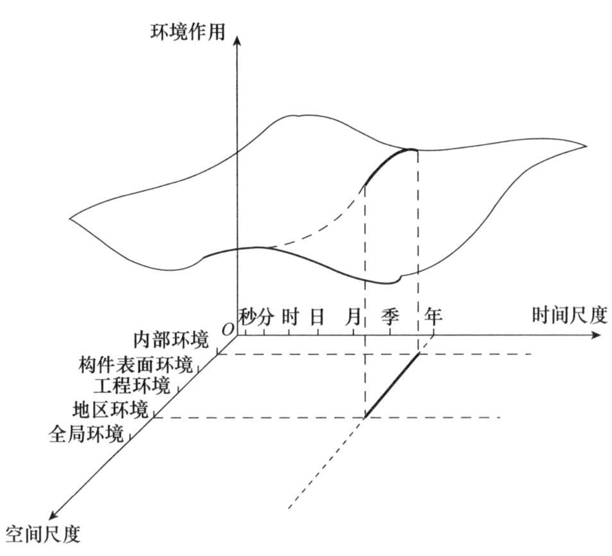

图 6.2　环境作用空间多尺度研究

任意经纬度处、未来任意时间的环境作用代表值。

对于混凝土结构设计而言，由于具有历史记录的环境作用值可从气象站点或环境监测站点获得，混凝土结构全寿命性能分析的时间尺度研究范围将集中在未来年份，而其空间尺度研究范围主要集中在地区环境尺度以下（即现有气象站或监测站点分布范围以内），因此用于混凝土结构性能评估或全寿命设计计算的环境作用的时空特性研究范围集中在图 6.4 中的阴影区域 Ω 内。

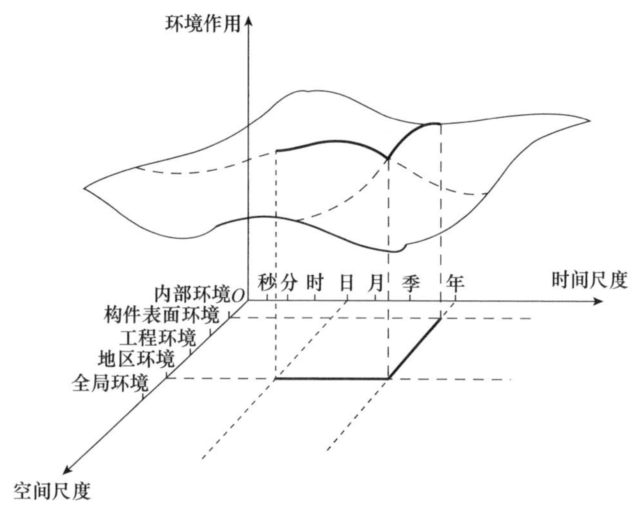

图 6.3　环境作用时空特性研究的初始曲线

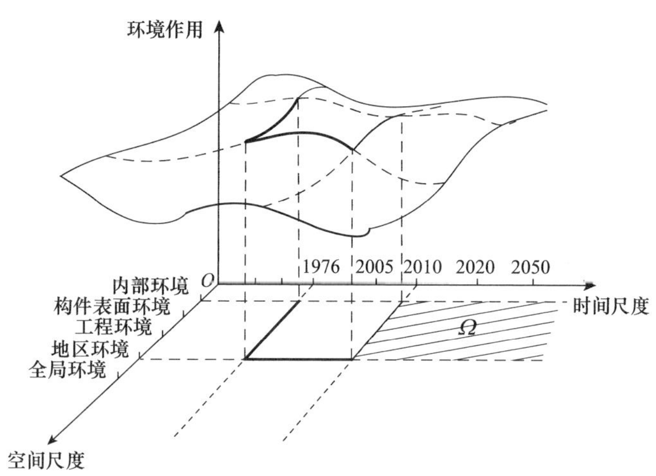

图 6.4　全寿命性能分析用环境作用时空区域

本章将基于环境作用时间和空间特性研究成果，计算不同空间尺度上对应的具体年均环境作用值，以期为混凝土结构全寿命性能评估和基于预期寿命的结构设计提供依据。

6.2　考虑时空特性的环境作用代表值

基于 1976～2005 年 30a 的环境作用值，以 1976 年为基准年，基于第 5 章

1976 年环境作用空间多尺度的研究成果（对应于图 6.5 中的直线 AA_3），考虑基准年各空间尺度上调整值（$\varDelta_{1976G}$、$\varDelta_{1976R}$、$\varDelta_{1976E}$、$\varDelta_{1976S}$、$\varDelta_{1976I}$）随时间的变化规律（设变化量分别为 $\varDelta_{tG}$、$\varDelta_{tR}$、$\varDelta_{tE}$、$\varDelta_{tS}$、$\varDelta_{tI}$），可获得未来第 n 年各个空间尺度上的环境作用代表值，可用式（6.1）表示。

$$\begin{aligned} E_{\mathrm{INT}}=E_0&+\delta_{\mathrm{E}G_1}+\delta_{\mathrm{E}G_2}+\cdots+\delta_{\mathrm{E}G_i}+\varDelta_{tG} \\ &+\delta_{\mathrm{E}R_1}+\delta_{\mathrm{E}R_2}+\cdots+\delta_{\mathrm{E}R_j}+\varDelta_{tR} \\ &+\delta_{\mathrm{E}E_1}+\delta_{\mathrm{E}E_2}+\cdots+\delta_{\mathrm{E}E_k}+\varDelta_{tE} \\ &+\delta_{\mathrm{E}S_1}+\delta_{\mathrm{E}S_2}+\cdots+\delta_{\mathrm{E}S_l}+\varDelta_{tS} \\ &+\delta_{\mathrm{E}I_1}+\delta_{\mathrm{E}I_2}+\cdots+\delta_{\mathrm{E}I_m}+\varDelta_{tI} \end{aligned} \tag{6.1}$$

式中，$\varDelta_{tG}$、$\varDelta_{tR}$、$\varDelta_{tE}$、$\varDelta_{tS}$、$\varDelta_{tI}$ 分别为不同空间尺度上的环境作用调整值在（$n-1976$）年内的变化量；式中其他变量含义同式（5.1）；显然，若忽略材料性能变化的影响，则有 $\varDelta_{tS}=\varDelta_{tI}=0$。

通过以下步骤可获得全国任意时空范围 Ω（图 6.4）内的环境作用代表值（以图中 A 点到图中 B_3 点示意）。

（1）计算地区环境尺度上环境作用调整值随时间的变化量 $\varDelta_{tR}$，获得未来第 n 年地区环境尺度上对应的环境作用初始值 E_{tR}（A 到 B）。计算公式为 $E_{tR}=E_0+\varDelta_{tR}$（$A$ 点对应于初始计算值 E_0）。

（2）分别计算基准年工程环境尺度、构件表面环境尺度、混凝土内部环境尺度上环境作用调整值（$\varDelta_{1976E}$、$\varDelta_{1976S}$、$\varDelta_{1976I}$）随时间的变化量 $\varDelta_{tE}$、$\varDelta_{tS}$、$\varDelta_{tI}$，在图 6.5 中，分析过程对应于 A_1 到 B_1、A_2 到 B_2、A_3 到 B_3。

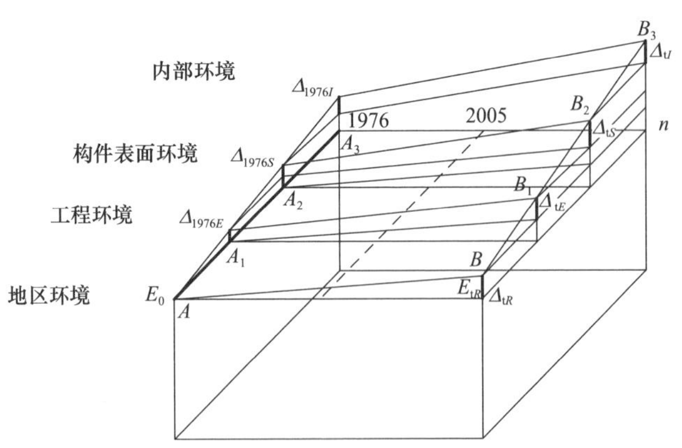

图 6.5　考虑时空特性环境作用代表值的确定方法

（3）由第 n 年地区环境尺度上的初始环境作用值（B 点），通过各个尺度上变化量的再次调整，即可得到未来年份 n 对应的混凝土内部的环境作用值（B_3）。计算公式为 $E_{tI}=E_{tR}+\Delta_{tE}+\Delta_{tS}+\Delta_{tI}$。

6.3　环境作用代表值的计算实例

以计算 2009 年工程环境尺度上的环境作用值（主要为大气温度和相对湿度值）为例，计算考虑时空特性的环境作用代表值。

6.3.1　计算 2009 年地区环境尺度上的环境作用初始值 E_{tR}

统计全国 200 个城市 1976～2005 年的大气温度和相对湿度值，剔除塔中、米林、温州、桦甸 4 个不连续站点数据，选取 180 个站点的环境作用值进行年际变化规律研究（剩余 16 个站点作为检验站点）。

第 4 章研究结果表明，采用 Holt-Winters 模型可以较准确地预测年均大气温度和相对湿度的变化规律。但是，该种方法每次计算均需要前期历史记录，计算过程也稍显复杂。为简化计算，便于工程应用，可采用以下线性简化方法预测时变规律。

基于长春、乌鲁木齐、拉萨、海口 4 个城市 1976～2005 年 30a 年均温度及相对湿度值，选取 1976 年为基准年，以 1976 年温度和相对湿度为初始值，分别绘制出 4 个城市 1976～2005 年 30a 温度及相对湿度年际变化规律图，如图 6.6～图 6.13 所示，并分别拟合出线性变化趋势方程。图中横坐标表示为第 Δn 年，$\Delta n=(n-1976)$，$n=1976$，1977，…，2005。

从图 6.6～图 6.13 中可以很清楚地看出，30a 来，各地气温和相对湿度值从 1976 年（基准年）开始，正以不同的速率发生变化。各地任意年份 n 的年均温度 T_n 及相对湿度 RH_n 可由下式计算：

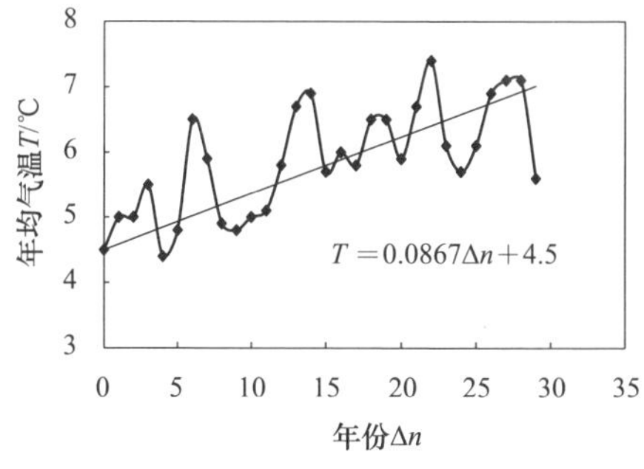

图 6.6　长春年均气温随时间变化规律

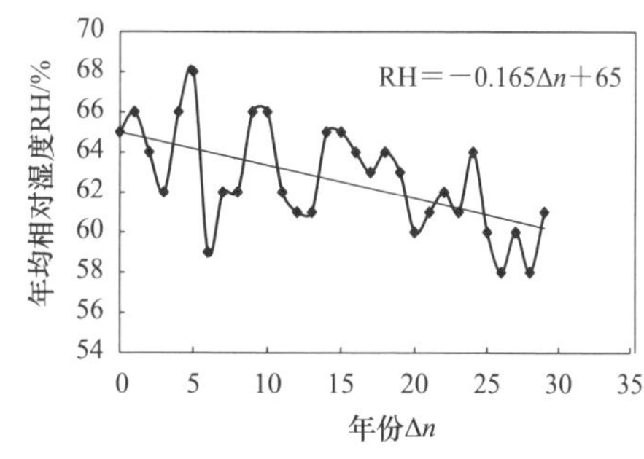

图 6.7　长春年均相对湿度随时间变化规律

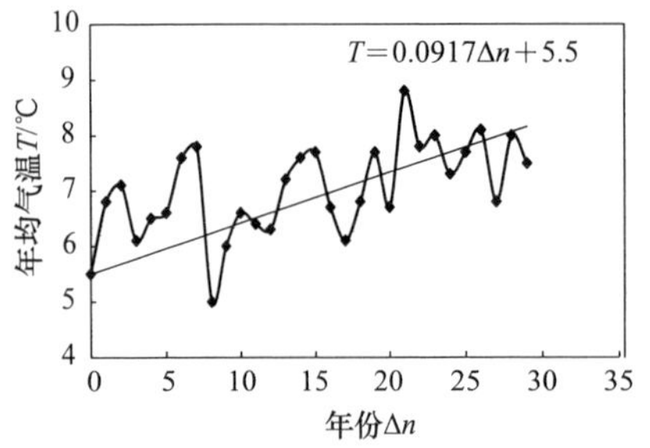

图 6.8 乌鲁木齐年均气温随时间变化规律

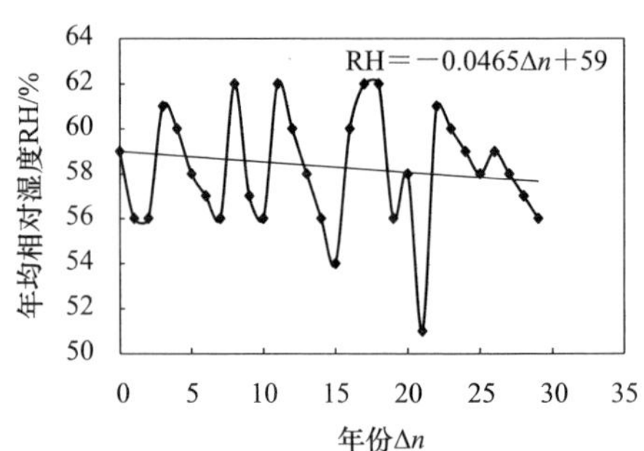

图 6.9 乌鲁木齐年均相对湿度随时间变化规律

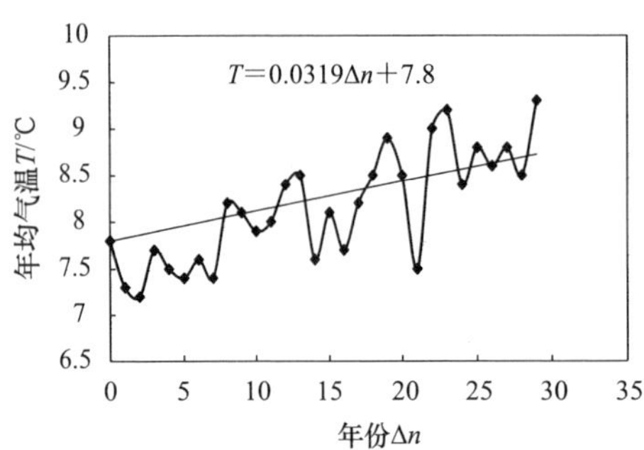

图 6.10 拉萨年均气温随时间变化规律

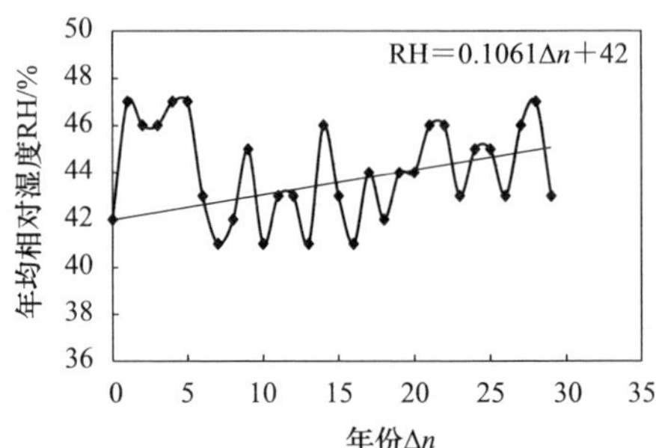

图 6.11 拉萨年均相对湿度随时间变化规律

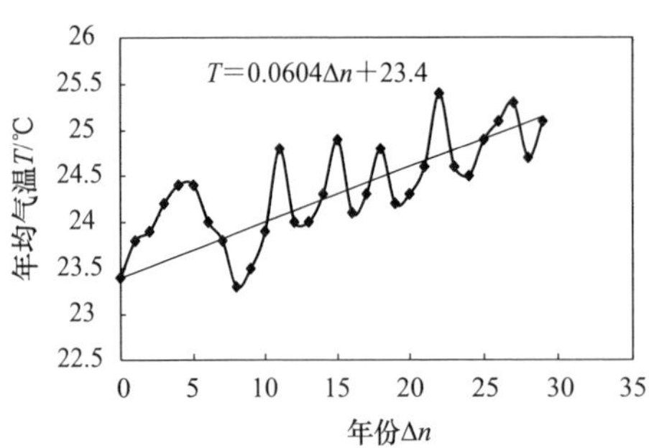

图 6.12 海口年均气温随时间变化规律

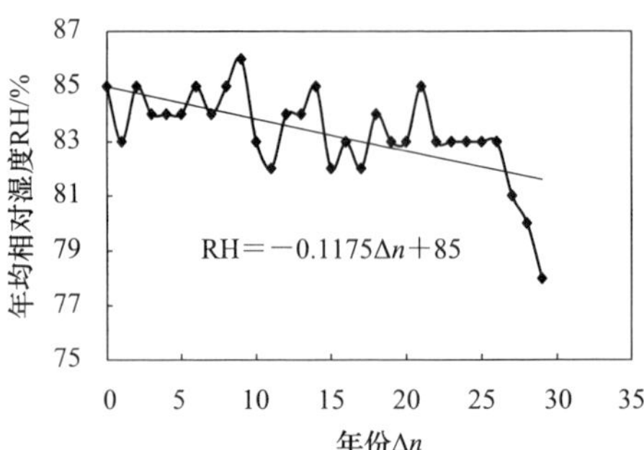

图 6.13 海口年均相对湿度随时间变化规律

$$T_n=k_{\mathrm{T}}\Delta n+T_0=k_{\mathrm{T}}(n-n_0)+T_0 \tag{6.2}$$

$$\mathrm{RH}_n=k_{\mathrm{RH}}\Delta n+\mathrm{RH}_0=k_{\mathrm{RH}}(n-n_0)+\mathrm{RH}_0 \tag{6.3}$$

式中，n_0 为基准年年份，取 1976 年；T_0 和 RH_0 为基准年 1976 年的年均温度和年均相对湿度，单位分别为℃和 %；k_{T} 和 k_{RH} 为年均温度和相对湿度的年变化率，单位分别为℃/a 和 %/a。

表 6.1 和表 6.2 列出了采用 Holt-Winters 周期加法模型与线性简化预测方法计算得到的环境作用值与实测值（2006～2009 年 4a 温湿度值）之间的对比情况。从表中可以看出，线性简化预测公式计算结果与实测值差别不大。实际工程中，可采用式（6.2）和式（6.3）预测未来环境作用值。

表 6.1　不同方法获得的大气温度预测值与实测值对比　（单位：℃）

城市	2006 年			2007 年			2008 年			2009 年		
	实测	Hot-Winters	简化	实测	Hot-Winters	简化	实测	Hot-Winters	简化	实测	Hot-Winters	简化
长春	6.6	6.4	7.1	7.7	7.1	7.2	7.2	7.3	7.3	6.1	7.2	7.3
乌鲁木齐	8.6	7.6	8.3	8.5	8.2	8.3	8.7	7.8	8.4	8	7.7	8.5
拉萨	9.7	9.0	8.8	9.8	8.7	8.8	9.0	9.1	8.8	10.3	9.3	8.9
海口	25.4	25.1	25.2	24.1	25.2	25.3	23.4	25.2	25.3	24.3	25.1	25.4

表 6.2　不同方法获得的相对湿度预测值与实测值对比　（单位：%）

城市	2006 年			2007 年			2008 年			2009 年		
	实测	Hot-Winters	简化	实测	Hot-Winters	简化	实测	Hot-Winters	简化	实测	Hot-Winters	简化
长春	59	60.4	60.1	58	58.1	59.9	59	58.4	59.7	60	57.7	59.6
乌鲁木齐	55	56.4	57.6	56	56.8	57.6	52	58.1	57.5	56	59.3	57.5
拉萨	35	43.9	45.4	34	44.1	45.5	38	44.6	45.6	31	43.7	45.8
海口	78	78.9	81.5	80	79.1	81.4	79	78.8	81.2	81	78.9	81.1

同理，可统计计算出全国 180 个代表城市基准年 1976 环境作用值（T_0、RH_0）和 1976～2005 年环境作用年变化率（k_T、k_{RH}），如表 6.3 所示。从表 6.3 中可以看出，近 30a，我国城市年均温度和相对湿度正以不同的速率发生变化。利用表 6.3 中的初始环境作用值和环境作用的变化率数据，应用式（6.2）和式（6.3）即可获得全国 180 个城市任意时间的年均环境作用值。

以 180 个城市 1976～2005 年 30a 年均温度和相对湿度变化率为初始值（表 6.3），采用 MapWinGIS 地理信息处理软件，通过反距离权重插值方法，可获得全国区域内 1976～2005 年 30a 温度和相对湿度年变化率分布图，如图 6.14 和图 6.15 所示。从此二分布图中可以提取全国任意经纬度处的环境作用年均变化率值。基于 1976 年基准年的年均温度分布图（图 5.10），采用式（6.4）与图 6.14 进行计算，即可得到 2009 年全国任意经纬度处的年均温度分布图，如

图 6.16 所示。同理，基于 1976 年基准年的平均相对湿度分布图（图 5.34），运用式（6.5）与图 6.15 进行计算，即可得到 2009 年全国任意经纬度处的年均相对湿度分布图，如图 6.17 所示。图 6.16 和图 6.17 即为 2009 年地区环境尺度上的环境作用初始值 E_{tR}。

$$T=k_T(n-n_0)+T_0=k_T(2009-1976)+T_0=33k_T+T_0 \tag{6.4}$$

$$RH=k_{RH}(n-n_0)+RH_0=k_{RH}(2009-1976)+RH_0=33k_{RH}+RH_0 \tag{6.5}$$

表 6.3 基准年环境作用值及 1976～2005 年环境作用年变化率

城市	所在省、直辖市、自治区	T_0/℃	k_T/（℃/a）	RH_0/%	k_{RH}/（%/a）	城市	所在省、直辖市、自治区	T_0/℃	k_T/（℃/a）	RH_0/%	k_{RH}/（%/a）
亳州	安徽	14.2	0.044	69	0.088	桂林	广西	18.2	0.047	77	−0.1
安庆	安徽	16.3	0.049	74	0.071	梧州	广西	20.4	0.043	79	−0.027
合肥	安徽	15.5	0.039	74	0.049	盘县	贵州	14.3	0.045	78	−0.067
蚌埠	安徽	14.9	0.05	70	0.102	毕节	贵州	12	0.051	84	−0.139
密云	北京	10.1	0.061	61	−0.127	桐梓	贵州	14	0.038	80	−0.034
长汀	福建	17.8	0.034	80	0.035	独山	贵州	14.3	0.045	84	−0.12
邵武	福建	17.1	0.055	83	−0.117	三亚	海南	25.3	0.045	78	−0.037
漳州	福建	20.6	0.055	79	−0.157	海口	海南	23.4	0.06	85	−0.117
福州	福建	19.1	0.059	77	−0.105	石家庄	河北	12.4	0.077	63	−0.128
福鼎	福建	17.9	0.047	79	−0.007	蔚县	河北	6.2	0.079	57	−0.108
永安	福建	18.5	0.063	81	−0.18	张家口	河北	7.6	0.085	51	−0.202
瓜州	甘肃	8	0.062	37	0.191	南宫	河北	12.5	0.049	66	−0.075
张掖	甘肃	6.3	0.075	49	0.11	承德	河北	8.6	0.02	55	0.094
合作	甘肃	1.4	0.073	65	−0.083	乐亭	河北	9.6	0.079	67	−0.085
兰州	甘肃	8.3	0.114	59	−0.296	保定	河北	11.9	0.075	63	−0.132
天水	甘肃	9.9	0.085	68	−0.115	卢氏	河南	11.8	0.045	69	0.122
电白	广东	22.4	0.058	82	−0.055	南阳	河南	14.4	0.038	71	0.12
韶关	广东	19.8	0.036	77	−0.002	郑州	河南	13.7	0.052	64	0.093
深圳	广东	21.5	0.084	80	−0.29	驻马店	河南	14.6	0.029	68	0.226
梅县	广东	20.7	0.045	79	−0.108	安阳	河南	13.2	0.051	66	−0.007
汕头	广东	20.7	0.071	82	−0.207	固始	河南	14.9	0.048	74	0.091
百色	广西	21.6	0.027	75	0.076	漠河	黑龙江	−5.6	0.089	66	0.211
龙州	广西	21.7	0.037	80	−0.022	齐齐哈尔	黑龙江	2.8	0.085	58	0.057
河池	广西	19.8	0.055	77	−0.085	大兴安岭	黑龙江	−1.8	0.082	66	0.108
南宁	广西	21.1	0.039	80	−0.034	嫩江	黑龙江	−0.2	0.057	61	0.231
北海	广西	21.9	0.055	82	−0.099	克山	黑龙江	1.3	0.054	57	0.38

续表

城市	所在省、直辖市、自治区	T_0/℃	k_T/(℃/a)	RH_0/%	k_{RH}/(%/a)	城市	所在省、直辖市、自治区	T_0/℃	k_T/(℃/a)	RH_0/%	k_{RH}/(%/a)
哈尔滨	黑龙江	3.3	0.082	64	0.011	额济纳旗	内蒙古	7.8	0.084	33	0.016
黑河	黑龙江	−0.4	0.072	65	0.012	海力素	内蒙古	4.1	0.076	40	0.055
铁力	黑龙江	0.8	0.079	66	0.198	鄂托克旗	内蒙古	5.9	0.087	47	−0.031
鹤岗	黑龙江	2.9	0.048	58	0.191	乌拉特中旗	内蒙古	4.3	0.077	49	−0.022
绥芬河	黑龙江	2	0.063	65	0.099	呼和浩特	内蒙古	5.6	0.09	58	−0.307
虎林	黑龙江	2.9	0.047	67	0.144	酉阳	重庆	14.4	0.031	79	0.04
巴东	湖北	17.1	0.012	67	0.236	二连浩特	内蒙古	3.5	0.061	49	-0.067
老河口	湖北	14.9	0.054	75	−0.01	朱日和	内蒙古	4.4	0.06	46	-0.007
荆州	湖北	15.9	0.049	79	−0.105	锡林浩特	内蒙古	1.9	0.062	57	-0.037
广水	湖北	15.2	0.049	73	−0.006	多伦	内蒙古	1.5	0.07	60	0.031
武汉	湖北	16	0.064	77	−0.078	东乌珠穆沁旗	内蒙古	0.7	0.067	58	−0.018
桑植	湖南	15.7	0.034	79	−0.011	满洲里	内蒙古	−1.5	0.072	62	−0.009
零陵	湖南	17.2	0.041	79	−0.049	林西	内蒙古	3.6	0.081	52	−0.118
双峰	湖南	16.6	0.031	80	0.022	新巴尔虎左旗	内蒙古	−0.6	0.069	61	0.071
芷江	湖南	16.1	0.031	81	−0.045	赤峰	内蒙古	6.7	0.052	49	0.024
岳阳	湖南	16.7	0.042	77	−0.009	海拉尔	内蒙古	−1.8	0.079	65	0.124
长春	吉林	4.5	0.086	65	−0.165	开鲁	内蒙古	5.4	0.082	56	−0.191
通化	吉林	4.7	0.067	68	−0.019	博克图	内蒙古	−1.4	0.067	63	0.049
延吉	吉林	4.6	0.058	65	0.004	乌兰浩特	内蒙古	3.7	0.099	54	−0.102
南京	江苏	15	0.05	75	−0.007	小二沟	内蒙古	−1.8	0.113	63	0.164
射阳	江苏	13.2	0.064	78	−0.05	拐子湖	内蒙古	7.8	0.101	33	−0.095
东台	江苏	14	0.053	78	0.018	银川	宁夏	8.1	0.074	56	−0.022
赣州	江西	18.7	0.044	77	−0.092	固原	宁夏	5.3	0.083	61	0.03
吉安	江西	17.8	0.044	78	0.036	茫涯	青海	1.3	0.117	31	−0.056
南昌	江西	17.1	0.045	76	0.038	托托河	青海	−4.2	0.019	52	0.076
景德镇	江西	16.7	0.06	77	−0.027	冷湖	青海	1.9	0.065	26	0.193
玉山	江西	17	0.038	79	−0.051	小灶火	青海	3.1	0.065	30	0.099
朝阳	辽宁	7.9	0.09	55	−0.236	杂多	青海	0.4	0.025	55	0.1
大连	辽宁	9.8	0.079	66	−0.11	曲麻莱	青海	−2.7	0.044	53	0.115
营口	辽宁	8.5	0.07	67	−0.11	都兰	青海	2.3	0.063	39	0.005
沈阳	辽宁	7.6	0.054	64	−0.09	玛多	青海	−3.9	0.028	61	−0.211
丹东	辽宁	8.2	0.053	68	0.044	刚察	青海	−1.1	0.057	54	0.024

续表

城市	所在省、直辖市、自治区	T_0/℃	k_T/（℃/a）	RH_0/%	k_{RH}/（%/a）	城市	所在省、直辖市、自治区	T_0/℃	k_T/（℃/a）	RH_0/%	k_{RH}/（%/a）
班玛	青海	2.3	0.037	63	−0.113	定日	西藏	2.7	0.023	39	0.224
西宁	青海	5.3	0.038	53	0.201	申扎	西藏	0.1	0.009	37	0.405
兴海	青海	0.5	0.061	51	−0.003	那曲	西藏	−1.2	0.025	47	0.436
青岛	山东	11.7	0.066	73	−0.133	波密	西藏	8.5	0.021	73	−0.023
兖州	山东	13	0.041	67	0.115	昌都	西藏	7.5	0.009	49	0.2
济南	山东	13.8	0.052	57	0.009	察隅	西藏	11.8	0.012	70	−0.063
沂源	山东	11.4	0.057	62	0.016	喀什	新疆	11	0.064	53	−0.049
威海	山东	11.6	0.065	69	−0.243	和田	新疆	12.1	0.046	43	−0.034
离石	山西	8.3	0.069	59	−0.045	阿克苏	新疆	9.4	0.07	60	−0.072
太原	山西	9	0.072	61	−0.125	伊宁	新疆	8	0.077	69	−0.191
大同	山西	6	0.07	51	0.031	民丰	新疆	10.9	0.058	40	0.057
运城	山西	13.3	0.056	59	0.113	库车	新疆	10.5	0.039	46	0.175
汉中	陕西	13.6	0.056	79	−0.027	克拉玛依	新疆	7.3	0.08	49	0.019
西安	陕西	12.8	0.078	72	−0.251	库尔勒	新疆	10.6	0.07	44	0.135
延安	陕西	8.9	0.079	63	−0.206	若羌	新疆	10.9	0.059	40	0.053
榆林	陕西	7.4	0.074	57	−0.138	吐鲁番	新疆	12.6	0.125	46	−0.286
安康	陕西	15.1	0.031	72	0.121	哈密	新疆	9.1	0.054	41	0.268
上海	上海	15.2	0.092	78	−0.201	阿勒泰	新疆	3.6	0.059	57	0.138
巴塘	四川	12.9	−0.007	45	0.168	塔什库尔干	新疆	3.8	0.004	37	0.217
甘孜	四川	5.5	0.018	56	0.121	腾冲	云南	14.6	0.043	81	−0.204
康定	四川	6.4	0.044	76	−0.08	临沧	云南	16.9	0.049	74	−0.183
马尔康	四川	8.3	0.019	61	0.052	大理	云南	14.6	0.021	69	−0.017
西昌	四川	16.5	0.032	63	−0.071	丽江	云南	12.3	0.031	66	−0.165
若尔盖	四川	0.4	0.052	71	−0.155	景洪	云南	21.9	0.036	81	−0.097
成都	四川	15.4	0.061	82	−0.082	元江	云南	23.3	0.028	70	−0.06
平武	四川	13.9	0.049	72	0.023	昆明	云南	14.1	0.077	74	−0.211
内江	四川	17	0.04	79	0.062	文山	云南	17.4	0.05	77	−0.059
稻城	四川	4.2	0.028	54	0.076	丽水	浙江	17.4	0.054	76	−0.048
天津	天津	11.7	0.061	62	0.022	杭州	浙江	15.9	0.054	76	−0.017
狮泉河	西藏	0.3	0.036	31	0.11	玉环	浙江	16.3	0.058	79	0.045
普兰	西藏	3.8	−0.009	43	0.245	定海	浙江	15.7	0.056	79	0
改则	西藏	−0.1	0.019	32	0.125	涪陵	重庆	17.6	0.029	79	0.057

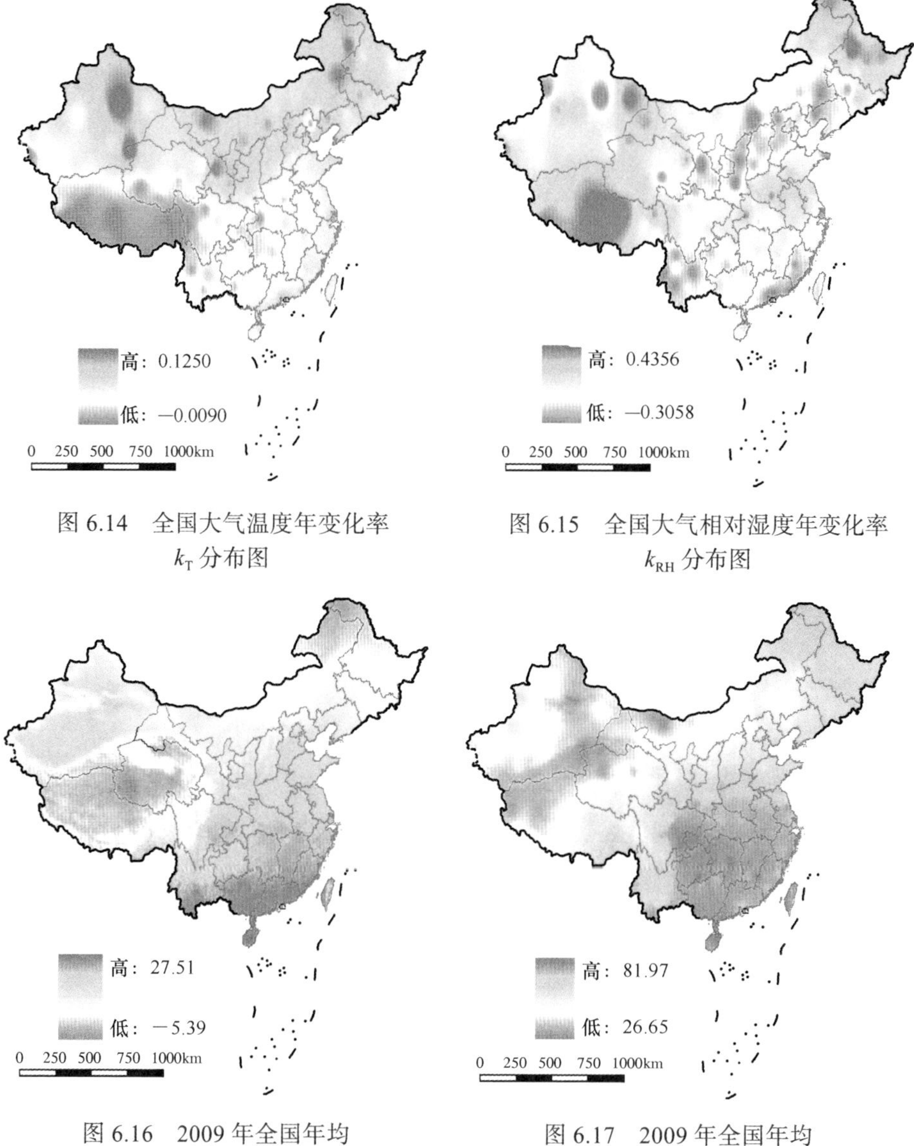

图 6.14　全国大气温度年变化率 k_T 分布图

图 6.15　全国大气相对湿度年变化率 k_{RH} 分布图

图 6.16　2009 年全国年均温度分布图（单位：℃）

图 6.17　2009 年全国年均相对湿度分布图（单位：%）

6.3.2　计算工程环境尺度上的调整值 Δ_{tE}

图 6.16 和图 6.17 没有考虑工程尺度上城市热岛和城市干湿岛效应对环境作用（主要是温度和相对湿度）的影响。本节以上海热岛强度和干湿岛强度年际变化规律为例进行相应分析。基于 1976～2005 年上海徐家汇和宝山的实际温

度和相对湿度数据，选取 1976 年为基准年，1976 年热岛强度（ΔT）和干湿岛强度（ΔRH）为初始值，分别绘制出上海 1976～2005 年 30a 热岛强度和干湿岛强度年际变化规律，并分别拟合出线性变化趋势方程，如图 6.18 和图 6.19 所示。图中每一数据点表示当年上海城区徐家汇与郊区宝山区的温度或相对湿度差值。图中横坐标 $\Delta n = n - 1976$，$n = 1976, 1977, \cdots, 2005$。

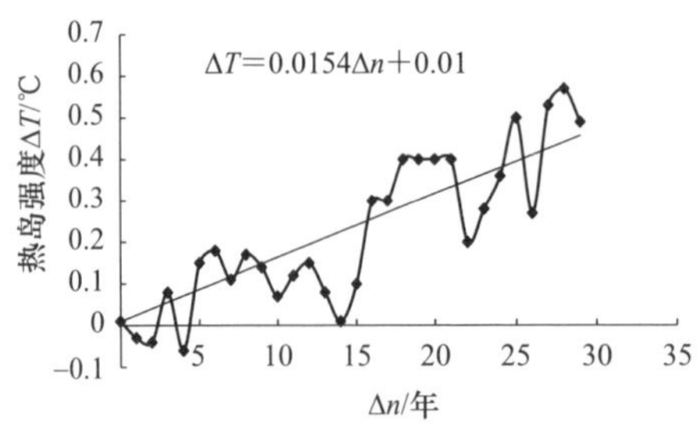

图 6.18　上海热岛强度随时间的变化

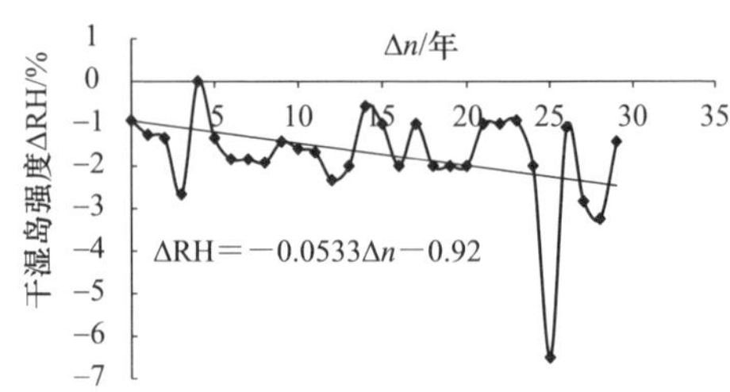

图 6.19　上海干湿岛强度随时间的变化

从图 6.18 和图 6.19 中可以看出，30a 来上海热岛强度从 1976 年（基准年）的 0.01℃开始，正以 0.0154℃ /a 的速率逐年增加；干湿岛强度从 1976 年（基准年）的−0.92% 开始，正以−0.0533%/a 的速率逐年增加。类似式（6.2）和式（6.3），上海任意年份 n 的年均热岛强度 ΔT 及干湿岛强度 ΔRH 可分别由式（6.6）和式（6.7）计算。

$$\Delta T = k_{\Delta T}\Delta n + \Delta T = k_{\Delta T}(n - n_0) + \Delta T_0 \tag{6.6}$$

$$\Delta \mathrm{RH} = k_{\Delta \mathrm{RH}}\Delta n + \Delta \mathrm{RH}_0 = k_{\Delta \mathrm{RH}}(n - n_0) + \Delta \mathrm{RH}_0 \tag{6.7}$$

式中，n_0 为基准年年份，取 1976；ΔT_0 和 $\Delta \mathrm{RH}_0$ 为基准年的热岛和干湿岛强度，上海可分别取 0.01℃和−0.92%；$k_{\Delta T}$ 和 $k_{\Delta \mathrm{RH}}$ 为热岛和干湿岛强度的年变化率，上海分别为 0.0154℃ /a 和−0.0533%/a。

采用类似方法可以获得我国其他地区热岛和干湿岛强度的年变化率，进而求出相应的热岛强度和干湿岛强度。从中国气象局公共服务中心获取全国除港澳台以外的 31 个省会城市及其郊区气象站点 1976～2005 年逐年年均气温及年均相对湿度值，计算不同城市年均热岛强度、干湿岛强度值。以 1976 年为基准年，分别计算 31 个省会城市 30a 热岛、干湿岛强度年变化率，如表 6.4 所示。从表 6.4 中可以看出，近 30a，我国省会城市热岛强度及干湿岛强度正在以不同的速率发生变化。将全国其他 28 个省会城市作为计算站点，剔除南宁、沈阳和天津 3 个站点的数据，以 28 个城市 1976～2005 年 30a 热岛强度和干湿岛强度年变化率为初始值，采用 MapWinGIS 地理信息处理软件，通过反距离权重插值方法，可得到全国热岛强度和干湿岛强度年变化率分布图，如图 6.20 和图 6.21 所示。

表 6.4　热岛及干湿岛强度年变化率

省、直辖市、自治区	城区、郊区	$k_{\Delta T}$	$k_{\Delta RH}$	省、直辖市、自治区	城区、郊区	$k_{\Delta T}$	$k_{\Delta RH}$
北京	北京、密云	0.0455	−0.2957	河南	郑州、中牟	0.0058	−0.0125
天津	天津、武清	−0.0071	0.0728	湖北	武汉、黄陂	0.0342	−0.1388
上海	徐家汇、宝山	0.0154	−0.0533	湖南	长沙、望城	−0.0054	0.0188
重庆	沙坪坝、北碚	0.0080	−0.1351	广东	广州、花都	−0.0011	−0.0328
安徽	合肥、长丰	−0.0002	−0.1028	广西	南宁、武鸣	−0.0139	0.0297
吉林	长春、九台	0.0053	−0.0018	海南	海口、琼山	0.0060	−0.0319
辽宁	沈阳、新民	−0.0263	0.0926	四川	成都、温江	0.0172	−0.0464
江西	南昌、安义	0.0143	−0.0046	贵州	贵阳、修文	−0.0201	0.0011
河北	石家庄、平山	0.0202	−0.0401	云南	昆明、呈贡	0.0459	−0.1148
山西	太原、阳曲	−0.0005	−0.0972	西藏	拉萨、当雄	0.0199	−0.2450
江苏	南京、六合	0.0049	0.0425	陕西	西安、临潼	0.0418	−0.3859
浙江	杭州、富阳	0.0072	0.0881	甘肃	兰州、榆中	0.0524	−0.2316
福建	福州、闽侯	0.0036	0.0182	青海	西宁、大通	−0.0676	0.4110
山东	济南、长清	−0.0086	0.0412	宁夏	银川、永宁	0.0018	0.1603
内蒙古	呼和浩特、武川	0.0219	−0.2368	新疆	乌鲁木齐、小渠子	0.0302	−0.3848
黑龙江	哈尔滨、阿城	0.0049	0.0660				

注：南宁、沈阳、天津站由于站点迁移或区站号变动，热岛强度数据在 30a 中存在突变情况[1-4]，在制作全国热岛强度和干湿岛强度分布图时予以剔除。

从图 6.20 和图 6.21 两个分布图中可以提取全国任意经纬度处的热岛强度和干湿岛强度变化率。基于 1976 年基准年的热岛强度分布图（图 5.13），采用式（6.8）与图 6.20 进行计算，即可得到 2009 年全国任意经纬度处的热岛强度分布图（图 6.22）。同理，基于 1976 年基准年的干湿岛强度分布图（图 5.35），采用式（6.9）与图 6.21 进行计算，即可得到 2009 年全国任意经纬度处的干湿岛强度分布图（图 6.23）。

$$\Delta T=k_{\Delta T}(n-n_0)+\Delta T_0=k_{\Delta T}(2009-1976)+\Delta T_0=33k_{\Delta T}+\Delta T_0 \tag{6.8}$$

$$\Delta RH=k_{\Delta RH}(n-n_0)+\Delta RH_0=k_{\Delta RH}(2009-1976)+\Delta RH_0=33k_{\Delta RH}+\Delta RH_0 \tag{6.9}$$

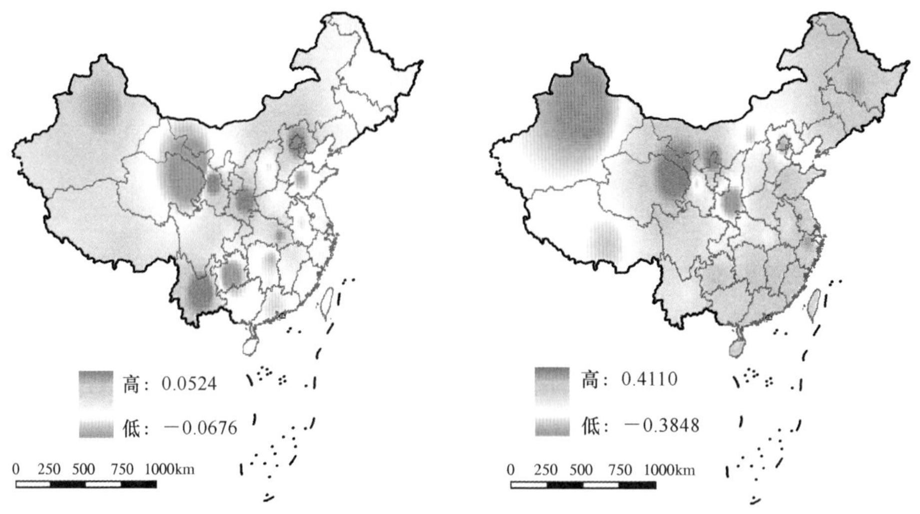

图 6.20　全国热岛强度年变化率 $k_{\Delta T}$ 分布图　　图 6.21　全国干湿岛强度年变化率 $k_{\Delta \mathrm{RH}}$ 分布图

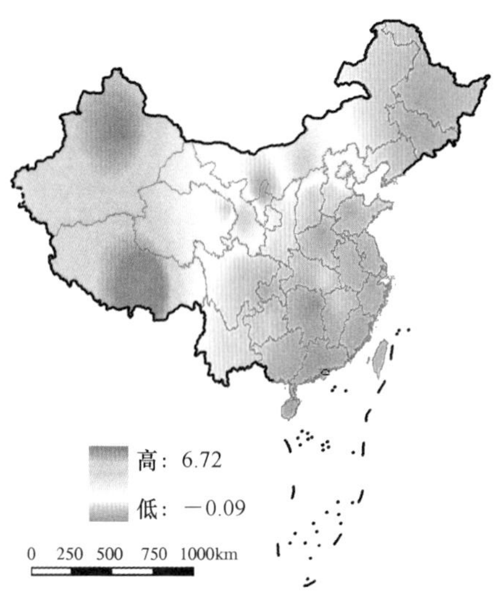

图 6.22　2009 年热岛强度分布图
（单位：℃）

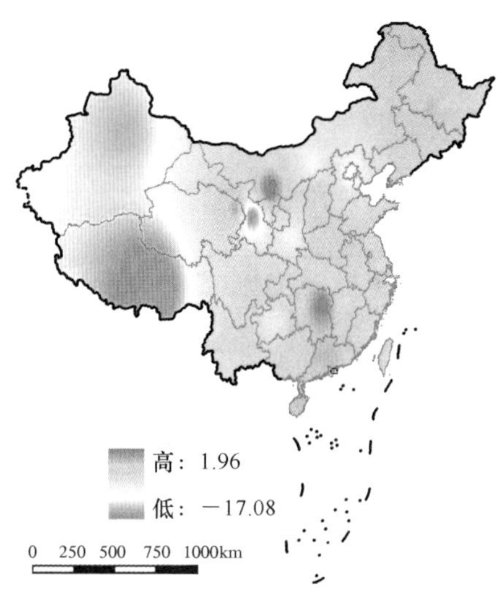

图 6.23　2009 年干湿岛强度分布图
（单位：%）

6.3.3　计算 2009 年工程尺度上的环境作用值

将图 6.16 和图 6.22 叠加，可得 2009 年工程尺度上全国年均大气温度分布图，如图 6.24 所示。同理，将图 6.17 和图 6.23 叠加，可得 2009 年工程尺度上全国年均大气相对湿度分布图，如图 6.25 所示。

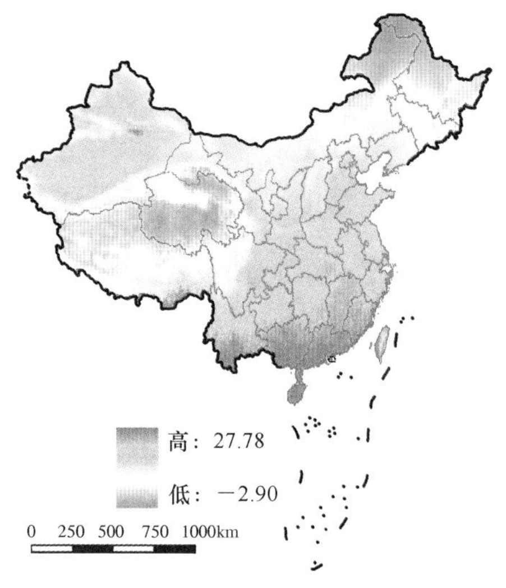

图 6.24　2009 年工程尺度上全国年均大气温度分布图（单位：℃）

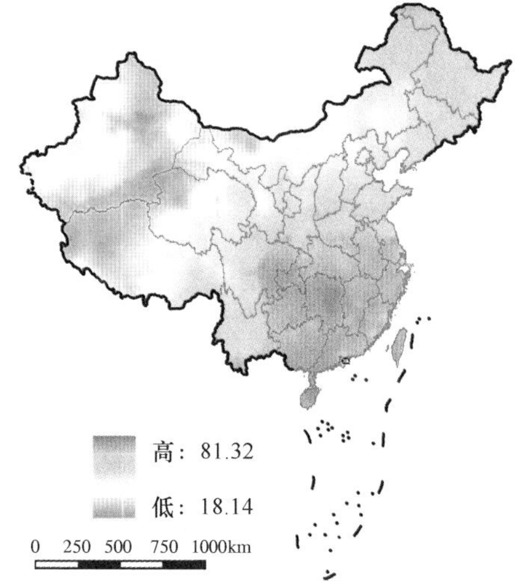

图 6.25　2009 年工程尺度上全国年均大气相对湿度分布图（单位：%）

6.3.4　计算结果验证

以现有 2009 年全国 16 个气象站点作为检验站点，从图 6.24 和图 6.25 中分别提取 16 个检验站点位置处的 2009 年工程尺度上年均大气温度和年均大气相对湿度值，与 2009 年实测数据进行比较，如表 6.5 所示。从表 6.5 中可以看出，计算值与实测数据误差不大，说明所建议的方法可以较准确地计算全国任意时间、任意位置处的环境作用代表值。

表 6.5　2009 年工程尺度上环境作用代表值计算结果和实测结果的比较

城市	所在省、自治区	*T* 计算	*T* 实测	相对误差 /%	RH 计算	RH 实测	相对误差 /%
临汾	山西	14.69	13.80	6.45	52.47	56.00	−6.30
高邮	江苏	16.38	16.10	1.74	71.66	72.00	−0.47
鸡西	黑龙江	4.71	3.90	20.77	65.74	69.00	−4.72
金华	浙江	19.20	18.60	3.23	73.65	68.00	8.31
麻城	湖北	17.47	17.20	1.57	71.36	70.00	1.94
广州	广东	23.27	23.00	1.17	73.99	70.00	5.7
达尔罕茂明安联合旗	内蒙古	6.17	5.30	16.42	41.33	42.00	−1.60
中宁	宁夏	10.92	10.80	1.11	55.05	50.00	10.1

续表

城市	所在省、自治区	T 计算	T 实测	相对误差 /%	RH 计算	RH 实测	相对误差 /%
广元	四川	16.61	16.60	0.06	69.77	65.00	7.34
贵阳	贵州	17.38	14.90	16.64	72.86	74.00	−1.54
格尔木	青海	6.92	6.70	3.28	35.73	30.00	19.1
且末	新疆	13.68	11.70	16.92	36.40	40.00	−9
额尔古纳右旗	内蒙古	−1.72	−2.20	21.82	61.90	62.00	−0.16
精河	新疆	11.30	9.20	22.83	55.34	59.00	−6.2
德钦	云南	9.26	7.1	30.42	56.18	68.00	−17.38
拉萨	西藏	10.82	10.3	5.05	41.42	31.00	33.61

6.4 环境作用代表值在预测混凝土碳化深度发展中的应用实例

6.4.1 基本信息

上海市徐汇区某钢筋混凝土桥梁结构的基本信息如图 6.26 所示。混凝土的强度等级为 C40，实测棱柱体抗压强度为 38MPa，抗拉强度取为抗压强度的 1/10，即 3.8MPa，弹性模量为 32500MPa。混凝土的材料组成如表 6.6 所示，即 $m_w : m_c : m_{ca} : m_{sa} = 0.5 : 1 : 2.9 : 1.93$，$m_w$、$m_c$、$m_{ca}$ 和 m_{sa} 分别为水、水泥、粗骨料和砂的质量。水泥的化学组成如表 6.7 所示。混凝土截面的相关几何参数及所承受的荷载信息如表 6.8 所示。该钢筋混凝土桥梁混凝土保护层厚度为 35mm，表面没有任何涂层，直接暴露于大气环境中。假定在服役周期中，该钢筋混凝土桥梁结构截面混凝土所承受的荷载值始终维持相应初始值不变，不考虑由混凝土徐变引起的截面上荷载向钢筋转移的影响，也不考虑预应力损失的影响。以图 6.26 所示钢筋混凝土桥梁为例，研究自竣工日 2013 年 1 月 1 日起至 2100 年 12 月 31 日，在时变环境作用和车辆荷载作用下，该钢筋混凝土桥梁主跨跨中梁底（O2）、跨中梁顶（O3）及桩身某处（O1）混凝土的碳化深度随服役时间的发展规律。

表 6.6 上海市徐汇区某桥梁混凝土的材料组成信息

强度等级	水泥类型	混凝土配合比 / （kg/m^3）				粗骨料信息		
		m_w	m_c	m_{ca}	m_{sa}	类型	最大粒径 a_{max}/mm	密度 ρ_{ca}/（kg/m^3）
C40	P·O 42.5	185.0	370.0	1073.8	715.9	花岗岩	16	2628

注：P·O 表示普通硅酸盐水泥。

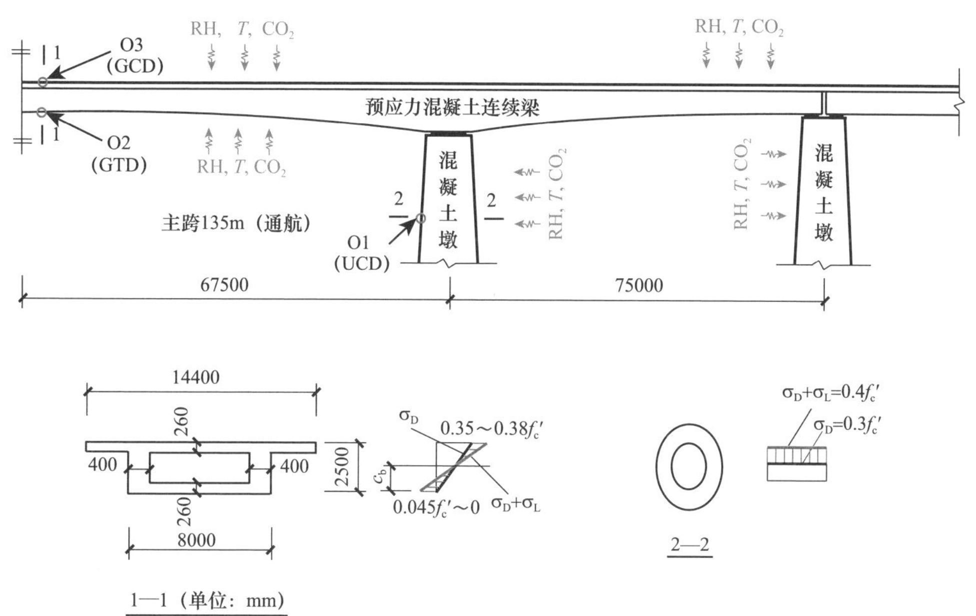

图 6.26　上海市徐汇区某钢筋混凝土桥梁结构的基本信息

表 6.7　P·O 42.5 普通硅酸盐水泥的化学组成　（单位：%）

CaO 的质量分数	SiO_2 的质量分数	Al_2O_3 的质量分数	Fe_2O_3 的质量分数	SO_3 的质量分数	MgO 的质量分数	其他
64.60	21.43	5.06	5.38	2.24	0.67	0.62

表 6.8　上海市徐汇区某钢筋混凝土桥梁和桩截面几何参数及所承受的荷载信息

截面	A/mm^2	I/mm^4	c_b/mm	P_D/kN	P_L/kN	M_D/(kN·m)	M_L/(kN·m)
跨中（1—1）	7408000	7.3871×10^{12}	1501.547	59115.840	0	39257.940	8412.416
墩（2—2）	659734	—	—	7520.972	2506.990	—	—

注：A 为横截面面积；I 为截面惯性矩；c_b 为截面形心至底部的距离；P_D 和 M_D 分别为在恒荷载和预应力的作用下截面混凝土所承受的轴力和弯矩；P_L 和 M_L 分别为车辆荷载引起的截面处混凝土所承受的轴力和弯矩。

6.4.2　时变环境作用

影响混凝土碳化深度发展的主要环境作用有大气温度、相对湿度及 CO_2 浓度。根据 6.3 节所述方法，计算获得图 6.26 所示钢筋混凝土桥梁 O1、O2 和 O3 这 3 处表面年均温度值、年均相对湿度值的变化规律，分别如图 6.27 和图 6.28 所示。大气温度年均值会随着时间的推移不断升高，而相对湿度年均值随着时间的推移不断降低。我国大气 CO_2 浓度的历史实测数据较少，暂时还未能建立类似 6.3 节所示温度和湿度的预测模型。这里假定图 6.26 所示钢筋混凝土桥梁所处环境的 CO_2 浓度年均值不随时间变化，保持为 2013 年的年均值 0.04%。

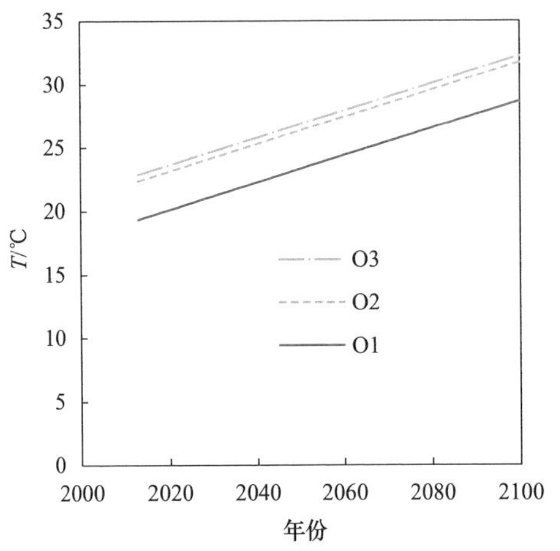

图 6.27　上海市徐汇区某钢筋混凝土桥梁表面年均温度变化规律

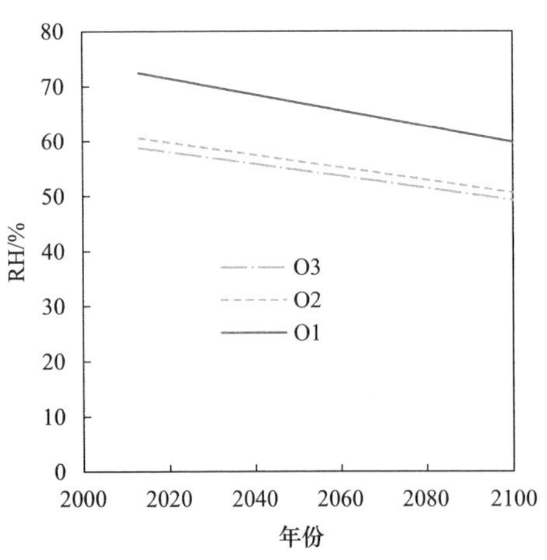

图 6.28　上海市徐汇区某钢筋混凝土桥梁结构表面年均相对湿度变化规律

6.4.3　累积疲劳损伤

根据图 6.26 所示钢筋混凝土结构桥梁的几何尺寸、荷载及混凝土材料强度等信息，按作者所提出的疲劳损伤预测模型[5]计算的跨中梁底（O2）、跨中梁顶（O3）及桩身某处（O1）残余应变随服役周期的发展历程，如图 6.29 所示。从图 6.29 可知，在服役周期中，O1、O2 和 O3 这 3 处的残余应变都不断增长。由于其承受的应力水平和应力幅值水平比较接近，跨中梁顶（O3）和桩身某处（O1）的残余应变的发展历程彼此非常接近。在计算中，假定混凝土承受的荷载在服役周期中不发生改变，忽略钢筋的有利影响。同时，假定加载频率为 20000 次 /a。如此，服役 100a 时，该钢筋混凝土桥梁结构刚好承受 200 万次的疲劳荷载。

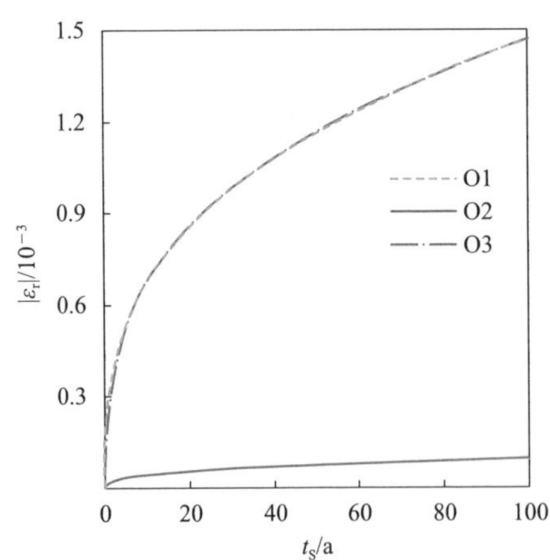

图 6.29　未来 100a 的 O1、O2 和 O3 位置残余应变发展历程

6.4.4　碳化深度预测

采用作者提出的疲劳损伤混凝土碳化深度预测模型[6]，按 4.2 节方法计算图 6.26 所示混凝土桥梁跨中梁底（O2）、跨中梁顶（O3）及桥墩某处（O1）碳化深度的发展规律，如图 6.30 所示。图 6.30 中，ND 表示不考虑疲劳损伤。显然，累积疲劳损伤会显著加速混凝土的碳化进程。同时，累积疲劳损伤的差异也可能造成同一结构不同位置处混凝土碳化深度发展进程之间的显著差异。表 6.9 所示为计算获得的混凝土碳化深度抵达钢筋表面的时间。显然，若不考虑累积疲劳损伤的影响，到 2100 年混凝土碳化深度也不会抵达钢筋表面。若考虑累积疲劳损伤的影响，图 6.26 所示混凝土桥梁在服役 59a、80a 和 84a 时，O3、O1 和 O2 这 3 处碳化深度分别抵达钢筋表面，钢筋可能开始锈蚀。

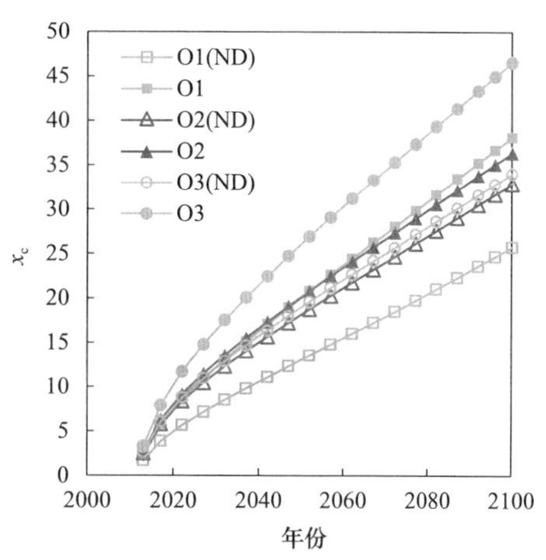

图 6.30　上海市徐汇区某钢筋混凝土结构桥梁不同位置处碳化深度的发展规律

表 6.9　上海市徐汇区某钢筋混凝土桥梁混凝土碳化深度抵达钢筋表面的时间（单位：a）

位置	无损	损伤
O1	＞88	80
O2	＞88	84
O3	＞88	59

6.5　基于动态数据库的环境温湿度预测系统

6.5.1　系统需求分析

前面几章已对环境温湿度做了详细分析。但是所有分析结果都是依据已有的气象观测资料，需要使用者自己根据建议的方法预测未来的结果。另外，无法不断更新温湿度数据。需要一套计算机软件，以实现如下需求：

（1）提供任意地点的历史温湿度数据。

（2）依据历史温湿度数据预测温湿度的未来变化。

（3）不断更新温湿度数据。

6.5.2　温湿度预测系统开发目标

为满足上述需求，需编制一套集“历史温湿度数据查询”“温湿度预测”“数据更新”等功能为一体的计算机程序，辅助工程师和科研人员确定环境温湿度的代表值。

为达到上述目标，确定本数据库系统具有以下基本功能：

（1）具有交互式可视化的图形用户接口，方便用户进行数据的查询。

（2）工程尺度上实现任意时间、任意地点温湿度的查询和检索。

（3）引入环境温湿度预测模型，方便用户对任意地区温湿度的变化进行预测。

（4）利用动态数据库，实现温湿度数据的更新。

6.5.3　温湿度预测系统开发平台

温湿度预测系统采用面向对象的程序设计方法，选用 C# 语言，以 Visual C# 2008 集成开发环境为编译平台进行开发。C# 是微软公司发布的一种面向对象的、运行于 NET Framework 之上的高级程序设计语言。C# 是由 C 和 C++衍生出来的，它在继承 C 和 C++强大功能的同时去掉了一些它们的复杂特性。C# 综合了 VB 简单的可视化操作和 C++的高运行效率，以其强大的操作能力、优雅的语法风格、创新的语言特性和便捷的面向组件编程的支持成为 NET 开发的首选语言。

6.5.4　温湿度预测系统基础插件

1. MySQL

MySQL 是世界上免费且流行的中型数据库，依托日渐流行和普及的 Linux 系统而被广泛采用。MySQL 安装简单方便，能够同时在 Linux 和 Windows 系统下运行。它以短小、方便、速度快、免费等优点成为很多网站目前的首选数据库。MySQL 数据库具有以下特点[7]：

（1）运行速度快。MySQL 采用二叉树算法进行查询索引，在硬盘中建立一张数据表并以该算法为依据进行数据维护，大大加快了查询速度。

（2）易使用。MySQL 是一种简单易用的高性能数据库系统，与其他大型数据库相比，MySQL 的安装和管理工作非常简便。

（3）查询语言支持。MySQL 支持 SQL 语言，SQL 语言是各种现代数据库系统的首选查询语言。

（4）功能丰富。MySQL 是多线程的，允许多个客户同时与服务器建立连接。每个客户都可以同时打开并使用多个数据库，也可以选用现成的客户程序来访问

MySQL 数据库，还可以根据具体的应用编写相关软件。

（5）优异的联网和安防性能。MySQL 是完全网络化的数据库系统，用户可以从因特网上任意地访问，并可以将数据与其他人共享。MySQL 也具备完善的访问控制机制。

（6）成本低廉。MySQL 是一个开源项目，只要遵守 GNU 组织的 GPL（general public licence）许可证条款，就可以免费任意使用。

2. MapWinGIS

GIS 是一种基于计算机的工具，它可以对空间信息进行分析和处理。GIS 技术把地图这种独特的视觉化效果和地理分析功能与一般的数据库操作（如查询和统计分析等）集成在一起。GIS 与其他信息系统最大的区别是对空间信息的存储管理分析，从而使其在公众和个人企事业单位中的解释事件、预测结果、规划战略等领域具有实用价值。

MapWinGIS 是基于微软的 COM 思想编写的一套开源的二次开发组件库，其核心库是 MapWinGIS 的 ActiveX 控件[8, 9]。MapWinGIS 包含完整的 ActiveX 组件，该组件可以被添加到开发语言平台。附带的地理信息数据处理组件适合于与. NET 语言相兼容的语言平台，如 Visual Basic. NET、Visual C#. NET 等。MapWinGIS 支持的主要数据类型有 ShpfileType、ImageType 和 GridFileType 等，涵盖了矢量和栅格两大数据类型，基本上能满足绝大多数的 GIS 开发和应用要求。同时，MapWinGIS 控件提供了许多的方法、属性，将该组件集成到语言平台中，实现这些功能非常便捷。MapWinGIS 安装方便，开发环境友好，封装接口对象完善，用户组、开发团队和帮助较为丰富，是 GIS 程序开发的较好选择。

在 GIS 程序设计和开发的过程中，开发效率、使用难易程度、可移植性、免费开放对开发者来说是比较关注的问题，尤其是对于 GIS 领域的教学和科研工作者。MapWinGIS 组件综合且平衡了诸多开源 GIS 平台的性能特点，在很大程度上满足了 GIS 开发者的一般要求，有助于软件程序的升级、维护和扩展。

6.5.5　环境温湿度的获取方式及预测方法

环境温湿度可通过中国气象科学共享服务网获取，详见 3.2 节。采用第 4 章、第 5 章及本章前 3 节所述方法，可预测环境温度和湿度。

6.5.6　温湿度预测系统用户界面及功能介绍

1. 用户界面

所开发的温湿度预测系统具有集成化的用户界面，用户的数据输入、软件的结果输出都在同一个界面下进行。系统的操作界面是基于二维图形的标准 Windows 界面，以 MapWinGIS 为基础插件进行设计的，用户拖动鼠标可以直接进行视图平移、缩放等操作。

软件界面主要由以下 4 部分组成。

（1）主标题栏：位于界面顶部，显示软件名称。

（2）菜单栏：位于主标题栏下方，显示所有人机交互的命令，如温湿度与碳化数据生成、环境作用分布图生成、数据升级等。数据库系统功能列表如表 6.10 所示。

表 6.10　数据库系统功能列表

第一级命令	第一级选项	第二级选项	第二级命令
历史环境温湿度数据及更新	年值 / 月值选择	—	文本输出、曲线输出
	温度 / 湿度选择		
	气象站点 / 经纬度选择		
环境温湿度数据预测	年值 / 月值选择	基准数据库年选择	文本输出、曲线输出
		基准数据库月选择	
	温湿度数据预测方法	一元线性回归预测法	
		Holt-Winters 模型	

（3）视图：位于界面中部，以二维形式显示环境作用及其效应（温度、湿度、碳化深度等）在中国版图范围内的分布情况。

（4）状态条：位于界面左上角，显示鼠标单击位置的经度值和纬度值。

2. 温湿度动态数据库管理

1）温湿度数据库更新

MySQL 数据库的最大容量通常是由操作系统对文件大小的限制决定的，而不是由 MySQL 内部限制决定的。在 Windows 操作系统中，单个文件大小取决于硬盘分区格式。Windows XP 系统常用的 FAT32 分区格式最大单文件大小是 4GB，后续的 Windows Vista 及 Window 7 等操作系统，其硬盘分区格式为 NTFS，单个文件的容量可达 64GB 以上。本系统涉及数据库数据文件为一 TXT 格式的文本文件，其中包含了 1976～2012 年共计 37a 的环境温湿度的年数据和月数据，文件大小为 21MB，远低于 MySQL 的数据库容量限值。MySQL 的数据导入功能非常方便，只需选中建立的温湿度数据库，在表中右击，在弹出的快捷菜单中选择“导入数据”命令，在打开的“导入向导”对话框中即可将最新的数据库文本文件导入，如图 6.31 所示。

MySQL 的数据更新是覆盖式的，即每次导入的新数据均会覆盖原有的数据库，因而更新数据时只需向原数据文件中写入新数据，并将新的数据文件导入，就能保证不会因多次导入数据而导致数据的臃肿和重复。

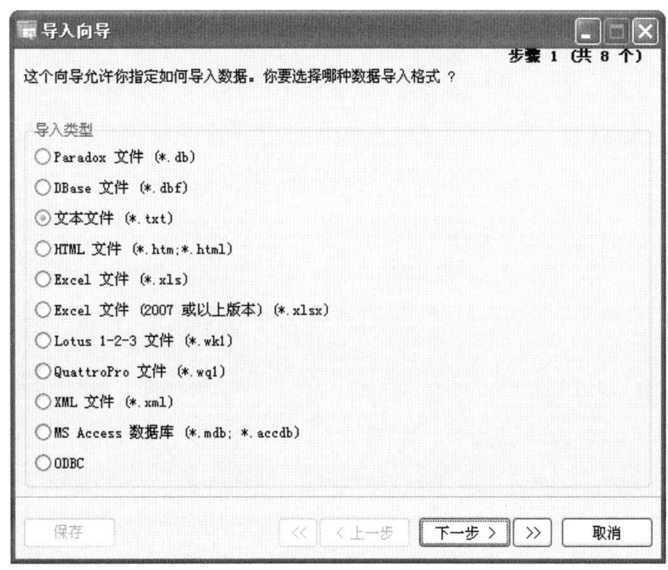

图 6.31　MySQL 数据更新功能

2）温湿度预测

统计学预测方法的预测精度很大程度上取决于样本数据量的多少。样本容量越大，预测的结果就越精确。对于环境温湿度数据而言，随着时间的推移会不断得到新的温湿度数据记录。本数据系统基于中国气象科学共享服务网提供的温湿度数据进行更新，数据更新的频率与中国气象科学共享服务网一致。

进行温湿度预测时，用户可能会因不同的需求需要自行定义用于预测的样本容量。在作者开发的数据库系统中，用户可自行定义用于预测的温湿度数据时间段。用户选择的数据库的范围越大，预测时采用的样本温湿度数据越多，预测结果的精度越高。

6.5.7　环境温湿度数据的查询、预测与输出

1. 环境历史温湿度数据的查询与输出

目前，数据库系统中集成了我国 1976～2012 年的历史温湿度数据，共包括我国 211 个气象站点，数据查询方式有以气象站点查询和以经纬度查询两种方式，如图 6.32 所示。用户可以自行指定要查询的时间段、温度或湿度值，软件会自动根据用户输入的信息进行数据查询。气象站点的温湿度历史数据直接来源于中国气象科学共享服务网，其他位置处的温湿度历史数据由软件根据其经纬度，采用反距离权重插值方法进行空间插值获得，详见 6.2 和 6.3 节相关内容。

查询结果的输出有文本文件输出和曲线图输出两种方式。图 6.33 和图 6.34 为软件生成的北京市 1991～2000 年环境温度数据的文本输出和曲线输出。

图 6.32　历史温湿度数据的选择

区站	年	平均气温
北 京	1991	12.5℃
北 京	1992	12.8℃
北 京	1993	13℃
北 京	1994	13.7℃
北 京	1995	13.3℃
北 京	1996	12.7℃
北 京	1997	13.1℃
北 京	1998	13.1℃
北 京	1999	13.1℃
北 京	2000	12.8℃

图 6.33　北京市年平均气温值文本输出

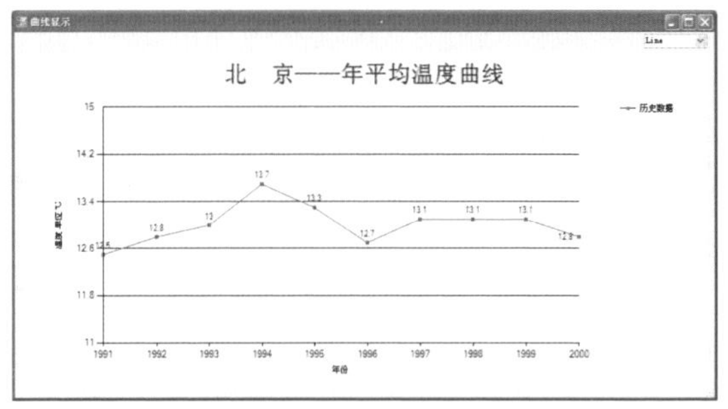

图 6.34　北京市年平均温度值曲线输出

2. 环境温湿度的预测与输出

对于未来时间段的温湿度数据，需要采用预测的方法来获得。软件系统提供一元线性回归预测法、Holt-Winters 周期加法模型对未来指定时间段的温湿度进行预测，如图 6.35 所示。数据预测功能包括基准数据库定义、预测数据定义、结果输出 3 项。基准数据库定义与预测数据定义均可以选择按年数据进行预测或按月数据进行预测。预测结果输出包括以文本文件形式输出和以曲线图形式输出两种。

1）定义基准数据库

样本数量是影响统计学预测方法预测精度的重要因素，样本的容量越大，预测的结果越精确。软件允许用户自行定义样本的容量。此时用户输入的历史数据

图 6.35 环境温湿度预测参数定义界面

库查询信息即为预测的样本数据库，其参数定义与历史数据库查询相同，用户可以自行选择温、湿度的年值或者月值。

2）定义预测时间段

预测的时间段需要用户自行输入，系统自动将年/月数据的选项与基准数据库的定义保持一致。若用户在基准数据库中选择以年值作为样本，预测数据自动定义为预测温度或湿度的年值数据；若用户在基准数据库中选择以月值作为样本，预测数据自动定义为预测温度或湿度的月值数据。

3）选择预测方法

统计学预测方法有多种，不同预测方法的预测效率与精度也存在差异。本系统提供一元线性回归分析预测法、Holt-Winters 指数平滑周期加法模型，用户可以自行选择需要的预测方法。

4）预测结果的输出

本软件提供两种预测数据结果的输出方式，分别是曲线图的形式和文本文件的形式。利用软件中所包含的北京市 1976～2005 年 30a 的环境年平均温度数据，采用 Holt-Winters 指数平滑周期加法模型对 2006～2011 年的环境年平均温度进行了预测。预测结果的文本输出和曲线图输出如图 6.36 和图 6.37 所示。

当以曲线图的形式输出结果时，若用户定义的温湿度预测时间段内系统有对应的历史温湿度数据记录，并且用户勾选了“若数据库中包含目标时间段内的真实值，则在曲线图中显示”复选框，可以一并在曲线图中显示实际的历史温湿度数据，以便于用户比较预测结果的精度，如图 6.37 所示。

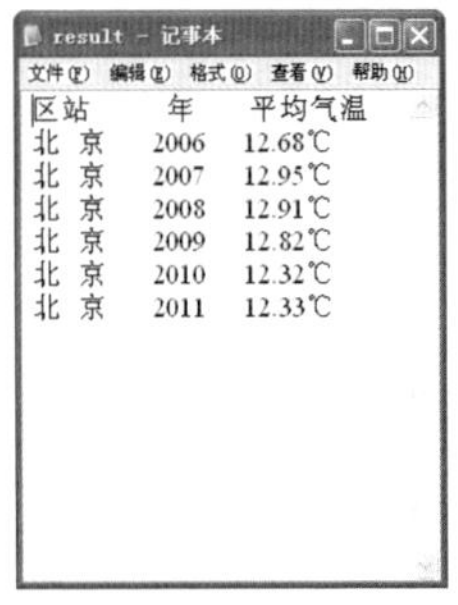

区站	年	平均气温
北 京	2006	12.68℃
北 京	2007	12.95℃
北 京	2008	12.91℃
北 京	2009	12.82℃
北 京	2010	12.32℃
北 京	2011	12.33℃

图 6.36　北京市年平均气温预测结果文本输出

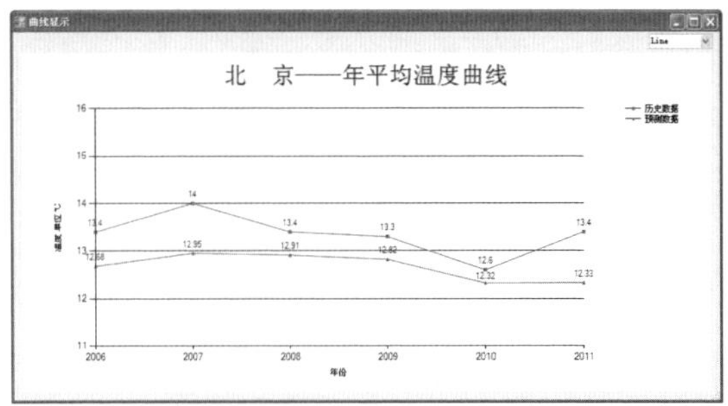

图 6.37　北京市年平均温度预测结果曲线图输出

参 考 文 献

[1] 李春秋，李克非，陈肇元. 混凝土中水分传输的边界条件研究［J］. 工程力学，2009，26（8）：74-81.

[2] 张洁婷，杨宇红. 南宁市小范围气温对比特征初探［J］. 气象研究与应用，2008，29（S）：27-29.

[3] 徐风莉，韩玺山. 沈阳观象台百年沿革［C］// 中国气象学会 2006 年年会论文集，2006：74-80.

[4] 吴增祥. 气象台站历史沿革信息及其对观测资料序列均一性影响的初步分析［J］. 应用气象学报，2005，16（4）：461-467.

[5] JIANG C，GU X L，HUANG Q H，et al. Deformation of concrete under high-cycle fatigue loads in uniaxial and eccentric compression［J］. Construction and building materials，2017，141：379-392.

[6] JIANG C，GU X L，HUANG Q H，et al. Carbonation depth predictions in concrete bridges under changing climate conditions and increasing traffic loads［J］. Cement and concrete composites，2018（93）：140-154.

[7] PAULD D. MySQL 技术内幕［M］. 杨晓云，王建桥，杨涛，译. 4 版. 北京：人民邮电出版社，2011.

[8] 杨益飞，刘小勇. 基于 MapWinGIS 的组件式 GIS 开发及应用［J］. 测绘与空间地理信息，2010，33（6）：143-144.

[9] 王珂. 基于 MapWinGIS 的面向对象空间数据模型的构建与研究［D］. 南京：河海大学，2008.

第 7 章　用于混凝土结构性能评定和结构设计的环境区划

环境作用下混凝土结构会出现性能退化。评定结构的性能退化过程或状况，常称为耐久性评定。设计一结构能有效抵抗外部环境作用，最大限度地维持使用，常称为耐久性设计。实际上，从定量分析的角度，“耐久性评定”和“耐久性设计”两个术语均不科学。到底耐多久？这个问题不回答无法做定量分析。故作者建议用“结构的服役性能评定”和“基于预期寿命的结构设计”来分别代替“耐久性评定”和“耐久性设计”。前述各章节中多次用到“基于预期寿命的结构设计”这一术语，此处详做解释算是一补充说明。

由前述各章节的分析可知，已知结构所受环境作用，便可定量分析出结构的性能；但环境作用表现出很强的时空变化特性，定量预测环境作用下结构的退化规律是一项非常复杂的工作。即使是同样的结构，在不同时间点所表现出的性能也会不同。针对环境作用的时空特性，在时间和空间两个维度上对环境作用进行适当区划，并给出相应的环境作用等级，根据结构的预期寿命对不同的环境作用等级分别按构造和计算进行性能评定或按构造和计算进行结构设计。这将大大简化性能评定和结构设计工作量，便于工程应用。本章的目的正在于此。为叙述方便，仅以混凝土碳化环境和近海氯盐侵蚀环境为例来进行环境区划。

7.1　环境区划方法

参考中国土木工程学会标准《混凝土结构耐久性设计与施工指南》(CCES 01—2004)(2005 年修订版)[1]，本书将我国环境作用划分为 5 个大类别，如表 7.1 所示；环境作用等级分为 8 级，如表 7.2 所示。根据环境作用调查结果，采用环境区划和等级划分两种方式来考虑环境作用的不同影响，如表 7.1 所示。

按照环境作用等级，分别对各环境类别进行区划，具体步骤如下：

(1) 分析影响混凝土结构性能的主要环境作用。

(2) 确定环境作用代表值，计算各种环境作用在全国范围内的分布图。

(3) 建立或选用能够考虑多种环境作用的材料响应预测模型。

(4) 针对基准混凝土，运用响应预测模型计算全国范围内混凝土的劣化程度，根据劣化程度确定环境作用等级。

（5）根据环境作用等级，将全国划分若干不同的区域，并以地图版图形式表示出来。

（6）在不同区域内根据具体不同的环境作用，对环境作用等级进行调整。

选用基准混凝土进行环境区划可充分体现全国范围内混凝土结构的相对影响程度，为混凝土结构性能评定和结构设计提供指导。例如，在全国两个不同环境等级区域内建造相同的混凝土结构时，若该结构能承受环境等级较高区域的环境作用，位于环境等级较低区域的混凝土结构可不再过多考虑环境作用的影响。

表 7.1　环境类别划分

<table>
<tr><th colspan="2" rowspan="2">类别</th><th colspan="2" rowspan="2">名称</th><th colspan="2">所考虑环境作用因素</th></tr>
<tr><th>环境区划</th><th>等级划分</th></tr>
<tr><td colspan="2">A</td><td colspan="2">碳化引起钢筋锈蚀的一般环境</td><td>大气温度、
相对湿度</td><td>CO_2 浓度、
干湿交替、
长期干燥或湿润</td></tr>
<tr><td colspan="2">B</td><td colspan="2">反复冻融引起混凝土冻融的环境</td><td>冻融循环次数、
降温速率</td><td>环境潮湿状况、
是否与盐水接触</td></tr>
<tr><td rowspan="4">C</td><td>Ca</td><td rowspan="4">海水氯化物引起钢筋锈蚀的近海或海洋环境</td><td>大气盐雾区</td><td>大气温度、
大气相对湿度</td><td>距水面高度、
距海岸线距离、
干湿循环</td></tr>
<tr><td>Cb</td><td>浪溅区</td><td>大气温度、
大气相对湿度</td><td>海水氯离子含量</td></tr>
<tr><td>Cc</td><td>潮汐区</td><td>大气温度、
大气相对湿度</td><td>海水氯离子含量</td></tr>
<tr><td>Cd</td><td>淹没区</td><td>水温、
海水氯离子含量</td><td>是否单侧浸水</td></tr>
<tr><td colspan="2">D</td><td colspan="2">除冰盐等其他氯化物
引起钢筋锈蚀的环境</td><td>氯离子含量</td><td>是否受除冰盐
直接溅射</td></tr>
<tr><td rowspan="3">E</td><td>Ea</td><td rowspan="3">其他化学物质引起混凝土腐蚀的环境</td><td>土中和水中的化学腐蚀环境</td><td>SO_4^{2-} 浓度、
水的 pH</td><td>是否与腐蚀性化学物质直接接触</td></tr>
<tr><td>Eb</td><td>大气污染环境</td><td>酸雨浓度</td><td>是否频繁遭酸雨作用</td></tr>
<tr><td>Ec</td><td>盐结晶环境</td><td>硫酸盐、氯盐、
碳酸盐含量</td><td>温差、
干湿循环、
是否与含盐土体直接接触</td></tr>
</table>

表 7.2　环境作用等级划分

作用等级	作用程度的定性描述	作用等级	作用程度的定性描述
1	可忽略	5	严重
2	轻微	6	很严重
3	轻度	7	非常严重
4	中度	8	极端严重

7.2　碳化环境区划

7.2.1　影响混凝土碳化的主要环境作用

影响混凝土碳化的主要环境作用为大气温度、相对湿度及 CO_2 浓度。其中，大气温度和相对湿度由于在地域分布上较有规律，并且在全国范围内具有完整的观测历史数据，可通过环境区划反映我国不同地区环境温度和相对湿度对混凝土碳化速率的不同影响。大气环境中 CO_2 浓度现有测点很少，且浓度随当地经济条件变化显著而难以预测，因此采用环境等级调整的方式考虑其对混凝土碳化的影响。结构表面干湿循环的情况及是否露天淋雨也通过环境等级调整来考虑。

7.2.2　用于碳化环境区划的环境作用分布图

基于 5.3 节、5.4 节有关 1976 年环境温湿度空间多尺度的研究成果，应用第 6 章环境作用代表值的确定方法，可以绘制 2011～2110 年 100a 的环境作用分布图。以下以绘制 2011 年、2060 年、2110 年年均大气温度和相对湿度分布图为例进行说明。

由 1976 年全国温、湿度分布图（图 5.10、图 5.34），以及 1976～2005 年 30a 温度和相对湿度年变化率分布图（图 6.14、图 6.15）运用式（6.2）和式（6.3），可计算得到 2011 年、2060 年、2110 年年均温、湿度分布图，如图 7.1～图 7.6 所示。由 1976 年全国热岛及干湿岛分布图（图 5.13、图 5.35），以及 1976～2005 年 30a 热岛和干湿岛强度年变化率分布图（图 6.20、图 6.21）运用式（6.6）和式（6.7），可计算得到 2011 年、2060 年、2110 年的年均热岛和干湿岛强度分布图，如图 7.7～图 7.12 所示。分别将两组图对应相加，即可分别得到 2011 年、2060 年、2110 年均大气温度和相对湿度最终分布图，如图 7.13～图 7.18 所示。

7.2.3　混凝土碳化模型选取

采用 4.2.1 节所述混凝土碳化模型［式（4.1）］和时变环境作用下混凝土碳化深度的计算方法［式（4.11）～式（4.13）或式（4.21）～式（4.24）］，进行混凝土碳化深度的计算。

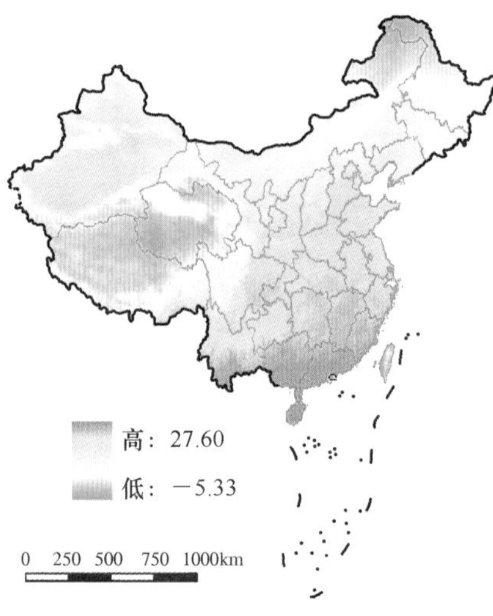

图 7.1　2011 年全国大气温度分布图（单位：℃）

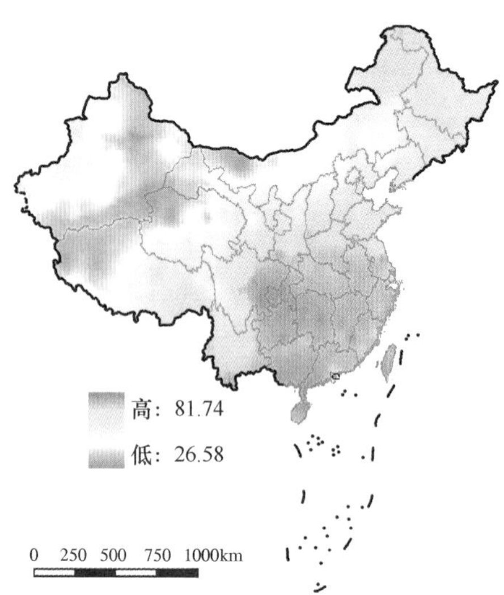

图 7.2　2011 年全国大气相对湿度分布图（单位：%）

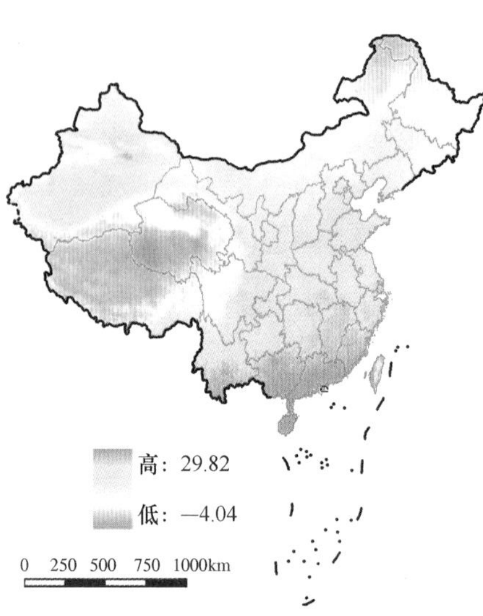

图 7.3　2060 年全国大气温度分布图（单位：℃）

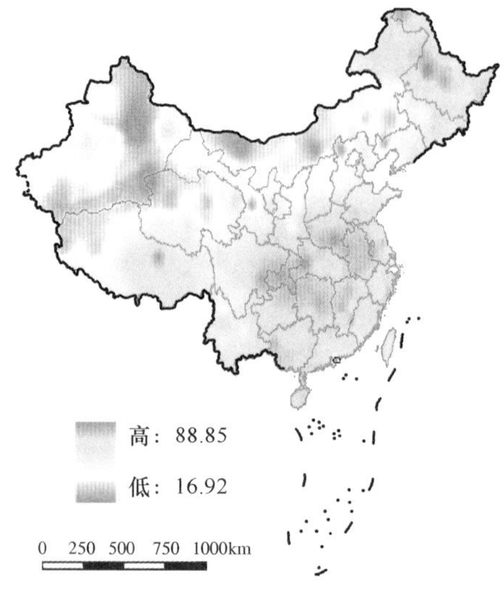

图 7.4　2060 年全国大气相对湿度分布图（单位：%）

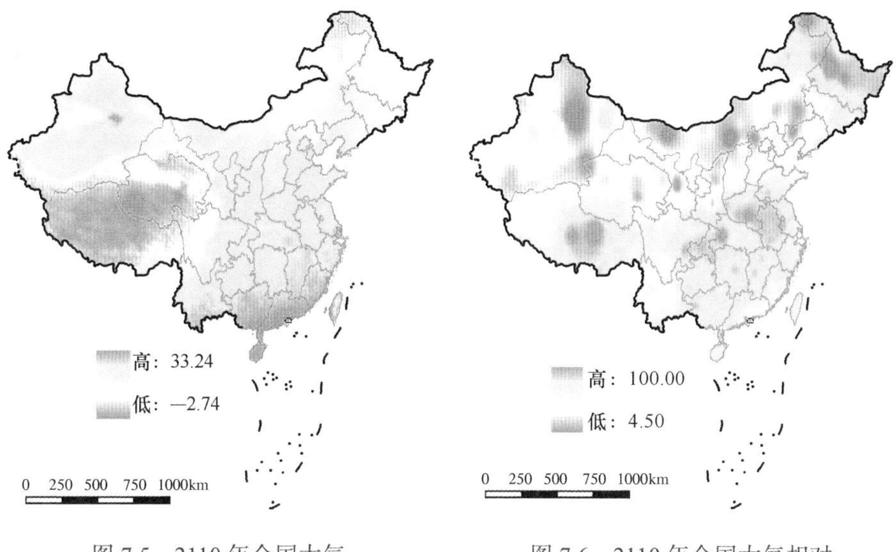

图 7.5　2110 年全国大气温度分布图（单位：℃）

图 7.6　2110 年全国大气相对湿度分布图（单位：%）

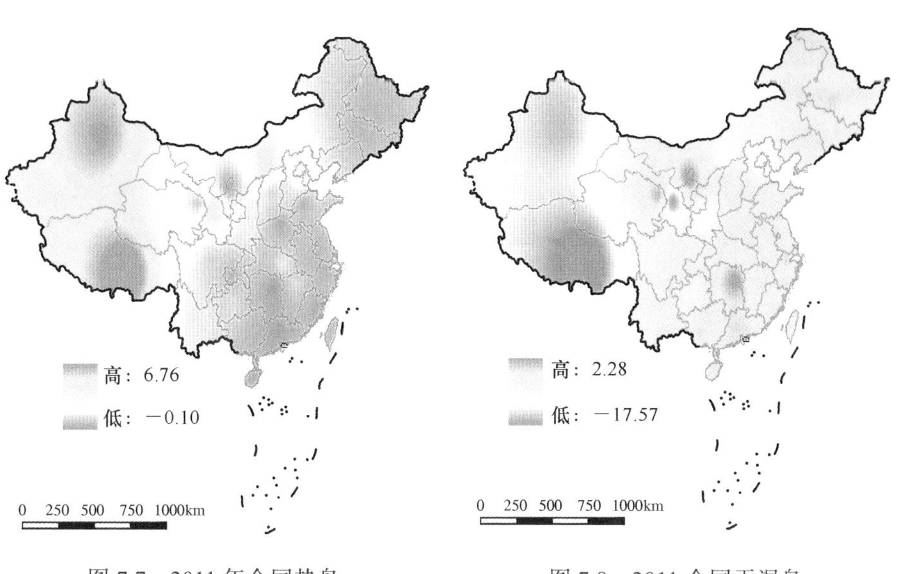

图 7.7　2011 年全国热岛强度分布图（单位：℃）

图 7.8　2011 全国干湿岛强度分布图（单位：%）

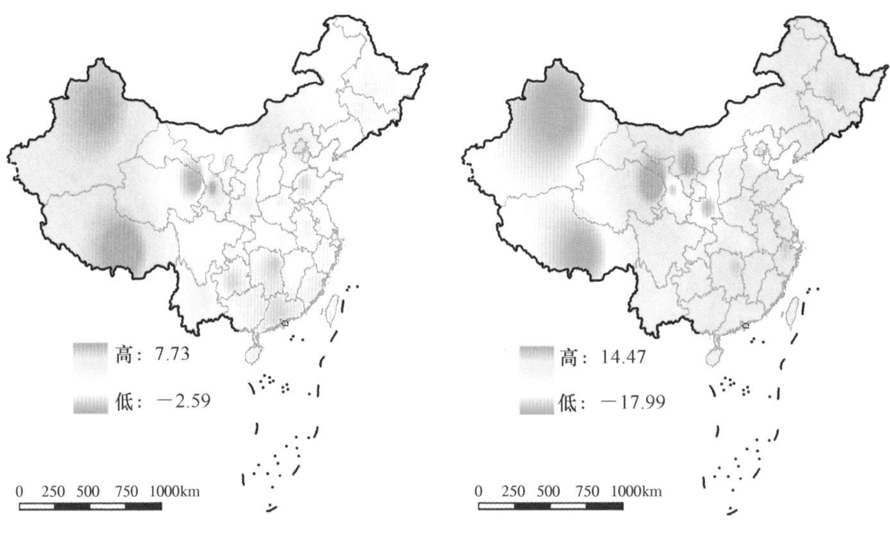

图 7.9　2060 年全国热岛强度分布图（单位：℃）

图 7.10　2060 年全国干湿岛强度分布图（单位：%）

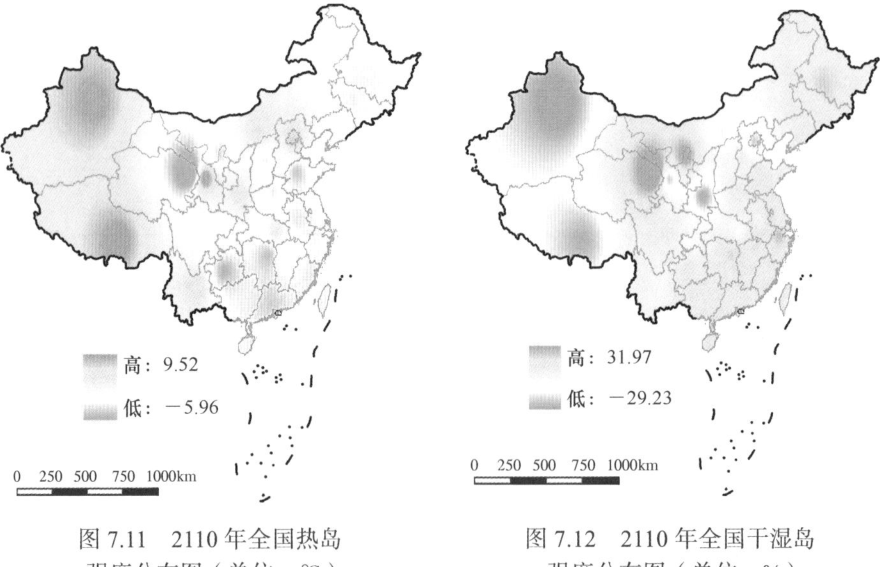

图 7.11　2110 年全国热岛强度分布图（单位：℃）

图 7.12　2110 年全国干湿岛强度分布图（单位：%）

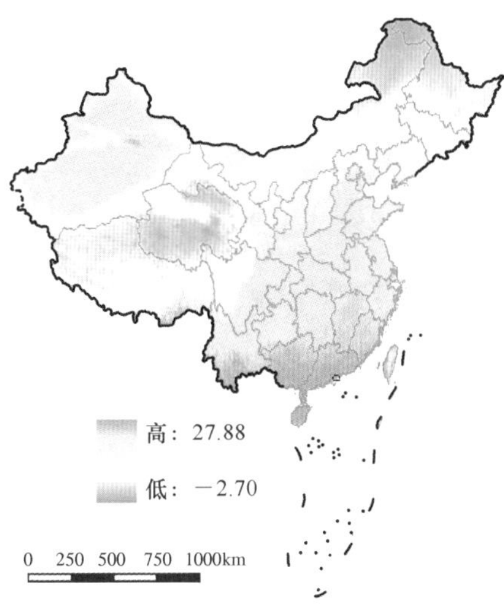

图 7.13　2011 年大气温度最终分布图（单位：℃）

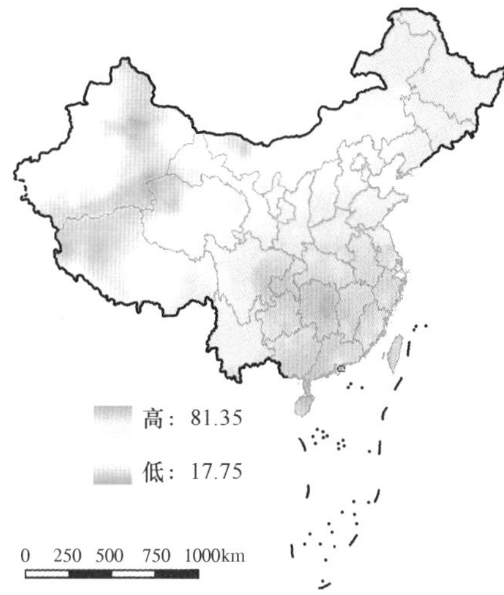

图 7.14　2011 年大气相对湿度最终分布图（单位：%）

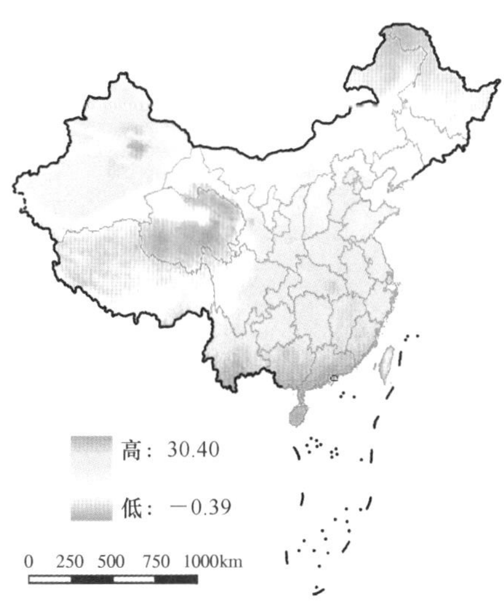

图 7.15　2060 年大气温度最终分布图（单位：℃）

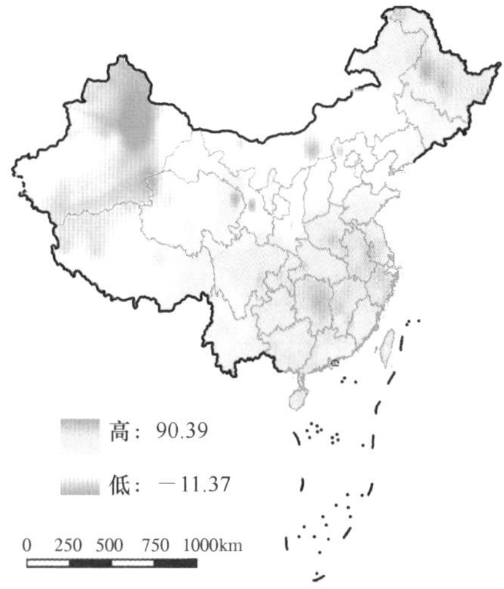

图 7.16　2060 年相对湿度最终分布图（单位：%）

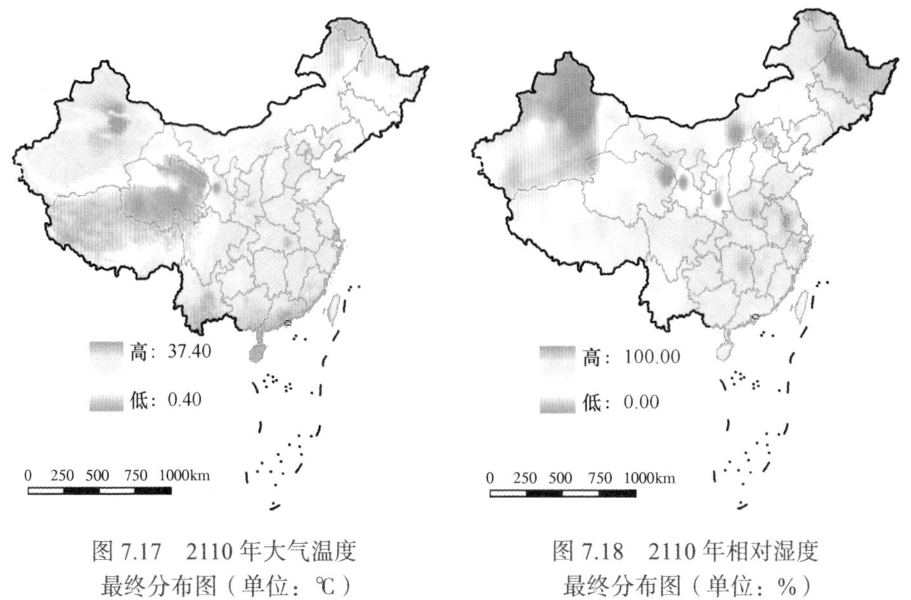

图 7.17　2110 年大气温度最终分布图（单位：℃）

图 7.18　2110 年相对湿度最终分布图（单位：%）

7.2.4　混凝土碳化深度计算及环境区划

由式（4.21）～式（4.24）可以看出，正温天数和环境作用“调整系数”是计算碳化深度的两个重要参数。为此，统计全国 180 个典型城市 2005～2009 年年均环境作用值，参照 4.4 节长春、乌鲁木齐、拉萨 3 个城市表 4.7～表 4.9 的处理方法，分别计算 180 个城市正温天数和环境作用“调整系数”，计算结果如表 7.3 所示。

表 7.3　各城市正温天数及“调整系数”取值

城市	所在省、直辖市、自治区	k_e	t_+/d	城市	所在省、直辖市、自治区	k_e	t_+/d
亳州	安徽	1.058	343	福鼎	福建	1.000	365
蚌埠	安徽	1.046	348	永安	福建	1.000	365
合肥	安徽	1.040	354	合作	甘肃	2.232	233
安庆	安徽	1.038	360	张掖	甘肃	1.625	261
密云	北京	1.272	278	安西	甘肃	1.475	263
长汀	福建	1.000	365	兰州	甘肃	1.344	294
邵武	福建	1.000	365	天水	甘肃	1.179	323
漳州	福建	1.000	365	电白	广东	1.000	365
福州	福建	1.000	365	韶关	广东	1.000	365

续表

城市	所在省、直辖市、自治区	k_e	t_+/d	城市	所在省、直辖市、自治区	k_e	t_+/d
深圳	广东	1.000	365	虎林	黑龙江	3.413	223
梅县	广东	1.000	365	齐齐哈尔	黑龙江	2.713	224
汕头	广东	1.000	365	哈尔滨	黑龙江	2.861	231
桂林	广西	1.000	365	广水	湖北	1.040	354
百色	广西	1.000	365	老河口	湖北	1.035	356
龙州	广西	1.000	365	荆州	湖北	1.027	359
河池	广西	1.000	365	武汉	湖北	1.026	360
南宁	广西	1.000	365	巴东	湖北	1.000	364
北海	广西	1.000	365	双峰	湖南	1.027	359
梧州	广西	1.000	365	桑植	湖南	1.012	361
毕节	贵州	1.048	354	岳阳	湖南	1.020	361
独山	贵州	1.031	358	零陵（永州）	湖南	1.021	361
盘县	贵州	1.025	358	芷江	湖南	1.017	361
桐梓	贵州	1.020	361	延吉	吉林	2.056	237
三亚	海南	1.000	365	长春	吉林	2.399	238
海口	海南	1.000	365	通化	吉林	2.197	243
承德	河北	1.704	253	射阳	江苏	1.026	345
蔚县	河北	1.707	256	东台	江苏	1.039	346
张家口	河北	1.704	262	南京	江苏	1.027	354
乐亭	河北	1.242	287	南昌	江西	1.014	363
南宫	河北	1.237	303	景德镇	江西	1.003	364
保定	河北	1.370	307	玉山	江西	1.010	364
石家庄	河北	1.242	317	吉安	江西	1.007	364
安阳	河南	1.193	313	赣州	江西	1.000	365
卢氏	河南	1.147	320	沈阳	辽宁	1.851	254
郑州	河南	1.088	338	朝阳	辽宁	1.366	259
驻马店	河南	1.085	346	营口	辽宁	1.476	269
南阳	河南	1.062	346	丹东	辽宁	1.238	273
固始	河南	1.050	349	大连	辽宁	1.173	300
嫩江	黑龙江	8.069	208	博克图	内蒙古	6.138	195
克山	黑龙江	6.553	214	满洲里	内蒙古	5.938	198
铁力	黑龙江	6.251	219	海拉尔	内蒙古	7.543	199
绥芬河	黑龙江	3.387	220	新巴尔虎左旗	内蒙古	5.284	205
鹤岗	黑龙江	3.185	223	小二沟	内蒙古	7.227	205

续表

城市	所在省、直辖市、自治区	k_e	t_+/d	城市	所在省、直辖市、自治区	k_e	t_+/d
班玛	青海	1.919	237	昌都	西藏	1.187	316
西宁	青海	1.764	254	波密	西藏	1.046	347
沂源	山东	1.304	309	察隅	西藏	1.000	365
兖州	山东	1.106	323	阿勒泰	新疆	3.552	233
济南	山东	1.098	325	塔什库尔干	新疆	2.573	239
威海	山东	1.127	325	克拉玛依	新疆	1.538	255
青岛	山东	1.080	328	哈密	新疆	1.426	269
大同	山西	1.899	251	伊宁	新疆	1.775	280
离石	山西	1.475	277	若羌	新疆	1.277	282
太原	山西	1.405	284	库车	新疆	1.323	282
运城	山西	1.160	320	阿克苏	新疆	1.469	284
榆林	陕西	1.565	268	库尔勒	新疆	1.228	285
延安	陕西	1.390	288	吐鲁番	新疆	1.184	290
西安	陕西	1.090	338	民丰	新疆	1.199	290
汉中	陕西	1.024	360	喀什	新疆	1.165	294
安康	陕西	1.007	362	和田	新疆	1.133	302
上海	上海	1.000	365	腾冲	云南	1.000	365
若尔盖	四川	3.160	219	临沧	云南	1.000	365
稻城	四川	1.005	271	大理	云南	1.000	365
甘孜	四川	1.391	286	丽江	云南	1.000	365
康定	四川	1.315	301	景洪	云南	1.000	365
马尔康	四川	1.096	329	元江	云南	1.000	365
平武	四川	1.007	363	昆明	云南	1.000	365
巴塘	四川	1.005	364	文山	云南	1.000	365
西昌	四川	1.000	365	杭州	浙江	1.011	363
天津	天津	1.261	293	定海	浙江	1.004	364
那曲	西藏	9.119	187	丽水	浙江	1.000	365
狮泉河	西藏	6.492	189	玉环	浙江	1.000	365
申扎	西藏	7.501	190	酉阳	重庆	1.025	359
改则	西藏	8.332	192	涪陵	重庆	1.000	365
定日	西藏	2.459	235	兴海	青海	3.037	214
普兰	西藏	2.165	242	冷湖	青海	2.980	215

续表

城市	所在省、直辖市、自治区	k_e	t_+/d	城市	所在省、直辖市、自治区	k_e	t_+/d
都兰	青海	2.875	227	鄂托克旗	内蒙古	1.762	255
茫涯	青海	2.341	234	拐子湖	内蒙古	1.367	256
小灶火	青海	2.208	235	额济纳旗	内蒙古	1.421	259
二连浩特	内蒙古	2.289	230	固原	宁夏	1.683	264
乌兰浩特	内蒙古	2.639	230	银川	宁夏	1.465	274
朱日和	内蒙古	2.198	232	刚察	青海	5.612	195
海力素	内蒙古	2.051	234	杂多	青海	3.479	209
乌拉特中旗	内蒙古	2.064	238	东乌珠穆沁旗	内蒙古	2.630	213
开鲁	内蒙古	2.251	239	锡林浩特	内蒙古	2.725	218
赤峰	内蒙古	2.006	248	多伦	内蒙古	2.272	221
呼和浩特	内蒙古	1.794	252	林西	内蒙古	2.619	229

基于表 7.1 中数据，采用 ArcGIS 地理信息处理软件，通过反距离权重的插值方法，可制作出全国正温天数分布图和环境作用“调整系数”分布图，分别如图 7.19 和图 7.20 所示。

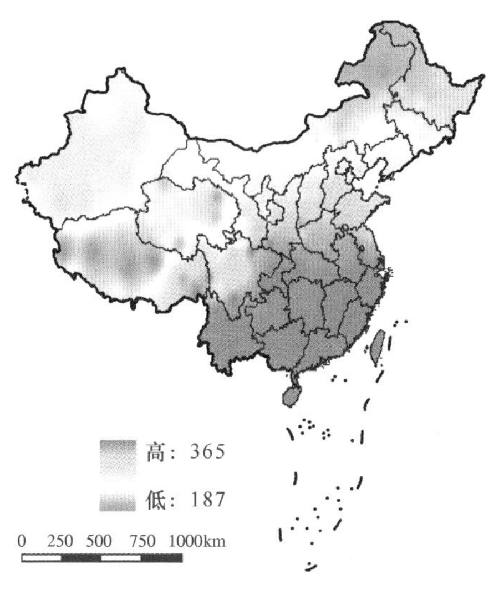

图 7.19　全国正温天数分布图

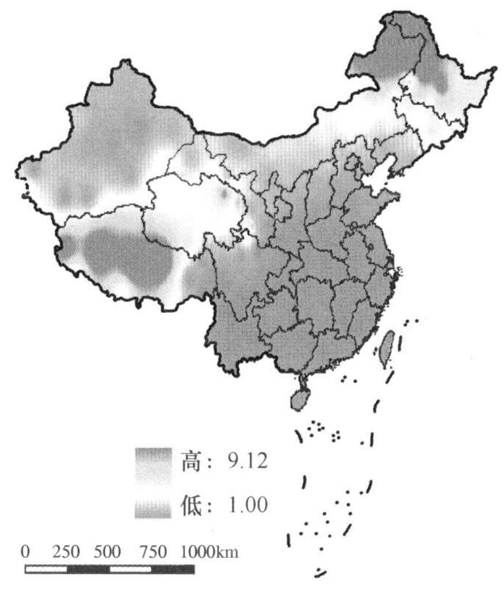

图 7.20　环境作用“调整系数”分布图

选取基准混凝土（水灰比 w/c=0.45，水泥用量为 c=400kg），不考虑 CO_2 浓度的随时变化规律，取 CO_2 浓度为定值 C_{CO_2}=0.04%，由 7.2.2 节计算得到的 2011～2110 年 100a 的环境作用分布图，与全国正温天数分布图（图 7.19）和环境作用“调整系数”分布图（图 7.20）按式（4.23）进行计算，最终可分别获得未来 10a、20a、30a、……、100a 的碳化深度预测值 X_c。

根据计算得到的碳化深度预测值 X_c，在中国版图上按一定指标进行区域划分。2011～2110 年前 10a、20a、30a、40a 的碳化区划主要参考 2011～2060 年 50a 碳化深度的划分指标进行。2011～2110 年前 60a、70a、80a、90a 的碳化区划主要借鉴 2011～2110 年 100a 碳化深度的划分指标进行。

1. 2011～2110 年前 10a、20a、30a、40a、50a 碳化区划图

2011～2110 年前 10a、20a、30a、40a、50a 混凝土结构碳化区划参照《混凝土结构耐久性设计标准》(GB/T 50476—2019) 中 50a 一般环境中混凝土材料与钢筋的保护层最小厚度（表 7.4）按表 7.5 所列指标进行。碳化区划等级考虑 6 级，即 A1～A6。从表 7.5 中也可以看到，当位于“严重”等级以下，即“可忽略”(A1)、“轻微”(A2)、“轻度”(A3)、“中度（A4)”4 个等级区域（碳化深度均小于表 7.4 中水灰比 w/c=0.45 所对应保护层的最大数值 35mm）时，可以直接按构造措施进行结构设计。当位于“严重”及其级别以上区域时，必须考虑实际位置处所受的环境作用定量计算该位置处的碳化深度。

表 7.4 一般环境中混凝土材料与钢筋的保护层最小厚度（50a）

环境作用等级		混凝土强度等级	最大水胶比	最小保护层厚度 /mm
板、墙等面形构件	I-A	≥C25	0.60	20
	I-B	C30	0.55	25
		≥C35	0.50	20
	I-C	C35	0.50	35
		C40	0.45	30
		≥C45	0.40	25
梁、柱等条形构件	I-A	C25	0.60	25
		≥C30	0.55	20
	I-B	C30	0.55	30
		≥C35	0.50	25
	I-C	C35	0.50	40
		C40	0.45	35
		≥C45	0.40	30

表 7.5　我国混凝土碳化环境区划指标（50a）

区域级别	X_c 区间 /mm	作用程度的定性描述	备注
A1	$0 \leqslant X_c \leqslant 5$	可忽略	地图区划
A2	$5 < X_c \leqslant 15$	轻微	地图区划
A3	$15 < X_c \leqslant 25$	轻度	地图区划
A4	$25 < X_c \leqslant 35$	中度	地图区划
A5	$35 < X_c \leqslant 45$	严重	地图区划
A6	$X_c \geqslant 45$	很严重	等级调整

按表 7.5 指标划分的未来 10a、20a、30a、40a、50a 的碳化区划图分别如图 7.21～图 7.25 所示。

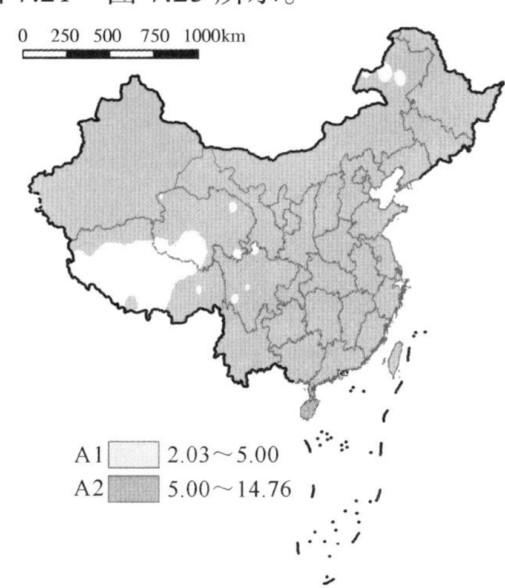

图 7.21　2011～2020 年 10a 碳化环境区划图（单位：mm）

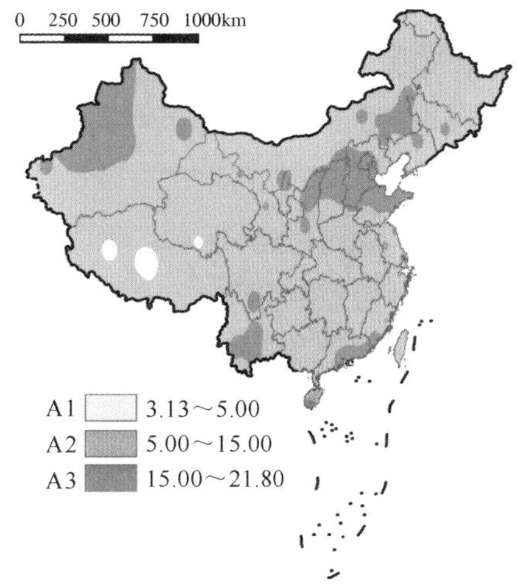

图 7.22　2011～2030 年 20a 碳化环境区划图（单位：mm）

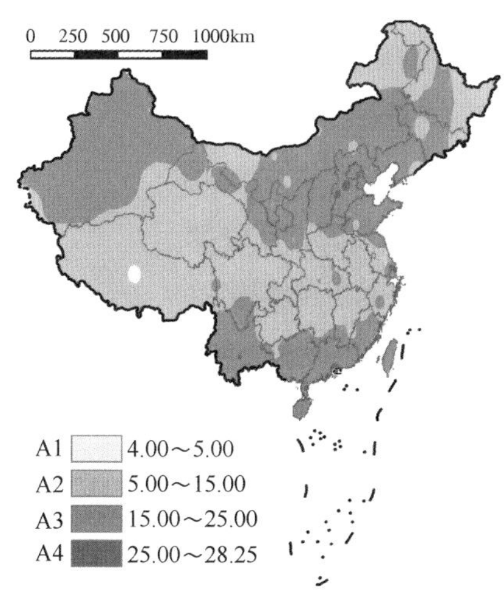

图 7.23　2011～2040 年 30a 碳化环境区划图（单位：mm）

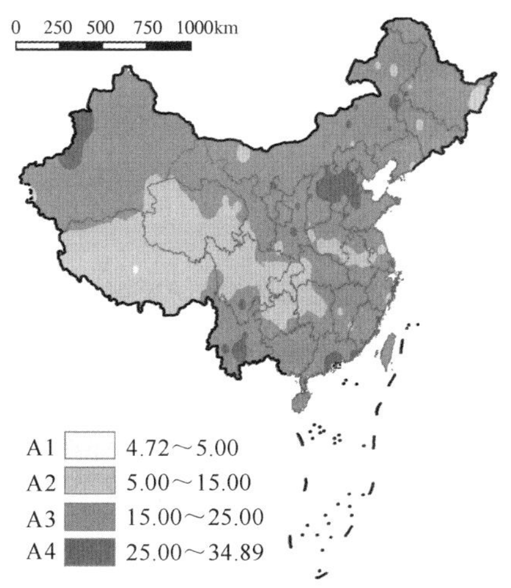

图 7.24　2011～2050 年 40a 碳化环境区划图（单位：mm）

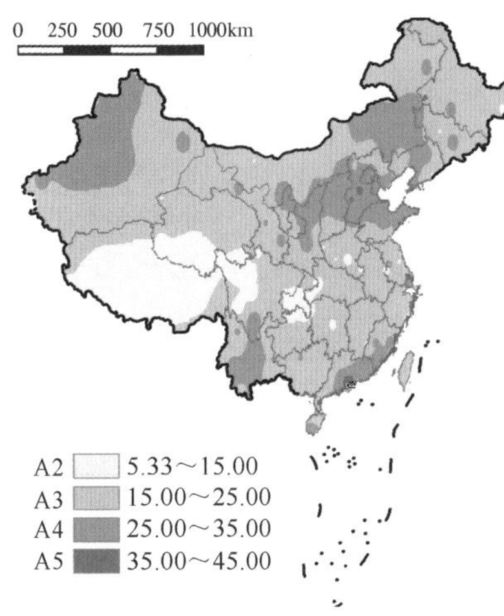

图 7.25 2011～2060 年 50a 碳化环境区划图（单位：mm）

从 50a 全国碳化环境区划图中可以看到，我国东北、华北和西北地区碳化深度较大，而西藏地区碳化深度较小。除以上几个地区外，全国其他地区的碳化深度值差异不大。

2. 2011～2110 年前 60a、70a、80a、90a、100a 的碳化区划图

2011～2110 年前 60a、70a、80a、90a、100a 的碳化区划参照《混凝土结构耐久性设计标准》（GB/T 50476—2019）中 100a 一般环境中混凝土材料与钢筋的保护层最小厚度（表 7.6），按表 7.7 所列指标进行。碳化区划等级考虑 7 级，即 A1～A7。

表 7.6 一般环境中混凝土材料与钢筋的保护层最小厚度（100a）

环境作用等级		混凝土强度等级	最大水胶比	最小保护层厚度 /mm
板、墙等面形构件	Ⅰ-A	≥C30	0.55	20
	Ⅰ-B	C35	0.50	30
		≥C40	0.45	25
	Ⅰ-C	C40	0.45	40
		C45	0.40	35
		≥C50	0.36	30
梁、柱等条形构件	Ⅰ-A	C30	0.55	30
		≥C35	0.50	25
	Ⅰ-B	C35	0.50	35
		≥C40	0.45	30
	Ⅰ-C	C40	0.45	45
		C45	0.40	40
		≥C50	0.36	35

表 7.7 我国混凝土碳化环境区划指标（100a）

区域级别	X_c 区间 /mm	作用程度的定性描述	备注
A2	$0 \leqslant X_c \leqslant 15$	可忽略	地图区划
A3	$15 < X_c \leqslant 25$	轻微	地图区划

续表

区域级别	X_c 区间 /mm	作用程度的定性描述	备注
A4	$25<X_c\leqslant35$	轻度	地图区划
A5	$35<X_c\leqslant45$	中度	地图区划
A6	$45<X_c\leqslant65$	严重	地图区划
A7	$X_c>65$	很严重	等级调整

从表 7.7 中也可以看到，当位于“严重”等级以下，即“可忽略”（A2）、“轻微”（A3）、“轻度”（A4）、“中度（A5）”4 个等级区域（碳化深度均小于表 7.6 中水灰比 $w/c=0.45$ 所对应保护层的最大数值 45mm）时，可以直接按构造措施进行结构设计。当位于“严重”及其级别以上区域时，必须考虑实际位置处所受的环境作用定量计算该位置处的碳化深度。

按表 7.7 指标划分的 2011～2110 年前 60a、70a、80a、90a、100a 的碳化区划图分别如图 7.26～图 7.30 所示。

从 100a 全国碳化环境区划图中可以看到，碳化深度分布与 50a 全国碳化深度分布规律基本一致，即我国东北、华北和西北地区碳化深度较大，西藏地区碳化深度较小，我国西南部的云南地区碳化深度较大。

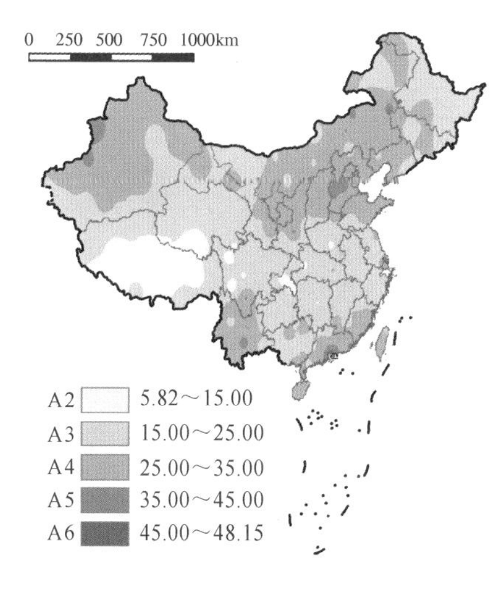

图 7.26　2011～2070 年 60a 碳化环境区划图（单位：mm）

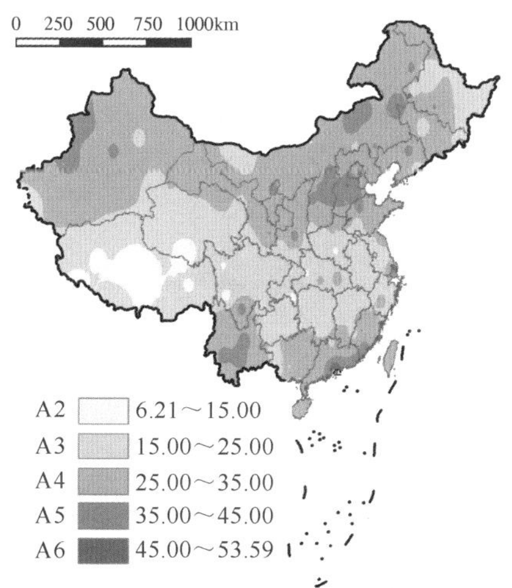

图 7.27　2011～2080 年 70a 碳化环境区划图（单位：mm）

3. 碳化深度增量示意图

为了分析不同时间段内环境作用对碳化深度的影响程度，应用上述方法，每 10a 可分别制作出一张碳化环境区划图。为较直观地描述碳化发展规律，分别以

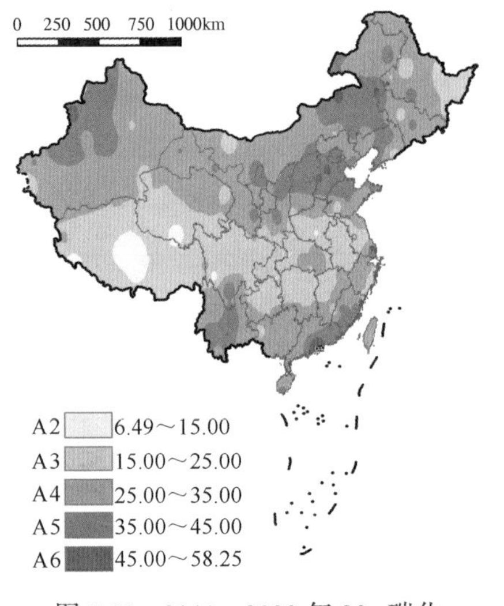

图 7.28　2011～2090 年 80a 碳化环境区划图（单位：mm）

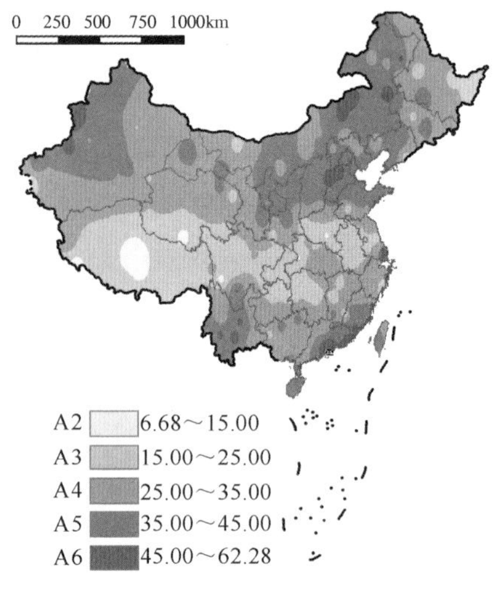

图 7.29　2011～2100 年 90a 碳化环境区划图（单位：mm）

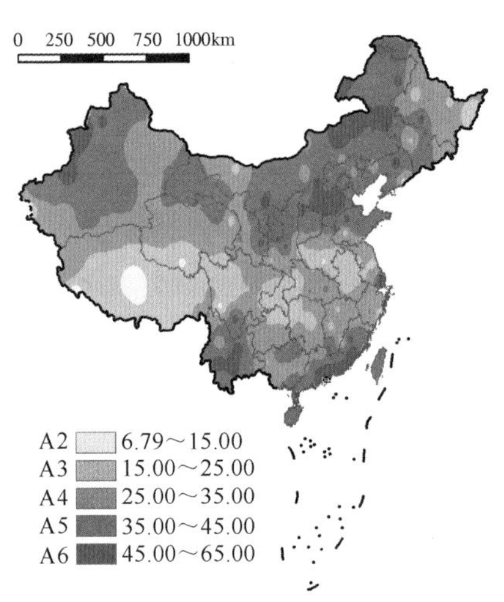

图 7.30　2011～2110 年 100a 碳化环境区划图（单位：mm）

5mm、10mm、15mm、20mm 和 25mm 对 10 张碳化环境区划图进行区间划分，对划分的区间数不做具体约定，分别如图 7.31～图 7.40 所示。从碳化环境区划图中可以看到，全国不同时间段（每 10a）内碳化深度的发展程度不同，碳化深度随时间有逐步增加的趋势。从以上 10 张图中可分别提取全国同一位置处每 10a 的碳化深度值。

图 7.41～图 7.44 绘制了全国长春、乌鲁木齐、拉萨、海口 4 个典型城市不同时间内（每 10 年）的碳化深度值。由图 7.41～图 7.44 可以看到，不同时间段内的环境作用对碳化发展的影响不同，长春和海口地区环境作用的影响程度逐步加大，而乌鲁木齐和拉萨地区环境作用的影响程度有先增大而后逐步减小的趋势。分析原因：尽管环境温度逐年提高可以增大碳化深度的发展速度，但是相对湿度的影响却是非线性的，相对湿度值逐年减小，当降至某一数值时，相对湿度对碳化的影响起控制作用，碳化深度的发展速度减缓。

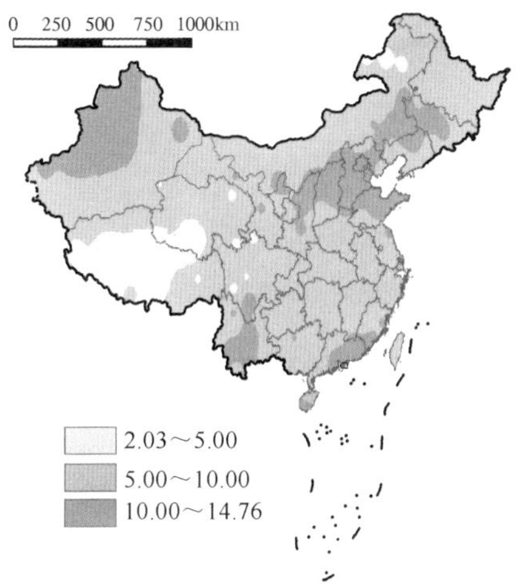

图 7.31　2011～2020 年碳化环境区划图（单位：mm）

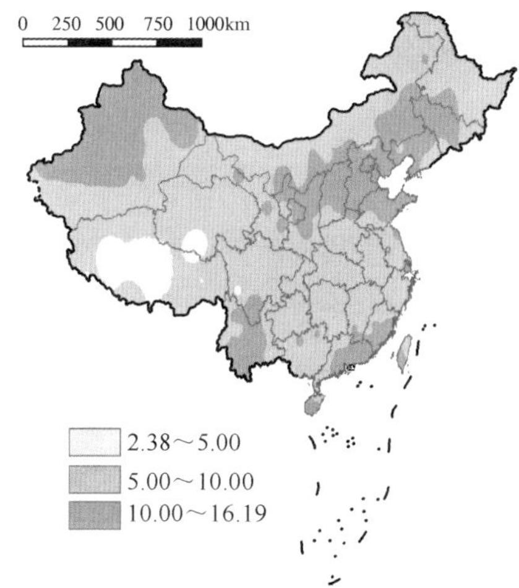

图 7.32　2021～2030 年碳化环境区划图（单位：mm）

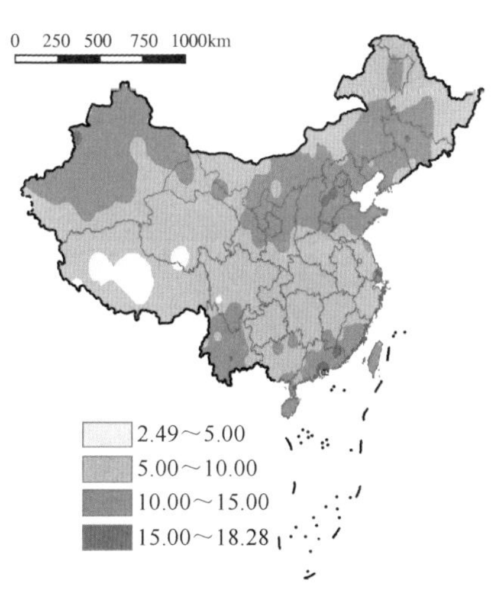

图 7.33　2031～2040 年碳化环境区划图（单位：mm）

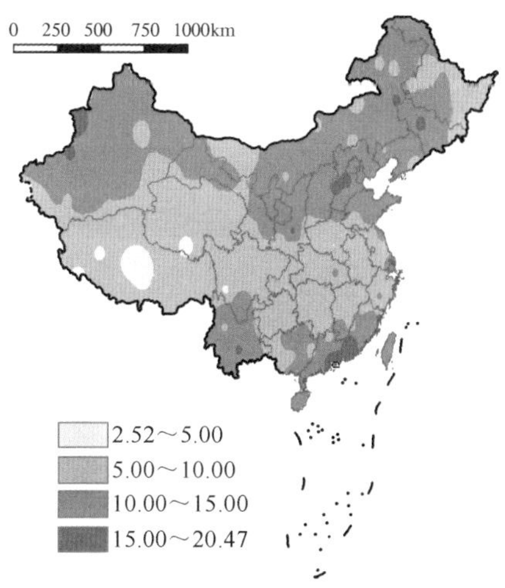

图 7.34　2041～2050 年碳化环境区划图（单位：mm）

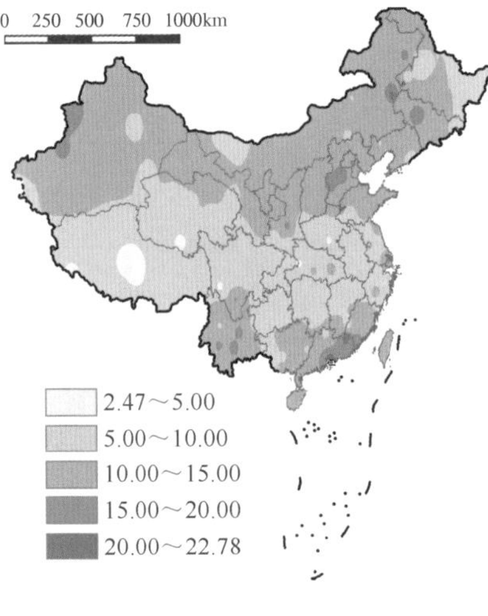

图 7.35　2051～2060 年碳化环境区划图（单位：mm）

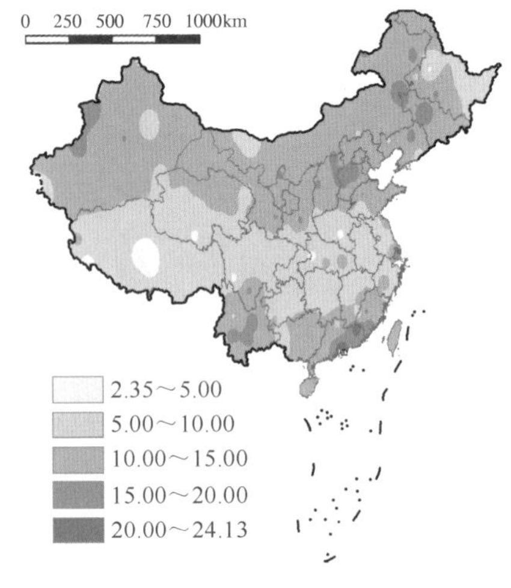

图 7.36　2061～2070 年碳化环境区划图（单位：mm）

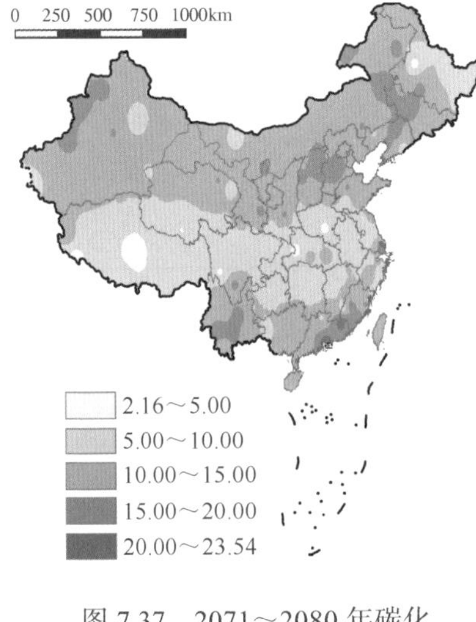

图 7.37　2071～2080 年碳化环境区划图（单位：mm）

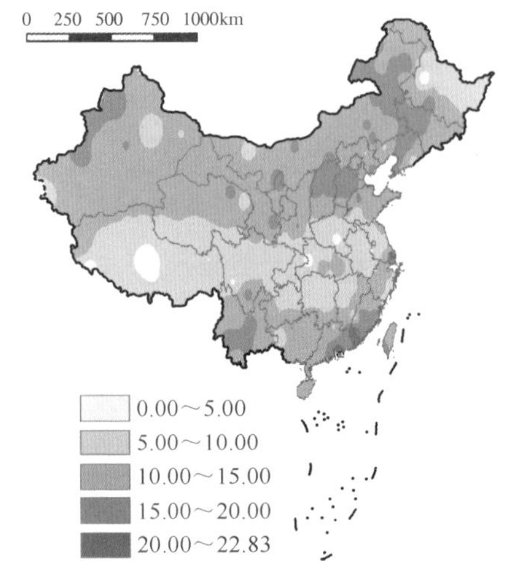

图 7.38　2081～2090 年碳化环境区划图（单位：mm）

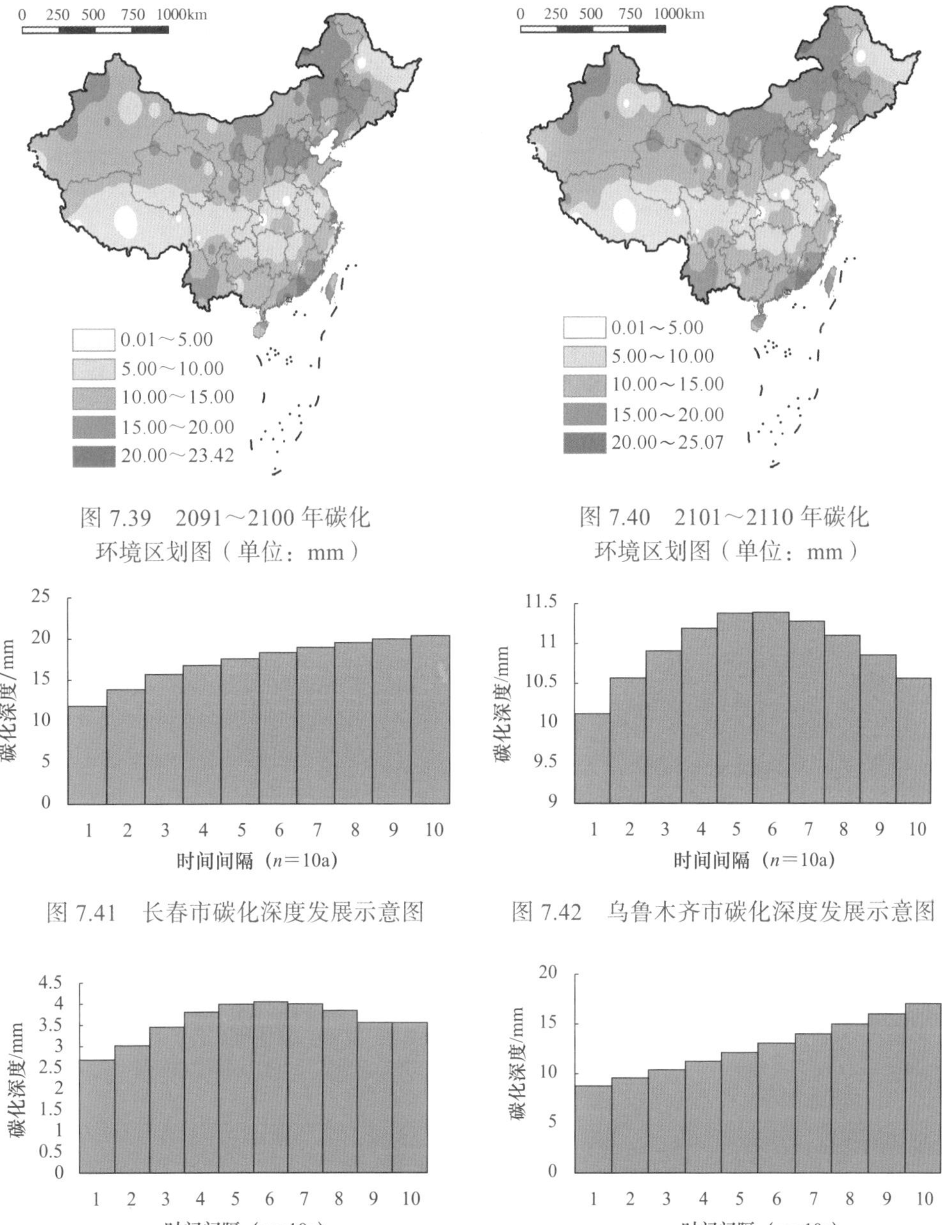

图 7.39　2091～2100 年碳化环境区划图（单位：mm）

图 7.40　2101～2110 年碳化环境区划图（单位：mm）

图 7.41　长春市碳化深度发展示意图

图 7.42　乌鲁木齐市碳化深度发展示意图

图 7.43　拉萨市碳化深度发展示意图

图 7.44　海口市碳化深度发展示意图

7.2.5　碳化环境区划等级调整

上述碳化环境区划图仅反映了环境中大气温度、相对湿度对混凝土结构碳化环境的影响，没有考虑其他环境条件如 CO_2 浓度的影响。根据第 3 章 3.3.6 节有关CO_2的调查内容，考虑污染严重的城市和工业地区的情况，将我国CO_2浓度环境等级划分为Ⅰ和Ⅱ两个等级，如表 7.8 所示。

表 7.8 我国大气中 CO_2 浓度等级划分

等级	年平均浓度值 / ppm	描述
Ⅰ	300～400	不受污染的农村环境、森林环境
Ⅱ	>400	污染严重的城市环境、工业环境

注：参照全球基准站瓦里关 2006 年CO_2浓度年平均值 382.12ppm，以及大城市与农村CO_2浓度差一般在 3% 以上，进行以上划分，划分未考虑未来CO_2浓度上升的可能。

在碳化环境区划（图 7.31～图 7.40）的基础上，考虑CO_2浓度及其他环境条件的影响，对未来 50～100a 的碳化环境区划（图 7.35～图 7.40）等级进行调整，如表 7.9 所示。由于未来 50a 之内的碳化深度发展较小（图 7.31～图 7.34），不再对其进行等级调整。

表 7.9 基于混凝土碳化环境区划的等级调整（适用于碳化时长为 50～100a）

条目编号	等级调整	环境条件	示例
（1）	−1	不淋雨干燥环境或室内干燥环境	长期干燥，且处于低湿常温环境中的室内混凝土构件
（2）	+1	满足以下条件之一：①CO_2浓度等级为Ⅱ；②干湿交替频繁	水泥工业区中CO_2气体直接排放区构件；汽车尾气直接喷射构件；淡水环境中水位变动区的构件
（3）	+1	CO_2浓度等级为Ⅰ，且同时满足以下条件之一：①室外淋雨环境；②长期湿润环境	处于降雨频繁地区的室外淋雨构件；长期处于接近水面上方的构件
（4）	+2	同时满足以下两个条件：①CO_2浓度等级为Ⅱ；②干湿交替频繁	水泥工业区中受高浓度CO_2气体直接喷射，且干湿循环频繁

注：（1）若混凝土中无配筋，则任何碳化环境等级均可认为 A2 级。

（2）等级+1 表示在碳化环境区划结果（图 7.35～图 7.40）上将作用等级提升 1 级，如区划图上原定为 A2 级，提升 1 级则变为 A3 级；+2 表示将作用等级提升 2 级；−1 表示将作用等级降低 1 级。

（3）若等级调整后低于 A2 级，则定为 A2 级。

（4）若等级调整后高于 A7 级，则定为 A7 级。

7.3 氯盐侵蚀区划

针对我国海洋环境下的混凝土结构，制作我国近海氯盐侵蚀区划图。

7.3.1 影响氯盐侵蚀的主要环境作用

影响氯盐侵蚀的主要环境作用有大气温度、相对湿度、水温及表面氯离子含量等。从国家海洋科学数据共享服务平台可以获取我国近海大气温度、相对湿度及水温等环境作用值。混凝土表面氯离子含量等环境作用由于难以获取，采用环境等级调整的方式考虑。

7.3.2　环境作用代表值及环境作用分布图

由于我国近海环境数据所限，暂不能像考虑碳化环境一样计算氯盐侵蚀的环境作用代表值，而以我国近海累年年均大气温度、表层水温（图 3.43 和图 3.48）分布图中的环境作用值为环境作用代表值，计算近海氯盐侵蚀深度。

7.3.3　改进的氯盐侵蚀预测模型

氯离子在混凝土中的扩散行为可以用 Fick 第二扩散定律进行描述。其基本假定为：混凝土是半无限均匀介质；氯离子扩散时不与水泥水化物反应，也不被水泥水化物所吸附；氯离子表观扩散系数是一个常数。由此可导出一维扩散方程为

$$\frac{\partial C}{\partial t}=D\frac{\partial^2 C}{\partial x^2} \tag{7.1}$$

式中，t 为时间；x 为距混凝土表面的距离；D 为氯离子表观扩散系数；C 为距混凝土表面 x 处的氯离子含量。

当初始条件为 $t=0$，$x>0$ 时，$C=C_0$；当边界条件为 $x=0$，$t>0$ 时，$C=C_s$，方程（7.1）的数学解为

$$C(x,t)=C_0+(C_s-C_0)\left(1-\operatorname{erf}\frac{x}{2\sqrt{Dt}}\right) \tag{7.2}$$

式中，$C(x,t)$ 为 t 时刻 x 深度处的氯离子含量；C_0 为混凝土内初始氯离子含量；C_s 为混凝土暴露表面的氯离子含量；$\operatorname{erf}(z)$ 为误差函数，表达为

$$\operatorname{erf}(z)=\frac{2}{\sqrt{\pi}}\int_0^z e^{-t^2}\,dt \tag{7.3}$$

该模型计算简单，属目前应用较广的氯离子扩散经典模型，但从计算过程中看出，该模型限制条件较多，适用性较差，主要表现在：①氯离子表观扩散系数为定值。实际上，氯离子表观扩散系数是随着外部环境条件及混凝土内部孔隙的变化而变化的，氯离子表观扩散系数应考虑随时间变化的影响。②没有考虑环境作用的影响。环境温度等外部环境作用对氯盐侵蚀有较大影响，在模型中应予以考虑。针对以上两点不足，可对 Fick 第二定律做相应改进。

1. 考虑时间因素影响

1994 年，Mangat 等[2]通过扩散试验，得到氯离子在混凝土中的表观扩散系数随时间变化的关系。假设在水化龄期为 t_0 时测定氯离子的表观扩散系数为 D_0，t 时刻混凝土的氯离子表观扩散系数为 D_t，则混凝土氯离子表观扩散系数对时间的依赖性如式（7.4）所示。

$$D_t = D_0\left(\frac{t_0}{t}\right)^{\alpha} \tag{7.4}$$

式中，D_0 为结构暴露时或其他任一时段的表观扩散系数；t_0 为相应于 D_0 的时间；α 为经验系数，与水灰比 w/c 有关，$\alpha=3(0.55-w/c)$。

DuraCrete[3]考虑了氯离子表观扩散系数与时间的关系，并引入 k_t'、k_e' 和 k_c' 系数进行修正，提出氯离子的表观扩散系数表达式为

$$D = D(t) = D_{\mathrm{RCM},0}k_t'k_c'k_e'\left(\frac{t_0}{t}\right)^{n} \tag{7.5}$$

式中，$D_{\mathrm{RCM},0}$ 为龄期 t_0 的混凝土用氯离子快速电迁移标准试验方法测定的表观扩散系数，可取 t_0 为 28d；系数 k_t' 为采用快速电迁移标准试验方法测定的表观扩散系数来表达早期混凝土表观扩散系数 D 的修正系数，通常取 1；k_e' 为环境条件影响系数，按表 7.10 选取；k_c' 为混凝土养护条件影响系数，按表 7.11 选取；n 为龄期系数，其大小对混凝土抗氯离子侵入能力有着很大的影响。欧洲 DuraCrete 中指出，n 与胶凝材料种类和环境条件有关，如表 7.12 所示[3]。

表 7.10　环境条件影响系数 k_e'

项目	胶凝材料和环境							
	硅酸盐水泥				矿渣			
	水中	潮汐区	浪溅区	大气区	水中	潮汐区	浪溅区	大气区
k_e'	1.32	0.92	0.27	0.68	3.88	2.70	0.78	1.98

表 7.11　混凝土养护条件影响系数 k_c'

养护时间 /d	k_c'	养护时间 /d	k_c'
1	2.08	7	1
3	1.5	28	0.79

表 7.12　龄期系数 n

海洋环境	胶凝材料			
	硅酸盐水泥	粉煤灰	矿渣	硅粉
水下区	0.3	0.69	0.71	0.62
潮汐、浪溅区	0.37	0.93	0.60	0.39
大气区	0.65	0.66	0.85	0.79

美国 ACI365 委员会（使用寿命预测委员会）组织开发的 Life-365 计算程序中，建议 28d 龄期的普通硅酸盐水泥混凝土的渗透系数为[4]

$$D_{28}=10^{-12.06+2.4(w/B)} \tag{7.6}$$

式中，w/B 为水胶比。

将式（7.5）代入式（7.1），即可得到考虑氯离子表观扩散系数随时间依赖性的方程为

$$\frac{\partial C}{\partial t}=D_{\mathrm{RCM},0}k_{\mathrm{t}}'k_{\mathrm{c}}'k_{\mathrm{e}}'\left(\frac{t_0}{t}\right)^n\frac{\partial^2 C}{\partial x^2} \tag{7.7}$$

采用与式（7.1）相同的初始条件和边界条件，求解以上方程得

$$C(x,t)=C_0+(C_{\mathrm{s}}-C_0)\,\mathrm{erf}\left(\frac{x}{2\sqrt{\dfrac{k_{\mathrm{t}}'k_{\mathrm{c}}'k_{\mathrm{e}}'D_{\mathrm{RCM},0}t_0^n}{1-n}t^{1-n}}}\right) \tag{7.8}$$

2. 考虑环境温度对氯盐侵蚀的影响

如前所述，环境温度对氯盐侵蚀有较大影响。Stephen 等[5]建立了氯离子表观扩散系数与环境温度之间的关系为

$$D=D_0\frac{T}{T_0}\mathrm{e}^{q\left(\frac{1}{T_0}-\frac{1}{T}\right)} \tag{7.9}$$

式中，D、D_0 分别为温度 T、T_0 时的氯离子表观扩散系数；q 为活化常数，其值与水灰比有关，水灰比为 0.4、0.5、0.6 时，q 值分别相应取为 6000K、5450K、3850K。

将式（7.9）代入式（7.8），可得考虑氯离子表观扩散系数随时间依赖性及温度影响的混凝土氯离子扩散模型为

$$C(x,t)=C_0+(C_{\mathrm{s}}-C_0)\,\mathrm{erf}\left(\frac{x}{2\sqrt{\dfrac{k_{\mathrm{t}}'k_{\mathrm{c}}'k_{\mathrm{e}}'D_{\mathrm{RCM},0}Tt_0^n}{(1-n)\,T_0}\mathrm{e}^{q\left(\frac{1}{T_0}-\frac{1}{T}\right)}t^{1-n}}}\right) \tag{7.10}$$

由式（7.10）可得到当氯离子浓度达到临界氯离子浓度，即 $C(x,t)=C_{\mathrm{crit}}$ 时，设计用混凝土保护层厚度 x 的表达式为

$$x=2\sqrt{\frac{k_{\mathrm{t}}'k_{\mathrm{c}}'k_{\mathrm{e}}'D_{\mathrm{RCM},0}Tt_0^n}{(1-n)\,T_0}\mathrm{e}^{q\left(\frac{1}{T_0}-\frac{1}{T}\right)}t^{1-n}}\cdot\mathrm{erf}^{-1}\left(\frac{C_{\mathrm{crit}}-C_0}{C_{\mathrm{s}}-C_0}\right) \tag{7.11}$$

式中，C_{crit} 为混凝土临界氯离子浓度。

3. 大气盐雾区氯盐侵蚀模型的验证

同济大学的钟丽娟[6]在盐雾箱中进行了大气盐雾环境下氯盐侵蚀试验（图 7.45）。试验选用的材料配合比如表 7.13 所示，其中，水泥选用 P·O 42.5 和 P·I（I 型硅酸盐水泥）52.5 两种。试件尺寸为 100mm×100mm×100mm，

图 7.45　盐雾箱中氯盐侵蚀试验[6]

标准养护 28d 后放入盐雾箱。盐雾箱设定温度为 25℃和 35℃，每隔一定时间取出试件，沿渗透方向按不同深度钻孔取粉（单位 mm），并采用 RCT 方法测量不同深度处的氯离子含量。选取两种典型工况下的氯盐侵蚀试验结果进行验证（表 7.14）。采用表 7.15 的计算参数，所得计算值与实测值对比情况如图 7.46 所示。

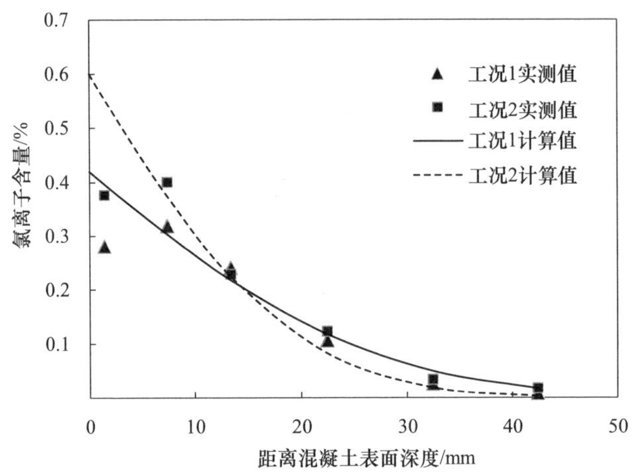

图 7.46　大气盐雾区氯盐侵蚀试验计算值与实测值的对比图

表 7.13　大气盐雾区氯盐侵蚀试验混凝土材料配合比

水灰比	水泥含量 /（kg/m^3）	水含量 /（kg/m^3）	细骨料含量 /（kg/m^3）	粗骨料含量 /（kg/m^3）
0.53	367.5	194.8	735.1	1102.6

表 7.14　大气盐雾区氯盐侵蚀深度测量值

深度 /mm	实测氯离子含量（占混凝土的质量分数）/ %	
	工况 1：温度 35℃，P·O 42.5 水泥，60d	工况 2：温度 25℃，P·I 52.5 水泥，45d
1.5	0.280	0.238
7.5	0.318	0.213
13.5	0.240	0.240
22.5	0.106	0.102
32.5	0.026	0.027
42.5	0.008	0.023

表 7.15　大气盐雾区氯盐侵蚀试验计算参数

工况	参数								
	w/c	k_t'	k_c'	k_e'	n	C_s/%	C_0/%	T_0/K	T/K
工况 1	0.53	1	0.79	0.68	0.65	0.42	0	293.15	308.15
工况 2	0.53	1	0.79	0.68	0.65	0.6	0	293.15	298.15

从图 7.46 中可以看到，除混凝土表层（x=1.5mm）的氯离子含量与计算值有偏离外，其余计算值与实测值吻合较好。因此，采用建议的修正模型可较好地计算大气盐雾区的氯盐侵蚀深度。

4. 浪溅区氯盐侵蚀模型的验证

Thomas 等[7]在英国东南 Folkestione 海岸进行了浪溅区氯盐侵蚀长期试验。试件浇筑于 1987 年，尺寸为 1000mm×500mm×300mm，普通硅酸盐混凝土的材料配比如表 7.16 所示。选取两种工况下的测试结果与计算结果进行对比，其中，试验测试结果如表 7.17 所示，选用的计算参数如表 7.18 所示，计算值与实测值对比如图 7.47 所示。

表 7.16　浪溅区氯盐侵蚀试验混凝土材料配合比

水灰比	水泥含量 / (kg/m^3)	水含量 / (kg/m^3)	细骨料含量 / (kg/m^3)	粗骨料含量 / (kg/m^3)
0.66	288	190	660	1240

表 7.17　浪溅区氯盐侵蚀深度测量值

深度 /mm	实测氯离子含量（占混凝土的质量分数）/%	
	工况 1：t=0.5a	工况 2：t=1a
0～10	0.267	0.493
10～20	0.140	0.193
20～30	0.050	0.043
30～40	0.010	0.017
40～50	0.000	0.000

表 7.18　浪溅区氯盐侵蚀试验计算参数

w/c	k_t'	k_c'	k_e'	n	C_s/%	C_0/%	T_0/K	T/K
0.66	1	0.79	0.27	0.37	0.6	0	293.15	285.2

从图 7.47 中可以看到，除表层混凝土氯离子含量与实测值存在一定误差外，其余深度处的氯离子含量计算值与实测值吻合较好。因此，建议的修正模型也可以较好地模拟计算浪溅区的氯盐侵蚀深度。

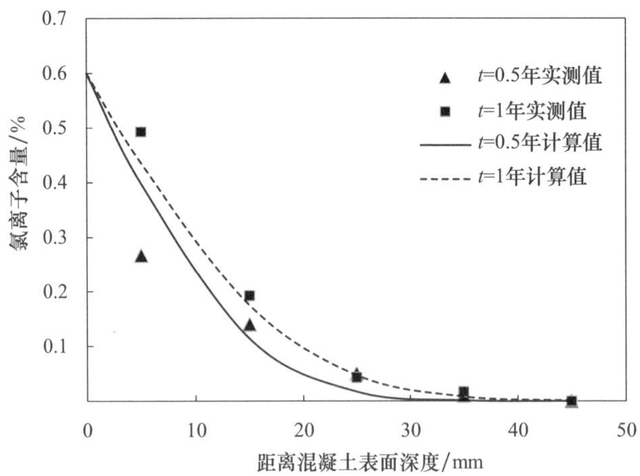

图 7.47　浪溅区氯盐侵蚀试验计算值与实测值的对比图

5. 海水淹没区氯盐侵蚀模型的验证

选用华南海港“工程材料腐蚀暴露试验站”淹没区氯盐侵蚀测试结果验证建议的修正模型的正确性。试验站年平均气温 23.3℃，试件成型于 1987 年，试件尺寸为 150mm×150mm×150mm。采用 P·I 52.5 水泥；东江口砂，细度模数为 2.51，表观密度为 2650kg/m^3；虎门花岗岩碎石，表观密度为 2640kg/m^3[8]。选取两种典型工况进行验证。工况 1：混凝土水灰比 0.55，暴露龄期 5a；工况 2：水灰比 0.65，暴露龄期 3a。具体计算参数及计算结果如表 7.19 及图 7.48 所示。其中，环境温度 T 从我国近海年均表层水温分布图（图 3.48）中提取，湛江（110.399°E，21.195°N）地区的表层水温为 25.3℃。

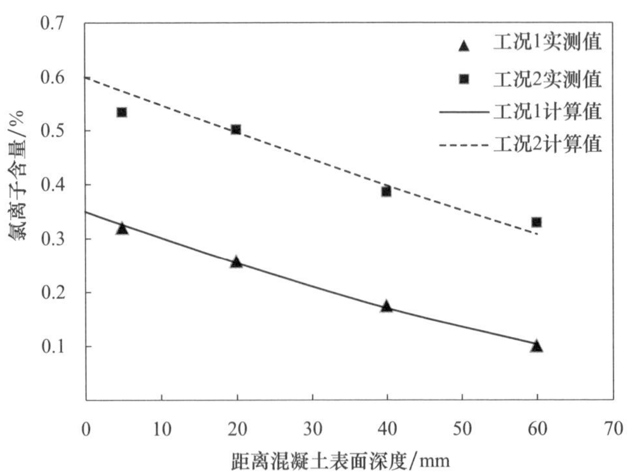

图 7.48　海水淹没区氯盐侵蚀试验计算值与实测值的对比

表 7.19　海水淹没区计算参数

工况	参数								
	w/c	k_t'	k_c'	k_e'	n	C_s/%	C_0/%	T_0/K	T/K
工况 1	0.55	1	0.79	1.32	0.71	0.35	0	293.15	298.45
工况 2	0.65	1	0.79	1.32	0.71	0.6	0	293.15	298.45

从图 7.48 中可以看到，计算值与实测值吻合较好，因此采用建议的修正氯盐侵蚀模型能够较好地模拟淹没区氯盐侵蚀深度。

综上所述，考虑时间依赖性及温度作用的氯盐侵蚀模型可以较准确地计算我国近海垂直向不同区域混凝土内部的氯离子含量。

6. 氯盐侵蚀深度预测算例

采用建议的修正氯离子侵蚀预测模型可以预测已知环境条件下混凝土结构的氯离子侵蚀深度。以下以我国上海近海海域（121.5° E，30.5° N）海洋环境下的混凝土结构为例，选用基准混凝土（水灰比 w/c=0.45，水泥用量 c=400kg，混凝土密度为 ρ=2400kg/m^3，掺矿渣水泥）计算未来 50a（2011～2060 年）、100a（2011～2110 年）大气区、浪溅区、潮汐区和淹没区的氯盐侵蚀深度。其中，大气温度从我国近海年均气温分布图（图 3.43）中提取，为 16.54℃；表层水温从我国近海年均表层水温分布图（图 3.48）中提取，为 16.75℃。

混凝土表面氯离子含量与临界氯离子含量是随外部环境条件及混凝土本身材料孔隙等因素的变化而变化的，各国学者都进行了相应的研究，并提出了许多参考值。参考这些研究成果，混凝土表面氯离子含量与临界氯离子含量的取值分别如表 7.20 和表 7.21 所示。

表 7.20　混凝土表面氯离子含量 C_s（占混凝土的质量分数）　（单位：%）

项目	日本土木学会[1]	Sagues 等[9]	Amey 等[10]	Bamforth[11]	DuraCrete[3]	Bentz 等[4]	采用值
大气区	0.375	—	—	0.25	0.193	—	0.3
浪溅区	—	0.75	0.85	0.75	0.582	0.8	0.76
潮汐区	—	0.75	—	0.75	—	0.8	0.76
淹没区	—	—	0.85	—	0.77	—	0.8

表 7.21　混凝土结构中的临界氯离子含量 C_{crit}（占混凝土的质量分数）　（单位：%）

项目	DuraCrete[3]	洪定海[12]	赵筠[13]	王伟[14]	赵尚传[15]	采用值
大气区	—	—	0.07	0.07	0.13	0.1
浪溅区	0.108	0.125	0.125	—	0.1	0.1

续表

项目	DuraCrete[3]	洪定海[12]	赵筠[13]	王伟[14]	赵尚传[15]	采用值
潮汐区	0.108	—	0.125	0.07	0.1	0.1
淹没区	0.308	—	0.125	0.07	0.1	0.16

混凝土初始氯离子浓度取 $C_0=0.01\%$。选取的其他环境参数如表观扩散系数修正系数 k_t'、养护条件影响系数 k_c'、环境条件影响系数 k_e'、龄期系数 n、活化常数 q、氯离子基准表观扩散系数 D_{28} 等汇总如表 7.22 所示。未来 50a、100a 各区氯盐侵蚀深度如表 7.22 后两列数据。

表 7.22　氯盐侵蚀深度预测算例计算参数选取及计算结果

区域	k_t'	k_c'	k_e'	n	q/K	D_{28}/（$10^{-11}m^2/s$）	T_0/K	t_0/（10^6s）
大气区	1	0.79	1.98	0.85	5725	1.047	293.15	2.4192
浪溅区	1	0.79	0.78	0.60	5725	1.047	293.15	2.4192
潮汐区	1	0.79	2.70	0.60	5725	1.047	293.15	2.4192
淹没区	1	0.79	3.88	0.71	5725	1.047	293.15	2.4192
区域	C_s/%	C_{crit}/%	C_0/%	T/K	t_{50}/（10^9s）	t_{100}/（10^9s）	x_{50}/mm	x_{100}/mm
大气区	0.30	0.10	0.01	289.69	1.5768	3.1536	33.5	35.3
浪溅区	0.76	0.10	0.01	289.69	1.5768	3.1536	44.4	51.0
潮汐区	0.76	0.10	0.01	289.69	1.5768	3.1536	82.6	94.9
淹没区	0.80	0.16	0.01	289.90	1.5768	3.1536	69.2	76.5

7.3.4　混凝土结构氯盐侵蚀环境区划

进行氯盐侵蚀环境区划时，考虑的环境影响因素如表 7.22 所列。由于在我国近海竖直向的 4 个分区（大气区、浪溅区、潮汐区、淹没区）中，各区环境条件和侵蚀特征有较大差异，分别对以上 4 个区域进行区划。以下将分别绘制我国近海 50a 及 100a 的氯盐侵蚀区划图。

1. 2011～2060 年 50a 氯盐侵蚀区划图

根据不同环境下混凝土内部氯离子含量达到临界氯离子含量时所对应的最大侵蚀深度值来进行区域和等级划分，具体步骤如下。

（1）将我国近海海洋气象统计数据的栅格点（间隔 0.5°，图 3.38）作为氯离子侵蚀深度计算点。

（2）以我国近海年均气温、表层年均水温作为氯盐侵蚀的环境作用代表值，利用氯离子侵蚀预测模型［式（7.11）］分别计算各计算点处 50a 内我国近海垂直各区基准混凝土氯离子含量达到临界氯离子含量时的最大深度预测值 x。

（3）采用 MapWinGIS 地理信息处理软件，通过反距离权重插值方法计算 50a 内我国近海垂直各区其他位置处基准混凝土氯离子含量达到临界氯离子含量时的最大侵蚀深度 x。

（4）参照《混凝土结构耐久性设计标准》（GB/T 50476—2019）50a“氯化物环境中混凝土材料与钢筋的保护层最小厚度”（表 7.23）按表 7.24 所列指标对各区域氯盐侵蚀深度进行划分。其中，在地图版图上，大气盐雾区 Ca、浪溅区 Cb、潮汐区 Cc、淹没区 Cd 分别划分为 3 个不同区域（图 7.49～图 7.52）；大气盐雾区 Ca 和浪溅区 Cb 各增设一个等级用于考虑其他环境条件的影响；由于潮汐区 Cc7 已经达到“非常严重”的等级，以 Cc7 级作为最大等级，不再考虑其他环境作用的影响。考虑到实际淹没区 Cd 由于缺少氧气等环境作用，钢筋锈蚀较难发生，混凝土结构性能退化缓慢，在划分淹没区 Cd 时，环境作用程度描述相对较轻，并以 Cd6 作为最大等级，不再考虑其他环境作用的影响。从表 7.24 中也可以看到，当位于“严重”等级以下，即“可忽略”（Ca1）、“轻微”（Ca2、Cb2）、“轻度”（Ca3、Cb3）、“中度（Ca4、Cb4、Cd4）”4 个等级的区域（氯盐侵蚀深度均小于表 7.23 中保护层的最大数值 65mm）时，可以直接按构造措施进行结构设计。当位于“严重”及其对应级别以上区域时，必须考虑实际位置处所受的环境作用定量计算该位置处的氯盐侵蚀深度。

表 7.23　氯化物环境中混凝土材料与钢筋的保护层最小厚度（50a）

环境作用等级		混凝土强度等级	最大水胶比	最小保护层厚度 /mm
板、墙等面形构件	Ⅲ-C，Ⅳ-C	C40	0.42	40
	Ⅲ-D，Ⅳ-D	C40	0.42	50
		≥C45	0.40	45
	Ⅲ-E，Ⅳ-E	C45	0.40	55
		≥C50	0.36	50
	Ⅲ-F	C50	0.36	60
		≥C55	0.36	55
梁、柱等条形构件	Ⅲ-C，Ⅳ-C	C40	0.42	45
	Ⅲ-D，Ⅳ-D	C40	0.42	55
		≥C45	0.40	50
	Ⅲ-E，Ⅳ-E	C45	0.40	60
		≥C50	0.36	55
	Ⅲ-F	C50	0.36	65
		≥C55	0.36	60

表 7.24 我国氯离子侵蚀环境区划指标及作用等级（50a）

垂直区带	区域级别	x 区间 /mm	作用程度的定性描述	备注
Ca	Ca1	$25 \leqslant x \leqslant 35$	可忽略	地图区划
	Ca2	$35 < x \leqslant 45$	轻微	地图区划
	Ca3	$45 < x \leqslant 55$	轻度	地图区划
	Ca4	$55 < x \leqslant 65$	中度	等级调整
Cb	Cb2	$35 \leqslant x \leqslant 45$	轻微	地图区划
	Cb3	$45 < x \leqslant 55$	轻度	地图区划
	Cb4	$55 < x \leqslant 65$	中度	地图区划
	Cb5	$65 < x \leqslant 85$	严重	等级调整
Cc	Cc5	$65 \leqslant x \leqslant 85$	严重	地图区划
	Cc6	$85 < x \leqslant 105$	很严重	地图区划
	Cc7	$105 < x \leqslant 125$	非常严重	地图区划
Cd	Cd4	$55 \leqslant x \leqslant 65$	中度	地图区划
	Cd5	$65 < x \leqslant 85$	严重	地图区划
	Cd6	$85 < x \leqslant 105$	很严重	地图区划

从 50a 氯盐侵蚀区划图（图 7.49～图 7.52）中可以看到，我国近海垂直各区氯盐侵蚀深度随着纬度由高到低逐渐增加（其中，潮汐区的氯盐侵蚀深度最大，而海上大气区的氯盐侵蚀深度最小），这与我国近海大气温度（图 3.43）和表层水温（图 3.48）的分布规律一致，在一定程度上也反映了环境温度对氯盐侵蚀的影响。

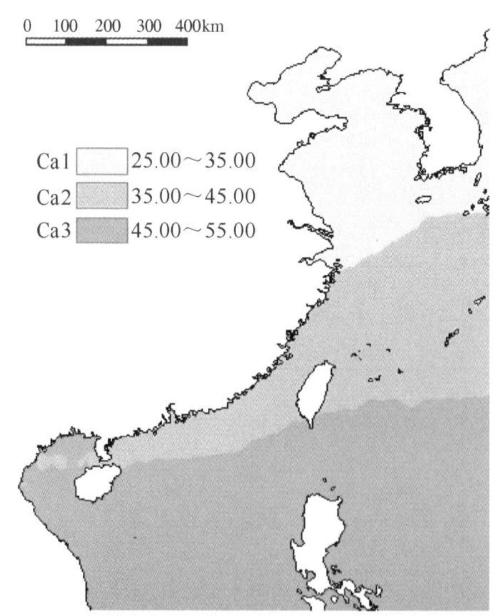

图 7.49 我国近海大气区氯盐侵蚀区划图（50a）（单位：mm）

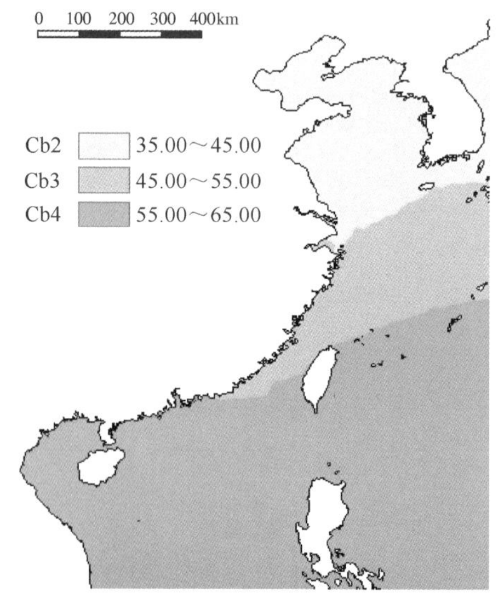

图 7.50 我国近海浪溅区氯盐侵蚀区划图（50a）（单位：mm）

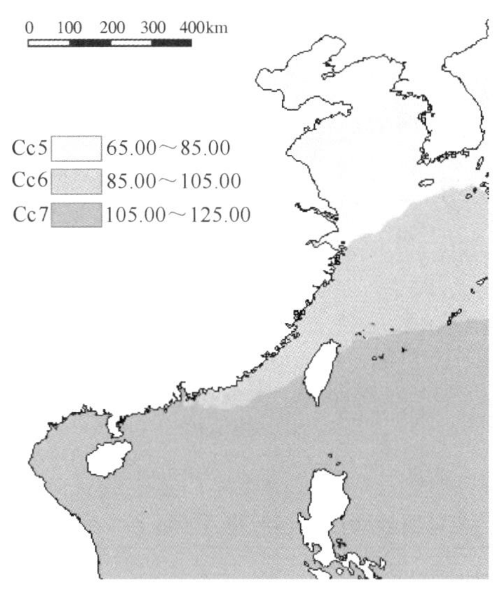

图 7.51　我国近海潮汐区氯盐侵蚀区划图（50a）（单位：mm）

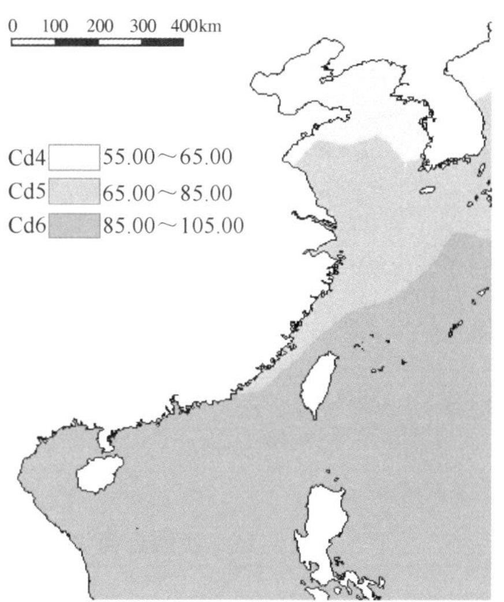

图 7.52　我国近海淹没区氯盐侵蚀区划图（50a）（单位：mm）

图 7.53 中绘出了我国近海 16 个氯盐侵蚀参考点，其中，CJ1～CJ8 分布在我国近海沿岸，CY1～CY8 均匀分布在我国近海东经 123.5°经线上。

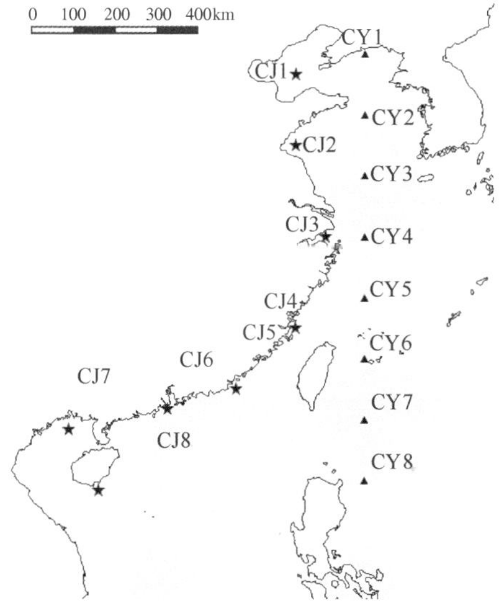

图 7.53　我国近海氯盐侵蚀参考点

从图 7.49～图 7.52 中分别提取 16 个参考点（图 7.53）处竖直向不同区域的氯盐侵蚀深度，结果如图 7.54 和图 7.55 所示。从两图中可以看到，无论我国近海沿岸的参考点（CJi），还是位于同一经度下的参考点（CYi），其各区的氯盐侵蚀深度均随着纬度的降低近似呈线性增长。表 7.25 和表 7.26 绘出了不同参考点位置处竖直向各区氯盐侵蚀等级。从表中可以看到，我国近海不同水平位置处的混凝土结构其竖直向所受的氯盐侵蚀等级也不相同。环境等级随着参考点纬度的降低逐渐增大，在表中呈现出阶梯形分布。当环境等级为 Cb5、Cc5、Cc6、Cc7、Cd5、Cd6 时（表 7.25 和表 7.26 中第二列用灰色标示部分），应定量计算混凝土结构的侵蚀深度。处于其他等级时，采用构造措施即可满足混凝土结构的设计要求。我国近海区域的混凝土结构设计可以参照图 7.53 中相近参考点处竖直向的环境等级有针对性地展开。

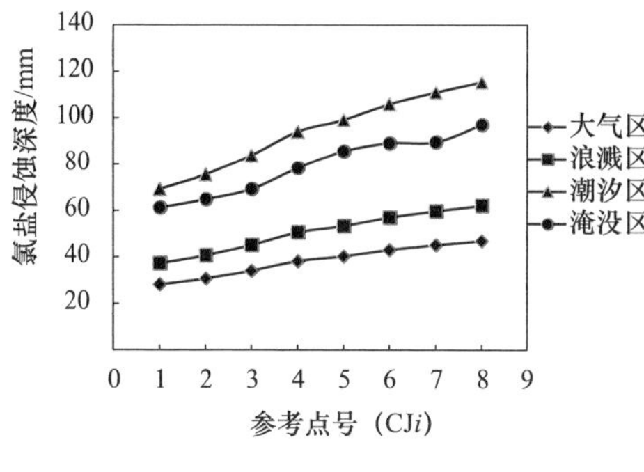

图 7.54　参考点 CJ*i* 竖直向氯盐侵蚀深度（50a）

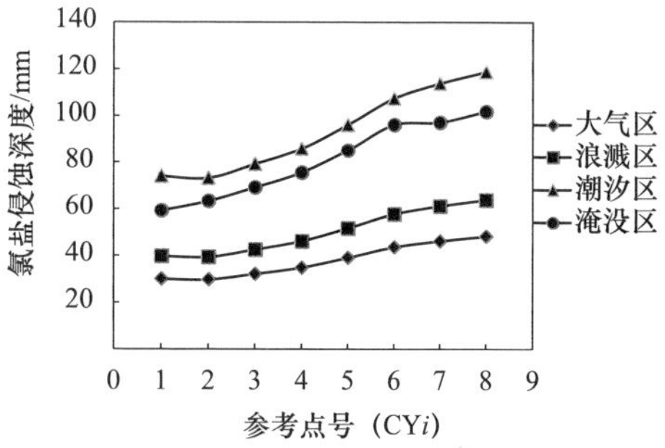

图 7.55　参考点 CY*i* 竖直向氯盐侵蚀深度（50a）

表 7.25　我国近海沿岸观测点竖直向氯盐侵蚀环境等级（50a）

大气区				浪溅区				潮汐区			淹没区			参考点
Ca1	Ca2	Ca3	Ca4	Cb2	Cb3	Cb4	Cb5	Cc5	Cc6	Cc7	Cd4	Cd5	Cd6	
														CJ1
														CJ2
														CJ3
														CJ4
														CJ5
														CJ6
														CJ7
														CJ8

注：灰色区域表示应定量计算结构混凝土氯离子侵蚀深度。

表 7.26　我国近海观测点竖直向氯盐侵蚀环境等级（东经 123.5°）（50a）

大气区				浪溅区				潮汐区			淹没区			参考点
Ca1	Ca2	Ca3	Ca4	Cb2	Cb3	Cb4	Cb5	Cc5	Cc6	Cc7	Cd4	Cd5	Cd6	
														CY1
														CY2
														CY3
														CY4
														CY5
														CY6
														CY7
														CY8

注：灰色区域表示应定量计算结构混凝土氯离子侵蚀深度。

2. 2011～2110 年 100a 氯盐侵蚀区划图

同理，采用 MapWinGIS 地理信息处理软件，通过反距离权重插值方法计算 100a 内我国近海竖直各区其他位置处基准混凝土氯离子含量达到临界氯离子含量时的最大侵蚀深度 x。

参照《混凝土结构耐久性设计标准》（GB/T 50476—2019）100a 氯化物环境中混凝土材料与钢筋的保护层最小厚度（表 7.27）按表 7.28 所列指标对各区域氯盐侵蚀深度进行划分。其中，在地图版图上，大气盐雾区 Ca、浪溅区 Cb、潮汐区 Cc、淹没区 Cd 分别划分为 3 个不同区域（图 7.56～图 7.59）；大气盐雾区 Ca 和浪溅区 Cb 各增设一个等级用于考虑其他环境条件的影响；由于潮汐区 Cc8 已经达到"极端严重"的等级，以 Cc8 级作为最大等级，不再考虑其他环境作用的影响。考虑到实际淹没区 Cd 由于缺少氧气等环境作用，钢筋锈蚀较难发生，混凝土结构性能退化缓慢，在划分淹没区 Cd 时，环境作用程度描述相对较轻，并以 Cd6 作为最大等级，不再考虑其他环境作用的影响。从表 7.28 中也可以看到，当位于"严重"等级以下，即"可忽略"（Ca1）、"轻微"（Ca2、Cb2）、"轻度"（Ca3、Cb3）、"中度"（Ca4、Cb4、Cd4）4 个等级的区域（氯盐侵蚀深度均小于表 7.27 中保护层的最大数值 70mm）时，可以直接按构造措施进行设计。当位于"严重"及其对应级别以上区域时，必须考虑实际位置处所受的环境作用定量计算该位置处的氯盐侵蚀深度。

表 7.27　氯化物环境中混凝土材料与钢筋的保护层最小厚度（100a）

环境作用等级		混凝土强度等级	最大水胶比	最小保护层厚度 /mm
板、墙等面形构件	Ⅲ-C，Ⅳ-C	C45	0.40	45
	Ⅲ-D，Ⅳ-D	C45	0.40	55
		≥C50	0.36	50
	Ⅲ-E，Ⅳ-E	C50	0.36	60
		≥C55	0.33	55
	Ⅲ-F	C50	0.36	65
		≥C55	0.33	60
梁、柱等条形构件	Ⅲ-C，Ⅳ-C	C45	0.40	50
	Ⅲ-D，Ⅳ-D	C45	0.40	60
		≥C50	0.36	55
	Ⅲ-E，Ⅳ-E	C50	0.36	65
		≥C55	0.33	60
	Ⅲ-F	C50	0.36	70
		≥C55	0.33	65

表 7.28　我国氯离子侵蚀环境区划指标及作用等级（100a）

垂直区带	区域级别	x 区间 /mm	作用程度的定性描述	备注
Ca	Ca1	25≤x≤35	可忽略	地图区划
	Ca2	35<x≤45	轻微	地图区划
	Ca3	45<x≤55	轻度	地图区划
	Ca4	55<x≤70	中度	等级调整
Cb	Cb3	40≤x≤55	轻度	地图区划
	Cb4	55<x≤70	中度	地图区划
	Cb5	70<x≤80	严重	地图区划
	Cb6	80<x≤90	很严重	等级调整
Cc	Cc6	75≤x≤90	很严重	地图区划
	Cc7	90<x≤120	非常严重	地图区划
	Cc8	120<x≤145	极端严重	地图区划
Cd	Cd4	60≤x≤70	中度	地图区划
	Cd5	70<x≤90	严重	地图区划
	Cd6	90<x≤120	很严重	地图区划

从图 7.56～图 7.59 可以看到，我国近海竖直各区氯盐侵蚀深度变化规律与 50a 氯盐侵蚀深度变化规律相同，也是随着纬度由高到低逐渐增加。从图 7.56～图 7.59 中分别提取 16 个参考点（图 7.53）处竖直向不同区域的氯盐侵

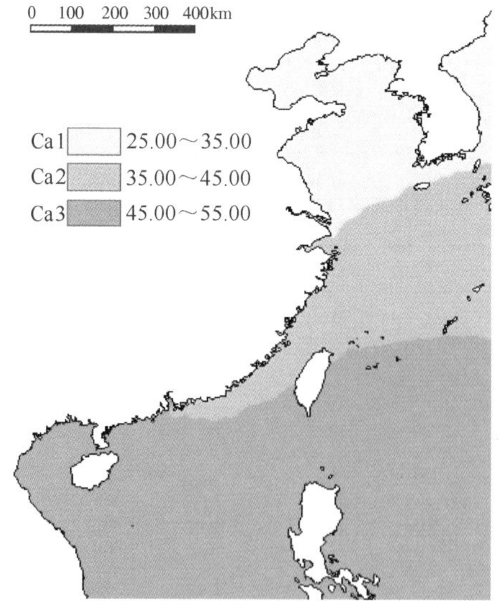

图 7.56　我国近海大气盐雾区氯盐侵蚀区划图（100a）（单位：mm）

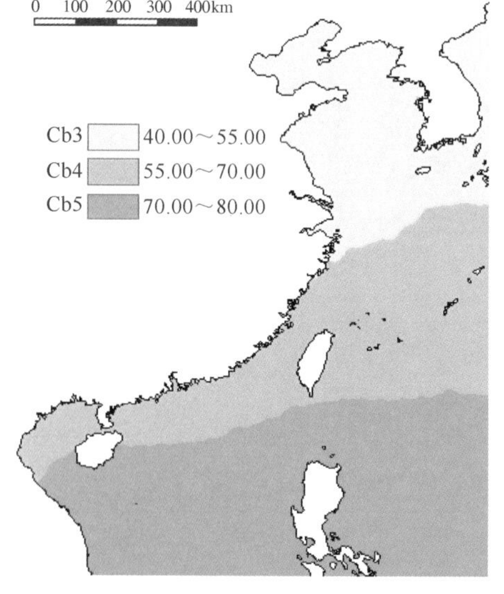

图 7.57　我国近海浪溅区氯盐侵蚀区划图（100a）（单位：mm）

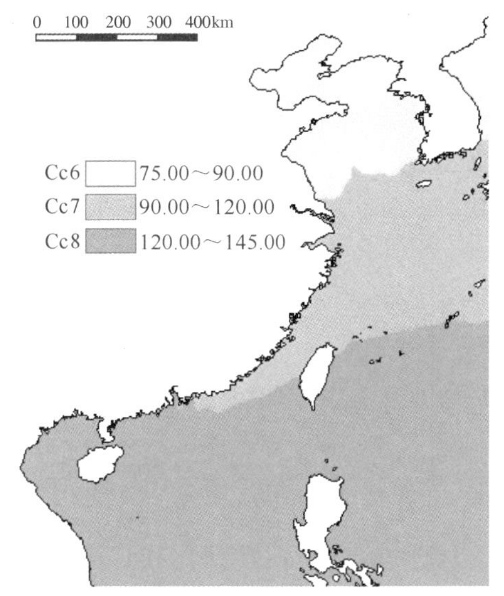

图 7.58　我国近海潮汐区氯盐侵蚀区划图（100a）（单位：mm）

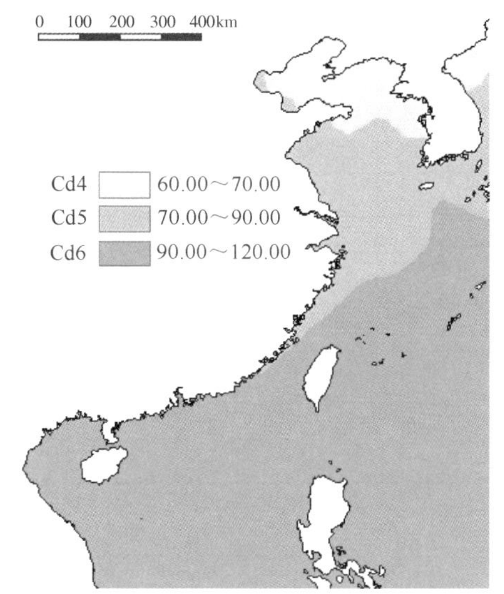

图 7.59　我国近海淹没区氯盐侵蚀区划图（100a）（单位：mm）

蚀深度，结果如图 7.60 和图 7.61 所示。从两图中可以看到，无论我国近海沿岸的参考点（CJ*i*），还是位于同一经度下的参考点（CY*i*），其各区的氯盐侵蚀深度均随着纬度的降低近似呈线性增长。表 7.29 和表 7.30 绘出了不同参考点位置处垂直向各区氯盐侵蚀等级。与 50a 氯盐侵蚀等级一样，环境等级随着参考点纬度的降低逐渐增大，在表中呈现出阶梯形分布。当环境等级为 Cb5、Cb6、Cc6、Cc7、Cc8、Cd5、Cd6 时，应定量计算混凝土结构的侵蚀深度。处于其他等级时，采用构造措施即可满足混凝土结构的设计要求。

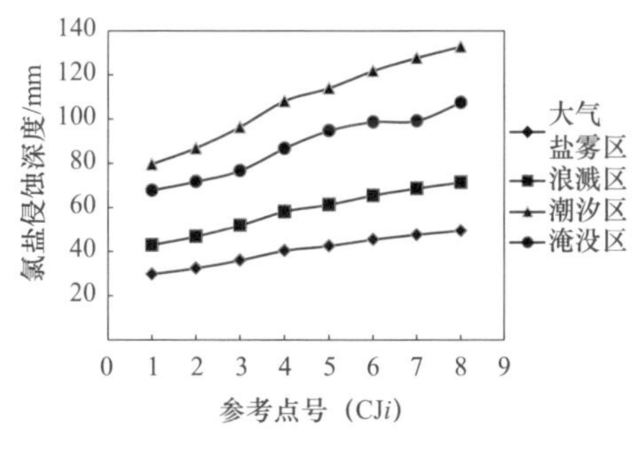

图 7.60　参考点 CJ*i* 竖直向氯盐侵蚀深度（100 年）

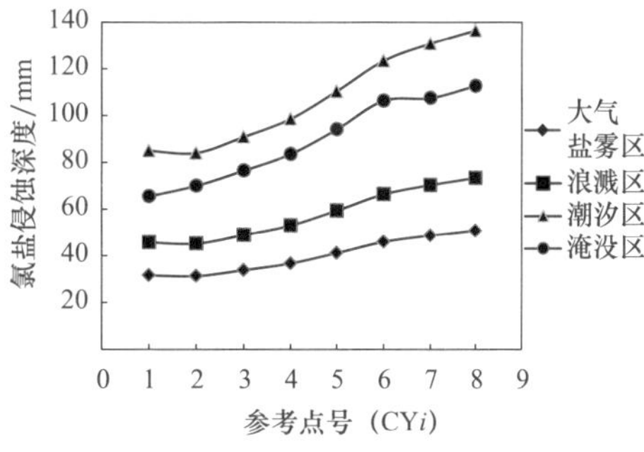

图 7.61　参考点 CY*i* 竖直向氯盐侵蚀深度（100 年）

表 7.29　我国近海沿岸观测点竖直向氯盐侵蚀环境等级（100a）

大气区				浪溅区				潮汐区			淹没区			参考点
Ca1	Ca2	Ca3	Ca4	Cb3	Cb4	Cb5	Cb6	Cc6	Cc7	Cc8	Cd4	Cd5	Cd6	
														CJ1
														CJ2
														CJ3
														CJ4
														CJ5
														CJ6
														CJ7
														CJ8

注：灰色区域表示应定量计算结构混凝土氯离子侵蚀深度。

表 7.30　我国近海观测点竖直向氯盐侵蚀环境等级（东经 123.5°）（100a）

大气区				浪溅区				潮汐区			淹没区			参考点
Ca1	Ca2	Ca3	Ca4	Cb3	Cb4	Cb5	Cb6	Cc6	Cc7	Cc8	Cd4	Cd5	Cd6	
														CY1
														CY2
														CY3
														CY4
														CY5
														CY6
														CY7
														CY8

注：灰色区域表示应定量计算结构混凝土氯离子侵蚀深度。

7.3.5　氯盐侵蚀区划等级调整

在竖直各区氯离子侵蚀环境区划的基础上，考虑地图区划中没有反映的其他环境条件，对区划结果进行调整。如前所述，只对大气盐雾区以及浪溅区进行等级调整。

1. 50a 大气盐雾区、浪溅区氯盐侵蚀区划等级调整

50a 大气盐雾区、浪溅区氯盐侵蚀区划等级调整结果如表 7.31 和表 7.32 所示。

由于我国近海上空盐雾分布研究较少，参考《混凝土结构耐久性设计与施工指南》（CCES 01—2004）（2005 年修订版）[1] 及文献［16］中的研究成果（将 15m 作为轻度盐雾区及重度盐雾区的划分界线），选取 15m 作为表 7.31 中的高度调整指标值之一。

表 7.31　基于大气盐雾区氯离子侵蚀环境区划的等级调整（50a）

条目编号	等级调整	环境条件	示例
(1)	−1	处于海水上空，且距平均水位高度大于 15m	—
(2)	−1	距海岸线超过 100m	—
(3)	−2	距海岸线超过 180m	—
(4)	+1	混凝土表面干湿循环频繁	—

注：等级调整后低于 Ca1 级时，仍以 Ca1 级作为最低级别。

表 7.32　基于浪溅区氯离子侵蚀环境区划的等级调整（50a）

条目编号	等级调整	环境条件	示例
(1)	−1	海水盐度小于 15	—

注：等级调整后低于 Cb2 级时，仍以 Cb2 级作为最低级别。

盐雾随着上升气流由海面向内陆传播，在传播过程中部分盐核由于重力的作用而沉落，有的因障碍物的阻挡被吸附或降落，有的则因为降水而被冲洗。因此越向内陆延伸，空气中盐雾含量将逐渐减少。图 7.62 为日本秀隆教授给出的雨水中氯离子浓度随距海岸线距离的变化规律，雨水中的氯离子浓度随着距海岸线距离的增大而减小，直至距海岸线 100m 之后趋于稳定[17]。

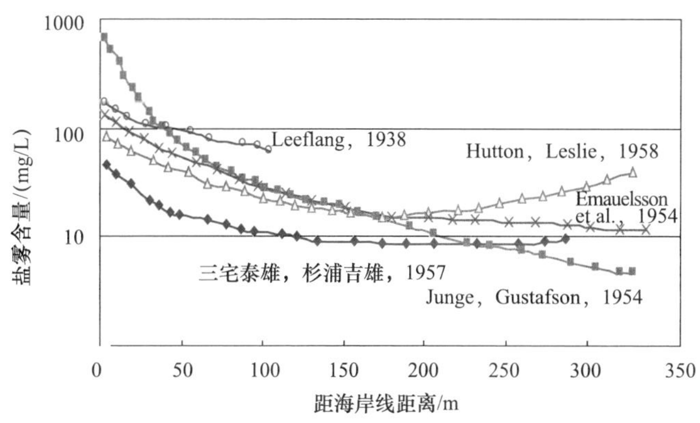

图 7.62　雨水中氯离子浓度随距海岸线距离的变化规律[17]

近海陆地空气中的盐雾含量影响结构表面含盐量的大小。国内外有关学者对混凝土表面氯离子含量与距海岸线距离的关系进行了研究。日本土木学会建议的近海大气盐雾区距海岸线不同距离处混凝土表面氯离子含量值如表 7.33 所示[1]。MCGEE 根据 1158 座桥梁结构的检测结果，得出了近海大气环境下混凝土表面氯离子含量 C_s 与距海岸线距离 d 的关系为[18]

$$\begin{cases} C_s(d)=2.95\text{kg/m}^3, & d<0.1\text{km} \\ C_s(d)=1.15-1.81\lg d, & 0.1\text{km}<d<2.84\text{km} \\ C_s(d)=0.03\text{kg/m}^3, & d>2.84\text{km} \end{cases} \tag{7.12}$$

表 7.33　近海大气盐雾区混凝土表面氯离子含量

项目	距海岸线距离 /km				
	岸线附近	0.1	0.25	0.5	1.0
混凝土表面氯离子含量 /%	0.45	0.225	0.15	0.1	0.075

赵尚传[15]对山东某沿海高速公路沿线 80 多座混凝土桥涵进行了检测，也获得了距不同海岸线不同距离处的混凝土表面氯离子含量。

统计以上文献中距海岸线不同距离处混凝土表面的氯离子含量（图 7.63），通过倒数型拟合，可获得混凝土结构氯离子含量 C_s 与距离 d 的关系式如式（7.13）所示。

$$C_s=\frac{55}{123+d} \tag{7.13}$$

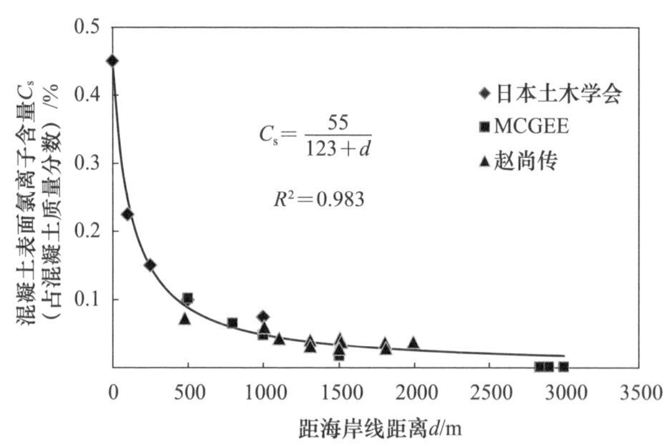

图 7.63　表面氯离子含量随距海岸线距离的变化规律

对式（7.11）进行变化，可求得距海岸线 d 位置处的混凝土结构，经时间 t 后混凝土保护层深度处 $x=C'$ 的氯离子含量 $C(x,t)$ 正好达到临界氯离子含量 C_{crit} 时对应的表面氯离子含量 C_s，具体公式为

$$C_s=C_0+\frac{C_{crit}-C_0}{1-\text{erf}\left(\dfrac{x}{2\sqrt{\dfrac{k_t'k_c'k_e'D_{RCM,0}T\,t_0^n}{(1-n)\,T_0}e^{q\left(\frac{1}{T_0}-\frac{1}{T}\right)}t^{1-n}}}\right)} \tag{7.14}$$

将式（7.14）所得数据代入式（7.13）即可得到该位置距海岸线距离 d。

从我国近海大气盐雾区氯盐侵蚀区划图（图 7.49）中可以看到，只有 Ca2、Ca3 区的混凝土结构环境等级需要调整。以下分别计算“调整一级”及“调整二级”所对应的距海岸线距离。环境气温 T 分别选用与 Ca2、Ca3 区相邻的沿海城市福州和湛江的年均气温进行计算。其他计算参数按表 7.34 选用。将以上参数分别代入式（7.14）和式（7.13），可计算得到不同温度下不同保护层厚度的混凝土结构的表面氯离子含量及距海岸线距离（表 7.35）。

表 7.34 距海岸线一定水平距离时混凝土表面氯离子含量计算参数（50a）

环境	k_t	k_c	k_e	n	q/K	D_{28}/（10^{-11}m^2/s）	C_{crit}/%	C_0/%	T_0/K	t_0/10^6s	t/（10^9s）
大气区	1	0.79	1.98	0.85	5725	1.047	0.10	0.01	293.15	2.4192	1.5768

表 7.35 不同条件下表面氯离子含量及距海岸线距离（50a）

保护层厚度 /mm	Ca2 区，T=20.1℃		Ca3 区，T=23.7℃	
	C_s/%	d/m	C_s/%	d/m
25	0.188	169.21	0.172	197.06
35	0.267	83.22	0.230	116.58

从表 7.35 中可以看出，当超过沿岸约 100m［实际（83.22+116.58）/2=99.9m］的范围后，混凝土表面氯离子含量将不能在 50a 内使保护层 35mm 深处的混凝土氯离子含量达到其临界氯离子含量。该计算值与《混凝土结构耐久性设计与施工指南》（CCES 01—2004）（2005 年修订版）[1] 以及文献［16］中所确定的近海内陆重度盐雾区和轻度盐雾区界线 100m 一致，故选用 100m 作为我国近海大气盐雾区环境作用等级调整的指标值之一。从表 7.35 中也可以看出，当距海岸线约 180m［实际（169.21+197.06）/2=183.14m］时，Ca3 区可降到 Ca1 区，达到大气盐雾区区划指标的最低值 25mm。

2. 100a 大气盐雾区、浪溅区氯盐侵蚀区划等级调整

与 50a 大气盐雾区调整指标一致，以 15m 作为竖向距离调整值。与 50a 大气盐雾区调整值计算方法一样，将表 7.36 中的计算参数分别代入式（7.14）和式（7.13），即可计算得到不同温度下不同保护层厚度的混凝土结构的表面氯离子含量及距海岸线距离（表 7.37）。

表 7.36 距离海岸线一定水平距离时混凝土表面氯离子含量计算参数（100a）

环境	k_t	k_c	k_e	n	q/K	D_{28}/（10^{-11}m^2/s）	C_{crit}/%	C_0/%	T_0/K	t_0/10^6s	t/（10^9s）
大气区	1	0.79	1.98	0.85	5725	1.047	0.10	0.01	293.15	2.4192	3.1536

表 7.37　不同条件下表面氯离子含量及对应的水平距离（100a）

保护层厚度 /mm	Ca2 区，T=20.1℃		Ca3 区，T=23.7℃	
	C_s/%	d/m	C_s/%	d/m
25	0.181	180.87	0.1665	207.99
35	0.251	96.12	0.2175	130.02

从表 7.37 中可以看出，当超过沿岸约 110m［实际（96.12+130.02）/2=113.07m］的范围后，混凝土表面氯离子含量将不能在 100a 内使保护层 35mm 深处的混凝土氯离子含量达到其临界氯离子含量。当距海岸线约 190m［实际（180.87+207.99）/2=194.43m］时，Ca3 区可降到 Ca1 区，达到大气盐雾区区划指标的最低值 25mm。100a 大气盐雾区、浪溅区氯盐侵蚀区划等级调整如表 7.38 和表 7.39 所示。

表 7.38　基于大气盐雾区氯离子侵蚀环境区划的等级调整（100a）

条目编号	等级调整	环境条件	示例
（1）	−1	处于海水上空，且距平均水位高度大于 15m	—
（2）	−1	距海岸线超过 110m	—
（3）	−2	距海岸线超过 190m	—
（4）	+1	混凝土表面干湿循环频繁	—

注：等级调整后低于 Ca1 级时，仍以 Ca1 级作为最低级别。

表 7.39　基于浪溅区氯离子侵蚀环境区划的等级调整（100a）

条目编号	等级调整	环境条件	示例
（1）	−1	海水盐度小于 15 时	—

注：等级调整后低于 Cb3 级时，仍以 Cb3 级作为最低级别。

7.4　环境区划图的应用

基于以上碳化环境区划以及氯盐侵蚀区划研究成果，以确定上海中山北二路一座公路桥（北纬：31.3°N、东经 121.5°E）预期寿命为 100a 的环境作用等级为例说明环境区划图的应用。

从 100a 碳化环境区划图（图 7.30）中可以发现，该位置处 100a 碳化深度属于 A6 区（45～65mm）范围。

从 100a 大气区氯盐侵蚀区划图（图 7.56）中可以发现，该位置距离参考点 CJ3 较近，该位置处于大气区的 Ca2 等级（35～45mm），属轻微级别。考虑该处距海岸线距离大于 100m，由表 7.31 可知，环境等级将降低一级，调整后为 Ca1 可忽略级别。

综合以上分析，由于该公路桥 100a 碳化深度发展大于氯盐侵蚀深度发展，该处主要考虑碳化环境的影响。由于 A6 级已属于“严重”级别，在进行预期寿命的结构设计时需要对混凝土结构进行定量计算。

参 考 文 献

[1] 中国土木工程学会. 混凝土结构耐久性设计与施工指南：CCES 01—2004（2005 年修订版）[S]. 北京：中国建筑工业出版社，2004.

[2] MANGAT P S，MOLLOY B T. Prediction of long term chloride concentration in concrete [J]. Materials and structures，1994，27(7)：338-346.

[3] COWI Consulting Engineering and Planners, DuraCrete, Brite EuRam Ⅲ, Civieltechnisch Centrum Uitvoering Research en Regelgeving. The European Union-Brite EuRam Ⅲ, BE95-1347/R4-5. Modelling of degradation: probabilistic performance based durability design of concrete structures [R]. CUR-Gouda, The Netherlands, 1998.

[4] BENTZ E C，THOMAS M D A. Life-365：computer program for prediction the service life and life-cycle costs of reinforced concrete exposed to chlorides [M]. Lovettsville：Silica Fume Association，2001.

[5] STEPHEN L A，DWAYNE A J，MATTHEW，et al. Predicting the service life of concrete marine structures：an environmental methodology [J]. ACI structural journal，1998，95（1)：27-36.

[6] 钟丽娟. 混凝土盐雾加速侵蚀试验的相似性研究 [D]. 上海：同济大学，2010.

[7] THOMAS M D A，BAMFORTH P B. Modelling chloride diffusion in concrete effect of fly ash and slag [J]. Cement and concrete research，1999(29)：487-495.

[8] 范志宏，杨福麟，黄君哲，等. 海工混凝土长期暴露试验研究 [J]. 水运工程，2005（9)：45-48，57.

[9] SAGUES A A，KRANC S C，PRESUEL-MORENO F，et al. Corrosion forecasting for 75-year durability design of reinforced structure [R]. Final Report No. BA502，Florida Department of Transportation，Talahasee，FL，USA，2001.

[10] AMEY S L，JOHNSON D A，MILTENBERGER M A，et al. Predicting the service life of concrete marine structure：an environmental methodology [J]. ACI structural journal，1998，95（2)：205-214.

[11] BAMFORTH P. Definition of exposure classes for chloride contaminated environments [C] // PAGE C I，PBAMFORTH，FIGG J. Proceedings of the 4th SCI Conference on Corrosion of Reinforcement in Concrete Construction. Cambridge：RSC for SCI，1996：176-190.

[12] 洪定海. 混凝土中钢筋的腐蚀与保护 [M]. 北京：中国铁道出版社，1998.

[13] 赵筠. 钢筋混凝土结构的工作寿命设计——针对氯盐污染环境 [J]. 混凝土，2004（1)：3-21.

[14] 王伟. 氯离子环境下混凝土结构耐久性设计研究 [D]. 合肥：合肥工业大学，2006.

[15] 赵尚传. 基于混凝土结构耐久性的海潮影响区环境作用区划研究 [J]. 公路交通科技，2010，27（7)：61-64，75.

[16] 王命平，王冰，赵铁军，等. 沿海混凝土结构的环境盐雾分区研究 [J]. 青岛理工大学学报,2007,28(4)：1-6，10.

[17] 钟丽娟，黄庆华，顾祥林，等. 盐雾环境下混凝土中氯离子侵蚀加速试验的综述 [J]. 结构工程师，2009，25（3)：144-149.

[18] MCGEE R. Modeling of durability performance of tasmanian bridges [C] //Applications of Probability and Statistics Proceedings of the ICASP8 Conference. Rotterdam，1999（1)：297-306.

第 8 章　环境作用模拟

混凝土结构在环境作用下的响应主要通过环境试验进行研究。环境试验主要有自然环境下的长期暴露试验和人工环境下的模拟试验两类。长期暴露试验由于试验周期长、费用高、管理难度大，主要用于模拟试验的有效性验证，很少用于机理研究。人工模拟试验是目前用于环境响应研究中最广泛的方法。在对环境作用的相似理论有清晰认识的前提下，通过变化人工模拟环境参数，对环境作用的影响机理开展系统深入的研究，在缩短试验周期的同时，能确保加速模拟试验结果用于工程实际。因此，发展环境作用的模拟技术、开发相应的综合环境试验设备对土木工程耐久性领域的科学研究和工程应用意义重大。本章主要介绍一般大气环境、工业环境及海洋环境 3 类典型环境的模拟技术和环境作用综合模拟设备。另外，对冻融和除冰盐环境的模拟技术做简要分析。

8.1　一般大气环境模拟

一般大气环境下的主要环境作用包括温度、湿度、太阳辐射、淋雨（酸雨）、CO_2（O_2）及风等。本节依次介绍这些环境作用的模拟技术。

8.1.1　温度模拟

1. 实验室加热技术

热源将热量传递给被加热物体有传导、对流和辐射 3 种形式。前两者属于接触式加热，须通过冷热物体的直接接触或依靠常规物质为媒介来传递热量；而后者属于非接触式加热，依靠物体表面对外发射射线来传递热量[1]。

目前开发出的依托辐射原理的技术有（远）红外加热技术[2]、微波加热技术[3]和电磁感应加热技术。该类技术热传递速度快，热能传递过程中热损失小，热能利用率高[4]，同时存在各自特点，但主要是针对小体积空间的加热，装置成本也较高。

土木工程中的环境箱体积较大，宜采用基于对流和传导原理的针对大空间的加热技术[5]，主要有热水（蒸汽）加热、热风增温和电加温 3 种。热水（蒸汽）加热利用热水通过散热器来加热环境箱内的空气，由热水锅炉、供热管道、散热设备 3 个基本部分组成。其优点是环境室内温度稳定、均匀，系统热惰性好；其缺点是系统复杂、设备多、造价高。热风增温利用空气换热器加热的空气与环境箱内的空气进行热交换来加热环境箱，由热源、空气换热器、风机和送风管道等组成。其优点是环境室内温度上升快、热惯性小、热利用效率高、设备投资少；但与热水（蒸汽）加热相比，温度分布不均匀。电加温利用电阻丝或电热管对空气进行加热。其优点是加热温度高、加热均匀、效率高（电能热效率可达50%～95%）[6]，热惯性小、温度控制精度高，能在各类腐蚀性气体中或真空中加热[7]，环境污染小；但其有效能消耗量大，使用费用较高。

综合比较以上方案，一般中小型环境实验室采用电加温方式比较理想，而大中型实验室可同时采用热水（蒸汽）加热和电加温两种方式，即热水（蒸汽）加热为基本加热方式、电加温器为调节加热器。调研发现，目前大型环境箱（如各类步入式环境箱）多数采用电加温与热风增温相结合的方式，未采用热水（蒸汽）加热的主要原因是其一次性投资较大。

电加温装置有光管式和翅片式。光管式是以金属管（包括不锈钢、紫铜管）为外壳，沿管内中心轴均布电热合金丝（镍铬、铁铬合金丝），其空隙填充压实具有良好绝缘导热性能的氧化镁砂，管口两端用硅胶密封。翅片式在光管式基础上，在电热管的表面缠绕金属散热片（不锈钢片、铁片），从而增大散热面积，提高加热效率，缩小装置体积，节约成本。低腐蚀环境模拟采用翅片式具有热效率高的优势，腐蚀环境采用防腐涂层的光管式可大大缓解腐蚀作用。

2. 实验室制冷技术

根据制冷温度的不同，制冷技术又可分为普通制冷（高于－120℃）、深度制冷（－120～－253℃）、低温和超低温制冷（－253℃以下）。

制冷技术有天然冷源（如深井水）制冷和人造冷源制冷两大类。一般情况下难以获得自然冷源，人造冷源制冷是主要制冷形式。在诸多的制冷方法中，固体绝热去磁法[8-11]、激光制冷[12-14]、液氮制冷[15]适用于低温和超低温领域；空气制冷（气体膨胀制冷）可达到－170～－169℃，属于深度制冷范畴；而涡流管制冷[16]、热电制冷[17]、热声制冷[18, 19]、液力制冷[20]、吸附式制冷[20-24]等大多处于研究阶段，技术不够成熟。地球上绝大多数的土木工程基础设施所处环境的温度高于－50℃，属于普通制冷范畴，普通制冷主要采用液体气化制冷法，其中包括蒸汽压缩式制冷和吸收式制冷。

蒸汽压缩式制冷系统通过制冷剂在压缩机、冷凝器、膨胀阀和蒸发器等设备中进行压缩、放热冷凝、节流和吸热蒸发实现制冷循环。蒸汽压缩制冷技术成熟、稳定可靠，在普通制冷领域居于主导地位，缺点是耗电量和噪声均较大。吸收式制冷利用液体在汽化时吸收热量实现制冷[25]。溴化锂吸收式制冷机是主要的吸收式制冷设备，通过水在低压下蒸发吸热实现制冷[26]。溴化锂吸收式制冷机的制冷剂是水，制冷温度只能在 0℃以上，一般不低于 5℃，故溴化锂吸收式制冷机多用于空气调节工程作低温冷源，特别适用于大、中型空调工程中使用。其可实现制冷量无级调节，噪声低，振动小；但其使用寿命比压缩式短，耗气量大，热效率低，机组的排热负荷较大，对于冷却水的水质要求也较高。

从技术经济综合看，土木工程基础设施环境试验制冷设备宜采用蒸汽压缩式制冷。

8.1.2 湿度模拟

湿度是表示大气干燥程度的物理量，往往用绝对湿度、相对湿度和露点表示。一定的温度下一定体积的空气里含有的水汽越少，则空气越干燥；含有的水汽越多，则空气越潮湿。

1. 实验室加湿技术

环境模拟设备领域广泛采用的加湿方式有表面蒸发加湿、蒸汽加湿（等温加湿）和喷雾加湿（等焓加湿）3 种。

表面蒸发加湿，俗称水盆加湿法或浅水盘加湿法，其直接将水盆放在环境箱内使水蒸发达到加湿的效果。其优点是设备结构简单，易于实现；使用时没有运转机构，无噪声，工作可靠。但加湿过程较缓慢，当以自然对流为主时，被加湿空间的湿度均匀性较差。

蒸汽加湿（等温加湿）是利用外界热源产生蒸汽，再将蒸汽混入空气中进行加湿[27]。蒸汽加湿（等温加湿）有干蒸汽加湿、电极式加湿、电热式加湿、红外线加湿等多种。

干蒸汽加湿是水气分离和热作用的结合，利用饱和蒸汽热量加热使喷出的蒸汽为干蒸汽。其优点是无噪声、无污染、无水分析出，除需蒸汽供应外无其他能源；但结构和制作工艺复杂，有色金属消耗量大，造价较高[28]。

电极式加湿是用 3 根不锈钢棒或镀铬铜棒作为电极，放置在不宜锈蚀的水容器中，水作为电阻，金属容器接地。待与三相电源接通后，电流从水中通过，水杯加热而产生蒸汽，由蒸汽排出管送到待加湿的空气中。电极式加湿器通过控制加湿罐中水位的高低，控制水的导电发热状态，进而控制蒸汽加湿量。其优点是比较安全，制作简单，控制方便，体积小，安装简单且加湿效率较高；但其耗电量大，电极板易结垢，加湿过程启动时间长，加湿成本较高。

电热式加湿是利用置于绝缘套管内的电阻丝或 PTC 热电变阻器（氧化陶瓷半导体）[29]加热水，使之气化，蒸汽喷嘴把蒸汽喷进加湿空间，达到加湿的目的。其具有初投资少、加工容易等优点；但耗电量大，加热器表面易结垢，加热器寿命短，维修困难。

红外线加湿是利用红外线灯当热源，形成辐射热，使表面的水迅速蒸发产生过热蒸汽，直接对空气进行加湿。其优点是运行控制简单、动作灵敏、加湿迅速、产生的蒸汽中不夹带污染微粒；但其关键部件红外灯管价格昂贵，使用寿命短，且能耗高，运行费用十分昂贵。

对于试验过程中产生大量热量的情况，通常需采用压缩机进行制冷，在制冷过程中蒸发器与空气要进行热质交换，热量越大，热质交换越剧烈，环境箱的水汽会部分被蒸发器除去。若采用蒸汽加湿（等温加湿）难以实现试验要求的高湿工况，可采用喷雾加湿（也称过冷蒸汽加湿法）。

喷雾加湿是将常温水喷成水雾，直接混入空气中，水雾吸收空气中的热量，蒸发成水蒸气来加湿空气。随着空气含湿量的增加，空气温度也要下降，加湿与降温并存。常用的喷雾加湿方式有高压喷雾加湿、（水泵）喷淋加湿、离心式加湿[28, 29]、气水混合加湿[29]、超声波加湿[30]、湿膜式加湿[31]和气化式加湿[32]等。各类方式在众多领域都有应用。喷雾要达到加湿效果，必须有雾蒸发成水蒸气的过程，因此喷雾的粒径大小会影响加湿效果，粒径越小，蒸发形成水蒸气的时间差越小，则加湿效率和速度越快。喷雾加湿过程中有降温作用，因此更适用于低温高湿环境模拟。总体上，与蒸汽加湿（等温加湿）相比，喷雾加湿效率、可靠性和性价比均较低，维修保养及运行成本也较高。

因此，土木工程基础设施环境试验加湿可采用蒸汽加湿（等温加湿），以达到高效加湿、精确控制湿度大小和均匀性的效果。

2. 实验室除湿技术

常用的空气除湿技术主要有升温除湿、通风除湿[33]、冷却除湿、固体吸附除湿和液体吸收除湿等。此外，一些新型的除湿技术，如膜除湿[34]、热泵和氢泵（电除湿）除湿[35]、HVAC（heating ventilation air conditioning，加热通风空调）除湿[36]等不断涌现，但由于理论和相关设备不够成熟，尚未广泛应用[37]。

冷却除湿采用制冷剂作为冷源，以直接蒸发式冷却器作冷却设备，把空气冷却到露点以下，析出大于饱和含湿量的水汽，降低空气的绝对含湿量，再利用部分或全部冷凝热加热冷却后的空气，从而降低空气的相对湿度。冷却式除湿设备中最具代表性的是冷冻除湿机（即制冷压缩机组），风冷式冷凝器需添加风机、风阀等部件[38]。该方法初期投资较低，稳定可靠，能连续工作，除湿效率较高，运行费用低，不要求热源，操作方便，使用灵活，应用广泛[39]。但其设备费用和运行费用较高，噪声较大；不能达到非常低的露点（适用于空气露点高于 4℃的场合），只能将高湿度的气体除湿到中等湿度。

固体吸附除湿利用固体吸附剂表面细小孔隙形成的毛细管作用，使水汽向毛细孔的空腔扩散并凝结成水，从而使空气减湿[31]。其优点是设备简单，投资与运行费用低。但其减湿性能不太稳定，并随时间的加长而下降，需再生，能耗高。该方法适用于除湿量小，要求露点低于 4℃的场合[40]。固体吸附除湿设备中最典型的是转轮除湿机[41-44]，其可连续运转，湿度控制容易，能解决常温低湿、低温低湿等用其他制冷方法无法解决的除湿问题，特别是配套组合处理后空气露点可达−40℃以下。

液体吸收除湿利用吸湿剂水溶液［如氯化钙（$CaCl_2$）、氯化锂（LiCl）、三甘醇（$C_6H_{14}O_4$）等］作为吸收剂，吸收空气中的水汽，降低空气湿度。其优点是除湿效果好，能连续工作，兼有清洁空气的作用；缺点是设备复杂，初始投资高，需再生。该方法适用于空气露点低于5℃且除湿量较大的场合。

单一除湿技术存在种种难以克服的缺点，近年来，将其有效结合的耦合除湿技术得到了长足的发展。耦合除湿是指诸如冷却除湿与固体吸附除湿耦合、液体吸收除湿与膜除湿耦合、固体吸附除湿和HVAC除湿耦合等新型除湿技术。冷却除湿与固体吸附除湿（转轮除湿）耦合系统可以充分发挥冷却除湿在高湿环境和转轮除湿深度除湿的优势，在节能的同时提高了除湿的效率，综合了二者的优点。

8.1.3 太阳辐射模拟

太阳光线分为X线、X光、紫外线、可视光线、红外线5种，其中到达地球表面的光线为紫外线A、紫外线B、可视光线及红外线。太阳辐射效应包括热效应和光化学效应。热效应主要与红外光谱有关。光化学效应与太阳辐射全光谱有关。其中紫外光谱是导致钢结构涂层和有机材料老化的主要原因，热效应则是早期混凝土开裂的主要原因。因此，土木工程基础设施的的辐照试验有3个目标：①紫外辐照模拟，模拟太阳光紫外段短波辐照对试验材料的光化学作用，可采用紫外光灯模拟；②热辐射模拟，模拟太阳的热辐射作用，而太阳热辐射主要集中在可见光中波段和红外长波段，可采用红外光灯模拟；③模拟太阳辐射全光谱模拟，模拟从紫外到可见光到红外的全波段的光化学作用和热辐射作用。

1. 太阳辐射全光谱模拟光源

太阳辐射模拟光源系统包括模拟光源、光学部件（反射器、滤光器等）及辅助设备[45]。用于太阳全光谱模拟的灯源包括带适当反射器的氙弧灯和汞氙弧灯（单独使用）、高压钠蒸气灯和改进的汞蒸气灯（带适当反射器）的组合灯、高亮度多种蒸气灯、汞蒸气灯（带适当反射器）和白炽聚光灯、带适当反射器的碳弧灯、金属卤化物灯（全光谱设计）等。

为满足研究性试验的需要，人工光源选取时应使光谱分布尽量接近太阳光谱，光谱峰值控制在470～480nm，光谱能量满足《环境试验　第2部分：试验方法　试验Sa：模拟地面上的太阳辐射及其试验导则》（GB/T 2423. 24—2013）和IEC 60068-2-5：2010标准要求。

表8.1对美国军用标准推荐人工光源的技术指标和适用性进行了比较分析。从表中可以看出，高压钠灯、高压汞灯、碳弧灯和金卤灯与太阳光谱差别较大，相互搭配烦琐且成本较高，而氙灯的光谱分布与太阳光谱非常接近（图8.1），优点突出，是模拟全光谱的较理想光源。

表 8.1　太阳辐射模拟光源比较

光源	技术指标		适用性分析
	光谱分布	光谱峰值 /nm	
高压钠灯	可见光中黄色为主，缺蓝绿光谱，紫外辐射较少	580～600	与太阳光谱相差较大，不适用
高压汞灯	可见光和 365nm 长波紫外线（紫外线能量约占总辐射强度的一半）	404.7、435.8、546.1、577～579	光谱匹配不好，成本较高，一般重新点燃需 5～10min，给试验造成不便
碳弧灯	在 300～340nm 波段接近太阳光	无明显峰值	使用、维护困难，稳定性差，目前已基本被氙灯所取代
金卤灯	紫外段能量偏高，可见光比例偏低，红外偏高，可达 B 级。光谱能量分布匹配可达 B 级（AM1.5）	无明显峰值	能量分布与太阳全光谱较匹配，使用寿命周期内色温稳定性好，能通过调节电功率控制辐照强度，其新型镝灯在全光谱太阳模拟中受到关注[45]
氙灯	与太阳光接近（图 8.1），光谱能量分布匹配可达 A 级（AM1.5）	480 左右	与太阳全光谱匹配最好；一点燃即有稳定的光输出，灭后可瞬时再点燃；光谱能量分布不随灯电流、氙气压力变化；光谱强度可通过电压调整；光强分布好，辐射强度均匀；能通过调节电功率控制辐照强度。水冷氙灯成本高

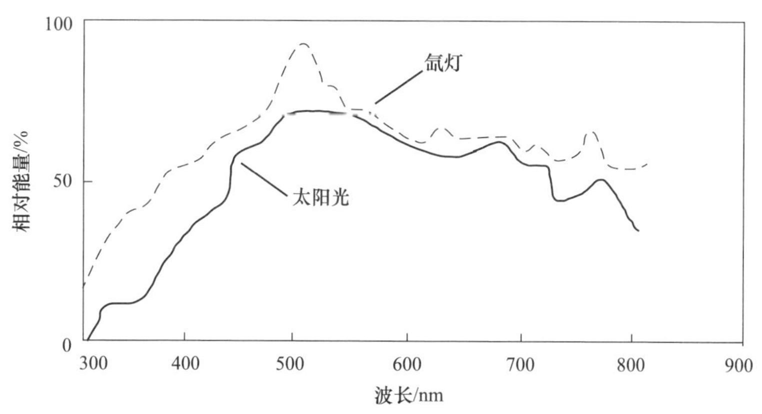

图 8.1　氙灯与太阳光光谱能量分布的比较

2. 太阳辐射全光谱模拟方案

在人工加速老化领域中广泛应用氙灯试验箱，其有旋转鼓型和平板型两种，如图 8.2 所示。旋转鼓型使用一个垂直安装在设备中央的氙灯管作为光源，光源周围有一套光学过滤器和冷却水系统。试样架围绕中心氙灯旋转，辐照度均匀性较好。由于仅使用一支灯管，旋转鼓型多适用于小型试件试验。平板型在箱顶安装一个或多个灯源，其光学过滤器置于灯管下部，箱体顶部和侧部装有反射系统，以增强辐照度的均匀性。其结构简单，为达到不同位置辐照均匀度需进行专业调试。

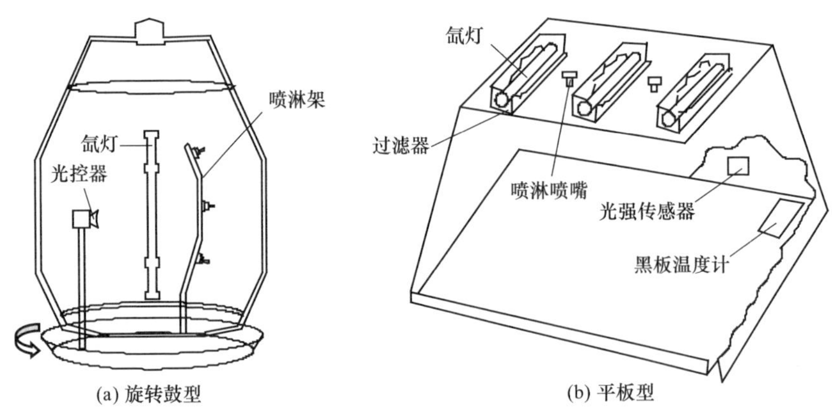

图 8.2 常用氙灯试验箱示意

若工程结构试件体积和质量均较大，则不宜采用旋转鼓型，更适合采用平板型光源。为实现太阳辐射环境与其他环境作用，如低温环境、高湿环境、腐蚀气体环境耦合，并考虑到环境箱的功能与独立试验性，若将太阳辐射模拟系统长期置于环境箱内，易影响光源及配套系统的性能和使用寿命。因此，宜采用移动式方案，将光源置于灯架上，灯架制作成可移动式，根据需要置入或移出环境箱。

3. 热辐射作用模拟（红外灯）

为匹配太阳红外波段的光谱，红外光源采用专用的短波红外加热灯，黑红色石英玻璃管壁（滤除可见光，红外波段透过率大于 80%）。反光碗与灯泡制作一体化，使能量集中于正下方。灯架与氙灯相同。由于红外辐射基本为热效应，均匀灯阵照射面所受辐射基本为全均匀的。图 8.3（a）所示为某公司模拟汽车受到太阳热辐射的红外灯阵架，灯架竖向可升降，以调节试件表面的辐照度。

4. 光化学作用模拟（紫外灯）方案

为匹配太阳紫外 UVA 和 UVB 波段的光谱，紫外光源采用不同的荧光紫外灯，两种灯的波长峰值分别处于 UVA 和 UVB 波段。荧光紫外灯使用一种低压汞弧激发荧光物质而发射出紫外光，它能在较窄的波长区间产生连续光谱，通常只有一个波峰。其光谱分布是由荧光物质的发射光谱和玻璃的紫外透过性决定的。紫外辐射对试件的影响主要与其受到的总辐射量有关，将灯管设置成能与辐射平面在一定范围内匀速移动，可保证辐照有效范围内不同试件一定时间内受到相同的辐照总量。

图 8.3（b）为某高校紫外辐射模拟试验装置，采用荧光紫外灯管，沿箱体

长边方向均匀布置，灯管内中心距离为 70～100mm，试件与灯管中心距离可在 500～800mm 范围内调节。

(a) 某公司模拟汽车受到太阳热辐射的红外灯阵架

(b) 某高校紫外辐射模拟试验装置

图 8.3　人工环境室内模拟光源布置

8.1.4　淋雨（酸雨）模拟

20 世纪 70 年代，法国航空标准、美国军用标准和英国军用标准均规定了有关人工淋雨的条款。我国在 20 世纪 80 年代也制定了与上述国际标准等效的淋雨试验标准。其中，《军用设备环境试验方法　淋雨试验》（GJB 150.8—86，已作废）和《电工电子产品基本环境试验规程　试验 R：水试验方法》（GB/T 2423.38—1990，已作废）比较具有代表性。国内外标准制定的淋雨试验主要为 3 种类型：一是有风源的淋雨试验，模拟室外风雨交加环境；二是防水试验，模拟高压喷水（喷嘴压力最小 375kPa）环境；三是滴雨试验，模拟无风情况下水滴垂直降落的降雨环境。

土木工程淋雨试验的模拟目标包括：室外结构构件受到自然降雨作用，降雨的同时可能受到风作用，雨水可能是一般雨水，也可能是酸雨。不同的试验目标对淋雨试验的要求不同。例如，模拟暴露在室外的混凝土柱在淋雨和干燥周期内的碳化侵蚀作用，可能关注于淋雨量，对雨滴直径和降雨速度则无特殊要求。

1. 雨淋环境模拟

1）针孔水槽淋雨

美国军用标准 MIL-STD-810F 中 506.4 条款建议了一种连续淋雨方案，如图 8.4 所示。由水管向储水池中供水，通过液面高度变化调节水压和流量，利用均匀密布的针孔式喷嘴模拟连续降雨过程。通过控制喷嘴间距，保证淋雨均匀性；通过调节储水池高度，调节降雨量；通过选择淋雨针管直径，控制淋雨雨滴直径。该方案为更接近真实淋雨情况，必须布置密集的针管，保持针管的精确垂直度，对加工技术要求高；密集的针管必须都保证完全畅通，维护工作量大；淋雨量不但与供水水槽的水位有关，而且与针管直径有关，难以精确测量和控制；储水池需要占用大量空间。因此，目前市场上该类装置很少，仅有一些有特殊需要的试验仍采用小型的该类装置。

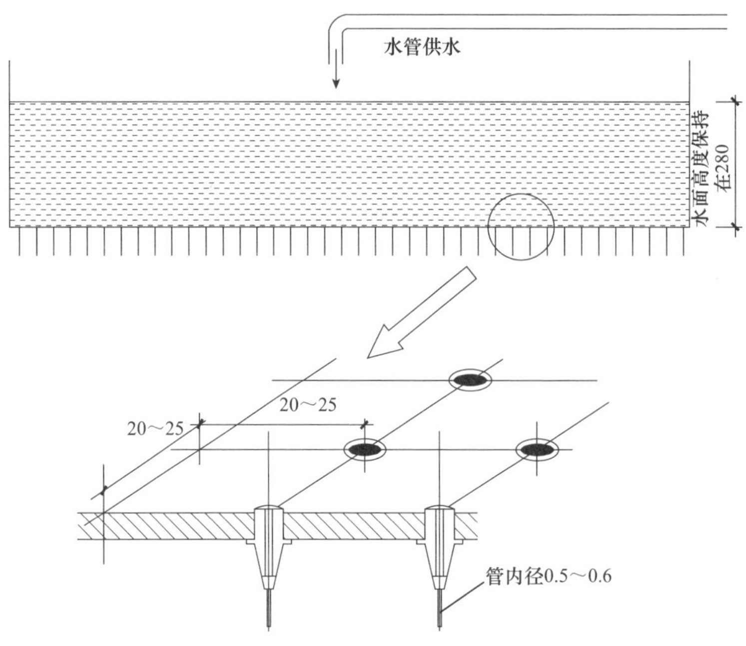

图 8.4　MIL-STD-810F 中推荐的连续淋雨方案（单位：mm）

2）喷嘴淋雨

喷嘴淋雨方案的组成如图 8.5 所示。储水容器中的水由水泵抽出，通过气泵、调压阀施加一定的压力，选择或更换合适的喷嘴，获得必需的喷淋角度、淋雨粒径、淋雨速度，通过调节气压在一定范围内，进一步调节淋雨颗粒粒径、喷淋角度和淋雨速度。可通过高压空气排空淋雨管等淋雨系统内残留水分后进行低温试验，防止淋雨管冻结和淋雨管腐蚀。排水过程无需人工干预保证多环境试验的连续进行。

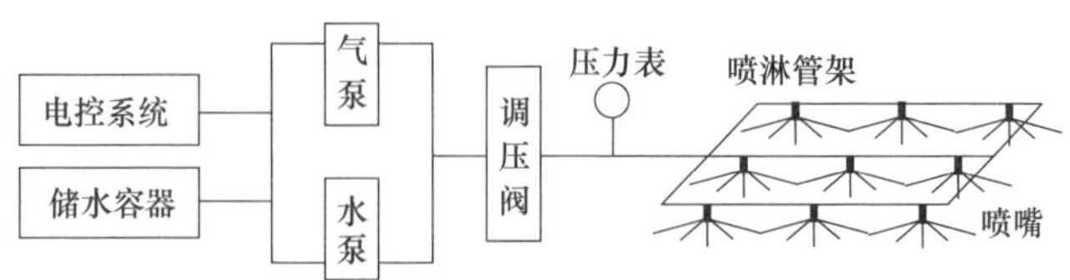

图 8.5　喷嘴淋雨方案的组成

工程结构淋雨试验中，主要考虑 3 种构件的淋雨情况模拟：水平构件、竖向构件和空间构件。水平构件主要有梁和板等，竖向构件主要有柱、墙片，空间构件有节点和小型结构等。根据淋雨方向需要考虑铅垂方向淋雨和侧面淋雨两种。铅垂方向淋雨时可将喷头安装在箱体顶部，在重力作用下，喷淋水在下落一定距离后形成铅垂方向淋雨。侧面淋雨可考虑 4 种方案：①喷嘴非斜向布置，如《客车防雨密封性试验方法》（GB/T 12480—1990，已作废）中，将喷嘴布置于试件侧面，与铅垂方向成 30°～45°夹角；②将顶部的喷头做成角度可调；③箱体内布置铅垂向喷嘴并施加水平方向强风；④布置铅垂向喷嘴并将试件非水平非铅垂放置。侧面淋雨的方案①和②中由于重力作用，喷淋水在远离喷嘴的不同距离方向会逐渐改变，喷淋角度较难精确控制。方案③要在有限体积箱体内形成定向强风，技术实现难度大。考虑到大部分试验以水平和铅垂向淋雨为主，通过经济的投资可实现方案④，进行较精确的斜向淋雨试验，因此方案④具有经济和技术综合优势。国内已有的用于土木工程结构试验的步入式环境室淋雨（酸雨）模拟装置也多采取此方案，如图 8.6 所示。

图 8.6　步入式环境室淋雨（酸雨）模拟装置

2. 喷嘴淋雨的设计

1）有效喷淋面积

淋雨试验的有效面积越大，可进行试验的试件尺寸越不受限制，因此面积越大越好，更大的面积可进行更多种类型构件或更多数量试件的试验。喷淋面积主要取决于经济因素限制。

淋雨试验同时有最小面积的要求，面积过小则某些类型构件的试验就难以进行。对比柱子、墙片竖向构件和板、梁水平构件，显然水平构件对淋雨面积的要求更大。要对一个 3000mm（长）×3000mm（宽）×100mm（厚）的足尺混凝土板进行淋雨试验，可制作缩尺模型进行，缩尺比过小则加工误差对试验结果影响大且难以估计，1∶2 缩尺比的模型板仍有 50mm 厚度，较可行。以此进行最小淋雨面积计算，则有效淋雨面积应大于 1500mm×1500mm。节点和结构由于尺寸难以估计，在此暂不专门考虑其所需最小淋雨面积。

2）有效喷淋高度

喷淋高度是指有效喷淋范围内的竖向高度。与喷淋面积相同，这里不考虑节点和结构的高度要求，因此喷淋高度取决于需要进行的柱和墙片竖向试件的尺寸。如足尺柱试件为300mm（长）×300mm（宽）×4200mm（高），则较合理的缩尺模型缩尺比为1∶3，缩尺模试件的竖向高度为1400mm，因此有效喷淋高度建议最小应大于1400mm。

喷淋高度还需考虑喷嘴的喷淋特性。喷嘴的喷洒形状为近似实心圆锥形（图8.7），水的下降开始为非垂直方向，到一定距离后由于重力和水平阻力的共同作用才垂直向下降。垂直向下降段的高端为有效喷淋高度。因此要达到有效喷淋高度，喷嘴应安装于图8.7所示的总喷淋高度处。

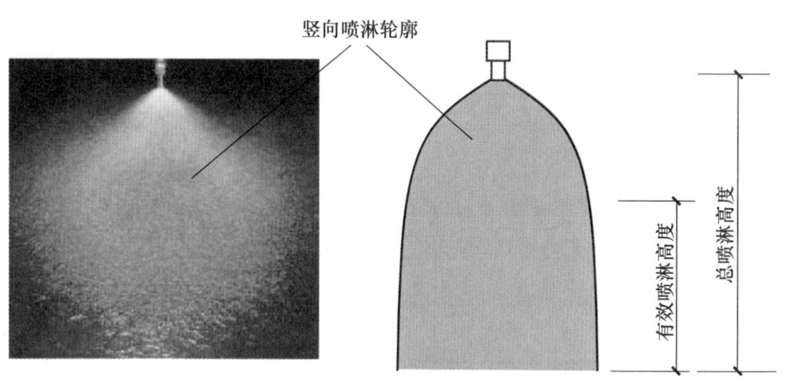

图8.7　喷嘴喷雾竖向喷淋轮廓

3）喷淋均匀度

土木工程结构的性能演化问题研究中更关注试件的淋雨量，因此喷淋均匀度越高，构件不同部位的淋雨状况越相似，越有利于不同淋雨位置的对比研究。目前，国际技术领先的喷嘴公司生产的喷嘴在这方面的指标基本类似。以日本雾的池内（上海）贸易有限公司生产的喷嘴为例，其JJXP005型实心圆喷嘴的雨滴平均粒径为0.27mm，在标准压力0.2MPa下喷量为0.5L/min（相当于降雨强度0.5mm/min），通过调节压力（0.1～1MPa，分为7挡）可在0.36～0.96L/min范围内调节喷量。SSXP020型实心正方形喷嘴雨滴平均粒径为0.33mm，在标准压力0.2MPa下喷量为2.0L/min，通过调节压力（0.05～1MPa，分为8挡）可相应在1.06～3.86L/min范围内调节喷量。两种喷嘴的喷淋范围及喷淋范围内的喷淋量分布如图8.8所示。可见在喷淋的边界，淋雨量近似线性降低，在喷淋中心一定范围内，淋雨量相对均匀。在圆形、四边形、扇形等实心喷嘴中，以实心圆形喷嘴的技术最成熟，单个喷嘴的中心喷淋面积内能获得最稳定的喷淋量和更均匀的喷淋分布。

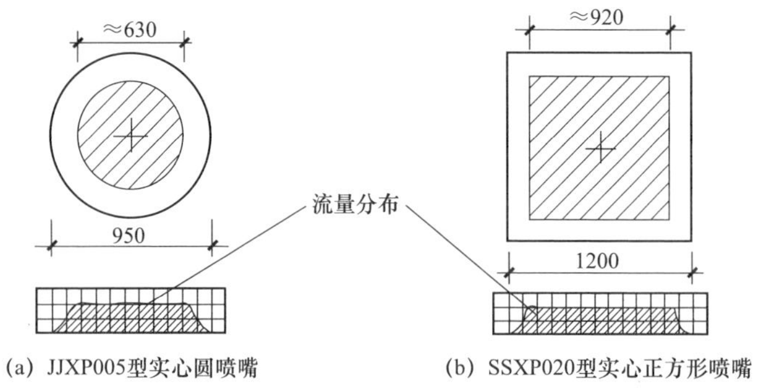

(a) JJXP005型实心圆喷嘴　(b) SSXP020型实心正方形喷嘴

图 8.8　两种喷嘴的喷雾形状和流量分布

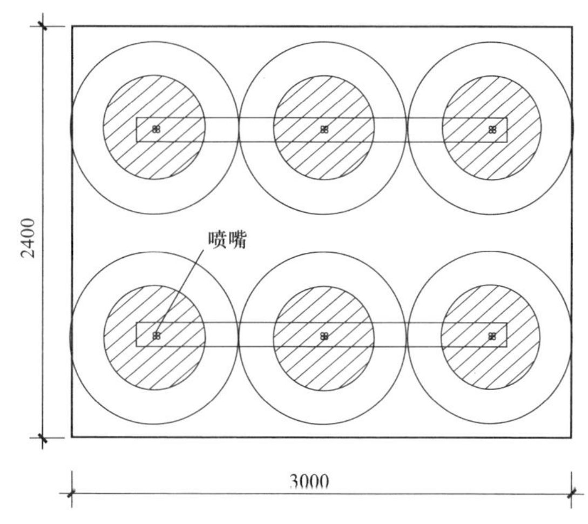

图 8.9　降雨区域内喷嘴平面布置示意

喷嘴喷淋均匀度涉及单个喷嘴淋雨面积内均匀度和喷嘴阵列下大面积的淋雨均匀度。目前的喷嘴技术在单个喷嘴中心附近范围内能达到 ±10% 的均匀度。通过多个数量、多种类型、不同加压值下的喷嘴组合阵列可获得大面积范围的近似均匀降雨，能达到 ±15% 的均匀度。因此有 3 种方案可达到不同类型试件试验所需的均匀降雨模拟：①若干局部小面积均匀（如图 8.9 中阴影面积），适用于柱这样水平面积小的构件淋雨试验，通过布置若干个喷嘴，使各个喷嘴下方一定面积内降雨达到所需均匀度，实验室柱构件均放置于该特定面积下。该方案仅适用于柱这种类型的试件，但降雨均匀度较高，如 ±10%。②大面积均匀，通过喷嘴阵列达到大面积范围内均匀降雨。该方案适用面大，但现有二流体喷嘴的技术可达到的均匀度较低，最高可达 ±15% 左右。③大面积均匀同时保证若干局部小面积的均匀，为前两个方案的综合，通过合理的喷嘴选择和布置，使整个大面积内达到一定程度均匀降雨；有选择性地开启喷嘴阵的部分喷嘴，则还能达到这些喷嘴下中心范围内的局部均匀降雨，从而综合了前两个方案的优点，故方案③最佳。

8.1.5　CO_2 和 O_2 气体环境模拟

应用于土木工程领域气体环境试验的设备主要有传统的混凝土碳化箱，传统混凝土碳化箱的原理如图 8.10 所示。由于采用了较老的温湿度控制技术和气体浓度监测技术，如温度和湿度分开控制、加湿采用超声雾化或蒸汽加湿、除湿采用吸附除湿方法（吸附剂为硅胶），在功能上其体现为只能进行恒定温湿度环境（20℃ ±1℃，70%±5%）模拟和恒定浓度气体环境（20%±3%）模拟，采用单一钢瓶供气。

图 8.10 传统混凝土碳化箱的原理

对传统的气体试验设备的改进主要包括：①采用平衡调温调湿方式进行温湿度控制，实现一定范围内温湿度的任意组合试验；②采用新型高精度气体传感器进行宽浓度范围内的高精度监测；③采用泵吸式浓度分析，比扩散式测量适应更多环境条件（扩散式采样要求气体流速在 0～10m/s），还可以实现单传感器下环境箱体不同位置的多点监测；④气体预稀释，对进入箱体前的气体与一定压力的空气预先进行混合稀释，再放入箱体内，以实现低浓度气体试验；⑤连续供气方案，采用两个以上气瓶和气体压力监测表、电磁阀、监控软件相结合，自动切换，实现连续气体环境试验，使气源钢瓶的更换更加自由。

CO_2 气体环境模拟中，气体传感器可采用维萨拉 GMM220 系列硅基非散射红外传感器，探头外壳防护等级为 IP65（NEMA4），可用于恶劣和潮湿环境下（温度−20～+60℃，相对湿度 0～100% 且无凝结）的测量。其中，GMM221 的测量浓度范围为 0～20%，在+25℃和标准大气压条件下 2% 以上浓度时测量准确度（包括重复性、非线性和校准不确定度）为 ±［1.5%（量程）+2.0%（读数）］，响应时间（63%）为 20s；GMP221 测量浓度范围可选择 0～10000ppm 和 0～2000ppm 两种，测量准确度为 ±［1.5%（量程）+2.0%（读数）］，响应时间（63%）为 30s。其精度较高，响应速度较快，并具有较好的长期稳定性（±5%FS/2a 以内）。GMM220 传感器的电路板和探头如图 8.11 所示。图 8.12 所示为 GM220 传感器与 26150GM 适配器配套后进行泵吸式气体浓度测量的连接图。

试验后高浓度 CO_2 必须加以处理，常用的方法主要有物理吸收法、化学溶剂吸收法、吸附法和膜分离法。物理吸收法有环丁砜法、聚乙二醇二甲醚法及

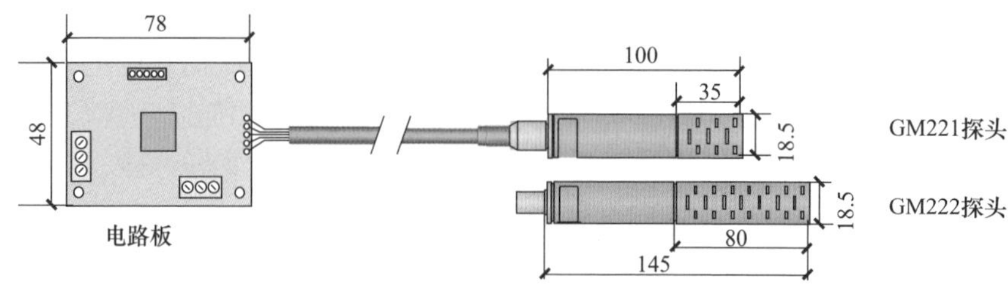

图 8.11 GMM220 传感器的电路板和探头

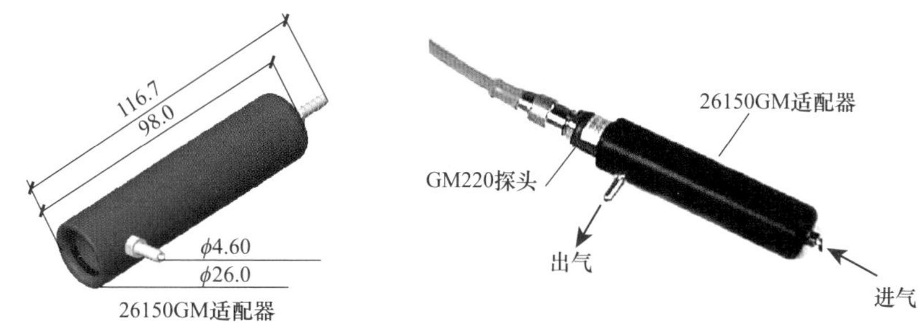

图 8.12　GM220 传感器与 26150GM 适配器配套后进行泵吸式气体浓度测量的连接图

甲醇法，化学吸收溶剂主要是 Ka_2CO_3 水溶液（再加少部分铵盐或矾、砷的氧化物）和乙醇胺类水溶液，以及无水 LiOH、固体消石灰和超氧化物，典型的吸附剂有分子筛、活性炭和硅橡胶等。选用化学溶剂吸收法，排除的气体经过管道通向中和液容器，另一端通过真空泵将气体排出。

氧气环境模拟中，气体传感器可采用新宇宙 PS-7 探测系统（图 8.13），该探测系统带气体泵吸功能（吸引流量 0.5L/min），适用于 0～40℃（无温度突变），相对湿度 30%～85%（无凝结）环境下测量。系统采用的 O_2 探头［图 8.14（a）］为隔膜电流电池式，其通过探测作用活性材料的 O_2 气体通过由铂 - 铅电极、隔膜和电解液所构成的电池时［图 8.14（b）］的反应电流大小，利用电流与 O_2 浓度成正比的特性［图 8.14（c）］进行监测浓度。O_2 传感器测量范围为 0～50%（体积浓度），测量精度不大于 ±2.0%（体积浓度）。

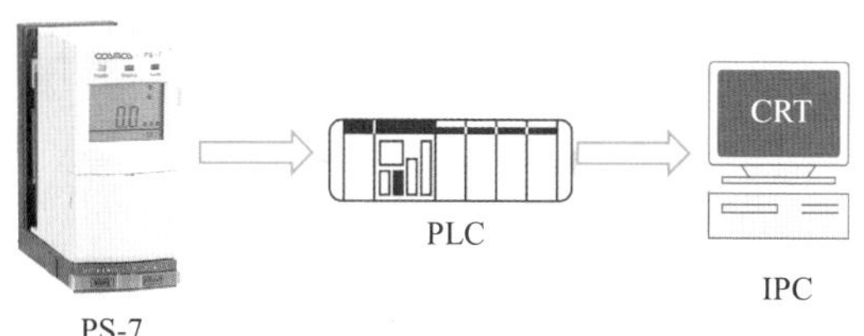

图 8.13　新宇宙 PS-7 探测系统

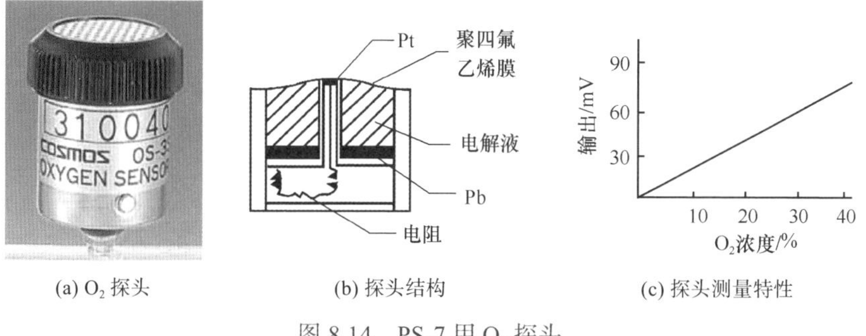

(a) O_2 探头　(b) 探头结构　(c) 探头测量特性

图 8.14　PS-7 用 O_2 探头

8.1.6 环境箱内气流组织与风模拟

1. 气流组织形式选择

循环风是保证环境箱内温度、湿度和气体浓度均匀和稳定的主要手段，因此气流组织形式的确定至关重要。目前常用气流分布的送风方式，按其特点可分为侧送、散流器送风、条缝送风、喷口送风、孔板送风等。

侧送是一种最常见的气流组织方式，它具有结构简单、布置方便和节省投资等优点。其一般采用贴附射流形式，工作区通常处于回流中。常用的贴附射流形式有如下几种：单侧上送下回或走廊回，单侧上送上回，双侧外送上回，双侧内送下回或上回，中部双侧内送上下回或下回、上排风，如图 8.15 所示。

散流器是装在顶棚上的一种送风口，有平送和下送两种方式（图 8.16）。其送风射流射程和回流的流程都比侧送短，通常沿着顶棚和墙形成贴附射流。散流器需占用较大的净空，且风在箱体周边流过与环境箱的要求不符，在环境设备领域早期有所应用，目前已淘汰。

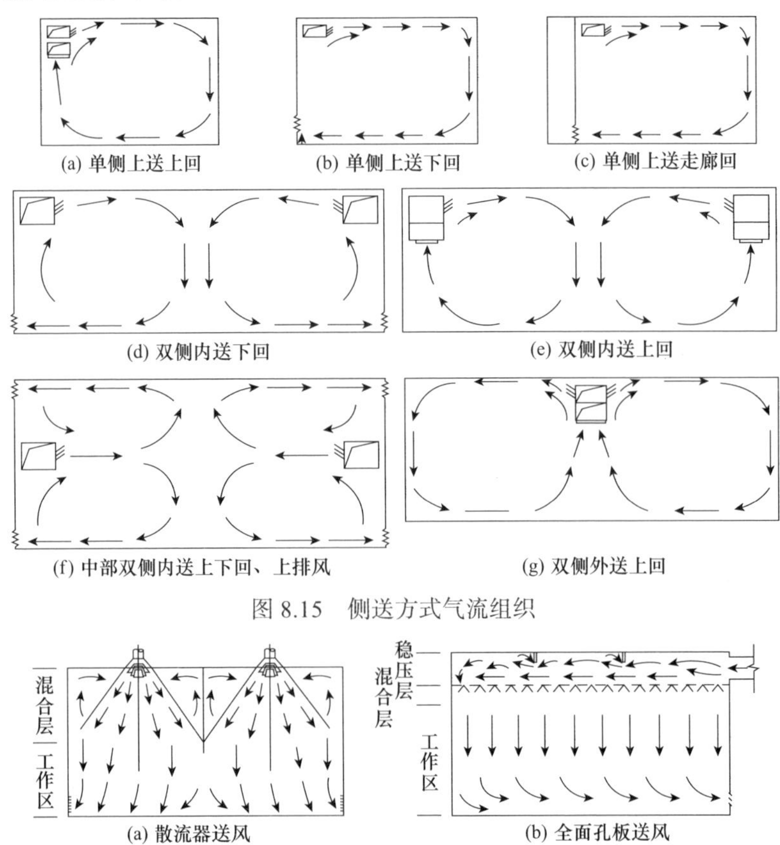

图 8.15　侧送方式气流组织

图 8.16　散流器和全面孔板送风流型

喷口送风由高速喷口送出的射流带动室内空气进行强烈混合，在室内形成大的回旋气流，工作区一般处于回流中，从而导致温湿度波动较大，不能满足要求。

条缝送风与喷口送风相比，射程较短，温度和速度衰减较快，适用于散热量大、只要求降温的空间，显然也不能满足要求。

孔板送风是指先将空调送风送入顶棚上的稳压层中，再通过顶棚上设置的穿孔板均匀送入箱体内。在整个顶棚上全面布置穿孔板，称为全孔板；局部布置称为局部孔板。可利用顶棚上的整个空间作为稳压层，也可设置专用的稳压箱。穿孔板有盐雾腐蚀问题，用塑料板较好。其特点是射流的扩散和混合较好，工作区温度和风速分布较均匀。因此，该方式适用于区域温差与工作区风速要求严格、单位面积风量较大、室温允许波动范围较小的空间。

上述分析表明，侧送和全面孔板送风方式能够较好地保证温湿度均匀性。实际调查也发现，侧送和孔板送风方式在环境箱中应用较多（图 8.17）。

(a) 侧上出风、侧下回风

(b) 局部孔板送风

图 8.17 气流组织形式实例

若风速较大，则侧送风方式可以满足要求；若风速较小，则全面孔板送风效果更佳。因此低风速（小于 0.3m/s）时采用全面孔板送风、下回风，高风速时采用侧上出风、侧下回风。二者之间的切换过程是：低风速时，风通过引风管路进入顶部出风层；高风速时，手动打开引风管中出风口，让循环风直接从出风口出来，不进入顶部出风层。采用这种方式充分发挥了侧送和孔板送风的优点，循环风的风速切换频率较低，采用手动方式能够满足要求，且经济合理。

2. 风机选型

按介质在风机内部流动的方向，可将风机划分为离心式和轴流式。

离心式风机的工作原理是借助叶轮旋转时产生的离心力使气体获得压能和动能。其特点是结构简单、运行可靠，比轴流式风机耐磨损，噪声也较低，相同风量时离心式风机所提供的风压远远大于轴流式风机。可见，其特点完全满足长期运行的箱内循环风的需要。考虑到腐蚀性介质的存在，箱内循环风采用加涂防锈剂的全不锈钢离心式风机。

轴流式风机的特点是产生的风压较低，噪声较高，但其风量较大，体积小、质量小、占地面积小、电耗小、移动方便、便于维修。在低负荷时，其经济性大大高于离心式风机。局部强风仅是在试验需要时采用，运行频率不高，轴流式风机完全能够满足要求。

8.1.7 一般大气环境综合模拟设备

针对一般大气环境下的主要环境作用，同济大学联合上海埃斯佩克环境设备有限公司研发了一个可综合模拟多种环境作用的一般大气环境室，如图 8.18 所示。该一般大气环境室由两个可独立运行的环境箱组成。单个环境箱尺寸为 3000mm×3000mm×4000mm。除温湿度控制系统外，该一般大气环境室配备有雨淋系统、日射系统、CO_2/O_2 供给和控制系统及局部强风系统。雨淋系统、日射系统及 CO_2/O_2 供给和控制系统的技术参数分别如表 8.2～表 8.4 所示。局部强风有效面积为 $0.25m^2$，设定 25%、50%、75% 和 100% 共 4 挡来实现 2.0～12.0m/s 范围内不同的风速。

图 8.18 同济大学一般大气环境室

表 8.2 同济大学一般大气环境室雨淋系统技术参数

技术类别	参数范围
温度	20～50℃
雨滴直径	>130μm（平均）
	>130μm（最小）
	<6400μm（最大）
有效面积	2.4m×3.0m

续表

技术类别	参数范围
降雨强度波动	目标雨量的≤±5.0%
不均匀度	≤10.0%
指示误差	≤5.0%
降水分挡	0.2mm/min（小）
	0.6mm/min（中）
	1.7mm/min（大）
试验用水	一般用水

表 8.3　同济大学一般大气环境室日射系统技术参数

技术类别	参数范围
光源	氙灯
标准辐照度	1120W/m^2
照度偏差	1120W/m^2±112W/m^2
紫外线 B	波长：280～320nm
	辐射度：5W/m^2（1±35%）
紫外线 A	波长：320～400nm
	辐射度：63W/m^2（1±25%）
可见光	波长：400～780nm
	辐射度：560W/m^2（1±10%）
红外线	波长：780～3000nm
	辐射度：492W/m^2（1±20%）
有效面积	2.4m×3.0m×70%
辐射不均匀度	≤10%
辐射不稳定度	≤5%
辐照度测量仪精度	≤5%
温度	波动度：≤±2℃；偏差：≤±2℃；指示误差：≤2℃

表 8.4　同济大学一般大气环境室 CO_2/O_2 供给和控制系统技术参数

技术类别	参数范围
CO_2	0.03%～20%
O_2	20%～40%
传感器精度	±5%
波动度	目标值的 ±5%
均匀性	目标值的 ±10%
偏差	目标值的 ±10%
排气	中和处理

8.2 工业环境模拟

8.2.1 工业大气环境模拟

工业大气环境模拟与一般大气环境模拟类似。唯一的区别在于工业大气环境模拟需在一般大气环境模拟的基础上增加对 SO_2、H_2S 等气体环境的模拟。此外，由于 SO_2、H_2S 等工业污染物具有较强的腐蚀性且对人体健康有较大危害，模拟设备需要用高耐腐蚀材料制造，且需特别注意这些腐蚀性气体的监测和报警。在图 8.18 所示一般大气环境室的基础上，同济大学联合上海埃斯佩克环境设备有限公司研发了一个可综合模拟多种环境作用的工业大气环境室，如图 8.19 所示。该工业大气环境室的内尺寸为 5000mm（长）×3000mm（宽）×4000mm（高），外尺寸为 5200mm（长）×4000mm（宽）×5800mm（高）。该环境室墙体内外表面采用玻璃钢（环氧树脂玻璃纤维布）保护，中间采用聚氨酯发泡层制造，内壁局部采用金属材料加强。

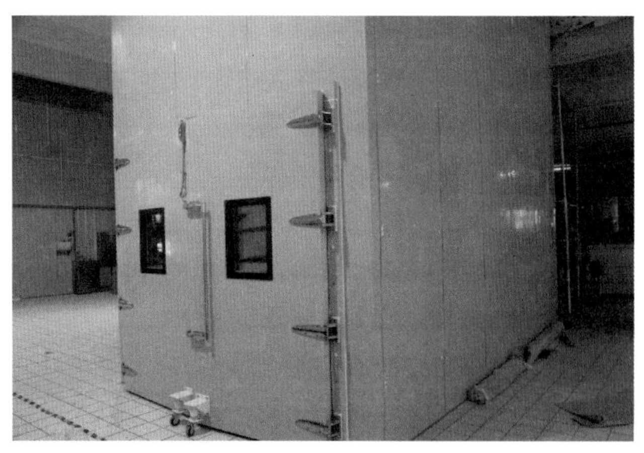

图 8.19 同济大学工业大气环境室

图 8.19 所示工业大气环境室的雨淋、日射系统与图 8.18 所示一般大气环境室一致，相关技术参数分别如表 8.2 和表 8.3 所示。该工业大气环境室增加了 SO_2 和 H_2S 气体的供给和控制系统，可实现 0～300ppm 范围内 SO_2 和 H_2S 气体浓度的控制。

8.2.2 工业水环境模拟

为模拟工业污染水环境，同济大学制作了两座简易水池，如图 8.20 所示。通过在水池中加入各种工业污染物，可实现工业废水环境的模拟。将混凝土构件放入水池中，可实现混凝土构件或结构在工业水环境中的性能演化模拟。必要时，可通过同济大学开发的二次杠杆加载装置，实现负载下混凝土构件或结构在工业水环境中的性能演化过程模拟[46]。

图 8.20　简易水池

8.3　海洋环境模拟

8.3.1　海水模拟

海水可通过在去离子水中加入与天然海水类似成分的化学成分调配而成。根据研究对象和研究目的的不同，所加入的化学成分相差较大。海水中的镁盐和硫酸盐会分别导致混凝土产生离子交换性腐蚀和膨胀性腐蚀[47]。当有单面压头造成海水渗透时（海底隧道中较为常见），海水中的 NaCl 和钙盐可能会导致混凝土发生溶出性腐蚀。众所周知，氯离子是导致混凝土中钢筋锈蚀和海洋钢平台结构等腐蚀的主要因素。而海水中 NaCl 为其主要部分，故目前试验中模拟海水一般采用浓度为 3.5% 的 NaCl 溶液。若要研究海水对混凝土结构多种腐蚀作用的机理，宜采用与天然海水成分基本相似的人工海水（应包括氯盐、镁盐、钙盐和硫酸盐）。各学者因研究目的不同，配制的人工海水成分各异。一般人工海水配制可参考《环境试验　第 2 部分：试验方法　试验 Kb：盐雾，交变（氯化钠溶液）》（GB/T 2423.18—2012）[48]规定。在每升蒸馏水中加入表 8.5 所示不同成分配置而成，配置后人工海水盐溶液的 pH 为 7.5～8.5（20℃ ±2℃）。

表 8.5　人工海水成分

成分	质量 /g	成分	质量 /g
氯化钠（NaCl）	26.5	氯化钙（$CaCl_2$）	1.1
氯化钾（KCl）	0.73	溴化钠（NaBr）	0.28
硫酸镁（$MgSO_4$）	3.3	氯化镁（$MgCl_2$）	24
碳酸氢钠（$NaHCO_3$）	0.2		

注：各成分允许误差为 ±10%。

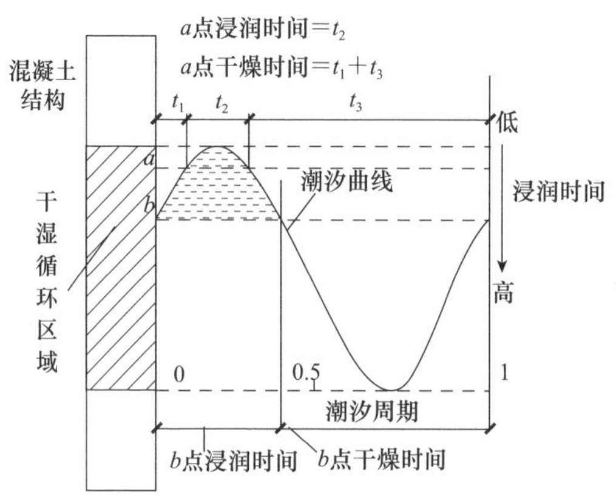

图 8.21　潮汐区（半日潮）混凝土结构浸润时间比例示意图

8.3.2　海水潮差区模拟

潮汐的涨潮和落潮并不是瞬间完成的，而是缓慢持续的过程。因此对于处于潮汐区不同的结构部位，并不是处于单一的湿润时间比例。越靠近低潮水位的结构部位，海水浸润时间越长；越靠近高潮水位的结构部位，干燥时间越长。如图 8.21 中 a 点的干燥时间就大于 b 点的干燥时间。

1. 既有潮差区模拟方法评述

海洋工程领域模拟潮差采用专门的造波系统、消波系统、造流系统和可升降基底组成的水深调节系统等，系统复杂，造价昂贵。土木工程中海水潮汐区模拟主要考虑海水干湿循环作用的实现，故无需采用海洋工程中的模拟方式。

潮汐区的混凝土自然暴露试验可以较真实地反映氯离子侵蚀情况，但因试验周期长且重现性差等，目前试验数据尚不足以用来揭示氯离子侵蚀机理、预测混凝土结构服役寿命。加速模拟试验可以达到加速氯离子传输、缩短试验周期的目的。以前，国内外常见的氯离子传输过程的加速模拟方法是在全浸泡条件下进行的，该方法用于比较混凝土抗氯离子的侵蚀能力是可行的。处于潮汐区的混凝土受潮汐、温度、湿度变化等外界环境作用，氯离子传输过程十分复杂，仅仅根据氯离子扩散系数来评价混凝土结构的服役性能是不够的。由于水分传输速度远快于氯离子扩散，在初始非饱和的混凝土中，只有水分传输作用停止后水分平衡的情况下，氯离子扩散才重新起主要作用。因此针对潮汐区混凝土中氯离子传输过程进行加速试验研究，必须根据潮汐区混凝土氯离子传输受毛细和扩散共同作用这种传输机理进行潮汐区混凝土氯离子加速试验。

干湿循环方法主要是在某种干湿循环周期和湿润时间比例条件下通过增加氯离子溶液的浓度加速氯离子侵入速度。它综合了自然环境试验和实验室模拟环境试验的优点，具有真实、可靠和试验周期短的特点。目前常采用的干湿循环方法，根据试验方式可以分为周期性浸泡干湿循环方法和周期性喷淋干湿循环方法。

1）周期性浸泡干湿循环方法

周期性浸泡干湿循环方法主要把混凝土试件在氯离子溶液中浸泡一定时间，然后在一定的温度、湿度环境下干燥一段时间后继续放置在氯离子溶液中浸泡，如此周期性循环进行海水干湿循环的模拟。Hong 等[49]把所有试件在饱和 $Ca(OH)_2$

溶液中 23℃下养护 28d 后，将试件分别置于 1.0mol/L NaCl 溶液内浸泡 6h，干燥 18h 或干燥 66h，两种循环制度下进行氯离子加速侵蚀试验。天津大学的张玉敏和王铁成将成型试件在标准养护室中养护 28d，然后将循环试件全部浸泡在 5 倍人工海水溶液中 8h，最后拿出置于 80℃条件下烘 16h 为一个循环，如此反复循环[50]。该方法在试验中必须有人为的干预才能进行，比较烦琐。Jeedigunta[51]设计了盐水周期性升降的干湿循环装置，如图 8.22 所示。该装置由两个 1.67m×1.67m×0.3m 盛放试件的箱体、一个同样大小盛放海水的箱体，以及控制系统、水泵等组成，并进行了浸泡 1h、湿润 4h 的干湿循环制度下的干湿循环试验。该装置灵活方便，但是该转置无水位控制系统，不能精确控制水泵停止工作时间，可能出现水泵空转情况。

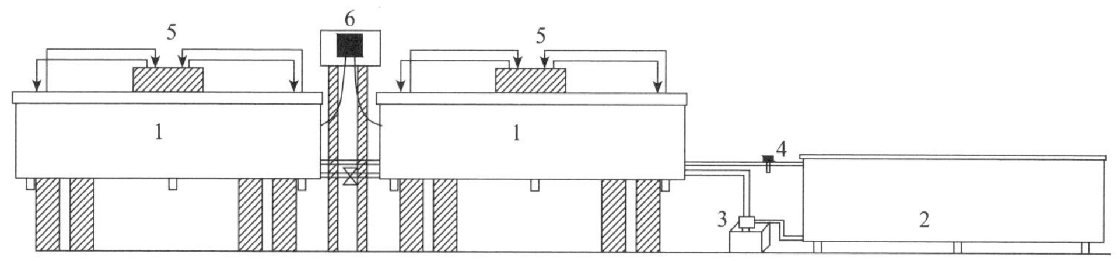

1—试验箱；2—海水容器；3—水泵；4—电磁阀；5—热风分布器；6—控制系统。

图 8.22　盐水周期性升降的干湿循环装置示意图[51]

刘丽宏等[52]设计的针对金属材料干湿交替加速腐蚀试验的装置如图 8.23 所示。试件架与试验槽外部顶部的微电机相连，通过时间继电器、限位开关控制与试验槽顶部的微电机，实现试件按设定的时间上下运动，使试验试件周期性浸入和离开浸泡溶液，实现干 / 湿交替加速腐蚀。其浸泡过程温度通过试验箱底部的电热恒温水浴装置控制，干燥过程温度由试验箱内两侧的红外灯及安装在试件箱顶壁的排气装置实现。当试件从溶液中升起停留在一定高度时，加热干燥系统开始工作，浸入溶液中时，加热干燥系统停止工作。加热灯的照射会使试件表面的水分加速蒸发，同时在排气装置的作用下，可快速降低试验箱内的湿度，从而使试件表面干燥，但该装置不能精确控制内部相对湿度。该方法需要一套复杂的、自动控制的传动装置，设计、制造过程较复杂。由于混凝土

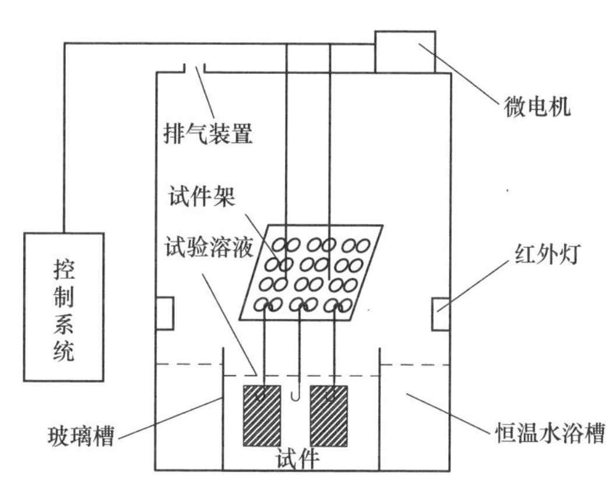

图 8.23　干湿交替加速腐蚀试验装置示意图[52]

试块本身较重，需预埋吊钩，将其周期性提升非常麻烦。

2）周期性喷淋干湿循环方法

周期性喷淋干湿循环方法是定时把一定浓度的氯离子溶液喷淋在试验用的混凝土试件上，然后用灯照等方式干燥一段时间，如此交替进行干湿循环过程。姬永生等[53]采用图 8.24 所示试验装置进行了喷淋干湿循环试验，在 20℃ ±2℃温度下，在 24h 内，对试件每隔 8h 喷淋一次 10% NaCl 溶液。

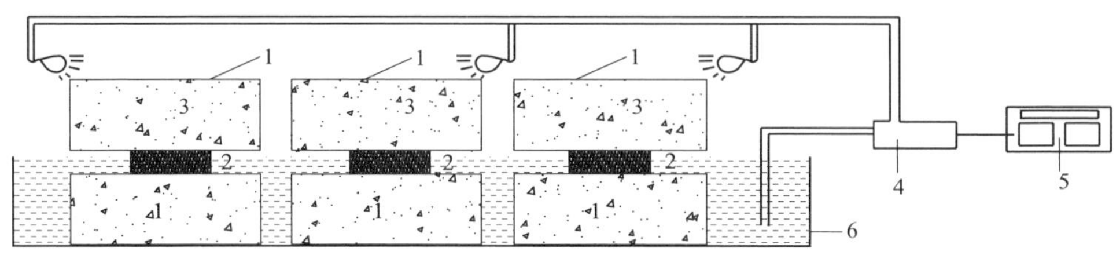

1—侵蚀表面；2—垫块；3—试件；4—水泵；5—时钟控制器；6—循环水池。

图 8.24　盐水周期性喷淋试验装置[53]

浙江大学采用具有自动控温、控湿和定时喷淋功能的人工气候模拟实验室进行了干湿循环试验[54]。在 46℃条件下，分别进行了喷淋 5.76% NaCl 溶液 6h、80% 相对湿度条件下干燥 42h 和喷淋 5.76% NaCl 溶液 4h、80% 相对湿度条件下干燥 68h 两种干湿循环试验。另外，龙广成等[55]也通过喷淋方式研究了氯离子在混凝土内的传输规律。

由于干湿交替变化，在试验初期毛细作用带入大量氯离子，使混凝土浅层氯离子含量升高。但是当混凝土浅层孔隙水中盐溶液浓度达到某值时，随着干燥时间的增长，混凝土浅层大部分孔隙水被蒸发掉，剩余水分将为盐溶液所饱和，溶液中多余盐分就结晶析出。这样混凝土浅层的盐溶液被不停地浸润、蒸发、浓缩、结晶、浸润，周而复始。将采用周期性浸泡干湿循环方法的 Hong 等[49]试验测试的表面氯离子含量和采用周期性喷淋干湿循环方法的姬永生等[53]试验测试的表面氯离子含量及文献［56］中推荐值进行对比，如图 8.25 所示。可以看出，采用周期性喷淋干湿

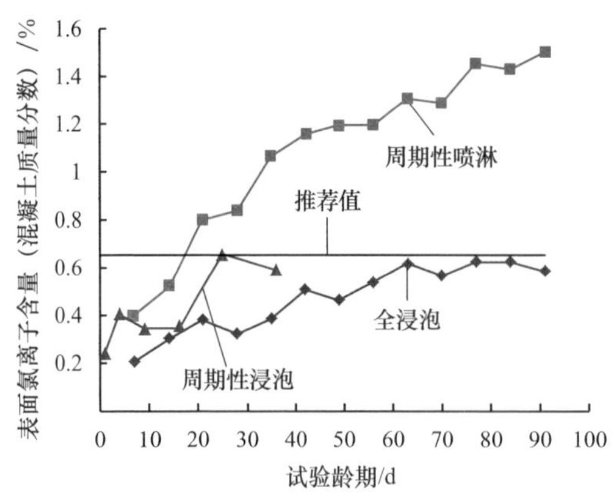

图 8.25　干湿交替和浸泡条件下混凝土表面氯离子含量

循环方法表面氯离子含量随着时间持续增长，相对于周期性浸泡干湿循环方法、全浸泡试验方式及文献［56］的推荐值高出很多。这可能由于表层混凝土氯盐饱和及混凝土表面水分蒸发，使氯盐结晶析出，喷淋方式不能把析出的氯盐带走，因此表层混凝土氯离子随着时间增长一直呈聚集增长趋势。这相当于提高了侵蚀溶液浓度，使氯离子浓度梯度增大，不利于研究出侵蚀溶液浓度对氯离子在混凝土中传输速度的影响规律。

归纳起来，要达到潮汐区干湿交替的目的，目前来看有 3 种可能的方案：一是使液面周期性上升和下降；二是使试件周期性上升和下降；三是周期性喷洒侵蚀溶液。从对比分析来看，周期性喷淋很容易导致试件氯盐结晶，表层氯离子偏离实际情况。对于混凝土结构来讲，需要模拟不同形式和尺寸、质量的工程结构，第二种方案也不是好的选择。因此宜采用第一种方案设计潮汐区加速试验装置。

3）影响加速试验结果的相关参数分析

干湿循环方法中各个试验关于氯离子含量、温度、相对湿度及潮汐区的干湿比例各种加速参数的选择并未形成统一标准，如表 8.6 所示[49, 50, 53, 54, 57, 58]。

表 8.6　国内外加速试验参数选择

作者	试件大小	质量浓度	试验温度	相对湿度	干湿方式
Hong 等[49]	厚度 50mm、直径 100mm 圆柱体	5.85% NaCl	23℃	50%	浸泡 6h，干燥 18h；浸泡 6h，干燥 66h
Konin 等[57]	100mm×100mm×500mm	3.5% NaCl	未考虑	未考虑	每两周一次干湿循环
Swamy 等[58]	55mm×65mm×150mm	3% NaCl	浸泡：30℃ 干燥：50℃	未考虑	盐雾箱 12h，恒温箱 12h
姬永生等[53]	400mm×400mm×200mm	10% NaCl	20℃	未考虑	每隔 8h 喷淋一次
张玉敏等[50]	40mm×40mm×160mm	10.5% NaCl	干燥：80℃	未考虑	浸泡 8h，干燥 16h
张奕[54]	150mm×150mm×550mm	5.76% NaCl	46℃	80%	浸泡 6h，干燥 42h 浸泡 4h，干燥 68h

注：Konin 等未说明试验过程中每次喷淋持续的时间。

氯盐溶液浓度是加速模拟试验的重要参数。溶液浓度过大过小都会导致加速模拟的差异性。随着氯盐溶液浓度增大，混凝土表面氯离子含量基本不增大[57]，而毛细作用可以使较高浓度盐溶液进入干湿影响深度内，再通过扩散作用使较多氯离子传输到混凝土内部。根据实际海水中氯离子含量并结合已有的试验可知，一般 NaCl 溶液质量浓度控制在 5%～10%，可以达到较好的加速目的。

前面已讲述温度对氯离子传输速度的重要影响。选择试验温度时，可以参考研究结构所处海域统计近海月均气温确定温度提高倍数[59]。目前加速试验考虑的温度范围一般为 20～50℃。在目前的干湿循环加速试验中，因为设备简陋，外部相对湿度经常不予考虑。但是相对湿度对氯离子的传输有重要影响，因而应尽量根据试验条件和模拟环境考虑相对湿度的影响。如不能精确控制湿度，宜在实际海洋相对湿度 60%～80% 范围内选择试验环境相对湿度[60]。

干湿循环周期及选择的湿润时间比例对氯离子的传输有相当大的影响。湿润时间比例不同，氯离子所受驱动力所起作用的大小也不同。另外，处于潮汐区的不同结构部位湿润时间比例也是变化的，目前还没有对干湿循环周期和湿润时间比例的选择形成统一标准。

2. *模拟潮汐加速试验装置的开发*

1）控制潮汐周期

根据海水潮汐区的潮汐环境特点可以发现，不同地域的潮汐周期不同。潮汐周期可以认为是 12～24h。根据海水潮汐区的构件环境特点，潮汐区加速模拟试验装置的控制系统至少要满足 12～24h 的周期和湿润时间比例 0～1。目前加速试验考虑的温度范围一般为 20～50℃，因此设计试验装置的各组成部分能够适应温度的变化。湿度对氯离子的传输有影响，在加速试验中根据不同的实际情况选择不同的相对湿度，相对湿度的变化范围很广，因此试验装置中各种电子元件必须经过密封等特殊措施进行处理，以保证其不锈蚀损坏。因为氯盐环境等试验环境比较恶劣，所以要求试验装置的箱体耐久性良好，且具有较好的稳固性。

2）控制性能价格比

总体原则是降低成本，使加速试验装置既能够满足加速试验使用要求，又能最大限度地控制投入的资金，其中包括控制设备、水泵等的一次性采购费用及使用过程中的设备维护费用等。

3）试验装置的组成

依据加速试验方法必须具备自然环境试验的真实性、可靠性，以及实验室模拟试验的周期短和重现性好等原则，同济大学设计制作了海水潮汐区加速模拟试验装置。试验装置主要由试验箱、电源及控制系统、水位控制器、水位传感器、水泵等组成，如图 8.26 所示[61]。

试验装置的自动控制系统由微电脑时控开关和全自动水位控制器联合组成。微电脑时控开关采用上海卓一电子有限公司生产的 ZYT16Z 系列的增强型微电脑时控开关，其工作电源为 220V/50Hz，时间控制范围为 1 周，有 16 组开关时间，时钟平均日误差不大于2s，工作环境温度为－10～＋50℃，工作环境湿度小于 95%。可选用 6d 工作制、5d 工作制、3d 工作制、每日相同、每日不同等工作模式。

全自动水位控制器采用上海卓一电子有限公司生产的 DF-96A 型全自动水位控制器，其工作电源为 220V/50Hz，负载 5A，具有上水池控制、下水池控制、上下水池联合控制及缺水保护控制等功能。全自动水位控制器需与探头联合使

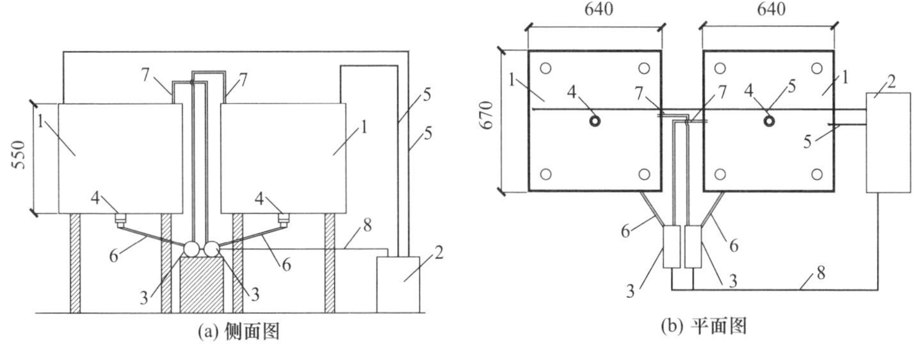

1—试验箱；2—电源及控制系统；3—水泵；4—转换接头；5—水位传感器导线；
6—水泵进水软管；7—水泵出水软管；8—电线。

图 8.26　同济大学海水潮汐区加速模拟试验装置

用，探头布置方式如图 8.27 所示。其中，C 点为液面最低水位，当水位达到 E 点（上限水位）时，水与探头接触，水泵开始工作，开始排水；当水位到达 D 点（下限水位）时，水与探头脱离，水泵停止工作，停止排水。

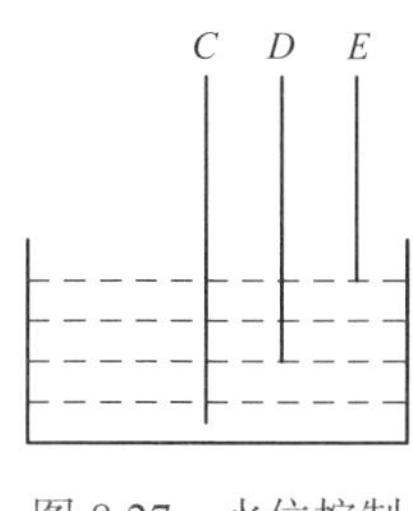

图 8.27　水位控制示意图

通过微电脑时控开关设定时间，可以准确控制试验装置开始工作的时间，全自动水位控制器可以根据水位情况准确控制试验装置停止工作的时间。如此，就可以保证装置根据设定的时间表运行，并可避免由于水位不足或者无水情况引起的水泵空载运行等设备事故。

考虑到氯盐环境有较强的腐蚀性，该试验装置的水泵采用上海磁力泵业制造有限公司生产的磁力泵。该水泵噪声低、耐腐蚀，可输送海水、盐酸、次氟酸、氟化物、硫酸、电解液等液体。另外，根据试验箱的大小和所要求给水、排水时间，确定了水泵的流量和扬程等工作参数，选择了合适型号（MP-20RX 型）的磁力泵。该水泵工作电源为 220V/50Hz，入水口和出水口直径为 26mm，最大流量 46L/min，最高扬程 1.8m，标准输出流量 30L/min，标准输出扬程 1m。水泵轴承采用特种陶瓷制作，具有极强的耐磨性和抗腐蚀性。在长时间运转的情况下，其安全性和可靠性也能得到保证。

试验箱由透明耐腐蚀的钢化玻璃板制成，试验箱尺寸为 670mm×640mm×550mm，有机玻璃厚度为 10mm。试验箱通过软管与水泵相连，水泵通过导线与自动控制系统相连，接通电源，实现盐溶液在设定时间内在两个试验箱中转移，以使试件周期性被浸润和干燥，达到干 / 湿交替氯离子侵蚀的目的。

根据试验环境的复杂性，需特别考虑用电的安全问题，以保证试验人员和试验装置的安全性。本试验装置在输出电源安装了上海松日电器生产的 SR99LE Ⅱ

系列过载与短路双重保护的限流型小型断路器。该断路器灵敏可靠，能够保障人身和试验装置的安全。

4）试验装置的工作原理

试验装置有 6d 工作制、5d 工作制、3d 工作制、每日相同、每日不同等工作模式可以选择，可以根据实际情况需要设定干湿循环制度。通过水泵抽排水使两个试验箱中的混凝土试件交替处于湿润和干燥状态来模拟处于海洋潮汐区的混凝土周期性湿润和干燥的过程，抽排水过程能够按照设定程序自动实现，试验装置工作原理如图 8.28 所示。下面举例说明该装置的设置及运行情况。初始设置：微电脑时控开关 A，8:00 开，8:05 关；微电脑时控开关 B，20:00 开，20:05 关。试验箱 A 有溶液，试验箱 B 无溶液。

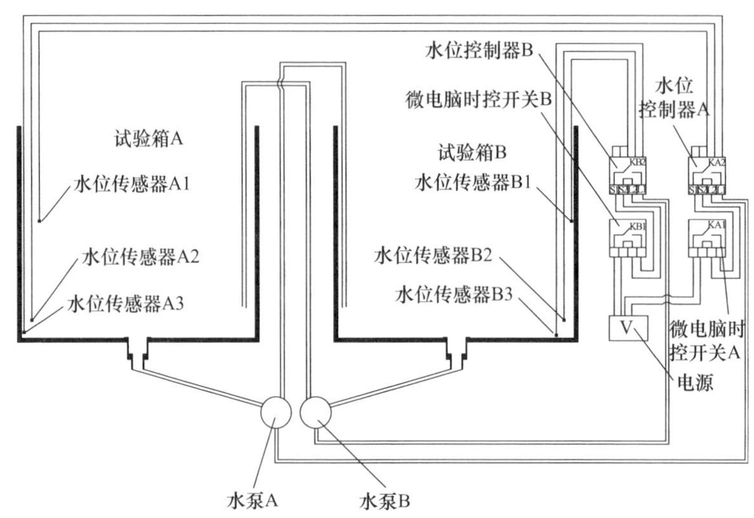

图 8.28　海水潮汐区加速模拟试验装置工作原理

运行情况：

（1）8:00，A1 自动闭合，A2 闭合，水泵 A 开始将试验箱 A 中的溶液抽向试验箱 B。

（2）试验箱 A 中水位下降到水位传感器 A2 时，A2 断开，形成断路，水泵 A 停止工作，8:05，A1 自动断开。

（3）20:00，B1 自动闭合，B2 也闭合，水泵 B 开始将试验箱 B 中的溶液抽向试验箱 A。

（4）试验箱 B 中水位下降到水位传感器 B2 时，B2 断开，形成断路，水泵 B 停止工作，20:05，B1 断开。

按以上方式，A、B 箱体中试件交替处于湿润和干燥状态。

5）试验装置的特点

设计制作的海水潮汐区加速模拟试验装置具有以下主要特点。

（1）可以利用微电脑时控开关设定不同干湿循环周期和湿润时间比例，实现模拟不同海域、构件不同部位的干湿循环周期特点。

（2）试验装置结构简单，拆装方便，占地面积小，可靠性高，干湿循环制度设定方便，与相应的环境条件相结合（如将试验装置放入大型环境箱中）可以充分满足海水潮汐区混凝土氯盐侵蚀加速试验的要求。

（3）可灵活调整试验箱容积和水泵型号，以满足不同规格试件所需。

（4）试验装置的制作成本和使用过程中的维护成本较低。

（5）试验装置根据模拟环境的不同，可以很容易地升级。例如，可以通过增加热电偶等使设备具有恒温功能。

（6）试验装置实现了各种参数的智能控制，操作简便，控制可靠。

6）试验装置适用性和可靠性检验

利用设计的试验装置模拟了全日潮下 P·I 52.5 水泥混凝土 30d 的干湿循环氯盐加速侵蚀情况。试件配合比为水泥∶水∶细骨料∶粗骨料＝1∶0.53∶2∶3，细骨料采用砂，细度模量为 2.68，粗骨料采用 5～20mm 连续级配的碎石；NaCl 溶液质量浓度配制为 7%。试件尺寸为 100mm×100mm×100mm 的立方体。试件在温度为 20℃ ±3℃、空气相对湿度 90% 以上的环境中标准养护 28d 后在 60℃的烘箱中烘 10d，然后选择其中的一面为工作面，其他 5 面涂两遍防腐环氧涂料使其完全密闭固化。最后在温度 23℃ ±3℃、空气相对湿度 70% 条件下按照表 8.7 所示干湿循环制度进行加速试验。

表 8.7　模拟全日潮干湿循环制度

工况	湿润时间 /h	干燥时间 /h	开关时刻
1-1	4	20	12:00 开，12:05 关
1-2	20	4	8:00 开，8:05 关
2-1	8	16	16:00 开，16:05 关
2-2	16	8	8:00 开，8:05 关
3-1	10	14	18:00 开，18:05 关
3-2	14	10	8:00 开，8:05 关

按下述几个步骤进行干湿循环氯盐加速试验（图 8.29）：①将试验装置放进可控制环境条件的房间内，然后在试验箱中注入 NaCl 溶液（水位至少达到上限水位传感器 A1 或 B1）；②根据设计的干湿循环制度设定时控开关的开始和关闭时间；③检查水位传感器探头摆放的位置是否正确；④启动电源，试验装置开始工作；⑤设备运行过程中定期对试验装置进行检查及维护。

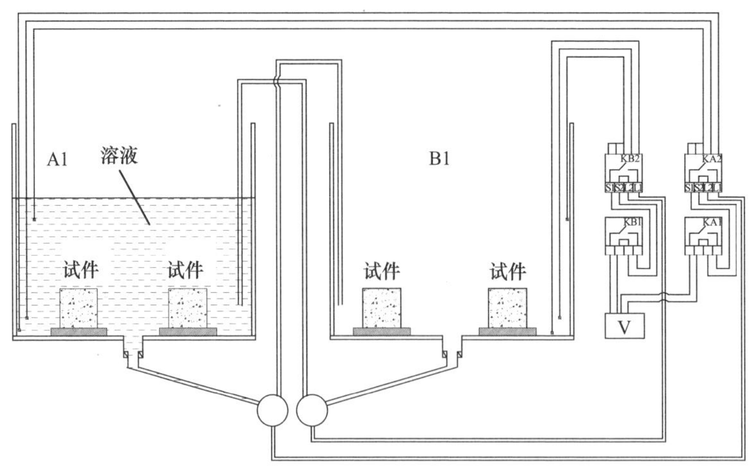

图 8.29　海水潮汐区加速模拟试验示意图

P·I 52.5 水泥混凝土氯离子含量分布图如图 8.30 所示，其中湿润时间比例为湿润时间与潮汐周期（全日潮取为 24h）的比值。可以发现，距离混凝土暴露面越远，氯离子含量越低；氯离子含量随着湿润时间的变化而变化，除 0～5mm 深度处外，不同深度处氯离子含量在湿润时间比例 0.3～0.42 和 0.5～0.6 时达到了最大值，较明显地体现了湿润时间比例的影响。另外，干湿循环氯离子加速侵蚀试验过程的各个部件的工作状态记录显示，该试验装置严格按照设定的时间工作，证明了装置的稳定性和可靠性。

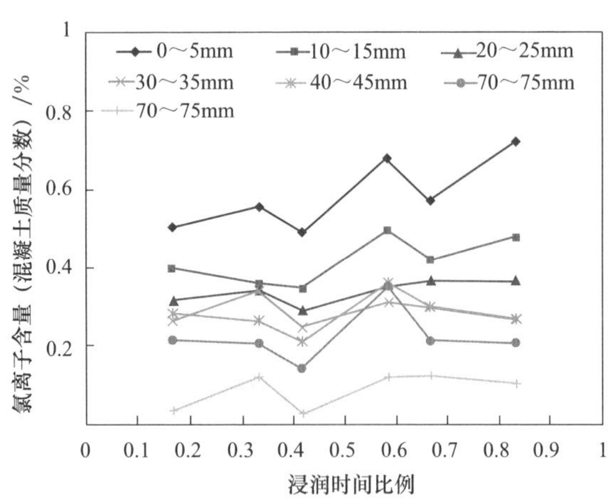

图 8.30　P·I 52.5 水泥混凝土氯离子含量分布图

8.3.3　海水飞溅区模拟

海水飞溅区是工程结构受腐蚀最严重的区域，其模拟技术很早就引起了广大学者的关注。但由于问题的复杂性，多数学者采用的方法与潮汐区模拟非常类似，即通过人为加大干湿比例近似模拟海水飞溅过程。

海水飞溅区可在海洋大气环境箱中如此模拟：在储水槽中配置盐水溶液（浓度和水温都提高，作为加速手段），通过喷淋系统将盐水喷洒到试件上，同时引入氧气。由于海水飞溅是一个复杂的随机过程，尚缺乏统计数据和比较合理的模型，喷淋制度（干湿比例）的确定尚待进一步研究。

8.3.4　海水全浸区和海泥区模拟

卢振永[62]采用将试件全浸泡在盐水池的方法模拟海水全浸区，用加热管、温控仪和时间继电器控制溶液温度，方法简单可靠。若在此基础上添加氧气（直接通入水中），利用潮差区所用的箱体即可实现全浸区的模拟。通过改变人工海水浓度、pH 和水温实现加速试验，水位自动控制与潮差区中水温监控方式类似。考虑到水冷却系统较为复杂且成本较高，目前仅进行升温控制。

海泥区中细菌对工程结构的侵蚀作用研究成果较少，可尝试进行探索性试验。可通过在潮差区所用的箱体底部放入海泥（人工海泥可含较多还原性细菌等）、改变水温和海水成分等方法研究海泥区工程结构的腐蚀机理。

8.3.5　盐雾环境模拟

自然环境下混凝土中的氯离子侵蚀是一个由表及里的漫长过程，加速试验是探索其侵蚀规律的主要手段。对于盐雾侵蚀的研究，采用盐雾箱可对真实暴露试件进行模拟。

1. 盐雾箱试验设备与原理

海洋大气环境下的人工模拟试验多为盐雾箱加速试验。盐雾试验最早是在 1914 年美国材料试验学会（American Society for Testing and Materials，ASTM）的第十七届年会上由 Capp 提出的。其最初目的是模拟沿海大气条件，用于鉴定某些材料和电镀层的质量和保护性能。美国国家标准局从 1919 年开始推广这种试验方法，1939 年美国材料试验学会把盐雾试验定为暂行标准 ASTMB117-39T（初版），1962 年定为正式标准。此后的几十年中，各国对盐雾试验日益重视，并不断地发展完善。我国国家标准总局 1981 年正式把盐雾试验方法列入环境试验的国家标准。目前我国还有十几个部门将盐雾试验方法列为部标准[62]。

盐雾试验是在盐雾箱内进行的，中性盐雾试验（neutral salt spray test，NSS 试验）是出现最早、目前应用领域最广的一种加速腐蚀试验方法。盐雾箱的工作原理如图 8.31 和图 8.32 所示。该方法借助于压缩空气将盐溶液吸入喷嘴，喷成细雾状充满盐雾箱空间，沉降在箱内放置的试样上。利用高速旋转的扇叶拍打盐液面产生盐雾为最早的盐雾试验方法，但该方法效率低，试验区域小，盐雾沉降率不准，难以清洗并易损坏电机。目前采用气压喷射法与超声雾化法等方法产生盐雾[63]，可以更好地控制盐雾均匀度与盐雾沉降率。

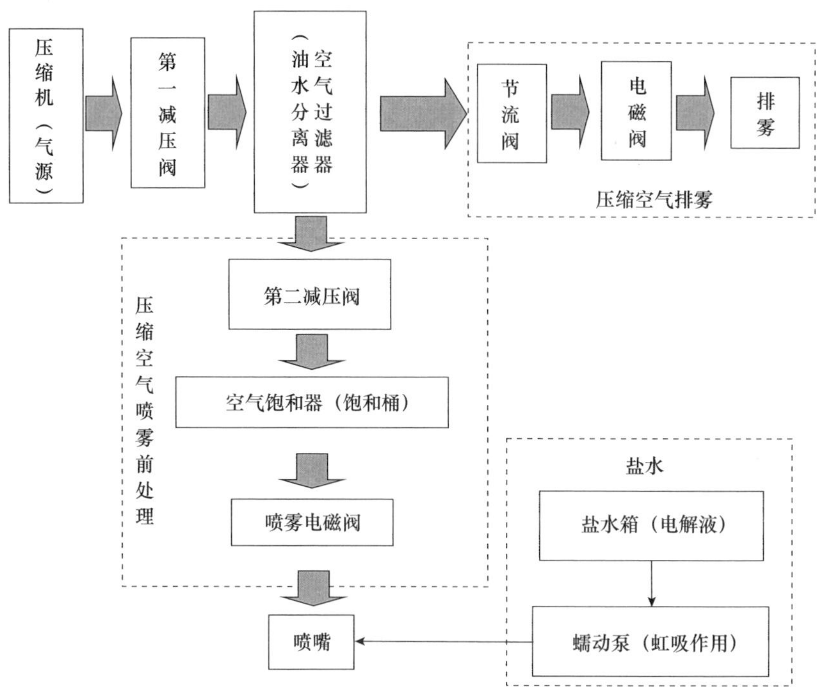

图 8.31　一般盐雾箱喷雾原理示意图

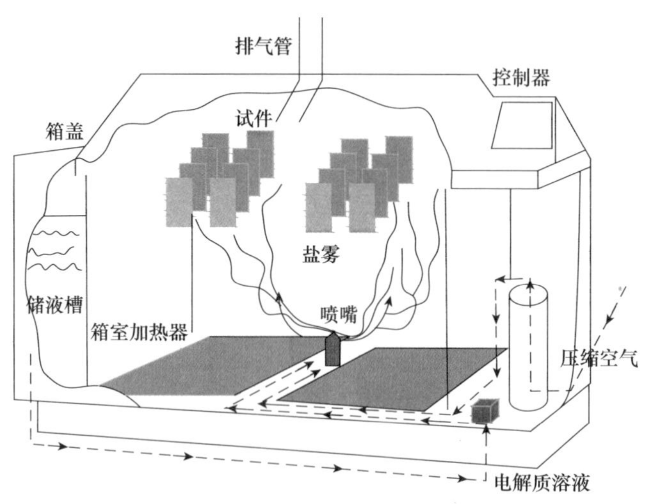

图 8.32　盐雾箱原理示意图

传统的海洋盐雾环境模拟设备有一般盐雾箱和复合式盐雾箱，近年来出现了与其他功能结合的步入式盐雾箱，以下分别简要进行介绍。

1）一般盐雾箱

一般盐雾箱喷雾采用以洁净的压缩空气将盐池里的盐液抽出并通过细孔喷射出来的气压喷射方式（ASTM、IEC、GB、GJB 等标准推荐）。其工作流程如图 8.31 所示。

空气压缩机作为供气气源。压力为 0.5～0.6MPa 的压缩空气经第一减压阀降至 0.2～0.3MPa 后，进入空气过滤器（油水分离器）；过滤后的压缩空气进入第二减压阀使其稳定至喷嘴所需的压力，一般为 0.07～0.14MPa（与喷雾量有关）；压缩空气进入空气饱和器（饱和桶）被分解成细水气泡，通过去离子水或蒸馏水再次进行过滤，而后与饱和器内产生的水蒸气混合，加温加湿，通过电磁阀的开启进入盐雾喷嘴。进入喷嘴的洁净润湿的压缩空气从喷嘴处高速喷射所产生的高速气流在吸水管的上方形成负压，盐水箱中的盐溶液在大气压力的作用下沿着吸水管迅速上升到喷嘴处（也可采用蠕动泵），被高速气流雾化并喷向喷雾管顶端的锥形分雾器后由喷雾口飘出，扩散到试验空间，形成弥漫状态，自然降落在试件上。压缩空气经过油水分离过滤后分成两路：一路经二次调压后，经电磁阀、饱和器作为喷嘴的气源；另一路经由节流阀调整后，由电磁阀控制，作为实验室快速排雾气源。

气流成雾装置根据喷嘴角度和盐雾挡板安装位置的不同可分为反射式喷雾、挡板式喷雾（折射式）和塔式喷雾 3 种。反射式喷雾是使喷出盐雾打在位于顶部的挡板后返回试验空间。挡板式喷雾是通过变换挡板的抬升角度，将雾状气流抬升到盐雾箱的顶部再自由沉降。塔式喷雾的喷嘴垂直向上，盐雾挡板角度固定，无法调节，喷嘴喷出的盐雾打在挡板上后，未雾化的盐水滴由于自重降落到喷雾塔内，已雾化的盐雾则通过喷雾塔的出口逸出。塔式喷雾在一般中小型盐雾箱中应用较为广泛。

盐雾箱加热方式主要有空气直接加热和水套式加热两大类。空气直接加热采用箱底部的橡胶加热器，或隔套空气加热，或电阻丝等对空气进行加温，升温速度较快且均匀，但高温下箱底材料易老化，且传热效率较低。水套式加热通过位于底部水槽中的钛加热管产生大量蒸汽与箱体内的空气进行热交换。其优点是温度分布较均匀，保温效果好；缺点是不允许迅速加热和冷却。市场上盐雾箱产品中以水套式加热较为常用。图 8.33 所示为一般盐雾箱外观及工作时内部的照片。图 8.34 所示为一般盐雾箱内部结构示意图。

一般盐雾箱的制作基于 ASTM-B117，采用 5% NaCl 溶液作为雾源溶液，在恒定试验条件（35℃和 98%～100%）下连续喷雾。利用盐雾沉降量来间接控制盐雾含量。盐雾沉降量反映了喷雾的密度和单位时间内的喷雾量。一般盐雾试验

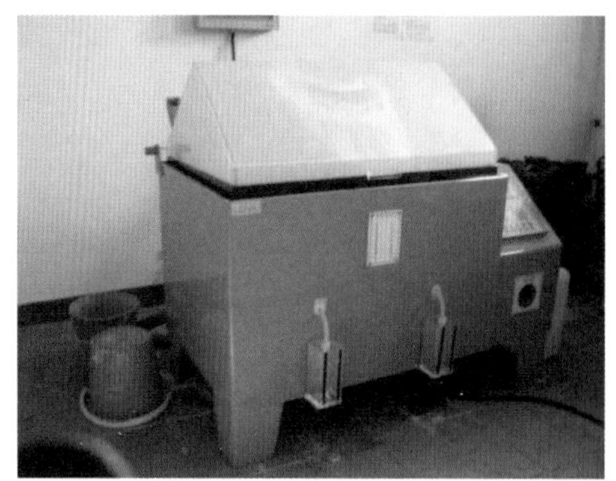

(a) 外观

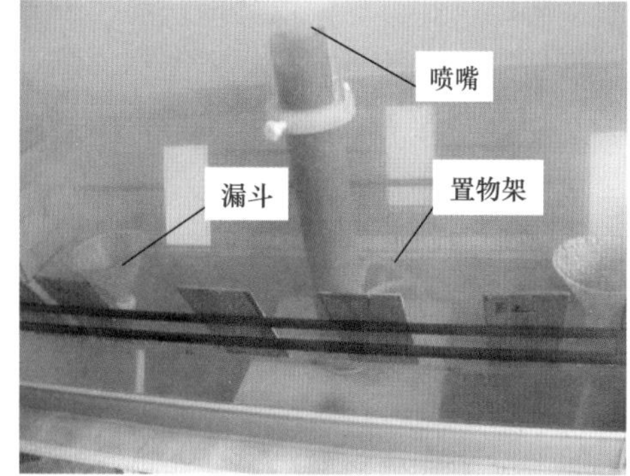

(b) 内部

图 8.33　一般盐雾箱外观及工作时内部的照片

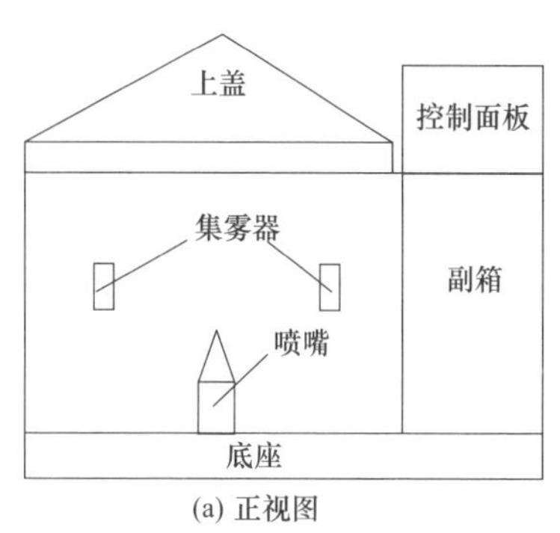

(a) 正视图

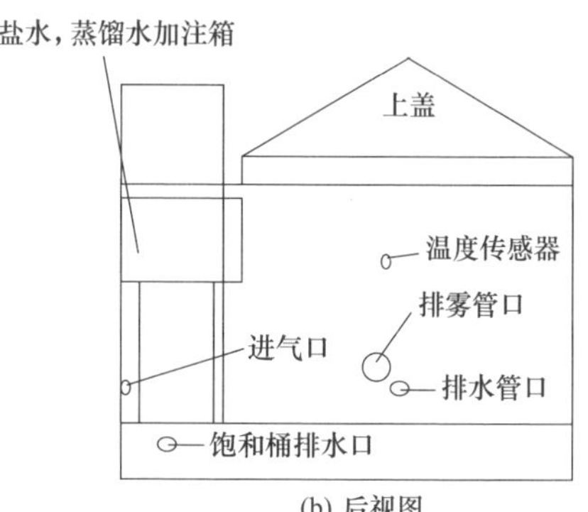

(b) 后视图

图 8.34　一般盐雾箱内部结构示意图

对喷嘴直径、喷雾压力和沉降量数值均做了规定（注：沉降量测定是将一直径10cm、表面积 80cm^2 的漏斗插入 50mL 量筒上，用橡皮塞固定好，连续喷雾约16h 后，将其收集液换算为沉降量）。

2）复合式盐雾箱

复合式盐雾箱除具有通常盐雾试验机的功能外，还具备交变盐雾试验的功能，以及热风干燥、湿热、盐雾等环境试验功能。与一般盐雾箱相比，盐雾、干燥、湿热等循环腐蚀对产品的作用与实际更接近。热风干燥试验时，采用鼓风机将外挂温度箱内的空气经空气加热器带入实验室，在盐雾箱内形成低湿条件，实验室的温度由该温度箱内的加热器控制。湿热试验时，将水加热产生的水蒸气经鼓风机导入实验室内，当湿度达到目标数值时，将干燥热空气导入，冲淡原有湿气，并将多余湿气排挤到实验室外。以上试验中试验箱可控温范围一般高于室温。静态常温试验时，采用外部空气导入方式，使实验室温度与室外温度保持一致。

复合式盐雾箱可完成 Prohesion 试验和 CCT 试验。复合式盐雾箱一般在 4 种状态下（执行 Prohesion 试验则无高湿状态）自动循环工作，即喷雾、低湿干燥（热风干燥试验）、100% 湿度（湿热试验）和静态（暂停）。复合式盐雾箱进行的不同试验间的比较如表 8.8 所示。复合式盐雾箱通过外挂设备实现了湿度控制功能，其采用的耐盐雾腐蚀的温湿度传感器与一般盐雾箱相比有较大的改进。

表 8.8　复合式盐雾箱进行的不同试验间的比较

ASTM-B117 恒定盐雾试验	ASTM-G85-A5 Prohesion 湿 / 干循环试验	CCT 多功能循环腐蚀试验
恒定	循环	循环
含盐环境	自然环境	自然环境
饱和恒湿	饱和湿热 / 干燥循环	饱和湿热 / 干燥 / 控湿循环
恒温	循环变温	循环变温
高湿	变湿	变湿

3）与其他功能结合的步入式盐雾箱

国内一些高校和科研单位相继开发了大型步入式环境箱，使盐雾试验能在较大环境中进行。由于尺寸较大，普遍采用利于分散布置的挡板式喷雾方式，根据需要在箱体侧面布置多个盐雾喷嘴（图 8.35）。普遍通过环境箱本身的空气调节设备对盐雾试验进行调节。为避免设备腐蚀，加热装置采用钛加热管，风机叶轮采用全不锈钢制作，驱动用不锈钢长轴电机。但步入式盐雾箱中的盐雾模拟方法与一般盐雾箱相同，试验时仅可进行加热处理，禁止启动制冷和除湿设备。箱体内盐雾试验与其他试验（如温湿度交变、太阳辐射和淋雨等）须分开进行，这一点与复合式盐雾箱类似。

(a) 综合环境箱中

(b) 大型盐雾箱中

图 8.35　环境试验箱中盐雾喷嘴的布置

2. 盐雾试验标准比较

盐雾箱在化工、材料、军工方面应用广泛，行业标准甚多，表 8.9 为国内外常用盐雾试验标准比较。目前国际上通用的标准为美国材料试验学会制定的标准。从表 8.9 可以看出，盐雾箱主要用于检验性试验，试验参数固定不变。采用的盐水浓度为 5%，连续喷雾，盐雾沉降量用集雾量衡量，为 1～2mL/（80cm^2·h）；温度为 35℃左右，湿度均在 90% 以上。

表 8.9　国内外常用盐雾试验标准比较 [62，64，65]

标准	使用范围	盐水溶液		试验条件		雾化方式	试验时间
		浓度	pH	温度 /℃	集雾率 /［mL/（80cm^2·h）］		
国际电工委员会 IEC 68-2-11	结构相同的样品和保护层	5%±1% 质量	6.5～7.2	35±2	1～2	连续	16h、24h、48h、96h、168h、336h、672h
国际标准化组织 ISO 3768-1976	金属覆盖层	50g/L ±5g/L	6.5～7.2（25℃）	35±2	1～2	连续	2h、6h、24h、48h、96h、240h、480h、720h
美国材料试验学会 ASTM-B117-73	材料覆盖层	5%±1% 质量	6.5～7.2	35±（1.1～1.7）	1～2	连续	按系列选择
美国军用标准 MIL-STD-S10D-83	使用在含盐雾环境的设备	5%±1% 质量	6.5～7.2（35℃）	35	0.5～3	连续	48h 或有关规定
美国军用标准 MIL STD 202F	电子设备零件	5% 20%	6.5～7.2	35+（−1.1～1.1）	0.5～3	连续	48h、96h
英国 BS 2011	元件抗盐雾损坏能力，保护层的质量和均匀性	5%±0.1% 体积	6.5～7.2	35±2	1～2	连续	按试验样品要求
法国 NFC 20-511	保护层的质量和均匀性	5% 质量	6.5～7.2	35±2	1～3	连续	24h、48h、96h
德国 DIN 50021-75	材料元件和设备	5%±0.1% 质量	6.5～7.2（25℃）	35±1	1.5±0.5	连续	同 ASTM
日本 JIS C5028-75	电子部件、金属材料，无机或有机覆盖层	20%±2% 质量 5%±1%	6.5～7.2（35℃）	35±2	0.5～3	连续	16h±1h、24h±2h、48h±4h、96h±4h
日本 JIS H 8681-80	铝及铝合金阳极氧化膜	5%±1%	3.0±0.2	50±1	1～2	连续	4h、8h、16h、72h
中国 GB/T 2423.17—2008	电工电子产品	5%±0.1% 质量	6.5～7.2	35±2	1～2	连续	16h、24h、48h、96h、168h、336h、672h

3. 土木工程领域的传统盐雾试验

目前关于混凝土盐雾侵蚀的研究不多，没有专门的加速试验标准，均直接采用化工、电子材料领域的盐雾箱进行加速试验[57, 58, 66-69]。本节通过比较盐雾箱试验参数和海洋大气环境参数，并分析相应参数对混凝土中盐雾侵蚀的影响，讨论现有盐雾箱在混凝土盐雾加速模拟试验中应用存在的问题或不足。

1）盐雾含量和盐雾沉降量

提高盐雾浓度是盐雾箱加速试验的主要途径。盐雾浓度过大时，会导致混凝土孔隙溶液中的氯离子饱和，外界氯离子很难再渗入混凝土中，此时试验结果并不能反映出该盐雾浓度下氯离子的侵入量。另外，随着氯离子浓度增大，氧气在溶液中的溶解度降低，引起钢筋锈蚀的临界氯离子浓度增大，从而造成海洋大气环境下混凝土中钢筋锈蚀的模拟失真。

盐雾是一种极其微小的液滴。根据气溶胶理论，细颗粒极易溶解在气体中而发生扩散成雾，气溶胶体状盐雾易附着在物体表面[70]。悬浮着的盐雾颗粒并不对混凝土中氯离子扩散产生影响，只有沉降至混凝土表面的氯离子附着量通过影响混凝土内外氯离子浓度差来改变氯离子的传输速度。

在盐雾箱中，通过将一个直径为 10cm（面积约 $80cm^2$）的漏斗固定在一个 50mL 的量筒上，利用连续喷雾若干小时后收集液的多少计算盐雾沉降量，一般固定在 1～2mL/（$80cm^2$·h）。对于混凝土的盐雾加速侵蚀试验，盐雾沉降量必须可调控，从而建立盐雾含量与盐雾沉降量、混凝土表面氯离子浓度的相关关系，最终获得盐雾侵蚀加速试验与自然侵蚀之间的浓度相似性。

2）温度

环境温度升高，混凝土中氯离子的活动加剧，从而氯离子在混凝土中的扩散速度提高。当温度从 20℃升至 40℃时，表观扩散系数增加 1.5～2 倍[70]。目前盐雾箱温度控制在 35℃左右，而我国沿海城市平均气温为 9～26℃。因此，需对现有盐雾箱及其试验标准进行改进，研究不同温度下混凝土中的盐雾侵蚀速度，从而建立盐雾侵蚀加速试验与自然侵蚀之间的温度相似性。

3）湿度

相对湿度越高，非饱和混凝土中的氯离子传输越快。在盐雾箱试验技术方面，只有相对湿度较大时，才能克服喷雾时由于气流温度影响而引起的温度波动，并防止喷嘴附近析出盐粒所造成的喷嘴阻塞现象[71]，因此尚难以实现相对湿度的调控。目前盐雾箱试验中相对湿度均在 90% 以上，而沿海城市平均相对湿度为 61%～84%，盐雾侵蚀加速试验与自然侵蚀之间湿度相似性的研究依赖于盐雾箱试验技术的发展。

4）试验时间

金属涂层材料的雾化持续时间短，一般在 24h 之内，最长到 28d。但是混凝土中氯离子的侵蚀是一个缓慢的过程，即使将盐雾浓度放大、温湿度提高，一般试验的持续时间也至少在 30d。通过不同持续时间下盐雾箱中混凝土氯盐侵蚀规律的研究，可以建立盐雾侵蚀加速试验与自然侵蚀之间在时间上的相似性。

4. 传统盐雾试验设备的局限性

1）盐雾粒径偏大

环境调查结果表明，实际盐雾颗粒大小为 1～2μm。而目前居于主导地位的气压喷射法产生的盐雾粒直径可达几百微米。

2）盐雾试验时相对湿度不可控

已有各种盐雾箱在进行喷雾环境试验时，箱体内空气始终处于高湿状态，相对湿度保持在 95%～100%。这是因为盐雾环境对传统的铝制蒸发器具有强烈且快速的腐蚀破坏作用。此外，3 点原因使常用盐雾箱在进行盐雾试验时箱内处于高湿度条件：①与盐雾产生路径和试验方法有关，盐雾是通过加湿至接近饱和的压缩空气与盐水混合后从喷嘴喷出的，本身喷出的雾滴湿度就很高；②盐雾试验方法一般连续喷雾很久，雾滴蒸发进一步形成箱体内高湿状态；③与加热方式有关，所采用的水套式加热中电热管在加热水的同时会产生蒸汽，进入箱体就具有加湿效果。

3）盐雾沉降量不可调

由于调节不易和作为验证性试验保证稳定性的需要，目前大部分盐雾试验规范规定的盐雾沉降量均为 1～2mL/（$80cm^2 \cdot h$）。盐雾沉降量表明氯离子降落到混凝土试件表面的数量，是混凝土盐雾试验的关键参数之一。

4）难以进行低于室温的盐雾试验

一般盐雾箱能够实现的温度范围为室温＋5～60℃。原因是一般盐雾箱难以直接通过常用的铝制蒸发器进行箱内制冷，因而只能通过加热设备进行箱内温度控制，因此控温范围仅限于高于室内温。

5）盐雾浓度无法实时监测

悬浮着的盐雾颗粒对混凝土中氯离子扩散并无影响，只有沉降至混凝土表面的氯盐才会导致扩散。测定空气中的盐雾浓度目前还没有可靠的实时自动监测技术可供使用，普通盐雾箱一般不测箱内盐雾浓度。

5. 盐雾环境模拟的改进

1）降低盐雾粒径

雾粒的直径会改变其对其他物体的物理化学作用。例如，最大粒径 50μm 以下、平均粒径 10μm 的雾与物体表面接触时会反弹回去，不会打湿物体，而盐雾颗粒较大时，雾滴接触到物体会破裂从而沾湿物体（图 8.36）。同样，小直径的盐雾由于其表面积相对大直径盐雾要大得多，其在与接触物体表面材料的化学作用上也会有很大区别。

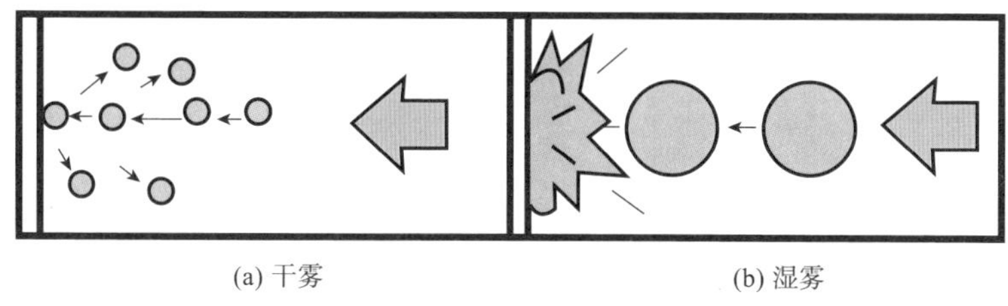

图 8.36　雾与物体表面的接触

为减小盐雾粒径，陶有迁[66]提出了如图 8.37 所示的超声雾化方案。利用超声波发生器与换能器产生自激振荡，向水中辐射强烈的超声波。超声波通过水和半透膜传递作用于雾化杯内的待雾化盐溶液，使存在于盐溶液中的微气泡在声场作用下起振。当声压达到一定值时，微气泡迅速膨胀然后突然闭合，在微气泡闭合时产生冲击波。在冲击波作用下，液体在气相中分散并在液体表面形成细雾飞逸，细雾在流动气体的带动下，从雾化杯里流出实现超声雾化。陶有迁认为，超声雾化可使盐雾平均粒径降低到 5μm 以下。超声雾化方法对净化后的纯净水进行雾化目前已取得很好的应用，出现了很多成熟的产品，如最新的混凝土标准养护室大部分采用超声雾化装置。超声雾化应用于盐雾试验具有很好的前景。

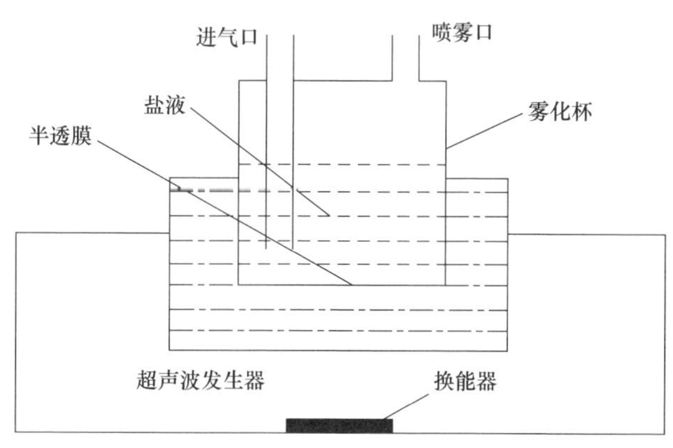

图 8.37　超声雾化装置示意

目前比较成熟的盐雾发生装置还是传统的喷嘴及其配套设备。喷嘴根据喷雾动力和介质的不同，可分为离心式、一流体、二流体和多流体等形式。二流体喷嘴以优越的微粒化性能、大的调整范围、大的异物通过径、高黏性液体微粒化等性能，相对一流体喷嘴具有更好的适用性。根据调查，目前国际上先进的二流体喷嘴能获取更小粒径的雾。日本雾的池内公司测定的各种典型加湿器产生的雾径如图 8.38 所示，其中压缩空气干雾二流体喷嘴 AKIJet 系列（图 8.39）能

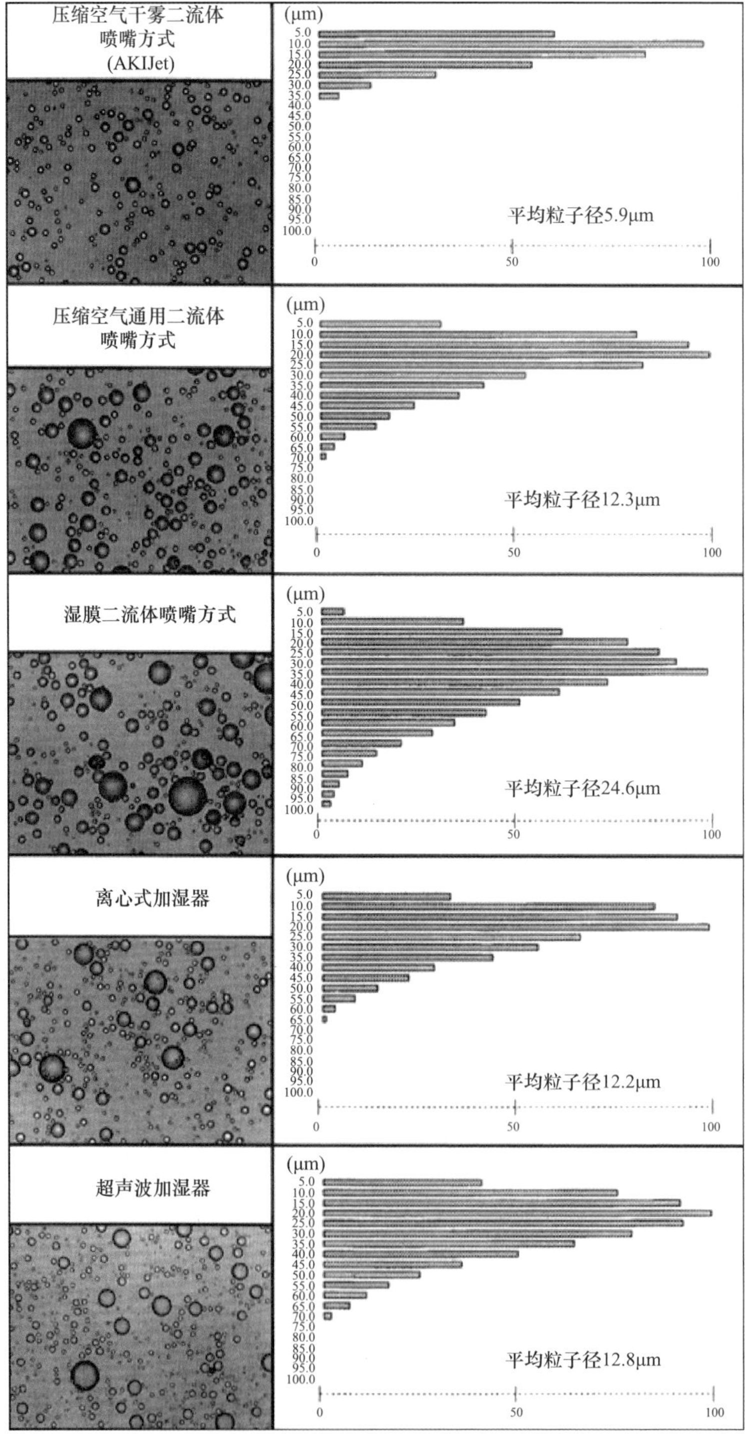

图 8.38　各种典型加湿器的喷雾平均粒子径

(a) AKIJet 喷嘴

(b) 采用 AKIJet 喷嘴的加湿器

图 8.39　AKIJet 喷嘴和采用 AKIJet 喷嘴的加湿器

达到 5.9μm 平均粒径。美国 Spraying 系统公司的二流体喷嘴 QuickFogger 系列（图 8.40）可达到 7.6～11.6μm 索特平均粒径。

(a) QuickFogger 喷嘴

(b) 采用 QuickFogger 喷嘴的加湿器

图 8.40　QuickFogger 喷嘴和采用 QuickFogger 喷嘴的加湿器

喷嘴根据采用的主要元件的材质，可分为金属喷嘴、塑料喷嘴、陶瓷喷嘴和合金喷嘴等，盐雾环境中必须考虑不同材料的抗腐蚀性能，陶瓷喷嘴具有优异的抗盐雾侵蚀性能，可优先选择。因此，可选用陶瓷材质的 QuickFogger 系列喷嘴来实现比传统盐雾试验更精细粒径的盐雾试验，以拓宽盐雾试验的研究范围。

2）低温（低于室温）盐雾试验

自然盐雾环境中，如高纬度海洋或海岸上空的空气在冬季和春季会长期处于低温状态。在进行机理性试验研究和加速腐蚀相似性研究试验中有进行低温环境的盐雾试验。为实现海洋大气环境箱中的相对低温，对以下 3 种方案进行比较分析。

方案一采用传统压缩制冷机组对箱体空气直接制冷。其关键在于对制冷设备中的蒸发器采取防腐措施。为此采取以下 4 个措施：

（1）选取不锈钢材料蒸发器。盐雾对金属材料具有强烈的腐蚀作用，钛、不锈钢、铜和铝合金的抗盐雾腐蚀作用由高到低排列，蒸发器材料的选择理论上以钛最好。但综合考虑成本，以不锈钢更合适。常温（20℃）下，钛的热导系数为14.16W/（m·K），不锈钢（AISI202）为17W/（m·K），碳钢为36～54W/（m·K），铁为80W/(m·K)，铝为218W/（m·K），铜为401W/（m·K）。钛的导热系数很小，仅为碳钢的1/3，铝的1/17，铜的1/28。而各种钛合金的导热系数比钛还约低50%。导热系数低也导致钛的铸锭和坯料加热时、钛结构焊接时，沿着截面产生很大的温差，从而产生较大的局部应力。此外，钛的弹性模量较低，为钢的1/2。故其刚性差、易变形，不宜制作细长杆和薄壁件。钛热交换器效率低、加工难度大，由于工程应用极少，专门定制所需成本很高。不锈钢热交换效率相对钛高，虽抗盐雾腐蚀能力相对低一些，但不锈钢热交换器有成熟产品，生产成本较低。

（2）选用光管式蒸发器。翅片形状可加大热交换面积，但由于表面相对不光滑，不利于抵抗盐雾侵蚀。光管式蒸发器热交换面积相对较小，但表面光滑，对抵抗腐蚀有利。

（3）蒸发器表面涂防腐涂层。在光管式不锈钢表面涂特氟隆（Teflon）涂层，并定期维护。

（4）蒸发器清洗。盐雾试验过程中或试验停止时，通过控制程序自动对蒸发器进行高压水喷淋清洗。

方案一的优点在于采用不锈钢管状蒸发器不但可以实现低温试验，而且可实现一定范围的湿度控制，实现一定范围内的温湿度交变试验。缺点是尽管采取以上措施进行防腐处理，但是长时间盐雾试验后不锈钢蒸发器仍会被一定程度腐蚀，此时必须对蒸发器进行更换，并将成本控制在可接受范围内。

方案二是在大箱体内套小的盐雾箱，利用箱体之间的空气交换实现盐雾箱内部制冷。其工作过程如图8.41所示，盐雾箱通过抽气泵抽取大箱体中的相对冷空气进入盐雾箱（进入之前如需要就对冷空气进行干燥处理），通过盐雾箱底部

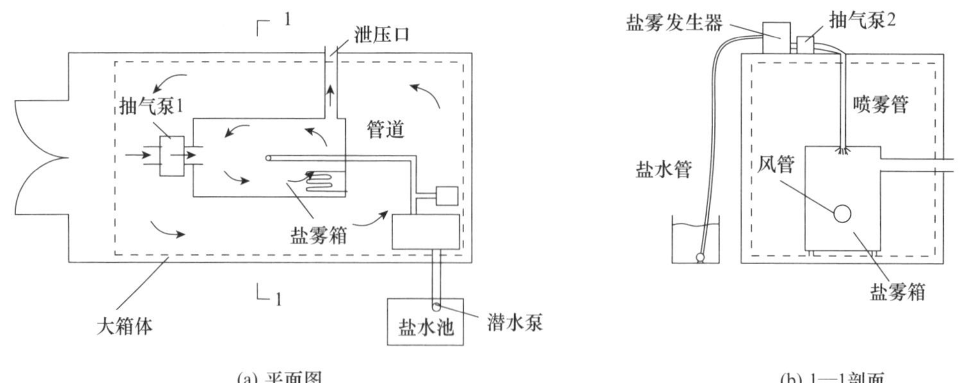

(a) 平面图　　(b) 1—1剖面

图8.41　大箱套小箱方案示意

的加热装置（可参照标准盐雾箱，如钛电加热管）使盐雾箱中空气保持相对较高的恒定温度。再通过盐雾发生装置生成足够微小的盐雾并送入盐雾箱中，利用外置的加湿装置使盐雾箱中湿度保持恒定。

方案二可利用大型步入式温度箱与盐雾箱结合实现低温和湿度可控试验，但同时也使整套设备成本较高。小盐雾箱的温度和湿度必须通过外部环境箱的空气引入，温湿度控制相对弱，盐雾箱内温湿度的稳定性相对较低，难以进行交变温湿度试验。

方案三是制作专门的冷源（如低温箱），盐雾箱和低温箱分离，将冷源产生的冷空气直接输送到盐雾箱中实现制冷。其工作过程如图 8.42 所示，冷源产生的冷空气通过管道抽入盐雾箱中，在盐雾箱中进行空气循环（冷源与盐雾箱之间无制冷循环），通过泄压口将盐雾和交换后的热空气排出。当温度传感器测得环境箱内温度降低到指定数值时，停止抽冷空气。该方案可扩大盐雾箱尺寸，不需防腐处理；但设备占用空间较大，管道铺设要求较高。

综合以上比较，方案一可实现性强，具有综合优势。

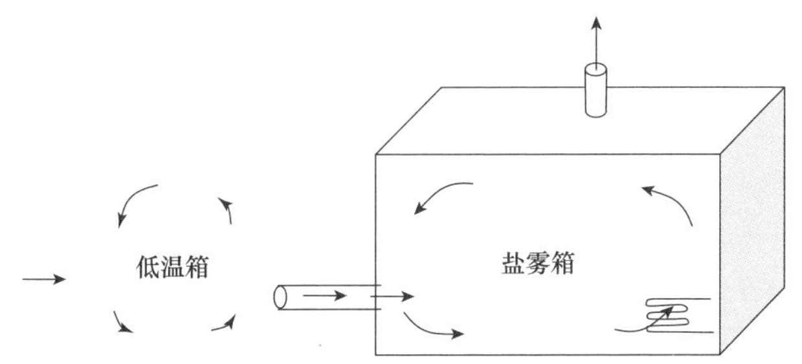

图 8.42　盐雾箱和低温箱分离方案示意

3）相对湿度控制

自然盐雾环境中，如海洋或海岸上空空气的相对湿度一般也会长时间处于 60%～80%。因此，在进行机理性试验研究和加速腐蚀相似性研究试验中还需要进行低相对湿度环境的盐雾试验。降低喷雾试验时箱内相对湿度可采取的方案包括：①通过改变喷雾方式，如改连续喷雾为间歇喷雾，可在停止喷雾时降低相对湿度；②改变加热方式，如采用热风加热替代水套加热。如果采用前面的低温实现方案一和方案二，可以实现不同程度的湿度控制。

4）盐雾沉降量控制

关于盐雾沉降量控制，可从喷雾组件、方式和过程等方面出发考虑对策。

（1）改变喷嘴直径。直径越小的喷嘴，喷雾量越小，沉降量越低。但一般盐雾箱中喷嘴直径是固定的，而在大型环境箱中喷嘴直径改变意味着更换喷嘴，操作麻烦，且当喷嘴喷雾量大于一定量后，沉降量不再变化。

（2）调节挡板角度［图 8.43（a）］。大型环境箱一般采用挡板式喷雾，通过改变挡板角度可改变盐雾沉降量（挡板与喷嘴平行时沉降量最大，0～90°角度越大，沉降量越小）；但改变挡板角度只能通过手动调节，且挡板角度与沉降量的关系尚无可用的经验公式。该方案在大量经验数据积累的基础上可以考虑，但目前可行性不强。

（3）调整喷雾压力。各类盐雾箱喷雾压力的调整范围均为 0.07～0.14MPa，非常有限。虽然二流体喷嘴通过改变气压可在很大范围内改变喷雾量，但同时也会改变喷雾粒径。经验表明，该方式至多将沉降量降低为原来的 1% 左右。

（4）改变盐雾沉降量。目前尚缺乏经验性的数量关系，需进行相应探索性试验研究。

（5）改变喷嘴高度。为保证盐雾均匀沉降，一般盐雾箱中的盐雾均是上升到箱体顶部后才开始沉降的。盐雾喷嘴距离顶部越近，盐雾上升到顶部越容易，沉降量就会越大；反之亦然。因此，通过改变喷嘴高度可有效改变盐雾沉降量。基于此原理，部分一般盐雾箱产品中的喷嘴高度是可调的。同样，大型环境箱内安装竖杆也可实现喷嘴的上下移动［图 8.43（b）］。

(a) 挡板角度可调

(b) 竖杆位置可调

图 8.43　盐雾沉降量调整方式示意

（6）改变喷雾方式。若将连续喷雾改为间歇喷雾，则会对沉降量有显著影响。但由于连续喷雾依据的是既有盐雾试验方法，若加以改变，则有许多基础性工作要做。

（7）改变盐雾产生方式。若能够使盐雾以蒸汽的形式产生，则可使粒径达到分子的数量级，从而接近实际的沉降量数值。但目前尚无经验，需探索性的试验研究。

实际海洋环境中盐雾沉降量比一般盐雾箱中低 6～7 个数量级，不论采用上述 7 种的哪一种方式或其组合，要涵盖如此广阔的范围都非常困难。因此采用折中的办法，考虑两个极值。宜采用第 3 种方式使目标沉降量的极大值有所降低，采用第 7 种方式使目标沉降量的极小值有所提高。一般盐雾箱的盐雾量大，试验湿度高，因此箱体内盐雾沉降量的均匀度相对较高。若要实现低盐雾浓度且低湿的盐雾试验，箱体内盐雾浓度、盐雾沉降量的均匀性也应该一同考虑。

6. 盐雾环境的模拟

由前面分析可见，满足机理研究需要的盐雾环境模拟尚待解决的核心问题包括：①更小的盐雾粒径；②较低的试验温度；③可控的盐雾沉降量。

在前面中提出的方案一和方案三的基础上加以改进，将空气调节柜与箱体合为一体。由于技术成熟、稳定可靠，加热管和蒸发器均采用 SUS316 不锈钢，以节约空间和成本，采用的盐雾箱方案如图 8.44 所示。由图 8.44 可见，通过合理布置喷嘴保证箱体内盐雾均匀分布；温度调节可通过空气调节柜中的加热管和制冷机组完成；盐雾沉降量改变按前面提出的办法，仅考虑两个极值。通过喷嘴自身压力的变化和间歇喷雾部分使目标沉降量的极大值有所降低；通过改变盐雾产生方式（利用蒸汽加湿装置产生盐雾蒸汽）使目标沉降量的极小值有所提高。

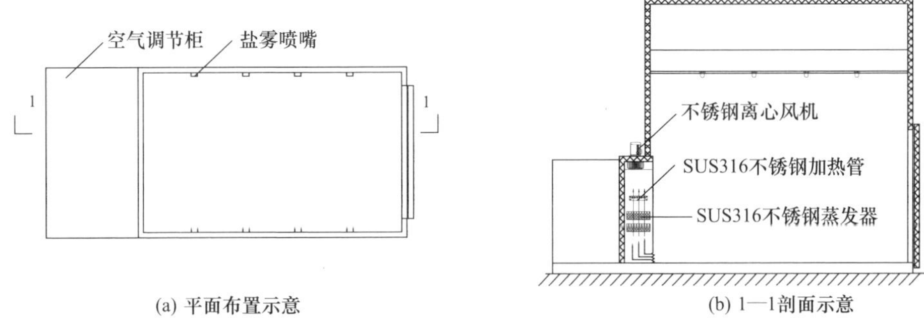

图 8.44 盐雾箱方案示意

7. 海洋大气环境综合模拟设备

为实现海洋大气环境下的多种环境作用模拟，同济大学联合上海埃斯佩克环境设备有限公司研发了一个可综合模拟多种环境作用的海洋大气环境室，如图 8.45 所示。该海洋大气环境室集成了温湿度控制、盐雾控制等多项新技术。相关技术指标如表 8.10 所示。

图 8.45 同济大学海洋大气环境室

表 8.10　同济大学海洋大气环境室技术指标

技术类型	参数取值（范围）
温度控制范围	5～60℃
温度波动度	≤1.0℃
温度均匀度	≤2.0℃
温度偏差	≤±2.0℃
温度指示误差	≤±1.0℃
降温速率	满载时（混凝土试样 10t）（60℃→5℃）8℃ /h
升温速率	空载时（60℃→5℃）16℃ /h
	满载时（混凝土试样 10t）（5℃→60℃）8℃ /h
	空载时（5℃→60℃）16℃ /h
相对湿度范围	50%～95%RH（20～60℃）
相对湿度波动度	≤3% RH
相对湿度均匀度	≤6% RH
相对湿度偏差	≤+2.0%/−3.0% RH
盐雾粒子直径	最小 5μm，平均 6.7μm
盐雾沉降率	最大 1.0～2.0mL/（80cm^2·h），最小 10mg/（d·m^2）
循环方式	空调室提供冷热风循环
卸压排气	海洋大气环境室内工作压力 1±0.05 个大气压
放置试品质量	10t

8.4　冻融和除冰盐环境模拟

混凝土的冻融破坏一般发生在寒冷地区经常与水接触的构筑物，如路面、桥面板、冷却塔、水工和海工结构物及建筑物的勒脚和阳台等[72]。为保证冬季交通的畅通，在桥面和路面使用除冰盐时，混凝土路桥的破坏将更为严重；其主要原因是除冰盐不仅加重了冻融破坏，还会加大氯盐内渗。盐冻对混凝土的破坏程度和速率比普通冻融破坏大好几倍，甚至 10 倍。在不采取防治措施的情况下，混凝土一般 1～2 个冬季就会出现严重的剥蚀破坏，10～20a 钢筋就会严重锈蚀。在北美、北欧及我国北方，由于使用除冰盐而引起的混凝土结构劣化已成为人们日益关注的重要问题，其造成的经济损失相当巨大，不容忽视。

8.4.1　冻融及盐冻环境模拟方法

基于对冻融及盐冻破坏特征的认识，以及各学者对破坏机理的假定和阐述，世界各国分别提出混凝土抗冻性的标准试验方法。普通抗冻性试验方法中最具代表性的是美国 ASTM C666/C666M 快速冻融法[73]与苏联和东欧国家采用的慢冻法[74]；而抗盐冻剥蚀试验方法中较被认可的有美国 ASTM C672 法[74]和 RILEM 推荐的 TC117-FDC 测试方法[75]。Setzer[76]在 TC117-FDC 法的基础上发展制定了 TC176-IDC 测试方法。表 8.11 对上述试验方法及其重要参数进行了比较。现有冻融循环试验方法中，试件制作流程、养护条件、冻融循环制度及盐溶液的浓度固定；但不同方法在具体参数上存在比较大的差异，主要表现在冻融循环制度（冻融循环温度、降温速率、冻结持续时间）、传热介质及其与试件的接触方式和评价指标等方面。

表 8.11　冻融及盐冻试验方法比较

试验方法	试件尺寸	冻融循环温度 /℃	降温速率 /（℃ /h）	最低冻结温度 /℃	冻结持续时间 /h	传热介质	接触方式	评价指标
慢冻法	150mm×150mm×150mm	−15（−20）～+15（+20）	9	−20	4～6	清水	浸泡	抗压强度、质量损失
ASTM C666/C666M	76.2mm×101.6mm×406.4mm	−17.8～+4.4	13	−17.8	1.5～2.5	气体或清水	浸泡	质量损失、动弹性模量
ASTM C672	250mm×250mm×75mm	−17～+23	2.5	−17	16～18	4% $CaCl_2$ 溶液	单面接触	表面剥落量
TC117-FDC	150mm×110mm×70mm	−20～+20	10	−20	7	3% NaCl 溶液	单面接触	表面剥落量
TC176 IDC	150mm×110mm×70mm	−20～+20	10	−20	7	软化水或 3% NaCl 溶液	单面接触	动弹性模量、表面剥落量、水分吸收量

1. 冻融循环制度

降温速率方面，各试验方法存在比较大的差异，除 ASTM C672 方法外，一般明显高于实际降温速率（表 8.11）。最低冻结温度比较接近，均在−20℃左右，具有一定可比性。冰冻持续时间则差异比较明显，最长达 18h，最短时间则仅为 1.5h。

由于气候条件在时间和空间上的巨大差异，混凝土实际受到的冻融循环和盐冻情况也千差万别，混凝土饱水度、冻融降温速率、冻结温度及其持续时间等都因时因地发生变化。现有标准试验为检验性试验，冻融循环温度参数固定，难以满足环境参数对冻融和盐冻破坏影响机理的研究。

2. 传热介质种类及其与试件的接触方式

传热介质有气体、水及盐溶液等，它们分别对应于一般大气中混凝土、水工混凝土及海港混凝土和使用除冰盐等情况。由于现场混凝土一般一个面或更多的面是不冻结的，单面接触试验更贴近实际现场暴露于冻融循环中的混凝土，但是水工和海港工程混凝土的受冻比较接近完全浸泡。由于单面接触盐溶液的试验方法无法模拟撒除冰盐使混凝土表面冰雪融化导致额外的热冲击及可能增加的冻融循环次数等情况，其合理性有待进一步研究。

3. 评价指标

混凝土在受冻融循环作用，特别在有除冰盐存在时，其表面都有膨胀、开裂和剥蚀，除冰盐和冻融循环作用下混凝土劣化的衡量指标主要有表面剥落量、质量损失率、试件长度变化、动弹性模量、混凝土强度等。

表面剥落量一般被认为是评定混凝土盐冻剥蚀破坏最常用、直观、敏感和合理的指标。它表示盐冻试验前后混凝土单位表面积的质量损失，通过收集试件表面剥落物，然后过滤、烘干，最后在冷却后称重而计算得到。在冻融试验过程中，一般混凝土的饱水度是不断增大的，故使用质量损失率作为评判标准，其误差比较大，仅对引气混凝土抗冻性评价才有一定意义。在抗冻融循环试验中，混凝土的长度变化与冻融破坏有很好的相关性，因而将其作为评定指标较为合理；但在盐冻试验中，其变化不明显，实用性有待研究[77]。动弹性模量损失对冻融过程中孔洞生长、扩展较为敏感，且动弹性模量的损失率能反映混凝土强度，尤其是抗拉和抗折强度的损失率。因此，作为一种非破损的检测，将动弹性模量作为混凝土抗冻性的指标比较合理。但在盐冻试验中应考虑到由于表面剥蚀比较严重、试件表面骨料裸露和凹凸不平，动弹性模量的测试有更多不可控制的因素[78]。混凝土强度一般是工程中比较关心的参数，引入强度的检测也有现实意义，但应注意混凝土的水化强度有增长的趋势。

除冰盐和冻融循环作用下混凝土加速劣化试验的目的就是要用试验结果去衡量混凝土在自然环境中的性能演化规律，因此混凝土的加速冻融试验应该尽量与现实条件相符。试件和传热介质的接触方式、传热介质的种类和冻融循环制度都应该和混凝土所处的环境尽量一致[78]。

8.4.2　混凝土冻融循环试验设备比较分析

为了更好模拟自然条件，方便对盐冻机理的研究，本节比较各试验设备的冻融循环实现原理及在冻融循环过程中混凝土内外温度的变化情况。

1. 冻融循环的实现方法

快冻试验设备主要有两种，分别采用防冻液浸泡（图 8.46）和底板接触方式（图 8.47）进行导热制冷和加热。其中后一种设备在试件盒侧面辅以加热片，用于升温。这两种设备均采用混凝土中心温度作为参考温度以控制冻融循环，一般不对温度做严格监控，而仅限定最低温和最高温数值及冻融循环周期，并且其冻融循环制度一般不可调。

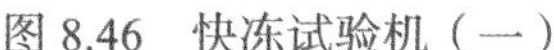
图 8.46　快冻试验机（一）

图 8.47　快冻试验机（二）

单面冻融机和高低温箱一般可以实现对温度循环的严格控制，其主要通过控制制冷功率和加热量来实现加热和制冷间的相互平衡，达到对温度的精确控制，其控制手段一般采用 PID（比例－积分－微分）控制方法。单面冻融机采用防冻液作为传热介质，而高低温箱用循环空气作为传热介质。由于防冻液比热容相对于空气要大许多，前者换能更强，制冷和加热更稳定。因为混凝土导热性能较差，直接监控混凝土内部温度很难实现，所以单面冻融机控制试件盒下表面温度，高低温箱则以箱体内循环气体的温度作为参考温度。试验设备分别如图 8.48 和图 8.49 所示。图 8.50 所示为单面冻融机的结构简图。

图 8.48　单面冻融试验机

图 8.49　高低温箱

2. 混凝土内外温差比较

冻融循环更多地体现混凝土内部温度变化，表现为内部温度在混凝土内部孔隙溶液冰点上下往复变化的规律，因此，混凝土内部温度循环规律更能准确反映冻融循环的实质，是冻融破坏机理研究时更直接和更本质的物理参量。

快冻试验机以混凝土内部温度作为温度循环的参考值，采用控制制冷和加热

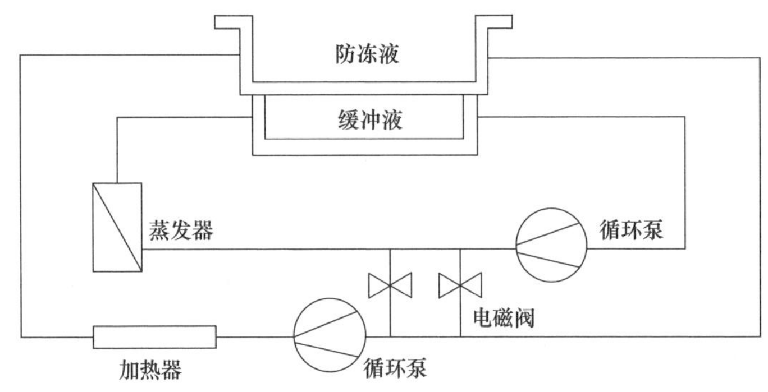

图 8.50 单面冻融机的结构简图

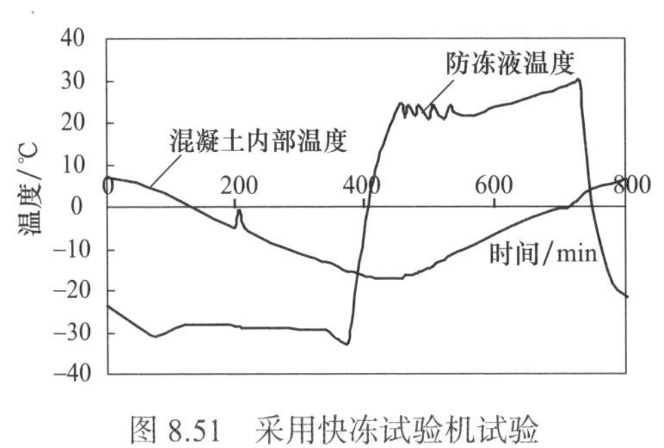

图 8.51 采用快冻试验机试验测得的混凝土内外温度曲线

能力及各自的持续时间对混凝土试件进行制冷和加热。外部传热质温度为两平台式，即高温和低温平台，且高低温间实现迅速的转换。混凝土内部温度则近似按正弦曲线变化。试验测得快冻试验机内外温度曲线如图 8.51 所示，所用试件尺寸为 400mm×400mm×1600mm，测试点为试件中心位置，外部传热质最低和最高温度分别设定为－30℃和 20℃，持续时间为 400min，测得混凝土内部温度在＋8～－18℃范围内做正弦变化。由于仅控制了制冷和加热量，在环境有所改变或存在扰动时，传热质温度曲线波动相对也较大，波动范围达 3～4℃，甚至 10℃，因而控制精度较差。通过改变平台温度值和持续时间可以实现对混凝土内部温度循环参数的改变。

高低温箱和单面冻融机采用 PID 控制法监控制冷和加热，传热质温度曲线波动小，控制精度在 0.5℃左右，如图 8.52 和图 8.53 所示。图 8.52 和图 8.53 试验曲线设定的温度循环制度分别为 F40-45-3 和 F10-20-3（编号中的字母 F 为冻融循环的简写，其后的数字依次表示降温速率、最低温及其持续时间）。由于混凝土的热学特性较差，从图中也可以看出，在高低温箱中进行冻融试验时，混凝土内外温差都比较大，混凝土内部温度幅值均减少，而且相位滞后效应明显（内部温度测定点为距测试接触面 20mm 处）。由于防冻液比热容较空气大，导热能力较强，相比于高低温箱，在单面冻融机进行冻融循环试验时，混凝土内外温差相对较小，而且当最低温持续一段时间后，内外温度将趋同，这与防冻液换热能力有很大关系。因此，在 CDF（capillary suction of deicing solution and freeze-thaw）试验标准中[75]，最低温持续平台的最大作用是使混凝土内部温度最终能达到设定的最低温值；同样，最高温持续时间也是为使混凝土内部温度达到能够使内部孔隙溶液充分冰融的温度值。通过改变传热质温度循环制度，高低温箱和单面冻融机能较方便地实现对混凝土内部温度循环特性的改变。

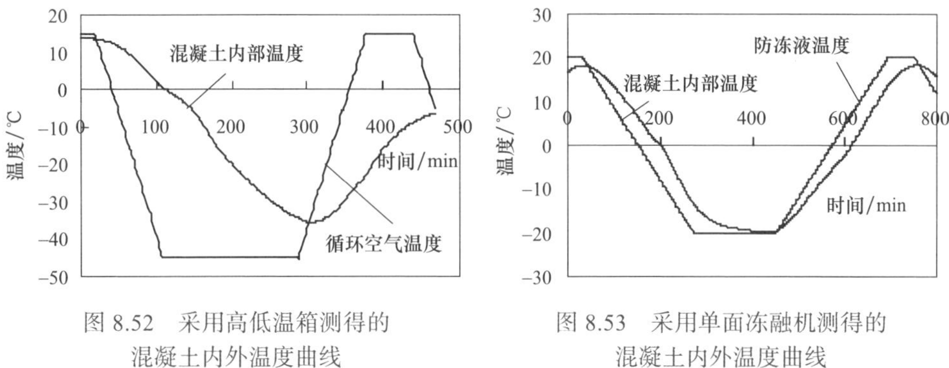

图 8.52　采用高低温箱测得的混凝土内外温度曲线

图 8.53　采用单面冻融机测得的混凝土内外温度曲线

8.4.3　混凝土内部温度循环制度

由上面的讨论可知，由于混凝土传热特性较差，混凝土内外温度存在不同程度上的差异，其中 CDF 标准试验中，混凝土内外的温差相对较小，通过改变外部传热质的温度循环制度可以得到所需的混凝土内部温度循环特性。因而，下面将重点就 CDF 试验法中内部温度特性与外部温度循环制度之间的关系做进一步研究和了解。

图 8.54 所示试验曲线采用的是没有最低温和最高温持续平台的温度循环制度。此时，混凝土内部的温度循环近似呈正弦曲线变化规律，仅存在升温段和降温段，而且升降温速率基本相同；在升温和降温间进行转换时，温度变化速率相对低许多。当外部传热质的温度循环制度存在最低温持续平台且时间较长时，混凝土内部的温度循环大致可分为 3 段，即降温段、与外部最低温趋同段及升温段，而且升温速率与降温速率也近似相等，图 8.55（a）和图 8.55（b）所示试验曲线采用的防冻液温度循环制度分别为 F10-15-3 和 F20-20-7。为研究需要，将图 8.55 中第二段近似定义为混凝土内部最低温持续段。因为在与外部最低温保持不变时混凝

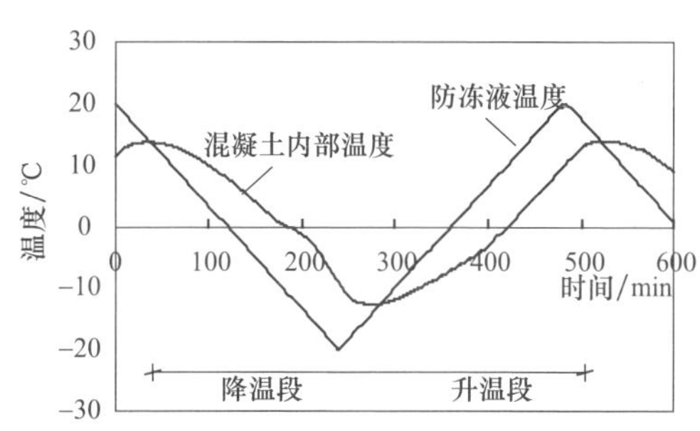

图 8.54　无恒温段的 CDF 试验曲线

土内部温度变化相当缓慢，而且靠近测试面的混凝土层的温度更接近于水平，所以这种近似可行。

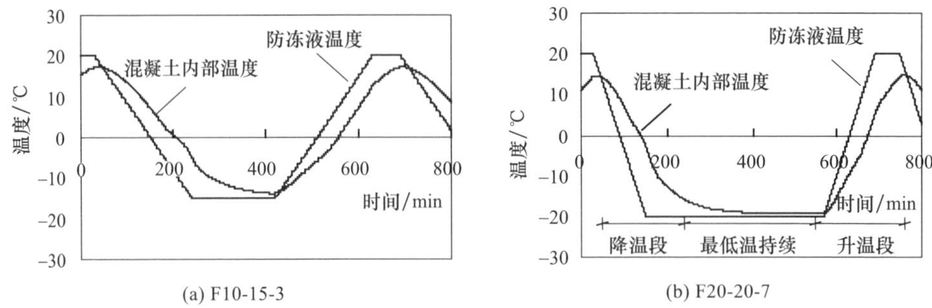

图 8.55　有恒温段的 CDF 试验曲线

文献［77］研究表明，混凝土内部降温速率与外部环境降温速率存在粗略的比例关系。当外部循环空气的降温速率为 5℃ /h 时，混凝土内部降温速率为 1.54℃ /h；而当外部降温速率变为 2.5℃ /h 时，内部降温速率相应地下降至 0.77℃ /h，其内部升降温速率与外部升降温速率的比例系数约为 0.31。通过对不同冻融循环制度下混凝土内外温度变化规律的研究，同济大学基于 CDF 试验法对这种比例关系也做了相应研究[78]。

表 8.12 所示为不同冻融循环制度下混凝土内外升降温速率的比较。由表 8.12 可知，当外部防冻液升降温速率相等时，混凝土内部升降温速率也基本相当；当防冻液的升降温速率由 10℃ /h 提高至 20℃ /h 时，混凝土内部升降温速率相应地从 7.8℃ /h 左右提高到 12.3℃ /h，但提高数量不完全成比例，比例系数由 0.78 降至 0.62。这可能与设定的升降温速率较快有很大关系，此时混凝土的导热能力制约了内部升降温速率的提高。当传热质的升降温能很好地控制时，混凝土内部升降温速率与其比热容、总水量及不同温度下的可冻水量有很大关系；另外，当比表面积增大时，混凝土散热越快，孔隙水的冻结率也越高，从而影响混凝土内部降温速率。

表 8.12　不同冻融循环制度下混凝土内外升降温速率的比较

试验编号	环境降温速率 / (℃ /h)	环境升温速率 / (℃ /h)	混凝土降温速率 / (℃ /h)	混凝土升温速率 / (℃ /h)	内外降温速率比值	内外升温速率比值
F10-20-3	10	10	8.0	8.0	0.8	0.8
F10-15-3	10	10	7.7	7.8	0.77	0.78
F10-20-0	10	10	7.7	7.7	0.77	0.77
F20-20-7	20	20	12.3	12.4	0.62	0.62

参 考 文 献

[1] 奈良宽久，安塚胜三. 合成纤维长丝加工手册 [M]. 北京化纤工学院化纤机械教研室，译. 北京：纺织工业出版社，1981.

[2] 赵亚军. 电磁感应加热技术的研究与应用 [D]. 西安：西北工业大学，2007.

[3] 宋敏. 电磁加热技术在家电中的应用 [D]. 哈尔滨：哈尔滨工业大学，2004.

[4] 王世林. 远红外加热技术的发展与现状 [J]. 甘肃轻纺科技，1997，2（1）：32-34.

[5] 王天富，买宏金. 空调设备 [M]. 北京：科学出版社，2003.

[6] 尹松泉，张源. 电热器的原理和维修 [M]. 北京：解放军出版社，1989.

[7] 孙左一. 电热利用 [M]. 北京：水利电力出版社，1989.

[8] 吴海波. 如何提高室温磁制冷功率问题的理论研究 [D]. 南京：南京大学，2005.

[9] 王志诚. 热力学・统计物理 [M]. 3 版. 北京：高等教育出版社，1998.

[10] 罗清海，顾炜莉. 几种环境友好制冷技术的比较 [J]. 制冷与空调，2007，7（4）：9-14.

[11] TEGUS Q，BRUCK E，BUSCHOW K H J，et al. Transition metal-based magnetic refrigerants for room-temperature application [J]. Nature，2002，415（1）：150-152.

[12] 章志鸣，沈元华，陈惠芬. 光学 [M]. 2 版. 北京：高等教育出版社，2000.

[13] 汤珂，陈国邦，冯仰浦. 激光制冷 [J]. 低温与超导，2002，30（2）：5-11.

[14] 周传运. 磁制冷和激光制冷技术 [J]. 现代物理知识，2006，99（3）：36-37.

[15] LEON C，曲鹏鹏，RICHARD R. 液氮制冷用于食品的冷却和冻结 [C] // 中国制冷学会，中国肉类协会. 21 世纪中国食品冷藏链大会暨速冻食品发展研讨会论文集. 1998：72-74.

[16] 陈钧. 工业机柜涡流管制冷装置性能试验研究 [D]. 上海：上海海事大学，2005.

[17] 杨春燕，王维杨. 热电制冷技术现状 [J]. 红外，2001，1（2）：9-15.

[18] GUO F Z. Forecast on the development of refrigeration cycle in the oncoming decade [R]. Reports of Joint Thermoacoustic Group of Paris-6 and Huazhong University of science and Technology（HUST），Paris，1993.

[19] 李兆慈，徐烈，张存泉，等. 热声制冷技术的研究现状 [J]. 深冷技术，2001，1（2）：6-9.

[20] 吴红林. 液力制冷机性能分析 [D]. 哈尔滨：哈尔滨工业大学，2004.

[21] 胡志峰. 浅谈吸附制冷技术及在空调领域应用的前景分析 [J]. 四川建材，2006，32（1）：192-194.

[22] 侯秩，朱冬生. 吸附式制冷在空调应用中的研究进展 [J]. 制冷，2002，21（3）：18-22.

[23] WANG R Z. Study on a new solid adsorption refrigeration pair：active carbon fiber methanol [J]. ASME journal of solar energy，1997，119（3）：214-219.

[24] HARKONEN M. Analytic model for the thermal wave adsorption beat pump [J]. Heat Recovery system & CHP，1993，12（1）：73-80.

[25] 李晓科. 汽车余热溴化锂吸收式制冷研究 [D]. 北京：中国农业大学，2007.

[26] 龙剑. 溴化锂吸收式制冷系统性能分析及溶液热交换器的传热性能研究 [D]. 长沙：中南大学，2006.

[27] 李宾. 铁路客车空气除湿与加湿的处理 [D]. 成都：西南交通大学，2005.

[28] 施玉琴. 加湿技术性能对比与选用分析 [C] // 江苏省土建学会，江苏省制冷学会. 江苏省暖通空调制冷 2005 年学术年会论文集. 无锡，2005：318-321.

[29] 王成. 加湿问题及改进措施 [J]. 暖通空调，1999，26（6）：68-70.

[30] 陈谋义. 气候试验箱的加湿方法 [J]. 环境技术，1999，17（6）：18-23.

[31] 李树林. 制冷技术 [M]. 北京：机械工业出版社，2003.

[32] 齐俊虹. 气化式加湿器概述 [J]. 制冷与空调，1998，2（1）：24-25.

[33] 顾洁. 氯化锂除湿设备性能的分析与研究 [D]. 西安：西安建筑科技大学，2004.

[34] 董军涛，张立志. 膜法空调除湿的原理与研究进展 [J]. 暖通空调，2008，38（5）：22-28.

[35] 黄炜林，吴兆林，周志钢. 热泵除湿技术的应用与发展 [J]. 化工装备技术，2008，29（1）：17-21.

[36] SAN V S，PETER J C. Analysis of a nozzle condensation drying cycle [J]. Applied thermal engineering，1999，19 (8)：832-845.

[37] 曹炳波. 空气除湿方法研究 [J]. 影像技术，2007，3 (1)：17-19.

[38] RIFFAT S B. Comparative investigation of thermoelectric air-conditioners versus vapor compression and absorption air-conditioners [J]. Applied thermal engineering，2004，24：1979-1993.

[39] 秦瑞. 空调除湿方式设计探讨 [J]. 煤矿现代化，2004 (增刊)：179-181.

[40] 蒯振兴. 关于湿热试验箱加湿和除湿方法的研究 [J]. 环境技术，2007，6 (3)：38-39.

[41] 尹松泉，张源. 电热器的原理和维修 [M]. 北京：解放军出版社，1989.

[42] 孙左一. 电热利用 [M]. 北京：水利电力出版社，1989.

[43] 李树林. 制冷技术 [M]. 北京：机械工业出版社，2002.

[44] 李晓科. 汽车余热溴化锂吸收式制冷研究 [D]. 北京：中国农业大学，2007.

[45] 尉敏. 太阳辐射全光谱模拟和人工光源的实验研究 [D]. 西安：西安建筑科技大学，2004.

[46] 刘伟，顾祥林，黄庆华. 基于二次受力杠杆作用的受弯构件持续加载装置 [J]. 实验室研究于技术，2011，30 (10)：4-7.

[47] 葛安亮. 钢筋混凝土在海水中的腐蚀性能研究 [D]. 青岛：中国海洋大学，2004.

[48] 中华人民共和国国家质量监督检验检疫总局，中国国家标准化管理委员会. 环境试验　第 2 部分：试验方法　试验 Kb：盐雾，交变 (氯化钠溶液)：GB/T 2423.18—2012 [S]. 北京：中国标准出版社，2013.

[49] HONG K，HOOTON R D. Effects of cyclic chloride exposure on penetration of concrete cover [J]. Cement and concrete research，1999，29 (9)：1379-1386.

[50] 张玉敏，王铁成. 人工海水对混凝土侵蚀性的研究 [J]. 混凝土，2001 (11)：48-50.

[51] JEEDIGUNTA G V. Accelerated durability testing of reinforced and unreinforced concretes in a simulated marine environment [D]. RocA Raton：Florida Atlantic University，1998：37-41.

[52] 刘丽宏，李明，李小刚. 干湿交替周浸模拟加速腐蚀试验装置的建立 [J]. 全面腐蚀控制，2006，20 (6)：4-6.

[53] 姬永生，袁迎曙. 干湿循环作用下氯离子在混凝土中的侵蚀过程分析 [J]. 工业建筑，2006，36 (12)：16-23.

[54] 张奕. 氯离子在混凝土中的输运机理研究 [D]. 杭州：浙江大学，2008.

[55] 龙广成，邢峰，余志武，等. 氯离子在混凝土中的沉积特性研究 [J]. 深圳大学学报理工版，2008，25 (2)：117-121.

[56] 徐强，俞海勇. 大型海工混凝土结构耐久性研究与实践 [M]. 北京：中国建筑工业出版社，2008.

[57] KONIN A，FRANCOIS R，ARLIGUIE G. Penetration of chloride in relation to the microcracking state into reinforced ordinary and high strength concrete [J]. Material and structures，1998，31 (1)：310-316.

[58] SWAMY R N，TANIKAWA S. An external surface coating to predict concrete and steel from aggressive environments [J]. Materials and structures，1993，26 (3)：465-478.

[59] BERKE N S，HICKS M C. Predicting chloride profiles in concrete [J]. Corrosion engineering，1994，50 (3)：234-239.

[60] SAETTA A V，SCOTTA R V，VITALIANI R V. Analysis of chloride diffusion into partially saturated concrete [J]. ACI materials journal，1993，90 (5)：441-451.

[61] 张庆章，黄庆华，张伟平，等. 潮汐区海水侵蚀混凝土结构加速模拟试验装置 [J]. 实验室研究与技术，2011，30 (8)：4-7.

[62] 卢振永. 氯盐腐蚀环境的人工模拟试验方法 [D]. 杭州：浙江大学，2007.

[63] 刘志勇. 基于环境的海工混凝土耐久性试验与寿命预测方法研究 [D]. 东南大学，2007.

[64] 施惠生，王琼. 混凝土中氯离子迁移的影响因素研究 [J]. 建筑材料学报，2004，7 (3)：286-290.

[65] 陈谋义. 气候环境试验箱 (室) 温度均匀性问题及其改进 [J]. 环境技术，2001，9 (5)：27-31.

[66] 陶有迁. 超声雾化在盐雾试验中的应用 [J]. 电子产品可靠性与环境试验，2000，6 (3)：27-30.

[67] 梅泰. 混凝土的结构、性能与材料 [M]. 祝永年，等译. 上海：同济大学出版社，1991.

[68] 慕晓方，许仲梓，唐明述．混凝土中碱骨料反应与冻融破坏的特征判据［J］．低温建筑技术，1995，59（3）：6-8.

[69] 杨全兵，黄士元．受冻地区混凝土的盐冻破坏［J］．黑龙江交通科技，2000（增刊）：7-9.

[70] VALENZA J J，SCHERER G W．A review of salt scaling：I．Phenomenology［J］．Cement and concrete research，2007，37：1007-1021.

[71] COLLINS A R．The destruction of concrete by frost［J］．Journal of the institution of civil engineers，1944，23（1）：29-41.

[72] POWERS T C．A working hypothesis for further studies of frost resistance［J］．Journal of the ACI，1945，16（4）：245-272.

[73] ASTM C666/C666M．Standard test method for resistance of concrete to rapid freezing and thawing［S］.West Conshohocken：ASTM International，2015.

[74] 邓正刚，李金玉，曹建国，等．安全性抗冻混凝土技术条件国内外概括综述［C］// 王媛俐，姚燕．重点工程混凝土耐久性的研究与工程应用．北京：中国建筑工业出版社，2000：299-347.

[75] SETER M J，FAGERLUND G，JANSSEN D J．CDF Test-method for the freeze-thaw resistance of concrete-tests with sodium chloride solution（CDF）［J］．Materials and structure，1996，29：523-528.

[76] SETZER M J．Recommendation of RILEM TC 176 IDC：test methods of frost resistance of concrete［J］．Materials and structures，2001，34：515-525.

[77] 李中华，巴恒静，邓宏卫．混凝土抗冻性试验方法及评价参数的研究评述［J］．混凝土，2006（6）：9-11.

[78] 李晔．铺面水泥混凝土抗冻设计指标研究［D］．上海：同济大学，2003.

第9章　盐冻及冻融循环下混凝土性能演化试验的相似性

第8章介绍了混凝土结构各环境作用的模拟技术及相应的综合环境试验设备。利用综合环境试验设备模拟环境作用，可实现混凝土从材料到构件再到结构的加速性能演化试验，为揭示混凝土结构性能演化机理提供了重要手段。然而，为了在较短时间内完成试验，模拟环境下的某项或某几项环境作用的浓度或强度通常远远大于自然环境下的相应量值。这可能导致模拟环境下的性能演化过程与自然环境下的性能演化过程有所差异。因此，要想将模拟环境下加速性能演化试验的结果推广至自然环境下的实际混凝土结构，需研究模拟环境下加速性能演化与自然环境下自然性能演化间的相似性关系。相对于一般大气环境下的碳化试验，氯盐侵蚀试验更加复杂。本章介绍盐冻及冻融循环下混凝土性能演化试验的相似性。有关混凝土盐雾侵蚀加速试验的相似性和海水潮汐区混凝土氯盐侵蚀加速试验的相似性将分别在第10章和第11章介绍。

为解决盐冻及冻融循环环境下加速性能演化试验的相似性，首先通过盐冻试验研究和理论分析对盐冻机理及氯盐侵蚀做相关研究，然后应用理论分析和试验数据对加速试验的相似性关系做相应研究。

9.1　混凝土盐冻破坏过程试验

9.1.1　盐冻试验方案

试验试件包括力学特性测定试件、孔隙分布测定试件、单面盐冻试件和温度监测试件。力学特性测定试件设有3个轴心抗压试件和3个轴心抗拉试件。孔隙分布测定试件为1个。在单面盐冻试件中，包括4组（12个）盐冻破坏测定试件（非引气：接触溶液分别为浓度0、1.5%、3%、6%的NaCl溶液）、3个氯盐侵蚀测定试件（最后一个采用测试溶液浓度为3%的盐冻试件）及1个混凝土内部温度监测试件，合计16个试件。其中，盐冻破坏试验试件组别如表9.1所示。所有试件分两批次浇筑，分别记为M2和M4。

表 9.1 混凝土盐冻破坏试验试件组别 （单位：%）

试验方式	混凝土类别	测定内容	NaCl 浓度			
单面接触	非引气	剥蚀量和饱水度	0	1.5	3	6
		氯盐侵蚀和温度检测	—	—	3	—

混凝土盐冻破坏试件的配合比如表 9.2 所示。水泥采用普通硅酸盐水泥（P·I 52.5 水泥），碱含量（以 Na_2O＋$0.658K_2O$ 计）不大于 0.60%，细度为 $350m^2/kg$。细骨料采用砂，细度模量为 2.6，含泥量质量分数小于 1.5%，泥块含量质量分数小于 0.5%。粗骨料采用破碎石灰岩，级配采用 5～20mm 连续级配，含泥量质量分数小于 0.5%，泥块含量为零。水采用自来水和去离子水。除冰盐为纯度不小于 99.5% 的 NaCl。

表 9.2 混凝土盐冻破坏试件的配合比

项目	配合比 / (kg/m^3)				水灰比	含气量 /%
	水泥	水	砂	石		
用量	368	195	735	1102	0.53	—

孔隙特性测定试件采用边长为 150mm 的立方体标准试模成型，抗压强度测试试件采用 100mm×100mm×300mm 的棱柱体标准试模成型，抗拉强度测试试件采用 100mm×100mm×550mm 的自制试模成型。试件均采用振动台振动密实，成型后，在温度 20℃、相对湿度 95% 条件下标准养护 28d。

单面盐冻试件采用边长 150mm 的立方体标准试模成型，振动台振动密实（图 9.1）。在试模两侧垂直插入 PTFE（聚四氟乙烯）片，接触 PTFE 片的混凝土面作为测试面。试件成型后，在温度 20℃、相对湿度 95% 条件下标准养护 24h 后，脱模，继续在温度为 20℃的水中养护到 7d。

图 9.1 盐冻试验中混凝土试件的浇筑

水中养护结束后，对试件进行切割，将试件粗糙的上表面切去，使试件高度变为110mm，然后从中间进行等分切割，如图9.2所示。将切割好的混凝土试件存放在温度为20℃ ±2℃、相对湿度为65%±5%的实验室内干燥至28d龄期。

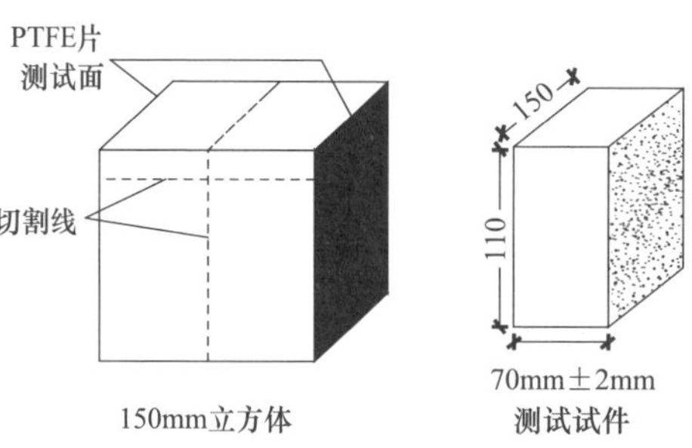

图9.2　盐冻试验中混凝土试件的切割

图9.3　盐冻试验中混凝土试件的密封

当试件在实验室中干燥至28d龄期前的2～4d时，采用环氧树脂密封试件的侧面。在密封前，首先清洁试件侧面。试件在密封前后进行称重，分别计为w_0和w_1，精确至0.1g。试件的密封如图9.3所示。

干燥阶段完成后，把试件放置在测试容器内，测试面朝下；随后，在测试容器内加入测试溶液进行预饱和，使液面高度达到10mm±1mm，并确保不弄湿试件的上表面，如图9.4所示。预饱和过程中需加盖，同时确保冷凝水不滴落

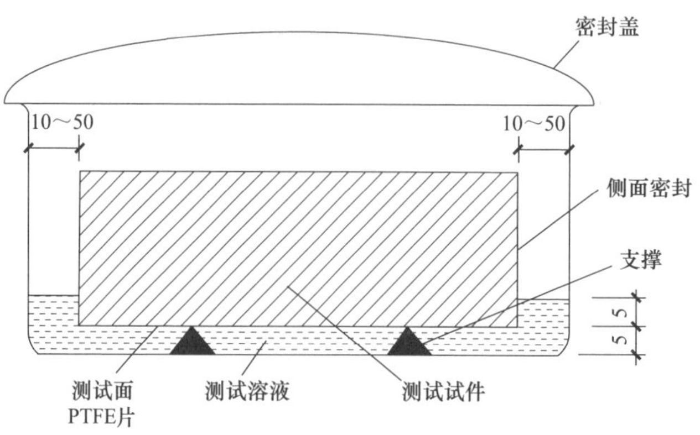

图9.4　盐冻试验中混凝土试件的放置

到试件上。在 20℃ ±2℃温度下，预饱和阶段持续 7d。每隔 2～3d 测定试件的质量以监测毛细吸水量，同时定时测定和调整溶液的液面高度。预饱和完成时测定混凝土的初始氯盐分布。

采用单面冻融机（图 9.5 和图 9.6）分阶段进行不同温度循环制度的冻融循环试验。保持最高温及其持续时间不变，变化最低温度得到不同的冻融循环制度，如表 9.3 所示。其温度变化曲线如图 9.7 所示。表 9.3 中，工况编号 F10-15-3 表示该循环制度降温速率为 10℃/h，最高温度为 20℃，最低温度为－15℃，最高温持续 3h。相应地，工况编号 F10-20-3 表示该循环制度降温速率为 10℃/h，最高温度为 20℃，最低温度为－20℃，最高温持续 3h。

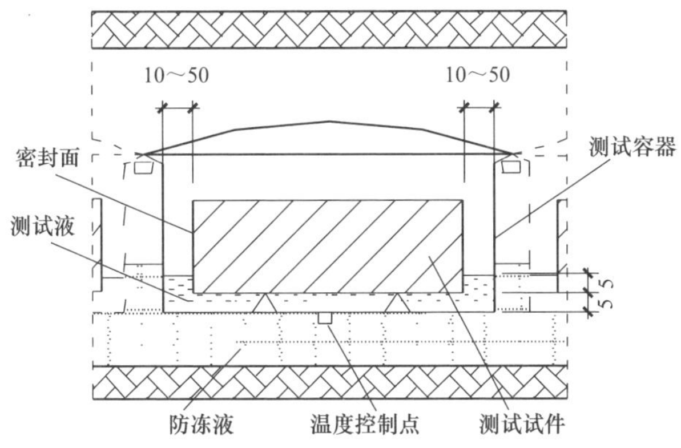

图 9.5　单面冻融机示意图

图 9.6　单面冻融机

表 9.3　混凝土单面盐冻试验工况

试验工况	降温速率 /(℃/h)	最低温度 /℃	最高温度 /℃	冻结持续时间 /h	融化持续时间 /h
F10-20-3	10	－20	20	7	5
F10-15-3	10	－15	20	6	5

注：冻结持续时间表示温度在 0℃以下的时间；融化持续时间表示温度在 0℃以上的时间。

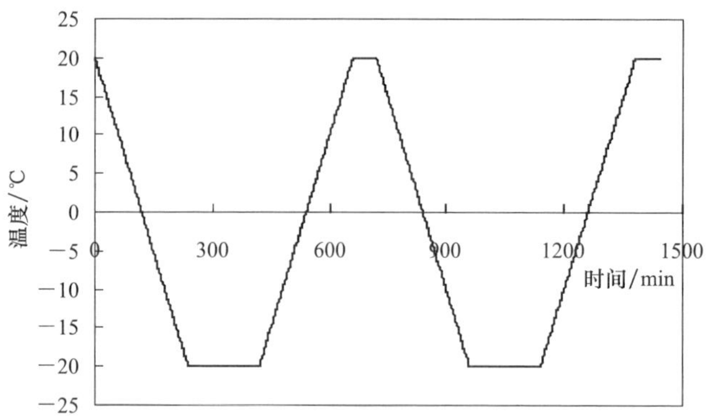

图 9.7　盐冻试验中温度循环制度的温度变化曲线

试验按如下步骤进行：

（1）清除预饱和试件表面松散的污垢，并测定试件初始质量 w_0'。

（2）将试件放入冻融柜中，设定冻融循环制度进行冻融循环，冻融循环开始前先在 20℃恒温一段时间（30min 左右）。

（3）以后每 4～6 个循环依次测试表面剥落量和水分吸收量，在冻融循环测试间隙，用超声波浴清理收集试件测试表面疏松的剥落物，将其收集到试验测试容器中，过滤含有剥落物的溶液，随后连同滤纸在 110℃ ±5℃温度下干燥 24h，并在温度 20℃ ±2℃和相对湿度 60%±10% 环境中冷却 1h。称取干燥后剥落物（包括滤纸）总质量 m_b、滤纸质量 m_f，并更换溶液。在清除完测试表面上剥落物后，将试件表面水分擦去后称重，得到剩余试件质量 w_N。

第 i 次剥落量质量 m_{si} 按式（9.1）计算。

$$m_{si}=m_{bi}-m_{fi} \tag{9.1}$$

经过 N 次冻融循环后，每个试件单位测试面积上剥落物的总质量 m_N 按式（9.2）计算。

$$m_N=\frac{\sum m_{si}}{A} \tag{9.2}$$

式中，m_{si} 为每次测量的剥蚀量，g；A 为试件测试面的面积，m^2。

经过 N 次冻融循环后，试件增加的相对质量 Δw_N 按式（9.3）计算。

$$\Delta w_N=\frac{w_N-w_1+\sum m_{si}}{w_0''} \tag{9.3}$$

式中，w_0'' 为预饱和后试件的净质量，其计算式为 $w_0''=w_0'-(w_1-w_0)$；w_N 为第 N 次冻融循环时剩余试件的质量；w_1 为密封之后预饱和之前试件的质量。

（4）每 10 次循环测定 1 次氯盐分布，试验过程包括钻孔和应用 RCT 测定氯盐含量。

（5）当混凝土破坏比较明显时停止试验，测定表面剥落、水分吸收量及氯盐分布。

9.1.2　盐冻试验结果及分析

1．混凝土材性试验

依据《混凝土结构试验方法标准》（GB/T 50152—2012），利用 100mm×100mm×300mm 棱柱体试件测定混凝土单轴抗压强度。依据《水运工程混凝土试验规程》（JTJ 270—98），采用 100mm×100mm×550mm 棱柱体试件测定混凝土单轴抗拉强度。测试结果如表 9.4 所示。由表中数据可知，试验批次 M2 中混凝土材料抗压强度和抗拉强度均略大于 M4。混凝土抗压强度和抗拉强度的离散性均较小，而峰值应变的离散性相对较大。

表 9.4　盐冻试验中混凝土材料力学性能指标

批次	编号	轴压荷载 /kN	抗压强度 /MPa	轴拉荷载 /kN	抗拉强度 /MPa	峰值应变 /10^{-3}
M2	P1	412.5	39.2	—	—	1.530
	P2	402.3	38.2	—	—	1.902
	P3	404.5	38.4	—	—	1.734
	均值	406.4	38.6	—	—	1.722
	T1	—	—	31.3	3.0	0.105
	T2	—	—	31.6	3.0	0.112
	T3	—	—	32.2	3.1	0.078
	均值	—	—	31.7	3.0	0.098
M4	P1	315.4	30.0	—	—	1.589
	P2	381.8	36.3	—	—	1.763
	P3	373.2	35.4	—	—	1.581
	均值	356.8	33.9	—	—	1.644
	T1	—	—	29.1	2.8	0.082
	T2	—	—	31.9	3.0	0.088
	T3	—	—	26.2	2.5	0.071
	均值	—	—	29.0	2.8	0.080

注：M2 和 M4 分别为与 F10-15-3 和 F10-20-3 相对应的混凝土力学性能测定试件。

每批混凝土试件含 1 个测定气泡分布性质的试件。根据《压汞法和气体吸附法测定固体材料孔径分布和孔隙度　第一部分：压汞法》（GB/T 21650.1—2008）进行混凝土试件的孔隙特征测试。表 9.5 所示为盐冻试验中各试验批次混凝土的孔隙特征。在图 9.8 中给出了两批试件的孔隙分布曲线。从表 9.5 和图 9.8 中可以看出，第 2 批试件（F10-20-3）的孔隙率稍高于第 1 批试件（F10-15-3），其孔隙在较大孔径区域上分布较多，平均半径高于第 1 批试件，而且渗透系数高出了近 1 倍。假定水泥浆体和粗骨料具有相同的密度，同时忽略骨料自身孔隙影响，用砂浆的孔隙率乘混凝土中砂浆的质量分数来估算第 1、第 2 批混凝土的孔隙率，其值分别为 6.2% 和 6.5%。

表 9.5 盐冻试验中各试验批次混凝土的孔隙特征

试验工况	孔隙率 /%	渗透系数 /10^{-21}	平均半径 /nm
F10-15-3	11.5	41.14	22.7
F10-20-3	12.0	80.35	39.1

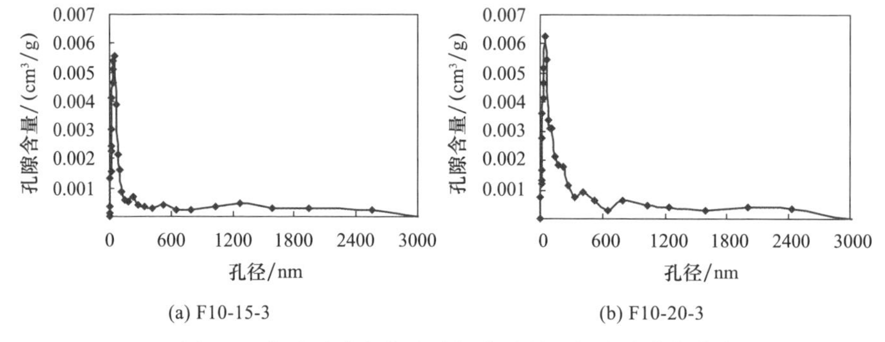

(a) F10-15-3　　(b) F10-20-3

图 9.8 盐冻试验中各试验批次混凝土的孔隙分布曲线

2. 氯离子分布测定

在盐冻试验过程中，分别于预饱和及在完成 10 次、20 次、25 次和 30 次冻融循环后，采用 RCT 测试仪测量各试件不同深度处的氯离子含量。试验中不同深度处的氯离子含量用氯离子与混凝土质量分数表征，所有测试氯离子含量为总的氯离子含量，包括自由氯离子与结合氯离子，测试结果如表 9.6 所示。

表 9.6 一定冻融循环次数后试件的氯盐分布

试验工况	钻孔深度 /mm	氯离子含量 /%				
		预饱和	10 次循环	20 次循环	25 次循环	30 次循环
F10-15-3	1.5	—	0.324	0.405	—	0.372
	4.5	—	0.259	0.373	—	0.356
	7.5	—	0.215	0.287	—	0.238
	13.5	—	0.0796	0.0898	—	0.0755
	22.5	—	0.0257	0.0137	—	0.0248
	32.5	—	0.00455	0.0106	—	0.0134
	42.5	—	0.00662	0.00658	—	0.0185

续表

试验工况	钻孔深度 /mm	氯离子含量 /%				
		预饱和	10 次循环	20 次循环	25 次循环	30 次循环
F10-20-3	1.5	0.237	0.438	0.468	0.428	—
	4.5	0.223	0.387	0.38	0.45	—
	7.5	0.183	0.466	0.452	0.401	—
	13.5	0.0956	0.653	0.177	0.191	—
	22.5	0.00844	0.0495	0.0183	0.0248	—
	32.5	0.00706	0.0378	0.0135	0.0232	—
	42.5	0.0061	0.0354	0.0113	0.0212	—

3. 盐冻试验中混凝土的吸水量和剥蚀量

盐冻试验包括预饱和和冻融循环两个阶段。前一阶段测定了试件的吸水量，后一阶段则测定了一定冻融循环次数后试件的剥蚀量和吸水量。表 9.7 显示了预饱和一定天数后试件的累计吸水量。表 9.8 和表 9.9 分别给出了一定冻融循环次数后两试验工况累计的吸水量和盐冻剥蚀量。

表 9.7　预饱和一定天数后试件的累计吸水量

试验工况	测试溶液浓度 /%	试件编号	预饱和 N 天后试件累计吸水量 /g				
			0	1d	2d	3d	7d
F10-15-3	0	F2-2B-0	0.0	11.0	14.5	—	16.1
		F2-1B-0	0.0	9.5	14.0	—	16.8
		F2-3A-0	0.0	10.5	14.5	—	17.2
		均值	0.0	10.3	14.3	—	16.7
	1.5	F2-3B-1.5	0.0	11.5	14.5	—	17.9
		F2-4A-1.5	0.0	10.5	13.5	—	17.3
		F2-4B-1.5	0.0	10.5	12.5	—	16.7
		均值	0.0	10.8	13.5	—	17.3
	3	F2-5A-3	0.0	10.4	13.5	—	18.1
		F2-5B-3	0.0	11.5	14.5	—	19.4
		F2-6B-3	0.0	12.5	16.0	—	21.6
		均值	0.0	11.5	14.7	—	19.7
	6	F2-7A-6	0.0	10.5	13.0	—	16.8
		F2-7B-6	0.0	11.0	13.5	—	18.1
		F2-1A-6	0.0	12.0	14.5	—	18.8
		均值	0.0	11.2	13.7	—	17.9

续表

试验工况	测试溶液浓度 /%	试件编号	预饱和 *N* 天后试件累计吸水量 /g				
			0	1d	2d	3d	7d
F10-20-3	0	F4-1A-0	0.0	10.5	12.3	13.4	14.1
		F4-1B-0	0.0	10.2	11.6	12.2	12.6
		F4-2A-0	0.0	11.5	12.5	14.8	16.0
		均值	0.0	10.7	12.1	13.5	14.2
	1.5	F4-2B-1.5	0.0	10.4	11.7	12.2	12.4
		F4-3A-1.5	0.0	10.5	12.1	12.3	12.4
		F4-3B-1.5	0.0	11.0	12.7	12.3	13.0
		均值	0.0	10.6	12.2	12.3	12.6
	3	F4-4B-3	0.0	11.6	13.1	13.6	14.7
		F4-5A-3	0.0	10.5	11.7	12.1	13.2
		F4-5B-3	0.0	10.7	12.1	12.6	12.9
		均值	0.0	10.9	12.3	12.8	13.6
	6	F4-7A-6	0.0	10.5	11.8	12.2	13.1
		F4-7B-6	0.0	10.0	11.0	11.4	12.2
		F4-8B-6	0.0	12.1	13.9	14.6	15.9
		均值	0.0	10.9	12.2	12.7	13.7

注：试验工况编号同前；试件编号 FX-YA（B）-Z 中字母 F 为冻融循环的简写，字母 A（B）表示同一试件切割成 A、B 两块，F 后数字 X 表示浇筑批次，A（B）前数字 Y 表示试件序号，数字 Z 表示测试溶液浓度值。

表 9.8　一定冻融循环次数后试件的累计吸水量

试验工况	测试溶液浓度 /%	试件编号	*N* 次冻融循环后试件累计吸水量 /g					
			5 次	11 次	16 次	20 次	25 次	31 次
F10-15-3	0	F2-2B-0	6.6	12.0	15.7	18.7	22.7	26.5
		F2-1B-0	7.7	14.5	18.9	21.5	25.9	30.6
		F2-3A-0	8.0	13.5	16.9	20.2	24.2	28.2
		均值	7.4	13.3	17.2	20.1	24.3	28.4
	1.5	F2-3B-1.5	7.6	13.0	17.0	18.8	21.3	23.1
		F2-4A-1.5	7.4	12.8	15.4	17.9	21.1	14.8
		F2-4B-1.5	7.0	12.6	16.0	18.4	21.8	24.8
		均值	7.3	12.8	16.1	18.4	21.4	20.9
	3	F2-5A-3	7.9	15.5	19.1	20.8	22.9	26.1
		F2-5B-3	1.9	16.6	19.7	21.3	23.7	26.3
		F2-6B-3	7.4	14.2	18.7	19.6	22.1	22.3
		均值	5.7	15.4	19.2	20.6	22.9	24.9

续表

试验工况	测试溶液浓度 /%	试件编号	N 次冻融循环后试件累计吸水量 /g					
			5 次	11 次	16 次	20 次	25 次	31 次
F10-15-3	6	F2-7A-6	7.3	13.8	18.5	20.8	24.2	28.1
		F2-7B-6	7.3	14.5	19.3	22.9	27.6	31.0
		F2-1A-6	7.1	12.7	18.1	21.4	25.9	31.1
		均值	7.2	13.7	18.6	21.7	25.9	30.1
F10-20-3	0	F4-1A-0	4.3	13.0	15.8	16.6	18.3	—
		F4-1B-0	4.0	11.7	14.9	16.6	18.5	—
		F4-2A-0	4.5	13.0	16.1	17.7	19.5	—
		均值	4.3	12.6	15.6	17.0	18.8	—
	1.5	F4-2B-1.5	4.0	13.2	16.9	18.0	19.9	—
		F4-3A-1.5	5.6	16.1	18.6	19.2	20.5	—
		F4-3B-1.5	5.0	13.9	16.5	17.3	18.4	—
		均值	4.9	14.4	17.3	18.2	19.6	—
	3	F4-4B-3	4.0	12.2	15.5	16.1	33.1	—
		F4-5A-3	3.9	11.6	15.5	15.6	18.7	—
		F4-5B-3	4.5	12.4	16.1	17.1	18.5	—
		均值	4.1	12.1	15.7	16.3	23.4	—
	6	F4-7A-6	2.3	7.4	10.9	12.9	15.0	—
		F4-7B-6	3.2	9.1	13.1	15.0	16.5	—
		F4-8B-6	4.1	12.3	16.4	18.6	20.5	—
		均值	3.2	9.6	13.5	15.5	17.3	—

表 9.9　一定冻融循环次数后试件的盐冻累计剥蚀量

试验工况	测试溶液浓度 /%	试件编号	N 次循环后盐冻累计剥蚀量 /g					
			5 次	11 次	16 次	20 次	25 次	31 次
F10-15-3	0	F2-2B-0	1.4	5.6	8.2	9.9	12.7	17.3
		F2-1B-0	1.2	1.9	2.4	2.7	3.3	4.7
		F2-3A-0	0.0	0.0	0.0	0.0	0.0	0.0
		均值	0.9	1.0	3.5	4.2	5.3	7.3
	1.5	F2-3B-1.5	2.0	8.0	12.2	17.9	30.6	49.5
		F2-4A-1.5	1.4	6.6	9.8	12.6	18.9	32.7
		F2-4B-1.5	1.3	3.6	5.6	7.5	9.5	13.4
		均值	1.6	6.1	9.2	12.7	19.7	31.9

续表

试验工况	测试溶液浓度 /%	试件编号	N 次循环后盐冻累计剥蚀量 /g					
			5 次	11 次	16 次	20 次	25 次	31 次
F10-15-3	3	F2-5A-3	0.9	5.5	11.0	20.2	33.2	50.2
		F2-5B-3	0.9	5.7	13.0	19.6	31.5	50.2
		F2-6B-3	0.7	2.4	11.4	22.3	40.8	65.5
		均值	0.8	4.5	11.8	20.7	35.2	55.3
	6	F2-7A-6	0.1	0.6	1.7	4.0	12.6	28.8
		F2-7B-6	0.1	0.4	0.7	0.8	2.9	21.5
		F2-1A-6	0.1	0.3	0.5	0.6	0.8	6.9
		均值	0.1	0.4	1.0	1.8	5.4	19.1
F10-20-3	0	F4-1A-0	0.0	0.2	0.4	0.5	0.6	—
		F4-1B-0	1.7	5.7	7.8	8.8	9.8	—
		F4-2A-0	0.1	2.5	4.9	6.3	7.9	—
		均值	0.6	2.8	4.4	5.2	6.1	—
	1.5	F4-2B-1.5	0.7	1.7	2.5	3.2	4.0	—
		F4-3A-1.5	0.3	1.4	3.0	4.9	7.8	—
		F4-3B-1.5	0.3	1.3	2.8	4.2	7.1	—
		均值	0.4	1.5	2.8	4.1	6.3	—
	3	F4-4B-3	0.9	2.8	4.3	5.5	7.5	—
		F4-5A-3	0.3	1.0	2.1	3.3	4.8	—
		F4-5B-3	0.4	2.0	3.3	4.5	6.2	—
		均值	0.5	1.9	3.2	4.4	6.2	—
	6	F4-7A-6	0.1	0.6	1.3	1.8	2.5	—
		F4-7B-6	0.1	0.4	0.8	1.3	2.0	—
		F4-8B-6	0.7	3.2	5.0	6.6	8.8	—
		均值	0.3	1.4	2.4	3.2	4.4	—

4. 预饱和过程中的吸水规律

图 9.9 显示了不同氯盐浓度条件下试件预饱和累计吸水量变化情况。由图 9.9 可知，在预饱和时，两个批次混凝土累计吸水量变化规律相近，表现为早期吸水快，而氯盐浓度的影响较小，后期吸水较缓慢，同时氯盐浓度的影响显现。造成这种现象可能的原因是事先对试件实行了干燥养护。因此，在预饱和早期，试件的毛细吸水主要受前期干燥影响，其吸水较快，从而掩盖了氯盐浓度的影响；随着试件饱水度的增大，前期干燥的影响逐渐减弱，此时氯盐浓度的影响开始显现。

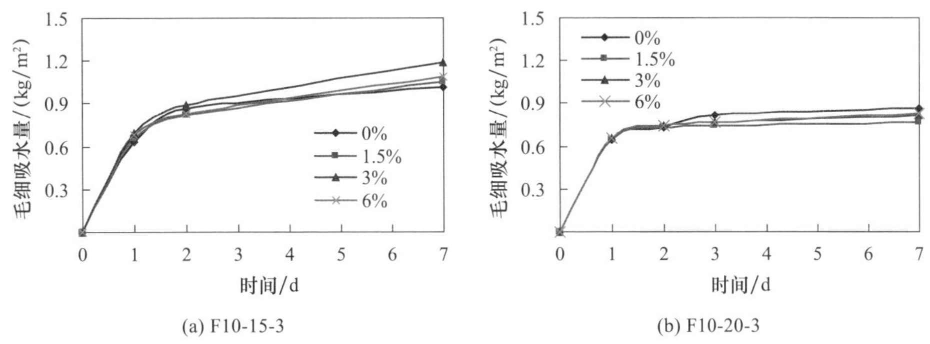

(a) F10-15-3　　(b) F10-20-3

图 9.9　不同氯盐浓度下试件预饱和累计吸水量变化情况

图 9.10 给出了两批混凝土试件 7d 预饱和结束时的吸水量随氯盐浓度的变化情况。从图 9.10 中可以大致看出，试件吸水量随氯盐浓度增大而略有增加，这是因为溶液饱和蒸汽压随浓度增大而降低，从而使试件孔隙的内外气压差随之变化，最终影响吸水量。另外，溶液的黏滞系数随浓度增大而增加，从而可能减少高浓度条件下混凝土试件的吸水。此外，由图 9.10 可见，总体上第 1 批混凝土试件的吸水量较第 2 批多。这可能是由两批混凝土特性差异引起的。例如，如果孔隙率低或封闭气泡较多，则混凝土的吸水将明显减少。

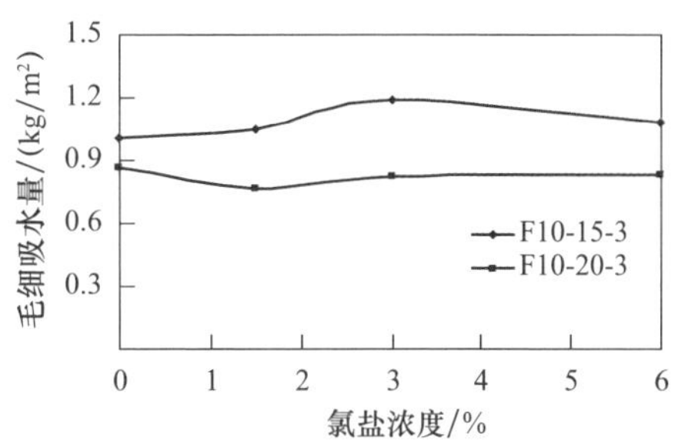

图 9.10　吸水量随氯盐浓度的变化情况（预饱和 7d）

5. 盐冻过程中的吸水规律

图 9.11 所示为不同氯盐浓度条件下混凝土盐冻吸水量随冻融循环次数的变化情况。在刚开始的 10 次冻融循环中，混凝土试件存在显著的吸水现象，随后其吸水速度逐渐趋缓。吸水量在毛细吸水作用的基础上增加较多，大大提高了混

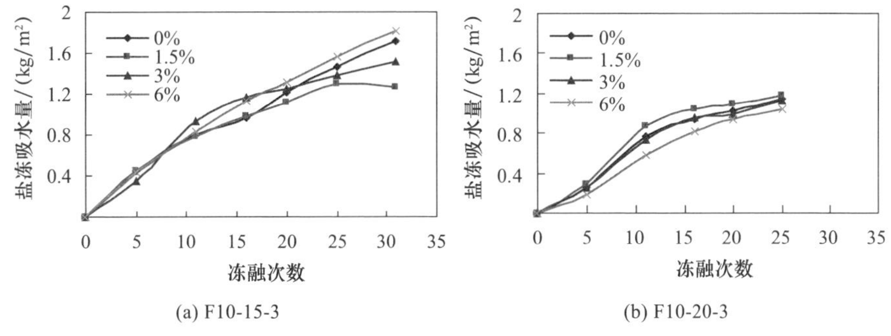

(a) F10-15-3　　(b) F10-20-3

图 9.11　不同氯盐浓度下混凝土盐冻吸水量随冻融循环次数的变化情况

凝土试件的饱水度。这与文献［1］的试验结果相吻合（图 9.12）。

图 9.13 给出了混凝土盐冻吸水量随氯盐浓度的变化情况。在两个试验工况中，其表现出完全相反的规律。在第 1 批试验（F10-15-3）中，吸水量大体随氯盐浓度增大而增加。这与杨全兵[2]的研究较为吻合，其理论认为混凝土受冻时，孔内将存在负压的作用，使表面溶液加速吸入混凝土内部，且盐浓度越高，负压越大，冰水共存时间越长，吸入溶液量就越多。在第 2 批试验（F10-20-3）中，吸水量随氯盐浓度的变化规律不是很明确，有待深入研究。此外，同预饱和类似，第 1 批试件的盐冻吸水量同样明显多于第 2 批试件。

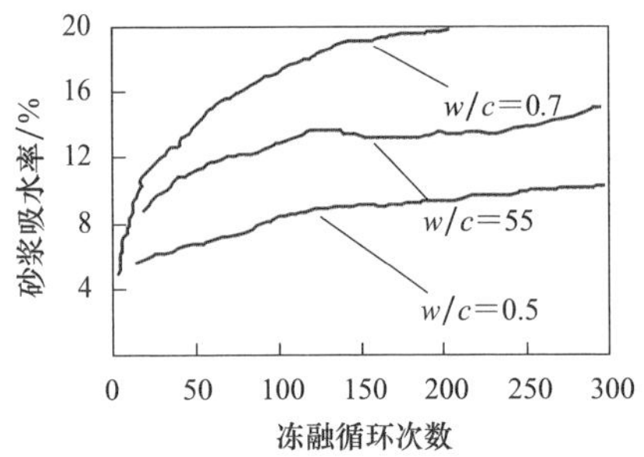

图 9.12　砂浆吸水量随冻融循环次数的变化情况[1]

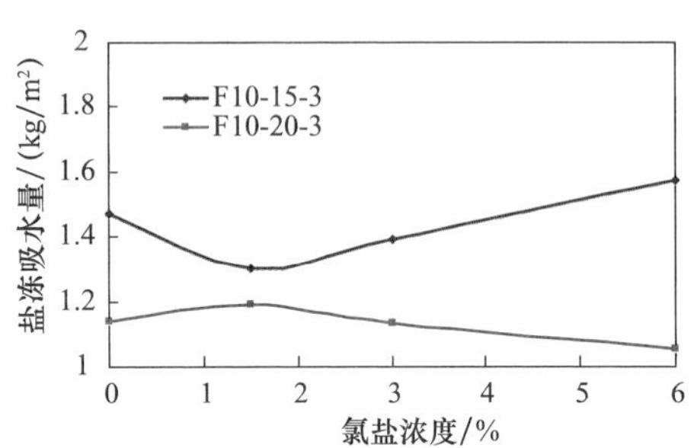

图 9.13　混凝土盐冻吸水量随氯盐浓度的变化情况（冻融循环次数为 25 次）

6. 冻融循环次数对混凝土盐冻剥蚀的影响

图 9.14 所示为不同氯盐浓度下混凝土盐冻剥蚀量随冻融循环次数的变化情况。随着冻融循环次数的增加，混凝土试件盐冻剥蚀量也相应增加，而且呈现两个典型阶段的破坏发展规律[3]，即最初几个冻融循环其盐冻剥蚀量增长缓慢，随后剥蚀加剧。在两阶段中，盐冻剥蚀量近似呈线性增加。在第 1 批试验中，混凝土试件在最后 5 次循环中盐冻剥蚀量显著增加，表现为较明显的非线性，尤其当氯盐浓度为 3% 时，试件盐冻剥蚀量迅速增加，并远超过了 CDF 试验方法规

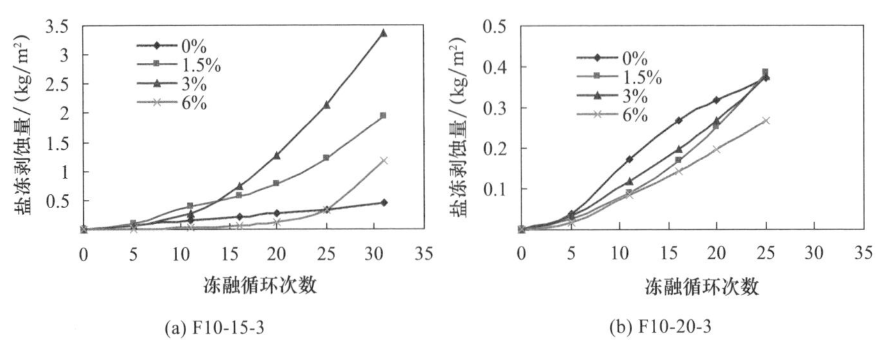

图 9.14　不同氯盐浓度下混凝土盐冻剥蚀量随冻融循环次数的变化情况

定的 1.5kg/m^2 的临界破坏值。这主要是由于此时试件的粗骨料开始脱落及四周环氧树脂开始剥离，并伴有边角处侧面浆体剥落等。

7. 氯盐浓度对混凝土盐冻剥蚀的影响

图 9.15 给出了氯盐浓度对混凝土盐冻剥蚀量的影响情况。由图 9.15（a）可以看到，在第 1 批试验中，盐冻破坏较好地表现出中低浓度破坏现象，与图 9.15（b）所示的试验现象相近；而在第 2 批试验中，盐冻剥蚀量在各氯盐浓度条件下基本相同，中低浓度破坏现象不明显。中低浓度破坏现象意为当盐溶液浓度在中低范围内时，盐冻剥蚀破坏较大，尤其在 3% 左右时最严重。针对该破坏特征，大部分学者认为，这是盐溶液对混凝土冻融破坏存在着有利和不利两方面影响的结果。有利影响包括降低冰点[4]和减少孔隙溶液中的含水量等[5]；不利影响主要是增加混凝土饱水度[6]和提高浓度梯度等[7]。杨全兵[8]通过研究认为，氯盐的存在改变了水的结冰特性。从前面混凝土试件吸水试验数据看，氯盐对混凝土饱水度影响还不明确，至少不明显。

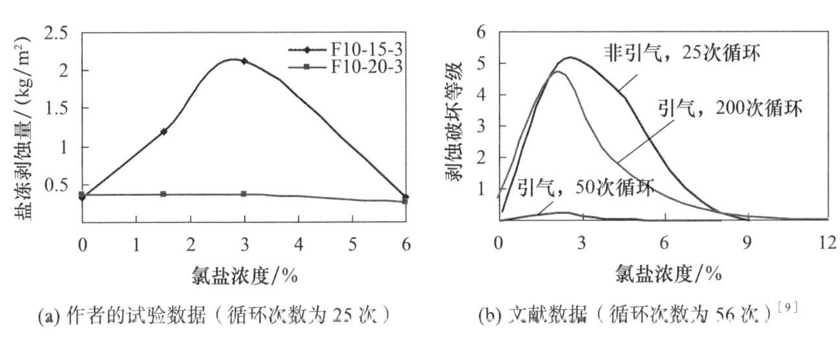

图 9.15　氯盐浓度对混凝土盐冻剥蚀量的影响

8. 最低温对混凝土盐冻破坏的影响

冻融循环中的最低温被认为是影响混凝土盐冻破坏最为重要的因素，因为它会影响混凝土孔隙水的冻结量。温度越低，冻结量及发生冰冻的孔隙就越多，盐冻破坏也将越大。图 9.16 所示为最低温对混凝土盐冻剥蚀量的影响。从图中可看出，文献［10］数据反映的变化规律能较好地与我们通常的认识相吻合，而作者试验数据表现出完全相反的规律，并且在氯盐浓度为 1.5% 和 3% 时尤甚。对应于最低温为－15℃和－20℃的试验工况为第 1 批和第 2 批试验。从先前的试验结果分析可知，第 1 批试件的力学性能稍好于第 2 批，而吸水量较第 2 批试件有较大增加。虽然吸水量与混凝土试件饱水度不存在很好的数量关系，但试件吸水量多在一定程度表明其饱水度相应也高，而且试件吸水增加了，在同样温度下，其可冻水一般也将增多。因此，吸水量的不同在一定程度上解释了这种异常试验现象。对应于这一异常试验现象，更深层的原因很可能是混凝

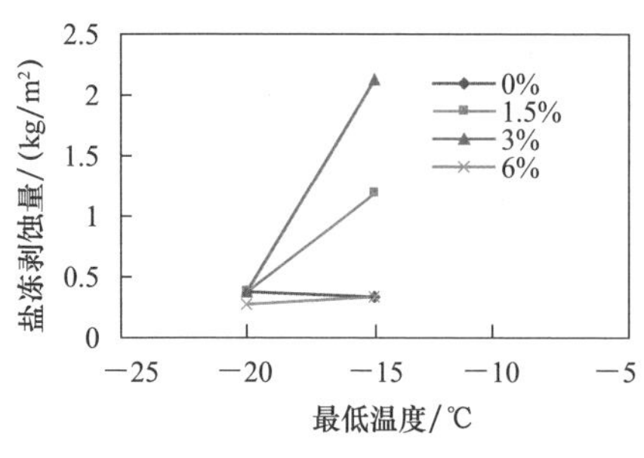

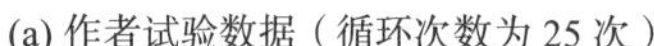
(a) 作者试验数据（循环次数为 25 次）

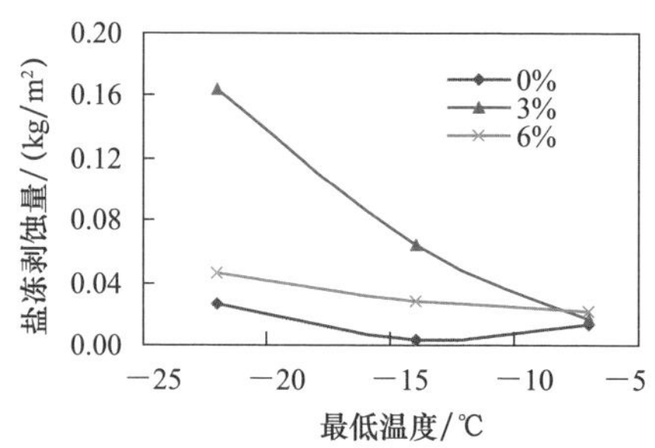

(b) 文献数据（w/c=0.4，循环次数为 56 次）[10, 11]

图 9.16　最低温对混凝土盐冻剥蚀量的影响

土性能的差异，而且主要因素应该是混凝土的孔隙特性，包括孔隙率和孔隙分布情况。当孔隙率较低且孔隙分布较合理时，混凝土的抗盐冻性能将有很大提高。孔隙尤其是大毛细孔少时，混凝土吸水将减少，冻融循环过程可冻水相应也降低；另外，当混凝土内均匀分布着小孔特别是密闭气泡时，这些小孔将在冻结过程中起到“泄压”作用，从而降低盐冻破坏，目前通行的混凝土引气便是基于这个道理。

9. 混凝土中的氯盐侵蚀

图 9.17 所示为不同冻融循环次数下混凝土内部氯盐的分布情况（当剥蚀量较大时，氯盐侵蚀深度相应地增加了剥蚀层厚度）。由图 9.17 可知，在第 1 批试验（F10-15-3）中，氯盐分布在 20 次冻融循环时有较大增长，其后基本趋于稳定；而在第 2 批试验（F10-20-3）中，各冻融循环次数条件下，混凝土氯盐分布基本趋同，没表现特别差异。前面在分析混凝土吸水量时，已经了解到两批试件吸水量的增加分别在第 20 次冻融循环和第 10 次冻融循环时逐渐变缓，这与此处氯盐分布随冻融循环次数变化规律有较好的对应关系。由此可推断，在盐冻条件下，混凝土氯盐含量的提高主要由混凝土吸水量增加而产生；另外，由图 9.17 可以看出，氯盐分布的差异主要集中在 0～10mm 深度处，因而可大致推断混凝

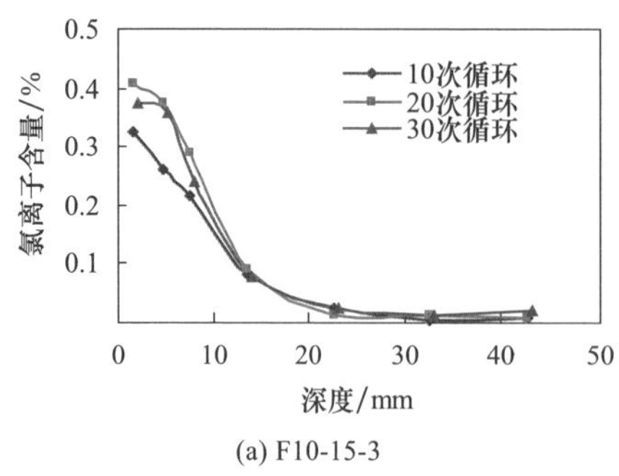

(a) F10-15-3

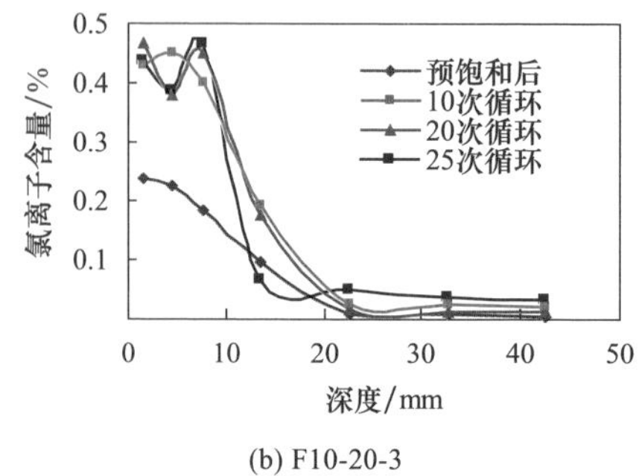

(b) F10-20-3

图 9.17　不同冻融循环次数下混凝土内部氯盐的分布情况

土吸水量的增加主要影响测试面附近混凝土的饱水度。

从图 9.17（b）中可以看出，在开始盐冻后的 10 次循环里，氯盐分布较预饱和阶段提高了近 1 倍，其增加主要集中在 0～20mm 深度处。Ababneh[12]在试件上表面设置浓度为 8% NaCl 测试液进行冻融循环，并测得冻融循环对氯盐侵蚀的影响情况（图 9.18），其氯盐分布在所有深度上均有很大增加，产生这种差异的原因尚不清楚。一种可能的解释是，在盐冻试验中，冻融循环大大增大了测试面附近混凝土的饱水度，从而极大地提高了表层的氯盐含量；另外，盐冻一般不会使内部混凝土产生较大损伤，对氯离子表观扩散系数影响较小，而且由于渗透时间较短，氯盐重分布不明显。在文献［12］中，其冻融循环次数达 400 次，总时间为 100d，氯盐侵蚀时间明显高于本试验情况，而且文献中提到在试件侧面和底面有较宽裂纹。

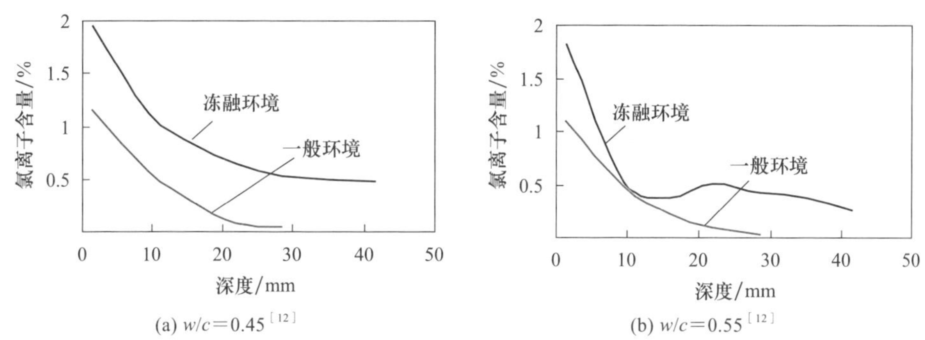

图 9.18　冻融循环对氯盐侵蚀的影响（冻融循环次数为 400 次）

9.2　混凝土盐冻破坏机理

由于盐溶液的吸湿性和保水性，在一定湿度条件下，混凝土饱水度将有很大提高；同时，如果混凝土表面存在盐溶液，降温会使混凝土孔内形成负压，从而使混凝土饱水度有显著提高，其作用远超过毛细作用。另外，盐的存在将降低溶液的冰点，减少混凝土内的可冻水，同时改变冰晶的结冰特性，使冰晶压缩性、膨胀率及强度都有较大改变。这些影响有的对混凝土抗冻有利，另一些则对混凝土抗冻不利，其相互作用和耦合产生了盐冻的各种破坏特性。本节将从混凝土孔结构、饱水度、孔溶液冰结和孔隙压力计算等方面就盐冻破坏机理进行分析。

盐冻试验采用单面接触方式，其传热和导湿近似为一维，从测试接触面起，混凝土试件内部同时存在温度梯度、饱水度梯度及氯盐浓度梯度。在测试面附近各场的耦合作用最为不利，盐冻破坏分层剥蚀也能很好地说明这一特征，因而盐冻破坏分析主要集中在测试面附近 20mm 范围。

9.2.1 混凝土孔结构分析

混凝土属于多孔材料，因而其性能，包括强度、渗透性及抗冻性等，均与孔的结构和特性有很大关系。混凝土中孔径分布范围很广，从几纳米到几毫米。根据孔径及孔隙的连通性，混凝土中孔隙可分为凝胶孔、毛细孔及密闭气泡等，图 9.19 所示为混凝土中孔结构的示意图。

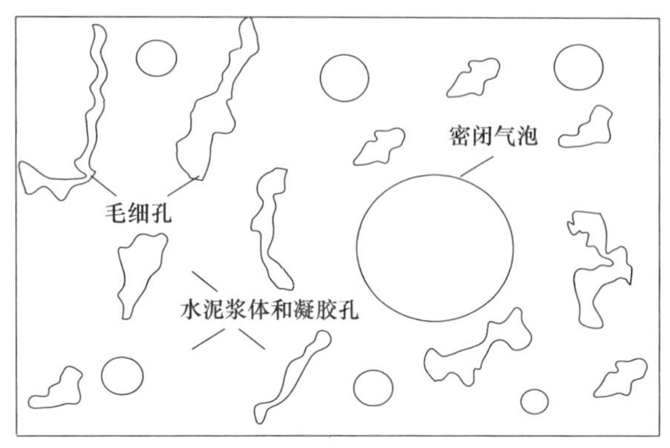

图 9.19 混凝土中孔结构的示意图

凝胶孔由水泥水化产生的化学收缩造成，是水化水泥颗粒间的过渡区间，孔径为 1～30nm。凝胶孔中的水分子物理吸附于水化水泥浆体表面，温度在达到－70℃时仍不会冰结，因而可认为其为无害孔。

毛细孔是未水化水所填充的空间，占水泥浆体的 0～40%，形状多样，其孔径因水灰比和水化程度的不同而在一个较大范围内波动，一般为 0.01～30μm。毛细孔一般相互连通，对混凝土渗透性的影响最大，是混凝土冻害的主要内在因素。

气泡是在混凝土振捣搅拌过程中引入的孔隙，通过引气剂可以增加气泡形成数量并改变其特性。气泡一般呈密闭球状，且没有毛细孔与之相通，孔径为 25～500μm。气泡往往不易充满水，仅在长期浸泡下可能饱和，而在受冻时还有“缓冲卸压”作用，因此，虽然气泡会降低混凝土强度，但其可以显著提高混凝土抗冻性。

9.2.2 混凝土饱水度分析

无论是普通冻融破坏还是盐冻破坏，其破坏退化过程都首先应该是混凝土不断饱水过程。随着饱水度的不断提高，孔溶液相变引起的膨胀压及孔溶液的固、液、气三相共存平衡关系引起的蒸汽压和渗透压等也相应提高，最终可能导致混凝土的破坏和性能退化。混凝土饱水一般由毛细作用引起，而且可能受干湿循环等作用影响。但在盐冻过程中，除毛细作用外，冻融循环作用及孔内盐溶液均对混凝土饱水度有很大影响。

1. 冻融循环对混凝土饱水度的影响

在冻融循环条件下，溶液在混凝土中的传输可能不再是毛细作用占主导，而主要由冻融循环作用引起。Fagerlund[6, 7]和 Setzer[13]都曾指出，冻融循环过程是混凝土不断饱水进而发生破坏的过程。冻结过程中的冷缩和融化过程的湿胀导致了饱和作用的发生，冻融循环过程就好像产生一个亚微观结构的泵导致饱和作用的发生，并远超过等温条件下的毛细作用[14]。此时，混凝土的超毛细饱水主要受静水压、“结冰吸水”及压缩空气的溶解和扩散等影响。

杨全兵[2]分 3 个阶段较详尽地解释冻融循环在溶液内渗中起的作用。第一阶段为收缩吸入阶段。在降温过程中，孔隙溶液收缩形成较大负气压，使外部溶液向混凝土内部迁移。第二阶段为结冰膨胀迁移阶段。混凝土表层孔溶液首先结冰，而内部的孔隙溶液处在冰水共存阶段。当孔内的饱水度低于产生结冰压的临界饱水度前，在蒸汽压差和浓度差的共同作用下，周围未冻水向表层结冰的孔内迁移；当孔内饱水度超过临界饱水度时，就将产生结冰膨胀压，它将使部分未冻溶液向混凝土内部迁移，直至孔隙内溶液全部结冰。第三阶段为融化平衡阶段。在结冰压和空气膨胀压共同作用下，混凝土部分失水，直到内外温度平衡。与冻前相比，由于部分空气被排除，同时部分吸入溶液被压入混凝土内部，最终混凝土饱水度提高。

作者的试验研究表明，在冻融循环过程中，混凝土的吸水量确有显著增加，如图 9.20 所示。混凝土的平均饱水度（混凝土吸水量体积与孔隙总体积之比）在毛细吸水过程中随时间增加而渐趋缓和，但冻融循环开始后混凝土吸水又陡然增加，因而可以看出冻融循环增大了混凝土饱水度，同时可能增加了混凝土发生饱水的孔隙范围，一些密闭气泡也开始充水饱和。

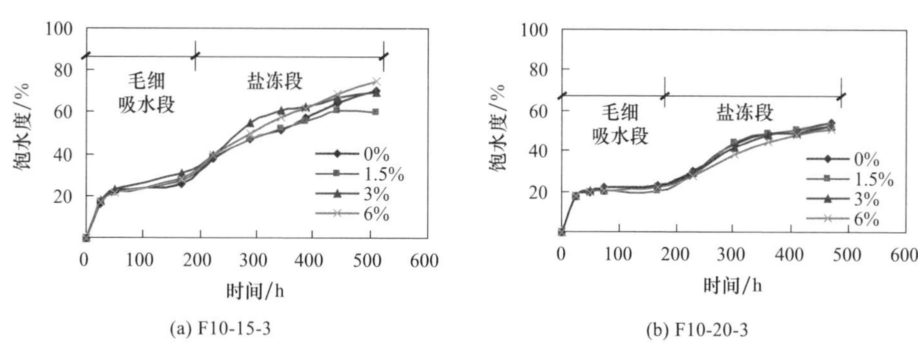

图 9.20　混凝土平均饱水度随时间变化规律

2. 盐溶液对混凝土饱水度的影响

在一般条件下，盐溶液对混凝土饱水度的影响主要是由盐溶液的吸湿性及保湿性引起的。由于盐溶液饱和蒸汽压较纯水小，且随溶液浓度增加其差值增大，盐溶液普遍存在吸湿性，即大气相对湿度一定时，盐溶液将吸收更多水分。根据乌拉尔定理，不挥发物质在挥发性溶剂中促使溶剂气压的降低值可表示为式（9.4）[4]。

$$\Delta p = p_A^0 - p_A = p_A^0 N_B \tag{9.4}$$

式中，p_A^0、p_A 分别为纯溶剂和溶液的蒸汽压；N_B 为溶质的摩尔浓度。

当溶质为电解质时，由于电离作用，蒸汽压下降更多。不同盐类对蒸汽压的降低值不同，其吸水数量和速度也各异；同时，空气的相对湿度对盐的吸湿性也有较大影响，相对湿度越大，吸水越快。表 9.10 列举了几种常见盐溶液的饱和蒸汽压。

表 9.10　几种常见盐溶液的饱和蒸汽压[4]　　（单位：kPa）

盐溶液	25℃时饱和溶液蒸汽压	盐溶液	25℃时饱和溶液蒸汽压
NaCl	2.4	$MgCl_2$	1.01
$CaCl_2$	0.93	纯水	3.17

关于盐溶液对混凝土饱水度的影响，国内外学者都做了相关研究。杨全兵[15]在常温条件下通过在毛细管吸水平衡法和失水平衡法的试验中测定试件的饱水度研究溶液浓度对饱水度的影响。对于毛细管吸水法，NaCl 浓度越高，混凝土内部毛细饱水越加明显，混凝土的吸水速度和达到平衡饱水度的时间越快；对不同湿度环境中的失水试验，随着 NaCl 浓度提高，混凝土内部平衡饱水度增大，混凝土的失水速度减慢，达到失水平衡的时间变长。国外的 Macinnis 等[16]在较早时也做过相关研究，其设置的环境相对湿度较低，未发现氯盐浓度对混凝土吸水量有特别影响。造成这种差异可能的原因是，在整个盐冻试验中，试件一直与测试液接触，不存在干燥失水，氯盐保水性影响削弱，因而对混凝土饱水度影响也降低。

临界饱水度理论认为，当混凝土浸泡时间变长，所受冻融循环次数增加时，密闭气泡的饱水度会相应增加，从而增大平均气泡间距。氯盐对盐冻破坏主要的不利影响可能就在于会加速密闭气泡的饱水速度，从而增加平均气泡间距和静水压力。该推断基于以下事实：氯盐会降低孔隙溶液的饱和蒸汽压，而且会使气泡内部溶液与周围毛细孔溶液形成浓度梯度，氯盐存在还可能产生薄膜效应。另外，试件表层溶液不仅提高了混凝土毛细饱水度，而且其起始结冰时间会因氯盐浓度提高而推迟，进而可能增加密闭气泡的饱水度。

9.2.3　孔隙溶液冰结分析

多孔材料中孔隙水的冰结情况与一般体积水相同，均形成第 I 类冰，冰晶结构为等边六角形，密度和物理特性相同，而且体积都膨胀 9%。另外，由于孔内表面作用力及溶解质的存在，孔隙溶液冰点有较大降低。

1. 纯水的相图分析

纯水的三相图如图 9.21 所示，整个系统相图被 3 条曲线划分为 3 个相区，即

cob、*coa* 和 *boa*，分别表示冰、水、气的 3 个单相区。在单相区内，温度和压力都可在相区范围内独立变化而不会引起旧相的消失或新相的产生。将 3 个单相区分开的 3 条界线代表了系统中的二相平衡状态，*oa* 表示水气二相平衡共存，是水的饱和蒸汽压曲线（蒸发曲线）；*ob* 表示冰气二相平衡共存，是冰的饱和蒸汽压曲线（升华曲线）；*oc* 表示冰水二相共存，是冰的熔融曲线。曲线 *ob* 斜率大于 *oa* 是水的摩尔升华焓大于其摩尔蒸发焓的缘故。在这 3 条界线上，温度和压力只有一个是独立变量，当一个参数独立变化时，另一个参数必须沿曲线变化，而不能任意改变，才能维持原有的二相平衡，否则就要造成某一相的消失。3 个单相区，3 条相界线会聚于 *o* 点，*o* 点为三相点，反映了系统中冰、水、气的三相平衡共存状态。三相点的温度和压力都是固定的，其数值分别为 0.01℃和 610.5Pa，要保持系统的三相平衡共存状态，系统的温度和压力都不能有任何变化，否则系统的状态点就会离开三相点，进入单相区或界线，从三相平衡状态变为单相或二相平衡，即从系统中消失一个或两个旧相。三相点不同于通常说的冰点（即冰水平衡温度），而且由于空气的少量溶解，相对三相图中纯水的凝固点有所下降。*oa* 线超出三相点的虚线部分表示水在低于三相点时仍能以过冷液态存在，保持气液平衡状态，它由冰晶核形成受阻所致。表 9.11 列出了纯水在不同压力下的凝固点，表 9.12 则给出了纯水和冰在不同温度下饱和蒸汽压。

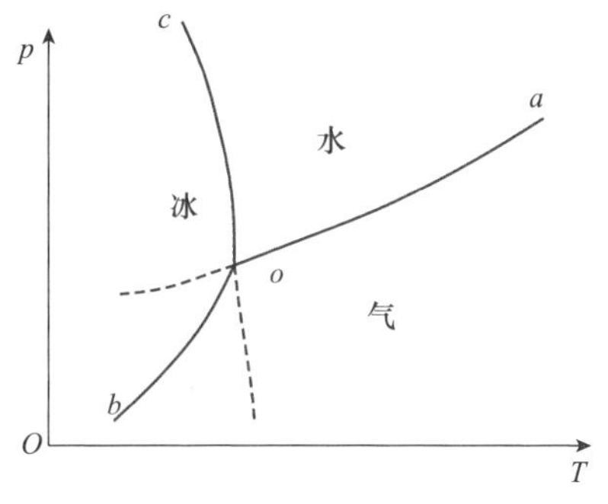

图 9.21　纯水的三相图

表 9.11　纯水在不同压力下的凝固点

压强 /Pa	凝固点 /℃	压强 /Pa	凝固点 /℃	压强 /Pa	凝固点 /℃
610.5	0.01	59.8×10^6	−5.0	156.0×10^6	−15.0
101325	0.0025	110.4×10^6	−10.0	193.5×10^6	−20.0

表 9.12　纯水与冰在不同温度下的饱和蒸汽压

温度 /℃	纯水的饱和蒸汽压 /Pa	冰的饱和蒸汽压 /Pa	温度 /℃	纯水的饱和蒸汽压 /Pa	冰的饱和蒸汽压 /Pa
−25	—	63.5	−10.0	285.7	260.0
−20	—	103.5	−5.0	421.0	401.7
−15	190.5	165.5	0.0	610.5	610.5

2. 孔径对水冰结的影响

研究表明[17]，由于孔隙水和孔壁间相互作用及未冻水表面张力等作用，孔隙水冰点随孔径减小而降低。应用热力学理论，考虑水的多相平衡，可以得到孔隙水冰点下降规律，如式（9.5）所示。

$$T-T_0=\frac{2v_i\sigma_{ij}}{r_i\Delta s} \tag{9.5}$$

式中，T_0、T 分别初始冰点和下降后的冰点；Δs 为冻结过程中的熵变；v_i 为水或冰的摩尔体积；σ_{ij} 为两相界面的表面张力；r_i 为固相或液相的弯曲半径。

当水处于三相共存时，水的冰点则由不同相之间界面曲率的相互平衡决定，且冰结过程取决于固－液、固－气和液－气这 3 种界面各自的作用大小。一般而言，采用液－气界面模型能更好预测冰点的下降情况，而采用固－液界面模型对融点的计算更适用。当冰结由固－液界面控制时，孔隙水的冰点下降满足式（9.6）。

$$T-T_0=\frac{2v_s\sigma_{sl}}{r_s\Delta s} \tag{9.6}$$

式中，v_s 为冰的摩尔体积；σ_{sl} 为冰晶与液态水界面的表面张力；r_s 为冰晶半径，一般假设其等于孔隙半径 r_p 减去吸附水层厚度 δ。

当冰结由液－气界面控制时，孔隙水的冰点下降满足式（9.7）。

$$T-T_0=\frac{2v_l\sigma_{lv}}{r_{lv}\Delta s} \tag{9.7}$$

式中，v_l 为液态水的摩尔体积；σ_{lv} 为液态水和气态水间界面的表面张力；r_{lv} 为液－气界面的曲率，在圆柱体孔中 r_{lv} 可由孔隙半径 r_p 和液态水与孔壁的接触角 θ 确定，$r_{lv}=(r_p-\delta)/\cos\theta$。由于 σ_{lv} 较 σ_{sl} 大得多，当液－气界面控制冰结时，冰点下降更多。

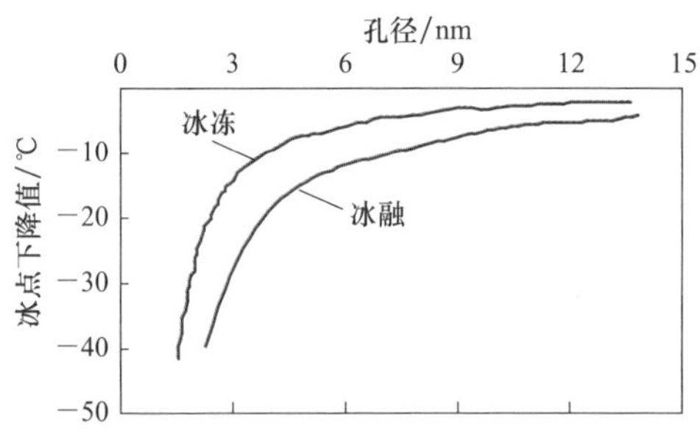

图 9.22　纯水冰点随孔径的变化情况[18]

纯水冰点随孔径的变化情况如图 9.22 所示。

对于饱水混凝土，其孔溶液冰点一般由固－液界面控制。据文献［19］报道，为了方便应用，Matala 在其博士论文中给出了－60～0℃范围内，孔隙水冰点 T 和孔隙半径 r_p（nm）的回归计算公式，如式（9.8）所示。

$$r_p=0.584+0.0052T-\frac{63.46}{T} \tag{9.8}$$

3. 盐对水冰结的影响

在恒压下，当溶质溶解在溶剂中后，在某一浓度范围内会降低其冰点，而且溶质浓度越大，凝固点降低越多。在某一浓度时将有一个最低的冰点，称为共熔点。当溶液的浓度低于共熔点时的浓度时，则在比其高的温度下开始冻结。冻结的只是溶剂，而随着溶剂的冻结，溶液的浓度相应增大，从而进一步降低冰点，直到其浓度达到与共熔点相应的温度时冻结才完毕。3 种常见盐溶液的共熔点：NaCl 为−21.2 ℃，$MgCl_2$ 为−32.8 ℃，$CaCl_2$ 为−50.9 ℃，图 9.23 显示的是这 3 种溶液冰点随各自浓度的变化曲线[4]。

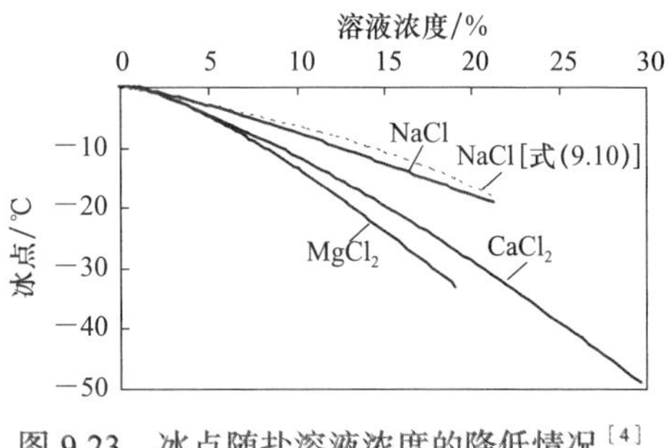

图 9.23　冰点随盐溶液浓度的降低情况[4]

NaCl 溶液的冰点 T_m 与溶液浓度 W 的关系可近似表示为式（9.9）[20]。

$$T_m = iK_f W \tag{9.9}$$

式中，K_f 为与溶质质量无关的溶剂的冰点降低常数，水的降低常数等于 1.86℃；W 为溶液的浓度；i 为大于 1 的经验系数。

NaCl 溶液的冰点 T_m 也可按式（9.10）近似计算[20]。

$$T_m = -0.5948W + (-0.00058275)W^2 + (-0.0005436)W^3 \tag{9.10}$$

氯盐的存在不仅降低了水的冰点，而且会影响冰晶特性。由于氯盐不会冰结，在达到共熔点（−21.2℃）之前，氯盐将以盐水形式被冰晶包裹。因此，由盐溶液形成的结冰体将存在缺陷，从而使其力学性能及膨胀系数发生改变。表 9.13 所列为不同浓度下结冰体的物理力学特性。

表 9.13　不同浓度下结冰体的物理力学特性[20]

氯盐浓度 /%	弹性模量 /MPa	抗拉强度 /MPa	结冰膨胀率 /%
0	10000	2.5	9.21
1	8460	1.21	—
3	6650	0.48	—
4	—	—	8.3
7	4160	0.05	—
10	—	—	4.1
12	2230	0.01	—
20	—	—	0.75

4. 孔径和溶解质对水冰结的耦合影响

由于同时受浓度和孔径大小影响，孔中溶液冰点会更低。图 9.24 显示了自由溶液冰点随浓度的变化情况，以及相同浓度浸泡混凝土中孔溶液开始结冰的温度值（根据试件发生膨胀时的温度确定）。由图 9.24 可知，相较于自由溶液，在各浓度情况下，孔溶液开始结冰温度平均下降5.5℃，在高浓度处下降程度变小，只有3℃左右。这可能是由于渗透不完全，孔内溶液未能达到外部溶液浓度[16]。另一种合理解释为，盐的存在不仅改变了纯水的特性，还改变了溶液与孔隙间的表面作用力，在溶液浓度较低时这种叠加作用明显，而在高浓度时两者叠加效果变弱，因此曲线变得平缓。图9.25所示为浸泡混凝土的比热容测定曲线。由图可知，第一个冰结峰值位置明显向低温迁移，在−20～0℃溶液的结冰量也有小量减少，位于−45℃附近的第二个冰结峰值有减弱[18]。

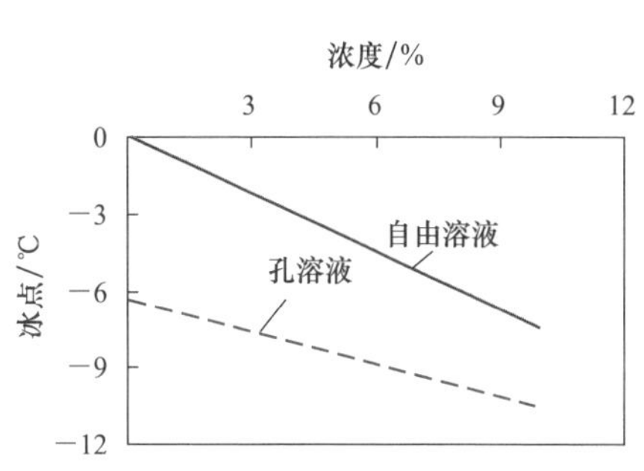

图9.24 NaCl自由溶液和孔溶液冰点随浓度的变化情况[16]

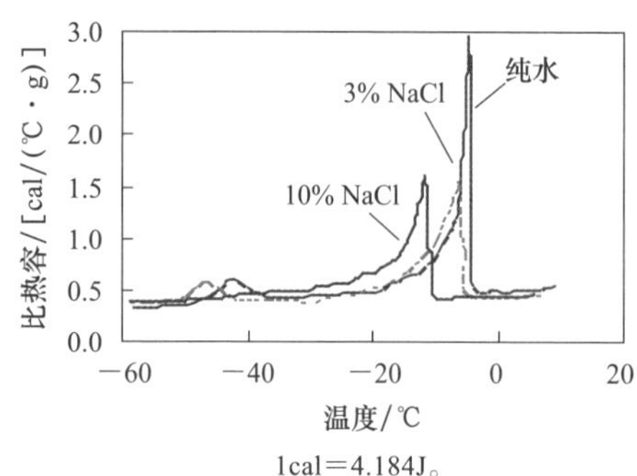

图9.25 浸泡混凝土的比热容测定曲线[18]

9.2.4 盐冻中混凝土的孔隙压力计算

混凝土受盐冻作用而发生剥蚀破坏归根到底是孔溶液相变产生了孔隙压力，从而使混凝土受到拉应力，最终使混凝土受损破坏。孔隙水相变产生应力的主要原因是水冰结时体积会膨胀，以及孔溶液的热力失衡会形成势差。孔隙水冰结膨胀可能直接与孔壁接触而产生膨胀压，另外也可能推动未冻孔隙水迁移从而产生静水压；热力失衡则会产生冰晶，其直接导致作用于孔壁的结冰压及推动未冻水迁移的渗透压。静水压和渗透压的产生均与达西定律有关，而膨胀压和结冰压最终在混凝土内产生环向应力。

由纯水三相图可以看出，冰水饱和蒸汽压差数值相差较小不足引起较大破坏，同时氯盐浓度梯度差所导致的渗透压也较小，因而在盐冻中混凝土孔隙压力计算中忽略这两种压力，而只涉及计算静水压和结冰压，试验条件也较好地满足该假设。以下将从计算结冰量、静水压和结冰压3部分来推导计算孔隙压力。

1. 混凝土孔隙水结冰量计算

由前面分析可知，不考虑过冷现象时，孔隙水冰点与孔隙半径有较好的对应关系，对于饱水情况可由式（9.8）计算获得，通过压汞试验确定孔隙分布，因而可以按照式（9.11）计算各温度T下孔隙水的结冰率w_f。

$$w_f(T)=\int_{r_p^0}^{r_p^T}\frac{d\varphi(r_p)}{dr}\left[1-v(r_p)\right]dr \tag{9.11}$$

式中，r_p^0、r_p^T分别为温度为 0℃、T℃时孔隙水结冰与否的临界孔径；$\varphi(r_p)$为单位体积水泥浆体中所含孔隙体积，m^3/m^3；$v(r_p)$为吸附水体积。

假设孔隙为球体，则吸附水体积可近似按式（9.12）计算。

$$v(r_p)=1-\left(1-\frac{\delta}{r_p}\right)^3 \tag{9.12}$$

式中，δ为孔隙吸附水层厚度，可近似表示为$\delta=1.97\sqrt[3]{1/|T|}$。

将式（9.12）代入式（9.11）可得混凝土孔隙水的结冰率公式，如式（9.13）所示。

$$w_f(T)=\int_{r_p^0}^{r_p^T}\frac{d\varphi(r_p)}{dr}\left(1-\frac{\delta}{r_p}\right)^3 dr \tag{9.13}$$

由于压汞测定的孔隙分布曲线是非连续的，可以应用数值方法计算结冰率。首先应用式（9.8）确定一定温度条件下结冰孔隙的孔径范围，再由孔隙分布曲线计算结冰孔隙的体积，减去各自吸附水体积后便可以得到一定温度条件下的结冰量。对于不同浓度的测试溶液，分别考虑盐溶液浓度对冰点的影响，计算起始结冰温度；同时由于溶液冰结过程中浓度会提高，根据式（9.10）确定各温度下未冻溶液浓度 W_T，则各温度下孔溶液的冰晶体积分数ξ可由式（9.14）确定。累计结冰率则由式（9.15）计算得到。

$$\xi=1-W_0/W_T \tag{9.14}$$

式中，W_0为初始孔溶液浓度（等于测试溶液浓度）；W_T为温度达到T℃时未冻溶液浓度。

$$w_{Wf}(T)=\xi w_f(T) \tag{9.15}$$

图 9.26 所示为不同温度下混凝土孔隙溶液的累计结冰率曲线。

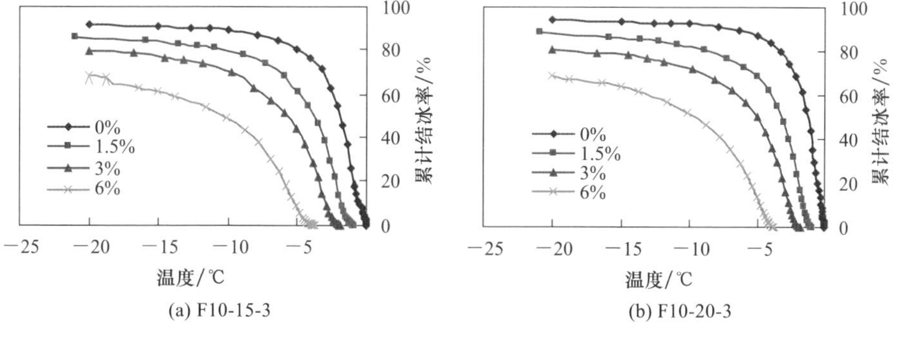

图 9.26　不同温度下混凝土孔隙溶液的累计结冰率曲线

2. 基于静水压的孔隙压力计算

由于试验中所用混凝土水灰比较高，孔隙率和孔径也均较大，而且混凝土渗透系数较大，膨胀压不适用。水冰结体积膨胀引起的压力主要基于达西定律，考虑孔隙溶液迁移，从而对孔隙壁产生静水压。

1）静水压的计算推导

根据 Powers 静水压模型，混凝土水泥浆体的基本单元由半径为 r_b 的气泡和气泡周围厚度为平均气泡间距 $\overline{L}$ 的水泥浆体组成，如图 9.27 所示。当孔隙水结冰引起体积膨胀时，未冻孔隙溶液向气泡中迁移，应用达西定律可以计算静水压，如式（9.16）所示。

$$\frac{\mathrm{d}P}{\mathrm{d}r}=-\frac{\eta}{K}u \tag{9.16}$$

式中，P 为孔隙所受静水压，Pa；r 为孔隙溶液渗透距离，m；η 为孔隙溶液的黏滞系数，Pa·s；K 为硬化水泥浆体的渗透系数，m^2；u 为孔隙溶液的流动速度，m/s。

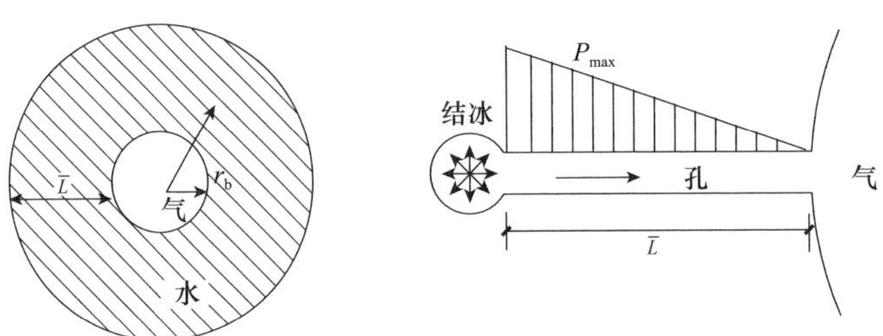

图 9.27　静水压计算模型

当孔隙水冰结时，未冻孔溶液通过半径为 r 的单位球面流速可按式（9.17）计算。

$$u=\varphi\frac{1}{4\pi r^2}\frac{\mathrm{d}V}{\mathrm{d}t}=0.03\varphi\frac{\mathrm{d}w_f}{\mathrm{d}t}\left[\frac{(\overline{L}+r_b)^3}{r^2}-r\right] \tag{9.17}$$

式中，φ 为盐溶液浓度对结冰膨胀率的影响系数；$\overline{L}$ 为平均气泡间距，m；$\mathrm{d}V$ 为结冰引起的体积变化，m^3；$\mathrm{d}w_f/\mathrm{d}t$ 为结冰速率，m^3/s。

将式（9.17）代入式（9.16），两边从 r_b 到 r 积分，得到距气泡中心 r 处的静水压 $P(r)$，如式（9.18）所示。

$$P(r)=0.03\varphi\frac{\eta}{K}\frac{\mathrm{d}w_f}{\mathrm{d}t}\left[\frac{(\overline{L}+r_b)^3}{r_b}+\frac{r_b^2}{2}-\frac{(\overline{L}+r_b)^3}{r}-\frac{r^2}{2}\right] \tag{9.18}$$

2）静水压的实例计算

盐溶液浓度对结冰膨胀率的影响系数 φ 根据杨全兵[8]的相关各氯盐浓度下溶液的膨胀率除以纯水的结冰膨胀率计算得到，计算结果如表 9.14 所示。

表 9.14　溶液浓度对结冰膨胀率的影响系数

浓度 /%	φ	浓度 /%	φ
0	1	3	0.949
1.5	0.995	6	0.772

孔溶液的结冰速率 $\mathrm{d}w_f/\mathrm{d}t$ 可由单位温度变化引起的结冰率变化 $\mathrm{d}w_f/\mathrm{d}T$ 与降温速率 $\mathrm{d}T/\mathrm{d}t$ 的乘积计算。$\mathrm{d}T/\mathrm{d}t$ 为混凝土内部降温速率，对 F10-15-3 和 F10-20-3 取试验值 8.0℃ /h，即 2.22×10^{-3}℃ /s。$\mathrm{d}w_f/\mathrm{d}T$ 则可以取计算得到的累计结冰率曲线（图 9.26）的斜率，为了计算方便，取 5℃为一个温度区间，并用割线斜率代替，计算结果如表 9.15 所示。

表 9.15　各温度区间内的 $\mathrm{d}w_f/\mathrm{d}T$ 值

试验工况	氯盐浓度 /%	$\mathrm{d}w_f/\mathrm{d}T$/（%/℃）			
		−5～0℃	−10～−5℃	−15～−10℃	−20～−15℃
F10-15-3	0	19.15	2.23	0.46	0.16
	1.5	18.28	2.85	0.72	0.18
	3	17.12	3.83	0.74	0.37
	6	2.38	17.80	1.42	0.35
F10-20-3	0	20.01	1.27	0.21	0.13
	1.5	19.51	1.76	0.31	0.14
	3	19.45	2.56	0.39	0.14
	6	13.13	8.5	0.77	0.14

水的动力黏滞系数 η 随温度的降低而增加，水在不同温度下的动力黏滞系数如表 9.16（部分数据外推得到）[21] 所示；考虑水泥浆体中，水的黏滞性差异，引入饱水浆体中水的相对黏度，根据文献资料水灰比为 0.53 时，混凝土相对黏滞系数约为 0.395，故可近似计算各温度下孔隙水的黏滞系数 η'，其值如表 9.16 所示。另外，氯盐浓度对孔隙溶液的黏滞系数也存在影响，对应于试验所用溶液浓度 1.5%、3% 和 6%，文献［11］给出温度在 20℃时其相对黏滞系数分别为 1.028、1.05 和 1.1。

表 9.16　水在不同温度下的动力黏滞系数

温度 /℃	η/（10^{-3}Pa·s）	η'/（10^{-3}Pa·s）	温度 /℃	η/（10^{-3}Pa·s）	η'/（10^{-3}Pa·s）
0	1.798	0.71021	−15	3.200	1.264
−5	2.147	0.848065	−20	3.916	1.429
−10	2.614	1.03253	—	—	—

混凝土中水泥浆体的渗透系数与水灰比和毛细孔隙率密切相关，Powers 曾给出水泥石渗透系数与其毛细孔隙率的经验关系式，孔隙率为 0.1～0.35 时，可

按式（9.19）计算。由压汞试验测得工况 F10-15-3 和 F10-20-3 中所用试件砂浆的渗透系数分别为 $41.14\times10^{-21}m^2$ 和 $80.35\times10^{-21}m^2$，计算时取实测值。

$$K=3.550\phi^{3.6}\times10^{-18} \tag{9.19}$$

气泡半径 r_b 和气泡间距未测得，而引气混凝土的气泡含量较稳定，因此引用文献［21］中相近水灰比未引气混凝土数据，r_b 取 155μm，$\overline{L}$ 设为 945μm。前面的分析假定氯盐浓度会通过饱和蒸汽压、浓度梯度和薄膜效应等影响混凝土密闭气泡的饱水度，从而提高混凝土平均气泡间距，据此将测试溶液浓度为 1.5%、3% 和 6% 时的平均气泡间距分别调整为 1000μm、1100μm 及 1150μm。

将各参量数值代入静水压理论计算式（9.18），可得到相应的最大静水压力值，如表 9.17 所示。

表 9.17　不同温度范围和氯盐浓度下最大静水压力

试验工况	氯盐浓度 /%	最大静水压力 /MPa			
		−5～0℃	−10～−5℃	−15～−10℃	−20～−15℃
F10-15-3	0	0.1784	0.0253	0.0064	0.0025
	1.5	0.2040	0.0387	0.0120	0.0034
	3	0.2436	0.0664	0.0157	0.0089
	6	0.1228	0.1926	0.0262	0.0074
F10-20-3	0	0.0954	0.0074	0.0015	0.0010
	1.5	0.1115	0.0122	0.0026	0.0013
	3	0.1417	0.0227	0.0042	0.0017
	6	0.0925	0.0729	0.0081	0.0017

3. 基于结冰压的孔隙压力计算

基于孔隙溶液冰结膨胀可以计算混凝土在冻融过程受到的静水压，而从热力学角度出发，研究冰晶和未冻溶液间表面能的热力学平衡则可定量计算孔隙壁所受到的结冰压。

在前面的孔隙溶液冰结分析中可以看到，由于孔隙水冰结后会在表面能作用下形成曲面，当冰晶体表面各处曲率不相等时，为了达到平衡，孔隙壁需施加压力在冰晶上，否则冰晶将自动融化。基于此，Scherer[22] 提出冰结过程的结冰压理论。图 9.28 所示为结冰压计算模型示意图，假定孔隙为圆柱体，半径为 r_p。

当冰晶进入孔隙时，冰晶体与孔隙壁会有不同的接触角 θ，为了使冰晶体的能量最小化，冰晶体－溶液界面的曲率 κ_{cl} 应该满足式（9.20）。

$$\kappa_{cl}=\frac{2\cos\theta}{r_p} \tag{9.20}$$

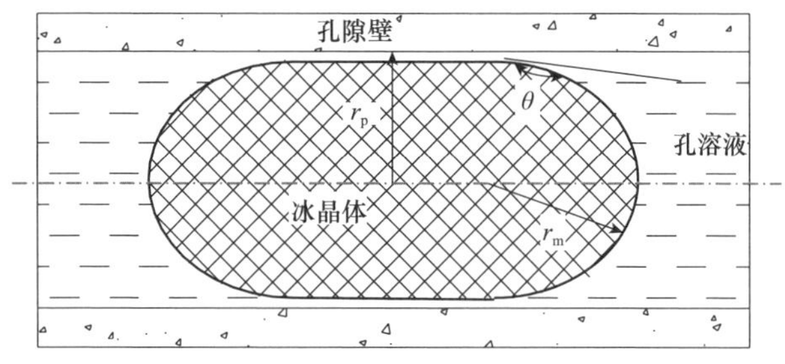

图 9.28　结冰压计算模型示意图

根据 Laplace 公式，冰晶体所受压力 P_c 表示为

$$P_c = P_l + \sigma_{cl}\kappa_{cl} \tag{9.21}$$

式中，σ_{cl} 为冰晶－溶液界面表面张力；P_l 为冰晶所受水压力，下标 c 和 l 分别表示冰晶和孔溶液。

由于冰晶侧面的曲率为 $1/r_p$，而在冰晶端部等于 $2\cos\theta/r_p$，为了使冰晶各处压力相等，孔隙壁将在冰晶侧面上作用一压力 P_A，此压力即为结冰压，其值如式（9.22）所示。

$$P_A = \frac{2\sigma_{cl}\cos\theta}{r_p} - \frac{\sigma_{cl}}{r_p} \tag{9.22}$$

因为混凝土孔隙发生冰结时，会在冰晶与孔隙壁间形成厚度为 δ 的吸附水，所以接触角 θ 为 180°，而冰晶半径相应地变为 $r_p - \delta$，故式（9.22）可改写为式（9.23）。

$$P_A = \frac{\sigma_{cl}}{r_p \quad \delta} \tag{9.23}$$

已有研究表明[19]，在混凝土中，孔溶液首先在大的孔隙中冰结，随着温度的下降，逐渐向小孔中发展，如图 9.29 所示。在计算结冰压时，假设砂浆中孔隙由不同大小的圆柱体组成，其高为底面半径的 4 倍，且均匀分布。当温度降低

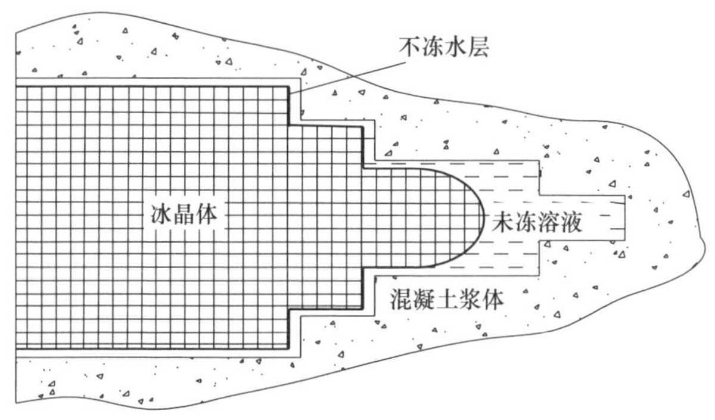

图 9.29　混凝土中孔溶液冰结过程示意图

至冰晶能进入孔径为 r_p 的孔隙时，则该孔隙中侧面水泥浆体将受到大小 P_A 的结冰压。

由于冰水界面的表面张力 σ_{cl} 为 0.4N/m，而且在前面的分析中已求得各温度下结冰的孔隙半径和未冻水厚度，可直接应用式（9.23）求得各温度范围内结冰压大小。表 9.18 所示为不同温度范围和氯盐浓度下的结冰压计算值。

表 9.18　不同温度范围和氯盐浓度下的结冰压计算值

试验工况	氯盐浓度 /%	结冰压 /Mpa			
		−5～0℃	−10～−5℃	−15～−10℃	−20～−15℃
F10-15-3	0	2.675	5.293	10.732	0
	1.5	2.661	5.269	8.520	10.689
	3	1.670	5.248	8.488	10.648
	6	0.675	3.282	6.624	10.572
F10-20-3	0	2.675	5.293	8.555	0
	1.5	2.661	5.269	8.520	0
	3	1.670	5.248	8.488	0
	6	0.674	3.283	6.624	8.430

为更好地反映结冰压对混凝土破坏的影响，将结冰压均匀化，计算得到了水泥浆体单位体积内的平均结冰压$\overline{P_A}$，由式（9.24）计算。

$$\overline{P_A}=\phi P_A\frac{V_r}{V} \tag{9.24}$$

式中，ϕ 为砂浆的毛细孔隙率；V_r 为半径为 r 的孔隙体积；V 为砂浆中的毛细孔总体积。表 9.19 所示为不同温度范围和氯盐浓度下的平均结冰压计算值。

表 9.19　不同温度范围和氯盐浓度下的平均结冰压计算值

试验工况	氯盐浓度 /%	平均结冰压 /MPa			
		−5～0℃	−10～−5℃	−15～−10℃	−20～−15℃
F10-15-3	0	0.0211	0.0230	0.0213	0
	1.5	0.0210	0.0229	0.0228	0.0212
	3	0.0187	0.0228	0.0211	0.0095
	6	0.0063	0.0207	0.0226	0.0095
F10-20-3	0	0.0158	0.0129	0.0106	0
	1.5	0.0157	0.0129	0.0106	0
	3	0.0140	0.0157	0.0105	0
	6	0.0076	0.0156	0.0127	0.0002

9.2.5　盐冻破坏的动态分析

盐冻破坏主要包括混凝土的饱水过程和孔隙溶液冰结相变过程，其中伴随传热导湿现象及各种平衡的打破和再建立；当孔隙溶液冰结相变时，体积膨胀引起的静水压和冰晶生长造成的结冰压将在混凝土浆体内部产生应力，使其出现内部损伤和表面剥蚀等破坏。

在预饱和阶段，混凝土在毛细作用下基本能达到毛细饱水。随后在冻融循环过程中，混凝土会因超毛细作用而进一步吸水饱和。降温过程中发生的收缩吸水，使混凝土的毛细饱水度显著提高；另外，当冰结开始时，混凝土外部溶液最先开始冰结，在冰晶向相邻孔隙发展时形成负压水，使混凝土表层的饱水度进一步提高。密闭气泡的饱水度也受饱和蒸汽压差和浓度梯度等因素影响而相应提高，这对混凝土的抗冻极为不利。

由于盐冻剥蚀破坏的分析主要集中在测试表面附近的混凝土，而且存在各种饱水作用，可以认为混凝土内的毛细孔完全饱水，而密闭气泡则存在不同程度上的饱水，前面分析孔隙压力时的饱水假设也因此可认为基本符合。随着温度的降低，混凝土表面和较大孔隙溶液最先开始冰结，随后向较小孔隙发展。在这个过程中，静水压和结冰压开始对混凝土中的水泥固结物产生作用。这时，静水压主要受到降温速率及结冰率（与孔隙分布有关）影响，结冰压则主要与冻结温度和孔隙分布有关。这两种孔隙压力作用使水泥固结物内形成了一个应力场，应力场中某些点会因应力大于水泥固结物的抗拉强度而使孔隙壁开裂，这种开裂由于发生在试件较浅的表层，可能使砂浆颗粒脱落而发生剥蚀破坏。

混凝土内形成的应力场可以认为是剥蚀破坏的直接原因。理论上，只要确定了应力场，就应该可以精确地计算盐冻过程中的剥蚀。但由于在冻融过程中混凝土内部形成的应力场很复杂，而且处于动态的变化过程，要确定其具体分布会存在很大困难。为了方便计算盐冻剥蚀量，对试验数据进行回归，可得到盐冻剥蚀量与最大孔隙压力间的数量关系。由于盐冻剥蚀量近似呈线性增加，回归时采用单次盐冻剥蚀量。考虑到前 5 次冻融循环时剥蚀量可能因饱水度相对较低而普遍较少，故舍弃，取 6～25 次冻融循环区间的数值，其值如表 9.20 所示。相应的累计盐冻剥蚀量如表 9.21 所示。最大孔隙压力采用静水压和结冰压之和的最大值，在回归分析时采用无量化处理以消除抗拉强度的影响，其数值如表 9.22 所示。

表 9.20 不同氯盐浓度下不同循环区间的单次盐冻剥蚀量

试验工况	冻融循环次数 / 次	单次盐冻剥蚀量 / (kg/m^2)			
		0%	1.5%	3%	6%
F10-15-3	6～11	0.016	0.045	0.037	—
	12～16	0.015	0.042	0.060	—
	17～20	0.013	0.045	0.080	—
	21～25	0.014	0.055	0.104	0.016
F10-20-3	6～11	—	0.010	0.014	0.011
	12～16	—	0.013	0.015	0.011
	17～20	0.019	0.015	0.016	0.012
	21～25	0.017	0.018	0.017	0.013

表 9.21 不同氯盐浓度和冻融次数下累计盐冻剥蚀量

试验工况	冻融循环次数 / 次	累计盐冻剥蚀量 / (kg/m^2)			
		0%	1.5%	3%	6%
F10-15-3	5	0	0	0	0
	11	0.115	0.262	0.431	0.103
	16	0.211	0.481	0.790	0.188
	20	0.288	0.656	1.078	0.257
	25	0.383	0.875	1.437	0.343
F10-20-3	5	0	0	0	0
	11	0.083	0.086	0.092	0.078
	16	0.151	0.158	0.169	0.144
	20	0.206	0.216	0.230	0.196
	25	0.275	0.288	0.307	0.261

表 9.22 不同氯盐浓度下最大孔隙压力与抗拉强度的比值 ($P_{孔}/f_t$)

试验工况	冻融循环次数 / 次	$P_{孔}/f_t$			
		0%	1.5%	3%	6%
F10-15-3	6～11	0.064	0.073	0.083	0.063
	12～16	0.064	0.073	0.083	0.063
	17～20	0.064	0.073	0.083	0.063
	21～25	0.064	0.073	0.083	0.063
F10-20-3	6～11	0.040	0.044	0.051	0.035
	12～16	0.040	0.044	0.051	0.035
	17～20	0.040	0.044	0.051	0.035
	21～25	0.040	0.044	0.051	0.035

回归拟合曲线采用两折线，图 9.30 所示为单次盐冻剥蚀量 m_b 与 $P_{孔}/f_t$ 的关系曲线，其具体函数形式如式（9.25）所示。

$$\begin{cases} m_b=0.1424\dfrac{P_{孔}}{f_t}+0.0081, & \dfrac{P_{孔}}{f_t}\leqslant 0.0634 \\ m_b=2.797\dfrac{P_{孔}}{f_t}-0.160, & \dfrac{P_{孔}}{f_t}>0.0634 \end{cases} \tag{9.25}$$

式中，m_b 为单次盐冻剥蚀量，kg/m^2；$P_{孔}$ 为最大孔隙压力 MPa；f_t 为混凝土抗拉强度，MPa。

图 9.31 所示为盐冻剥蚀量与氯盐浓度关系曲线的比较，图 9.32 则给出了不同冻融循环次数下盐冻剥蚀量的比较（不包括前 5 次冻融循环的试验数据）。由图可以看出，回归计算结果曲线的变化趋势和试验曲线能基本符合，拟合效果较好。

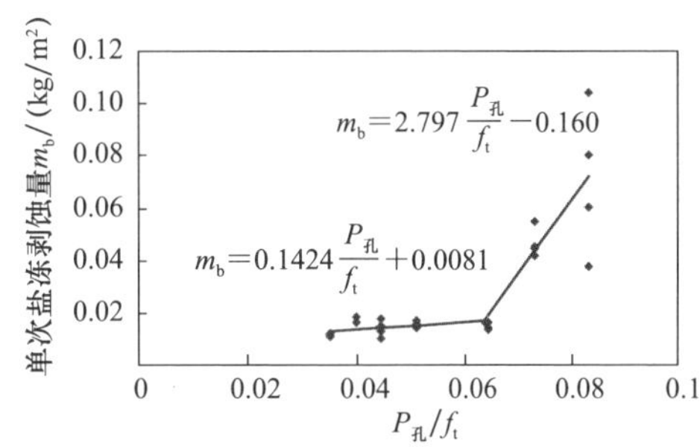

图 9.30　单次盐冻剥蚀量 m_b 与 $P_{孔}/f_t$ 的关系曲线

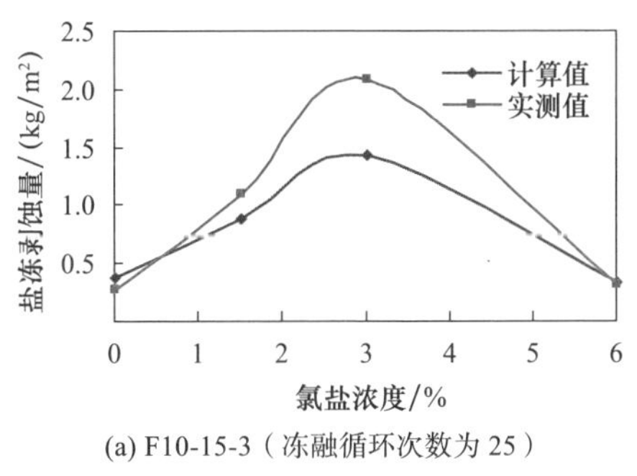

(a) F10-15-3（冻融循环次数为 25）

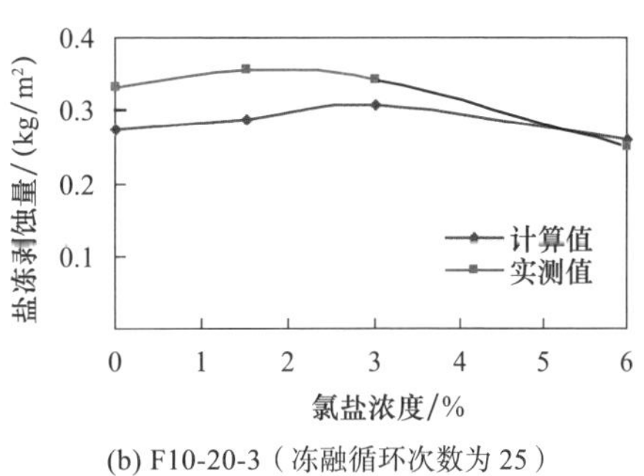

(b) F10-20-3（冻融循环次数为 25）

图 9.31　盐冻剥蚀量与氯盐浓度关系曲线的比较

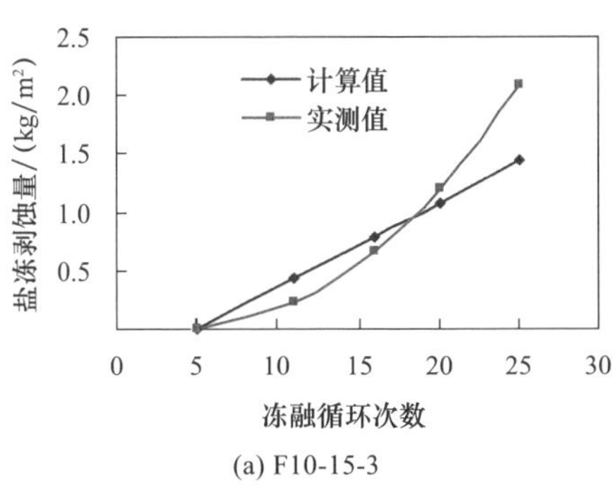

(a) F10-15-3

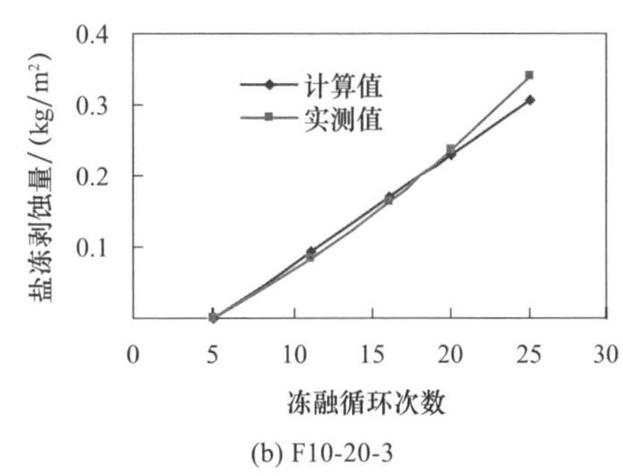

(b) F10-20-3

图 9.32　不同冻融循环次数下盐冻剥蚀量的比较（氯盐浓度为 3%）

9.3　冻融损伤混凝土的氯盐侵蚀机理

一般认为，冻融循环会增大氯盐的内渗量及其深度，而且对氯离子在混凝土较深处的传输影响尤为明显。研究表明[23]，在深度为16～25mm处，冻融循环与氯盐耦合作用下的氯离子含量可达到氯离子单因素侵蚀条件下的2～4倍。冻融循环对氯盐内渗的影响主要包括两个方面：一方面是冻融循环制度对氯盐侵蚀机制的改变；另一方面则是由冻融循环引起混凝土内部损伤，使混凝土氯盐表观扩散系数变大，从而加剧氯盐侵蚀。

在冻融循环条件下，溶液在混凝土中的传输存在超毛细作用，氯盐传输动力不再完全是浓度梯度，此时静水压和结冰负压等均提供了相当部分的水分传输动力。另外，冻融循环过程中温度变化也会增大氯盐的扩散速度，并极大提高表层氯盐含量。氯盐传输过程与混凝土饱水度密切相关，因此9.2.2节关于混凝土饱水的一些分析同样适用于氯盐侵蚀。

冻融循环作用会导致混凝土损伤，即混凝土的微裂缝不断发展贯通。这往往会加速氯盐往混凝土内部传输。Gérard等[24]的试验结果表明，水灰比为0.45的非引气混凝土经31次、61次、95次冻融循环后，混凝土的相对氯离子表观扩散系数分别增大了约1.5倍、3.5倍、7.5倍。洪锦祥等[25]研究了受冻融损伤混凝土内部的氯离子分布。图9.33显示了不同损伤条件对混凝土氯盐分布曲线的影响（图9.33中D表示损伤因子）。由图9.33可以看出，混凝土不同深度处的氯离子浓度变化显著，随着损伤的增大，混凝土外层的氯离子浓度逐渐减小，内部的氯离子浓度逐渐升高，即损伤越大，混凝土内外氯离子浓度差越小。

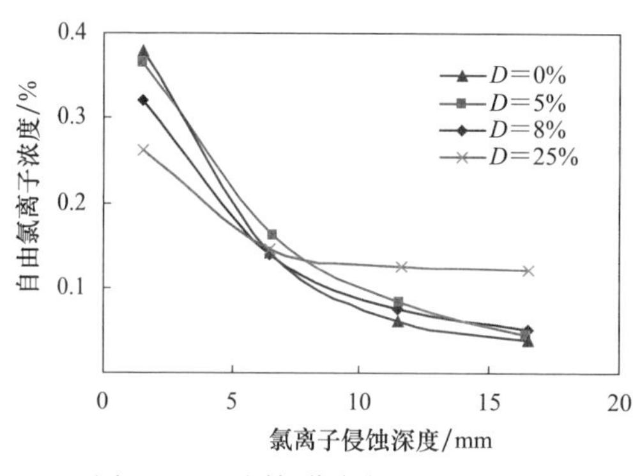

图9.33　不同损伤条件对混凝土氯盐分布曲线的影响[25]

Eskandari-Ghadi[26]应用多相材料的有效扩散理论，通过引入混凝土孔隙分布函数曲线和各温度下孔隙水的冰结情况，考虑混凝土是否有损伤推导了低温下混凝土氯盐有效表观扩散系数的物理模型，从而研究了冻融损伤和低温冻结对氯盐内渗的影响。余红发[27]通过盐冻和常温下盐溶液浸泡的对比试验研究了冻融作用对混凝土氯离子扩散性能的影响，认为冻融能够抑止氯离子的扩散，究其原因可能是孔隙水冰结对渗透路径有堵塞作用。当温度较低，且最低温持续时间较长时，冻融循环对氯盐内渗的抑制作用将占主导。从作者开展的试验研究中发现，一定冻融循环次数后，混凝土内的氯盐含量基本保持稳定，较深层混凝土尤为明显，这可能说明孔隙水冰结确实将减少渗透溶液量并且对渗透路径产生较大的堵塞作用，从而影响氯盐在混凝土内部的传输。

9.4　盐冻试验的相似性

现场暴露试验周期长、费用高。同时，复杂多样的影响因素通常导致现场暴露试验数据离散、不易分析。因此，设计统一、合理的室内标准进行盐冻或冻融加速试验很有必要。另外，试验技术是否合理，试验结果和现场数据相关关系如何，直接关系到试验结果能否有效应用于自然环境下冻融循环和除冰盐作用下混凝土结构性能演化过程的预测。为解决这些问题，需研究冻融和盐冻加速试验的相似性。

9.4.1　室内外盐冻的差异

在保证混凝土材料性能尤其是孔隙结构一致的条件下，室内外盐冻差异主要体现在混凝土的饱水度和所受冻融循环制度两方面。

饱水度方面，由于现场混凝土经常接触水的情况比较少，而且一般存在较长的干燥期，其饱水度相对较低。但使用除冰盐时，熔融水的存在会提高表层混凝土的含水量，使室内外混凝土饱水度差异减少。

当混凝土饱水度一致时，室内外冻融环境的差异主要取决于其温度循环制度的差异。一般室内冻融循环的最高和最低温度固定，降温和升温时间一定，呈周期性规律，现场冻融由于受各种因素影响而呈非规则的周期性变化。而且自然环境与实验室冻融循环过程的降温速率、最低温度、温度幅度、一次循环所需时间及冻结状态持续时间等都有很大差异。在自然条件下，降温速率一般为0.5～3℃/h，而快速冻融试验降温速率为9～13℃/h。由于地域和时间的差异，实际结构中的混凝土在冻融循环过程中所受的最低温存在很大差异，从一般的−5℃到极端的−30℃，在试验中一般设定为−20～−17℃。此外，自然条件下混凝土处于低温冻结的时间明显长于室内试验情况。

正是饱水度条件和温度循环制度两方面的差异造成了室内外盐冻破坏程度的不同，因此，盐冻相似性的问题也主要反映在这两个条件的相似上。

9.4.2　影响盐冻试验相似性的参数分析

从盐冻机理分析中所采用的静水压和结冰压理论出发，考虑饱水度、降温速率及最低温对这两种孔隙压力的影响情况，最后从回归得到的孔隙压力与剥蚀量间数量关系式，可推算相似参数对盐冻剥蚀的影响规律。本节进行的相似参数研究仅变化单一相似参数的数值，而保持材料特性及其他相似参数的数值不变，表 9.23 所示为具体的计算取值情况。

表 9.23 相似参数计算取值

计算工况	饱水度 /%	降温速率 /(℃ /h)	最低温 /℃	计算工况	饱水度 /%	降温速率 /(℃ /h)	最低温 /℃
F10-15-3	—	2	0	F10-20-3	—	2	0
	92	4	−5		92	4	−5
	95	6	−10		95	6	−10
	98	8	−15		98	8	−15
	100	12	−20		100	12	−20

1. 饱水度的影响

根据 9.2.4 节对孔隙压力的计算分析可知，混凝土饱水度对静水压和结冰压均将产生很大影响。当混凝土饱水度降低时，混凝土可冻水将减少，而冰结膨胀推动的未冻水迁移也将减弱，从而使静水压降低。Fagerlund [1] 提出的临界饱水度理论也是基于这样的认识。另外，结冰压也是在混凝土较高饱水度（部分或全部毛细孔隙处于完全饱水状态）的情况下推算得到。因此，混凝土饱水度对盐冻剥蚀破坏有很大影响。

由于表层混凝土均能达到较高饱水度，只分析饱水度为 92%～100% 的情况。而且认为在该变化范围内饱水度降低对结冰发展不产生影响，仅对孔溶液的结冰量和未冻孔溶液流速产生影响。基于上述假设，可以从完全饱水状态推算不完全饱水时的孔隙压力，并根据回归得到的剥蚀量与孔隙压力的函数关系式，求得不同饱水度条件下的盐冻剥蚀量。图 9.34 所示为不同氯盐浓度下毛细孔饱水度对最大孔隙压力的影响。图 9.35 所示为不同氯盐浓度下毛细孔饱水度对盐冻剥蚀量的影响。由图可以看出，当毛细孔隙的饱水度较低时，最大孔隙压

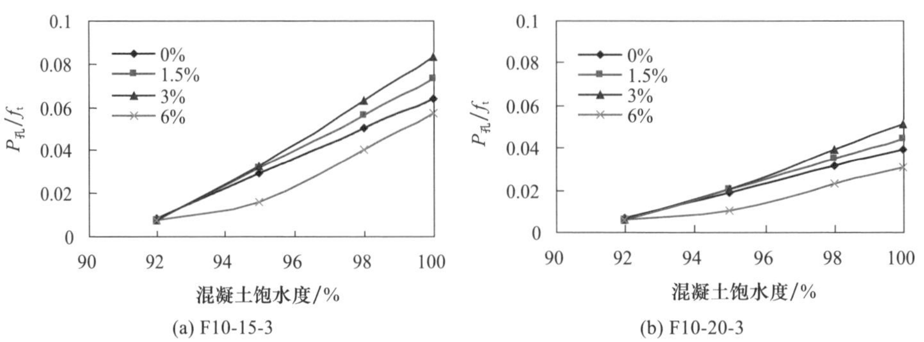

图 9.34 不同氯盐浓度下毛细孔饱水度对最大孔隙压力的影响

力较小，盐冻剥蚀也相对较少；随着饱水度增大，盐冻剥蚀量也相应增加，而且这种增加会因混凝土特性影响而出现陡增的现象。在饱水度较低时，各氯盐浓度下的剥蚀量相近，这是因为静水压已降低到很小的值，剥蚀由结冰压控制，但随着饱水度的进一步降低，结冰压和静水压均将消失，此时盐冻剥蚀将不再发生。图 9.36 所示为一般冻融条件下混凝土相对动弹性模量与饱水度间的相关关系[1]。由图 9.36 可以看出，当饱水度达到一定数值（即临界饱水度）时，混凝土动弹性模量即会出现陡降现象，与图 9.35（a）所示规律有相似之处。

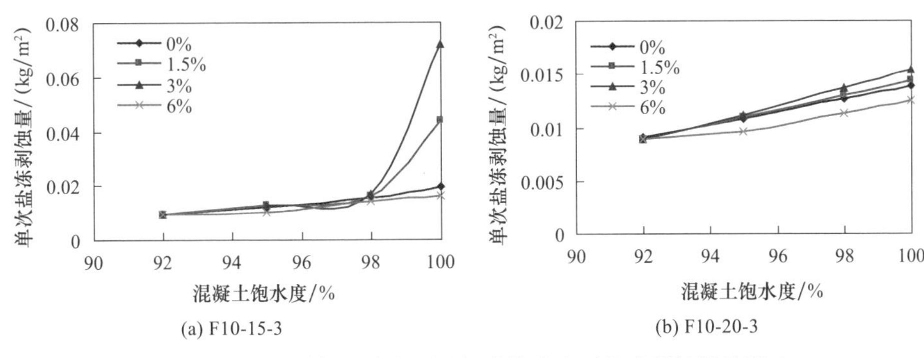

图 9.35　不同氯盐浓度下毛细孔饱水度对盐冻剥蚀量的影响

2. 降温速率的影响

降温速率将影响结冰速率，随着降温速率的提高，单位时间内孔隙溶液的结冰量增加，被迫迁移的未冻溶液增加，从而增大静水压。在孔隙压力的计算中，降温速率与静水压呈线性比例关系，而与结冰压的相关关系较弱。但需要指出的是，在降温速率较大时，孔隙溶液可能出现较多的过冷水，对盐冻剥蚀破坏产生很大影响。在不考虑过冷现象的条件下，应用前面推导得到的盐冻剥蚀计算公式，可以计算得到降温速率对盐冻剥蚀破坏的影响规律。图 9.37 和图 9.38 分别显示了最大孔隙压力和盐冻剥蚀量与降温速率间的相关关系。由图可知，随着降温速率的增大，最大孔隙压力呈线性增加，单次盐冻剥蚀量也随之增加，并且可能出现陡增现象。在降温速率较小时，因静水压占孔隙压力的比例降低，氯盐影响规律不明显。Nischer 研究了降温速率对盐冻剥蚀破坏的影响（图 9.39）[1]，其规律与计算曲线相近，随着降温速率增加，单次盐冻剥蚀量也相应增加，而且其影响大小会因混凝土特性不

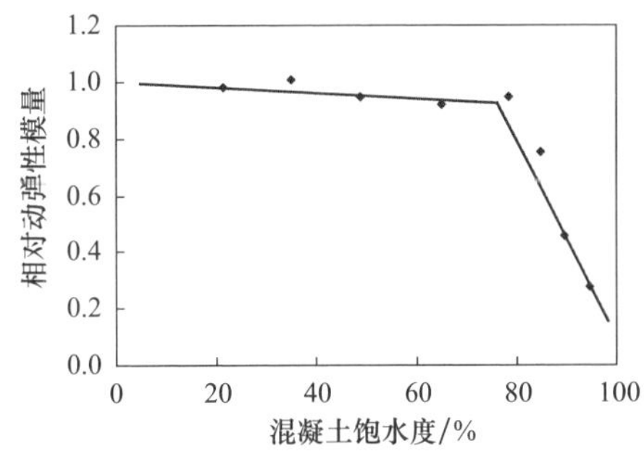

图 9.36　一般冻融条件下混凝土相对动弹性模量与饱水度间的相关关系[1]

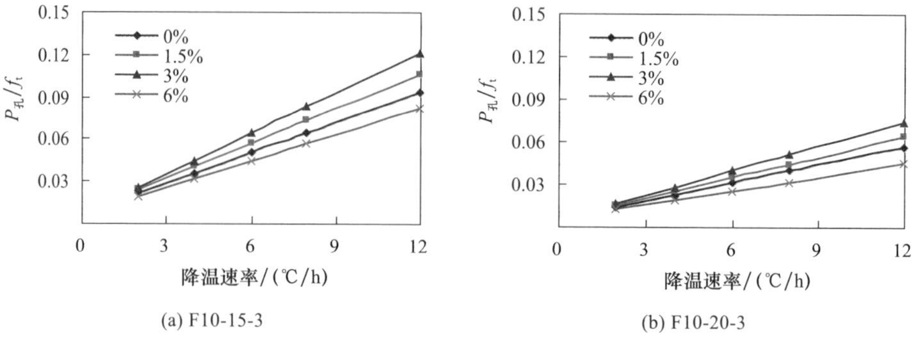

图 9.37　不同氯盐浓度下降温速率对最大孔隙压力的影响

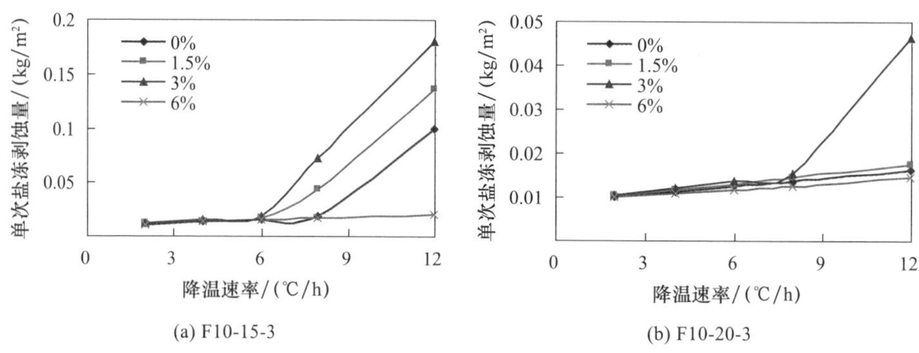

图 9.38　不同氯盐浓度下降温速率对盐冻剥蚀量的影响

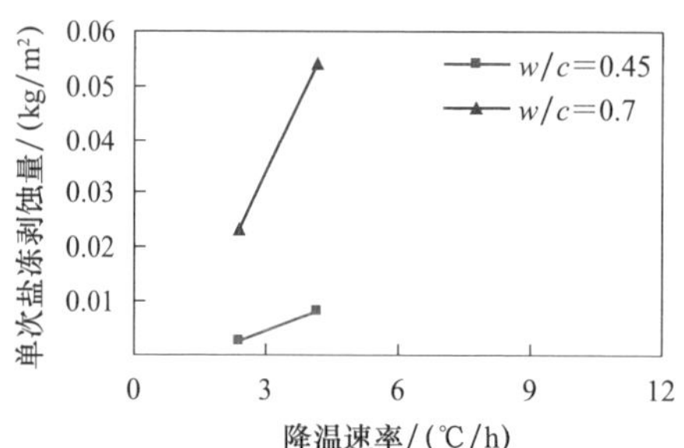

图 9.39　降温速率对盐冻剥蚀的影响
（温度范围：−22～+18℃）[1]

同而发生变化。

3. 最低温的影响

最低温对盐冻破坏影响主要体现在温度越低，可发生冰冻的孔隙及孔隙溶液将增加，它既会影响静水压，也会对结冰压产生很大影响。由于孔隙溶液的冰结与混凝土砂浆内部孔隙分布存在很大关系，最低温的影响也与混凝土孔结构很相关。一般而言，混凝土内的大部分孔隙水会在−10～0℃冰结，最大静水压会在该区间产生，因而盐冻剥蚀也主要集中在这一温度段。图 9.40 所示为不同氯盐浓度下最低温对最大孔隙压力的影响。图 9.41 所示不同氯盐浓度下最低温对盐冻剥蚀量的影响是根据盐冻破坏分析推算得来的。由图可以看出，混凝土剥蚀量均在−5℃内达到最大，仅计算工况 F10-15-3 中氯盐浓度为 6% 的试件在最低温为−10℃时破坏达到最大。但当混凝土孔隙分布改变，平均孔径变小时，最大

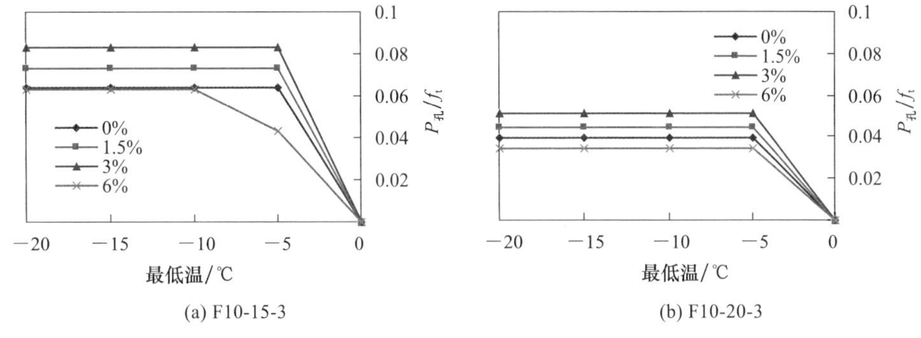

(a) F10-15-3 (b) F10-20-3

图 9.40 不同氯盐浓度下最低温对最大孔隙压力的影响

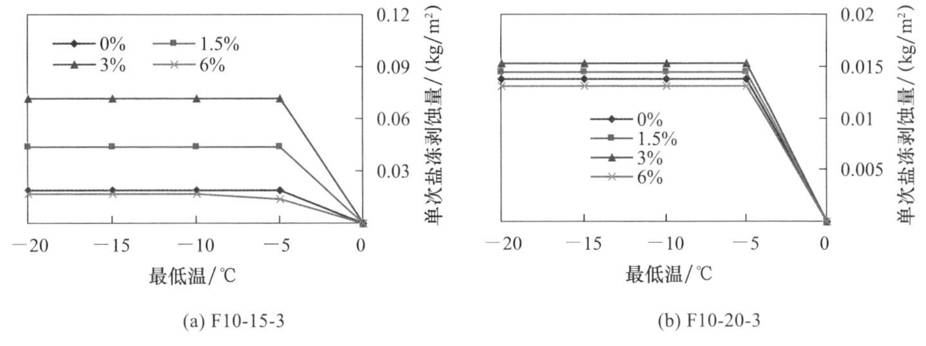

(a) F10-15-3 (b) F10-20-3

图 9.41 不同氯盐浓度下最低温对盐冻剥蚀量的影响

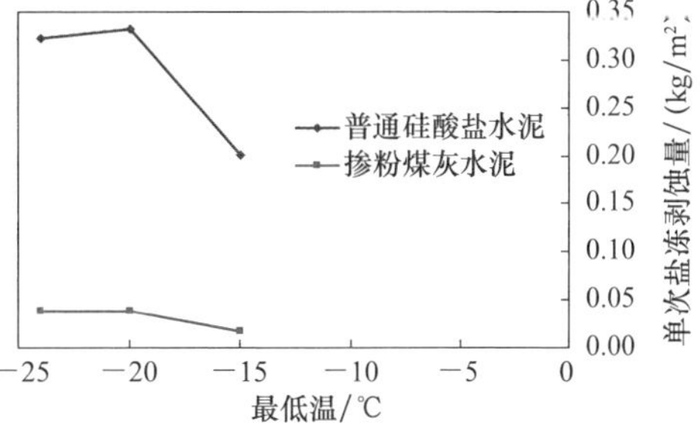

图 9.42 最低温对盐冻剥蚀的影响（w/c=0.45，氯盐浓度为3%）[28]

静水压发生的温度区间将向更低温度段偏移，如图9.42所示。可能由于孔隙较多分布在小孔径范围内，其达到最大剥蚀破坏温度在−20℃附近，而且当最低温达到一定值后，剥蚀量的增长减少，并趋于水平。另外，当最低温较低时，在小孔中产生的结冰压一般较大，往往会超过抗拉强度，从而引起部分剥蚀破坏。由于前面剥蚀破坏的计算公式是根据平均孔隙压力的最大值回归得来的，无法考虑最大值之后那部分孔隙压力的影响，在曲线上也就表现为水平，而非斜线。

文献［28］指出，当混凝土剥蚀超过0.5kg/m² 或最低温低于−20℃时，最低温的影响将大大削弱，甚至可以忽略。可能的原因是，如果剥蚀较大，说明混凝土的孔隙特性较差，在最低温不是很低时，破坏就已经很明显，再降低温度其影响势必减弱。另外，当最低温已达到一定值后，混凝土内的孔隙水基本达到了冰点，再降低温度只能影响分布较少的小孔，因而对盐冻剥蚀破坏产生的影响也就不再那么明显。虽然如此，但具体的界限点仍与混凝土特性及所处环境有较大关系，当孔隙率、相对饱水度及孔隙溶液浓度等发生变化时，其值可能也将相应地改变。

9.4.3　室内外盐冻的相似性

室内外盐冻相似性最根本的任务是通过室内试验研究预测混凝土在自然条件下的抗冻性能。在混凝土结构性能演化问题研究中，人们最为关心的就是结构的使用年限，因而最终需要建立的应该是室内外盐冻破坏在时间上的相关关系。由于冻融循环可以理解为广义上的时间，在盐冻循环次数的相关关系研究基础上可以推导室内外盐冻破坏在时间上的相似关系。本节将从自然冻融循环次数计算和年自然盐冻剥蚀量计算分析着手，研究室内外盐冻剥蚀在时间上的相似关系。

1. 自然冻融循环次数计算

在自然环境下冻融反复作用于混凝土上，混凝土暴露时间越长，所受的冻融次数就越多。由于冻融循环的本质是混凝土内部孔隙溶液受到在其冰点处上下变动的温度循环，自然冻融循环次数与气温变化、日照及混凝土触水频率和撒盐频率等有关。已有多位学者对自然条件下冻融次数的计算做了相关研究，提出了近似的计算方法。

苏联的谢士比罗夫建议，水工混凝土的冻融次数按有未冻结水介质存在时，受冻混凝土表层的温度通过0℃的转换次数来统计；其后，拉窦钦科等又明确提出按水温为正、气温为负的水位涨落次数来统计[29]。林宝玉等在此基础上统计推导出日冻融循环次数 N_d 与日平均气温 T_d（以负温表示）的关系，其计算如式（9.26）所示[29]。

$$N_d = 2.75\lg T_d - 0.1 \tag{9.26}$$

后来，中国交通部第一航务工程勘察设计院（简称一航院）通过计算认为，以平均气温低于−2.7℃，而平均海水温度又同时高于−2.7℃作为一个循环。表9.24对各计算方法进行了适当比较。

表 9.24　水工混凝土冻融循环次数计算方法比较[29]　（单位：次）

地区	1961～1963年实测值	拉窦钦科推算值	林宝玉推算值	一航院推算值
天津新港	81	70	79	82
大连弯港	109	94	110	108

李金玉等[30]根据负温天数、有阳光照射的百分率、日温差变化情况及混凝土产生冻融的温度条件分析推定我国4个代表性地区北京、长春、西宁、宜

昌可能产生的冻融循环次数，其统计结果如表 9.25 所示。李晔等[31, 32]应用建筑环境设计模拟工具包 DeST 生成逐时气象数据，再用有限差分法算出铺面混凝土逐时温度，最后计算深度为 5cm 处混凝土的冻融循环次数；同时，回归统计出年冻融循环次数 N_y 与最冷月（一般指阳历 1 月）平均气温 θ_{mm} 的关系式如式（9.27）所示。表 9.25 给出了几个典型地区的计算结果。

$$N_y = -4.33\theta_{mm} + 56.9 \tag{9.27}$$

表 9.25　我国典型地区冻融循环次数及其特征值统计结果

地区	最冷月平均气温 /℃	降温速率 /（℃/h）	冻结持续时间 /h	一般大气环境混凝土年冻融循环次数 / 次	
				李金玉统计值	李晔计算值
北京	−13.6	0.85	16.5	84	72
长春	−15.2	0.84	30.3	120	123
西宁	−19.6	1.2	9.7	118	90
宜昌	−2.9	0.6	2.8	18	36

注：最冷月平均气温、降温速率和冻结持续时间是根据中国气象局的气温数据统计得来的。

对于历史气象数据资料全面的工程结构所在地区，通常可采用李金玉等[30]的方法推定该地区混凝土结构承受的自然冻融循环次数。当工程结构所在地区的历史气象数据资料不全面时，可采用李晔等[31, 32]的方法估算该地区混凝土结构承受的自然冻融循环次数。

2. 年自然盐冻剥蚀量的计算

年自然盐冻剥蚀量的计算以我国典型地区北京、长春、西宁和宜昌为例。为确定自然盐冻剥蚀量，首先确定各相似参数在自然条件下的取值。李金玉等[30]根据历史气象数据推定了这 4 个典型地区的混凝土结构承受的自然冻融循环次数。因此，计算时采用其推定的自然冻融循环次数，如表 9.26 所示。因为自然条件下混凝土饱水度相对试验条件低些，为方便计算均取为 95%；在海水中氯盐浓度大约为 3%，而使用除冰盐的路面溶融水中氯盐含量与撒盐量及冰雪量有关，在计算中统一按 3% 来计算，其具体数值如表 9.26 所示。混凝土材性数据采用试验中工况 F10-15-3 所测定的值。

表 9.26　我国典型地区盐冻相似参数的取值

地区	最低气温 /℃	降温速率 /（℃/h）	混凝土年冻融循环次数 / 次	氯盐浓度 /%	饱水度 /%
北京	−13.6	0.85	84	3	95
长春	−27.9	0.84	120	3	95
西宁	−19.6	1.2	118	3	95
宜昌	−2.9	0.6	18	3	95

在盐冻相似参数研究中可以发现，各盐冻相似参数可以通过影响孔隙压力，最终对盐冻剥蚀量造成影响。因此，在认为自然条件下混凝土盐冻破坏机理与试验条件相同的基础上，可以应用前面关于盐冻剥蚀量的计算方法，首先根据相似参数计算各地所受最大孔隙压力，再应用单次剥蚀量与孔隙压力的关系曲线计算单次剥蚀量，最后乘以年冻融循环次数计算年盐冻剥蚀量。

表 9.27 所示为具体的估算结果。由表 9.27 可以看出，长春的盐冻剥蚀破坏最严重，每年达 1.149kg/m^2，达到 CDF 试验方法设定的 1.5kg/m^2（换算为剥蚀层厚度约为 1.4mm）临界值只需要 1a 多；而在宜昌，每年的盐冻剥蚀仅为 0.166kg/m^2，达到 1.5kg/m^2 的临界值需要 10a 左右。由前面的试验数据可知，在盐冻试验中，达到 1.5kg/m^2 的临界值仅需要 25 次冻融循环。比较单次盐冻剥蚀量可得出室内外盐冻循环次数比例在（1∶2）～（1∶10）范围内不等，由此可见加速试验条件比自然条件严酷。

表 9.27 我国典型地区的年盐冻剥蚀量

地区	最大孔隙压力 /MPa	单次盐冻剥蚀量 /（kg/m^2）	年盐冻剥蚀量 /（kg/m^2）
北京	0.0263	0.00935	0.673
长春	0.0262	0.00934	1.149
西宁	0.0298	0.00951	1.122
宜昌	0.0238	0.00923	0.166

参 考 文 献

[1] FAGERLUND G．Effect of the freezing rate on the frost resistance of concrete [J]．Nordic cocrete research，1992(11)：20-36.

[2] 杨全兵．冻融循环条件下氯化钠浓度对混凝土内部饱水度的影响 [J]．硅酸盐学报，2007，35（1）：96-100.

[3] 杨全兵，吴学礼，黄士元．混凝土抗盐冻剥蚀性的影响因素 [J]．上海建材学院学报，1993，6（2）：93-98.

[4] 张登良．加固土原理 [M]．北京：人民交通出版社，1990.

[5] 韩德刚，高执棣，高盘良．物理化学 [M]．北京：高等教育出版社，2001.

[6] FAGERLUND G. The significance of critical degree of saturation at freezing of pore and brittle materials [M]//SCHOLER C F．Durability of concrete．Detroit：American Concrete Institute，1975.

[7] FAGERLUND G．The international cooperative test of the critical degree of saturation method of assessing the freeze-thaw resistance of concrete [J]．Material and constructure，1977（58）：231-253.

[8] 杨全兵．NaCl 对结冰膨胀率和混凝土溶液吸入量的影响 [J]．建筑材料学报，2007，10（3）：266-270.

[9] VERBECK G J，KLIEGER P．Studies of salt scaling of concrete [J]．Highway research board bull，1957：1-17.

[10] SJOSTROM C．Durability of building materials and components 7（V1）[M]//LINDMARK S．Influence of testing conditions on salt frost resistance of concrete．London：Taylor & Francis Group，1996：443-452.

[11] SATUR L．Mechanisms of salt frost scaling of Portland cement-bound materials studies and hypothesis [D].

Lund：Lund university，1998.

[12] ABABNEH A N. The coupled effect of moisture diffusion chloride penetration and freezing-thawing on concrete durability [D]. Colorado：University of Colorado，2002.

[13] SETZER M J. Mechanisms of frost action [C]//ZHAO T J, WITTMANN F H, UEDA T. Proceedings of an International Workshop on Durability of Reinforced Concrete under Combined Mechanical and Climatic Loads. Qingdao：Aedificatio Publishers，2005：263-274.

[14] 杨英姿，赵亚丁，巴恒静. 关于混凝土抗冻性试验方法的讨论 [J]. 低温建筑技术，2006 (5)：1-4.

[15] 杨全兵. 氯化钠对混凝土内部饱水度的影响 [J]. 硅酸盐学报，2005，33 (11)：1422-1425.

[16] MACINNIS C，WHTING J D. The frost resistance of concrete subjected to a deicing agent [J]. Cement and Concrete Research，1979，9 (3)：325-335.

[17] SKALNY J，MINDESS S. Materials Science of Concrete (Ⅳ) [M]// MARCHAND J，PLEAU R，GAGNE R. Deterioration of concrete due to freezing and thawing. Westerville：American Ceramic Society，1995：283-354.

[18] MARCHAND J, SELLEVOLD E J, PIGEON M. The deicer salt scaling deterioration of concrete-An overview [M]. Farmington Hills：American Concrete Institute，1994，145：1-46.

[19] ZUBER B，MARCHAND J. Modeling the deterioration of hydrated cement systems exposed to frost action part 1：description of the mathematical model [J]. Cement and concrete research，2000，30 (12)：1929-1939.

[20] VALENZA J J，SCHERER G W. A review of salt scaling：Ⅱ. Mechanisms [J]. Cement and concrete research，2007，37 (7)：1022-1034.

[21] 蔡昊. 混凝土抗冻耐久性预测模型研究 [D]. 北京：清华大学，1998.

[22] SCHERER G W. Crystallization in pores [J]. Cement and concrete research，1999，29 (8)：1347-1358.

[23] 王军强. 混凝土中冻融循环与氯离子侵蚀的耦合效应试验研究 [J]. 混凝土，2008 (11)：29-31.

[24] GÉRARD B，MARCHAND J. Influence of cracking on the diffusion properties of cement-based materials part I：influence of continuous cracks on the steady-state regime [J]. Cement and concrete research，2000，30 (1)：37-43.

[25] 洪锦祥，缪昌文，黄卫. 冻融损伤对混凝土氯离子扩散性能的影响 [J]. 混凝土，2006 (1)：36-38.

[26] ESKANDARI-GHADI M. Effective mechanical，transport，and cross properties for distressed composite materials [D]. Colorado：University of Colorado，2003.

[27] 余红发. 盐湖地区高性能混凝土耐久性、机理与使用寿命预测方法 [D]. 南京：东南大学，2004.

[28] PETERSSON P E，LUNDGREN M. Influence of the minimum temperature on the scaling resistance of concrete [C]//SJOSTROM C. Proceedings of the 7th international conference on durability of building materials and components. Stockholm，1996：523-530.

[29] 杨全兵. 混凝土盐冻破坏机理、材料设计与防治措施 [D]. 上海：同济大学，2006.

[30] 李金玉，彭小平，邓正刚，等. 混凝土抗冻性的定量化设计 [J]. 混凝土，1999 (9)：61-65.

[31] 李晔，姚祖康，孙旭毅，等. 铺面水泥混凝土冻融环境量化研究 [J]. 同济大学学报 (自然科学版)，2004，32 (10)：1408-1412.

[32] 李晔. 铺面水泥混凝土抗冻设计指标研究 [D]. 上海：同济大学，2003.

第 10 章　混凝土盐雾侵蚀加速试验的相似性

服役于海洋大气环境中的钢筋混凝土结构长期承受环境中的盐雾作用。盐雾中的氯离子在混凝土结构表面沉积，并逐步向混凝土内部传输，进一步会诱发钢筋锈蚀。第 8 章介绍的海洋大气环境作用的综合模拟试验设备为探究混凝土结构在盐雾环境下的性能劣化机理提供了重要手段。然而，如何将实验室的研究结果推广至实际混凝土结构，仍需就相似性关系开展深入研究。混凝土中氯离子侵蚀受到外部环境条件与混凝土自身受力状态的影响。鉴于此，本章首先通过盐雾侵蚀试验研究外部环境条件和应力水平对氯离子侵蚀的影响。然后，通过盐雾侵蚀试验数据获得环境条件和应力水平对氯离子侵蚀影响的修正函数。最后，基于修正的氯离子侵蚀模型进行计算分析，探讨混凝土盐雾侵蚀加速试验的相似性。

10.1　混凝土材料盐雾侵蚀加速试验方案

10.1.1　试验设计

选取掺合料较少的两种类型水泥，第一种是上海海螺水泥有限公司生产的 P·O 42.5 普通硅酸盐水泥，第二种是 P·I 52.5 水泥，其中碱含量（以 Na_2O＋0.658 K_2O 计）不大于 0.60%，细度为 350m^2/kg。细骨料采用砂，细度模量为 2.68。粗骨料采用 5～20mm 连续级配的碎石。细骨料和粗骨料用清水冲洗干净晾干后使用。两种类型水泥混凝土的配合比相同，如表 10.1 所示。试验采用素混凝土试件，不加应力和加应力试件尺寸分别为 100mm×100mm×100mm、100mm×100mm×300mm [1]。除水泥种类外，试验要探索氯化钠溶液浓度、环境温度、应力水平等参数对盐雾侵蚀的影响，工况设计如表 10.2 所示。

表 10.1　盐雾侵蚀加速试验中混凝土配合比

水灰比	水含量 /（kg/m^3）	水泥含量 /（kg/m^3）	砂含量 /（kg/m^3）	粗骨料含量 /（kg/m^3）
0.53	195	368	735	1103

10.1.2　试件预处理

试件在温度为 20℃ ±3℃、相对湿度 90% 以上的环境中标准养护 28d，选择试件的一个侧面作为侵蚀面，其他五面涂刷两遍环氧树脂，以模拟氯盐一维传输。盐雾侵蚀加速试验中混凝土试件预加拉、压应力装置如图 10.1 所示。

表 10.2　盐雾侵蚀加速试验中试件参数设置

试件编号	水泥种类	温度 /℃	氯化钠溶液浓度 /（g/L）	应力水平	试件数量
C3	P·O 42.5，P·I 52.5	35	50	0	1
C4	P·O 42.5，P·I 52.5	35	50	0	3
C5	P·O 42.5，P·I 52.5	35	70	0	3
C6	P·O 42.5，P·I 52.5	35	30	0	3
C7	P·O 42.5，P·I 52.5	45	50	0	3
C8	P·O 42.5，P·I 52.5	25	50	0	3
C9	P·O 42.5	35	50	$0.3f_c$（$0.31f_c$）	3
C10	P·O 42.5	35	50	$0.5f_c$（$0.47f_c$）	3
C11	P·O 42.5	35	50	$0.7f_c$（$0.66f_c$）	3
C12	P·O 42.5	35	50	$0.3f_t$（$0.26f_t$）	3
C13	P·O 42.5	35	50	$0.5f_t$（$0.41f_t$）	3

注：括号内为施加实际应力水平。

试件 C9～C11 施加压应力，压应力施加装置由 2 块钢板和 4 根螺杆组成，如图 10.1（a）所示。试件 C12 和 C13 施加拉应力，拉应力施加装置在压应力施加装置的中心添置了一根承拉螺杆，承拉螺杆焊接在粘贴于受拉试件端部的钢板上，如图 10.1（b）所示。拉、压应力都通过拧紧螺栓维持。为了方便操作，4

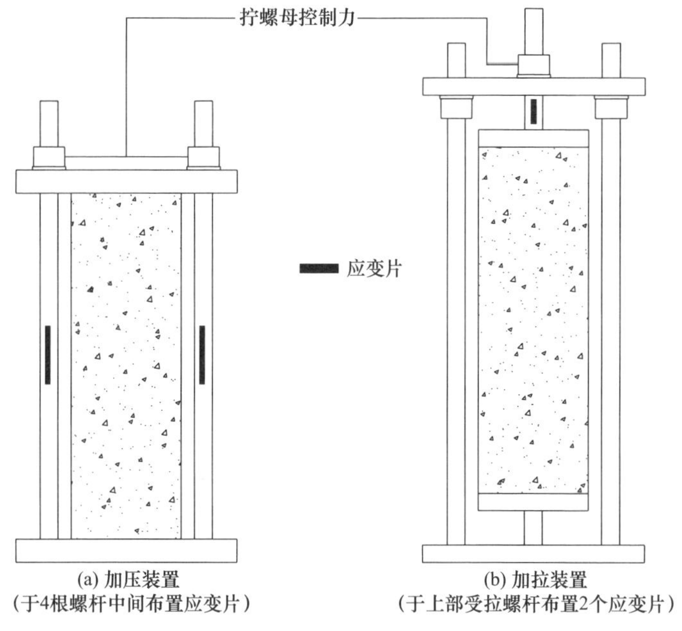

图 10.1　盐雾侵蚀加速试验中混凝土试件预加拉、压应力装置

根螺杆底部与钢板焊接连接。施加应力之前，分别利用一组棱柱体试件测定试件混凝土抗压、抗拉强度平均值分别为 25.8MPa、2.78MPa。利用试验机加压至预设值水平，然后拧紧螺栓，试验机逐渐释放压力或拉力，在试验机卸载过程中混凝土有一定的应力恢复。利用应变片测量的 4 根螺杆的应变值计算卸载后混凝土实际受力水平值（小于预设值），然后通过拧螺栓施加压力，直至达到目标应力。为了防止装置在试验中发生锈蚀，对其进行了防腐涂层处理。

10.1.3　盐雾侵蚀加速试验过程

盐雾侵蚀加速试验在上海昱新仪器有限公司生产的 SH-90 型盐水喷雾试验机内进行，如图 10.2 所示。喷雾期间，箱内相对湿度接近 100%，通过调整氯化钠溶液浓度和温度可实现混凝土盐雾侵蚀的加速试验。

图 10.2　盐雾箱

在盐雾侵蚀加速试验中，盐雾沉降量不易控制。为此，在试验前对氯化钠溶液浓度与盐雾沉降量之间的关系进行了测定。盐雾箱连续喷雾 24h 后，在盐雾箱中放置量杯，经过一定时间后测量量杯中氯化钠溶液的浓度，即为盐雾沉降量。盐雾侵蚀加速试验中盐雾沉降量与氯化钠溶液浓度的关系如表 10.3 所示。从表中可以发现，盐雾沉降量随着氯化钠溶液浓度增大而增加，这说明可以用氯化钠溶液浓度来控制和实现盐雾的加速侵蚀。但表 10.3 同时表明，随着氯化钠溶液浓度的增大，两者的偏差也增大。

表 10.3　盐雾侵蚀加速试验中盐雾沉降量与氯化钠溶液浓度的关系

氯化钠溶液浓度 /（g/L）	盐雾沉降量 /（g/L）	误差 /%	氯化钠溶液浓度 /（g/L）	盐雾沉降量 /（g/L）	误差 /%
30g/L	30.1	0	70g/L	55.4	−20
	31.0	3		57.6	−18
50g/L	45.0	−10	90g/L	70.7	−21
	44.4	−11		66.7	−26

沿氯离子传输方向按 0～3mm、3～6mm、6～9mm、9～12mm、12～15mm、15～20mm、25～30mm、30～35mm、35～40mm、40～45mm、45～50mm 分别钻孔取粉。从不同深度的混凝土粉末中，采用分析天平称取 1.5g，与 RCT 氯化物萃取液相混合并放置 24h，然后测试混凝土中的总氯离子含量（占混凝土的质量分数）。

10.2 盐雾侵蚀试验结果分析及氯离子侵蚀模型

根据 10.1 节的试验方案可获得表 10.2 所示各工况下氯离子在混凝土内部的浓度分布。本节结合理论知识和试验结果，分析试验中各参数对氯离子侵蚀的影响。对于边界条件稳定的以扩散为主的氯离子侵蚀过程，混凝土内部的氯离子含量分布通常可采用式（10.1）来描述[2]。

$$C_{(x,t)}=C_s\left[1-\mathrm{erf}\left(\frac{x}{2\sqrt{D_{\mathrm{Cl}}t}}\right)\right] \tag{10.1}$$

式中，$C(x,t)$ 为 t 时刻距混凝土表面 x 处的氯离子含量（占混凝土的质量分数）；C_s 为表面氯离子含量（占混凝土的质量分数）；D_{Cl} 为氯离子表观扩散系数，m^2/s；t 为时间，s；erf（·）为误差函数。

试验过程中于不同时间点测试得到距离混凝土表面不同深度处的氯离子含量。将距离混凝土表面 0～3mm、6～9mm、12～15mm、20～25mm、30～25mm、40～45mm 处测得的氯离子含量值对应距离混凝土表面距离分别取为 1.5mm、7.5mm、13.5mm、22.5mm、32.5mm、42.5mm。对任一种工况，将上述 6 个不同深度处的氯离子含量试验数据代入式（10.1），根据最小二乘法可获得最佳拟合这组数据的氯离子表观扩散系数 D_{Cl} 和表面氯离子含量 C_s。如此，进一步分析各控制参数对氯离子表观扩散系数和表面氯离子含量的影响。

10.2.1 时间对氯离子表观扩散系数的影响

氯离子表观扩散系数随着时间的增大而减小。这主要是因为混凝土的孔隙随着时间的推移发生变化。例如，随着服役年限增长，未水化的水泥颗粒会持续水化，水化产物堵塞混凝土的孔隙，从而导致表观扩散系数减小。1994 年，Mangat 等[3]对大量试验数据进行分析，提出了混凝土氯离子表观扩散系数对时间的依赖关系如式（10.2）所示。

$$f(t)=\frac{D_{\mathrm{Cl}}(t)}{D_0}=\left(\frac{t_0}{t}\right)^{\alpha} \tag{10.2}$$

式中，t、t_0 为结构暴露时间；D_0 为对应 t_0 时刻的氯离子表观扩散系数；$D_{\mathrm{Cl}}(t)$ 为对应 t 时刻的氯离子表观扩散系数；α 为经验系数，与水灰比 w/c 有关，$\alpha=3(0.55-w/c)$。

10.2.2 温度对氯离子表观扩散系数的影响

温度是影响氯离子侵蚀的主要环境因素之一。本章氯离子侵蚀试验设置了 3 个不同温度等级，分别为 25℃、35℃、45℃，以考察温度对氯离子侵蚀的影响，如

表 10.2 所示。试件采用 P·O 42.5 水泥与 P·I 52.5 水泥，所处环境盐溶液浓度均为 50g/L。分别于 15d、30d 测量各个试件不同深度处的氯离子含量，结果如图 10.3 所示。随着温度的升高，每个深度处对应的氯离子含量随之增大。以 30d P·I 52.5 为例［图 10.3（b）］，45℃时与 35℃比较，每个测点的氯离子含量分别增加 29%、50%、11%，25℃时与 35℃比较，每个测点的氯离子含量分别减少 37%、32%、51%。

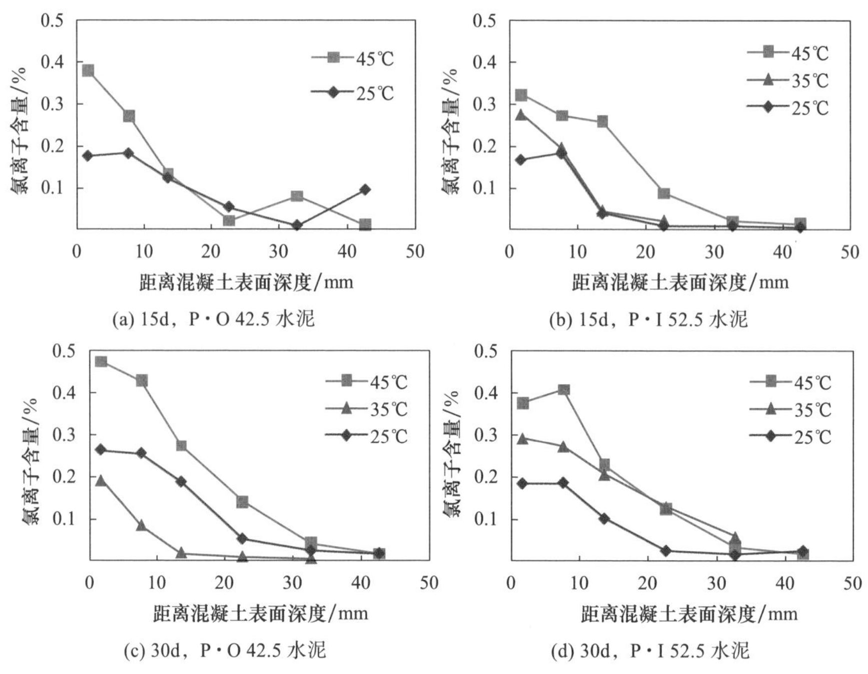

(a) 15d，P·O 42.5 水泥　(b) 15d，P·I 52.5 水泥

(c) 30d，P·O 42.5 水泥　(d) 30d，P·I 52.5 水泥

图 10.3　不同温度下混凝土中氯离子含量曲线

根据试验结果，采用式（10.1）拟合得到每种温度下在 15d、30d 的氯离子表观扩散系数，如表 10.4 与表 10.5 所示。从表 10.4 与表 10.5 看出，部分氯离子表观扩散系数随着温度的升高而升高，如对于 P·I 52.5 水泥 15d 的测量数据值，温度从 35℃上升至 45℃时，表观扩散系数从 $3.987\times10^{-12}m^2/s$ 上升至 $18.435\times10^{-12}m^2/s$。但其中有部分氯离子表观扩散系数并不随着温度的升高而升高。这可能是由于每个工况的试验时间不同，混凝土分批进行浇筑，混凝土内部结构的区别可能导致测量结果有很大的离散性。

表 10.4　不同温度下混凝土中氯离子表观扩散系数（P · O 42.5 水泥）

测试时间 /d	环境温度 /℃	氯离子表观扩散系数 /（$10^{-12}m^2/s$）	相关系数
15	25	16.608	0.98
	45	7.892	0.98
30	25	8.087	0.97
	35	1.278	0.99
	45	6.943	0.99

表 10.5　不同温度下混凝土中氯离子表观扩散系数（P · I 52.5 水泥）

测试时间 /d	环境温度 /℃	氯离子表观扩散系数 /（$10^{-12}m^2/s$）	相关系数
15	25	7.788	0.92
	35	3.987	0.97
	45	18.435	0.97
30	25	6.781	0.96
	35	13.149	0.99
	45	7.544	0.96

利用 Nernst-Einstein 方程得到温度对表观扩散系数的影响[4, 5]：

$$f(T)=\frac{D_{\mathrm{Cl}}(T)}{D_0}=\left(\frac{T+273}{T_0+273}\right)\mathrm{e}^{q\left(\frac{1}{T_0+273}-\frac{1}{T+273}\right)} \tag{10.3}$$

式中，D_0 为基准混凝土在温度 T_0 时的表观扩散系数；D_{Cl}（T）为温度 T 对应的表观扩散系数；T_0 为参考温度；q 为常数，由混凝土水灰比确定，建议对应 w/c 为 0.4、0.5、0.6 分别取为 6000K、5450K、3850K。

值得注意的是，式（10.3）是采用电流加速侵蚀法试验数据拟合获得的，不能直接应用于盐雾侵蚀的情况。因此，采用本章试验数据拟合得到的氯离子表观扩散系数对式（10.3）进行校核，结果如图 10.4 所示。图 10.4 中，横轴为按式（10.3）计算的 D_{Cl}/D_0。从图 10.4 可知，在盐雾环境下，温度对氯离子扩散的影响较式（10.3）计算的理论值小，这与文献［6］发现的规律一致。因此，本章采用式（10.4）作为温度对氯离子表观扩散系数的影响函数。

$$f(T)=\frac{D_{\mathrm{Cl}}}{D_0}=0.8\left(\frac{T+273}{T_0+273}\right)\mathrm{e}^{q\left(\frac{1}{T_0+273}-\frac{1}{T+273}\right)} \tag{10.4}$$

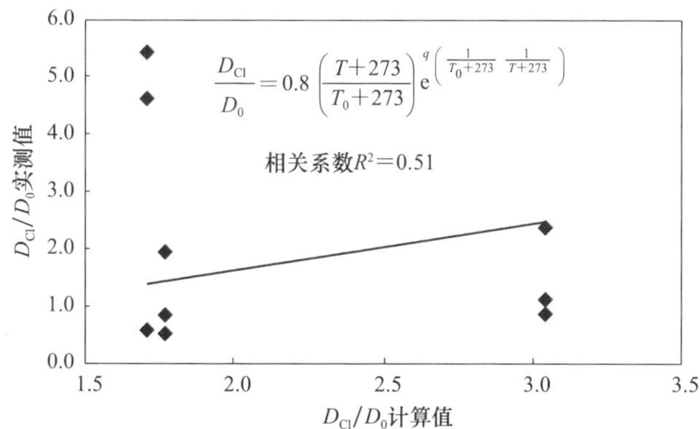

图 10.4　不同温度下混凝土中的氯离子表观扩散系数

10.2.3　应力水平对氯离子表观扩散系数的影响

应力会影响混凝土的孔隙结构及微裂缝状态，从而影响氯离子在混凝土内部的传输。本章试验对承受不同拉、压应力水平的混凝土试件进行了盐雾环境下的氯离子侵蚀加速试验。受力试件采用P·O 42.5水泥，所处环境温度为35℃，盐溶液浓度为50g/L，如表10.2所示。混凝土试件在盐雾箱中暴露60d后测量其不同深度处的氯离子含量。拉、压应力状态下各组测试结果如图10.5和图10.6所示。

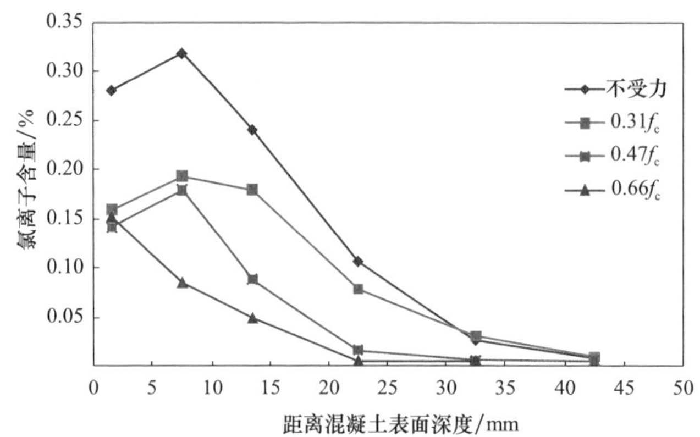

图10.5　不同压力等级下混凝土中氯离子含量变化

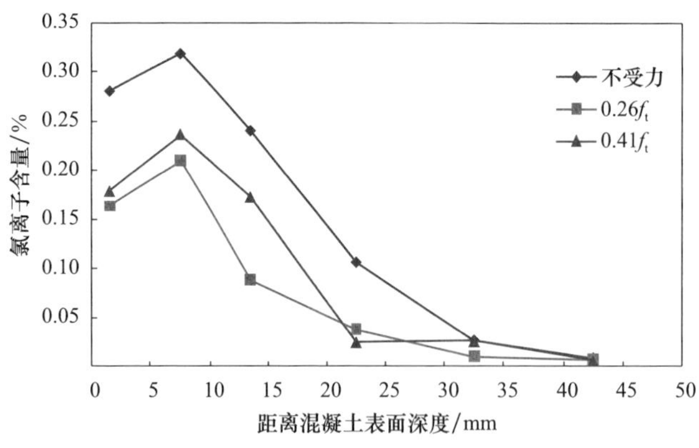

图10.6　不同拉力等级下混凝土中氯离子含量变化

从图10.5不难看出，施加压应力的混凝土试件相对没有施加应力的试件，氯离子含量都有不同程度的减小，并且随着压应力值的增大，减小的幅度增大。当压应力为0.66f_c时，与无压应力试件进行比较，每一个测点的氯离子含量分别减小46%、75%、92%、92%、68%，氯离子含量平均减小约75%。理论上，随着拉应力的增加，氯离子侵蚀深度应有一定程度的增加。然而，图10.6结果显示，在有拉力情况下，各深度处的氯离子含量反而小于无拉力试件。这可能是由于加载时难以保证试件完全处于轴心受拉状态。当产生偏拉受力状态后，混凝土截面各部分的拉力分布极不均匀，氯盐侵蚀面与测试面可能处于受压面，导致结果较无拉力状态下偏小。

根据测试的氯离子含量分布数据，采用式（10.1）进行拟合，得到试件在不同应力水平下受 60d 盐雾环境作用后的氯离子表观扩散系数值，如图 10.7 所示。在压应力状态下，随着压应力的逐渐增大，氯离子表观扩散系数持续减小。在低压应力水平下（$0.31f_c$），氯离子表观扩散系数减小趋势慢。在较高压应力水平下，压应力对氯离子扩散的抑制作用更加显著，氯离子表观扩散系数急剧减小。例如，当压应力达 $0.66f_c$ 时，混凝土中氯离子表观扩散系数仅为无应力状态下的 23%。

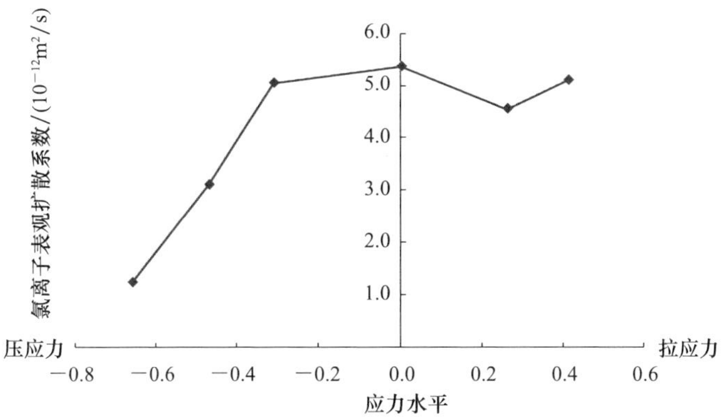

图 10.7　混凝土中氯离子表观扩散系数与应力水平关系

将不同压应力水平下的氯离子表观扩散系数与无应力水平下的氯离子表观扩散系数比值 $D_{Cl}(\delta)/D_0$ 与对应的应力水平值 δ 采用二次多项式进行拟合，得

$$f(\delta)=\frac{D_{Cl}(\delta)}{D_0}=1+0.24\delta-1.95\delta^2 \tag{10.5}$$

式中，$D_{Cl}(\delta)$ 为压应力作用下的氯离子表观扩散系数；D_0 为无应力作用下的氯离子表观扩散系数；$\delta=P/P_u$，P 为构件截面受压区实际承受的压力，P_u 为混凝土棱柱体受压极限荷载。

在拉应力下，氯离子表观扩散系数未有明显的变化趋势。当拉应力达 $0.26f_t$ 时，氯离子表观扩散系数约减小 15%；当拉应力达 $0.41f_t$ 时，氯离子表观扩散系数增大，与无应力状态时基本持平。这与根据文献［7］报道的轴拉应力作用下混凝土中氯离子表观扩散系数随拉应力变化的规律基本吻合。究其原因，可能均为加载装置难以保证完全轴心受拉状态。因此，本章暂不考虑拉应力对氯离子表观扩散系数的影响。

10.2.4 时间对表面氯离子含量的影响

大量学者通过对实际混凝土结构表面氯离子含量的调查，发现表面氯离子含量会随着时间而逐渐增长，但当表面氯离子含量达到一定值后将趋于稳定。表10.6总结了一些有代表性的学者或机构建议的混凝土表面氯离子含量。由于我国混凝土表面氯离子含量的实测和相关研究较少，参考表10.6所示数据，本章取混凝土表面氯离子含量值最终稳定于0.6%（即 $C_s^{max}=0.6\%$）。

表 10.6 混凝土表面氯离子含量汇总 （单位：%）

	Vu 等[8]	Bamforth[9]	日本规范[10]	美国规范[11]
C_s^{max}	0.123	0.25	0.375	0.6

本章试验测得的混凝土表面氯离子含量与时间的关系如图10.8所示。试验发现，15～30d时，大部分工况下表面氯离子含量有显著的上升趋势，但30～45d或30～60d时，大部分工况下混凝土的表面氯离子含量出现了下降，小部分工况下混凝土的表面氯离子含量数据与30d的持平或略微上升。

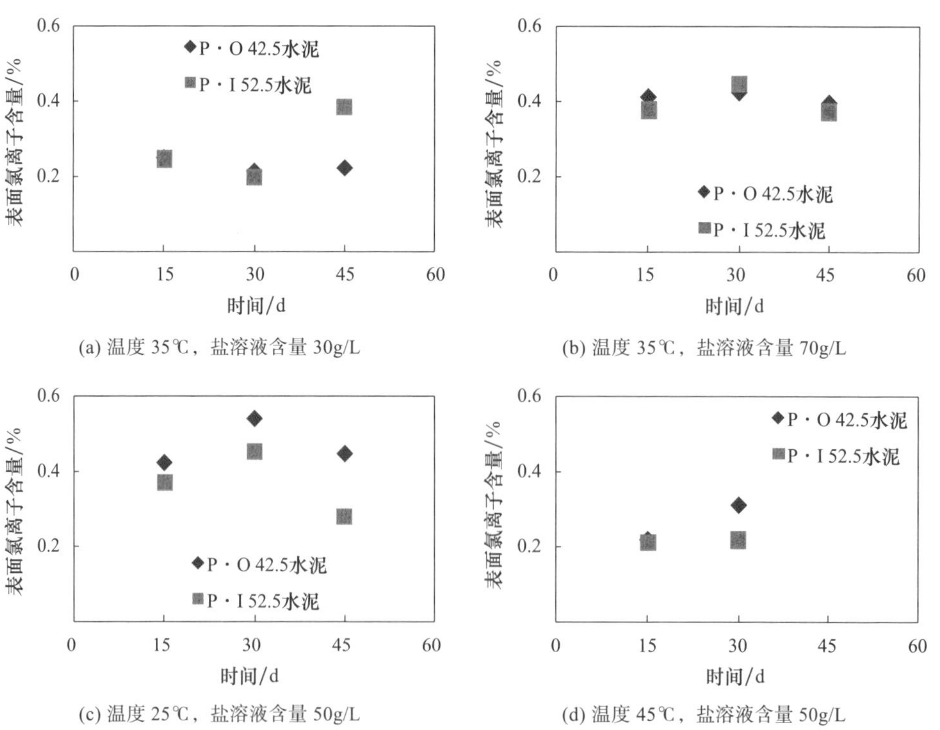

图10.8 不同工况下混凝土表面氯离子含量与时间的关系

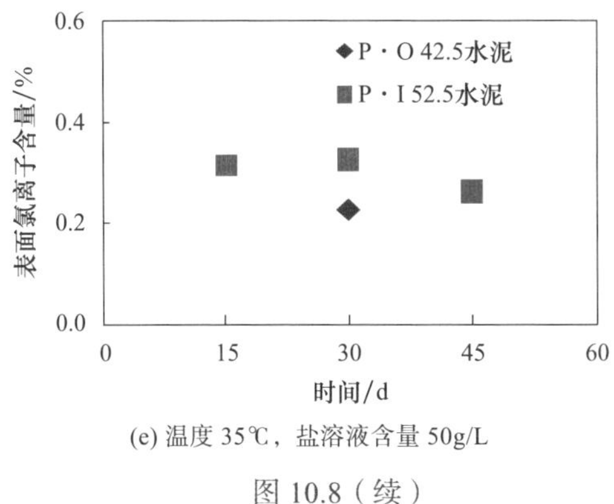

(e) 温度 35℃，盐溶液含量 50g/L

图 10.8（续）

在试验初期，表面氯离子含量有明显的上涨，随着时间的增长，表面氯离子含量增长速度逐渐减小，故采用式（10.6）进行拟合。

$$C_s=\begin{cases}K\sqrt{t}, & C_s<C_s^{max}\\ C_s^{max} & \end{cases} \tag{10.6}$$

取 $C_s^{max}=0.6\%$，利用 0～30d 数据拟合得到 $K=0.075\%$。如此，盐雾环境中混凝土表面氯离子含量与时间的关系可由式（10.7）描述。

$$C_s=\begin{cases}0.075\sqrt{t}, & C_s<C_s^{max}\\ C_s^{max} & \end{cases} \tag{10.7}$$

式中，C_s 为表面氯离子含量，%；C_s^{max} 为表面氯离子含量最大值（取 0.6%）；t 为时间，d。

10.2.5　盐溶液浓度对表面氯离子含量的影响

本章试验在盐雾箱中配置 3 个盐溶液浓度进行试验，其浓度分别为 30g/L、50g/L、70g/L。采用式（10.1）对试验测得的氯离子含量分布进行拟合，获得混凝土表面氯离子含量，从而获得表面氯离子含量与相应盐溶液浓度的关系如图 10.9 所示。

随着盐溶液浓度的提高，表面氯离子含量均呈现上升趋势。假设混凝土内部初始氯离子含量为 0，认为当外界盐溶液浓度为 0 时，混凝土中不出现氯离子侵蚀。盐溶液浓度的改变不会改变混凝土表面氯离子含量的最终稳定值。以 50g/L 盐溶液下的表面氯离子含量为基准，将其他盐溶液下的表面氯离子含量进行比较，如图 10.10 所示。如此，通过试验数据拟合，将盐溶液浓度对表面氯离子含量影响转化为对表面氯离子含量增长速度的影响，如式（10.8）所示。

$$g(C_{sw})=\frac{C_s(C_{sw})}{C_s(C_{sw0})}=\frac{K_{sw}}{K_{sw0}}=1.0023\frac{C_{sw}}{C_{sw0}} \tag{10.8}$$

式中，C_{sw0}、C_{sw} 为盐雾箱中盐溶液浓度；K_{sw0}、K_{sw} 为盐溶液浓度为 C_{sw0}、C_{sw} 对应的表面氯离子含量增长速度；$C_s(C_{sw0})$、$C_s(C_{sw})$ 为盐溶液浓度为 C_{sw0}、C_{sw}

对应的表面氯离子含量。

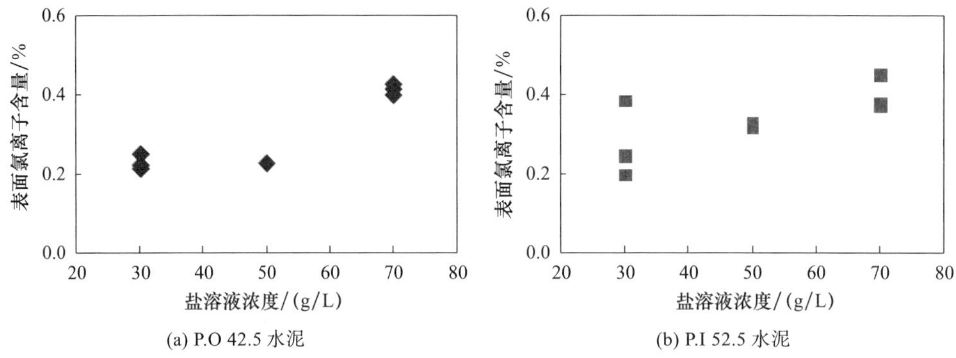

图 10.9　混凝土表面氯离子含量与相应盐溶液浓度的关系

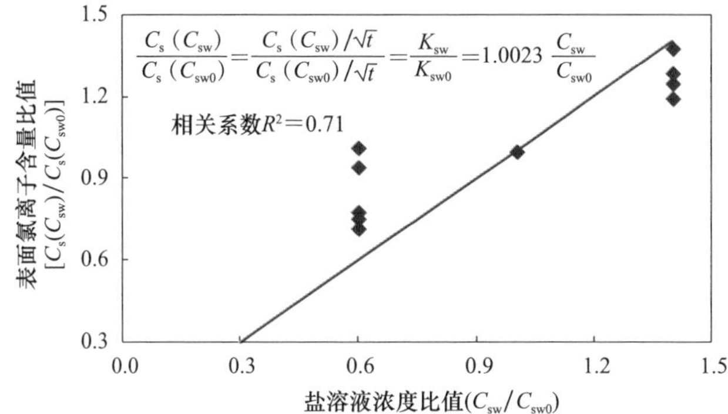

图 10.10　盐溶液浓度比值与混凝土表面氯离子含量比值关系

10.2.6　温度对表面氯离子含量的影响

本章试验采用 3 个温度等级进行试验，分别为 25℃、35℃、45℃。根据试验结果，拟合得到的混凝土表面氯离子含量与温度的关系如图 10.11 所示。

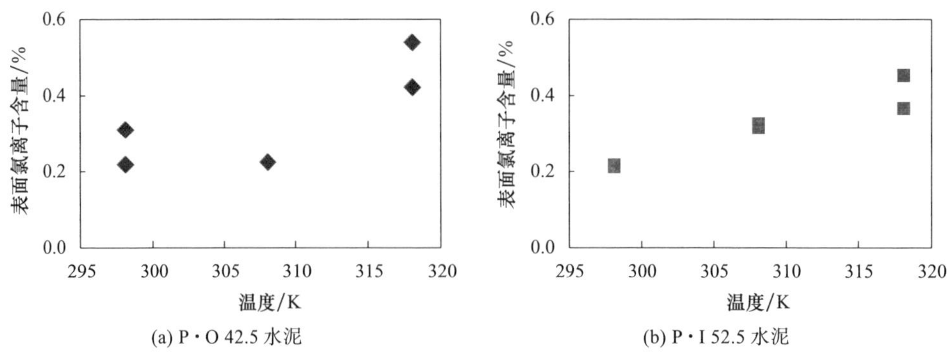

图 10.11　混凝土表面氯离子含量与温度的关系

从图 10.11 可知，随着温度升高，表面氯离子含量逐渐提高。将表面氯离子含量进行无量纲处理，即以 $C_s(T)/C_s(T_0)$ 为纵轴，图 10.11 转为图 10.12。如此，可拟合得到温度对表面氯离子含量的影响，如式（10.9）所示。

$$g(T)=\frac{C_s(T)/\sqrt{t}}{C_s(T_0)/\sqrt{t}}=\frac{K(T)}{K(T_0)}=0.0358(T+273)-9.9 \tag{10.9}$$

式中，$C_s(T)$、$C_s(T_0)$ 分别为温度为 T、T_0 时混凝土表面氯离子含量；$K(T)$、$K(T_0)$ 分别为温度为 T、T_0 时混凝土表面氯离子含量增长速率。

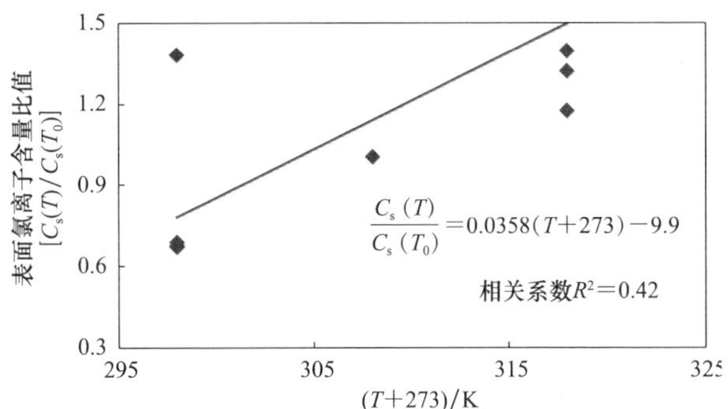

图 10.12　温度与混凝土表面氯离子浓度比值的关系

10.2.7　考虑环境和荷载作用的氯离子侵蚀模型

经过 10.2.1 节～10.2.6 节的讨论，获得考虑环境和荷载作用的氯离子侵蚀模型，如式（10.10）所示。

$$C_{\mathrm{Cl}}(x,t)=(C_s-C_0)\left[1-\mathrm{erf}\left(\frac{x}{2\sqrt{f(\delta)\,f(T)\,f(t)\,D_0 t}}\right)\right] \tag{10.10}$$

式中，$C_{\mathrm{cl}}(x,t)$ 为 t 时刻距离混凝土表面 x 处的氯离子含量；$f(t)$、$f(T)$、$f(\delta)$ 分别表示时间、温度和应力水平的影响函数，如式（10.2）、式（10.4）和式（10.5）所示；D_0 为基准混凝土的氯离子表观扩散系数，可取 $D_0=10^{-12.06+2.4w/b}$（w/b 为水胶比）[2]；C_s 和 C_0 分别表示混凝土表面氯离子含量和混凝土内部初始氯离子含量，混凝土表面氯离子含量按式（10.11）计算。

$$C_s=\begin{cases}0.075g(C_{\mathrm{sw}})g(T)\sqrt{t}, & C_s<C_s^{\max}\\ C_s^{\max}\end{cases} \tag{10.11}$$

式中，$g(C_{\mathrm{sw}})$ 为表示盐溶液浓度影响的函数，如式（10.8）所示；$g(T)$ 为表示温度影响的函数，如式（10.9）所示；取 $C_s^{\max}=0.6\%$，详见 10.2.4 节讨论。

10.3 盐雾侵蚀加速试验的相似性

10.3.1 氯离子侵蚀相似性指标

氯离子在混凝土中的侵蚀是一个长期缓慢的过程，影响因素众多。不同的学者采用不同的值来表征混凝土中氯离子侵蚀深度的严重程度，如不同深度处的氯离子含量、氯离子表观扩散系数等。但是不同深度处的氯离子含量变化很大，变化规律复杂，难以统一量化；氯离子表观扩散系数可以理解为是混凝土材料的一个属性，不能衡量氯离子的扩散严重程度。

氯离子侵入混凝土经过保护层到达钢筋表面累积到一定含量时就会引起钢筋锈蚀，引起钢筋开始锈蚀的氯离子含量定义为临界氯离子含量 C_{crit}。国内外学者运用多种检测方式得到的临界氯离子含量离散性都比较大。Thomas 等[11]做了粉煤灰混凝土海洋暴露试验，于暴露 1a、2a 和 4a 龄期测定其酸溶性氯离子含量，最终定义钢筋质量损失高于 0.087% 作为氯离子引起钢筋锈蚀的临界值，推荐临界氯离子值为胶凝材料质量的 0.39%，换算约为混凝土质量的 0.065%[11]。Alonso 通过电位与临界氯离子值相关性试验，得到总氯离子值与电位的关系，同时结合其他文献数据，认为临界氯离子值范围为胶凝质量的 0.1%～3%，换算为混凝土质量的 0.017%～0.5%[12]。Frederiksen 利用 3 种试验方法，即暴露试验、实验室试验、现场结构试验，研究海洋各区域的临界氯离子含量。推荐大气区临界氯离子含量为水泥质量的 1.5%～2.2%，换算为混凝土质量的 0.25%～0.36%[12]。

赵尚传等[13]对我国某公路沿线桥梁结构的临界氯离子含量进行统计分析，将大气区混凝土构件钢筋表面的临界氯离子含量定为 0.13%（占混凝土的质量分数）。文献［14］认为临界氯离子含量为混凝土质量的 0.07%，并采用此值作为其计算模型的假定值。文献［15］中指出，临界氯离子含量为混凝土质量的 0.07%～0.18%。设计结构工作寿命，通常采用的临界氯离子含量为混凝土质量的 0.06% 或 0.07%[16]。

根据上述各学者的研究，C_{crit} 差异为 0.065%～0.36%（占混凝土的质量分数）。这里采用较为保守值 0.06%（与混凝土质量的比值）作为临界氯离子含量。将氯离子含量临界值对应的距离混凝土表面的深度作为表征氯离子侵蚀严重性的衡量标准，简称为临界氯离子深度。该值描述简单，且对于不同的环境条件和不同的结构，便于比较。

10.3.2 加速试验下温度与盐溶液浓度的加速效应

混凝土中氯离子含量的时空分布如式（10.10）所示。本节将应用 Matlab 程序对各参数进行分析，并求得温度、盐溶液浓度与时间的相似关系。

1. 温度加速效应

以式（10.10）为计算基础，在盐溶液浓度保持 50g/L 的情况下，计算不同温度下水灰比为 0.5 的混凝土中的氯离子含量分布，计算结果如图 10.13 所示。在各个时间点，随着温度的升高，对应深度处氯离子含量增加，即混凝土中氯离子渗透速率增加。在各个时间点，随着温度的升高，扩散加快，因此临界氯离子深度随着温度的升高而变大，即随着温度升高混凝土抗氯离子侵蚀能力降低，更早引起钢筋锈蚀。当氯离子含量达到临界氯离子含量（0.06%）时即会引起钢筋锈蚀，因此达到临界氯离子含量的时间是衡量混凝土性能的一个重要指标。计算不同温度下，当临界氯离子深度等于保护层厚度（20mm、35mm、50mm、65mm、80mm、100mm）时需要的时间，如图 10.14 所示。由图 10.14 可知，温度越高，临界氯离子深度达到保护层厚度的时间越短。

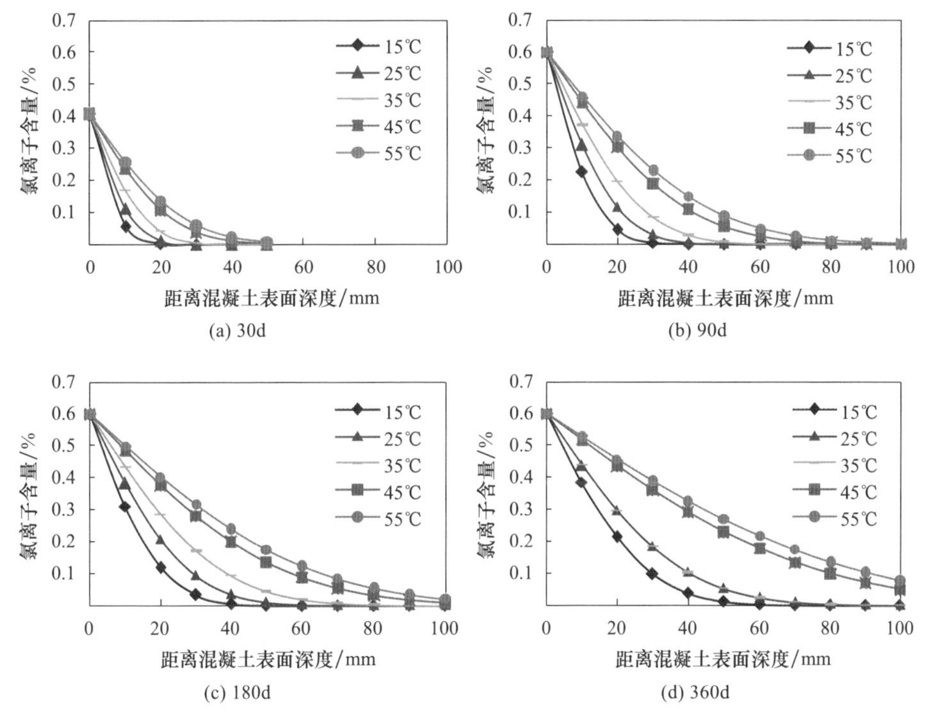

图 10.13　不同温度下混凝土中氯离子含量分布曲线

同样，以式（10.10）为计算基础，计算不同温度对临界氯离子深度的影响（临界氯离子浓度值取为 0.06%），结果如图 10.15 所示。在各个时间点，随着温度的升高，扩散加快，因此临界氯离子深度随着温度的升高而变大，即随着温度升高混凝土抗氯离子侵蚀能力降低，更早引起钢筋锈蚀。

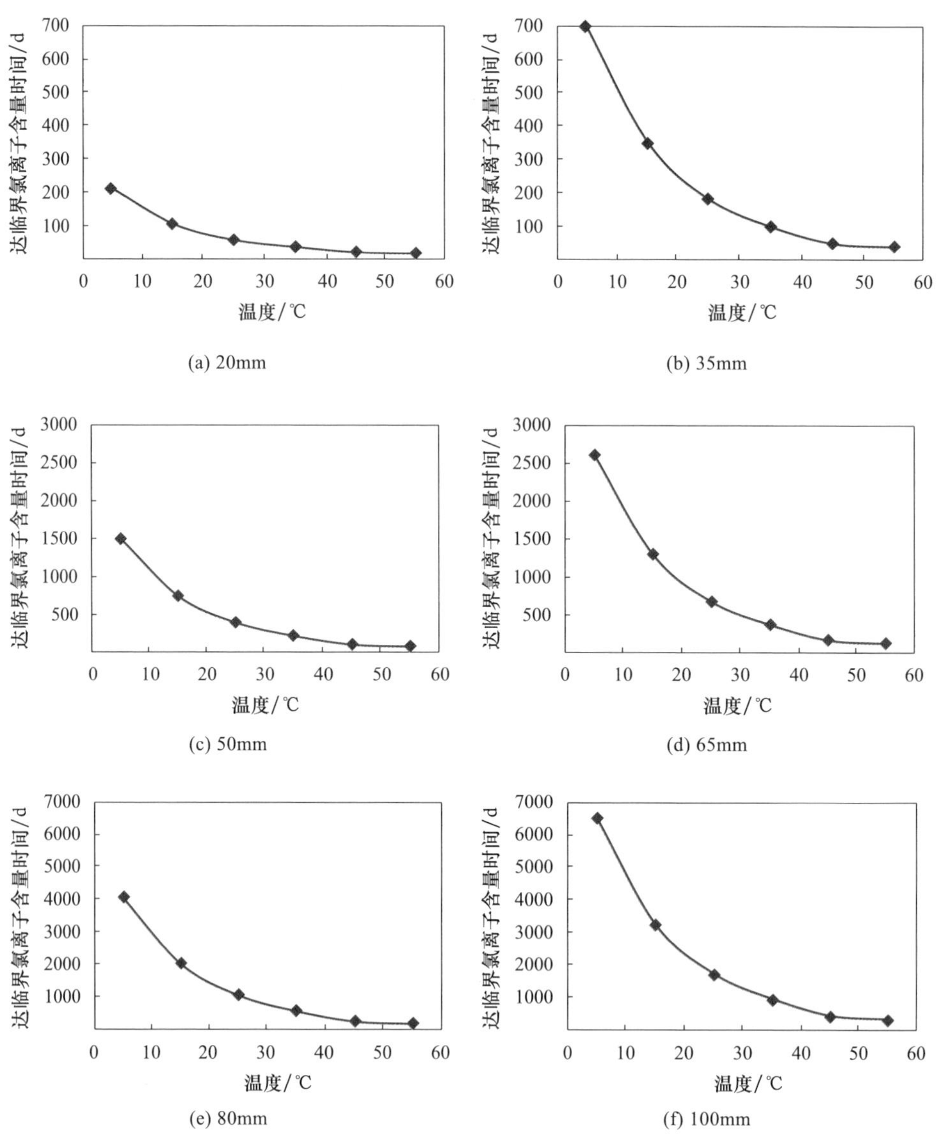

图 10.14　温度与达到临界氯离子含量时间的关系

当氯离子含量达到临界氯离子浓度（0.06%）时即会引起钢筋锈蚀，因此，某一深度处达到临界氯离子含量的时间是衡量混凝土结构性能演化的一个重要指标。由图 10.14 可知，随着温度的升高，达到某一临界氯离子深度所需的时间逐渐减少。将 T/T_0 与 t/t_0（每一组中选取 T_0=35℃作为标准，t_0 为 T_0 对应的达到临界深度时所需要的时间，其中温度 T 取国际单位：K）关系列于表 10.7。

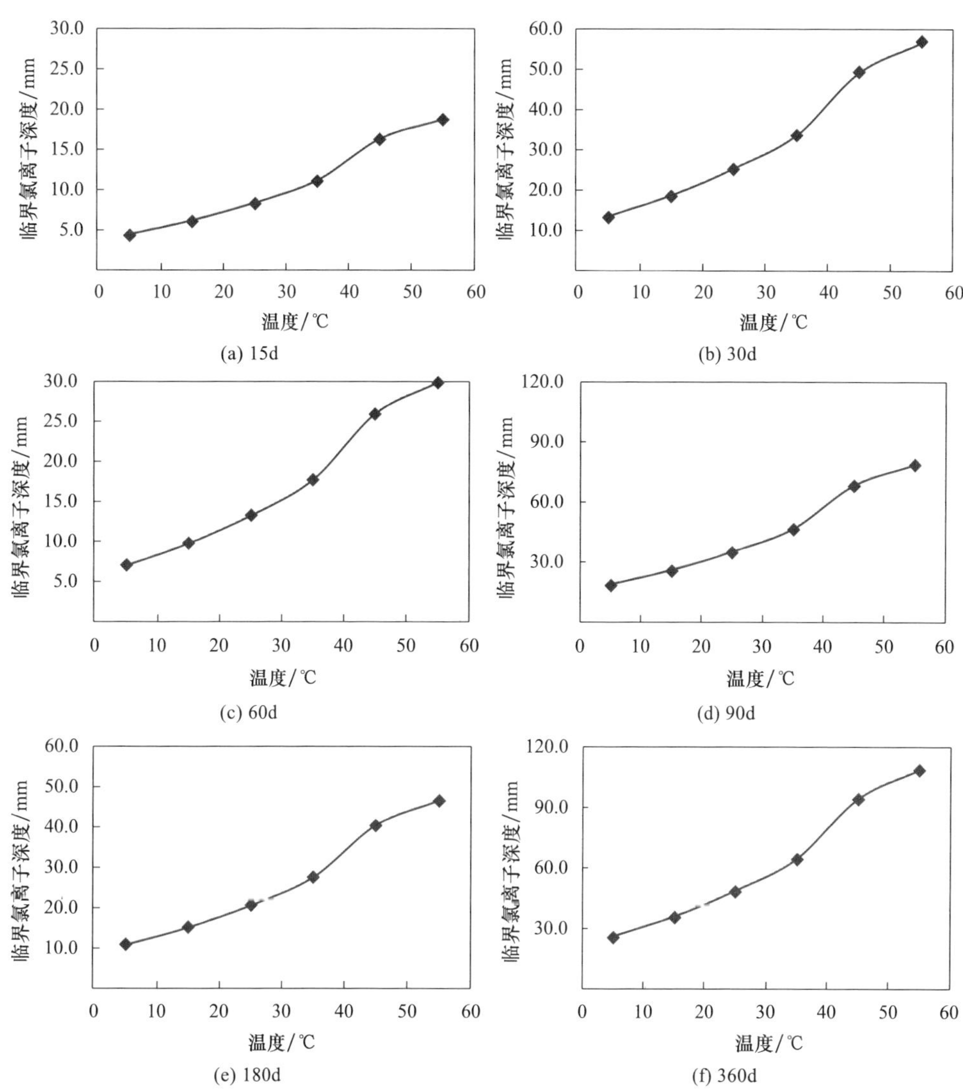

图 10.15　温度与临界氯离子深度的关系

表 10.7　不同计算深度不同 T/T_0 下对应的 t/t_0 值

计算深度 /mm	T/T_0					
	0.903	0.935	0.968	1.000	1.032	1.065
20	5.854	2.913	1.574	0.999	0.559	0.454
35	7.114	3.537	1.845	1.000	0.489	0.390
50	7.107	3.535	1.844	1.000	0.444	0.328
65	7.107	3.534	1.841	1.000	0.444	0.328
80	7.100	3.537	1.841	1.000	0.444	0.328
100	7.112	3.540	1.843	1.000	0.445	0.328

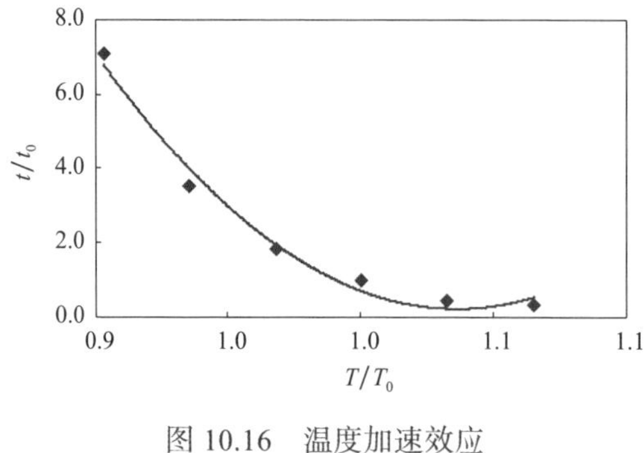

图 10.16　温度加速效应

根据表 10.7 数据，发现在不同计算深度下（保护层厚度），每个温度比 T/T_0 对应时间比 t/t_0 几乎是相等的（20mm 时除外），将 20mm 数据剔除，利用其他 5 个保护层厚的计算值平均值与温度比值拟合（图 10.16）得式（10.12）。

$$\frac{t}{t_0}=370\left(\frac{T}{T_0}\right)^2-768\frac{T}{T_0}+398 \tag{10.12}$$

拟合系数达 0.993。式（10.12）即为盐雾侵蚀加速试验中温度的加速效应或称为不同温度间的相似关系，其中 T_0=308K（35℃），T 为某一温度，t、t_0 为对应 T、T_0 时达到临界氯离子深度所需的时间。

2. *盐溶液浓度加速效应*

以式（10.10）为计算基础，在温度保持 35℃的情况下，计算不同盐溶液浓度下水灰比为 0.5 的混凝土中的氯离子含量分布曲线，计算结果如图 10.17 所示。在各个时间点，随着盐溶液浓度的升高，对应深度处氯离子含量增加，即混凝土中氯离子渗透速率增加。但是随着时间的增长，当表面氯离子浓度达到最大值

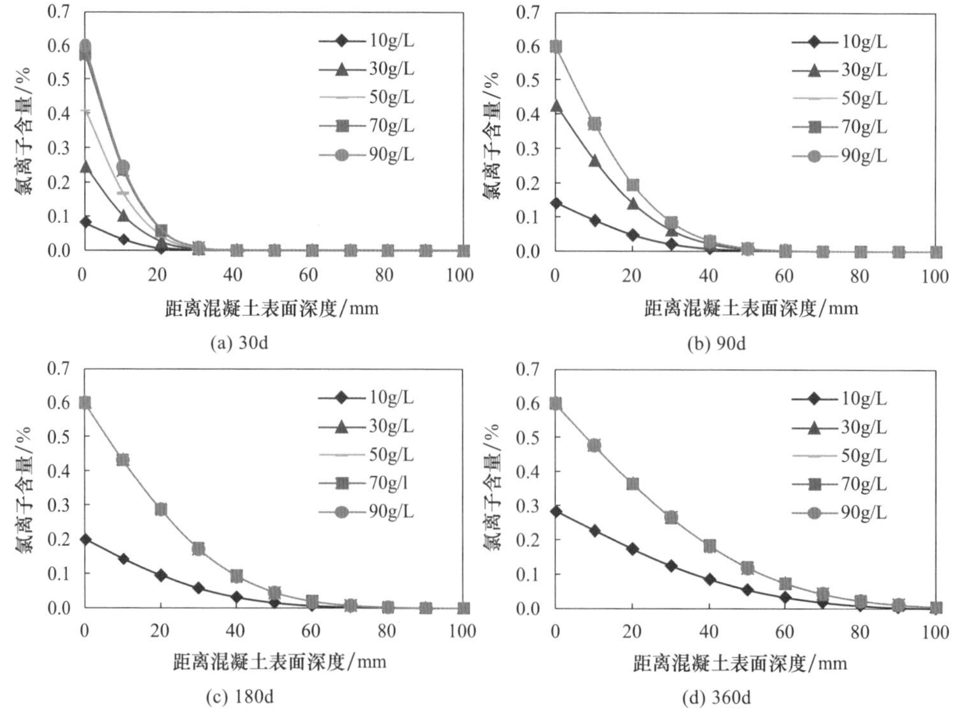

图 10.17　不同盐溶液浓度下混凝土中氯离子含量分布曲线

时，溶液浓度的增加对于混凝土中氯离子传输不再有影响。本章建立的氯离子侵蚀扩散方程假设条件为：混凝土为饱和混凝土，仅考虑由扩散作用导致的氯离子侵蚀，因此当表面氯离子浓度恒定后，内部表观扩散系数不受到外界环境中盐溶液浓度的干扰。这与实际情况有差别。在实际工程中，由于混凝土为非饱和混凝土，在临混凝土表面很近的距离范围内，由于毛细孔作用，氯离子会持续向混凝土内部渗透，临近混凝土表面处的氯离子含量高于表面氯离子含量。

以式（10.10）为计算基础，计算不同盐溶液浓度对临界氯离子深度的影响（临界氯离子含量取为 0.06%），结果如图 10.18 所示。由图 10.18 可知，0～60d，盐溶液浓度的增大导致临界氯离子含量对应深度随之增加，到达一定时间后，盐溶液浓度的增加对临界氯离子含量的深度已经无影响。因此仅分析表面氯离子浓

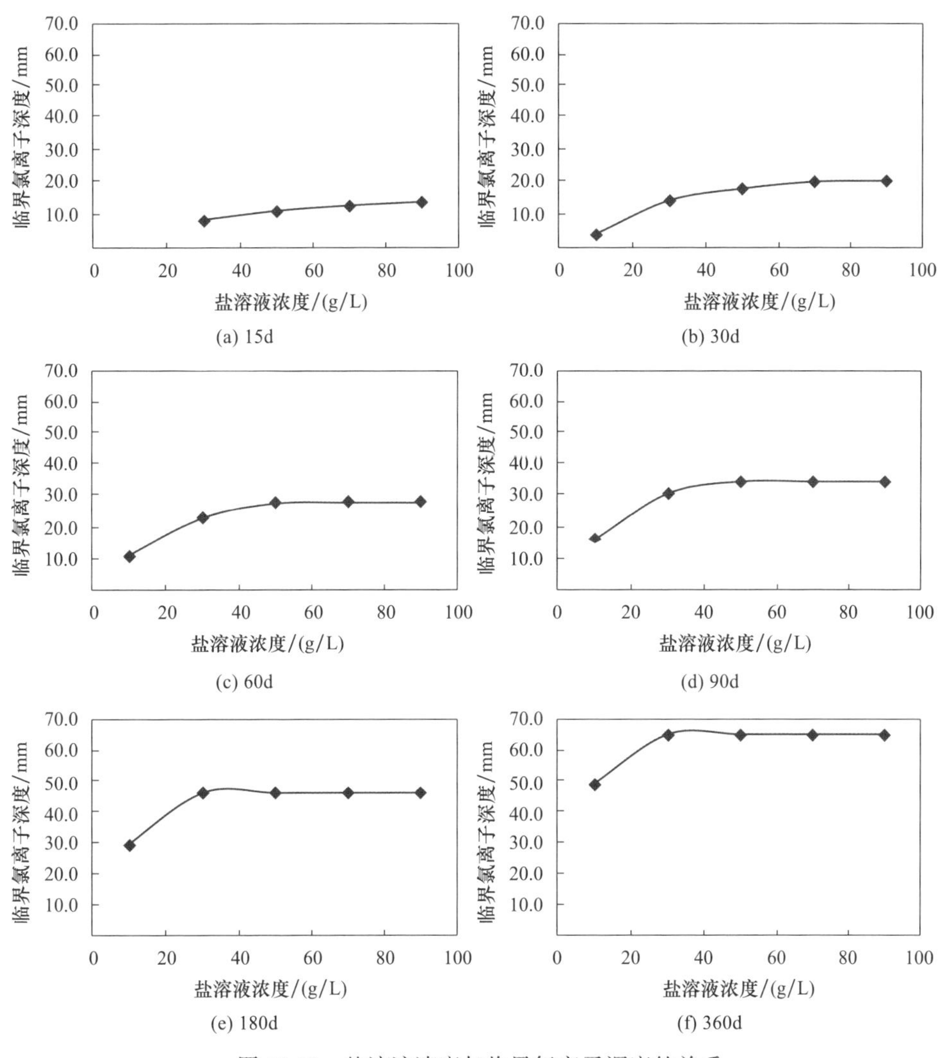

(a) 15d　(b) 30d　(c) 60d　(d) 90d　(e) 180d　(f) 360d

图 10.18　盐溶液浓度与临界氯离子深度的关系

度达到最大值之前盐溶液浓度对氯离子侵蚀的影响。认为当时间超过 90d 后，盐溶液浓度从 10g/L 到 90g/L 已经不会对临界氯离子深度造成影响。

计算不同盐溶液浓度下，当临界氯离子深度等于保护层厚度（20mm、35mm、50mm、65mm）时需要的时间，结果如图 10.19 所示。由图 10.19 看出，当保护层厚度达到 65mm 以上时，盐溶液浓度对达到氯离子临界深度的时间影响不明显。根据上述分析，仅考虑试验时间小于 90d 时，不同盐溶液浓度的加速效应。利用与考虑温度加速效应相同的处理方法，拟合得到式（10.13）（图 10.20）。

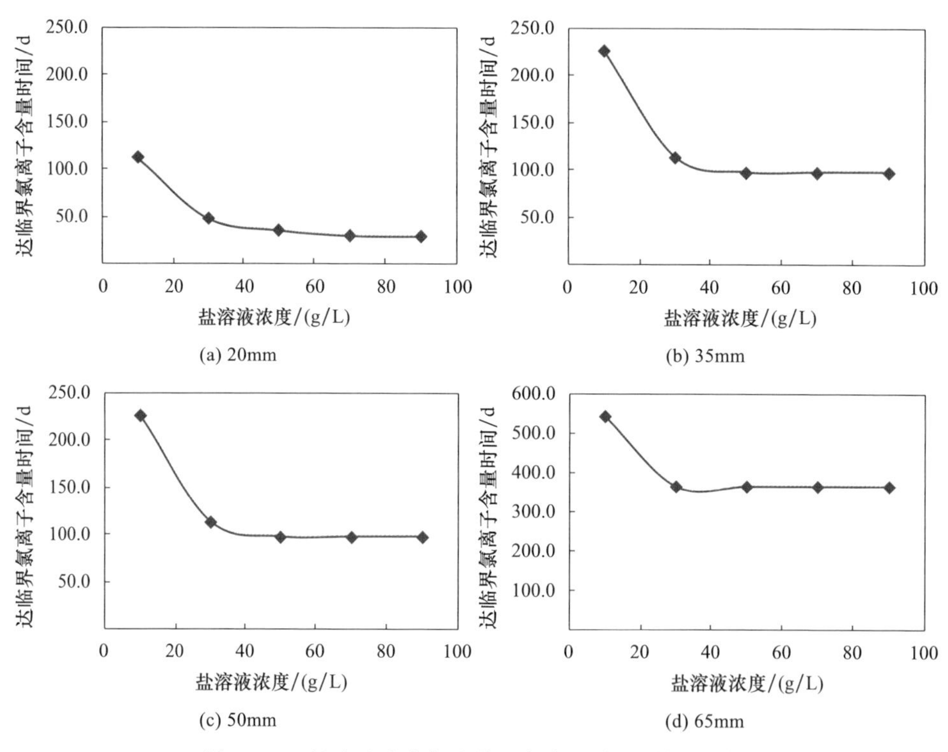

图 10.19　盐溶液浓度与达临界氯离子含量时间的关系

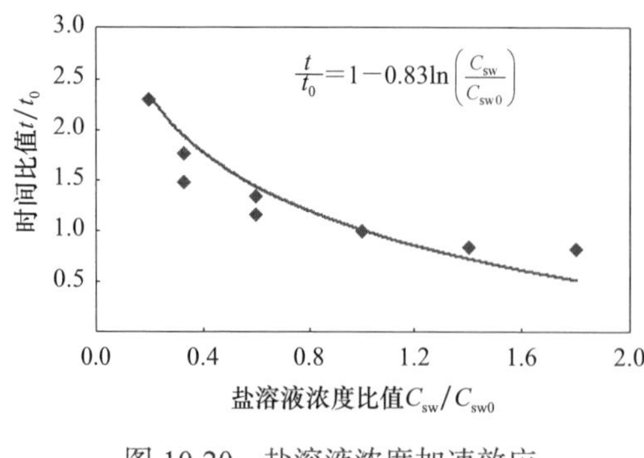

图 10.20　盐溶液浓度加速效应

$$\frac{t}{t_0}=1-0.83\ln\left(\frac{C_{sw}}{C_{sw0}}\right) \tag{10.13}$$

拟合系数达 0.90，式（10.13）即为盐雾加速侵蚀试验中盐溶液浓度的加速效应或称为不同溶液浓度间的相似关系。其中 C_{sw}、C_{sw0} 为盐溶液浓度，t、t_0 为对应 C_{sw}、C_{sw0} 达到临界氯离子深度所需的时间，该公式仅适用于 $t \leqslant 90$d。

10.3.3　加速试验与自然环境下的相似性

10.3.2 节分析了盐雾箱加速环境下温度和盐溶液浓度对氯离子侵蚀的时间加速效应，分别如式（10.12）和式（10.13）所示。这些关系式可为合理设计盐雾箱加速试验参数提供计算依据。然而，自然环境中的氯离子侵蚀与盐雾箱加速试验中的氯离子侵蚀有所差异。为此，本节进一步探讨自然环境下氯离子侵蚀与加速试验下氯离子侵蚀的相似性。

1. 自然环境下关键参数取值

自然环境下的氯离子含量分布仍可按式（10.10）计算，但关键参数，如表面氯离子含量、初始氯离子含量、氯离子表观扩散系数、温度、湿度及应力水平等的取值有所差异，现对此一一进行讨论。

1）表面氯离子含量

在自然环境下，表面氯离子含量也随着时间的延长而增长，当达到一定值时会趋于稳定。与加速试验的不同在于表面氯离子含量增长速率不同。广州四航工程技术研究院华南海港暴露试验站 10a 暴露试验结果说明，普通水泥混凝土 10a 龄期的表面氯离子含量仍在增长，并认为应根据长期暴露试验结果确定最大表面氯离子含量，10a 以后可认为混凝土表面最大氯离子含量基本恒定。美国的 LIFE-365 [2] 标准设计程序中认为，海上盐雾区累积 10a 达到既定的稳定值。取 $C_s^{max}=0.6\%$，则增长速度为 0.06%/a。表面氯离子含量表达式为

$$C_s=\begin{cases}0.06\sqrt{t}, & C_s<C_s^{max}\\ C_s^{max}\end{cases} \tag{10.14}$$

2）初始氯离子含量

对于原材料没有明显受氯离子污染的混凝土，取初始氯离子含量 C_0 为 0。

3）氯离子表观扩散系数

对于不同配合比的基准混凝土，其氯离子表观扩散系数可取 $D_0=10^{-12.06+2.4w/b}$（w/b 为水胶比）[2]。

4）温度

选择年平均气温为一个定值。

5）湿度

非饱和混凝土中氯离子的传输机理将在下一章中研究。本节计算时，假设氯离子侵蚀以扩散过程为主。

6）应力水平

由于实际工程中应力水平不确定，这里暂不考虑应力的影响。

2. 相似性分析

这里认为同一种混凝土组分与材料，在环境因素一定的情况下，氯离子表观扩散系数是不变的。本节主要考虑环境因素的影响，计算在相同的临界氯离子深度下，自然环境中氯离子侵蚀时间与加速试验中侵蚀时间的比值，通过该比值，即可通过盐雾加速侵蚀试验时间推导得到对应自然环境中的侵蚀时间。

以式（10.10）为基础，计算在加速试验与自然试验下，水灰比为0.3、0.35、0.4、0.45、0.5、0.53及0.6的不同保护层厚度的混凝土下钢筋表面达到临界氯离子含量的时间对比（自然环境温度为25℃），如图10.21所示。加速试验参数选用温度为35℃、盐水含量为50g/L，不考虑应力水平的影响。

由图10.21可知，随着保护层厚度的增加，自然环境与加速试验下钢筋表面达到临界氯离子含量的时间比值逐渐减小。当保护层厚度为20mm时，自然环境与加速试验下钢筋表面达到临界氯离子含量的时间比值差异非常大，为20～120。当保护层厚度大于40mm后，自然环境与加速试验下钢筋表面达到临界氯离子含量的时间比值为5～10。即当保护层厚度大于40mm后，加速试验下氯离子侵蚀1a，相当于自然环境中氯离子侵蚀5～10a。

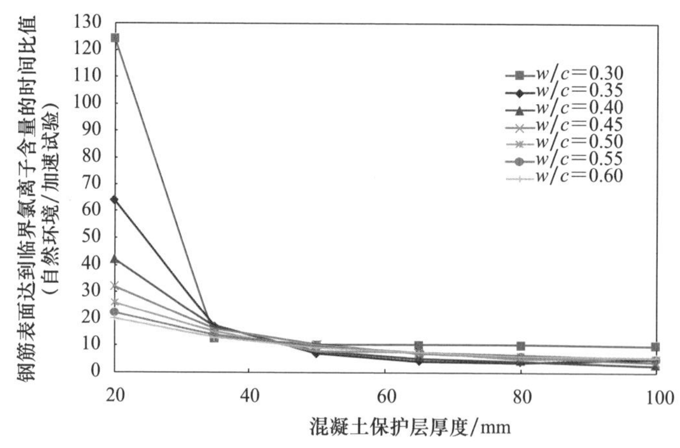

图10.21　水灰比不同时自然环境与加速试验下钢筋表面达到临界氯离子含量的时间的比值

以式（10.10）为基础，计算平均温度为5℃、10℃、15℃、20℃、25℃、30℃及35℃时，加速试验与自然试验下在不同保护层厚度下钢筋表面达到临界氯离子含量的时间比值，如图10.22所示。计算时，加速试验温度为35℃，水灰比$w/c=0.50$，不考虑应力的影响。由图10.22可知，随着保护层厚度的增加，自然环境与加速试验下钢筋表面达到临界氯离子含量的时间比值逐渐减小。同时，随着温度的升高，该时间比值逐渐减小。以保护层厚度为50mm为例，该时间比值范围为7～21，即盐雾加速侵蚀试验1a，相当于自然环境中混凝土受氯离子侵蚀7～21a。

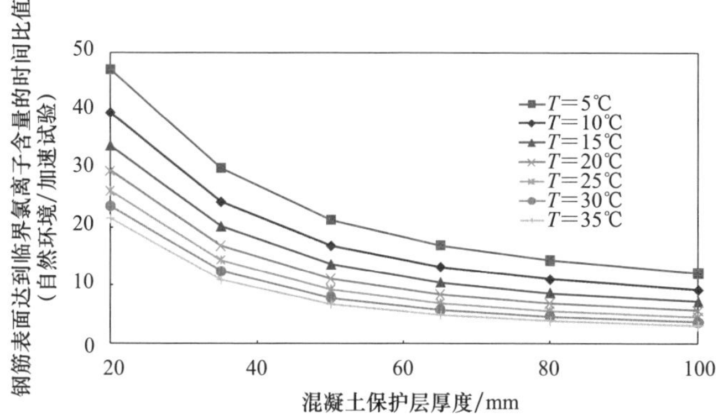

图 10.22　温度不同时自然环境与加速试验下钢筋表面达到临界氯离子含量的时间的比值

参 考 文 献

[1] 钟丽娟. 混凝土盐雾加速侵蚀试验的相似性研究［D］. 上海：同济大学，2010.

[2] Silica Fume Association. Service life prediction model TM and computer program for predicting the service life and life-cycle costs of reinforced concrete exposed to chlorides［S］. Silica Fume Association，2008.

[3] MANGAT P S，MOLLOOY B T. Prediction of long term chloride concentration in concrete［J］. Materials and structures，1994，27（6）：338-346.

[4] ALEXANDER M G，GRIESED E J. Effect of controlled environmental conditions on durability index parameters of Portland cement concretes［J］. Cement，concrete and aggregates，2001，23（1）：44-49.

[5] STEPHEN L A，DWAYNE A J，MATTHEW A MS，et al. Predicting the service life of concrete marine structures：an environmental methodology［J］. ACI structural journal，1998，95（1）：27-36.

[6] SABINE C. Effect of temperature on porosity and on chloride diffusion in cement pastes［J］. Construction and building material，2008，22（3）：1560-1573.

[7] 张德锋，现代预应力混凝土结构耐久性研究［D］. 南京：东南大学，2001.

[8] VU K A T，STEWART M G. Structural reliability of concrete bridges including improved chloride induced corrosion models［J］. Structural safety，2000，22（4）：313-333.

[9] BAMFORTH P. Definition of exposure classes for chloride contaminated environments［C］// PAGE C I，PBAMFORTH，FIGG J W. Proceedings of the Fourth SCI Conference on Corrosion of Reinforcement in Concrete Construction. Cambridge：RSC for SCI，1996：176-190.

[10] 中国工程院土木水利与建筑学部，工程结构安全性与耐久性研究咨询项目组. 混凝土结构耐久性设计与施工指南［M］. 北京：中国建筑工业出版社，2004.

[11] THOMAS M D A，BAMFORTH P B. Modeling chloride diffusion in concrete：effect of fly ash and slag［J］. Cement and concrete research，1999，29（4）：487-495.

[12] 刘秉京. 混凝土结构耐久性设计［M］. 北京：人民交通出版社，2007.

[13] 赵尚传，贡金鑫，水金锋. 氯离子环境下既有钢筋混凝土桥梁耐久性的概率分析［J］. 公路交通科技，2006，23（7）：82-91.

[14] 罗刚. 氯离子侵蚀环境下钢筋混凝土构件的耐久寿命预测［D］. 泉州：华侨大学，2003.

[15] 王伟. 氯离子环境下混凝土结构耐久性设计研究［D］. 合肥：合肥工业大学，2006.

[16] 赵筠. 钢筋混凝土结构的工作寿命设计：针对氯盐污染环境［J］. 混凝土，2004(1)：3-21.

第 11 章　海水潮汐区混凝土氯盐侵蚀加速试验的相似性

海水潮汐区环境是混凝土氯盐侵蚀不利的外部环境之一。第 8 章介绍了海水潮汐区环境的模拟方法及相应的模拟设备，可实现海水潮汐区混凝土氯盐侵蚀的加速试验。但是要保证加速试验有效地反映实际潮汐区混凝土的氯盐侵蚀规律，选择合适的模拟方式和合理的环境参数至关重要。为此，作者及其研究团队通过试验研究、理论建模、数值计算分析等手段，系统地研究了海水潮汐区混凝土氯盐侵蚀加速试验的相似性。本章对此做详细介绍。

11.1　不同湿润时间比例下氯离子传输规律试验研究

11.1.1　混凝土材料与试件

试件采用素混凝土立方体试块，尺寸为 100mm×100mm×100mm。混凝土配合比如表 11.1 所示，采用两种类型水泥，第一种是上海海螺水泥有限公司生产的 P·O 42.5 普通硅酸盐水泥，第二种是波特兰 I 型 P·I 52.5 水泥。通过采购相应水泥熟料，加 5% 石膏（所采用的石膏统一为二水石膏 $CaSO_4·2H_2O$）。水泥中碱含量（以 Na_2O+$0.658K_2O$ 计）不大于 0.60%，细度为 350m^2/kg[1]。

表 11.1　混凝土配合比

水灰比	水含量 /（kg/m^3）	水泥含量 /（kg/m^3）	细骨料含量 /（kg/m^3）	粗骨料含量 /（kg/m^3）
0.53	194.8	367.5	735.1	1102.6

细骨料采用砂，通过砂的筛分试验测得细度模量为 2.68。用清水把砂冲洗干净，晾干后使用，以保证砂含泥量质量分数<1.5%，泥块含量质量分数<0.5%。粗骨料采用 5～20mm 连续级配、最大粒径为 20mm 的碎石。用清水将碎石冲洗干净，晾干后使用，含泥量质量分数<0.5%，泥块含量为零。为了在短时间内进行有效的试验，配制质量比为 7% NaCl 的人工海水作为侵蚀溶液。

试件试验工况如表 11.2 所示。根据海洋潮汐具有全日潮和半日潮的周期的特点，采用如表 11.2 所示干湿循环制度进行 2 个月的加速试验。因湿润时间比例试验工况较多，为了缩短试验时间，采用 5 套第 8 章中介绍的海水潮汐区模拟设备同时进行加速试验。

表 11.2　不同湿润时间比例下氯离子传输规律试验工况

潮汐类型	潮汐工况	浸泡时间 /h	干燥时间 /h	工况编号		试件数量	说明
全日潮	1	4	20	1-A1	2-A1	4	1-A3 中，1 代表 P.O 42.5 水泥混凝土，A 代表全日潮，3 代表全日潮工况 3；2-B3 中，2 代表 P.I 52.5 水泥混凝土，B 代表半日潮，3 代表半日潮工况 3
	2	8	16	1-A2	2-A2	4	
	3	10	14	1-A3	2-A3	4	
	4	14	10	1-A4	2-A4	4	
	5	16	8	1-A5	2-A5	4	
	6	20	4	1-A6	2-A6	4	
半日潮	1	2	10	1-B1	2-B1	4	
	2	4	8	1-B2	2-B2	4	
	3	8	4	1-B3	2-B3	4	
	4	10	2	1-B4	2-B4	4	

11.1.2　孔隙特征测试及结果

根据《压汞法和气体吸附法测定固体材料孔径分布和孔隙度　第一部分：压汞法》(GB/T 21650.1—2008)，采用压汞法测定混凝土孔隙率、迂曲度及比表面积等参数。首先从混凝土试件上取小块的混凝土试样，并且烘干；然后敲取豆大砂浆颗粒，称取 1.5g 左右；接着将试样放入清洗干净的样品膨胀计内，并在压汞仪的低压端注入水银；进行完低压分析后，转入高压测定混凝土孔隙分布。压汞试验测得混凝土砂浆的孔隙分布特性如图 11.1 所示。从孔隙分布曲线中可以看出，P·O 42.5 比 P·I 52.5 中水泥浆中孔径分布范围更广，另外得到的混凝土材料特性参数如表 11.3 所示。

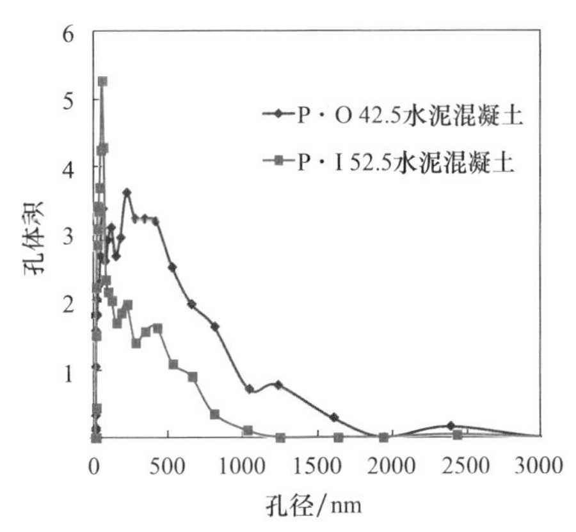

图 11.1　P·O 42.5 和 P·I 52.5 水泥混凝土中水泥浆孔隙分布特性

表 11.3　混凝土材料特性参数

混凝土类型	孔隙率	迂曲度	比表面积 /m
P·O 42.5 混凝土	0.10	22.0658	3.1772×10^{6}
P·I 52.5 混凝土	0.11	18.6229	3.7532×10^{6}

注：比表面积定义为表面积除以体积。

11.1.3　氯离子含量测试及结果

试件在温度为20℃ ±3℃、相对湿度90%以上的环境中标准养护28d后在60℃的烘箱中烘干。选择其中的一面为工作面，其他五面涂两遍防腐环氧涂料使其完全密闭固化。然后将试件放于试验装置中，使氯离子沿一个方向向混凝土内部传输。干湿循环加速试验过程在温度23℃、相对湿度70%恒温恒湿室中进行。分别在15d、30d、43d、60d取出一组试件，沿传输方向按0～5mm、5～10mm、10～15mm、15～20mm、25～30mm、30～35mm、35～40mm、40～45mm、45～50mm、50～55mm、55～60mm、60～65mm、65～70mm、70～75mm、75～80mm，用直径23mm的钻头从工作面分层钻取试件，最后收集混凝土粉末试样待用。

采用RCT进行氯离子含量测试。在使用RCT测试混凝土粉末之前先对氯离子测试电极进行标定。根据RCT产品提供的4个不同等级的标定液，测出电压值。把标定出的氯离子含量作为纵坐标，相应的电压作为横坐标，画出标定曲线，再根据测量混凝土粉末时读出的电压查找出相应的氯离子含量。测得试验时间为15d、30d、43d、60d时，P·O 42.5和P·I 52.5混凝土中氯离子含量（本章中氯离子含量不特别指明自由氯离子含量，均表示总氯离子含量）如图11.2～图11.11所示。可以看出，15～30d时混凝土中氯离子含量呈增长趋势，但是30～60d并没有显著增长，甚至出现降低现象。初步分析原因如下：

（1）在模拟全日潮和半日潮制度条件下，随着时间的增长，浅层混凝土孔隙溶液中NaCl浓度也逐渐增长。当进入干燥循环周期时，随着浅层混凝土内水分的逐渐蒸发，浅层混凝土孔隙中水分饱和度逐渐降低，盐分在浅层混凝土出现结晶。

（2）为了保证氯离子在混凝土试件中是一维传输，除暴露面外，其余5个面用环氧树脂进行了密封处理。随着试验时间的增长，水分进入混凝土内深度也逐

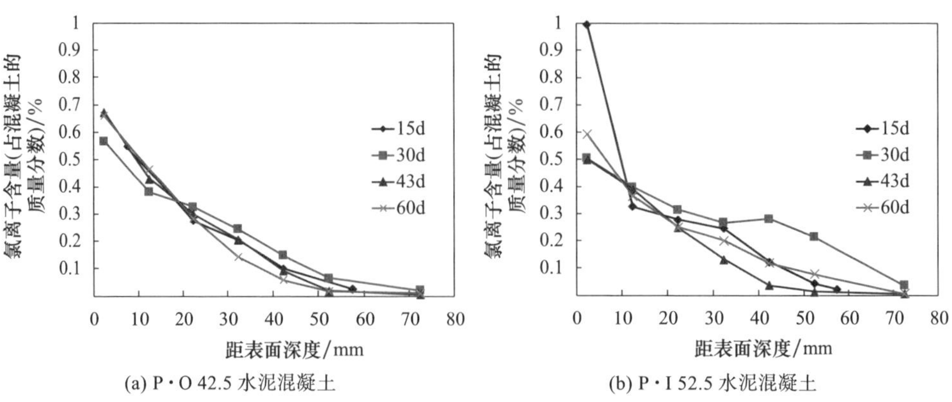

(a) P·O 42.5 水泥混凝土　　(b) P·I 52.5 水泥混凝土

图11.2　全日潮干湿循环制度混凝土中氯离子含量分布图（湿4h，干20h）

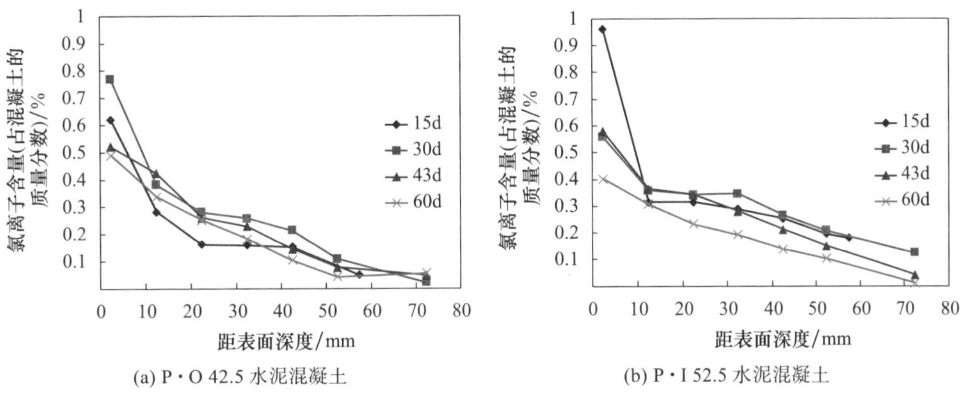

(a) P·O 42.5 水泥混凝土　(b) P·I 52.5 水泥混凝土

图 11.3　全日潮干湿循环制度混凝土中氯离子含量分布图（湿 8h，干 16h）

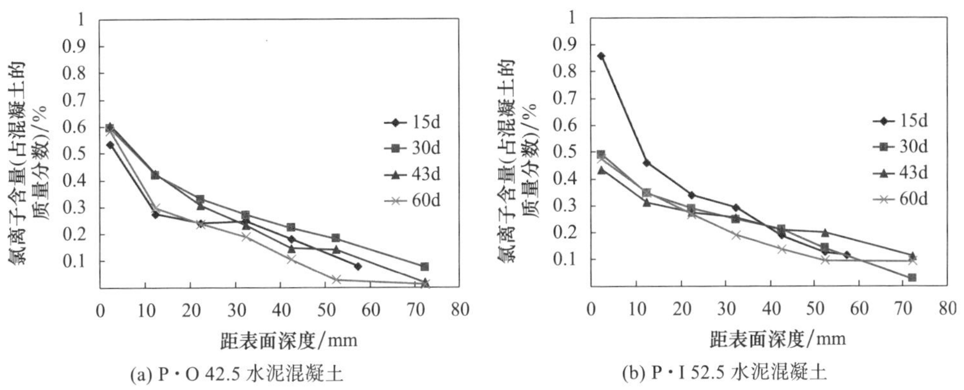

(a) P·O 42.5 水泥混凝土　(b) P·I 52.5 水泥混凝土

图 11.4　全日潮干湿循环制度混凝土中氯离子含量分布图（湿 10h，干 14h）

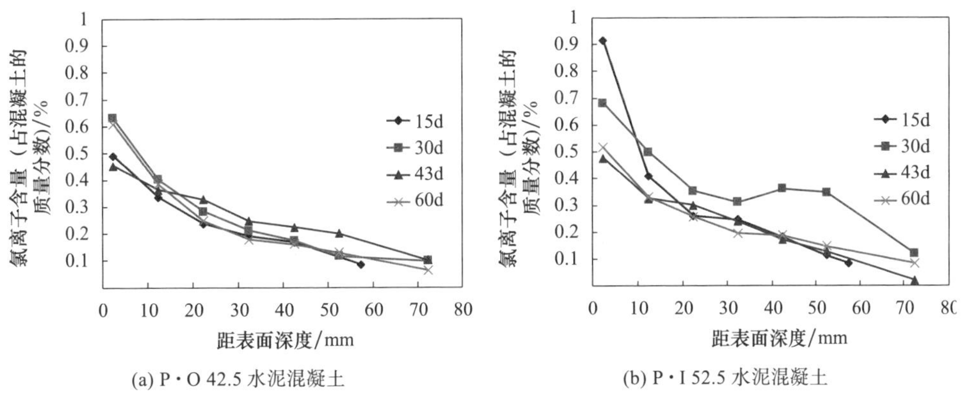

(a) P·O 42.5 水泥混凝土　(b) P·I 52.5 水泥混凝土

图 11.5　全日潮干湿循环制度混凝土中氯离子含量分布图（湿 14h，干 10h）

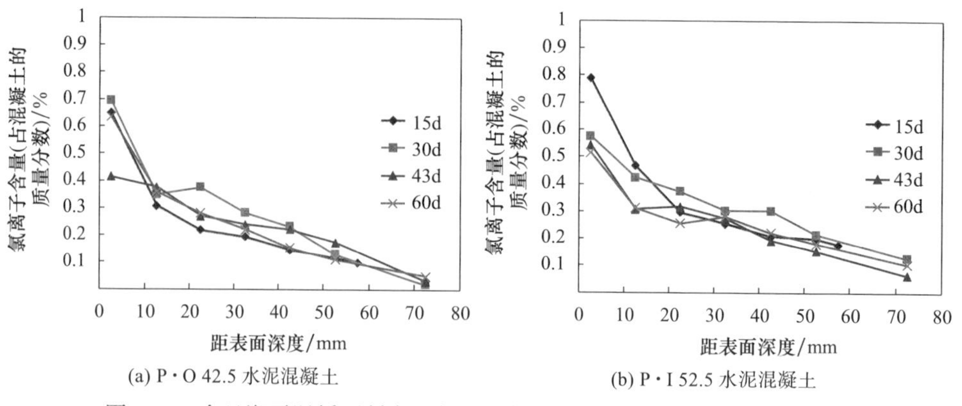

图 11.6　全日潮干湿循环制度混凝土中氯离子含量分布图（湿 16h，干 8h）

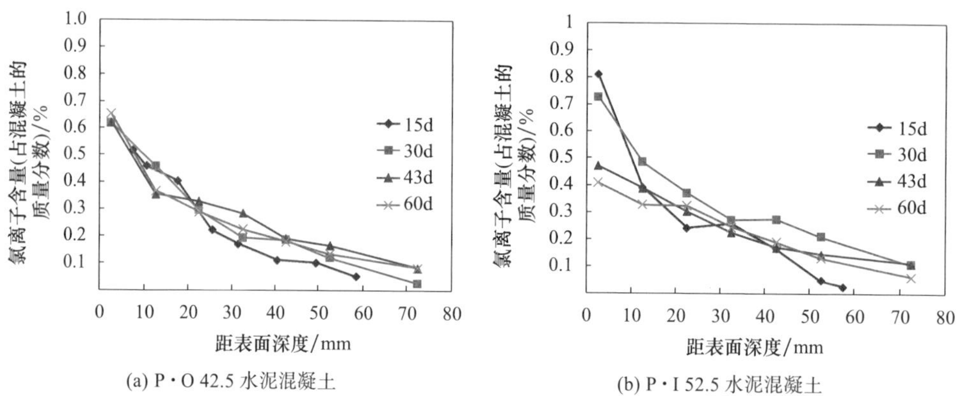

图 11.7　全日潮干湿循环制度混凝土中氯离子含量分布图（湿 20h，干 4h）

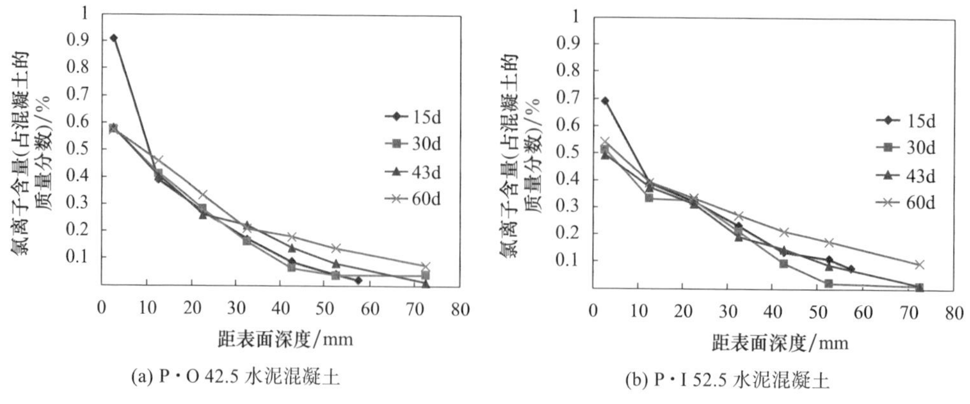

图 11.8　半日潮干湿循环制度混凝土中氯离子含量分布图（湿 2h，干 10h）

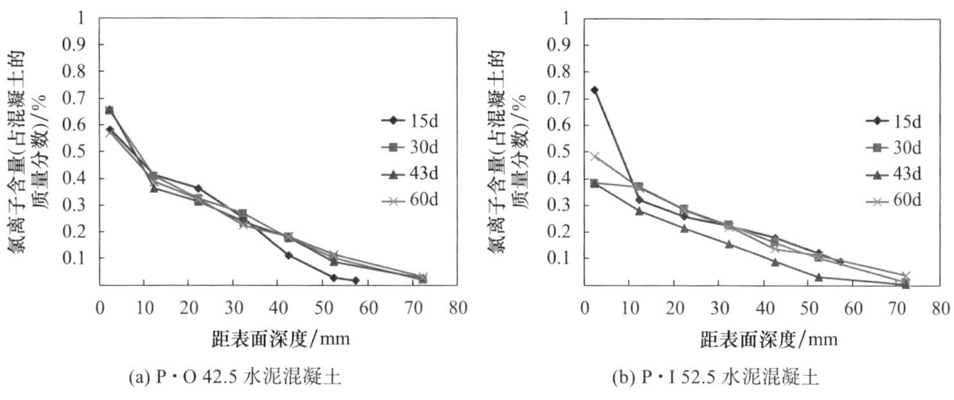

(a) P·O 42.5 水泥混凝土　　(b) P·I 52.5 水泥混凝土

图 11.9　半日潮干湿循环制度混凝土中氯离子含量分布图（湿 4h，干 8h）

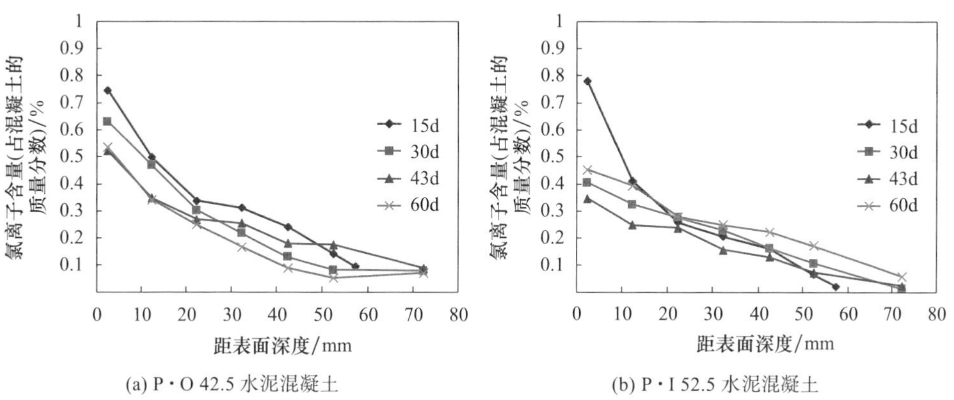

(a) P·O 42.5 水泥混凝土　　(b) P·I 52.5 水泥混凝土

图 11.10　半日潮干湿循环制度混凝土中氯离子含量分布图（湿 8h，干 4h）

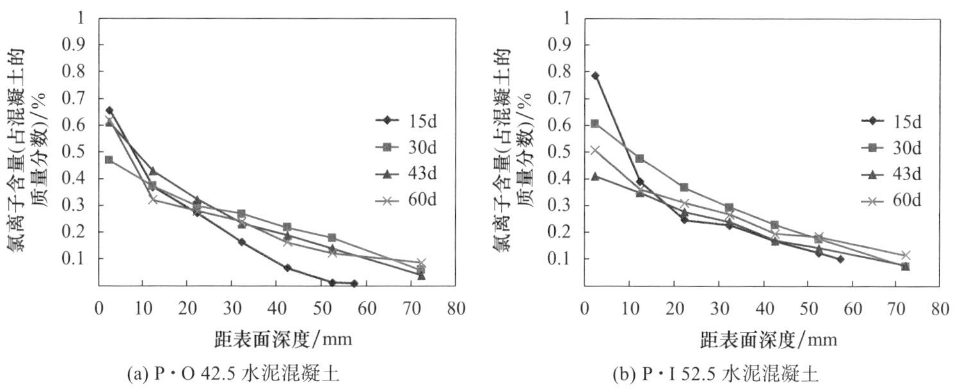

(a) P·O 42.5 水泥混凝土　　(b) P·I 52.5 水泥混凝土

图 11.11　半日潮干湿循环制度混凝土中氯离子含量分布图（湿 10h，干 2h）

渐增加，但由于混凝土试件进行了密封处理，原来存在于混凝土孔隙中的空气不能被排出，而是逐渐被压缩至较小的空间。进入下一个干燥时间段后，液态水与空气局部平衡被迅速打破，使水分排出速度加快，导致表层更多结晶盐的出现。

（3）测试结果是每个时间点分别取出一个混凝土试件钻孔取粉测定而获得的，而混凝土试件存在离散性，可能导致测量结果有一定的偏差。

上述原因使 30～60d 氯离子传输问题异常复杂。例如，因空气的压缩打破液态水和空气局部平衡后的水分传输理论如何建立，离散性如何排除，这些问题远远超出目前所研究的范围。因此这里主要对 15d 和 30d 试验结果进行分析。

P·O 42.5 和 P·I 52.5 水泥混凝土在全日潮、半日潮干湿循环作用下，在 15d 和 30d 时混凝土中氯离子含量测试结果如图 11.12～图 11.15 所示。可以看出：两种混凝土在不同干湿循环制度下，试件浅层氯离子含量很高，氯离子含量随着氯离子传输深度的增加而减小，其中 0～15mm 深度中混凝土中氯离子含量降低尤为明显。

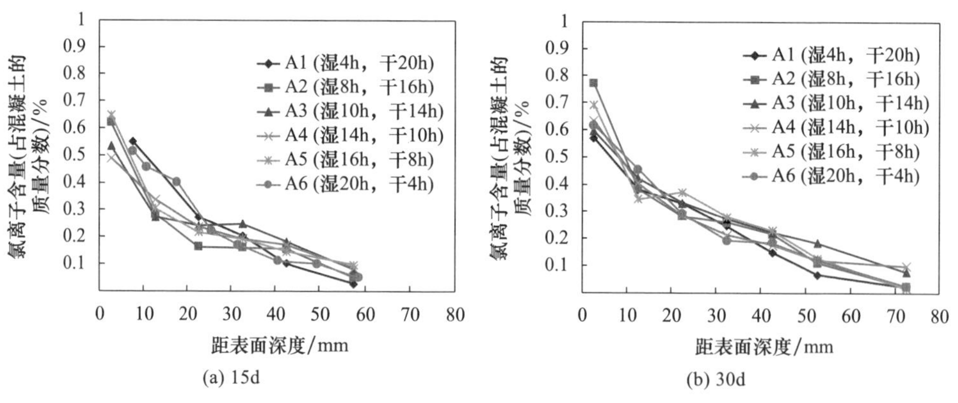

(a) 15d　　(b) 30d

图 11.12　全日潮干湿循环制度 P·O 42.5 水泥混凝土中氯离子含量分布图

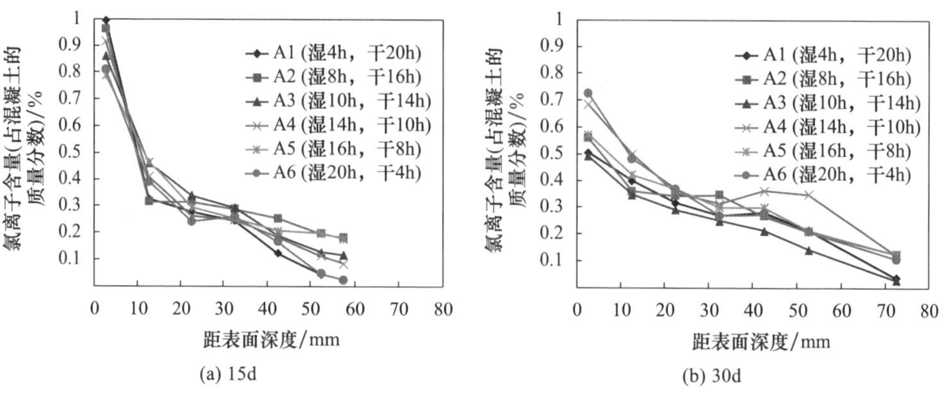

(a) 15d　　(b) 30d

图 11.13　全日潮干湿循环制度 P·I 52.5 水泥混凝土中氯离子含量分布图

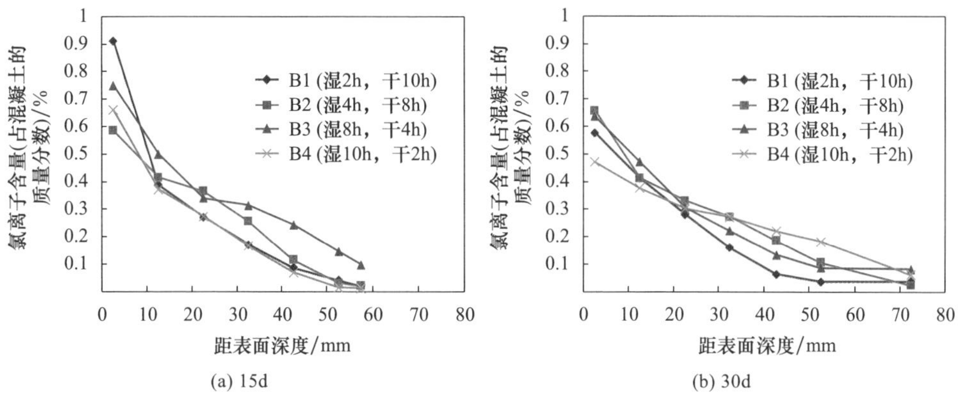

图 11.14　半日潮干湿循环制度 P·O 42.5 水泥混凝土中氯离子含量分布图

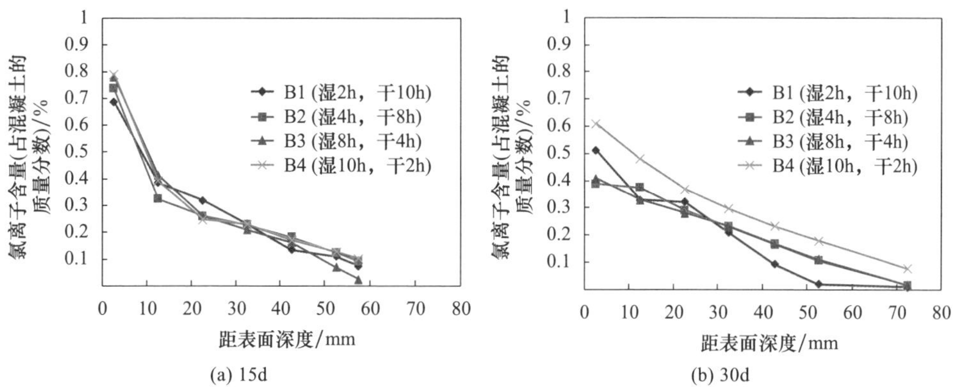

图 11.15　半日潮干湿循环制度 P·I 52.5 水泥混凝土中氯离子含量分布图

11.1.4　潮汐区混凝土中氯离子的传输机理

海水潮汐区混凝土中氯盐传输主要是氯离子浓度差引起的扩散作用和毛细压力引起的毛细作用等综合作用的结果。当混凝土处于干燥阶段时，由于外界环境相对比较干燥，混凝土中盐溶液传输方向发生逆转，水从毛细孔向大气开放的端头向外蒸发，使混凝土表层氯离子含量升高。当混凝土再次湿润时，氯离子快速地通过毛细作用被大量带入混凝土内部，然后氯离子继续通过扩散作用向混凝土内部传输。其中非饱和情况下混凝土内水分分布如图 11.16 所示。干

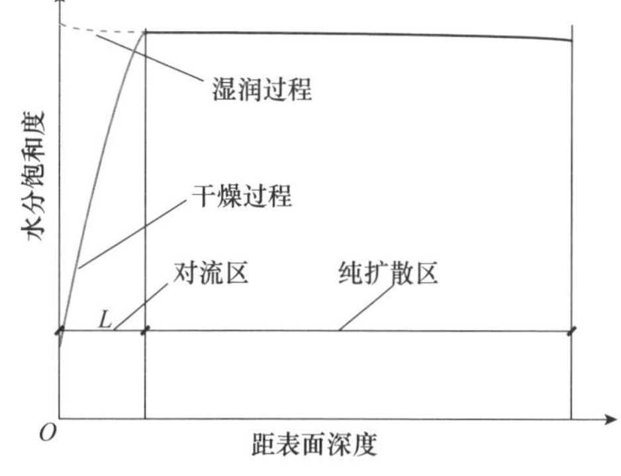

图 11.16　非饱和情况下混凝土内水分分布

燥阶段时，水分向外蒸发，越靠近混凝土表面，饱和度越低；湿润阶段时，外部水分进入混凝土逐渐填充由蒸发产生的不饱和孔隙空间。

由于干湿交替影响，混凝土内不饱水位置剖面距离混凝土表面距离称为干湿交替影响深度 L[2]。非饱和情况下干湿交替影响深度和氯离子纯扩散区如图 11.16 所示。干湿交替影响深度对混凝土中的氯离子含量有重要影响。根据文献［2］，干湿交替的影响深度为

$$L=2\sqrt{D_{\mathrm{dl}}t}\,\mathrm{erf}^{-1}\left(1-\frac{S_{\mathrm{s,w}}}{\phi}\right) \tag{11.1}$$

式中，D_{dl} 为干燥过程水分传输系数，$\mathrm{m^2/s}$；L 为干湿交替影响深度，m；ϕ 为混凝土中孔隙率；$S_{\mathrm{s,w}}$ 为表层混凝土的体积含水量，%；$\mathrm{erf}^{-1}()$ 为高斯误差的反函数。

随着干燥的继续，孔隙中水分减少，水在混凝土的表观扩散系数从 $8.94\times10^{-10}\mathrm{m^2/s}$ 下降到 $8.67\times10^{-12}\mathrm{m^2/s}$，取平均表观扩散系数为 4.51×10^{-10}，其中 $S_{\mathrm{s,w}}$ 为 6%[2]。ϕ 取为 10%，如果干燥 24h，由式（11.1）确定影响深度为 $L=2\times\sqrt{4.51\times10^{-10\mathrm{m^2/s}}\times24\mathrm{h}\times3600\mathrm{s/h}}\times\mathrm{erf}^{-1}(1-6\%/10\%)=5\mathrm{mm}$。

自然环境下由于风速等的影响，表层混凝土的含水量会明显降低，干湿交替的影响深度会增大，当 $S_{\mathrm{s,w}}$ 为 2.5% 时，影响深度已达 10mm。DuraCrete 认为，正常情况下影响深度为 14mm[3]。文献［4］认为，处于飞溅区水灰比 0.4～0.6 的混凝土，干湿交替影响深度为 11～17mm。根据上述分析，这里取混凝土干湿交替影响深度为 $L=10\mathrm{mm}$。

如果将混凝土模拟成宏观均匀、各向同性的介质，且更深处的混凝土处于饱和状态，则氯离子在比 L 更深处混凝土中的传输是一个扩散过程。应用 Fick 第二定律，其中初始氯离子含量为 0，氯离子含量与时间的关系为[5]

$$C_{\mathrm{t}}=C_{\mathrm{s}}\left[1-\mathrm{erf}\left(\frac{x-L}{2\sqrt{D_{\mathrm{Cl}}t}}\right)\right] \tag{11.2}$$

式中，C_{t} 为氯离子含量（占混凝土的质量分数），%；D_{Cl} 为氯离子表观扩散系数，$\mathrm{m^2/s}$；C_{s} 为 L 处（纯扩散区表面）氯离子含量（占混凝土的质量分数），%；x 为距混凝土表面的距离，m；L 为干湿交替影响深度，m；t 为时间，s。

11.1.5　浅层混凝土氯离子含量变化规律

干湿交替环境下，浅层混凝土氯离子含量受毛细作用比较明显。全日潮和半日潮干湿循环制度下 0～5mm 浅层混凝土中氯离子含量分布图如图 11.17 所示。对比图 11.17（a）和图 11.17（b）可以看出，离散性引起全日潮干湿循环制度下 P·I 52.5 混凝土中 15d 和半日潮干湿循环制度下 P·I 52.5 混凝土中 30d 氯离子含

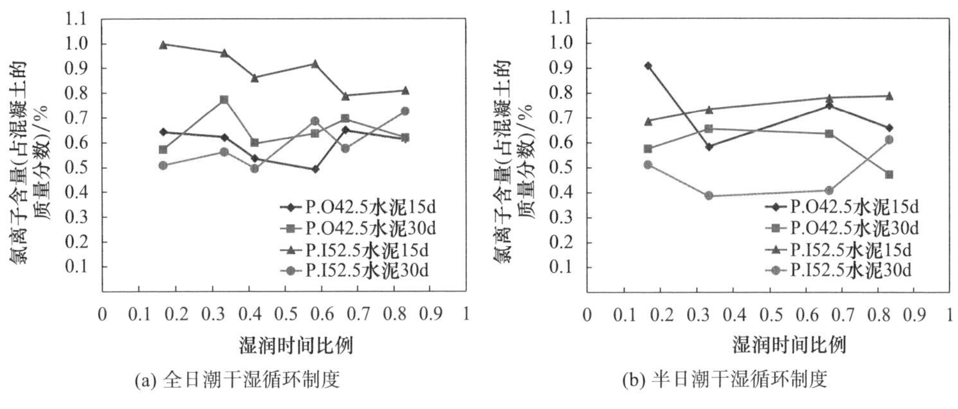

(a) 全日潮干湿循环制度　　(b) 半日潮干湿循环制度

图 11.17　0～5mm 浅层混凝土中氯离子含量分布图

量偏差较大。从 15d 和 30d 测试结果来看，全日潮和半日潮干湿循环制度下浅层氯离子含量没有呈现出随试验时间增长而增长的变化趋势。全日潮和半日潮干湿循环制度下 0～5mm 处大多数试验工况的浅层氯离子含量为 0.5%～0.8%。全日潮干湿循环制度下浅层平均氯离子含量为 0.68%，半日潮干湿循环制度下平均氯离子含量为 0.63%。试验结果与海水潮汐区普通硅酸盐水泥混凝土表面实测氯离子含量为 0.6%～0.7% 保持一致[6]。

半日潮干湿循环制度下干湿交替次数大致是全日潮干湿循环制度下干湿交替次数的 2 倍，两种干湿循环制度下的混凝土浅层平均氯离子含量比较，并没有较大差异。干湿交替次数对浅层氯离子含量没有显著影响。由于干湿交替变化，在试验初期毛细作用带入大量氯离子，使混凝土浅层氯离子含量升高。但是当混凝土浅层孔隙水中盐溶液浓度达到某值时，随着干燥时间的增长，混凝土浅层大部分孔隙水被蒸发掉，剩余盐分将使盐溶液饱和，多余盐分则结晶析出。这样混凝土浅层的盐溶液被不停地浸润、蒸发、浓缩、结晶、浸润，周而复始，混凝土浅层的氯离子含量基本保持恒定。

11.1.6　纯扩散区表面氯离子含量变化规律

利用式 (11.2)，其中干湿交替影响深度 L 取为 10mm，分别对图 11.12～图 11.15 中每种湿润时间比例对应的氯离子含量随深度变化曲线进行拟合，得到干湿交替影响深度 10mm 处混凝土中氯离子含量。混凝土深度 10mm 处氯离子含量即为纯扩散区界面氯离子含量。15d 和 30d 全日潮和半日潮干湿循环制度内不同湿润时间比例下纯扩散区界面氯离子含量如图 11.18 和图 11.19 所示。

从图 11.18 和图 11.19 可以看出，除全日潮干湿循环制度下 P·O 42.5 水泥混凝土试验时间 15d 外，所有湿润时间比例下纯扩散区界面氯离子含量为 0.4%～0.5%。从图 11.18 可见，P·O 42.5 水泥混凝土 15d 时，纯扩散区界面氯

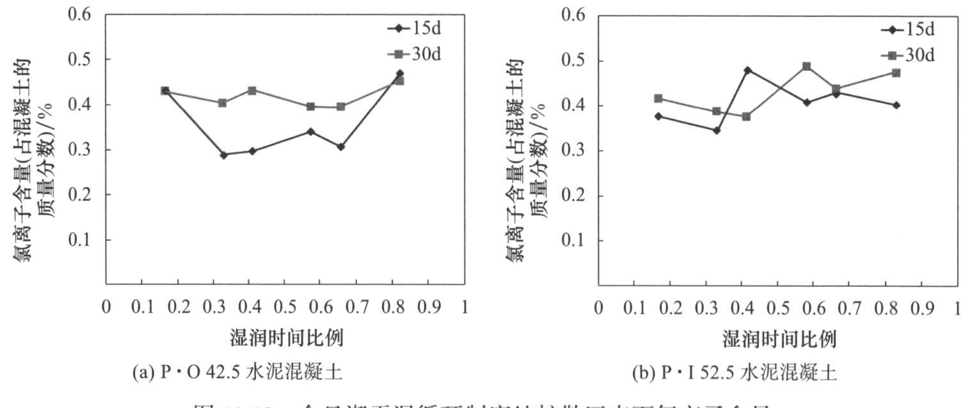

(a) P·O 42.5 水泥混凝土 (b) P·I 52.5 水泥混凝土

图 11.18 全日潮干湿循环制度纯扩散区表面氯离子含量

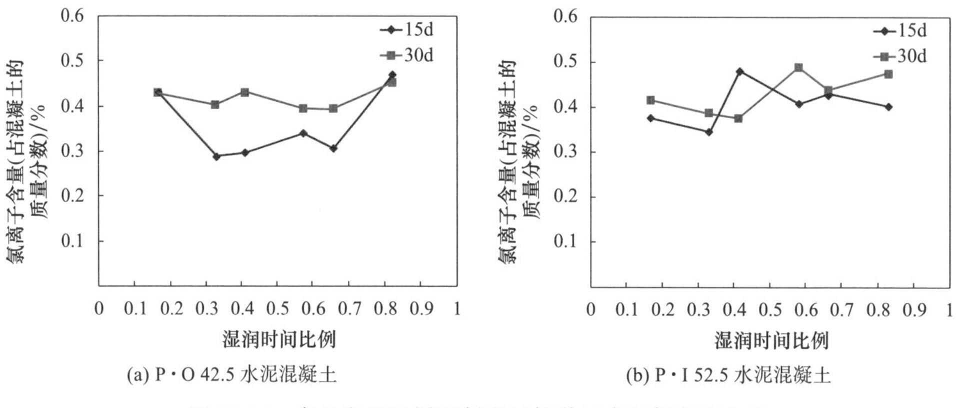

(a) P·O 42.5 水泥混凝土 (b) P·I 52.5 水泥混凝土

图 11.19 半日潮干湿循环制度纯扩散区表面氯离子含量

离子含量呈现两端高中间低的变化，当试验时间达到 30d 时，所有湿润时间工况下纯扩散区界面氯离子含量均达 0.4%～0.5%。分析原因如下：P·O 42.5 水泥混凝土（图 11.1）分布的孔径较大，在试验前期干湿效应比较明显，在湿润时间比例 0.17 时界面氯离子含量达到较高值。当湿润时间较长，以及接触氯离子溶液时间增长时，扩散作用也带入较多氯离子。故全日潮干湿循环制度下 P·O 42.5 水泥混凝土在较短试验周期内纯扩散区界面氯离子含量随湿润时间增长先减小后增大并随着试验时间的增长而增长，最终不同湿润时间比例时纯扩散区界面氯离子含量达到稳定状态。

11.1.7 纯扩散区氯离子表观扩散系数变化规律

考虑干湿交替的影响，取距混凝土试件表面大于 10mm 的纯扩散区氯离子沿传输方向的表观扩散系数作为纯扩散区氯离子表观扩散系数。15d 和 30d 全日潮和半日潮干湿循环制度纯扩散区氯离子表观扩散系数如图 11.20 和图 11.21 所示。全日潮和半日潮干湿循环制度环境条件下纯扩散区氯离子表观扩散系数并不是恒定的，而是随着干湿循环作用时间的推移而逐渐减小。

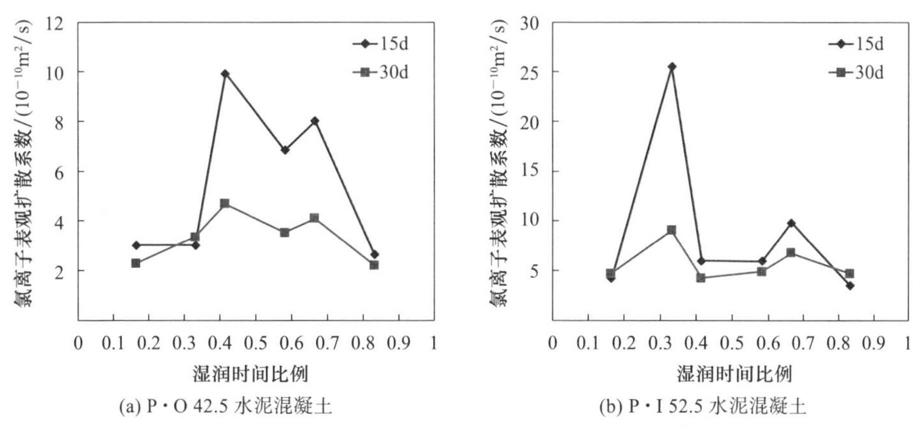

图 11.20　全日潮干湿循环制度纯扩散区氯离子表观扩散系数

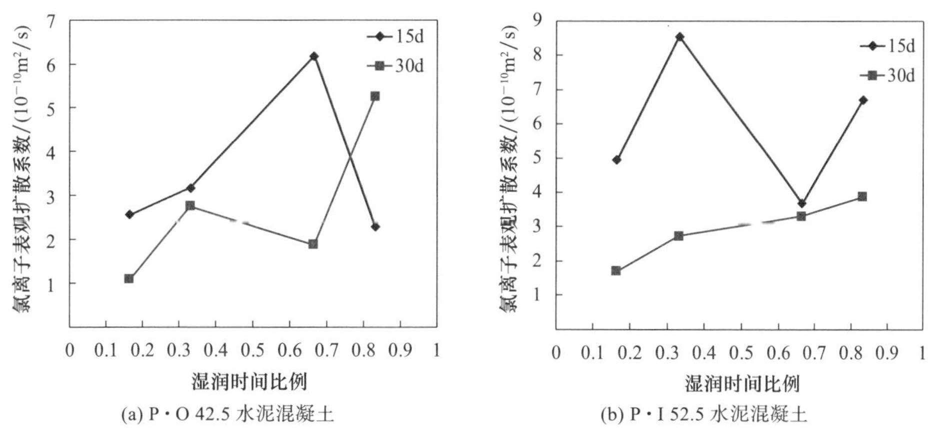

图 11.21　半日潮干湿循环制度纯扩散区氯离子表观扩散系数

从湿润时间比例方面看，全日潮干湿循环制度下混凝土纯扩散区氯离子表观扩散系数随着湿润时间变化呈现出 0.3～0.42 和 0.6～0.7 时双峰值的变化规律。其中，湿润时间比例 0.3～0.42 时氯离子表观扩散系数达到极大值。半日潮干湿循环制度下，由于干湿交替影响，P·O 42.5 水泥混凝土试验时间达 15d，湿润时间比例为 0.67 时，氯离子表观扩散系数达极大值；当试验时间到 30d 时，氯离子表观扩散系数随湿润时间的增大而增大，湿润时间比例为 0.83 左右时，氯离子表观扩散系数达极大值。对于 P·I 52.5 水泥混凝土，试验时间达 15d、湿润时间比例为 0.33 时，氯离子表观扩散系数较高；试验时间到 30d 时，氯离子表观扩散系数随着湿润时间的增长而增长，湿润时间比例 0.83 左右时，氯离子表观扩散系数达极大值。

11.2 混凝土中毛细压力－饱和度关系模型

海洋环境下飞溅区、潮汐区混凝土孔隙中水分不但是氯离子扩散的介质，还是携带氯离子移动的载体。由于干湿交替的影响，浅层混凝土内水分传输速度很快，在氯离子传输过程中起到主要作用，而混凝土吸湿和排湿过程中毛细压力和饱和度之间关系恰恰是研究混凝土内水分传输的关键因素[7]。

研究证明，达西定律可以推广到非饱和混凝土内水分的传输中去[8]。达西定律中的渗透系数为常数，而非饱和混凝土中水分传输系数是混凝土饱和度的函数。根据质量守恒定律，水流入混凝土内的质量与流出质量相等。不考虑孔隙内液态水转化为水蒸气的部分，水分的传输方程可表示为[9]

$$\frac{\partial \phi S}{\partial t}=\mathrm{div}[D_{\mathrm{l}}(S)\,\mathrm{grad}\,(S)] \tag{11.3}$$

$$\frac{\partial \phi S}{\partial t}=\mathrm{div}\left[\frac{kk_{\mathrm{rl}}}{\mu}\frac{\partial p_{\mathrm{c}}}{\partial S}\mathrm{grad}\,(S)\right] \tag{11.4}$$

式中，ϕ 为混凝土的孔隙率；$D_{\mathrm{l}}(S)$ 为液态水传输系数，$\mathrm{m^2/s}$；k 为混凝土固有渗透率，$\mathrm{m^2}$；k_{rl} 为液态水相对渗透率；p_{c} 为毛细压力，Pa；μ 为水的动力黏度系数，Pa·s；S 为饱和度（液态水占据孔隙体积的比值）。

从式（11.4）中可以看出，毛细压力与饱和度之间的关系是研究非饱和混凝土中水分传输的基本条件。

Genuchten[10] 通过研究不同外部压力作用下土壤中水分达到平衡状态时土壤中的饱和度，建立了两者之间的关系。Savage 等[11] 和 Bouny 等[12] 在 Genuchten 研究的基础上分别进行了不同水灰比混凝土在不同相对湿度下的排湿试验，证实了通过土壤这种多孔介质建立的排湿关系对于混凝土材料也有很好的适用性。Ishida 等[13] 试图建立不同温度下吸湿和排湿过程中相对湿度与饱和度之间的关系，为此进行了水灰比为 0.5 的水泥浆在 20℃、40℃、60℃下的吸湿和排湿研究。结果表明，温度对吸湿过程的影响不大，而对排湿过程有较大影响。随着温度的升高，相同相对湿度下失去的水分增多。Xi 等[14] 通过分析水泥材料吸湿试验结果，建立了吸湿过程中考虑水泥的类型、养护的龄期、温度等因素影响的水分含量与相对湿度之间的关系模型。

虽然通过试验可以测量吸湿和排湿过程中毛细压力和饱和度之间的关系，但是试验烦琐、试验周期很长，而且混凝土配合比稍有变化就必须进行重复试验，给水分传输理论的研究和应用带来较大困难[11, 12]。因此，作者以混凝土孔隙中液态水和气相各自内部压力在接触面上存在着不连续性而产生的毛细压力为出发点，利用 Young-Laplace 方程和 Kelvin 方程建立混凝土内液态水和水蒸气的平衡关系，分析排湿过程同一相对湿度对应饱和度比吸湿过程时高的原因，然后结合文献［14］中吸湿过程毛细压力与饱和度的关系，建立混凝土排湿过程中毛细压力与饱和度之间的非线性关系方程。在此基础上，引入等比容吸附热量的影响建立不同温度条件下混凝土中毛细压力与饱和度关系模型[1, 15]。

11.2.1　混凝土孔隙水分平衡关系

弯曲液面气相与液相之间的压力差取决于液态水弯曲液面的曲率和界面的张力，如图 11.22 所示。根据平衡关系可得到 Young-Laplace 方程[16]：

$$p_c = -\sigma\left(\frac{1}{\gamma_1}+\frac{1}{\gamma_2}\right) \tag{11.5}$$

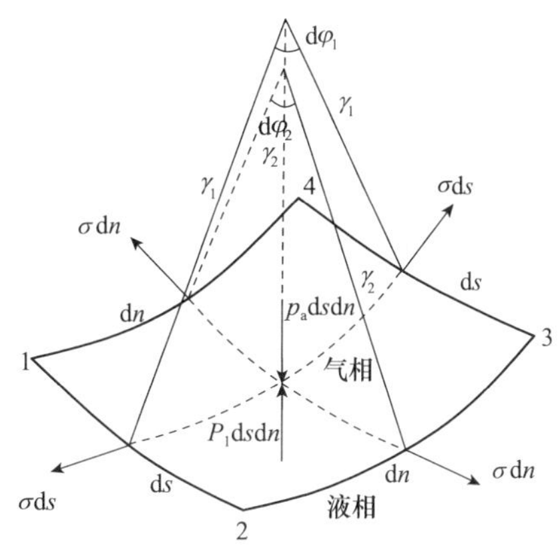

图 11.22　气液弯曲界面微元

式中，p_c 为液面两侧压力差；σ 为水分表面张力，N/m；γ_1、γ_2 为界面正交方向上的两个曲率半径，m。

在实际应用中经常为了简化，假设弯液面为球形曲面，则 $\gamma_1=\gamma_2=\gamma$，Young-Laplace 方程可变为

$$p_c = -\frac{2\sigma}{\gamma} \tag{11.6}$$

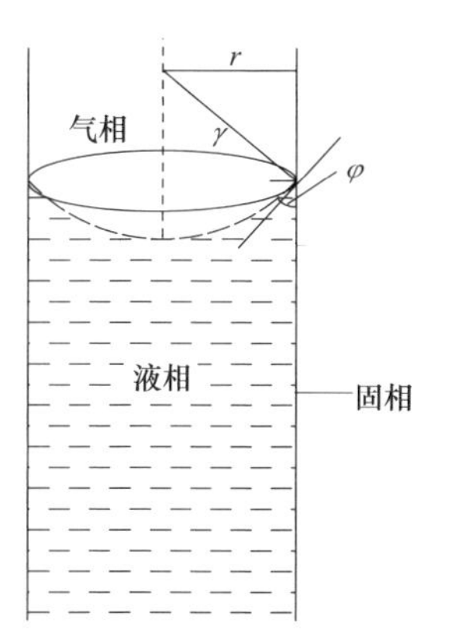

图 11.23　接触角不为零时弯液面

在混凝土这种多孔介质中，毛细压力不仅与气 - 液界面有关，还受液体与孔隙之间的吸附力的影响，这种影响可以用接触角 φ 表示，如图 11.23 所示。孔隙半径 r 与弯曲液面曲率半径之间的关系（图 11.23）可表示为

$$r = \gamma\cos\varphi \tag{11.7}$$

将式（11.7）代入式（11.6），则毛细压力可表示为

$$p_c = -\frac{2\sigma\cos\varphi}{r} \tag{11.8}$$

一般地，混凝土孔隙的表面比较粗糙，液体和孔壁表面的接触角比较小，认为 $\cos\varphi=1$，因此式（11.8）可变为

$$p_c = -\frac{2\sigma}{r} \tag{11.9}$$

由 Young-Laplace 方程可知，混凝土孔隙内液态水的弯曲曲率导致液态水表面内外的压力不同。对于凹液面，液面下的压力比液态水外气相的压力小，产生毛细压力的负压；对于凸液面，液面下的压力比液体外气相压力大，产生毛细压力的正压。

混凝土孔隙中液态水和水蒸气在孔隙中的传输，也伴随着液态水和水蒸气相互转化的过程。在相对湿度较低时，一定温度下，由于液体分子的热运动，一些液体分子从液态水表面逃逸出形成水蒸气，随着水蒸气分子的增多，水蒸气的密度增加，产生的压力也在增加，压力最终稳定在一个固定的数值，即平衡蒸汽压。这时液态水的水分子不断地汽化，水蒸气的水分子也在不停地冷凝，并且汽化速度和冷凝速度相同，液态水和水蒸气达到了平衡状态。当相对湿度较高时，水蒸气冷凝的速度大于液态水汽化的速度，相对湿度降低，最终达到液态水和水蒸气相互转化的平衡状态[17, 18]。混凝土孔隙气相中的相对湿度可采用 Kelvin 方程描述，如式（11.10）所示。

$$h = \exp\left(-\frac{2\sigma M}{\rho_l RTr}\right) = \exp\left(\frac{p_c M}{\rho_l RT}\right) \tag{11.10}$$

式中，r 为孔隙半径；σ 为表面张力；R 为气体常数，取 8.314J/（mol·K）；M 为水的摩尔质量，0.018kg/mol；ρ_l 为水的密度，kg/m^3；T 为绝对温度，K；p_c 为水蒸气压力。

由式（11.10）可以发现，混凝土孔隙中的相对湿度与孔隙半径直接相关。对于某一孔半径 r，处于平衡状态下对应的相对湿度值为 h_r。相对湿度值超过 h_r 孔隙中的水蒸气将发生冷凝，转化成液态水。

假设混凝土处于 25℃的环境下，则水的表面张力 σ 为 0.073N/m，密度 ρ_l 为 1000kg/m^3[18]，根据式（11.10）可得

$$h = \exp\left(-\frac{2\times0.073\times0.018}{1000\times8.314\times298r}\right) \tag{11.11}$$

对式（11.11）求解可以发现，孔隙半径 r=1nm 时，h=0.35；r=2nm 时，h=0.59；r=50nm 时，h=0.98。据此可知，毛细凝结基本上从 1nm 或者 2nm 开始，而终止于 50nm 左右。孔隙半径越小，平衡时的相对湿度 h 也越小。

11.2.2　吸湿过程中毛细压力与饱和度关系

在干湿交替环境下的混凝土结构，干燥时水分向外传输，并向外部蒸发，湿润时水分又向混凝土内传输。当水分向混凝土内部传输时，混凝土吸湿曲线起了很重要的作用。混凝土水分吸湿曲线是指混凝土吸收水分时，相对湿度与混凝土

内饱和度的平衡关系曲线。与此相似，干燥过程时，相对湿度与混凝土内饱和度的平衡关系曲线为排湿曲线。

对于干湿交替区域混凝土直接吸入的过程，内部相对湿度与饱和度的平衡关系很难测定。一般混凝土直接吸水时，通过吸湿曲线间接确定这种平衡关系。但是这种方法试验周期很长、也很烦琐，给应用带来不便。为此，Xi 等[14]通过对大量试验数据的分析，建立了较为通用的三参数混凝土内含水量与相对湿度关系方程，如式（11.12）所示。该方程在相对湿度 5%～100% 范围内均适用。

$$W=\frac{C_E k_t V_m h}{(1-k_t h)[1+(C_E-1)k_t h]} \tag{11.12}$$

式中，W 为相对于水泥浆的含水量，kg/kg；V_m 为单位水泥浆质量吸附水分子单层质量，kg/kg；h 为相对湿度；k_t 为常数∈（0，1）；C_E 为能量参数。

各种因素对吸附单层水分子的质量 V_m 的影响关系可以表示为

$$V_m=\left(0.068-\frac{0.22}{t}\right)(0.85+0.45w/c)V_{ct} \tag{11.13}$$

式中，t 为养护时间，d，当 $t\leqslant 5$d 时，取 $t=5$d；w/c 为水灰比，当 $w/c<0.3$ 时，取 $w/c=0.3$，当 $w/c>0.7$ 时，取 $w/c=0.7$；V_{ct} 为水泥类型影响系数，当水泥为类型Ⅰ时，$V_{ct}=0.9$，当水泥为类型Ⅱ时，$V_{ct}=1$，当水泥为类型Ⅲ时，$V_{ct}=0.85$，当水泥为类型Ⅳ时，$V_{ct}=0.6$。根据 ASTMC-150，一般波特兰水泥为类型Ⅰ，抗硫酸盐或产生中等水化热水泥为类型Ⅱ，高强水泥为类型Ⅲ，低热水泥为类型Ⅳ[19]。

温度对能量参数的影响关系为

$$C_E=\exp\left(\frac{C_{E0}}{T}\right) \tag{11.14}$$

式中，C_{E0} 为常数。各种因素对参数 k_t 的影响关系可以表示为

$$k_t=\frac{\left(1-\frac{1}{n_s}\right)C_E-1}{C_E-1} \tag{11.15}$$

$$n_s=\left(2.5+\frac{15}{t}\right)(0.33+2.2w/c)N_{ct} \tag{11.16}$$

当水泥为类型Ⅰ时，$N_{ct}=1.1$；当水泥为类型Ⅱ时，$N_{ct}=1$；当水泥为类型Ⅲ时，$N_{ct}=1.15$；当水泥为类型Ⅳ时，$N_{ct}=1.5$。

如果忽略混凝土中骨料和界面过渡区对混凝土内饱和度的影响，式（11.12）对混凝土而言是适用的。由式（11.12）解出 h，即

$$h=\frac{\alpha-[\alpha^2-4(1-C_E)]^{1/2}}{2k_t(1-C_E)} \tag{11.17}$$

式（11.10）和式（11.17）联立，可得到毛细压力与孔隙水含量之间的关系，即

$$p_c=\frac{\rho_l RT}{M}\ln\left\{\frac{\alpha-[\alpha^2-4(1-C_E)]^{1/2}}{2k_t(1-C_E)}\right\} \quad (11.18)$$

式中，

$$\alpha=2+\left(\frac{V_m}{W}-1\right)C_E \quad (11.19)$$

对于水泥类型为I型，水灰比为0.53，养护龄期为28d的普通硅酸盐混凝土，根据式（11.17）可以得到吸湿过程不同温度时含水量与相对湿度的关系，如图11.24所示。

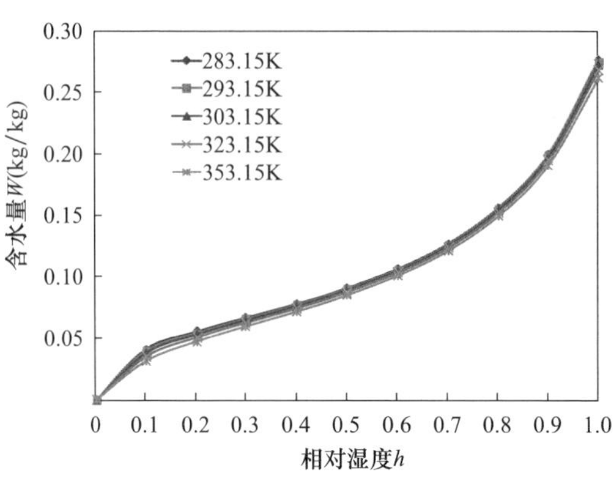

图11.24　吸湿过程不同温度时含水量与相对湿度的关系

从图11.24可以看出，吸湿过程温度对含水量与相对湿度相互关系的影响很小。因此假设20℃、相对湿度100%时，混凝土中含水达到饱和状态，则式（11.19）可以变化为

$$\alpha=2+\left(\frac{V_m}{W_{20℃}S}-1\right)C_E \quad (11.20)$$

式中，$W_{20℃}$为20℃混凝土饱和时相对于水泥浆的含水量，kg/kg；S为混凝土的饱和度。

将式（11.20）代入式（11.18）即可建立混凝土内毛细压力与饱和度之间的关系。对于水泥类型为I型，水灰比为0.53，养护龄期为28d的普通硅酸盐混凝土（$W_{20℃}=0.274$），其毛细压力绝对值与混凝土饱和度之间的关系如图11.25所示。可见温度在混凝土吸湿过程中影响非常小，可以忽略不计。

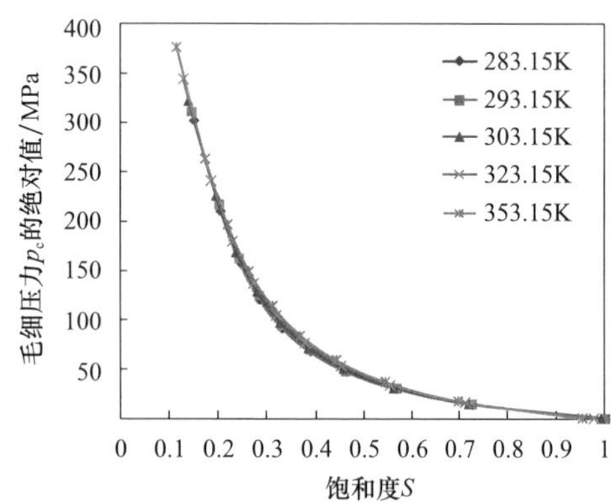

图11.25　吸湿过程不同温度时毛细压力绝对值与混凝土饱和度之间的关系

11.2.3　排湿过程中毛细压力与饱和度关系

大量试验都表明，排湿过程同一相对湿度对应饱和度比吸湿过程时高，这种现象称为滞后效应，如图11.26所示。滞后效应主要是由吸湿和排湿弯液面的不

同引起的。

假设混凝土的孔隙由一系列两端开放的圆柱孔组成，并且各圆柱孔之间的孔径分布连续[20]。吸湿过程中当相对湿度为 h_{sorption} 时，较小的孔隙内水蒸气转化为液态水并逐渐被充满。孔隙 1 吸附水厚度达到 t_s 时达到产生冷凝水的平衡状态，此时孔隙中水分的液面曲率半径如图 11.27（a）所示。当相对湿度降低时，孔隙中

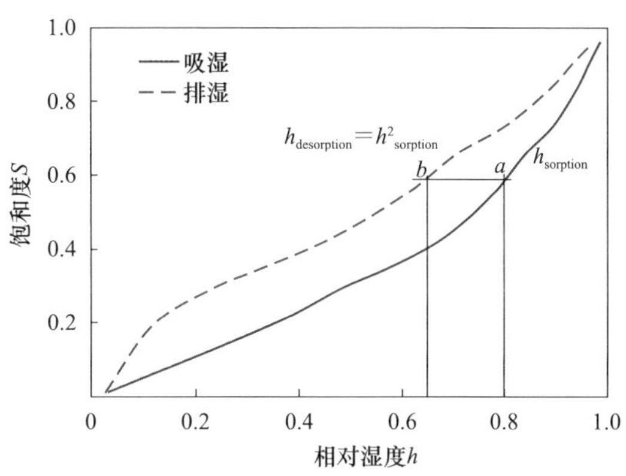

图 11.26 吸湿和排湿过程饱和度与相对湿度对应关系

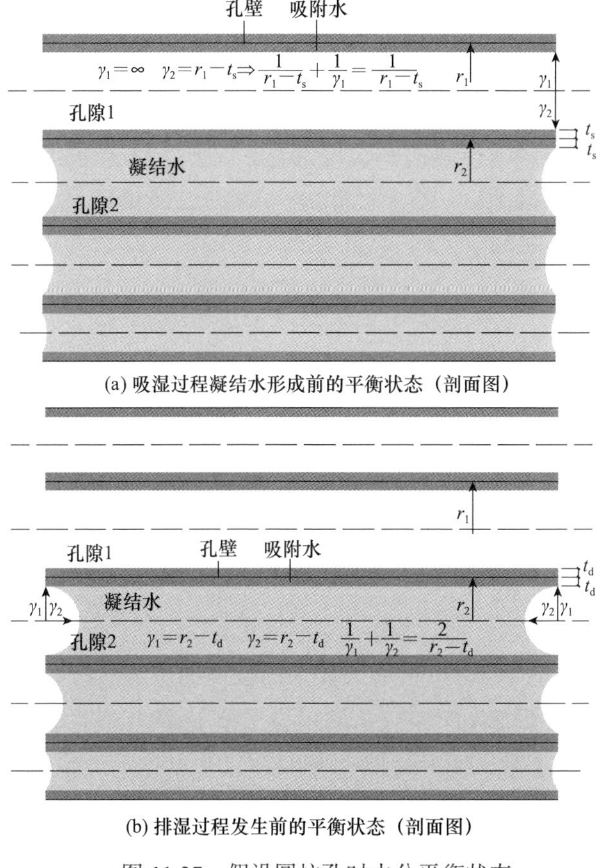

图 11.27 假设圆柱孔时水分平衡状态

吸附水的厚度减小。排湿过程中当相对湿度达到 $h_{desorption}$ 时开始排湿，孔隙 2 中达到气液的平衡状态，开始发生排湿过程，此时孔隙中水分的液面曲率半径如图 11.27（b）所示。结合式（11.10）和式（11.17）以及图 11.23 中的曲率半径关系，吸湿和排湿过程中吸附水厚度与相对湿度的平衡关系为[21]

$$h_{sorption}=\exp\left[-\frac{\sigma M}{(r_1-t_s)\rho_l RT}\right] \tag{11.21}$$

$$h_{desorption}=\exp\left[-\frac{2\sigma M}{(r_2-t_d)\rho_l RT}\right] \tag{11.22}$$

式中，σ 为水的表面张力，N/m；r_1、r_2 分别为孔隙半径，m；t_s、t_d 分别为吸湿、排湿时吸附水的厚度，m。

一般地，吸附水相对总的含水量是很小的，因此忽略吸湿和排湿过程中由吸附水厚度的不同引起的含水量变化。由于孔径分布连续，可以认为 r_1 与 r_2 相等。那么混凝土中含水量相同时，吸湿和排湿过程的相对湿度关系为[22]

$$h_{desorption}=h_{sorption}^2 \tag{11.23}$$

以吸湿曲线预测排湿曲线，结果如图 11.26 所示。吸湿曲线 a 点对应相对湿度 $h_{sorption}$ 与混凝土内饱和度平衡状态，以 a 点开始逐渐降低相对湿度，开始阶段水分含量保持不变，直到相对湿度达到 $h_{desorption}$ 即 $h_{sorption}^2$ 时，水分才开始减少。

根据前面排湿相对于吸湿饱和度滞后原因分析，如果把混凝土孔隙假设为圆柱形孔，联立式（11.10）、式（11.22）得排湿过程相对湿度与饱和度之间关系，即

$$h_{desorption}=\left\{\frac{\alpha-[\alpha^2-4(1-C_E)]^{1/2}}{2k_t(1-C_E)}\right\}^2 \tag{11.24}$$

于是有

$$p_c=\frac{2\rho_l RT}{M}\ln\left\{\frac{\alpha-[\alpha^2-4(1-C_E)]^{1/2}}{2k_t(1-C_E)}\right\} \tag{11.25}$$

其中，$\alpha=2+\left(\frac{V_m}{W_{20℃}S}-1\right)C_E$。

对于水泥类型为 I 型，水灰比为 0.53，养护龄期为 28d 的普通硅酸盐混凝土，根据式（11.25）可以得到排湿过程中毛细压力绝对值与饱和度之间的关系，如图 11.28 所示。可以看出，该模型无法体现出温度的影响。根据 Poyet 等[23]等进行的 30℃和 80℃下混凝土水分排湿试验研究（图 11.29），可以看出随着温度的升高，相对湿度对应的饱和度明显降低。Hundt 等[24]进行了不同温度下水泥砂浆水分排湿试验研究，也呈现出相似的变化规律。因此，建立排湿曲线时必须考虑温度的影响。

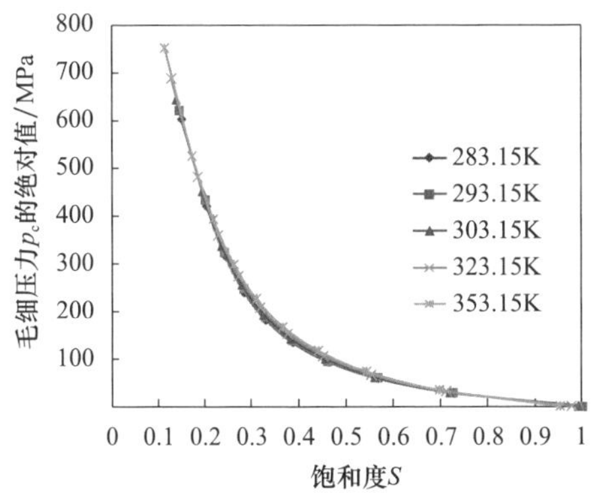

图 11.28　排湿过程不同温度时毛细压力绝对值与饱和度的关系

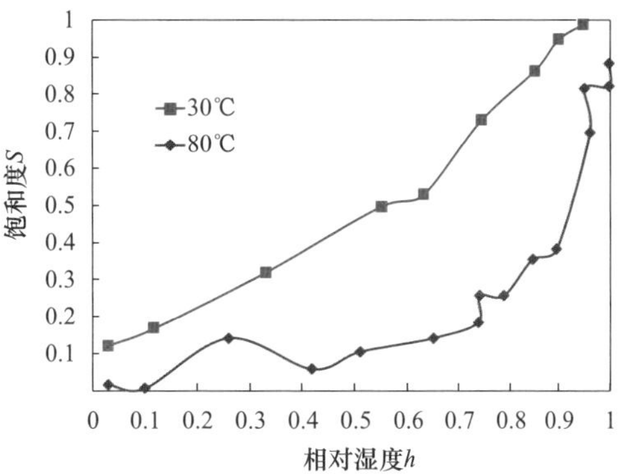

图 11.29　30℃和 80℃时的排湿曲线

温度对排湿曲线的影响主要是由等比容吸附热量引起的，可以用 Clausius-Clapeyron 方程表示[23, 25]，即

$$Q_{st}=-R\left[\frac{\partial \ln(p_v)}{\partial(1/T)}\right] \tag{11.26}$$

变换得

$$Q_{st}(S)=R\ln\left(\frac{p_{v1}}{p_{v2}}\right)\left(\frac{T_1T_2}{T_1-T_2}\right) \tag{11.27}$$

式中，Q_{st} 为等比容吸附热量，J/mol；T_1、T_2 为绝对温度，K；p_{v1}、p_{v2} 分别为 T_1、T_2 时的水蒸气压力，Pa；即

$$h(T_2,S)=h(T_1,S)\frac{P_{vs}(T_1)}{P_{vs}(T_2)}\exp\left[\frac{Q_{st}}{R}\left(\frac{T_2-T_1}{T_1T_2}\right)\right] \tag{11.28}$$

式中，$h(T_1,S)$、$h(T_2,S)$分别为相应于 T_1、T_2，且饱和度为 S 时的相对湿度；$P_{vs}(T_1)$、$P_{vs}(T_2)$ 分别为 T_1、T_2 时的饱和蒸汽压，Pa。

根据 Poyet 等的试验结果，Q_{st} 随饱和度的变化关系如图 11.30 所示。根据图 11.30 试验结果可以回归出 Q_{st} 与饱和度之间的关系为

$$Q_{st}=500S^5-1511S^4+1709S^3-861S^2+148S+60 \tag{11.29}$$

以 T_1=293.15K 时的排湿曲线作为参考标准，将式（11.24）代入式（11.28）右侧 $h(T_1,S)$，将式（11.10）代入式（11.28）左侧 $h(T_2,S)$，整理得式（11.30）。

$$p_c(T_2)=\frac{\rho_1RT_2}{M}\left\{\ln\left(\frac{\alpha-(\alpha^2-4(1-C_E))^{1/2}}{2k_t(1-C_E)}\right)^2+\ln\left(\frac{P_{vs}(T_1)}{P_{vs}(T_2)}\right)+\left[\frac{Q_{st}}{R}\left(\frac{T_2-T_1}{T_1T_2}\right)\right]\right\} \tag{11.30}$$

饱和蒸汽压力 P_{vs} 随温度的变化关系可表示为[26]

$$P_{vs}(T)=\exp\left[68.18-\frac{7214.64}{T}-6.2973\ln(T)\right] \tag{11.31}$$

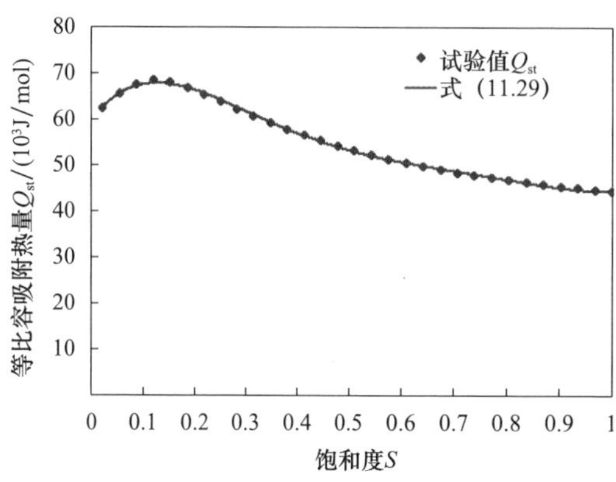

图 11.30 等比容吸附热量随饱和度的变化关系

以 20℃时的排湿曲线作为参考标准，结合式（11.30）、式（11.31）得到不同温度下的排湿曲线，与文献［23］中 30℃和 80℃对水灰比为 0.43 混凝土试验结果对比，如图 11.31 所示。可以发现，随着温度的升高，相同相对湿度时对应的饱和度逐渐减小。理论模型在 30℃附近时，可以大致模拟这种变化关系，而到 80℃时，模拟结果与试验结果相差较大。目前关于温度对相对湿度、毛细压力与饱和度之间关系的影响规律研究成果较少，还没有建立通用模型。即便是常温下，相对湿度、毛细压力与饱和度之间的关系往往也是通过试验方式确定的。因此，在没有试验数据的情况下，可分别利用式（11.30）和式（11.31）粗略预测不同温度下相对湿度、毛细压力与饱和度之间的关系。

对于水泥类型为 I 型，水灰比为 0.53，养护龄期为 28d 的普通硅酸盐混凝土，考虑温度修正后排湿过程中毛细压力绝对值与饱和度之间的关系如图 11.32 所示。与图 11.28 对比可以看出，考虑等比容吸附热量修正后，在排湿过程中毛细压力与饱和度之间关系随温度的变化已经体现出来，同样大小的饱和度对应的毛细压力数值随着温度的升高逐渐降低。

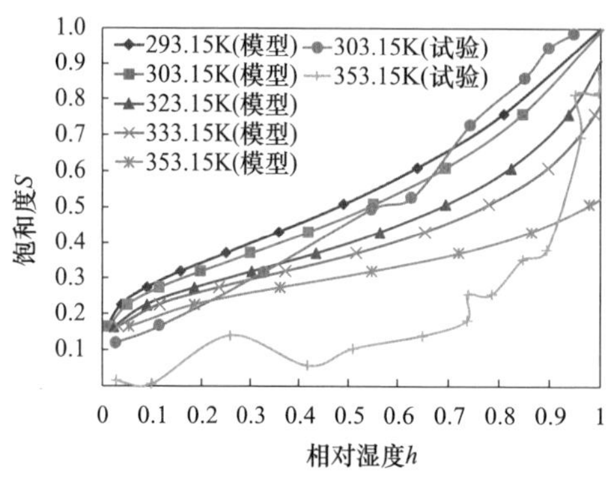

图 11.31 不同温度下计算排湿曲线与试验数据对比图

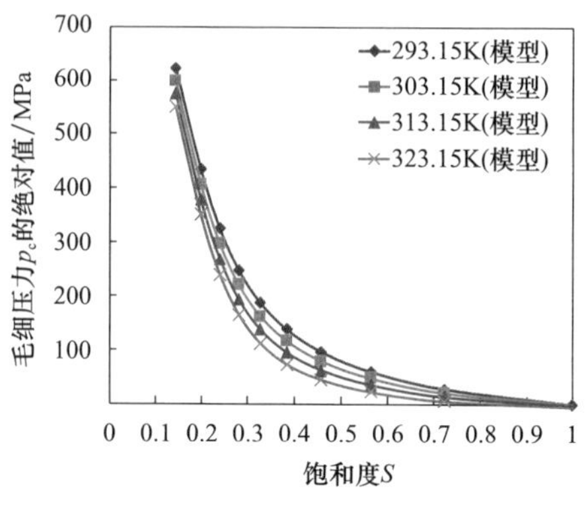

图 11.32 不同温度下毛细压力绝对值随饱和度变化

11.3　非饱和混凝土中的水分传输

11.3.1　非饱和混凝土中的水分传输方程

为建立水分在非饱和混凝土中的传输模型，做出如下假定：

（1）混凝土是均匀且各向同性的连续介质；

（2）混凝土固体骨架刚性不变形且不与液相、气相发生化学反应；

（3）气相由不凝性气体组成，可当作理想气体；

（4）在流体和颗粒之间的热传递相当快，从而假设气、液、固三相处于局部热力学平衡状态；

（5）液体的压缩功与耗散效应忽略不计。

在非饱和混凝土介质中，水分以液态和蒸汽的形式存在于混凝土孔隙内。孔隙内的水分含量是决定非饱和多孔介质内部湿分运动机制的主要因素。在毛细压力驱动下液态水的传输和水蒸气密度梯度驱动下水蒸气的传输在混凝土内同时发生，因此混凝土中水分传输通量可表示为[27]

$$J_t = J_l + J_v \tag{11.32}$$

式中，J_t 为总的水的传输通量，kg/（$m^2 \cdot s$）；J_l 为液态水的传输通量，kg/（$m^2 \cdot s$）；J_v 为水蒸气的传输通量，kg/（$m^2 \cdot s$）。

1. 液态水在非饱和混凝土中的传输

许多研究证明，达西定律可以推广到非饱和混凝土内水分的传输中去。饱和情况下达西定律中的渗透系数为常数，而非饱和混凝土中水分传输系数是混凝土饱和度的函数。

液态水的传输速率与毛细压力的关系根据 Darcy-Buckingham 方程表示为[18]

$$v_l = -\frac{k_l}{\mu}\mathrm{grad}(p_c) \tag{11.33}$$

式中，v_l 为水分传输速度，m/s；k_l 为水分传输有效渗透率，m^2，与混凝土中水分的含量及水分所占据孔的微观几何参数相关；μ 为水的动力黏度系数，Pa·s；p_c 为毛细压力，Pa，此时水分的传输主要驱动力为毛细压力。

根据质量守恒定律（水流入混凝土内的质量与流出质量相等，不考虑孔隙内液态水转化为水蒸气部分），水分的传输方程可表示为[19, 25, 28]

$$\mathrm{div}J_l + \frac{\partial \rho_l \theta}{\partial t} = 0 \tag{11.34}$$

式中，

$$J_l = \rho_l v_l \tag{11.35}$$

联立式（11.34）和式（11.35）得

$$\frac{\partial\theta}{\partial t}=\text{div}\left[\frac{k_1}{\mu}\text{grad}\,(p_c)\right] \tag{11.36}$$

将式（11.36）右侧转化为孔隙水的含水量，则右侧的蒸汽压梯度变形为孔隙水饱和度梯度，变形后得

$$\frac{\partial\theta}{\partial t}=\text{div}\left[\frac{k_1}{\mu}\frac{\partial p_c}{\partial S}\text{grad}\,(S)\right] \tag{11.37}$$

式中，水分传输有效渗透率 k_1 可表示为

$$k_1=kk_{r1} \tag{11.38}$$

则式（11.37）可变为

$$\frac{\partial\theta}{\partial t}=\text{div}\left[\frac{kk_{r1}}{\mu}\frac{\partial p_c}{\partial S}\text{grad}\,(S)\right] \tag{11.39}$$

式中，k、k_{r1} 为对混凝土孔隙结构和水分饱和度有影响的参数。

式（11.39）可进一步表示为

$$\frac{\partial\theta}{\partial t}=\text{div}[D_1(S)\,\text{grad}\,(S)] \tag{11.40}$$

$$D_1(S)=\frac{k}{\mu}k_{r1}\frac{\partial p_c}{\partial S} \tag{11.41}$$

液态水的传输速率式（11.33）可以表示为

$$v_1=-D_1(S)\,\text{grad}\,(S) \tag{11.42}$$

式中，θ 为混凝土的含水量，m^3/m^3；D_1（S）为液态水的传输系数，m^2/s；k 为混凝土固有渗透率，m^2；μ 为水的动力黏度系数，Pa·s；S 为混凝土的饱和度；k_{r1} 为液态水相对渗透率。

2. 水蒸气在非饱和混凝土中的传输

与液态水传输相似，根据质量守恒定律（如果不考虑孔隙内水蒸气冷凝为液态水的部分，水蒸气进入混凝土微元体的质量与流出质量相等），水蒸气传输的宏观守恒方程可写为[19, 28]

$$J_v=-D_{ve}\text{grad}\,(\rho_v) \tag{11.43}$$

式中，D_{ve} 为水蒸气在混凝土孔隙中的表观扩散系数，m^2/s；ρ_v 为水蒸气密度，kg/m^3。

水蒸气密度可表示为

$$\rho_v=\rho_{vs}h \tag{11.44}$$

根据理想气体状态方程，可以得到

$$\rho_{vs}=\frac{P_{vs}M}{RT} \tag{11.45}$$

式中，ρ_{vs} 为饱和水蒸气的密度，kg/m^3；h 为相对湿度。

联立式（11.10）、式（11.43）～式（11.45）得

$$J_{\mathrm{v}}=-\frac{1}{\rho_{\mathrm{l}}}\left(\frac{M}{RT}\right)^{2}D_{\mathrm{ve}}(S)\,P_{\mathrm{vs}}\exp\left[\frac{M}{\rho_{\mathrm{l}}RT}p_{\mathrm{c}}(S)\right]\frac{\mathrm{d}p_{\mathrm{c}}}{\mathrm{d}S}\frac{\mathrm{d}S}{\mathrm{d}x} \tag{11.46}$$

$$D_{\mathrm{ve}}(S)=D_{\mathrm{v0}}\ f(S,\phi) \tag{11.47}$$

式中，D_{v0} 为水蒸气在空气中的表观扩散系数，$\mathrm{m^2/s}$；$f(S,\phi)$ 为水蒸气在孔隙中扩散的阻碍因素，可表示为饱和度 S 及孔隙率 ϕ 之间关系[18, 29]。

$$f(S,\phi)=\phi^{4/3}(1-S)^{10/3} \tag{11.48}$$

水蒸气在空气中的自由扩散系数与温度、压力的关系可表示为[30, 31]

$$D_{\mathrm{v}0_{T_2P_2}}=D_{\mathrm{v}0_{T_1P_1}}\left(\frac{P_1}{P_2}\right)\left(\frac{T_2}{T_1}\right)^{3/2}\frac{\mho_{D|T_1}}{\mho_{D|T_2}} \tag{11.49}$$

式中，P_1、P_2 为压力，Pa；T_1、T_2 为绝对温度，K；$\mho_{D|T_1}$ 为温度 T_1 时基于 Lennard-Jones 势的碰撞积分；$\mho_{D|T_2}$ 为温度 T_2 时基于 Lennard-Jones 势的碰撞积分。

一般情况下，碰撞积分受温度的影响很小，如果不考虑大气压随温度的变化，那么大多数温度对表观扩散系数的影响一般只包括 $(T_2/T_1)^{3/2}$。其中，25℃时水蒸气在空气中的表观扩散系数为 $2.6\times10^{-5}\mathrm{m^2/s}$[32]。

根据质量守恒定律，可以建立水蒸气的传输方程为

$$\frac{\partial\rho_{\mathrm{v}}\phi(1-S)}{\partial t}=\mathrm{div}\left\{\rho_{\mathrm{l}}\left(\frac{M}{\rho_{\mathrm{l}}RT}\right)^{2}D_{\mathrm{ve}}(S)\,P_{\mathrm{vs}}\exp\left[\frac{M}{\rho_{\mathrm{l}}RT}p_{\mathrm{c}}(S)\right]\frac{\mathrm{d}p_{\mathrm{c}}}{\mathrm{d}S}\mathrm{grad}(S)\right\} \tag{11.50}$$

将上式水蒸气质量转化为液态水体积含水量 θ_{v}，即

$$\rho_{\mathrm{v}}\phi(1-S)=\rho_{\mathrm{l}}\theta_{\mathrm{v}} \tag{11.51}$$

式中，θ_{v} 为水蒸气转化为液态水的含水量。

把式（11.51）代入式（11.50），得

$$\frac{\partial(\theta_{\mathrm{v}})}{\partial t}=\mathrm{div}\left\{\left(\frac{M}{\rho_{\mathrm{l}}RT}\right)^{2}D_{\mathrm{ve}}(S)\,P_{\mathrm{vs}}\exp\left[\frac{M}{\rho_{\mathrm{l}}RT}p_{\mathrm{c}}(S)\right]\frac{\mathrm{d}p_{\mathrm{c}}}{\mathrm{d}S}\mathrm{grad}(S)\right\} \tag{11.52}$$

前面已经分别描述并推导了水分传输过程中的液相水传输和水蒸气传输方程，要完整表示非饱和流传输，则必须将二者合并，得

$$\frac{\partial(\theta+\theta_{\mathrm{v}})}{\partial t}=\mathrm{div}[(D_{\mathrm{l}}+D_{\mathrm{v}})\,\mathrm{grad}(S)] \tag{11.53}$$

式中，

$$D_{\mathrm{v}}=\left(\frac{M}{\rho_{\mathrm{l}}RT}\right)^{2}D_{\mathrm{ve}}(S)\,P_{\mathrm{vs}}\exp\left[\frac{M}{\rho_{\mathrm{l}}RT}p_{\mathrm{c}}(S)\right]\frac{\mathrm{d}p_{\mathrm{c}}}{\mathrm{d}S} \tag{11.54}$$

从以上推导可以看出，非饱和混凝土中液态水和水蒸气的传输过程自变量只有混凝土中饱和度 S。水分传输的系数体现在 $D_{\mathrm{l}}+D_{\mathrm{v}}$ 中，由混凝土中孔隙率、水分饱和度、迂曲度及水分性质等决定。一般情况下，潮汐区混凝土中饱和度较

高，水蒸气传输引起的变化量远小于液态水的变化量，以及水蒸气传输过程中并不携带氯离子，因此忽略水蒸气传输的影响，得水分传输方程为

$$\frac{\partial(\phi S)}{\partial t}=\mathrm{div}[D_l\mathrm{grad}(S)] \tag{11.55}$$

11.3.2 温度对黏度系数的影响

动力黏度系数 μ 随温度与压力而变化，但压力的影响甚微。液体的黏度系数随温度升高而减少，而气体的黏度系数随温度的升高而增加。因为液体分子的自由程小，黏度系数取决于分子碰撞的时间，温度升高，液体分子的碰撞时间减少。气体的分子自由程大，黏度取决于分子碰撞的次数，温度升高，热运动加强，使气体分子碰撞的次数增多。

水的动力黏度系数 μ 与温度间的关系式可用式（11.56）表示[33]（记为形式 1）。

$$\mu=\frac{0.01775\times10^{-4}}{[1+0.0837(T-273.15)+0.000221(T-273.15)^2]} \tag{11.56}$$

式中，T 为水的温度，K。

已有资料表明，一个大气压下不同温度时水的动力黏度系数[34, 35]如表 11.4 所示（记为形式 2）。从图 11.33 可以看出，不同研究者测定的水随着温度变化的动力黏度系数有一定区别，计算时动力黏度系数按表 11.4 确定。

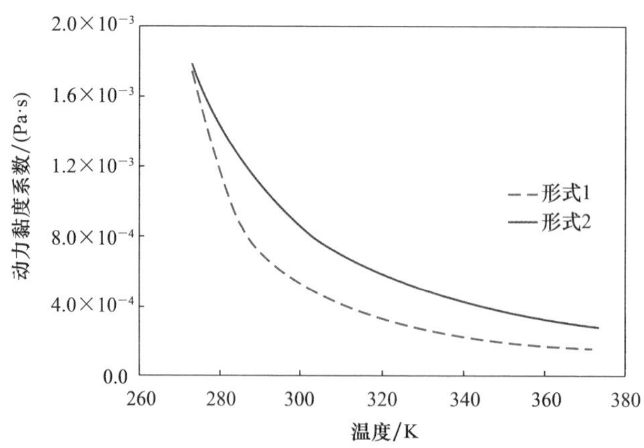

图 11.33　不同温度时水的动力黏度系数

表 11.4　一个大气压下不同温度时水的动力黏度系数（单位：10^3Pa · S）

项目	273.15K	283.15K	293.15K	303.15K	313.15K	323.15K	333.15K	343.15K	353.15K	363.15K	373.15K
μ	1.785	1.305	1.004	0.801	0.653	0.549	0.47	0.406	0.355	0.315	0.282

11.3.3　温度对混凝土中水的渗透性的影响

在实际工程中，混凝土结构的温度随着外界环境温度的变化而变化。混凝土中的水分传输也受到温度变化的影响。通常，为了更加有效地模拟实际环境下工作的混凝土结构，经常采用升高温度等方式进行加速试验的模拟。然而温度对水分在混凝土的传输有着怎样的影响，并不十分清楚。Jooss 等[36]分别对不同种类混凝土（表 11.5）在 20℃、50℃和 80℃进行水分渗透试验，研究不同温度下水分在混凝土中的渗透性。

表 11.5　文献［36］中混凝土的组成

项目	水灰比	掺合料
基础混凝土	0.45	粉煤灰 30kg/m^3
Copoly（30）	0.45	聚合物 30kg/m^3、粉煤灰 30kg/m^3
Copoly（45）	0.45	聚合物 45kg/m^3、粉煤灰 30kg/m^3
SCC1	0.45	增塑剂 4kg/m^3、水下复合物 0.3kg/m^3、粉煤灰 180kg/m^3
SCC2	0.41	增塑剂 5.5kg/m^3、水下复合物 0.3kg/m^3、粉煤灰 170kg/m^3
HPC No.37	0.33	硅粉 60kg/m^3、粉煤灰 30kg/m^3

在试验 1h 和 48h 时各种混凝土在 20℃、50℃和 80℃的渗透系数部分数据如图 11.34 和图 11.35 所示[36]。可以发现随着温度的升高，水的渗透系数也在增大。另外，随着试验时间的延长，水的渗透系数在降低，48h 水的渗透系数大约只有 1h 时的 1/10。

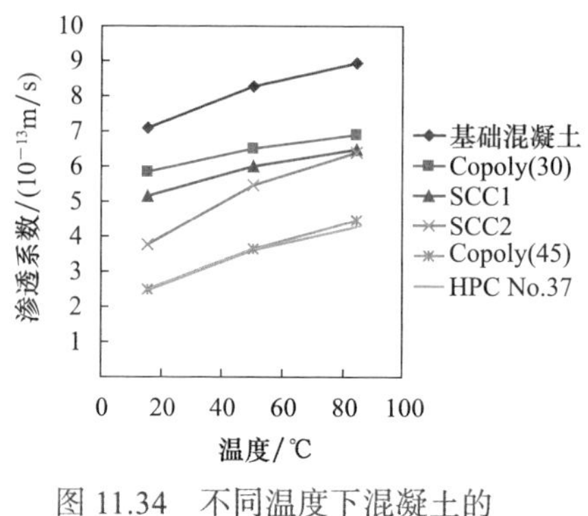

图 11.34　不同温度下混凝土的渗透系数（1h）[36]

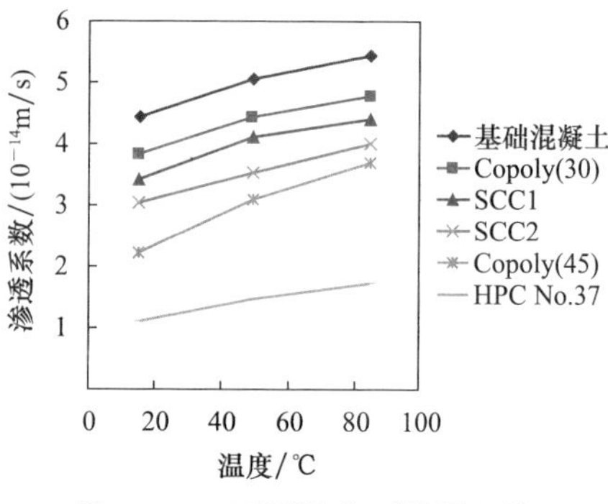

图 11.35　不同温度下混凝土的渗透系数（48h）[36]

把温度 20℃、50℃和 80℃对应的水的密度、动力黏度系数代入渗透系数与固有渗透率的关系式中，确定对应温度下的渗透系数，然后除以 20℃时对应的渗透系数，得温度影响系数 $\varGamma(T)$ 为

$$\Gamma(T)=\frac{K_K(T)}{K_{K20℃}}=\frac{\rho_l(T)\ \mu_{20℃}}{\rho_{l\,20℃}\mu(T)} \tag{11.57}$$

通过水的密度随温度的变化关系、水的动力阻力系数随温度的变化关系，利用式（11.57）计算得到水渗透系数的温度影响系数 Γ（T）和通过试验获得的水渗透系数的影响系数 Γ（T）如表 11.6 所示[36]。由表 11.6 可以发现，试验测得混凝土的渗透系数随着温度升高逐渐增大，但是没有理论值增加的幅度大。这可能归结为水与混凝土的相互作用。另外可能的原因是，随着温度的升高，水泥水化的速度加快，产生的水化物堵塞了一部分孔隙，导致理论计算的温度对水的渗透系数较真实值偏大。

表 11.6　温度对渗透系数的影响系数

项目	影响系数		
	20℃	50℃	80℃
式（11.57）	1.00	1.80	2.74
基础混凝土	1.00	1.16	1.26
Copoly（30）	1.00	1.15	1.18
Copoly（45）	1.00	1.48	1.80
SCC1	1.00	1.16	1.26
SCC2	1.00	1.15	1.70
HPC No.37	1.00	1.46	1.78

11.3.4　水分在非饱和混凝土中的传输模型

1. 吸湿过程水分传输模型

对吸湿过程中毛细压力与饱和度之间关系式（11.18）求导得

$$\frac{\partial p_c}{\partial S}=\frac{\rho_l RT\{\alpha[\alpha^2-4(1-C_E)]^{-1/2}-1\}V_m C_E}{M\{\alpha-[\alpha^2-4(1-C_E)]^{1/2}\}W_{20℃}S^2} \tag{11.58}$$

将式（11.58）代入式（11.39），并应用 ϕS 代替 θ 后得吸湿过程时液态水分传输模型为

$$\frac{\partial \phi S}{\partial t}=\mathrm{div}[D_{wl}(S)\,\mathrm{grad}(S)] \tag{11.59}$$

$$D_{wl}(S)=\frac{k\sqrt{S}[1-(1-S^{1/m})^m]^2\rho_l RT\{\alpha[\alpha^2-4(1-C_E)]^{-1/2}-1\}V_m C_E}{\mu M\{\alpha-[\alpha^2-4(1-C_E)]^{1/2}\}W_{20℃}S^2} \tag{11.60}$$

式中，$\alpha=2+\left(\frac{V_m}{W_{20℃}S}-1\right)C_E$；$m$ 为拟合系数，可根据毛细压力和饱和度关系曲线拟合确定，详见文献［53］。

2. 排湿过程水分传输模型

对排湿过程中毛细压力与饱和度之间关系式（11.18）求导得

$$\frac{\partial p_c}{\partial S}=\frac{\rho_1 RT}{M}\left\{\frac{2\{\alpha[\alpha^2-4(1-C_E)]^{-1/2}-1\}V_m C_E}{\{\alpha-[\alpha^2-4(1-C_E)]^{1/2}\}W_{20℃}S^2}+\frac{1000\cdot(2501.8S^4-6044.4S^3+5126.4S^2-1721.6S+147.49)}{R}\left(\frac{T-293.15}{293.15T}\right)\right\} \tag{11.61}$$

将式（11.61）代入式（11.39），并用 ϕS 代替 θ 后得排湿过程时液态水分传输模型为

$$\frac{\partial \phi S}{\partial t}=\mathrm{div}[D_{dl}(S)\,\mathrm{grad}(S)] \tag{11.62}$$

$$D_{dl}(S)=\frac{k\sqrt{S[1-(1-S^{1/m})^m]^2}\rho_1 RT}{(100-90\cdot S)\mu M}\left\{\frac{2\{\alpha[\alpha^2-4(1-C_E)]^{-1/2}-1\}V_m C_E}{\{\alpha-[\alpha^2-4(1-C_E)]^{1/2}\}W_{20℃}S^2}+\frac{1000\cdot(2501.8S^4-6044.4S^3+5126.4S^2-1721.6S+147.49)}{R}\left(\frac{T-293.15}{293.15T}\right)\right\} \tag{11.63}$$

在常温 20℃左右时，式（11.63）可以简化为

$$D_{dl}(S)=\frac{2k\sqrt{S}[1-(1-S^{1/m})^m]^2\rho_1 RT\{\alpha[\alpha^2-4(1-C_E)]^{-1/2}-1\}V_m C_E}{(100-90\cdot S)\mu M\{\alpha-[\alpha^2-4(1-C_E)]^{1/2}\}W_{20℃}S^2} \tag{11.64}$$

式中，$\alpha=2+\left(\frac{V_m}{W_{20℃}S}-1\right)C_E$。

11.3.5 水分在非饱和混凝土中传输模型的验证

1. 吸湿过程水分传输模型的验证

Leech 等[37, 38]制作了直径为 100mm、高度为 100mm 的圆柱体混凝土试件，进行了 22℃条件下混凝土一维吸水试验，并利用核磁共振技术对混凝土中饱和度分布情况进行了扫描，发现饱和度与吸水率 $\overline{S}=x/t^{0.5}$［x 为传输深度（mm），t 为试验时间（s）］有很好的单值关系。试验混凝土的水灰比为 0.4，孔隙率为 0.127。为了保证混凝土不同深度处初始饱和度相同，试验前在 105℃环境下对混凝土进行了烘干处理，烘干后混凝土的初始饱和度可以近似认为是 0。由于混凝土的离散性，试验测定的混凝土固有渗透率差别较大，最大值为 $2.13\times10^{-18}\mathrm{m}^2$，最小值为

$2.74\times10^{-19}m^2$，本章在计算中取两者的几何平均值 $7.65\times10^{-19}m^2$。利用本章建立的吸湿过程水分传输模型计算混凝土中水分的分布情况，模型计算值与 Leech 等的试验值的对比如图 11.36 所示。从图 11.36 中可以看出，20h、30h、42h 时水分饱和度与吸水率$\overline{S}$关系曲线基本重合，并且计算结果非常接近实际水分分布情况。

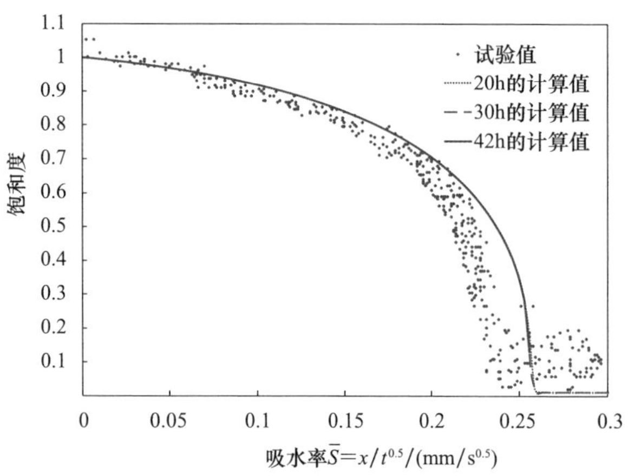

图 11.36 吸湿过程混凝土内饱和度试验值和计算值

2. 排湿过程水分传输模型的验证

Bouny 等[39]制作了直径为 160mm、高度为 100mm 的圆柱体混凝土试件，进行了 20℃、相对湿度 50% 条件下初始饱和度为 0.95 的混凝土一维排湿试验，并利用 α 射线衰减仪对混凝土中饱和度分布情况进行扫描，观察水分蒸发引起的混凝土相对密度的变化情况。试验混凝土的水灰比为 0.48，孔隙率为 0.122，密度为 $2285kg/m^3$。混凝土的固有渗透率为 $3\times10^{-21}m^2$。利用本章建立的排湿过程水分传输模型计算试验时间 63d 时混凝土密度变化率和试验值对比，如图 11.37 所示。

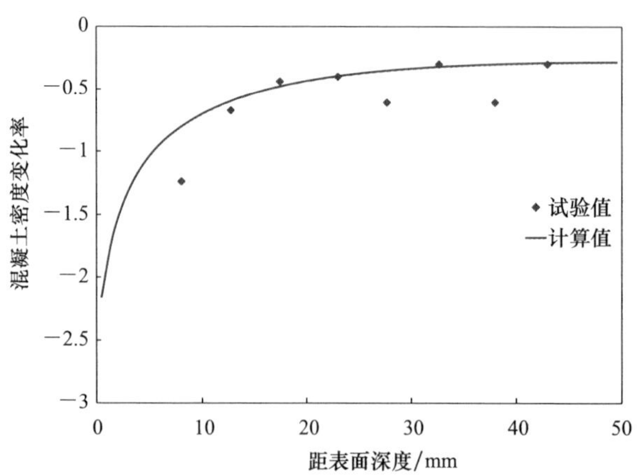

图 11.37 排湿过程混凝土密度变化率的试验值和计算值

利用混凝土的密度和孔隙率把混凝土相对密度的变化率转化为混凝土中水分饱和度分布情况，如图 11.38 所示。从图 11.38 中可以看出，计算值与试验值比较接近。一般而言，潮汐区混凝土中饱和度较高，水蒸气的传输是可以忽略的。模型主要适用于潮汐区环境下，忽略了混凝土中水蒸气的传输。因此，计算值比试验值偏高。

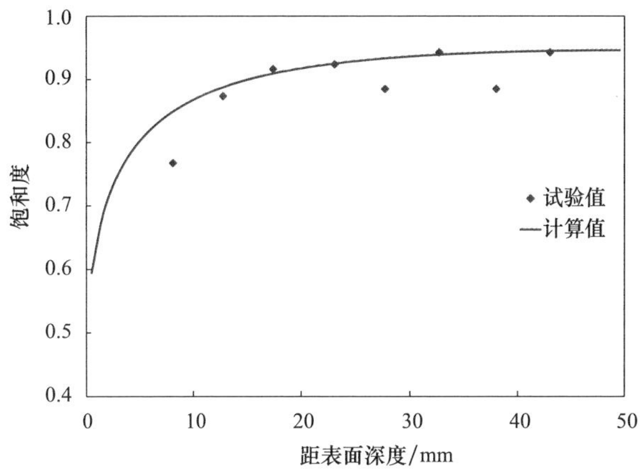

图 11.38　排湿过程混凝土中水分饱和度试验值和计算值

11.4　潮汐区非饱和混凝土氯离子传输理论模型和数值求解

潮汐区混凝土中氯离子传输主要是孔隙溶液中氯离子浓度梯度引起的扩散作用和毛细作用引起的水分传输携带氯离子运动两者共同作用的结果。扩散和毛细共同作用下混凝土中氯离子传输过程示意图如图 11.39 所示。从图 11.39 可以看

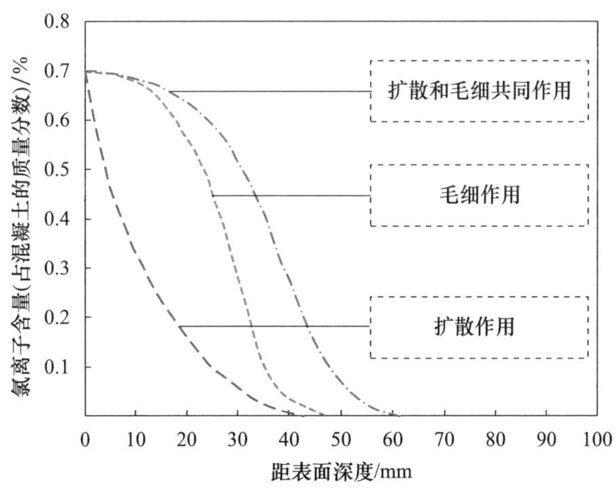

图 11.39　扩散和毛细共同作用下混凝土中氯离子传输过程示意图

出，潮汐区混凝土氯离子传输模型的准确性取决于氯离子扩散模型和水分传输模型的准确性。因此本节从氯离子在混凝土中的扩散作用出发，讨论影响氯离子传输的主要因素，并利用11.3节建立的混凝土内水分传输模型，进一步建立扩散和毛细共同作用下的潮汐区环境下非饱和混凝土中氯离子传输模型。

11.4.1 潮汐区非饱和混凝土氯离子传输模型

1. 毛细作用引起的氯离子传输过程

在潮汐区环境下，由于干湿交替的影响，混凝土中氯离子主要受扩散和毛细的共同作用。水分在混凝土中传输时，将携带溶于水中的氯离子一起运动，毛细作用引起的氯离子传输通量为

$$J_{w,c}=C_w v_l \tag{11.65}$$

把式（11.42）代入式（11.65）得到

$$J_{w,c}=-C_w D_l(S)\,\mathrm{grad}(S) \tag{11.66}$$

式中，$J_{w,c}$为毛细作用引起的氯离子传输通量，kg/（$m^2 \cdot s$）；C_w为氯离子在孔隙溶液中的浓度，kg/m^3；v_l为水分传输速度，m/s。

混凝土内孔隙溶液中氯离子浓度与自由氯离子含量（占混凝土的质量分数，%）存在如下关系：

$$C_w=\frac{C_f \rho_{con}}{\phi S} \tag{11.67}$$

式中，ρ_{con}为混凝土的密度，kg/m^3。

由式（11.66）可知，引入了水分流动对氯离子传输的影响以后，必须首先求出混凝土中水分传输过程，然后将求解的混凝土内饱和度作为已知条件代入式（11.67），求解由于水分运动产生的氯离子传输结果。在潮汐区这种干湿交替环境下，湿润阶段采用吸湿过程传输模型即式（11.60）计算混凝土内饱和度，干燥阶段采用排湿过程传输模型即式（11.64）计算混凝土内饱和度。

2. 扩散引起的氯离子传输过程

混凝土孔隙溶液中，以氯离子浓度差为驱动力的扩散作用引起的氯离子传输通量可表示为

$$J_{d,c}=-D_c\,\mathrm{grad}(C_w) \tag{11.68}$$

式中，$J_{d,c}$为扩散作用引起的氯离子传输通量，kg/（$m^2 \cdot s$）；D_c为氯离子表观扩散系数，m^2/s。其中，氯离子表观扩散系数是与混凝土饱和度和混凝土特性相关的变量。

海水潮汐区混凝土中氯离子只能在孔隙溶液中扩散，因此有多种因素影响混凝土中的氯离子传输速度：①随着混凝土中饱和度的降低，氯离子传输的孔隙面积减小；②由于混凝土中孔隙是弯曲的，若氯离子要扩散到某一深度，则

必须移动更长的距离，如图 11.40 所示；③随着混凝土中固化氯离子的增加和水化的进行，混凝土中的氯离子传输速度降低。为了建立氯离子扩散模型，下面对影响氯离子扩散的 3 种因素进行详细分析。

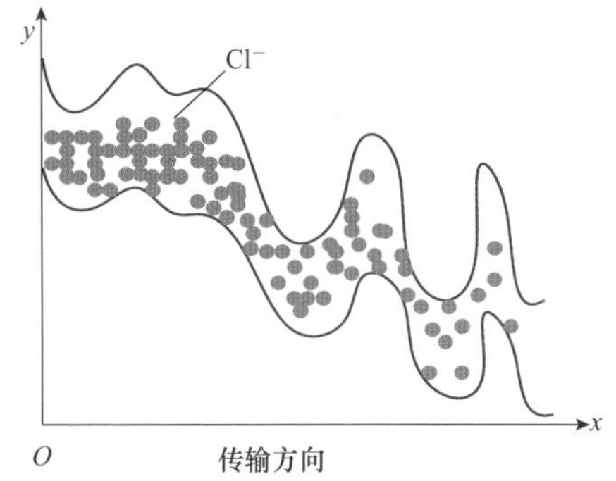

图 11.40　迂曲度对氯离子扩散的影响

氯离子在混凝土中的扩散通道实质是氯离子在混凝土中水分占据的截面积沿着实际孔隙长度传输的过程，其扩散速率相对于氯离子在纯水的扩散速率要慢很多。如果在氯离子在水中扩散的基础上引入孔隙率、饱和度和迂曲度的影响，那么氯离子在混凝土中的扩散通量为[40]

$$J_{d,c}=-\frac{D_w \phi S}{\tau_c}\text{grad}(C_w) \tag{11.69}$$

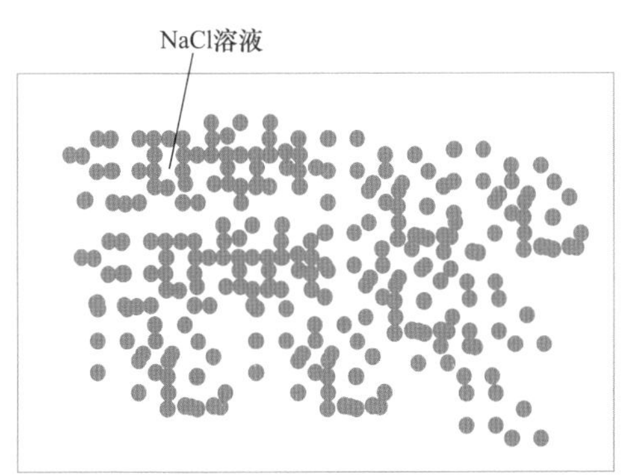

图 11.41　氯离子在水中的扩散

式中，D_w 为氯离子在水中的表观扩散系数，m^2/s；τ_c 为迂曲度。

氯离子在水中的表观扩散系数几乎不随浓度的变化而变化，氯离子在水中的扩散如图 11.41 所示。然而温度对 NaCl 在水中的扩散速率有较大影响。根据文献［40］，几个典型温度下 NaCl 在水中的表观扩散系数与温度之间的关系如表 11.7 所示。

表 11.7　NaCl 在水中的表观扩散系数与温度之间的关系（单位：$10^{-9}m^2/s$）

温度	5℃	15℃	25℃	35℃
表观扩散系数	0.919	1.241	1.612	2.031

于是，NaCl 在水中的表观扩散系数 D_w 与温度 T 之间的关系可拟合成

$$D_w=0.03707\times10^{-9}(T-273.15)+0.70935\times10^{-9} \tag{11.70}$$

相对于均匀的水介质，多孔介质中氯离子的表观扩散系数很小。由于迂曲度的影响，氯离子在混凝土中的扩散并不是直线路径，而是沿着弯曲的混凝土孔隙传输。因此迂曲度是混凝土微观结构的一个重要参数，在扩散方程中用其考虑复杂混凝土微观结构引起氯离子沿着传输方向扩散速率减小的程度。这里，通过压汞试验确定混凝土中迂曲度的具体值。另外，Nakarai 等[41]建立了水泥材料中

迂曲度与孔隙率之间的关系，即

$$\tau_c = -1.5\tanh[8.0(\phi_{cg} - 0.25)] + 2.5 \tag{11.71}$$

式中，τ_c 为迂曲度；ϕ_{cg} 为水泥浆的孔隙率。

氯离子在混凝土中的扩散不但受混凝土孔隙迂曲度的影响，还受孔径形状的影响。Ishia 等[42]认为，混凝土对氯离子的扩散阻力由两部分组成。第一，由混凝土孔隙直径的不均匀性所导致的氯离子扩散速率的减小。混凝土内的孔隙直径是变化的，如果孔隙中某处孔隙的截面孔径相对于其他部位的截面孔径很小，那么将使整个孔隙内氯离子扩散速率降低。由这种孔径变化引起的氯离子扩散速率降低参数记为 δ_1，如图 11.42 所示。第二，由结合氯离子含量增加引起的氯离子扩散速率减小。随着细小的孔隙壁上结合氯离子含量的增加，孔隙壁上负电荷也增多，使混凝土孔隙溶液中扩散阻力增大导致氯离子的扩散速率有所降低，如图 11.43 所示。由电荷作用引起的氯离子扩散速率降低参数记为 δ_2。于是，氯离子扩散降低系数可表示为[42]

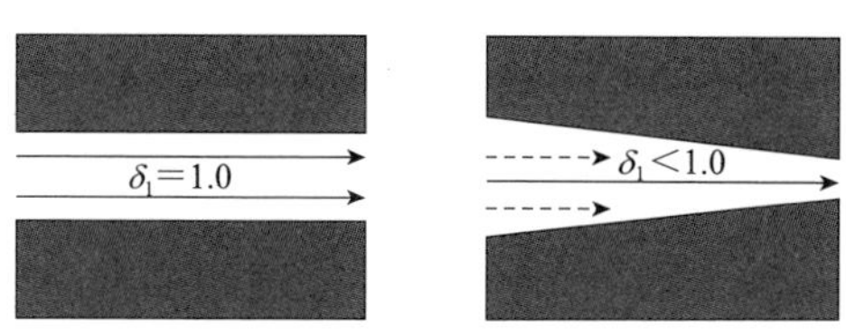

图 11.42 孔隙形状引起的氯离子扩散速率降低参数示意图

$$\delta = m_z\delta_1\delta_2 \tag{11.72}$$

式中，m_z=6.68；δ_1=0.495 tanh{4.0[log(r_{cp}^{peak})+6.2]}+0.505；δ_2=1.0−0.627C_{bc}+0.107C_{bc}^2；r_{cp}^{peak} 为毛细孔的峰值半径，m；C_{bc} 为结合氯离子含量（占水泥浆的质量分数），%。

如果按式（11.72）计算出的 $\delta \geqslant 1$，则取 $\delta = 1.0$。

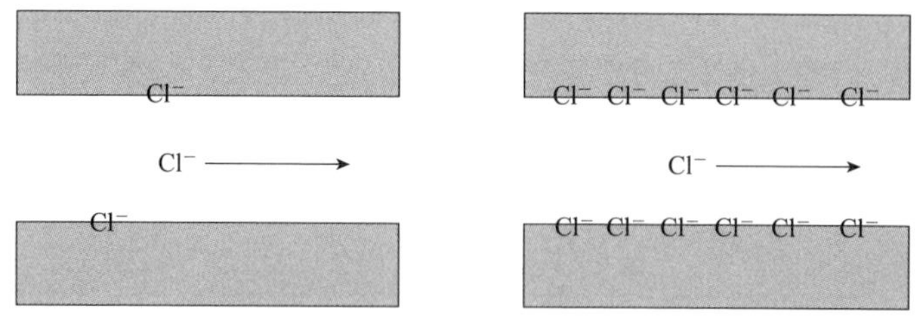

图 11.43 电荷作用引起的氯离子扩散速率降低参数示意图

文献［42］从孔隙直径和电荷排斥两方面解释了氯离子表观扩散系数减小的原因，但是混凝土微裂缝的产生往往使混凝土的峰值孔径难以准确测量，给应用带来很大的困难。

水泥的水化并不是能短期内完成的，短期内水泥的水化可以达到一个较高的程度，但是水化过程并不停止，而是随着时间的持续而继续进行。因此氯离子的表观扩散系数也不是恒定的，应随着水泥水化程度的提高而降低。一般氯离子表观扩散系数 D_c 呈衰减趋势，可用式（11.73）描述[43]。

$$D_c = D_0\left(\frac{t_0}{t}\right)^{\varsigma} \tag{11.73}$$

式中，D_c 为结构暴露时或其他任一时段表观扩散系数；D_0 为相应于 t_0（养护时间，s）时刻的氯离子表观扩散系数；ς 为经验系数，取 $\varsigma=0.8-w/c$。

在式（11.69）中按式（11.73）引入时间 t 的影响，则得

$$J_{d,c} = -\frac{D_w \phi S}{\tau_c}\left(\frac{t_0}{t}\right)^{\varsigma}\frac{\partial C_w}{\partial x} \tag{11.74}$$

式中，$D_c=\dfrac{D_w \phi S}{\tau_c}\left(\dfrac{t_0}{t}\right)^{\varsigma}$。

3. 氯离子的结合

氯离子的结合指的是混凝土中自由氯离子含量和结合氯离子含量之间的关系。自由氯离子含量 C_f 和结合氯离子含量 C_b 之和为总氯离子含量 C_t，如式（11.75）所示。

$$C_t = C_b + C_f \tag{11.75}$$

在氯离子传输问题中，氯离子的结合作用是混凝土孔隙溶液中氯离子浓度变化的另外一种机制。混凝土中结合氯离子含量的变化率可以表示为

$$\frac{\partial C_b}{\partial t} = \frac{\partial C_b}{\partial C_w}\frac{\partial C_w}{\partial t} = \frac{\phi S}{\rho_{con}}\frac{\partial C_b}{\partial C_f}\frac{\partial C_w}{\partial t} \tag{11.76}$$

式中，ρ_{con} 为混凝土的密度，kg/m^3。

从式（11.76）可以看出，氯离子的结合能力即结合氯离子含量与孔隙溶液中氯离子浓度 C_w 或者自由氯离子含量 C_f 之间的相关关系，是影响氯离子变化率的关键因素。

氯离子的结合能力受到混凝土中各自成分如 C_3A 含量、辅助胶凝材料、孔隙溶液 pH 的影响，同时也受环境条件如温度的影响。通常认为，只有混凝土孔隙液中的自由氯离子才会对钢筋的锈蚀发生作用。因此，氯离子的结合能力对混凝土结构的服役性能有重要影响。氯离子的结合能力对混凝土结构服役性能的影响主要体现在两个方面：其一是水泥浆对氯离子的结合降低了氯离子在混凝土中的传输速度；其二是氯离子的结合降低了钢筋表面的自由氯离子含量，使钢筋开始发生锈蚀的时间推迟。氯离子结合理论大致可以分为 3 种：线性结合理论、Langmuir 结合理论、Freundlich 结合理论。

1）线性结合理论

Tuutti 研究发现线性结合能够很好地描述结合氯离子含量与自由氯离子含量之

间的关系，如式（11.77）所示，但是只给出了自由氯离子含量较低的情况[44]。

$$C_b = \kappa C_f \tag{11.77}$$

式中，κ 为依据胶凝材料而定的常数，取 0.15[45]。

线性结合可以大大简化计算模型，不少学者采用线性结合理论研究氯离子传输规律，但是对线性结合的适用性有一定的质疑。Nilsson 等[46]指出，线性结合对于结合机理来说太过简单了。Delagrave 等[47]指出，线性结合自由氯离子含量较低时，低估了氯离子结合含量，而氯离子含量较高时，又高估了氯离子结合含量。本章对于初始非饱和混凝土中氯离子的传输问题，拟采用这种结合理论。

2）Langmuir 结合理论

Langmuir 结合理论认为，随着自由氯离子浓度的升高，结合氯离子也逐渐增多。但是，当自由氯离子浓度达到一定值后，结合氯离子含量不再增加。Langmuir 结合理论可以表示为

$$C_b' = \frac{\chi C_f'}{1+\beta C_f'} \tag{11.78}$$

$$\frac{\partial C_b'}{\partial C_f'} = \frac{\chi}{(1+\beta C_f')^2} \tag{11.79}$$

式中，χ、β 为依据胶凝材料而定的常数；C_b' 为结合氯离子含量，即单位水泥质量中的物质的量，mmol/g；C_f' 为自由氯离子浓度，即孔隙溶液中氯离子的物质的量，mol/L。Sergi 等[48]对普通水泥（$w/c=0.5$）试件进行线性衰退分析给出了非线性的关系，χ 和 β 的值分别为 1.67 和 4.08。

式（11.78）中结合氯离子含量用单位水泥质量中物质的量表示，排除了不同配合比其他骨料占有量的影响。但是在试验过程中测定的氯离子含量往往以占混凝土的质量分数表示，另外理论分析也经常以氯离子含量占混凝土的质量分数表示，那么有必要建立水泥和混凝土质量之间的相关关系[49]。

$$n_{cm} = \frac{C_m}{\rho_{con}} \tag{11.80}$$

式中，n_{cm} 为混凝土内水泥质量与混凝土质量比值；C_m 为混凝土内水泥的用量，kg/m^3；ρ_{con} 为混凝土的密度，kg/m^3。

把相对于水泥的氯离子的物质的量转化为相对于混凝土的质量表示

$$C_b = C_b' M_{Cl} n_{cm} \tag{11.81}$$

式中，C_b 为结合氯离子含量（占混凝土的质量分数，%）；M_{Cl} 为氯离子的摩尔质量，为 35.45×10^{-3}kg/mol。

混凝土孔隙溶液中氯离子浓度 C_w 与自由氯离子浓度 C_f' 通过量纲变换后，可得如下关系：

$$C_{\mathrm{f}}'=\frac{C_{\mathrm{w}}}{35.45} \tag{11.82}$$

式中，C_{w} 为混凝土孔隙溶液中氯离子浓度，$\mathrm{kg/m^3}$；C_{f}' 为自由氯离子浓度，即孔隙溶液中氯离子的物质的量，mol/L。

联立式（11.78）、式（11.81）和式（11.82）得

$$C_{\mathrm{b}}=\frac{\chi n_{\mathrm{cm}} C_{\mathrm{w}}\times 10^{-3}}{1+\beta\dfrac{C_{\mathrm{w}}}{35.45}} \tag{11.83}$$

对 C_{w} 求导得

$$\frac{\mathrm{d}C_{\mathrm{b}}}{\mathrm{d}C_{\mathrm{w}}}=\frac{\chi n_{\mathrm{cm}}\times 10^{-3}}{\left(1+\beta\dfrac{C_{\mathrm{w}}}{35.45}\right)^2} \tag{11.84}$$

把式（11.67）代入式（11.83），然后对 C_{f} 求导得

$$\frac{\mathrm{d}C_{\mathrm{b}}}{\mathrm{d}C_{\mathrm{f}}}=\frac{\chi n_{\mathrm{cm}}\phi S\rho_{\mathrm{con}}\times 10^{-3}}{\left(\phi S+\beta\dfrac{\rho_{\mathrm{con}}}{35.45}C_{\mathrm{f}}\right)^2} \tag{11.85}$$

另外，文献［6］利用自由氯离子和结合氯离子占水泥浆的质量分数建立了结合氯离子和自由氯离子的相关关系［式（11.86）和式（11.87）］，其中 χ 为 11.8。试验表明，该关系式能较好地考虑氯离子的结合行为。对于初始饱和混凝土中氯离子的传输问题，可采用这种结合理论。

$$C_{\mathrm{b}}=\frac{\chi C_{\mathrm{f}}}{1+400C_{\mathrm{f}}/n_{\mathrm{cm}}} \tag{11.86}$$

$$\frac{\mathrm{d}C_{\mathrm{b}}}{\mathrm{d}C_{\mathrm{f}}}=\frac{\chi}{(1+400C_{\mathrm{f}}/n_{\mathrm{cm}})^2} \tag{11.87}$$

3）Freundlich 结合理论

Tang 和 Niilsson 研究表明，氯离子浓度大于 0.355（g/L- 孔隙溶液）时，结合氯离子和自由氯离子的关系符合 Freundlich 结合理论[50]，即

$$C_{\mathrm{b}}'=\chi C_{\mathrm{f}}'^{\beta} \tag{11.88}$$

式中，χ、β 为依据胶凝材料而定的常数；C_{b}' 为结合氯离子含量，即水泥凝胶中含有氯离子的量，mmol/g；C_{f}' 为自由氯离子含量，即孔隙溶液中氯离子的物质的量，mol/L。

Xi 等[50]指出，Nilsson 的试验数据表明当自由氯离子的浓度较高时，混凝土对氯离子仍然具有结合能力。Xi 等[50]还指出，当自由氯离子浓度非常低时，表现为单纯的吸收；但是，当自由氯离子浓度较高时，结合氯离子的含量随着自由氯离子含量的增加而增加，表现为复杂的吸收现象。

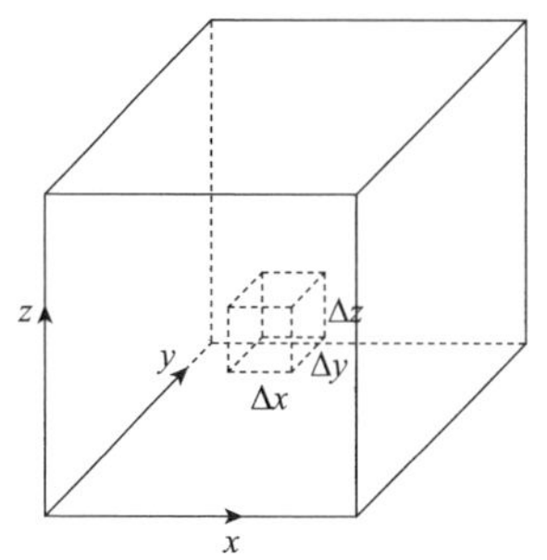

图 11.44　与氯离子传输方向 x 方向平行的体积元

4. 潮汐区非饱和混凝土氯离子传输模型的建立

混凝土孔隙溶液中的溶质主要是 NaCl，分析化学表明 NaCl 的沸点达 2000℃，混凝土结构在正常使用情况下，混凝土孔隙内水蒸气是不含有氯离子的，故不考虑混凝土内水蒸气传输对氯离子含量的影响。

对氯离子扩散和水分毛细共同作用的氯离子一维传输问题，考虑为如图 11.44 所示的氯离子一维传输情况。其中 x 为氯离子传输方向，取出体积为 $\Delta x\Delta y\Delta z$ 的小体积元进行分析，其中 y、z 是与 x 相互垂直的方向。由于氯离子仅沿 x 方向传输，根据式（11.68）可知氯离子扩散作用引起的氯离子变化率为$\partial(D_c\mathrm{grad}(C_w))/\partial x(\Delta x\Delta y\Delta z)$。同理，水分流动（以湿润为例）携带氯离子传输引起的氯离子改变量变化率为$\partial(C_wD_{wl}\mathrm{grad}(S))/\partial x(\Delta x\Delta y\Delta z)$。

混凝土小体积元孔隙溶液中的氯离子还有一部分与混凝土发生了结合，则该体积元内结合氯离子的累积速率为$\rho_{con}\Delta x\Delta y\Delta z\partial C_b/\partial t$，其中，$\rho_{con}$ 为混凝土的密度，kg/m^3。体积元 $\Delta x\Delta y\Delta z$ 内氯离子总的改变率可以表达为$\partial(\phi SC_w)/\partial t(\Delta x\Delta y\Delta z)$。

根据氯离子质量守恒定律，将氯离子浓度梯度引起的变化率、水分流动引起的改变率减去结合累积速率等于氯离子的改变率，如式（11.89）所示。

$$\frac{\partial\phi SC_w}{\partial t}\Delta x\Delta y\Delta z=\frac{\partial[D_c\mathrm{grad}(C_w)]}{\partial x}\Delta x\Delta y\Delta z+\frac{\partial[C_wD_{wl}\mathrm{grad}(S)]}{\partial x}\Delta x\Delta y\Delta z-\rho_{con}\Delta x\Delta y\Delta z\partial C_b/\partial t \tag{11.89}$$

将式（11.76）代入式（11.89），然后将结合氯离子的变化率移到等式的左侧，得湿润过程氯离子传输方程为

$$\frac{\partial\phi SR_KC_w}{\partial t}=\mathrm{div}[D_c\mathrm{grad}(C_w)+C_wD_{wl}\mathrm{grad}(S)] \tag{11.90}$$

同理，干燥过程氯离子传输方程为

$$\frac{\partial\phi SR_KC_w}{\partial t}=\mathrm{div}[D_c\mathrm{grad}(C_w)+C_wD_{dl}\mathrm{grad}(S)] \tag{11.91}$$

式中，$R_k=(1+K_f)$，线性结合时取 $K_f=\kappa$，非线性结合时取$K_f=\chi/(1+400C_f/n_{cm})^2$；$D_c$ 为氯离子表观扩散系数，m^2/s；D_{wl} 为湿润过程水分传输系数，m^2/s；D_{dl} 为干燥过程水分传输系数，m^2/s；C_w 为氯离子在孔隙溶液中的浓度，kg/m^3。

11.4.2　初始与边界条件

1. 初始条件

混凝土内初始饱和度的分布可以表示为

$$S(x=0,\ t)\ S_b \tag{11.92}$$

混凝土内初始氯离子含量的分布可以表示为

$$C(x,\ t=0)\ C_0 \tag{11.93}$$

2. 干湿循环湿润阶段边界条件

湿润过程，混凝土表面接触氯离子溶液，水分和氯离子均可以从混凝土的界面处进入。此时，混凝土表面孔隙内可以认为是饱和的，而混凝土表面孔隙溶液内自由氯离子浓度与接触的溶液的氯离子浓度相等，即

$$S(x=0,\ t)\ 1 \tag{11.94}$$

$$C(x=0,\ t)=C_c \tag{11.95}$$

式中，C_c 为外部溶液的氯离子浓度，kg/m^3；

随着温度、浓度的不同，溶液的密度也在变化，文献［51］通过对不同温度、不同浓度的 NaCl 溶液密度进行数据处理，得出 NaCl 溶液密度与质量浓度 C_{CN} 和温度 T 之间的关系式为

$$\rho_{CN}=1006+737.7C_{CN}-0.311(T-273.15)-1.993\times10^{-3}(T-273.15)^2 \tag{11.96}$$

式中，ρ_{CN} 为 NaCl 溶液的密度，kg/m^3；C_{CN} 为 NaCl 溶液的质量浓度（NaCl 质量除以溶液质量）；T 为绝对温度，K。

3. 干湿循环干燥阶段边界条件

干燥过程中，随着水分的蒸发，混凝土表层氯离子浓度升高。而水蒸气的蒸发速率与外界环境的温度、相对湿度和风速等密切相关并且非常复杂，很多参数很难确定。对潮汐区混凝土结构而言，表面处混凝土很快和外界环境达到平衡。因此干燥过程中边界处饱和度取与外界平衡时饱和度 S_b。

$$S(x=0,\ t)=S_b \tag{11.97}$$

干燥过程中水分能够在混凝土－大气界面处进行交换，而氯离子不能随着水分蒸发而流出界面，因此氯离子在界面处必须满足

$$\left[D_c\mathrm{grad}(C_w)+C_wD_{dl}\mathrm{grad}(S)\right]\Big|_{x=0}=0 \tag{11.98}$$

11.4.3　氯离子传输模型的求解

为避免数值弥散和解的振荡，采用上游加权方法对氯离子传输模型进行数值求解。上游加权法的原理可参考文献［52］。一维潮汐区非饱和混凝土氯离子传输模型的求解过程如图 11.45 所示。具体求解过程可参考文献［53］，此处不予赘述。

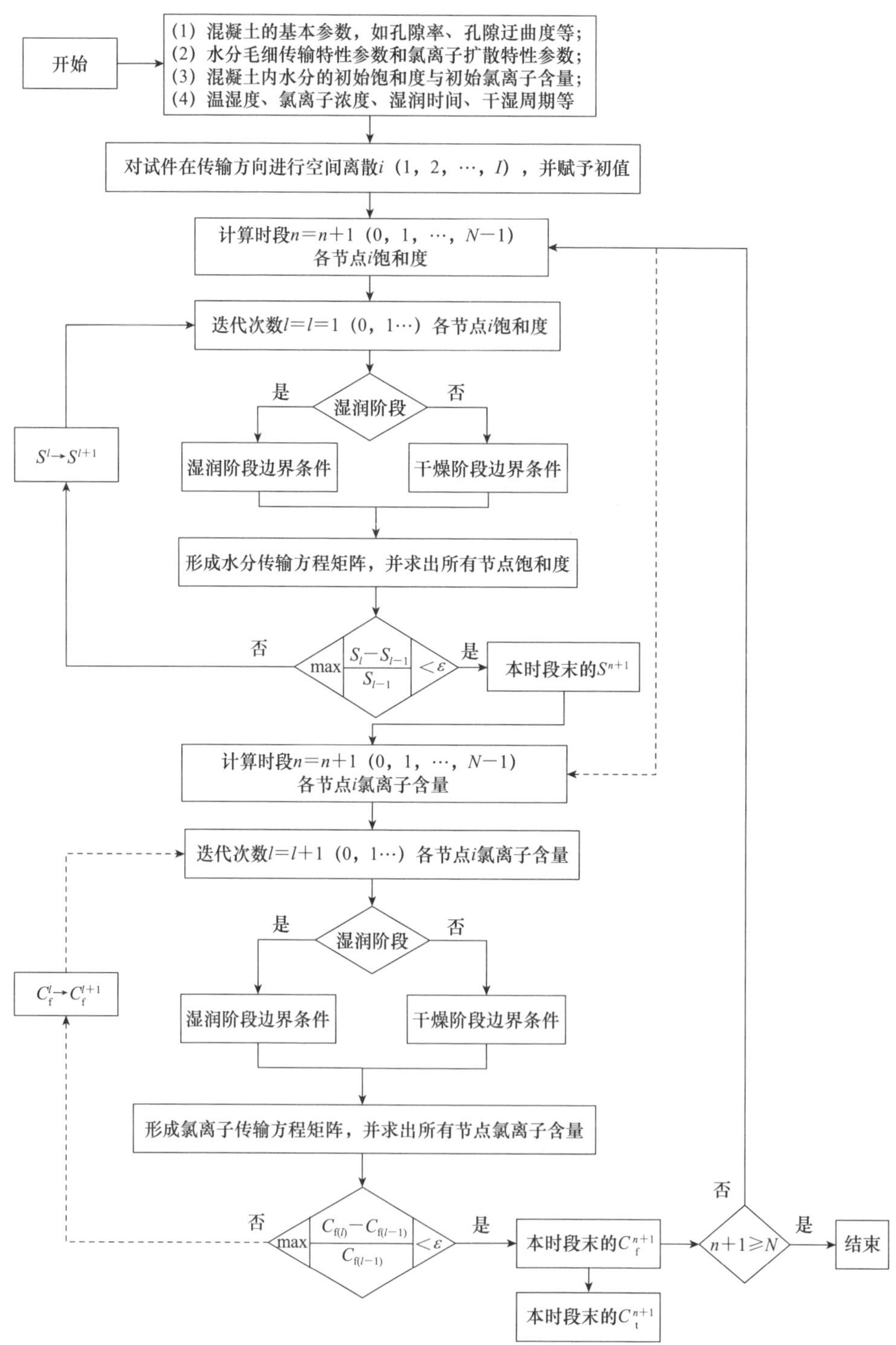

图 11.45　一维潮汐区非饱和混凝土氯离子传输通用程序框图

11.5　氯离子传输模型的试验验证

第一组试验为初始非饱和混凝土的氯离子侵蚀试验（即本章 11.1 节介绍的试验）。混凝土材料特性参数如表 11.8 所示。环境条件是：温度为 23℃（数值计算中近似取为 20℃），相对湿度为 70%，外部 NaCl 溶液质量浓度为 7%，其他详细情况见 11.1 节。另一个试验是初始饱和度为 1.0 的氯离子侵蚀试验。混凝土水灰比为 0.5，水泥用量为 345.9kg/m^3，孔隙率为 0.14。试验条件为 20℃质量浓度为 3% 的 NaCl 溶液浸泡 5 周，然后在 20℃，相对湿度分别为 30%、65%、95% 的环境条件下进行干燥试验，测定了氯离子的分布情况。该试验没有测定迂曲度等参数，但该试验中所用水泥类型和配合比与本章试验中 P·O 42.5 混凝土相近，故迂曲度也取为 22.0658，比表面积取为 3.1772×10^6/m^{-1}，固有渗透率为 3.7742×10^{-19}m^2。环境参数如表 11.9 所示。分别对初始非饱和的混凝土氯离子侵蚀试验结果和初始饱和混凝土氯离子侵蚀结果进行数值模拟。经过试算，最终确定空间步长为 0.0001m，时间步长为 7.2s 比较合适。

表 11.8　氯离子传输试验中混凝土材料特性参数

混凝土类型	孔隙率	迂曲度	比表面积 /m^{-1}	固有渗透率 k/m^2
P·O 42.5 混凝土	0.10	22.0658	3.1772×10^6	1.2559×10^{-19}
P·I 52.5 混凝土	0.11	18.6229	3.7532×10^6	1.6895×10^{-19}

表 11.9　氯离子传输试验环境参数

工况	相对湿度 /%	侵蚀溶液	浸泡时间 / 周	干燥时间 / 周
S-5W	浸泡	质量浓度 3% 的 NaCl	5	0
RH95-4W	95		5	4
RH65-4W	65		5	4
RH30-4W	30		5	4

11.5.1　计算结果与初始非饱和的混凝土试验结果比较

在 11.1 节试验中，试件在试验之前，经过烘干之后初始饱和度为 0.2，初始氯离子含量为 0。计算时间为 1 个月，即 720h，时间步长取为 7.2s。空间长度按试件实际尺寸为 100mm，空间步长为 0.1mm 计算。循环周期是 24h，湿润时间分别为 4h、8h、10h，模拟环境和干湿循环制度如图 11.46 所示。15d 和 30d 混凝土中氯离子含量（总氯离子含量）对比结果如图 11.47 和图 11.48 所示。由于初始饱和度很低，水分进入混凝土的速度相对于扩散速率要快得多，使混凝土中自由氯离子不能与混凝土充分发生物理吸附和化学结合。对这种初始饱和度很低的情况，计算中采用线性结合理论，其中线性结合系数 κ 取为 0.15。

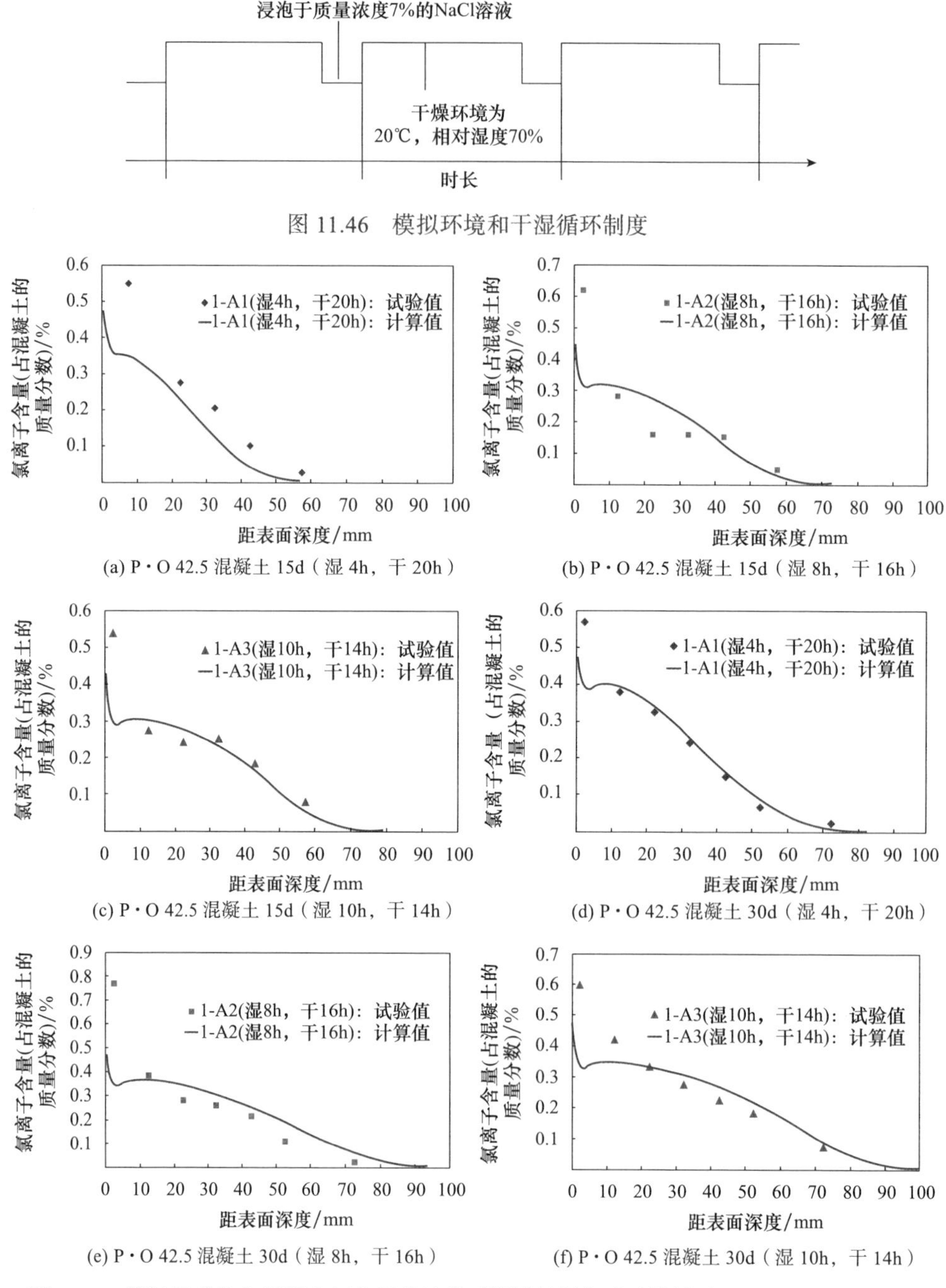

图 11.46　模拟环境和干湿循环制度

图 11.47　潮汐区非饱和混凝土氯离子传输模型预测结果与试验结果对比：P·O 42.5 混凝土

整体来看，图 11.47（a）和（b）中计算值和试验值相差较多。这可能是由于氯离子侵蚀试验中外部不可控制影响因素较多，尽管同一批混凝土，但是不同混凝土试件的离散性在所难免，可能使计算值和试验值相差距较大。但是从图 11.47（a）和（b）也可以看出，计算值和试验值整体变化基本一致。从图 11.47 和图 11.48 中可以看出，除浅层 2.5mm 处试验值高出计算值较多外，其余各深度处计算值和试验值氯离子含量吻合良好。可能的原因是混凝土表面水泥浆相对于混凝土内部更多，表层范围对氯离子有更高的结合能力。在湿润阶段，由于毛细压力作用，水分迅速穿过混凝土表层进入内部，浅层处混凝土孔隙被外部溶液填充，水分很快达到较高饱和度，以后处于干湿交替状态，氯离子有更充足的时间与混凝土中水泥发生更充分的物理吸附和化学结合，有更高的固化的能力。对于初始饱和度较低的情况，线性结合低估了浅层处的固化能力。

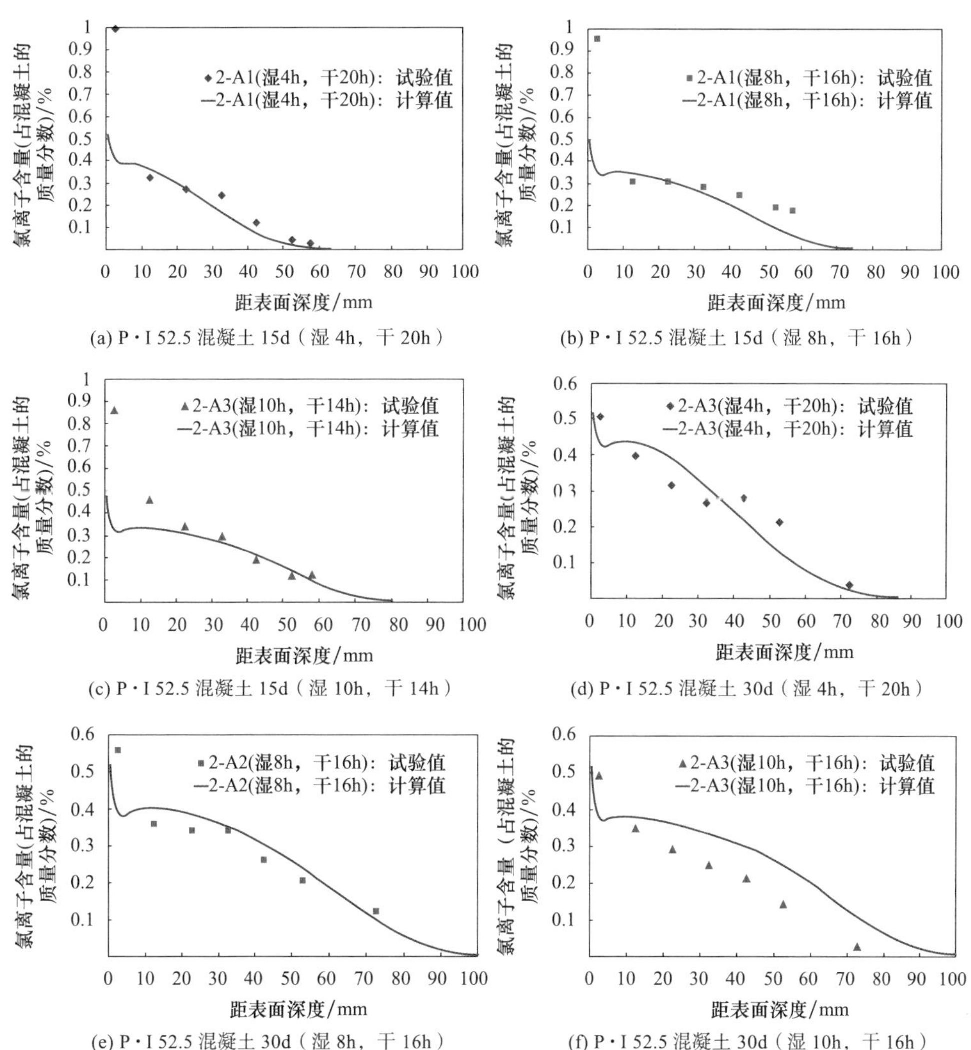

图 11.48 潮汐区非饱和混凝土氯离子传输模型预测结果与试验结果对比：P·I 52.5 混凝土

11.5.2　计算结果与初始饱和度 1.0 混凝土试验结果比较

试件为直径 100mm、高度 200mm 的圆柱体，只留一个暴露面，其余面用环氧树脂封闭，使氯离子为一维传输，环境参数如表 11.9 所示。试件初始饱和度为 1.0，初始氯离子含量为 0。计算总周期为 9 周，即 1512h，时间步长取为 7.2s。由于混凝土初始饱和，认为进入混凝土中的自由氯离子能与水泥充分结合，采用前面的非线性结合理论。干燥阶段相对湿度 30%、65%、95% 试验值和计算值分别如图 11.49～图 11.51 所示。从图 11.49～图 11.51 中可以看出，除相对湿度 65% 时干燥 4 周计算结果与试验结果相差较大外，其他混凝土中氯离子含量分布曲线，计算值与试验值都符合良好。对比相对湿度 65% 时混凝土浸泡 5 周和干燥 4 周时氯离子含量分布结果，干燥 4 周时无论浅层还是深层处氯离子含量都高于浸泡 5 周时，干燥过程中外部没有氯离子进入，因此这种现象是反常的，这可能是由测试误差或者混凝土离散性造成的。这说明该模型对初始饱和混凝土中氯离子传输模拟有较高的准确度。

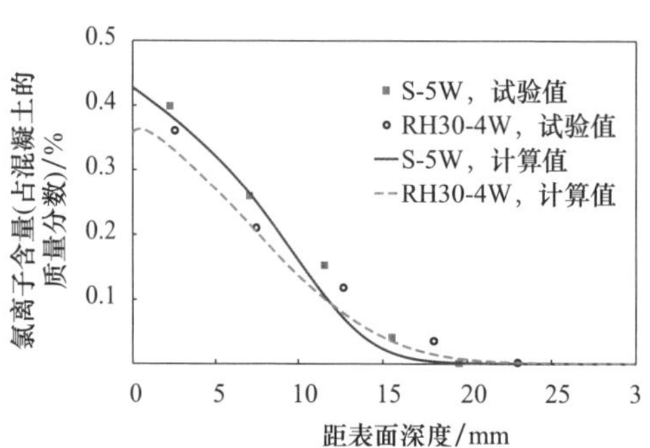

图 11.49　潮汐区饱和混凝土中当相对湿度为 30% 时氯离子传输试验结果和计算结果

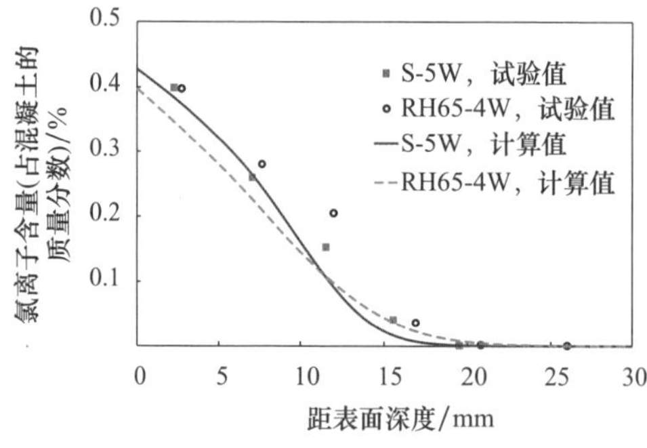

图 11.50　潮汐区饱和混凝土中当相对湿度为 65% 时氯离子传输试验结果和计算结果

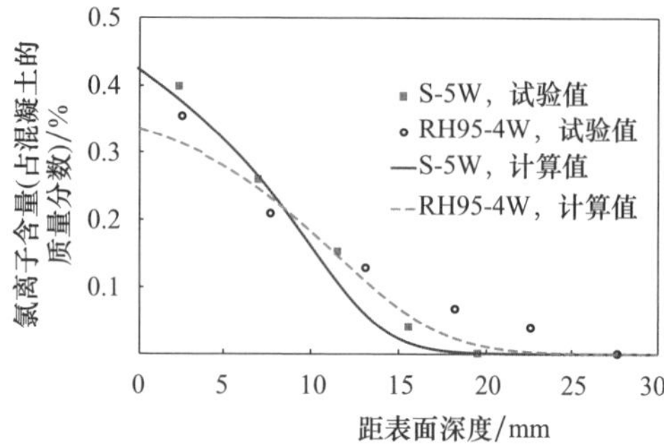

图 11.51　潮汐区饱和混凝土中当相对湿度为 95% 时氯离子传输试验结果和计算结果

11.4 节建立的潮汐区非饱和混凝土氯离子传输模型考虑了氯离子浓度差引起的扩散和毛细压力引起的毛细作用，分别深入每一个潮汐周期内，对混凝土在湿润和干燥过程水分和氯离子的传输进行计算。理论模型通过数值计算得到的结果和试验结果有较好的相关性。总体看来，所建立的理论模型和数值模型能够应用于潮汐区混凝土中氯离子传输模拟和分析。

11.6　潮汐区氯盐侵蚀加速试验的相似性

当混凝土中钢筋表面处氯离子浓度达到某临界值时，钢筋会脱钝锈蚀。与 10.3.1 节一致，本节取 0.06%（占混凝土的质量分数）作为临界氯离子含量。同样，将氯离子含量临界值对应的距离混凝土表面的深度作为表征氯离子侵蚀严重性的衡量标准，简称为临界氯离子侵入深度。如果两种环境下临界氯离子侵入深度相同，则认为侵蚀程度相同，以此进行相似性的研究。

11.6.1　氯盐浓度加速效应

利用 11.4 节所建立的潮汐区非饱和混凝土氯离子传输模型分别计算全日潮环境下和半日潮环境下采用 P·O 42.5 水泥，水灰比分别为 0.45、0.50、0.53、0.55 初始饱和的混凝土在不同浓度 NaCl 溶液（表 11.10）下的氯离子侵蚀情况。几种混凝土的孔隙率均取为 0.10，混凝土特性参数如表 11.11 所示。环境条件：温度为 20℃，相对湿度为 70%。试验干湿循环制度：全日潮情况干湿循环周期为 24h，湿润时间为 4h；半日潮情况干湿循环周期为 12h，湿润时间为 2h。

表 11.10　外部 NaCl 溶液浓度　（单位：%）

项目	NaCl 溶液浓度				
取值	3	5	7	10	12

表 11.11　混凝土特性参数

水灰比	水泥用量 /（kg/m^3）	孔隙率	迂曲度	固有渗透率 k/m^2
0.45	400.0	0.10	30.8921	3.2692×10^{-20}
0.50	390.0	0.10	25.3757	7.1807×10^{-20}
0.53	367.5	0.10	22.0658	1.2559×10^{-19}
0.55	350.0	0.10	19.8592	1.9142×10^{-19}

11.6.2　全日潮环境下氯盐浓度加速效应

在温度、环境相对湿度相同的情况下，选取侵蚀时间 1a 和 2a 计算不同浓度 NaCl 溶液作用下混凝土中氯离子含量曲线，计算结果如图 11.52～图 11.55 所示。

从图 11.52～图 11.55 可以看出，随着溶液浓度的升高，氯离子在混凝土中传输速度加快，但随着溶液浓度的增长，混凝土中氯离子含量增长速度放缓，12% NaCl 溶液相对 10% NaCl 溶液增长速度已不十分明显。临界氯离子侵入深度随着溶液浓度的升高而变大，即随着溶液浓度升高，混凝土保护层处将会更早

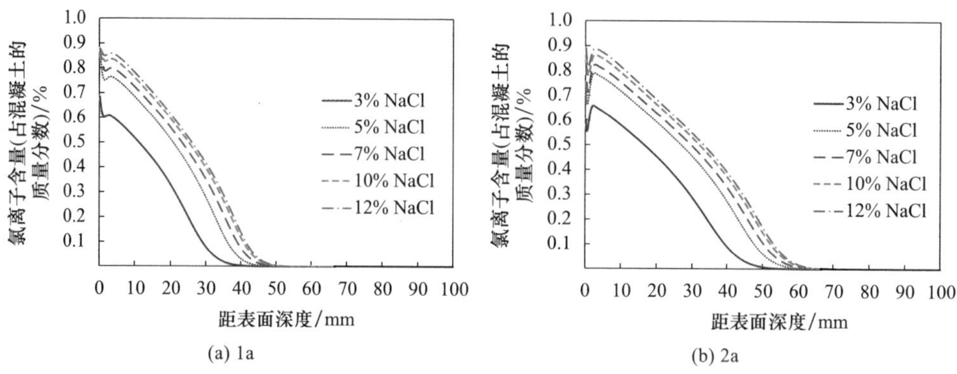

图 11.52　全日潮环境下不同浓度 NaCl 溶液水灰比 0.45 时氯离子含量曲线

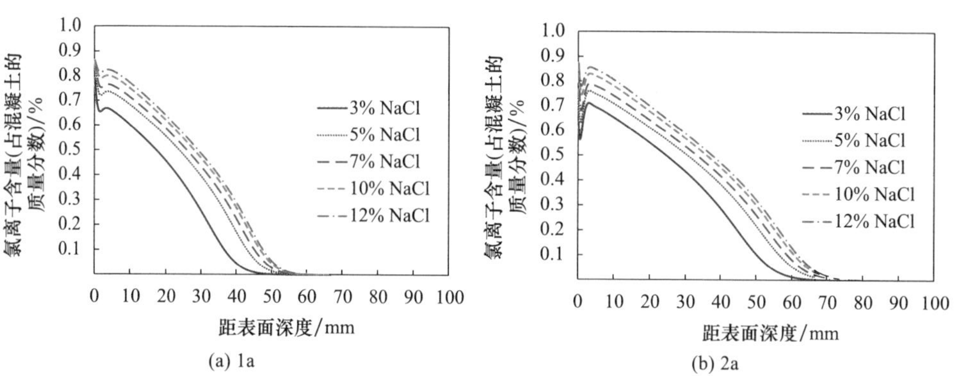

图 11.53　全日潮环境下不同浓度 NaCl 溶液水灰比 0.50 时氯离子含量曲线

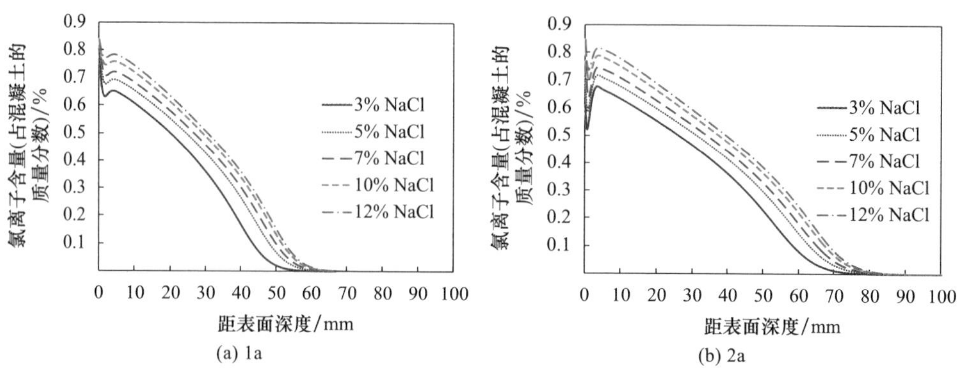

图 11.54　全日潮环境下不同浓度 NaCl 溶液水灰比 0.53 时氯离子含量曲线

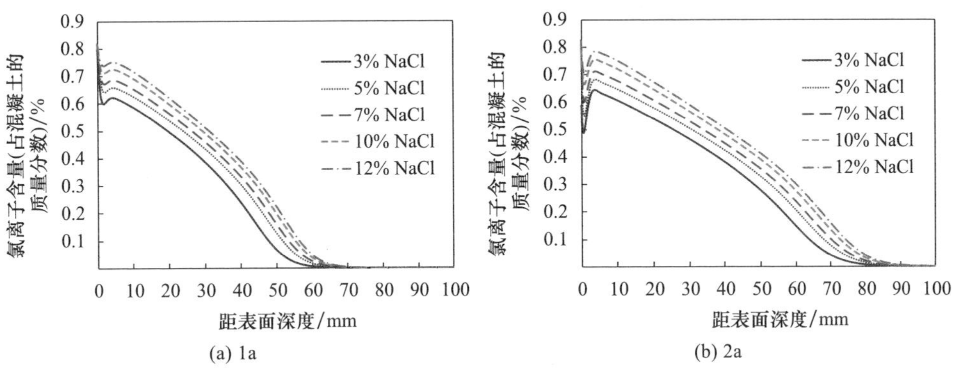

(a) 1a　　(b) 2a

图 11.55 全日潮环境下不同浓度 NaCl 溶液水灰比 0.55 时氯离子含量曲线

达到临界氯离子含量，更早引起钢筋锈蚀。

全日潮环境下 NaCl 溶液浓度与临界氯离子侵入深度关系如图 11.56 所示，可以看出，随着 NaCl 溶液浓度的增大，临界氯离子侵入深度也在增加。

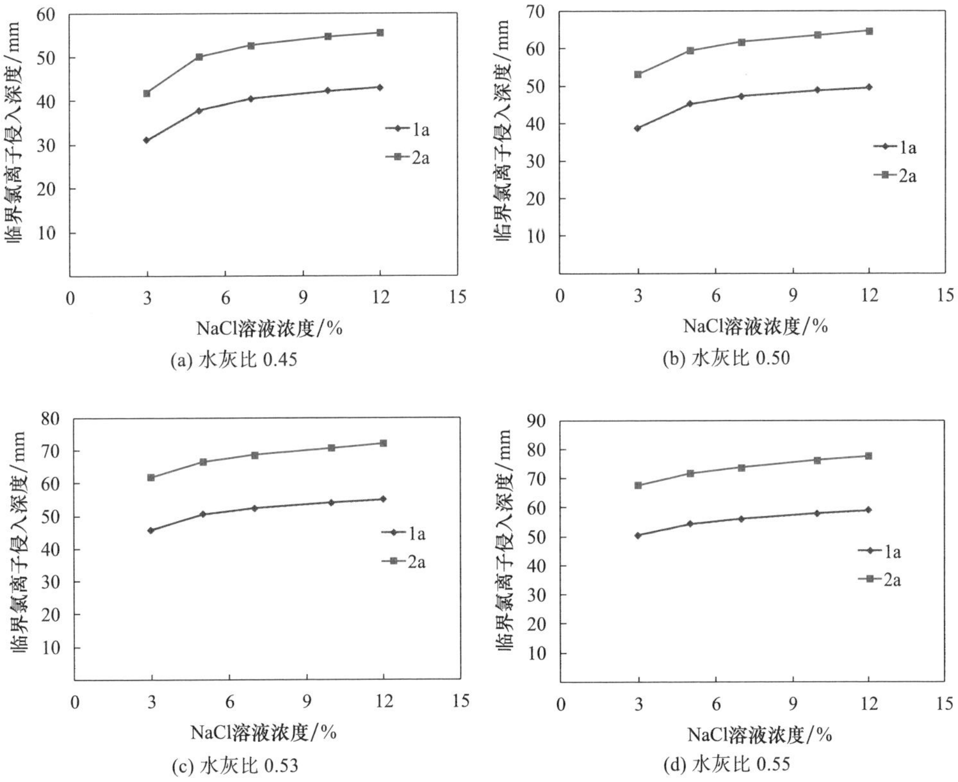

(a) 水灰比 0.45　　(b) 水灰比 0.50

(c) 水灰比 0.53　　(d) 水灰比 0.55

图 11.56 全日潮环境下 NaCl 溶液浓度与临界氯离子侵入深度关系

根据前面的分析，氯离子含量达到临界氯离子含量（0.06%）即会引起钢筋锈蚀，因此达到临界氯离子含量的时间是衡量混凝土服役性能的一个重要指标。全日潮环境下不同浓度 NaCl 溶液时不同深度处达到临界氯离子含量时间如图 11.57 所示。全日潮环境下不同浓度 NaCl 溶液条件下达到临界氯离子含量时间与 3% NaCl 溶液达到临界氯离子含量时间的比值如表 11.12 所示，对其以深度、NaCl 溶液浓度比值为自变量，临界氯离子含量时间的比值为变量进行多重回归分析，各参数如表 11.13 所示，可以得到全日潮情况下 NaCl 溶液浓度加速的相似性关系为

$$\frac{t_{\mathrm{CN}}}{t_{\mathrm{C3}}}=0.730+2x-0.068\frac{C_{\mathrm{CN}}}{C_{\mathrm{C3}}} \tag{11.99}$$

式中，x 为距试件表面距离，m；C_{CN} 为 NaCl 溶液的质量浓度，%；C_{C3} 为 NaCl 溶液的质量浓度，取 3%；t_{CN} 为 NaCl 溶液浓度达 C_{CN} 时 x 深度处达到临界氯离子含量的时间 1a；t_{C3} 为 NaCl 溶液浓度达 C_{C3} 时 x 深度处达到临界氯离子含量的时间，a。

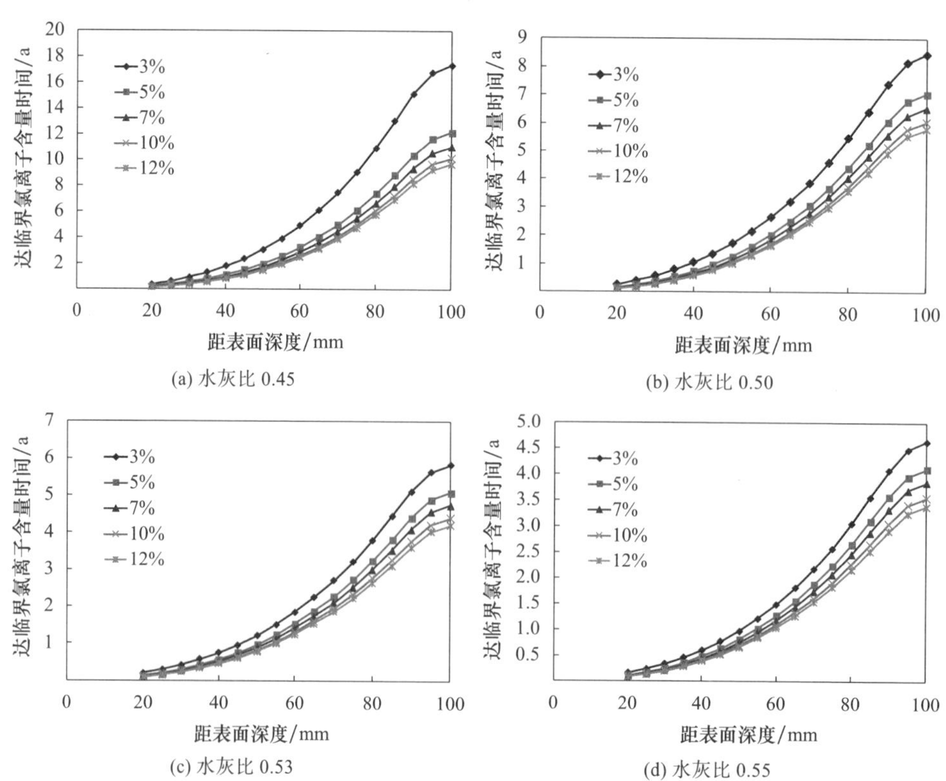

(a) 水灰比 0.45 (b) 水灰比 0.50 (c) 水灰比 0.53 (d) 水灰比 0.55

图 11.57　全日潮环境下不同浓度 NaCl 溶液时不同深度处达到临界氯离子含量时间

表 11.12　全日潮环境下不同浓度 NaCl 溶液条件下达到临界氯离子含量时间与 3% NaCl 溶液达到临界氯离子含量时间的比值

深度 /mm	浓度比值																			
	1.67	2.33	3.33	4.00	1.67	2.33	3.33	4.00	1.67	2.33	3.33	4.00	1.67	2.33	3.33	4.00	1.67	2.33	3.33	4.00
	w/*c*=0.45				*w*/*c*=0.50				*w*/*c*=0.53				*w*/*c*=0.55				平均值（4 种水灰比）			
20	0.68	0.53	0.44	0.41	0.69	0.56	0.48	0.46	0.70	0.59	0.52	0.50	0.71	0.61	0.55	0.53	0.69	0.57	0.50	0.47
25	0.66	0.52	0.45	0.42	0.68	0.56	0.50	0.48	0.70	0.61	0.55	0.53	0.73	0.65	0.59	0.57	0.69	0.59	0.52	0.50
30	0.65	0.52	0.46	0.44	0.68	0.58	0.52	0.50	0.72	0.64	0.58	0.56	0.76	0.68	0.63	0.60	0.70	0.61	0.55	0.52
35	0.64	0.53	0.47	0.45	0.69	0.60	0.55	0.52	0.74	0.67	0.61	0.59	0.78	0.71	0.66	0.63	0.71	0.63	0.57	0.55
40	0.64	0.54	0.48	0.46	0.70	0.62	0.57	0.55	0.76	0.69	0.64	0.61	0.80	0.74	0.68	0.65	0.73	0.65	0.59	0.57
45	0.64	0.55	0.50	0.48	0.72	0.64	0.59	0.57	0.78	0.72	0.66	0.63	0.82	0.76	0.70	0.67	0.74	0.67	0.61	0.59
50	0.65	0.56	0.51	0.49	0.74	0.66	0.61	0.59	0.80	0.73	0.68	0.65	0.83	0.77	0.71	0.68	0.75	0.68	0.63	0.60
55	0.65	0.57	0.52	0.50	0.75	0.68	0.63	0.60	0.81	0.75	0.69	0.66	0.84	0.78	0.72	0.69	0.77	0.70	0.64	0.61
60	0.66	0.58	0.53	0.51	0.77	0.70	0.64	0.62	0.83	0.76	0.70	0.67	0.85	0.79	0.73	0.70	0.78	0.71	0.65	0.62
65	0.66	0.59	0.54	0.51	0.78	0.71	0.66	0.63	0.83	0.77	0.71	0.68	0.86	0.80	0.74	0.70	0.78	0.72	0.66	0.63
70	0.67	0.60	0.54	0.52	0.79	0.72	0.67	0.64	0.84	0.78	0.72	0.69	0.86	0.80	0.74	0.70	0.79	0.73	0.67	0.64
75	0.67	0.60	0.55	0.52	0.80	0.73	0.68	0.65	0.85	0.78	0.72	0.69	0.87	0.81	0.74	0.71	0.80	0.73	0.67	0.64
80	0.67	0.60	0.55	0.53	0.81	0.74	0.68	0.65	0.85	0.79	0.73	0.69	0.87	0.81	0.74	0.71	0.80	0.74	0.68	0.65
85	0.68	0.61	0.55	0.53	0.81	0.75	0.69	0.66	0.86	0.79	0.73	0.70	0.87	0.81	0.75	0.71	0.81	0.74	0.68	0.65
90	0.68	0.62	0.56	0.54	0.82	0.76	0.70	0.67	0.86	0.80	0.74	0.70	0.88	0.82	0.75	0.71	0.81	0.75	0.69	0.66
95	0.70	0.63	0.58	0.55	0.83	0.77	0.71	0.68	0.87	0.81	0.75	0.72	0.88	0.83	0.76	0.73	0.82	0.76	0.70	0.67
100	0.70	0.64	0.59	0.56	0.84	0.77	0.72	0.69	0.87	0.81	0.76	0.72	0.89	0.83	0.77	0.73	0.82	0.76	0.71	0.68

表 11.13　式（11.99）回归分析参数

项目	系数	标准误差	t_{stat}	P_{value}	下限 95%	上限 95%	回归统计	
截距	0.730	0.010349	70.56231	3.77×10^{-63}	0.709579	0.750916	R^2	0.942017
深度 /mm	0.002	0.000103	21.71994	1.67×10^{-31}	0.002022	0.002431	调整的 R^2	0.940233
NaCl 溶液浓度 /%	−0.068	0.002801	−24.1715	3.4×10^{-34}	−0.07331	−0.06212	标准误差	0.020708

注：t_{stat} 为系数与标准误差的比值，数值越大，拟合程度越好；P_{value} 反映某一事件为真的前提下，出现更极端情况的概率。

11.6.3　半日潮环境下 NaCl 溶液浓度加速效应

在温度、环境相对湿度相同的情况下，计算不同浓度 NaCl 溶液作用下混凝土中氯离子含量曲线，计算结果如图 11.58～图 11.61 所示。

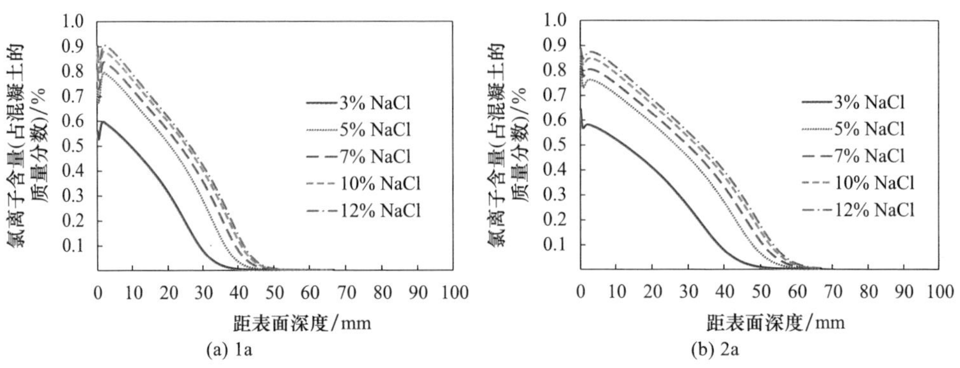

(a) 1a (b) 2a

图 11.58 半日潮环境下不同浓度 NaCl 溶液水灰比 0.45 时氯离子含量曲线

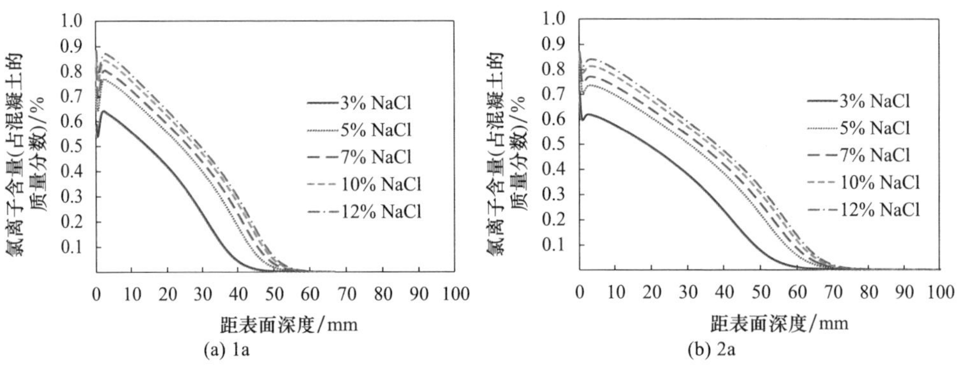

(a) 1a (b) 2a

图 11.59 半日潮环境下不同浓度 NaCl 溶液水灰比 0.50 时氯离子含量曲线

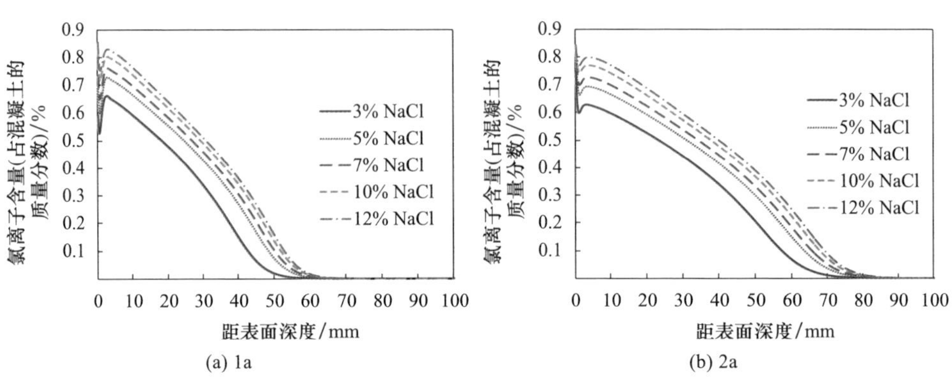

(a) 1a (b) 2a

图 11.60 半日潮环境下不同浓度 NaCl 溶液水灰比 0.53 时氯离子含量曲线

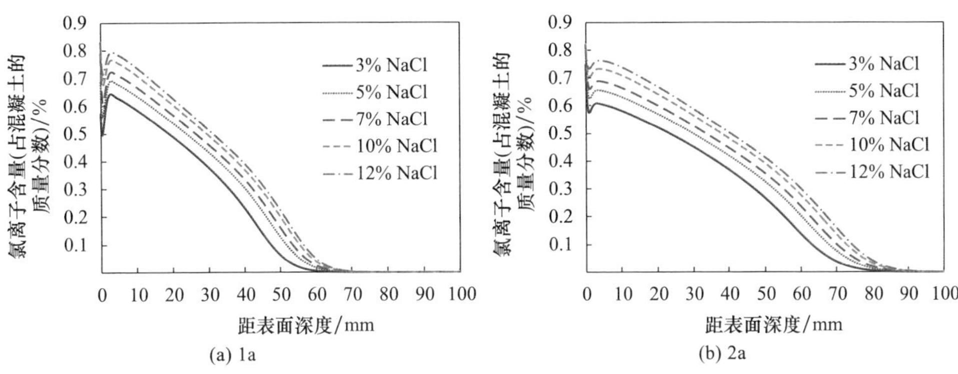

图 11.61　半日潮环境下不同浓度 NaCl 溶液水灰比 0.55 时氯离子含量曲线

从图 11.58～图 11.61 可以看出，半日潮和全日潮情况相似，随着溶液浓度的升高，氯离子在混凝土中传输速度加快，但随着溶液浓度的增长，混凝土中氯离子含量增长速度放缓，12% NaCl 溶液相对 10% NaCl 溶液增长速度已不十分明显。临界氯离子侵入深度随着溶液浓度的升高而变大，即随着溶液浓度升高，混凝土保护层处将会更早达到临界氯离子含量，更早引起钢筋锈蚀。

NaCl 溶液浓度对临界氯离子侵入深度的影响如图 11.62 所示，可以看出，与全日潮变化规律相同，随着 NaCl 溶液浓度的增大，临界氯离子侵入深度也在增加。

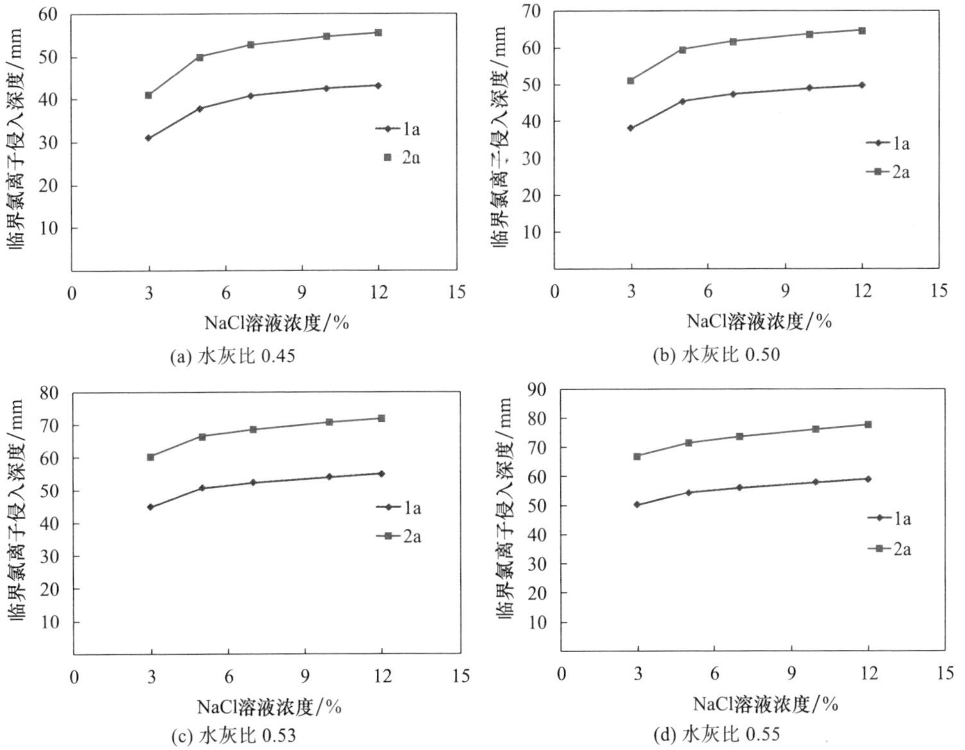

临界氯离子侵入深度/mm
NaCl溶液浓度/%
1a
2a

(a) 水灰比 0.45　(b) 水灰比 0.50

(c) 水灰比 0.53　(d) 水灰比 0.55

图 11.62　半日潮环境下 NaCl 溶液浓度与临界氯离子侵入深度关系

半日潮情况下也以氯离子含量达到临界氯离子含量（0.06%）即会引起钢筋锈蚀，以达到临界氯离子含量的时间作为评价指标。半日潮环境下不同浓度NaCl溶液时不同深度处达到临界氯离子含量的时间如图11.63所示。半日潮环境下不同浓度NaCl溶液条件下达到临界氯离子含量时间与3% NaCl溶液达到临界氯离子含量时间的比值如表11.14所示，对其以深度、NaCl溶液浓度比值为自变量，达到临界氯离子含量时间的比值为变量进行多重回归分析，各参数如表11.15所示，可以得到半日潮情况下NaCl溶液浓度加速的相似性关系为

$$\frac{t_{\mathrm{CN}}}{t_{\mathrm{C3}}}=0.737+x-0.062\frac{C_{\mathrm{CN}}}{C_{\mathrm{C3}}} \tag{11.100}$$

式中，x为距试件表面距离，m；C_{CN}为NaCl溶液的质量浓度，%；C_{C3}为NaCl溶液的质量浓度，取3%；t_{CN}为NaCl溶液浓度达C_{CN}时x深度处达到临界氯离子含量的时间，a；t_{C3}为NaCl溶液浓度达C_{C3}时x深度处达到临界氯离子含量的时间，a。

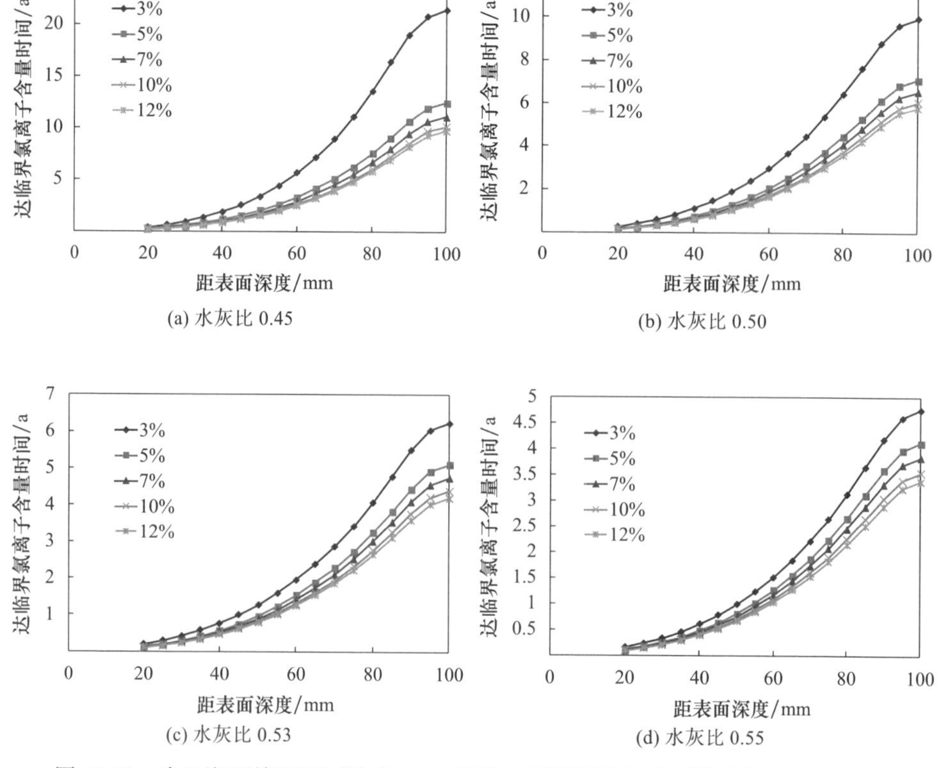

图11.63　半日潮环境下不同浓度NaCl溶液时不同深度处达到临界氯离子含量的时间

表 11.14　半日潮环境下不同浓度 NaCl 溶液条件下达到临界氯离子含量时间与 3% NaCl 溶液达到临界氯离子含量时间的比值

深度 /mm	浓度比值																			
	1.67	2.33	3.33	4.00	1.67	2.33	3.33	4.00	1.67	2.33	3.33	4.00	1.67	2.33	3.33	4.00	1.67	2.33	3.33	4.00
	w/c=0.45				w/c=0.50				w/c=0.53				w/c=0.55				平均值（4 种水灰比）			
20	0.66	0.52	0.44	0.41	0.68	0.55	0.49	0.47	0.69	0.59	0.54	0.52	0.71	0.63	0.58	0.55	0.68	0.57	0.51	0.49
25	0.65	0.51	0.44	0.42	0.66	0.56	0.51	0.49	0.69	0.61	0.56	0.54	0.73	0.66	0.60	0.58	0.68	0.58	0.53	0.51
30	0.63	0.51	0.45	0.43	0.66	0.57	0.52	0.50	0.70	0.63	0.58	0.56	0.75	0.68	0.63	0.61	0.69	0.60	0.55	0.52
35	0.62	0.51	0.45	0.43	0.66	0.58	0.53	0.51	0.72	0.65	0.60	0.58	0.77	0.71	0.66	0.63	0.69	0.61	0.56	0.54
40	0.61	0.51	0.46	0.44	0.67	0.59	0.54	0.52	0.73	0.67	0.62	0.60	0.79	0.73	0.67	0.65	0.70	0.62	0.57	0.55
45	0.60	0.51	0.46	0.44	0.67	0.60	0.55	0.53	0.75	0.68	0.63	0.61	0.80	0.74	0.69	0.66	0.71	0.63	0.58	0.56
50	0.60	0.51	0.46	0.44	0.68	0.61	0.56	0.54	0.76	0.70	0.65	0.62	0.82	0.76	0.70	0.67	0.71	0.64	0.59	0.57
55	0.59	0.51	0.46	0.44	0.68	0.62	0.57	0.55	0.77	0.71	0.66	0.63	0.83	0.77	0.71	0.68	0.72	0.65	0.60	0.57
60	0.58	0.51	0.46	0.44	0.69	0.62	0.57	0.55	0.78	0.72	0.66	0.64	0.83	0.77	0.71	0.68	0.72	0.66	0.60	0.58
65	0.58	0.50	0.46	0.44	0.69	0.63	0.58	0.55	0.79	0.73	0.67	0.64	0.84	0.78	0.72	0.68	0.72	0.66	0.61	0.58
70	0.57	0.50	0.45	0.43	0.69	0.63	0.58	0.55	0.79	0.73	0.67	0.64	0.84	0.78	0.72	0.69	0.72	0.66	0.61	0.58
75	0.56	0.49	0.45	0.43	0.69	0.63	0.58	0.55	0.80	0.74	0.68	0.65	0.85	0.78	0.72	0.69	0.72	0.66	0.61	0.58
80	0.55	0.49	0.44	0.42	0.69	0.63	0.58	0.55	0.80	0.74	0.68	0.65	0.85	0.79	0.72	0.69	0.72	0.66	0.61	0.58
85	0.55	0.49	0.44	0.42	0.69	0.63	0.58	0.55	0.80	0.74	0.68	0.65	0.85	0.79	0.72	0.69	0.72	0.66	0.61	0.58
90	0.56	0.49	0.45	0.43	0.70	0.64	0.59	0.56	0.81	0.75	0.69	0.65	0.86	0.79	0.73	0.69	0.73	0.67	0.61	0.58
95	0.57	0.51	0.46	0.44	0.71	0.65	0.60	0.57	0.82	0.76	0.70	0.67	0.86	0.80	0.74	0.70	0.74	0.68	0.63	0.60
100	0.58	0.52	0.47	0.45	0.71	0.66	0.61	0.58	0.82	0.76	0.70	0.67	0.87	0.81	0.74	0.71	0.75	0.69	0.63	0.60

表 11.15　式（11.100）回归分析参数

项目	系数	标准误差	t_{stat}	P_{value}	下限 95%	上限 95%	回归统计	
截距	0.737	0.008827	83.53913	7.27×10^{-68}	0.719762	0.755019	R^2	0.928337
深度 /mm	0.001	8.74×10^{-5}	12.58548	4.37×10^{-19}	0.000926	0.001275	调整的 R^2	0.926132
NaCl 溶液浓度 /%	−0.062	0.002389	−26.1464	3.3×10^{-36}	−0.06724	−0.0577	标准误差	0.017662

对比表 11.12 和表 11.14 可以发现，全日潮和半日潮情况下 NaCl 溶液浓度加速效应接近，忽略潮汐类型的影响，取两者不同 NaCl 溶液浓度时达到临界氯离子含量时间与 3% NaCl 溶液达到临界氯离子含量时间的比值平均值进行回归分析得到（回归参数如表 11.16 所示）:

$$\frac{t_{\mathrm{CN}}}{t_{\mathrm{C3}}}=0.734+2x-0.065\frac{C_{\mathrm{CN}}}{C_{\mathrm{C3}}} \tag{11.101}$$

式中，x 为距试件表面距离，m；C_{CN} 为 NaCl 溶液的质量浓度，%；C_{C3} 为 NaCl 溶液的质量浓度，取 3%；t_{CN} 为 NaCl 溶液浓度达 C_{CN} 时 x 深度处达到临界氯离子含量的时间，a；t_{C3} 为 NaCl 溶液浓度达 C_{C3} 时 x 深度处达到临界氯离子含量的时间，a。

表 11.16 式（11.101）回归分析参数

项目	系数	标准误差	t_{stat}	P_{value}	下限 95%	上限 95%	回归统计	
截距	0.734	0.009415	77.94234	6.31×10^{-66}	0.715016	0.752622	R^2	0.93723
深度 /mm	0.002	9.33×10^{-5}	17.83715	9.83×10^{-27}	0.001477	0.00185	调整的 R^2	0.935299
NaCl 溶液浓度 /%	−0.065	0.002548	−25.5415	1.32×10^{-35}	−0.07018	−0.06	标准误差	0.018839

11.6.4 相对湿度的加速效应

利用 11.4 节建立的潮汐区非饱和混凝土氯离子传输模型分别计算全日潮环境下采用 P·O 42.5 水泥、水灰比为 0.53（水泥用量为 367.5kg/m^3）初始饱和的混凝土（表 11.11）在不同相对湿度下的氯离子侵蚀情况。环境条件：温度为 20℃，NaCl 溶液质量浓度为 3%，相对湿度分别为 30%、50%、70%、90%、95%。干湿循环制度：干湿循环周期为 24h，湿润时间为 4h。

在温度、环境相对湿度相同的情况下，选取侵蚀时间 1a 和 2a 计算不同相对湿度作用下混凝土中氯离子含量曲线，计算结果如图 11.64 所示。从图 11.64 可以看出，相对湿度从 30% 升至 70%，氯离子在混凝土中传输速度呈现增加的变化特征，不同深度处氯离子含量增大。相对湿度从 70% 升到 90%，混凝土内不

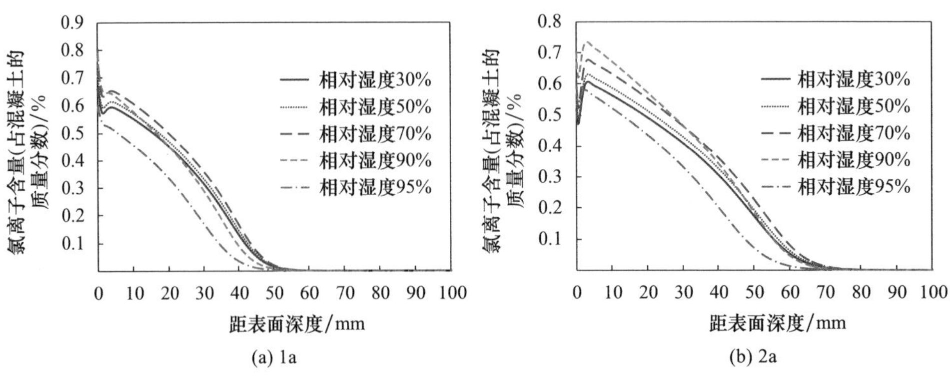

(a) 1a　　(b) 2a

图 11.64 不同相对湿度时氯离子含量曲线

同深度处氯离子有所降低，当相对湿度增加到 95% 时，混凝土内不同深度处氯离子含量显著降低。

相对湿度对临界氯离子侵入深度的影响如图 11.65 所示，可以看出，从 30% 至 70%，临界氯离子侵入深度随着相对湿度的升高有较小的增大，从 70% 至 95% 临界氯离子侵入深度逐渐减小。不同相对湿度作用下，混凝土不同深度处达到临界氯离子含量需要的时间如图 11.66 所示。从图 11.66 中可以发现，湿度 95% 达到不同临界氯离子侵入深度需要的时间最长，湿度 70% 时，达到临界氯离子侵入深度需要的时间最短。对图 11.66 中同一相对湿度时，取混凝土不同深度处达到临界氯离子含量时间的均值，那么不同相对湿度时达到临界氯离子侵入深度需要的时间比值为 $t(30\%):t(50\%):t(70\%):t(90\%):t(95\%)=1.0:0.96:0.91:1.0:1.3$。

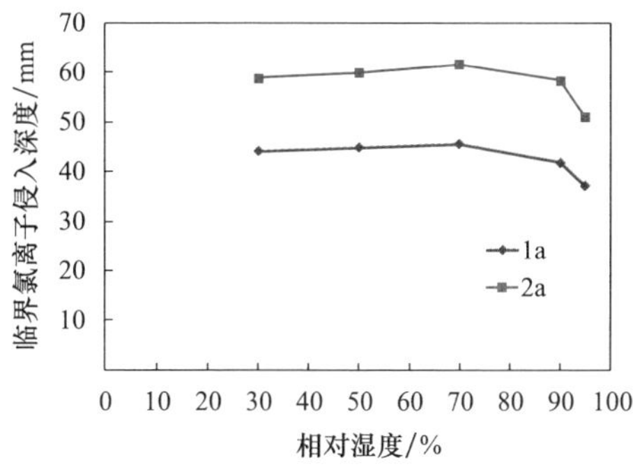

图 11.65　相对湿度与临界氯离子侵入深度关系

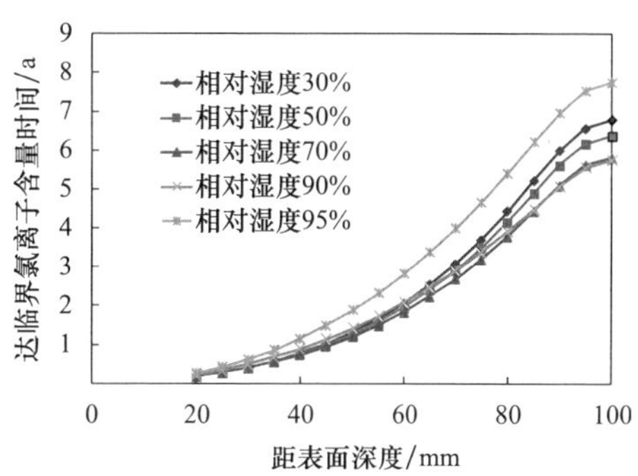

图 11.66　不同相对湿度时不同深度达到临界氯离子含量时间

11.6.5　湿润时间比例的加速效应

利用 11.4 节建立的潮汐区非饱和混凝土氯离子传输模型计算全日潮环境下采用 P·O 42.5 水泥、水灰比为 0.53（水泥用量为 367.5kg/m^3）初始饱和的混凝土（表 11.11）在不同湿润时间比例下的氯离子侵蚀情况。环境条件：温度 20℃，NaCl 溶液质量浓度为 3%，相对湿度为 70%。干湿循环制度如表 11.17 所示。在温度、环境相对湿度相同的情况下，选取侵蚀时间 1a 和 2a 计算不同湿润时间比例作用下混凝土中氯离子含量曲线，计算结果如图 11.67 所示。

表 11.17　干湿循环制度

项目	干湿循环周期					
	24h	24h	24h	24h	24h	24h
湿润时间 /h	0.1	0.5	4	8	16	20
湿润时间比例（湿润时间：干湿循环周期）	0.0042	0.0208	0.1667	0.3333	0.6667	0.8333

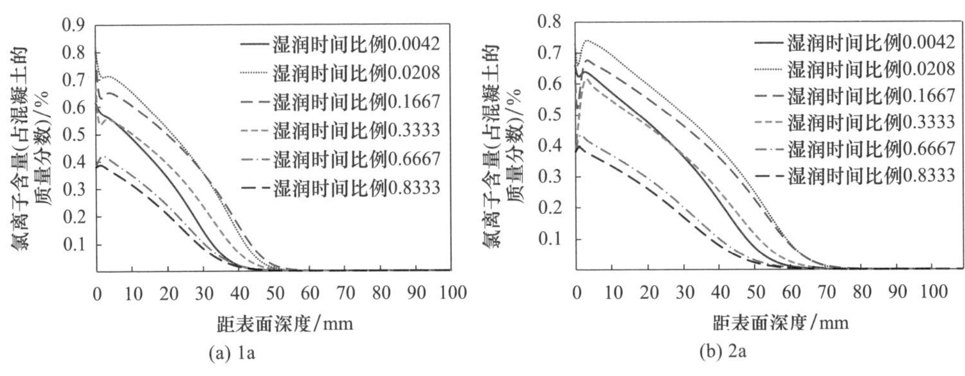

图 11.67　不同湿润时间比例时氯离子含量曲线

从图 11.67 可以看出，随着湿润时间比例的增长，混凝土中氯离子含量逐渐增大，但湿润时间比例为 0.0208～0.1667 时达最大值，随着湿润时间比例的继续增大，混凝土内不同深度处氯离子含量逐渐降低。

湿润时间比例对临界氯离子侵入深度的影响如图 11.68 所示，可以看出，在湿润时间比例较小时，随着湿润时间比例的增长，临界氯离子侵入深度逐渐增加，但是随着湿润时间比例的继续增加，临界氯离子侵入深度逐渐减小。

不同湿润时间比例作用下，混凝土不同深度处达到临界氯离子含量需要的时间，如图 11.69 所示，当湿润时间比例为 0.0208～0.1667 时达到临界氯离子含量时间达最小值。湿润时间比例相对于第 3 章初始饱和度很小的混凝土试验结果，湿润时间比例偏小。试验混凝土初始饱和度很低，随着试验的进行，水分进入后气体很难排出，再加上混凝土本身的离散性可能导致了最不利工况的湿润时间有几小时的偏差，以致最不利的湿润时间比例偏大。对图 11.69 中同一湿润时间比例，取混凝土不同深度处达到临界氯离子含量需要时间的均

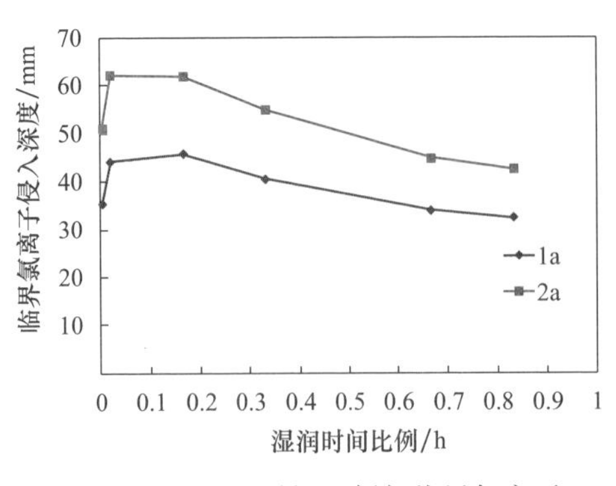

图 11.68　湿润时间比例与临界氯离子侵入深度关系

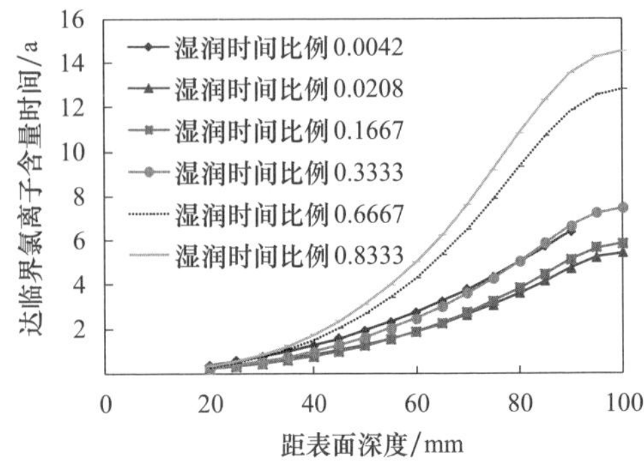

图 11.69　不同湿润时间比例时不同深度达到临界氯离子含量时间

值，那么不同湿润时间比例时达到临界氯离子侵入深度需要的时间比值为 t（0.0042）∶ t（0.0208）∶ t（0.1667）∶ t（0.3333）∶ t（0.6667）∶ t（0.8333）= 1.0 ∶ 0.70 ∶ 0.68 ∶ 0.88 ∶ 1.47 ∶ 1.69。

11.6.6　干湿循环周期的加速效应

利用 11.4 节建立的潮汐区非饱和混凝土氯离子传输模型计算 P·O 42.5 水泥，水灰比为 0.53 初始饱和的混凝土（表 11.11）不同干湿循环周期下的氯离子侵蚀情况。环境条件：温度 20℃，NaCl 溶液质量浓度为 3%，相对湿度为 70%。干湿循环制度如表 11.18 所示。

表 11.18　干湿循环制度

项目	干湿循环周期					
	3h	6h	12h	24h	48h	96h
湿润时间：干湿循环周期	1∶6	1∶6	1∶6	1∶6	1∶6	1∶6

在温度、环境相对湿度相同的情况下，选取侵蚀时间 1a 和 2a 计算不同干湿循环周期作用下混凝土中氯离子含量曲线，计算结果如图 11.70 所示。从图 11.70 可以看出，随着干湿循环周期的增长，混凝土中氯离子含量逐渐增长，但 24h 以后基本不再增长，甚至有下降趋势。干湿循环周期对临界氯离子侵入深度的影响如图 11.71 所示，可以看出干湿循环周期为 3～24h 时，临界氯离子侵入深度逐渐增加，而 24h 以后临界氯离子侵入深度缓慢减小。不同干湿循环周期作用下，混凝土不同深度处达到临界氯离子含量需要的时间如图 11.72 所示，可以看出，随着干湿循环周期的增长，达到临界氯离子含量的时间逐渐减小，但 24h 以后干湿循环周期的影响已不再明显。对图 11.72 中同一干湿循环周期，取混凝土不同深度处达到临界氯离子含量需要时间的均值，那么不同干湿循环周期

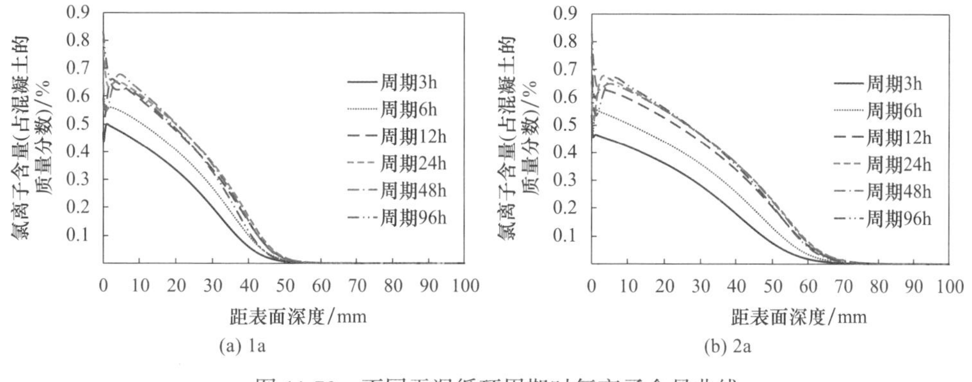

图 11.70　不同干湿循环周期时氯离子含量曲线

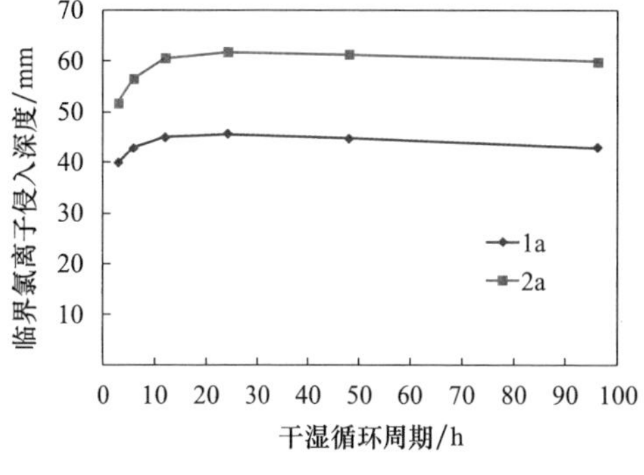

图 11.71 干湿循环周期与临界氯离子侵入深度关系

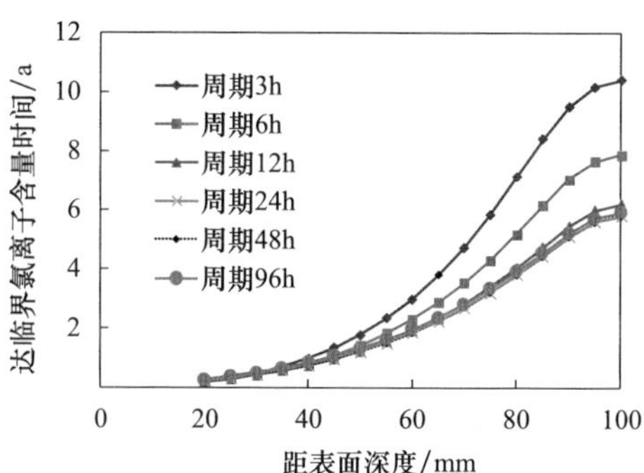

图 11.72 不同干湿循环周期不同深度达到临界氯离子含量时间

时达到临界氯离子侵入深度需要的时间比值为 $t(3):t(6):t(12):t(24):t(48):t(96)=1.0:0.8:0.69:0.67:0.70:0.75$。

参 考 文 献

[1] ZHANG Q Z，GU X L，JIANG Z L，et al. Simularities in accelerated chloride ion transport tests for concrete in tidal zones[J]. ACI materials journal，2018，115（4）：499-507.

[2] 陈伟，许宏发. 考虑干湿交替影响的氯离子侵入混凝土模型[J]. 哈尔滨工业大学学报，2006，38（12）：2191-2193.

[3] 孟宪强，王显利，王凯英. 海洋环境混凝土中氯离子浓度预测的多系数扩散方程[J]. 武汉大学学报（工学版），2007，40（3）：57-60.

[4] LI C Q，LI K F，CHEN Z Y. Numerical analysis of moisture influential depth in concrete and its application in durability design[J]. Tsinghua science and technology，2008，13（S1）：7-12.

[5] 中国土木工程学会. 混凝土结构耐久性设计与施工指南：CCES 01—2004（2005 年修订版）[S]. 北京：中国建筑工业出版社，2005.

[6] 徐强，俞海勇. 大型海工混凝土结构耐久性研究与实践[M]. 北京：中国建筑工业出版社，2008.

[7] IQBAL P O N，ISHIDA T. Modeling of chloride transport coupled with enhanced moisture conductivity in concrete exposed to marine environment[J]. Cement and concrete research，2009，39（4）：329-339.

[8] 仵彦卿. 多孔介质污染物迁移动力学[M]. 上海：上海交通大学出版社，2007.

[9] BOUNY V B. Water vapour sorption experiments on hardened cementitious materials part II：essential tool for assessment of transport properties and for durability prediction[J]. Cement and concrete research，2007，37（3）：438-454.

[10] GENUCHTEN M T V. A closed-form equation for predicting the hydraulic conductivity of unsaturated soils[J]. Soil science society of America journal，1980，44（5）：892-898.

[11] SAVAGE B M，JANSSEN D J. Soil physics principles validated for use in predicting unsaturated moisture movement in portland cement concrete[J]. ACI materials jounral. 1997，94（1）：63-70.

[12] BOUNY V B，MAINGUY M，LASSABATERE T，et al. Characterization and identification of equilibrium and transfer moisture properties for ordinary and high-performance cementitious materials[J]. Cement and concrete research，1999，29（8）：1225-1238.

[13] ISHIDA T，MAEKAWA K，KISHI T. Enhanced modeling of moisture equilibrium and transport in

cementitious materials under arbitrary temperature and relative humidity history [J]. Cement and concrete research, 2007, 37(4): 565-578.

[14] Xi Y P, BAZANT Z P, JENNINGS H M. Moisture diffusion in cementitious materials adsorption isotherms [J]. Advanced cement based materials, 1994, 1 (6): 248-257.

[15] 张庆章，顾祥林，张伟平，等. 混凝土中毛细管压力 - 饱和度关系模型 [J]. 同济大学学报，2012，40 (12)：1753-1759.

[16] 姚海林. 关于基质吸力及几个相关问题的一些思考 [J]. 岩土力学，2005，26 (1)：67-70.

[17] 高世桥. 毛细力学 [M]. 北京：科学出版社，2010.

[18] ČERNY R, ROVNANÍKOVÁ P. Transport processes in concrete [M]. USA and Canada: Spon Press, 2002.

[19] RAMACHANDRA V S. Concrete admixtures handbook—properties, science, and technology [M]. New Jersey: Noyes publications, 1984.

[20] MAEKAWA K, CHAUBE R, KUSHI T. Modelling of concrete performance: hydration, microstructure formation and mass transport [M]. London: Taylor & Franci, 1999.

[21] ESPINOSA R M, FRANKE L. Influence of the age and drying process on pore structure and sorption isotherms of hardened cement paste [J]. Cement and concrete research, 2006, 36 (10): 1969-1984.

[22] ESPINOSA R M, FRANKE L. Inkbottle pore-method: prediction of hygroscopic water content in hardened cement paste at variable climatic conditions [J]. Cement and concrete research, 2006, 36 (10): 1954-1968.

[23] POYET S, CHARLES S. Temperature dependence of the sorption isotherms of cement-based materials: heat of sorption and Clausius-Clapeyron formula [J]. Cement and concrete research, 2009, 39 (11): 1060-1067.

[24] HUNDT J, KANTELBERG H. Sorptionsuntersuchungen an zemestein, zementmörtel und beton (in German) [R]. Deutscher Ausschuss für Stahlbeton Heft 297, 1978: 25-39.

[25] BRUNAUER S. The adsorption of gases and vapors: Physical Adsorption (vol 1) [M]. Princeton: Princeton University Press, 1945.

[26] MAINGUY M. Modeling of moisture transfer isotherms of porous media: application to the drying of cement-based materials [D]. Paris: Ecole Nationale des Ponts et Chaussées, 1999.

[27] 沈春华. 水泥基材料水分传输的研究 [D]. 武汉：武汉理工大学，2007.

[28] BOUNY V B. Water vapour sorption experiments on hardened cementitious materials part I: essential tool for analysis of hygral behaviour and its relation to pore structure [J]. Cement and concrete research, 2007, 37 (3): 414-437.

[29] MILLINGTON R J. Gas diffusion in porous media [J]. Science, 1959, 130 (3367): 100-102.

[30] DE VRIES D A, KRUGER A J. On the value of the diffusion coefficient of water vapour in air [C] //CNRS éditeur. Proceeding du Colloque International du CNRS n°160: Phénomènes de transport avec changement de phase dans les milieux poreux ou colloïdaux, paris, France, 18 au 20 Avril 1966: 61-72.

[31] 威尔特 J R，威克斯 C E，威尔逊 R E，等. 动量、热量和质量传递原理 [M]. 马紫峰，吴卫生，等译. 4 版. 北京：化学工业出社，2005.

[32] 陈涛，张国亮. 化工传递过程基础 [M]. 2 版. 北京：化学工业出版社，2002.

[33] 朱光俊，孙亚琴. 传输原理 [M]. 北京：冶金工业出版社，2009.

[34] 周萍，周乃君，蒋爱华，等. 传递过程原理及其数值仿真 [M]. 长沙：中南大学出版社，2006.

[35] 王洪涛. 多孔介质污染物动力学 [M]. 北京：高等教育出版社，2008.

[36] JOOSS M, RERINHARDT H W. Permeability and diffusivity of concrete as function of temperature [J]. Cement and concrete research, 2002, 32 (9), 1497-1504.

[37] LEECH C, LOCKINGTON D, DUX P. Unsaturated diffusivity functions for concrete derived from NMR images [J]. Materials and structures, 2003, 36 (6): 413-418.

[38] LEECH C，LOCKINGTON D，HOOTON R D，et al. Validation of Mualem's conductivity model and prediction of saturated permeability from sorptivity [J]. ACI materials journal，2008，105 (1)：44-51.

[39] BOUNY B V，MAINGUY M，LASSABATERE T，et al. Characterization and identification of equilibrium and transfer moisture properties for ordinary and high-performance cementitious materials [J]. Cement and concrete research，1999，29 (8)：1225-1238.

[40] 范爱武，刘伟，许国良．土壤盐分运移温度效应的数值研究 [J]．工程热物理学报．2005，26 (4)：647-649.

[41] NAKARAI K，ISHIDA T，MAEKAWA K. Multi-scale physicochemical modeling of soil—cementitious material interaction [J]. Soils and foundations，2006，46 (5)：653-664.

[42] ISHIDA T，IQBAL P，HO T L A. Modeling of chloride diffusivity coupled with non-linear binding capacity in sound and cracked concrete [J]. Cement and concrete research，2009，39 (10)：913-923.

[43] STEINAR H. Assessment and prediction of service life for marine structures：a tool for performance based requirement [M]. Berlin：World Publishing Corporation，1999：8-17.

[44] TUUTTI K. Corrosion of steel in concrete [M]. Stockholm：Swedish Cement and Concrete Research Institute，1982.

[45] 刘秉京．混凝土结构耐久性设计 [M]．北京：人民交通出版社，2007.

[46] NILLSSON L O，POULSEN E，SANDBERG P，et al. Chloride penetration into concrete，state-of-heart，transport processes，corrosion initiation，test methods and prediction models [M]. Copenhagen：The Road Directorate，1996.

[47] DELAGRAVE A，MARCHAND J，OLLIVIER J P，et al. Chloride binding capacity of various hydrated cement paste systems [J]. Advanced cement based materials，1997，6 (1)：28-35.

[48] SERGI W，YU S W，PAGE C L. Diffusion of chloride and hydroxyl ions in cementitious materials exposed to a saline environment [J]. Magazine of concrete research，1992，44 (158)：63-69.

[49] ISHIDA T，MIYAHARA S，MARUYA T. Chloride binding capacity of mortars made with various Portland cement and admixtures [J]. Journal of advanced concrete technology，2008，6 (2)：287-301.

[50] XI Y P，BAZANT Z P. Modeling chloride penetration in saturated concrete [J]. Journal of materials in civil engineering，1999，11 (1)：58-65.

[51] 席华．氯化钠溶液物性关系式 [J]．天津轻工业学院学报，1997 (2)：72-74.

[52] ZHENG C M，BENNETT G D．地下水污染物迁移模拟 [M]．2 版．北京：高等教育出版社，2009.

[53] 张庆章．海水潮汐区混凝土氯盐侵蚀加速试验的相似性研究 [D]．上海：同济大学，2012.